U0180996

国家出版基金资助项目

现代数学中的著名定理纵横谈丛书

丛书主编　王梓坤

DIRAC δ-FUNCTION AND GENERALIZED FUNCTION

Dirac δ-函数与广义函数

刘培杰数学工作室　编

哈尔滨工业大学出版社

HARBIN INSTITUTE OF TECHNOLOGY PRESS

内 容 简 介

本书介绍了狄拉克 δ 一函数和广义函数 δ 理论,列举了几类经典的广义函数类型,并给出了证明广义函数 δ 理论的多种方法,还阐述了广义函数 δ 理论与物理学等相关学科的联系. 全书共分七编,第一编引言,第二编计算数学中的 δ 一函数,第三编 δ 一函数与插值,第四编 δ 一函数,第五编缓增广义函数,第六编丁夏畦论广义函数,第七编附录.

本书适合大中师生及数学爱好者参考阅读.

图书在版编目(CIP)数据

Dirac δ 一函数与广义函数/刘培杰数学工作室编. —哈尔滨:哈尔滨工业大学出版社,2024.3
(现代数学中的著名定理纵横谈丛书)
ISBN 978－7－5767－0101－2

Ⅰ.①D… Ⅱ.①刘… Ⅲ.①δ 函数②广义函数 Ⅳ.①O174.66②O177.4

中国版本图书馆 CIP 数据核字(2022)第 109870 号

DIRAC δ-HANSHU YU GUANGYI HANSHU

策划编辑　刘培杰　张永芹
责任编辑　刘家琳
封面设计　孙茵艾
出版发行　哈尔滨工业大学出版社
社　　址　哈尔滨市南岗区复华四道街 10 号　邮编 150006
传　　真　0451－86414749
网　　址　http://hitpress.hit.edu.cn
印　　刷　辽宁新华印务有限公司
开　　本　787 mm×960 mm　1/16　印张 49　字数 527 千字
版　　次　2024 年 3 月第 1 版　2024 年 3 月第 1 次印刷
书　　号　ISBN 978－7－5767－0101－2
定　　价　298.00 元

(如因印装质量问题影响阅读,我社负责调换)

读书的乐趣

你最喜爱什么——书籍.

你经常去哪里——书店.

你最大的乐趣是什么——读书.

这是友人提出的问题和我的回答. 真的,我这一辈子算是和书籍,特别是好书结下了不解之缘. 有人说,读书要费那么大的劲,又发不了财,读它做什么? 我却至今不悔,不仅不悔,反而情趣越来越浓. 想当年,我也曾爱打球,也曾爱下棋,对操琴也有兴趣,还登台伴奏过. 但后来却都一一断交,"终身不复鼓琴". 那原因便是怕花费时间,玩物丧志,误了我的大事——求学. 这当然过激了一些. 剩下来唯有读书一事,自幼至今,无日少废,谓之书痴也可,谓之书橱也可,管它呢,人各有志,不可相强. 我的一生大志,便是教书,而当教师,不多读书是不行的.

读好书是一种乐趣,一种情操;一种向全世界古往今来的伟人和名人求教的方法,一种和他们展开讨论的方式;一封出席各种活动、体验各种生活、结识各种人物的邀请信;一张迈进科学宫殿和未知世界的入场券;一股改造自己、丰富自己的强大力量.书籍是全人类有史以来共同创造的财富,是永不枯竭的智慧的源泉.失意时读书,可以使人重整旗鼓;得意时读书,可以使人头脑清醒;疑难时读书,可以得到解答或启示;年轻人读书,可明奋进之道;年老人读书,能知健神之理.浩浩乎! 洋洋乎! 如临大海,或波涛汹涌,或清风微拂,取之不尽,用之不竭.吾于读书,无疑义矣,三日不读,则头脑麻木,心摇摇无主.

潜能需要激发

我和书籍结缘,开始于一次非常偶然的机会.大概是八九岁吧,家里穷得揭不开锅,我每天从早到晚都要去田园里帮工.一天,偶然从旧木柜阴湿的角落里,找到一本蜡光纸的小书,自然很破了.屋内光线暗淡,又是黄昏时分,只好拿到大门外去看.封面已经脱落,扉页上写的是《薛仁贵征东》.管它呢,且往下看.第一回的标题已忘记,只是那首开卷诗不知为什么至今仍记忆犹新:

日出遥遥一点红,飘飘四海影无踪.

三岁孩童千两价,保主跨海去征东.

第一句指山东,二、三两句分别点出薛仁贵(雪、人贵).那时识字很少,半看半猜,居然引起了我极大的兴趣,同时也教我认识了许多生字.这是我有生以来独立看的第一本书.尝到甜头以后,我便千方百计去找书,向小朋友借,到亲友家找,居然断断续续看了《薛丁山征西》《彭公案》《二度梅》等,樊梨花便成了我心中的女英雄.我真入迷了.从此,放牛也罢,车水也罢,我总要带一本书,还练出了边走田间小路边读书的本领,读得津津有味,不知人间别有他事.

当我们安静下来回想往事时,往往会发现一些偶然的小事却影响了自己的一生.如果不是找到那本《薛仁贵征东》,我的好学心也许激发不起来.我这一生,也许会走另一条路.人的潜能,好比一座汽油库,星星之火,可以使它雷声隆隆、光照天地;但若少了这粒火星,它便会成为一潭死水,永归沉寂.

抄,总抄得起

好不容易上了中学,做完功课还有点时间,便常光顾图书馆.好书借了实在舍不得还,但买不到也买不起,便下决心动手抄书.抄,总抄得起.我抄过林语堂写的《高级英文法》,抄过英文的《英文典大全》,还抄过《孙子兵法》,这本书实在爱得狠了,竟一口气抄了两份.人们虽知抄书之苦,未知抄书之益,抄完毫末俱见,一览无余,胜读十遍.

始于精于一,返于精于博

关于康有为的教学法,他的弟子梁启超说:"康先生之教,专标专精、涉猎二条,无专精则不能成,无涉猎则不能通也."可见康有为强烈要求学生把专精和广博(即"涉猎")相结合.

在先后次序上,我认为要从精于一开始.首先应集中精力学好专业,并在专业的科研中做出成绩,然后逐步扩大领域,力求多方面的精.年轻时,我曾精读杜布(J. L. Doob)的《随机过程论》,哈尔莫斯(P. R. Halmos)的《测度论》等世界数学名著,使我终身受益.简言之,即"始于精于一,返于精于博".正如中国革命一样,必须先有一块根据地,站稳后再开创几块,最后连成一片.

丰富我文采,澡雪我精神

辛苦了一周,人相当疲劳了,每到星期六,我便到旧书店走走,这已成为生活中的一部分,多年如此.一次,偶然看到一套《纲鉴易知录》,编者之一便是选编《古文观止》的吴楚材.这部书提纲挈领地讲中国历史,上自盘古氏,直到明末,记事简明,文字古雅,又富于故事性,便把这部书从头到尾读了一遍.从此启发了我读史书的兴趣.

我爱读中国的古典小说,例如《三国演义》和《东周列国志》.我常对人说,这两部书简直是世界上政治阴谋诡计大全.即以近年来极时髦的人质问题(伊朗人质、劫机人质等),这些书中早就有了,秦始皇的父亲便是受害者,堪称"人质之父".

《庄子》超尘绝俗,不屑于名利.其中"秋水""解牛"诸篇,诚绝唱也.《论语》束身严谨,勇于面世,"己所不欲,勿施于人",有长者之风.司马迁的《报任少卿书》,读之我心两伤,既伤少卿,又伤司马;我不知道少卿是否收到这封信,希望有人做点研究.我也爱读鲁迅的杂文,果戈理、梅里美的小说.我非常敬重文天祥、秋瑾的人品,常记他们的诗句:"人生自古谁无死,留取丹心照汗青""休言女子非英物,夜夜龙泉壁上鸣".唐诗、宋词、《西厢记》《牡丹亭》,丰富我文采,澡雪我精神,其中精粹,实是人间神品.

读了邓拓的《燕山夜话》,既叹服其广博,也使我动了写《科学发现纵横谈》的心.不料这本小册子竟给我招来了上千封鼓励信.以后人们便写出了许许多多的"纵横谈".

从学生时代起,我就喜读方法论方面的论著.我想,做什么事情都要讲究方法,追求效率、效果和效益,方法好能事半而功倍.我很留心一些著名科学家、文学家写的心得体会和经验.我曾惊讶为什么巴尔扎克在51年短短的一生中能写出上百本书,并从他的传记中去寻找答案.文史哲和科学的海洋无边无际,先哲们的明智之光沐浴着人们的心灵,我衷心感谢他们的恩惠.

读书的另一面

以上我谈了读书的好处,现在要回过头来说说事情的另一面.

读书要选择.世上有各种各样的书:有的不值一看,有的只值看20分钟,有的可看5年,有的可保存一辈子,有的将永远不朽.即使是不朽的超级名著,由于我们的精力与时间有限,也必须加以选择.决不要看坏书,对一般书,要学会速读.

读书要多思考.应该想想,作者说得对吗?完全吗?适合今天的情况吗?从书本中迅速获得效果的好办法是有的放矢地读书,带着问题去读,或偏重某一方面去读.这时我们的思维处于主动寻找的地位,就像猎人追找猎物一样主动,很快就能找到答案,或者发现书中的问题.

有的书浏览即止,有的要读出声来,有的要心头记住,有的要笔头记录.对重要的专业书或名著,要勤做笔记,"不动笔墨不读书".动脑加动手,手脑并用,既可加深理解,又可避忘备查,特别是自己的灵感,更要及时抓住.清代章学诚在《文史通义》中说:"札记之功必不可少,如不札记,则无穷妙绪如雨珠落大海矣."

许多大事业、大作品,都是长期积累和短期突击相结合的产物.涓涓不息,将成江河;无此涓涓,何来江河?

爱好读书是许多伟人的共同特性,不仅学者专家如此,一些大政治家、大军事家也如此.曹操、康熙、拿破仑、毛泽东都是手不释卷,嗜书如命的人.他们的巨大成就与毕生刻苦自学密切相关.

王梓坤

1

第四编　δ—函数

4

第七编　附　　录

第一编

引　言

从函数的概念谈起

第 1 章

世界著名数学家高斯（C. F. Gauss）曾指出：在数学中，要紧的不是记号，而是概念.

《新科学家》在 2012 年 7 月 28 日刊登了一篇名为《原子中的"幽灵"》的文章.文章的开头是这样的：一只小船畅游在平静无风的苏黎世湖上，这看起来是一场关于现在最热门话题之一——量子论——激烈辩论之后完美的休闲方式.现在，物理学家们正在讨论的是薛定谔（Schrödinger）提出的一个观点.薛定谔曾暗示，所有的量子粒子——从原子到电子，这些被描述成触摸不到的存在实体——可能像湖面的水纹一样在宇宙中铺展开来.他将这称为波函数.

1926 年 3 月，当薛定谔首次发表观点时，理论家们异常激动.这个函数用希腊字母 psi 表示，它的提出给理论物理学

3

家们为最喜爱的波的数学算法引入量子世界铺平了道路. 而且, 波函数也解释了为何电子在原子中带有能量. 但是有一个问题: 波函数一直被认为是一个抽象的数学概念, 那么它是否真的存在, 还是仅仅是原子世界里的"幽灵"?

函数的概念在近代数学中至关重要, 可以说近代数学的大部分内容是围绕着函数这个概念展开的, 而函数概念的产生是在变量概念之后. 通常认为, 变量的概念是由法国数学家笛卡儿(Descartes)引入数学的. 恩格斯(Engels)说: "数学中的转折点是笛卡儿的变数." 变量的引入, 使数学发生了巨大的变革. 但事实上, 笛卡儿并没有使用过变量这个词. 在他的《几何学》中, 所谓变量, 是指"未知的和未定的量", 具体地说, 指具有变化长度和不变方向的线段, 还指连续经过坐标轴上所有点的变化着的数. 正是变量的这两种形式使笛卡儿创立了解析几何学.

在数学上最早使用变量这个词的是瑞士数学家约翰·伯努利(John Bernoulli), 他在1718年写道: "变量的函数就是变量和常量以任何方式组成的量."

汉语"变数"这个词, 是清代数学家李善兰最先使用的. 他在《代微积拾级》的译本(1859)的序中说: "中法之四元, 即西法之代数也. …… 代数以甲、乙、丙、丁诸元代已知数, 以天、地、人、物诸元代未知数. 微分积分以甲、乙、丙、丁诸元代常数, 以天、地、人、物诸元代变数."

近几十年来国人一直纠缠于近代科学为什么没有在中国产生这个伪命题, 有的说是几千年封建专制的社会制度禁锢了中国人的大脑, 也有人说是孔子学

说只教人注重君君臣臣、父父子子这样的人与人之间的关系,而忽视了研究自然.但还是剑桥大学的李约瑟博士说得有道理,是中国古代的数学符号系统害了中国数学,用汉字没法表述函数的意义.

作家王蒙说过:"可以不读书,不可以不读《读书》."仿此我们也可以说:可以不学过多的数学,不可以不学函数这个概念,因为它是近代数学的灵魂.马克思都说:有了函数这个概念,运动便进入了数学,辩证法也进入了数学,于是微积分便产生了.

在早期的中学课本中,解方程和方程组是重头戏,如早期中国引进的国外课本,从范氏大代数到霍尔奈特的大代数等的中心内容都与方程及方程组相关.后来由于函数化的倾向横扫整个近代数学,所以中学课本也随之而改变.于是现行的高中课本,甚至有的初中课本都开始以函数为主线而展开,先讲集合是为了说清函数的定义域,其次讲对应是为了说清函数的对应关系,再讲单调性、增减性、周期性、有界性是为了熟悉和了解函数的一般性质后再在特殊的函数中使用,然后讲最常见的函数,依次介绍:一次函数、二次函数、指数函数、对数函数、三角函数.参加竞赛的学生还要学高斯函数,所以我们有必要来回顾一下函数概念的发展史.

函数(function)是数学中最基本、最重要的概念之一.在历史上,函数概念的出现与解析几何的产生有密切联系.14世纪的法国数学家奥雷姆(Oresme)用图线表示依时间 t 而变化的量 x,并称 t 为"经度", x 为"纬度",在平面上建立了点与点之间的对应.在16世纪,英国数学家哈里奥特(Harriot)用直角坐标的概念求出曲线的代数方程.后来费马(Fermat)取两相交的直线,并以到两直线的距离来规定点的位置,从而导出圆锥曲线的方程.17世纪上半叶,笛卡儿把变量引入了数学,他指出了平面上的点与实数对(x,y)之间的对应关系.当动点做曲线运动时,它的x坐标和y坐标相互依赖并同时发生变化,其关系可由包含x,y的方程式给出.相应的方程式就揭示了变量x和y之间的关系.以上这些工作都孕育了函数的思想.

"函数"作为数学术语是莱布尼茨(Leibniz)首先采用的.他在1692年的论文中第一次提出函数这一概念.起初他用函数一词表示x的幂(即$x,x^2,x^3,\cdots$),后来他又用函数表示曲线上点的横坐标、纵坐标、切线长等几何量.现在一般把莱布尼茨引用的函数概念的最初形式看作函数的第一个定义.把函数理解为幂的同义语,可以看作函数概念的解析的起源;用函数表示某些几何量,可以看作函数概念的几何的起源.

随着数学的发展,函数的定义不断地改进和明确.以下按时间顺序列举一些有代表性的函数概念的原始定义,从中我们可以看出函数的概念是如何随着数学的发展而不断扩张的.

约翰·伯努利(1718):"一个变量的函数是指由这个变量和常量以任意一种方式组成的一种量."

欧拉(Euler)(1748):"一个变量的函数是由该变量和一些数或常量以任何一种方式构成的解析表达式."

欧拉(时间不详):"在xOy平面上徒手画出来的曲线所表示的y与x间的关系."

欧拉(1775):"如果某些量以如下方式依赖于另

6

一些量,即当后者变化时,前者本身也发生变化,那么称前一些量是后一些量的函数."

拉格朗日(Lagrange)(1797):"所谓一个或几个量的函数是指任意一个适于计算的表达式,这些量以任意方式出现在表达式中.表达式中可以有(也可以没有)其他一些被视为具有给定和不变的值的量,而函数的量值可以取所有可能的值.因此,在函数中,我们仅考虑那些假定是变化的量,而不去关心可能包含在其中的常数.……一般地,我们用字母 f 或 F 放在一个变量的前面以表示该变量的任意一个函数,即表示依赖于这个变量的任何一个量,它按照一种给定的规律随着那个变量起变化."

傅里叶(Fourier)(1822):"一般地,函数 $f(x)$ 代表一系列的值或纵坐标,它们中的每一个都是任意的.对于无限多个给定的横坐标 x 的值,有同样多个纵坐标 $f(x)$.所有的纵坐标都有具体的数值,或是正数,或是负数,或是零.我们不假定这些纵坐标要服从一个共同的规律;它们以任意一种方式一个接一个地出现,其中的每一个都像是作为单独的量而给定的."

柯西(Cauchy)(1823):"如果在一些变量之间有这样的关系,使得当其中之一的值被给定时,便可得出其他所有变量的值.此时,我们通常认为这些变量由它们之中的一个表示出,于是这一个量称为独立变量,其他被独立变量所表示的量就称为这个变量的函数."

狄利克雷(Dirichlet)(1837):"让我们假定 a 和 b 是两个确定的值,x 是一个变量,它的顺序变化取遍 a 和 b 之间所有的值.于是,如果对每个 x,有唯一的一个

有限的 y 以如下方式与之对应,即当 x 连续地通过区间到达 b 时,$y=f(x)$ 也类似地顺序变化,那么 y 称为该区间中 x 的连续函数.而且,完全不必要求 y 在整个区间中按同一规律依赖于 x;确实没有必要认为函数仅仅是可以用数学运算表示的那种关系.按几何概念讲,x 和 y 可想象为横坐标和纵坐标,一个连续函数呈现为一条连贯的曲线,a 和 b 之间的每个横坐标,曲线上仅有一个点与之对应."(著名的狄利克雷函数:$y=\begin{cases}1, & x \text{ 为有理数}\\ 0, & x \text{ 为无理数}\end{cases}$.)

黎曼(Riemann)(1851):"我们假定 z 是一个变量,它可以逐次取所有可能的实数值.若对它的每一个值,都有未定量 W 的唯一的一个值与之对应,则称 W 为 z 的函数……."

汉克尔(Hankel)(1870):"$f(x)$ 称作 x 的一个函数,如果对于某个区间内的每一个 x 的值都有唯一的和确定的 $f(x)$ 的一个值与之对应.而且,$f(x)$ 从何而来,如何确定,是否由量的解析运算或其他什么方式得到,这些都无关紧要,所需的只是 $f(x)$ 的值在各处都是唯一确定的."

戴德金(Dedekind)(1887):"系统 S 上的一个映射蕴含了一种规则,按照这种规则,S 中每一个确定的元素 s 都对应着一个确定的对象,它称为 s 的映象,记作 $\Phi(s)$.我们也可以说,$\Phi(s)$ 对应于元素 s,$\Phi(s)$ 由映射 Φ 作用于 s 而产生或导出;s 经映射 Φ 变换成 $\Phi(s)$."

皮亚诺(Peano)(1911):"函数是一种特殊的关系.根据这种关系,变量的每一个值都对应着唯一的一个值.我们可以用符号来定义它:函数 = 关系 $\bigcap$

8

$u \ni [y; x \in u, z; x \in u, \mathscr{P}_{x,y,z}, y = z]$,这就是说,一个函数是一个关系 u,使得当两对数 $y; x$ 和 $z; x$(第二个元素相同)满足 u 时,必然有 $y = z$,无论 x, y, z 可能是什么."

凯莱(Cayley)(1917):"一般而论,两类数之间的一个对应可称作一个函数关系,如果第一类中的每一个数都有第二类中的一个数与之对应.跟第一类中的数相应的变量称为独立变量,跟第二类中的数相应的变量称为应变量.因此,我们可以说,独立变量和应变量之间存在一个函数关系,或像通常所说,称应变量是独立变量的函数……."

库拉托夫斯基(Kuratowski)(1921):"集合 $(a,b) = \{\{a\}, \{a,b\}\}$ 称为一个序偶.设 f 是一个序偶的集合,如果当 $(x,y) \in f$ 且 $(x,z) \in f$ 时 $y = z$,那么 f 称为一个函数."

布尔巴基(Bourbaki)(1939):"设 E 和 F 是两个集合,它们可以不同,也可以相同.E 中的一个变元 x 和 F 中的变元 y 之间的一个关系称为一个函数关系,如果对每一个 $x \in E$,都存在唯一的 $y \in F$,它满足与 x 的给定关系."

本书从 δ - 函数谈起,介绍了广义函数的相关理论.

从 δ - 函数的定义可以看出,它只在一点($x = 0$)不为零,且在这点的值为 ∞.所以 δ - 函数不是通常意义下的函数.通常的函数在自变量的一定区间上取值,它可以在某些点有奇异性,但是这些点被排除在函数定义域之外.$\delta(x)$ 在 $x = 0$ 点有奇异性,可是正是这一点的奇异性反映了它的本质.

同样,对于包含 δ - 函数的运算,也不能按通常意义理解,例如,含 δ - 函数的积分就不能定义为作和的极限. 为了更好地理解 δ - 函数的意义,下面简单介绍一下广义函数的概念.

广义函数是在通常连续函数的基础上建立起来的,这里某种程度上类似于在有理数的基础上建立无理数. 我们知道,如果局部在有理数范围内,那么不一定永远能进行开方运算. 例如,2 就不存在一个有理数的平方根. 为了解决这一问题,引入无理数$\sqrt{2}$,将它定义为有理数的极限,例如

$$\alpha_1 = 1, \alpha_2 = 1.4, \alpha_3 = 1.41, \alpha_4 = 1.414, \cdots$$

但是能够用来确定无理数$\sqrt{2}$ 的有理数序列远不止这一个,例如,递减数列

$$\alpha_1 = 2, \alpha_2 = 1.5, \alpha_3 = 1.42, \alpha_4 = 1.415, \cdots$$

就是另外一个. 类似的有理序列有无穷多个,它们都能用来表示同一无理数$\sqrt{2}$.

广义函数和通常连续函数间的关系,类似于有理数与无理数的关系,它可以看作某种连续函数序列的极限.

δ - 函数可以看成连续函数序列,如

$$\frac{\sin x}{\pi x}, \frac{\sin 2x}{\pi x}, \frac{\sin 3x}{\pi x}, \cdots \tag{1}$$

或

$$\sqrt{\frac{1}{\pi}}e^{-x^2}, \sqrt{\frac{2}{\pi}}e^{-2x^2}, \sqrt{\frac{3}{\pi}}e^{-3x^2} \tag{2}$$

或

$$\frac{1}{\pi}\frac{1}{1+x^2}, \frac{\sqrt{2}}{\pi}\frac{1}{1+2x^2}, \frac{\sqrt{3}}{\pi}\frac{1}{1+3x^2}, \cdots \tag{3}$$

或其他类似的函数序列极限.

用有理序列引进无理数以后,使得在有理数范围内不是永远可能进行的开方运算成为可能,与此类似,在用连续函数序列引进广义函数以后,使得在连续函数范围内不是永远可能的求导、积分运算成为可能.

狄拉克(Dirac)δ—函数是一类"奇怪"的函数,有广泛应用.它按照通常古典的函数定义方式是无法做到的,实际上它是非通常意义下的"函数",更准确地称为"广义函数、施瓦兹(Schwarz)分布函数或泛函",它是以英国理论物理学家狄拉克的名字命名的,在数学和物理中有着独特的地位.狄拉克δ—函数可以用来描写物理学中一切点量,如:点质量、点电荷、瞬时源等;数学上可以进行微分和积分变换,为处理数学物理问题带来极大的方便.尤其在偏微分方程、数学物理方程、傅里叶分析和概率论等领域都离不开这个函数的应用,有了狄拉克δ—函数,傅里叶变换就不受绝对可积条件限制,通常称为广义傅里叶变换.

狄拉克δ—函数具有悠久的历史,这得从克罗内克(Kronecker)δ—函数讲起,克罗内克δ—函数非常简单

$$\delta_{ij} = \begin{cases} 1, i = j \\ 0, i \neq j \end{cases} \tag{4}$$

对于一列数$\{a_i\}, i = 1, 2, \cdots$有$\sum_j \delta_{ij} a_j = a_i$,并满足规范化$\sum_j \delta_{ij} = 1$,对称化$\delta_{ij} = \delta_{ji}$.将离散的序列$\{a_i\}$转化为连续的函数$f(x)$,将以上式子类似地写成积分式

$$\int_{-\infty}^{\infty} f(x)\delta(x-x_0)\mathrm{d}x = f(x_0) \tag{5}$$

（简记：$(f*\delta)(x) = f(x), f(x)\delta(x) = f(0)\delta(x)$）

$$\int_{-\infty}^{\infty} \delta(x-x_0)\mathrm{d}x = 1 \tag{6}$$

$$\delta(x-x_0) = \delta(x_0-x) \tag{7}$$

从离散过渡到连续，自然地从求和过渡到积分，从这看起来两种函数就很雷同了. 所以狄拉克 δ — 函数就达到类似于克罗内克 δ — 函数的选择器效果，对于 δ — 函数的选择器作用是泊松（Poisson）先提出的，后来柯西利用它的选择器性质研究了许多应用问题，进一步地，傅里叶给出了其无穷级数表示，在此基础上狄拉克在研究量子力学时发现了连续型的 δ — 函数的重要作用. 在从物理上看，狄拉克 δ — 函数可以看成一些通常意义下函数列的逼近，但严格的数学理论表明：这不是通常意义下的极限（这是泛函意义下的极限，或称"弱收敛"）. 事实上，其真正严格意义下的定义方式是在施瓦兹分布函数（广义函数或泛函）的基础上才有的，这表明从此物理上广泛实用的狄拉克 δ — 函数可做数学严谨的推理了.

在物理和工程技术中，常常会碰到单位脉冲函数（狄拉克 δ — 函数），如：在电学中，要研究线性电路受具有脉冲性质的电势作用后产生的电流；在力学中，要研究机械系统受冲击力作用后的运动情况. 像这种常用来表示集中在一点上单位量的质点、点电荷、瞬时力等的密度分布就是狄拉克 δ — 函数应用的实际背景；其特点是该函数在除零以外的点取值都等于零，而其在整个定义域上的积分等于 1. 这种对又窄又高的尖峰函数的逼近（脉冲）有着特殊的应用，如：球棒

撞击棒球接触的瞬间力作用,其密度分布函数为 $\delta(x)$. 物理和工程上的狄拉克 δ — 函数通常是这样来

引入的: $\delta(x) = \begin{cases} \infty, x = 0 \\ 0, x \neq 0 \end{cases}$, $\int_{-\infty}^{+\infty} \delta(x)\mathrm{d}x = 1$, 但这种定

义方式在数学上有着明显的缺陷, 是无法进行严格推理的. 实际上, 这不能用通常的函数来理解, 严格说狄拉克 δ — 函数不算是一个普通函数; 由于它集中在一点上的值为无穷大(无穷大的任意倍数还是无穷大), 其通常函数在一点上的积分为 0(没有面积).

(1)广义函数. δ — 函数的准确定义需要从广义函数有关概念出发: 设 $\varphi(x), \varphi_n(x) \in C_0^{\infty}(\mathbf{R})$ (无穷光滑且具有紧支集), 若存在 $M > 0$ 使得 $|x| > M$ 时, 对任意自然数 n 有 $\varphi(x) = 0, \varphi_n(x) = 0$ 且对 $k = 0, 1, 2, \cdots$ 满足

$$\lim_{n \to \infty} \sup_{x \in [-M, M]} |\varphi_n^{(k)}(x) - \varphi^{(k)}(x)| = 0 \qquad (8)$$

其中 $\varphi^{(k)}(x)$ 表示 k 阶导数, $k = 0$ 表示原函数, 则称序列 $\{\varphi_n(x)\}$ 收敛于 $\varphi(x)$, 此时称 $C_0^{\infty}(\mathbf{R})$ 为基本空间, 记作函数 $D(\mathbf{R})$; $\varphi(x) \in D(\mathbf{R})$ 称为试验函数. 若 f 是 $D(\mathbf{R})$ 上的连续线性泛函, 则称 f 是 $D(\mathbf{R})$ 上的广义函数. 对于试验函数 $\varphi(x) \in D(\mathbf{R})$, 用 $\langle f, \varphi \rangle$ 表示它所对应的泛函值, 称为对偶积. $D(\mathbf{R})$ 上广义函数全体记为 $D'(\mathbf{R})$.

(2)狄拉克 δ — 函数定义为

$$\langle \delta, \varphi \rangle = \varphi(0), \forall \varphi \in D(\mathbf{R}) \qquad (9)$$

它是广义函数. 事实上:

① $\delta(x)$ 是线性的: 对于任意的 $\alpha, \beta \in \mathbf{R}$ 以及 $\varphi_1(x), \varphi_2(x) \in D(\mathbf{R})$, 有

$$\langle \delta, \alpha\varphi_1 + \beta\varphi_2 \rangle = \alpha\varphi_1(0) + \beta\varphi_2(0) =$$

$$\alpha\langle\delta,\varphi_1\rangle+\beta\langle\delta,\varphi_2\rangle \quad (10)$$

②$\delta(x)$ 是连续泛函:对于 $\varphi_n(x)\in D(\mathbf{R})$,若 $\lim\limits_{n\to\infty}\varphi_n(x)=\varphi(x)$,则有

$$\lim_{n\to\infty}\langle\delta,\varphi_n\rangle=\lim_{n\to\infty}\varphi_n(0)=\varphi(0)=\langle\delta,\varphi\rangle \quad (11)$$

这里要强调的广义函数收敛性一定要在试验函数作用下收敛,泛函分析中称为弱收敛.

(3)狄拉克 δ—函数不是通常意义下的"函数".首先,普通意义下的函数一定是广义函数,作为一般勒贝格(Lebesgue)意义下的局部可积函数可以等同于广义函数.事实上,实轴上局部可积函数 $L_{\mathrm{loc}}(\mathbf{R})$ 对任意的闭区间 $[a,b]$,有 $\int_a^b|f(x)|\mathrm{d}x<\infty$.定义对偶积为

$$\langle F,\varphi\rangle=\int_{-\infty}^{\infty}f(x)\varphi(x)\mathrm{d}x \quad (12)$$

验证:这是一个线性连续泛函.任一个局部可积函数按以上做法都有唯一的广义函数与之对应,且可证明:不同的局部可积函数对应于不同的广义函数,并保持线性运算不变;这样可以将局部可积函数 f 等同于与其对应的广义函数 F.反之,狄拉克 δ—函数不是通常函数,没有局部可积函数与之对应.事实上,反证法:若存在这样的局部可积函数 $f(x)$,有

$$\langle f,\varphi\rangle=\int_{-\infty}^{\infty}f(x)\varphi(x)\mathrm{d}x=\langle\delta,\varphi\rangle=\varphi(0)$$

$$\forall\,\varphi\in D(\mathbf{R}) \quad (13)$$

特别地取特殊的试验函数为

$$\varphi(x)=\begin{cases}\mathrm{e}^{-\frac{1}{1-x^2}+1}, & |x|\leqslant 1\\ 0, & |x|>1\end{cases} \quad (14)$$

则 $\varphi(nx)\in D(\mathbf{R})$,且

14

$$\int_{-\infty}^{\infty} f(x)\varphi(nx)\mathrm{d}x = \varphi(0) = 1, \forall\, n \in \mathbf{N} \quad (15)$$

但另外

$$\left| \int_{-\infty}^{\infty} f(x)\varphi(nx)\mathrm{d}x \right| = \left| \int_{-\frac{1}{n}}^{\frac{1}{n}} f(x)\varphi(nx)\mathrm{d}x \right|$$

$$\leqslant \int_{-\frac{1}{n}}^{\frac{1}{n}} |f(x)|\,\mathrm{d}x \to 0, n \to \infty$$

$$(16)$$

这是一个矛盾,所以狄拉克 δ 一函数没有局部可积函数与之对应.

上面定义的广义函数有点抽象,下面我们从物理直观上,用各种函数列逼近的方式来理解狄拉克 δ 一函数,这种逼近也不是通常意义下的极限,而是泛函意义下的逼近,是一种弱形式的极限.

例如:(1)用一个积分值为 1 的矩形脉冲函数序列 $\{H_n(t)\}$ 的弱极限来逼近. 从直观上看,函数序列 $\{H_n(t)\}$ 是在区间 $\left[-\dfrac{1}{n}, \dfrac{1}{n}\right]$ 上一系列均匀地放置单位质量所产生的质量分布密度,当 n 趋向无穷时,其广义极限(弱极限)就是在原点上放置单位质量所产生的质量分布密度.因此,狄拉克 δ 一函数就是在原点上放置单位质量所产生的分布密度. 数学推导:对任意正整数 n,在 $\left[-\dfrac{1}{n}, \dfrac{1}{n}\right]$ 上均匀地放置单位质量的分布密度

$$H_n(t) = \begin{cases} \dfrac{n}{2}, & |t| < \dfrac{1}{n} \\[2mm] 0, & |t| > \dfrac{1}{n} \end{cases} \quad (17)$$

显然 $H_n(t) \in L_{loc}(\mathbf{R})$（积分值不超过 1）.

对任意 $\varphi(x) \in D(\mathbf{R})$，有

$$\langle H_n, \varphi \rangle = \int_{-\infty}^{\infty} H_n(x)\varphi(x)\mathrm{d}x = \frac{n}{2}\int_{-\frac{1}{n}}^{\frac{1}{n}} \varphi(x)\mathrm{d}x$$

$$(18)$$

用积分中值定理于 $\varphi(x) \in D(\mathbf{R})$ 得到 $\lim\limits_{n\to\infty}\langle H_n, \varphi \rangle = \varphi(0) = \langle \delta, \varphi \rangle$. 所以 $\delta(x)$ 是 $H_n(t)$ 的弱极限. 同理可以得到逼近 $\delta(x)$ 的其他常用函数列.

(2) 对于任意 $\varphi(x) \in D(\mathbf{R})$，有

$$\rho_t(x) = \frac{1}{2a\sqrt{\pi t}}\mathrm{e}^{-\frac{x^2}{4a^2 t}}（高斯函数）$$

$$\Rightarrow \lim_{t\to 0^+}\langle \rho_t(x), \varphi \rangle =$$

$$\lim_{t\to 0^+}\int_{-\infty}^{\infty} \frac{1}{2a\sqrt{\pi t}}\mathrm{e}^{-\frac{x^2}{4a^2 t}}\varphi(x)\mathrm{d}x =$$

$$\delta(0) = \langle \delta, \varphi \rangle$$

(3) $\quad \rho_a(x) = \dfrac{a}{\pi(a^2 + x^2)}（钟形函数）$

$$\Rightarrow \lim_{a\to 0}\langle \rho_a(x), \varphi \rangle = \langle \delta, \varphi \rangle$$

(4) $\quad \rho_n(x) = \dfrac{\sin nx}{\pi x}（\mathrm{Sinc}\ 函数）$

$$\Rightarrow \lim_{n\to\infty}\langle \rho_n(x), \varphi \rangle = \langle \delta, \varphi \rangle$$

广义函数的历史

第 2 章

数学与物理的关系历来是令人们感兴趣的.

世界著名数学家 E. W. Montroll 曾说过：

> 有可能在相对短的时间里向优秀的数学专业学生有效地讲授现代物理学的任何分支，因为这些学生在数学方面是成熟的.

著名数学家 F. J. Dyson 也曾指出：

> 不能一劳永逸地定义数学在物理科学中的位置. 数学和科学的相互关系就像科学本身的纹理那样丰富和多样.

要想真正了解广义函数是怎样产生的,那么有一位工程师是绕不过去的,他就是赫维塞德(Heaviside,1850—1925).

赫维塞德,英国人,1850 年 5 月 18 日出生.他早期是从事电报和电话工作的工程师.他于 1874 年隐退,回到乡村,专心于写作,从事理论研究.他于 1925 年 2 月 3 日逝世.

赫维塞德对数学的贡献主要在向量分析、发散级数以及算子演算等方面.

在向量分析方面,他曾学习过哈密尔顿(Hamilton)的《四元数基础》,感到繁杂难懂.于是他建立了他的向量分析,起初不过是四元数用笛卡儿坐标的速记形式而已,到 19 世纪 80 年代,他在杂志《电学家》上发表文章时,已能自由地运用向量分析.他在 1893 年发表的《电磁理论》第一卷中,给出了向量代数的很多内容.他与吉布斯(Gibbs)引进了数量积与向量积这两种类型的向量乘法,继而将向量代数推广到变向量和向量微分.特别应指出的是,他对于向量和向量函数的演算不仅要依靠笛卡儿分量来做,而且还要用向量作为单独的实体来思考,并引入了梯度、散度和旋度等概念,这样就使向量分析与四元数理论完全分离开来,开创了三维向量分析.他还把麦克斯韦(Maxwell)关于电磁波的 4 个方程,采用向量的形式表示出来.

向量分析在创立的初期及其之后,在向量与四元数的拥护者之间发生了究竟哪一种方法更为有用的争论.争论最后以"向量的胜诉"而结束.工程师们欢迎赫维塞德和吉布斯的向量分析,但数学家则不以为然.到 20 世纪初,物理学家完全信服了向量分析是他

们所要的,后来数学家们也跟着适应了,并把向量方法引进到分析和解析几何中去.

在发散级数理论方面,他在 1899 年发表的《电磁理论》第二卷中,表示有可能给发散级数提供良好的逼近.他说,一定会出现发散级数的理论,或者说比当时范围要"大"的函数论,它能把收敛级数与发散级数包括在同一个和谐的整体里.其实他还不知道当时这种研究已有进展.在这方面有以他的名字命名的赫维塞德展开式,即把一个特殊形式的函数的逆拉普拉斯(Laplace)变换表示成无穷级数的定理.

在算子演算方面,他在 19 世纪末广泛地将算子演算用于电磁学的各种问题.在《电磁理论》第二卷中,他以符号计算微分方程的解,微分算子以 $D = \dfrac{\mathrm{d}}{\mathrm{d}x}$ 表示,即

$$\frac{\mathrm{d}y}{\mathrm{d}x} = Dy$$

$$\frac{\mathrm{d}^2 y}{\mathrm{d}x^2} = D^2 y$$

$$\vdots$$

$$\frac{\mathrm{d}^n y}{\mathrm{d}x^n} = D^n y$$

而微分式子

$$a\,\frac{\mathrm{d}^2 y}{\mathrm{d}x^2} + b\,\frac{\mathrm{d}y}{\mathrm{d}x} + cy$$

记为

$$A(D)y = (aD^2 + bD + c)y$$

其后利用拉普拉斯变换建立了他的方法的基础.这些直到最近还被当作最标准的方法.而近年来,则又有

了其他种种理论. 在这方面,还有以他的名字命名的赫维塞德单位函数,即

$$I(t) = \begin{cases} 0, t < 0 \\ 1, t \geqslant 0 \end{cases}$$

人们还把研究函数的运算,如加法、乘法、微分和积分,以及研究这些性质在拉普拉斯变换下所受的影响等理论称为赫维塞德学.

赫维塞德在一篇大胆的学术论文中引入了他发明的一种符号计算法则,利用一些没有得到证实的数学计算来求解物理问题. 此后,这种符号计算或者说是运算演算由于在求解物理问题时的效果显著,所以有了长足的发展,并已经成为电子学家们理论研究中不可缺少的基础. 工程师们系统地使用这种方法,虽然每个人对它都有自己不同的理解,但"不求甚解"的职业习惯使他们多多少少都感到心安理得. 于是上述符号计算方法就成了一种"虽不严格但却很成功的"技巧. 比如:

借助于 $\mathbf{R}^n$ 上的张量我们可以定义一种赫维塞德函数. 若我们称空间 $\mathbf{R}^n$ 上的赫维塞德函数为在点 $x \geqslant 0$(即 $x_1 \geqslant 0, x_2 \geqslant 0, \cdots, x_n \geqslant 0$)处等于1,而在其余地方等于 0 的函数,则可知

$$\bar{y}(x) = \bar{y}_{x_1} \otimes \bar{y}_{x_2} \otimes \cdots \otimes \bar{y}_{x_n}$$

因此我们令

$$\bar{y}_{(k)}(x) = \bar{y}_{x_1} \otimes \bar{y}_{x_2} \otimes \cdots \otimes \bar{y}_{x_k} \otimes \delta_{x_{k+1}} \otimes \cdots \otimes \delta_{x_n}$$

以使

$$\bar{y}_{(n)}(x) = \bar{y}(x)$$

且

$$\bar{y}_{(0)} = \delta$$

于是 $\bar{y}_{(n)}$ 为函数，而所有其余的 $\bar{y}_{(k)}$ 都是测度．又 $\bar{y}_{(k)}$ 支撑在向量子空间 $Ox_1 x_2 \cdots x_k$ 上，因此它是定义在子空间 $Ox_1 x_2 \cdots x_k$ 上的赫维塞德函数在 $\mathbf{R}^n$ 上的延拓，从而就有

$$\frac{\partial}{\partial x_k} \bar{y}_{(k)} = \bar{y}_{(k-1)}$$

进而可得

$$\frac{\partial^{n-k}}{\partial x_{k+1} \cdots \partial x_n} = \bar{y}_{(k)}$$

$$\frac{\partial^k}{\partial x_1 \partial x_2 \cdots \partial x_k} \bar{y}_{(k)} = \delta$$

这就给出了某些偏微分方程的"基本解"．

至此我们又需要介绍另一位伟大的物理学家狄拉克(1902—1984)．

狄拉克，英国人，1902 年 8 月 8 日出生于布里斯托尔．他于 1924 年先后就学于布里斯托大学、剑桥大学，1932 年起任剑桥大学教授，曾领导牛顿(Newton)主持过的教坛，1930 年成为伦敦皇家学会会员．他还是许多外国科学院院士和科学学会会员．以狄拉克命名的方程和函数在泛函分析中起重要作用；数学物理上有狄拉克 δ 一 函数、狄拉克 一 洛伦兹(Lorentz)方程和狄拉克矩阵等．此外，他是量子力学的奠基人之一．狄拉克于 1933 年获诺贝尔物理学奖．

自狄拉克引入在 $x = 0$ 以外处处为零，而在 $x = 0$ 处为无穷，且使得

$$\int_{-\infty}^{+\infty} \delta(x) \mathrm{d}x = 1$$

的著名函数 $\delta(x)$ 后，符号计算公式就更不被强调严格性的数学家们所接受．不但声称在 $x < 0$ 时等于 0，在

$x \geqslant 0$ 时等于 1 的赫维塞德函数 $\bar{y}(x)$ 的导函数就是其定义本身在数学上就矛盾的狄拉克函数 $\delta(x)$，还要谈论这个缺乏实际存在意义的函数的导数 $\delta'(x)$，$\delta''(x)$，…，所有这些都超出了以严谨著称的数学家们容忍的极限，但怎么解释这些方法所取得的成功呢？在历史上每当这种矛盾出现时，一般都会因此产生一种新的，经过修改后就可以用来解释物理学家们的语言的数学理论，这甚至是数学和物理取得进步的重要源泉. 事实上，已有许多关于符号计算的解释. 它们或者借助于拉普拉斯变换，由此完全改变了问题，或者排除了函数 δ 及其各阶导数并使得一些已取得不容置疑成功的方法不再有效.

数学家们将函数的概念首先推广到测度，随后才推广到广义函数. 我们知道 δ 是一个测度而不是一个函数，而 δ' 则是一个广义函数而不是一个测度. 此外，磁位势的理论研究者在很久以前就开始使用偶极子、双层等，但这些都比较孤立，其定义还有值得怀疑的地方，与电子物理学家们的符号计算没有什么联系.

我们需要建立与通常微分计算法则以及符号计算法则协调一致的广义函数的计算法则，首要的是引入好的导数定义. 很奇怪的是，一点也不同于上述的考虑，这样的新定义早就被不知不觉一点一点地引入到了偏微分方程理论中，我们可将偏微分方程

$$\frac{\partial^2 U}{\partial x^2} - \frac{\partial^2 U}{\partial y^2} = 0$$

的解的一般表达式写成

$$U = f(x + y) + g(x - y)$$

但仅当 f 和 g 均二阶可导时，这样的函数 U 才能满足

上述偏微分方程. 在相反的情形, 我们可约定称 U 为上述方程的"广义解". 许多数学家都曾独立地给出这些广义解的一般定义(当广义解是一个函数时, 这些定义与我们的定义一致), 我们要分别介绍几位大家. 首先是勒雷(Leray, 1906—1998).

勒雷, 法国人, 1906 年 11 月 7 日出生, 毕业于高等师范学校. 他于 1947 年任法兰西学院教授, 1953 年成为巴黎科学院院士, 1966 年成为苏联科学院外籍院士. 勒雷主要研究泛函分析、代数拓扑和双曲型偏微分方程, 著有专著《复变量解析流形上的微积分学》等. 他在其《关于偏微分方程的"湍流"解》的博士论文中给出了一个定义.

接下来的三位数学家更是大名鼎鼎, 下面我们一一来介绍, 先介绍领袖数学家希尔伯特(Hilbert, 1862—1943).

希尔伯特, 德国人, 1862 年 1 月 23 日出生于哥尼斯堡(即现在俄罗斯的加里宁格勒). 他是一个信仰新教的中产阶级的后裔, 其曾祖父是外科医生, 祖父和父亲都是哥尼斯堡的法官. 其父亲经常教诲他要准时、节俭和信守承诺; 要勤奋、遵纪、守法. 其母亲对他学习数学产生过较大影响. 希尔伯特于 1870 年(即 8 岁时) 才进入哥尼斯堡的腓特烈预科学校的初级部念书, 高中最后一年转入威廉预科学校. 后者是一所公立学校, 教学中很重视数学, 毕业时希尔伯特的数学成绩优异, 在他的毕业证书的背面的评语是"勤奋是模范; 对科学有深厚的兴趣, 对数学表现出极强烈的兴趣, 理解深刻". 他于 1880 年进入哥尼斯堡大学读书(这是一所有优良传统的大学), 有时也到海德堡大学去听选读课, 1884 年 12 月 11 日通过博士的口试, 1885

年获得博士学位,1886 年 3 月去莱比锡和巴黎进行学习访问,受到了埃尔米特(Hermite)的指点.他于 1886 年 6 月起任哥尼斯堡大学的义务讲师,1892 年起任副教授,1893 年起任教授,1895 年受聘任哥廷根大学的教授,在该校一直工作到 1930 年退休.1900 年在巴黎召开的第二次国际数学家大会上,希尔伯特做了著名的"数学问题"的讲演.1943 年 2 月 14 日希尔伯特在哥廷根去世,终年 81 岁.

希尔伯特在数学上的几乎所有的领域都做出了重大的贡献.

第一,关于不变式理论.他发现了代数最基本的定理之一:多项式环的每个子集都具有有限个理想基.这个定理是引导到近世代数的有力工具,是代数簇一般理论的基石.希尔伯特还得到所谓零点定理:如果多项式 f 在一个多项式理想 M 的所有零点处都为零,那么 f 的某次幂属于该理想.这是建立代数簇概念的基础,是研究不变式理论的有力工具.希尔伯特开创了不变式理论的新时代.

第二,关于数论.希尔伯特于 1897 年 4 月 10 日撰写了一篇《数论报告》,这是一篇非常优秀的论著,被数学家们称为学习代数数论的经典.他在报告中收集了所有与代数数论有关的知识,用统一的新观点对所有的内容重新加以组合,给出了新的形式和新的证明.报告中的定理 90 中包括的概念直接促使了同调代数的产生.在报告中,他从二次域出发,一步一步地增加普遍性,直至相当于阿贝尔(Abel)的全部理论.希尔伯特对代数数论进行了一系列的开创性工作,把这个领域推向了繁荣局面.在数论方面,希尔伯特还有

24

一个突出的贡献:1909 年他证明了持续 100 多年未解决的华林(Waring)猜想.

第三,关于公理化理论.希尔伯特是第一个建立了完备的欧几里得(Euclid)几何公理体系的人.他把欧几里得几何公理分成联系公理、关于点和线的顺序的公理、迭合公理、平行公理、连续性公理这五类公理,并运用这些公理把欧几里得几何的主要定理推演出来.他系统地研究了公理体系的相容性、独立性和完备性问题.1899 年他的名著《几何基础》出版了,到 1962 年已发行第九版,现在仍然是研究几何基础的人必读的经典著作,这是一部不朽的历史文献.关于这部著作,正如他在书的结尾所说的那样,是"批判性地探究几何学的原理;我们在一种准则指导下讨论每一个问题,即检查该问题是否能通过某种给定的方式以及借助于某些受限制的手段得以解决".他要回答"什么样的公理、假定或者手段在证明初等几何真理时是必需的".他试图用代数模型和反模型来证明无矛盾性和独立性.这种几何代数化是创造新代数结构的重要手段,预示着域和非对称域的概念以及拓扑空间的即将诞生.希尔伯特告诉了人们,如何去公理化,如何用公理化去建立数学体系.

第四,关于积分方程.希尔伯特在 1904 年至 1910 年间发表了一系列有关这方面的论文.当时人们的注意力集中于对非齐次积分方程的研究,他却转到了研究齐次方程的方向,并把参数的奇点更清楚地理解为齐次方程问题的特征值,进而把函数空间按连续函数的正交基坐标化;提出了平方收敛和的数列空间的概念,这就是希尔伯特空间.他还提出了谱的概念,并对于对称核建立了一般的谱理论. 他还将微分方程的边值问题转化为积分方程,解决了一批物理问题.

希尔伯特对狄利克雷原理、变分法也进行了卓有成效的研究. 他首先直接证明了狄利克雷原理,这样就进一步丰富了变分法原理.

第五,关于理论物理. 从 1909 年起希尔伯特把研究的兴趣转向了理论物理. 他比较系统地研究了气体分子运动、辐射论公理、相对论,并发表了一些论文,但总的来说成就不如数学方面.

第六,关于数学基础. 希尔伯特继《几何基础》之后,按照自己的形式主义观点,试图证明数学本身是无矛盾的,并试图使数学成为一种有限的博弈. 后来哥德尔(Gödel)证明了:按他的这种形式主义方法构造数学大厦是不可能成功的. 但是,他在研究这一问题时创立了一门新的数学分支学科 —— 元数学,其意义是十分巨大的.

值得特别提出的是,希尔伯特于 20 世纪的第一年,即 1900 年的巴黎讲演中提出的 23 个数学问题对 20 世纪的数学发展产生了巨大的影响. 100 多年来这些问题吸引了无数有才能的数学家. 这些问题的进展情况如下:

1. 连续统假设. 1963 年科恩(Cohen,1934—2007)证明了不可能在 ZF 公理系统内证明它.

2. 算术公理的相容性. 1931 年哥德尔证明了用元数学不可能证明它.

3. 两等高等底的四面体体积相等问题. 1900 年德恩(Dehn)给出了肯定的解答.

4. 直线作为两点间最短距离问题. 已取得很大进

展,但未完全解决.

5. 拓扑群成为李群的条件.1952 年由格利森(Gleason)等解决.

6. 物理公理的数学处理.已取得很大成功,但仍需继续探讨.

7. 某些数的无理性与超越性.1934 年由盖尔方德(Gel'fand)解决了后半部分.

8. 素数问题.黎曼猜想、哥德巴赫(Goldbach)猜想问题仍未解决,但陈景润等已做了出色工作.

9. 一般互反律.1921 年已被高木贞治解决.

10. 丢番图(Diophantus)方程可解性的判别.1960 年贝克(Baker)对含两个未知数的方程得到了肯定解决;1970 年马蒂雅斯维奇(Matijasevic)得到一般情况的否定解答.

11. 一般代数域内的二次型.已获重要结果,但未获最后解决.

12. 类域的构成问题.未解决.

13. 不可能用只有两个变数的函数解一般的七次方程.对连续函数情形,1957 年由阿诺德(Arnol'd,1937—2010)解决;一般情形未解决.

14. 证明某些类完全函数系的有限性.1958 年由永田雅宜给出否定解决.

15. 建立代数几何学基础.1938 年至 1940 年由范·德·瓦尔登(van der Waerden)解决.

16. 代数曲线和曲面的拓扑性质.有重要进展,但尚未最后解决.

17. 正定形式的平方表示式.1926 年由阿廷(Artin)解决.

18. 由全等多面体构造空间. 已取得重要进展, 但未最终解决.

19. 正则变分问题的解是否一定解析. 伯恩斯坦(Bernstein, 1880—1968)、彼得罗夫斯基(Petrovskiǐ)等得出一些结果.

20. 一般边值问题. 有重大发展.

21. 具有给定单值群的线性微分方程的存在性. 1905 年由希尔伯特本人解决.

22. 解析函数的单值化. 对一个变量的情形, 1907年已由贝克等解决.

23. 变分法的进一步发展. 已取得重大成就.

希尔伯特对数学的贡献是巨大的. 整个数学的版图上, 到处留下了希尔伯特的深深的脚印. 有大量的以他的名字命名的数学名词, 如希尔伯特空间、希尔伯特不等式、希尔伯特变换、希尔伯特不变积分、希尔伯特不可约性定理、希尔伯特基定理、希尔伯特公理、希尔伯特子群、希尔伯特类域等.

希尔伯特的论著很多, 大多收集在 1932 年至 1935年由 Springer 公司出版的 3 卷全集中, 但不包括莱比锡出版的《几何基础》(1930) 和《线性积分方程一般理论基础》. 另外还有与柯朗(Courant)合著的《数学物理方法》(第 1 卷, 1931; 第 2 卷, 1937), 与阿克曼(Ackermann)合著的《理论逻辑基础》(1928), 与科恩 — 弗森合著的《直观几何学》(1932), 与伯奈斯(Bernaus)合著的《数学基础》(第 1 卷, 1934; 第 2卷, 1939).

希尔伯特还是一位伟大的数学教育家, 他一生共培养出 69 位数学博士, 其中有不少成为 20 世纪著名

的数学家,如韦尔(Weyl)、柯朗、诺特(Noether)等.

在他与他的学生柯朗共同撰写的《数学物理方法》中对广义函数有很好的论述.下面再介绍一下他的学生柯朗.

柯朗(1888—1972),美籍德国人,1888年1月8日出生于波兰的卢布林茨,在布雷斯劳读完中学,曾在弗劳兹拉夫大学和苏黎世大学学习.他于1910年2月获德国哥廷根大学博士学位,并在该校任教,1914年由于第一次世界大战爆发,柯朗应征上了前线,直至1918年12月才回到哥廷根.他于1920年到蒙斯特大学任教授,不到一学期又回到哥廷根大学任教授,1924年柯朗在哥廷根筹建数学研究所,1929年12月2日该所正式成立,由柯朗任所长.1933年1月30日希特勒上台,因柯朗是犹太人,遭到残酷迫害,被迫于1934年8月全家移居美国,后加入美国籍.他于1934年起在美国纽约大学任教,担任数学研究所所长,这个所后来成为世界上最大的应用数学研究中心.1958年退休,1966年被选为苏联科学院院士,柯朗也是美国科学院院士,1972年1月27日逝世.

柯朗在数学分析、函数论、数学物理、变分法等领域都做出了重要贡献.

他发展了狄利克雷原理,并将其应用于保角映射、数学物理方程的边值问题,把边值问题的解化为二次函数的极值函数.他还系统地研究了边值问题的特征函数与特征值的极值性质.

柯朗在应用数学方面做出了杰出的贡献,他在纽约州立大学领导了一个应用数学小组(简称AMP).该小组研究过水下声学和爆炸理论;用有限差分法求出了双曲型偏微分方程的解;还纠正了喷气式飞机喷嘴的错误设计.由于 AMP 解决的问题越来越多,名声大振,后来人们称 AMP 为"柯朗仓库".

柯朗也是一位数学教育家,一生从事数学教育.通过他的著作、教学或个别培养,造就了一大批杰出的数学家.

他发表的专著有:《数学物理方法》(中译本于 1962 年由科学出版社出版)、《微积分教程》(1931)、《复变函数的几何原理》(1934)、《狄利克雷原理、保角映象与最小曲面》(1953)、《偏微分方程》(1964)、《数学是什么》(与罗宾斯(Robbins)合作,1964.中译本于 1985 年由湖南教育出版社出版)、《函数论》(1968).

柯朗曾获得美国数学协会的数学卓越贡献奖.

再下一位是博赫纳(Bochner,1899—1982).

博赫纳,波兰人(有说德国人),1899 年 8 月 20 日出生于波兰的克拉科夫附近的波德戈尔茨,先在克拉科夫和德国的柏林受教育,后转往哥本哈根大学、牛津大学学习,获得数学博士学位.他早年任教于慕尼黑大学,后侨居美国,长期任普林斯顿大学和加利福尼亚大学教授.博赫纳的研究领域涉及函数论、级数论、多变量傅里叶变换、随机过程、多复变函数、抽象积分和泛函分析.其重要著作有《多复变函数》(与马丁合作)、《傅里叶积分讲义》、《殆周期函数的现代理论》(1926)、《调和分析与概率论》(1955)等.

他提出了"弱解"的概念.然而须指出的是:虽然我们如前面所述将 U 定义为偏微分方程

$$\frac{\partial^2 U}{\partial x^2} - \frac{\partial^2 U}{\partial y^2} = 0$$

的广义解,但我们却没有给记号 $\frac{\partial^2 U}{\partial x^2}$ 和 $\frac{\partial^2 U}{\partial y^2}$ 赋予一个

确切的意义.同样是关于偏微分方程,基于类似想法,还有三位著名数学家,一位是索伯列夫(Sobolev);另两位是弗里德里希(Friedrichs)和克雷洛夫(Kryloff).

下面我们再来介绍一下这几位数学家.

索伯列夫(1908—1989),苏联人,1908年10月6日出生于彼得堡,15岁中学毕业,21岁毕业于列宁格勒(今俄罗斯圣彼得堡)大学,毕业后曾在原子能研究所、新西伯利亚大学工作.他于1934年获数学物理学博士学位,1936年成为教授,1933年起成为苏联科学院通讯院士,1939年升为院士.他于1957年任苏联科学院西伯利亚分院数学研究所所长,后来任该分院副院长、《西伯利亚数学杂志》主编、《控制论》杂志编委、国际数学联合会数学教育委员会苏联委员.他还是巴黎科学院、罗马国家科学院、民主德国科学院、爱丁堡皇家学会的院士或会员,又是许多大学的名誉博士.

索伯列夫主要研究固体动力学、数学物理方程.他提出了线性和非线性偏微分方程的新的积分方法,在偏微分方程理论中有一个柯西－索伯列夫公式.他是苏联偏微分方程学派的创始人之一,发表了150多种论著,涉及微分和积分方程、泛函分析、变分法、逼近论、数值方法,以及程序设计等方面.在这些论著中,他引入并研究了一系列新概念,诸如广义导数、偏微分方程广义解、广义微分算子等.他对一系列函数空间进行了研究,以索伯列夫的名字命名的空间是当代泛函分析研究的重要课题,他建立了所谓广义函数论.为发展计算数学,推广电子计算技术,他也做了大量工作.索伯列夫编撰了《数学物理方程》(中译本由高等教育出版社出版,1958)等著名教科书.

索伯列夫曾 3 次获得苏联国家奖金,获得 7 枚列宁勋章、1 枚十月革命勋章以及其他勋章和奖章.1968 年他被授予苏联社会主义劳动英雄称号.

弗里德里希(1901—1982),德国人,1901 年 9 月 28 日出生于基尔,曾在布劳恩施威克工作,1937 年赴美国,在纽约大学任职,他主要研究数学物理,在偏微分方程理论中有弗里德里希不等式,著有专著《希尔伯特空间的谱扰动》等.

克雷洛夫,苏联人,1902 年 12 月 4 日生于古比雪夫地区,1929 年毕业于列宁格勒大学,1930 年至 1956 年间在列宁格勒大学工作.他于 1951 年成为教授,同年获数学物理学博士学位.他于 1956 年起在白俄罗斯科学院数学研究所工作,并任白俄罗斯科学院院士,同时也在白俄罗斯大学任教.

克雷洛夫在复变函数论、微分方程、积分方程和变分学等方面都有贡献,尤其在近似数值方法方面造诣较深.他与康托罗维奇(Kantorovič)合著的《高等分析中的逼近法》(1962)以及他 1967 年所著的《可算积分的逼近》推动了微分方程、积分方程的近似解法的进展.他还与鲍勃科夫、蒙纳斯蒂尔合编了教科书《高等数学的计算方法》(第一册,1972;第二册,1975)、《计算方法》(第一册,1976;第二册,1979).

1966 年,克雷洛夫被授予"白俄罗斯功勋科学家"称号.

以上这几位数学家都研究了函数的"广义导数",这些导数定义基本上等同于现在流行的定义,但仅限于函数的广义导数和函数这一特殊情形.其实还有人

用不同的方法定义广义函数的求导并研究其性质. 他
们的方法竟然十分自然地重新得到了阿达玛
(Hadamard)先生同样还是在偏微分方程理论中所引
进的"有限部分". 所谓发散积分的有限部分定义了与
位势理论中的多层很不一样的、新的广义函数. 考虑
到许多读者并不是很熟悉阿达玛, 我们来介绍一下：

　　阿达玛, 法国人, 1865 年 12 月 8 日生于凡尔赛. 少
年时, 他喜爱语言学, 曾获得过希腊语与拉丁语竞赛
的优胜奖. 中学时, 他就是出类拔萃的学生, 曾到多科
工艺学校学习. 他于 1890 年毕业于高等师范学校, 并
开始在那里从事教育工作, 1892 年获得科学博士学
位. 他有段时间在波尔多工作, 后来到了巴黎, 曾在法
兰 西 学 院 (1897—1935)、 巴 黎 大 学 文 理 学 院
(1900—1912)、多科工艺学校(1912—1935)以及技艺
中心学校(1920— 1935)任教, 1912 年为巴黎科学院
院士, 1929 年为苏联科学院外籍院士. 他还曾到过中
国、苏联和美国进行数学学术交流. 他于 1963 年 10 月
17 日逝世.

　　阿达玛在数学上有很多贡献, 主要涉及函数论、
数论、微分方程、泛函分析、微分几何、集合论和数学
基础等方面.

　　在函数论方面, 阿达玛的贡献特别多. 1892 年, 他
在幂级数与奇点的研究方面取得了一系列成果, 如：
关于由幂级数 $p = \sum a_n z^n$ 确定的解析函数的分支
$f(z)$, 在何处全纯的阿达玛定理；幂级数关于原点的
星形域的阿达玛乘法定理；使得幂级数的收敛圆周成
为自然边界的条件的阿达玛空隙定理. 1893 年, 他得
到关于 ζ 函数的一个乘积表达式. 1908 年, 他在研究用

狄利克雷级数表示的函数的性质时,得到一种系数公式;在有界函数理论的研究中,得到阿达玛三圆定理;在超越整函数理论的研究中,得到整函数的阶与亏格的一个重要性质;在全平面亚纯函数理论的研究中,得到了一个阿达玛定理;在函数的值分布理论的研究中,也得到许多成果.1912 年,他出版了《关于拟解析函数》一书,提出了一个重要问题:对 $\{Mn\}$ 给出怎样的条件,才能使 $C(Mn) \to R\{x\}$ 成为单射,也就是使 $C(Mn)$ 成为拟解析函数簇.1932 年,他在研究波动方程基本解时,使用了发散级数的有限部分,用解析开拓的巧妙构思圆满地进行了讨论,这是广义函数论的一个开端.

在数论方面,阿达玛于 1896 年与普桑各自独立地应用 ζ 函数的性质,几乎同时证明了素数定理

$$\lim_{x \to \infty} \pi(x) \frac{\log x}{x} = 1$$

这个定理是解析数论的主要定理之一.

在偏微分方程方面,阿达玛于 1903 年出版了《关于波的传播讲义》一书,他把特征理论推广到任意阶的偏微分方程.

在泛函分析方面,阿达玛于 1902 年至 1903 年间,在研究变分法问题的时候,开创了泛函的研究,"泛函"这个名称就是他首创的.

在微分几何方面,阿达玛研究了测地线与力学、变分学、拓扑学等的深刻联系,揭示了黎曼流形与欧几里得空间是微分同胚的关系.他还得到:闭曲面上至少有一点使高斯曲率大于零.

在集合论方面,阿达玛积极支持康托(Cantor)集

合论这一新思想,这在当时许多人激烈反对康托集合论的情况下,是难能可贵的.1897 年,他出席在苏黎世召开的第一次国际数学家大会时,强调了超限数理论在分析中的重要应用.结果,不久以后在测度论、拓扑学中也有了超限数理论的进一步应用.在这次大会上,他还提出,曲线等也可看成一个集合的点,如:他考虑过定义在区间$[0,1]$上的全体连续函数所组成的函数簇,它出现在阿达玛的关于偏微分方程的论文中.

在数学基础的研究方面,阿达玛属于直觉主义派.他在与波莱尔(Borel)、贝尔(Bell)、勒贝格的信件往来中,常常讨论数学逻辑研究的现况.他认为,整数不能以公理为基础,他批评选择公理.他曾宣称,即使可数无穷个的相继选择都不那么直观,更何况做不可数个无穷的选择,它们都需要无穷次运算,而这不可能被认为是确实可行的.不过,阿达玛这些直觉主义派的观点还是零散的、片断的,并未形成系统理论.

另外,在行列式理论方面,阿达玛于 1893 年证明了:设 $D=|a_{ij}|$ 的元素 $|a_{ij}|\leqslant A$,则行列式 D 满足 $|D|\leqslant A^n\cdot n^{\frac{n}{2}}$.这个定理是当时关于行列式的研究成果中较为突出的一个.在组合论中,平衡不完全区组设计中只含 ± 1 的 n 阶方阵,也被称为阿达玛矩阵.

阿达玛还很关心中学的数学教育问题,并编写了初等几何学教科书.阿达玛是历史上少数几位高龄数学家之一,一生的著作多达 300 多篇(部).他到了晚年仍然思想活跃,在法国由年轻数学家组成的布尔巴基学派积极活动的时候,许多老一辈大数学家显得知识有些局限性,而他主持的讨论班仍然是一扇通向国外、通向数学发展新方向的窗口.他多次获得巴黎科学院奖. 他 90 岁生日之际,被授予"荣誉军团大十字勋章".

　　为了处理傅里叶级数与傅里叶积分理论中依然十分困难的收敛性问题,非常有必要引入重要的数学工具.傅里叶级数引发了求和方法的发展,但这些方法并没有带来一个令人满意的解决方案,因为总是需要区分傅里叶级数与非傅里叶级数的三角级数.单就傅里叶积分来讲,不管是以直接还是间接的方式,都不可避免地要引入广义函数的概念.比较常见的有博赫纳方法,除此还有解析傅里叶的卡勒曼(Carleman)方法,以及贝奥林(Beurling)方法,即调和傅里叶变换方法.

　　卡勒曼,瑞典人,1892 年 7 月 8 日生于比谢尔托夫特,曾任斯德哥尔摩大学、尤尔斯霍尔姆大学教授.他于 1949 年 1 月 11 日逝世.他主要研究渐近级数、拟解析函数、微分算子、积分方程、偏微分方程和多项式逼近论等.文献中有以卡勒曼的名字命名的定理、原理、不等式、核、正交多项式等,著有《气体动力理论数学习题集》等.

　　贝奥林(1905—1986),瑞典人.他主要研究巴拿赫(Banach)代数、函数论、集合论以及调和分析等,著有《保形不变式和函数理论零集》等.

　　这几种方法都与法国的 L.施瓦兹的方法十分接近.博赫纳的"广义函数"实际上是被定义或在通常意义下不一定可导的连续函数的导数,而 L.施瓦兹则认为广义函数在局部上就是连续函数的导数.但是他觉得这样的性质作为定理而得到比作为定义而得到更可取,因为求导顺序以及涉及的连续函数均不能唯一

确定,尤其是在多变量的情形.

广义函数也在一个完全不同的领域中起作用. 在代数拓扑中,微分流形的同调或者由"奇异链"给出,或者由微分形式给出. 其中一边是"边缘"运算,而另外一边则是"外微分"运算. 由此产生了将这两类运算进行综合的自然想法,前者同时包含链和微分形式作为其特殊情形,而后者则恰好使得对链的求导为边缘运算而对微分形式的求导为外微分运算. 流的理论被简化,改进成流形上的广义函数 — 微分形式理论,后一理论同样也包含了吉利斯(P. Gillis)的结果. 德·拉姆(de Rham)曾在他的一本书中全面论述了关于流的一套理论.

我们显然是想尽可能全面地列举广义函数的"祖先"和"近亲",但这是不可能完全的.

比如变分计算中所用的杨(L. C. Young)的广义曲面论.

杨(1905—2000),美国人,出生于德国的哥廷根,杨(W. H. Young,1863—1942)的儿子,1939 年至 1949 年曾主持南非开普敦大学数学系的工作,后去美国,1949 年起任威斯康星大学教授,1962 年至 1964 年任系主任,1968 年起任名誉教授. 在数学方面,杨起初从事函数论的研究,继而涉及变分法. 他提出的广义曲线和曲面的概念,对解决数学问题(无论是古典的,还是现代的)给予了新的启示.

还有凡塔皮埃(Fantappié)的解析泛函.

凡塔皮埃,意大利人,1901 年 9 月 15 日出生,曾在罗马大学教授数学分析,任该大学教授和数学研究所所长. 凡塔皮埃研究了解析泛函理论及其在偏微分方

程积分法和微分方程的算子符号演算中的应用. 他于
1956 年 7 月 28 日逝世.

除此之外米库辛斯基(Mikusinski)的算子也源
于类似的思想.

米库辛斯基,波兰人,精于分析学,著有《运算微
积》(1953).

从以上介绍我们可以看出广义函数不完全是一
个"革命性的创新",许多读者都会在其中发现一些他
们所熟悉的思想,这个理论以简单、正确的方式并入
了一些分散在各个领域,显得非常繁杂而且在很多时
候却是错误的方法. 从方法论上讲这是一种综合和简
化,当然这种综合需要从最基础做起,首先要正确定
义什么是广义.

施瓦兹(1915—2002),法国人,1915 年 3 月 5 日出
生于巴黎. 在中学学习时,他先热衷于学习拉丁文和
希腊文,后来兴趣转向了数学. 他于 1934 年考入了法
国高等师范学校,学习了当时的现代数学,如勒贝格
积分、单复变函数、偏微分方程、现代概率论等. 他于
1937 年毕业,并取得了教师资格. 施瓦兹在大学期间
遇到了现代概率论的主要奠基人莱维(Levy,
1886—1971,后成为他的岳父),这对他的学术道路产
生过重大影响. 莱维指导他写概率论方面的论文.
他于 1937 年至 1940 年当过三年兵,1943 年获博士学
位,1944 年在格林兹布当讲师,1945 年到了布尔巴基
学派活动中心南锡,在南锡大学任教授.

施瓦兹在泛函分析、偏微分方程、概率论等领域
均做出了重要贡献. 但是,最主要的贡献是创立了广
义函数(分布)论. 人们对函数概念的认识是不断深化

的:19 世纪随着对数学物理方程的深入研究,出现了
许多奇异函数,如无处可微的连续函数;到 20 世纪物
理学家又提出了一些新函数,如狄拉克提出的"怪"函
数——δ-函数.施瓦兹早在大学读书期间就考虑过
如何将函数概念加以推广,使之能"容下"诸如 δ-函
数等函数的问题.他首先认真研究了费歇尔(Fisher)
空间的对偶理论;其次系统地总结了当时许多数学家
有关广义函数的零星的想法和理论;在这个基础上,
1945 年至 1946 年间先后发表了 4 篇关于广义函数的
论文,建立了广义函数论的完整的体系.他在建立广
义函数论理论体系过程中所起的作用,与牛顿、莱布
尼茨建立微积分的作用有些类似.现代的几乎大部分
数学新分支都建立在这个基础上,因此,他在这方面
的贡献在数学史上的意义是深远的.施瓦兹于 1950 年
和 1951 年出版了两卷本专著《广义函数论》.这是有关
广义函数理论的经典著作.

施瓦兹还是一位数学教育家.他通过以他的名字
命名的"施瓦兹讨论班",培养了不少年轻的著名数学
家,对推动现代数学的发展产生了重大的影响.施瓦
兹对法国的教育改革也很热心,经常参加各种有关的
政治活动和社会活动.他对第三世界的数学教育事业
也很关心.

1950 年施瓦兹荣获第二届"菲尔兹奖".

δ—函数的数学理论简介

第 3 章

世界著名数学家 Peter Lax 曾指出：

数学和物理的关系尤其牢固，其原因在于，数学的课题毕竟是一些问题，而许多数学问题是物理中产生出来的，并且不止于此，许多数学理论正是为处理深刻的物理问题而发展出来的.

借助于物理直观所定义的 δ—函数是不能按古典意义下的普通函数来理解的. 为了能够确切理解和运用 δ—函数，就必须推广普通函数的定义，使得新的函数概念能够容纳 δ—函数. 于是，我们面临的问题是，应当遵循何种途径来推广函数的定义，才能达到预期的目的？这正是本章要向读者简单介绍的 δ—函数的数学理论. 鉴于这部分理论全

40

面深入的论述必将涉及许多专业的数学知识,从而使得在理论和实际工作中经常使用 δ — 函数这一数学工具,而又并非专门从事数学工作的人们感到困难;可又不能使读者在读完本书后,对 δ — 函数还是觉得那么"离奇"和困惑不解.因此,我们既感到这些内容有必要加以介绍,又只能扼要地把论述铺陈到"解惑"的程度,以尽可能少涉及那些更高深的数学理论.

我们曾强调指出, δ — 函数的运算性质,即对任一在 $(-\infty, +\infty)$ 上连续的函数 $f(x)$,恒有

$$\int_{-\infty}^{+\infty} f(x)\delta(x)\mathrm{d}x = f(0) \qquad (1)$$

深刻地体现了 δ — 函数的本质属性.它不仅反映了现实的量的重要的物理特性 —— 单位集中量的密度分布,揭示了集中分布与连续分布的物理量的内在联系,而且还为 δ — 函数提供了有效的运算手段.于是,为了使得推广了的函数定义能够包括 δ — 函数,我们将从式(1)入手,来引述新的函数概念.为此,我们首先介绍一些有关泛函的基本概念,这对于理解后面将要讲到的广义函数的概念是必不可少的.

3.1　有关泛函的一些基本概念

定义 1　设 E 为某一集合①, σ 为全体实数或全体复数集合,若满足如下条件:

---

①　所谓集合,乃是一些东西的总体,这些东西叫作该集合的元素.若 x 为集合 E 中的元素,则记为 $x \in E$;若 x 不是集合 E 中的元素,则记为 $x \notin E$.

1° 对于任意两元素 $x,y \in E$，恒存在唯一元素 $z \in E$ 与之对应，记为 $z=x+y$，并称为 x 与 y 的和，且此加法运算具有如下性质：

（1）当 $x,y \in E$ 时，恒有 $x+y=y+x$；

（2）当 $x,y,z \in E$ 时，恒有 $x+(y+z)=(x+y)+z$；

（3）存在元素 $\mathbf{0} \in E$，使得当 $x \in E$ 时，恒有 $x+\mathbf{0}=x$；

（4）对于任一元素 $x \in E$，恒存在元素 $-x$，使得 $x+(-x)=\mathbf{0}$.

2° 对于任一数 $\alpha \in \sigma$ 及 $x \in E$，都恰有一个确定的元素 $w \in E$ 与之对应，记为 $w=\alpha x$，并称之为数 α 与元素 x 的乘积，且此乘法运算具有如下性质：

（1）当 $\alpha,\beta \in \sigma, x \in E$ 时，恒有 $\alpha(\beta x)=(\alpha\beta)x$；

（2）当 $x \in E$ 时，$1 \cdot x=x$.

3° 加法运算与乘法运算之间有如下性质：

（1）当 $\alpha,\beta \in \sigma, x \in E$ 时，$(\alpha+\beta)x=\alpha x+\beta x$；

（2）当 $\alpha \in \sigma, x,y \in E$ 时，$\alpha(x+y)=\alpha x+\alpha y$，

则称 E 为数域 σ 上的线性空间，或者简称 E 为线性空间；也称 E 为向量空间，E 中的元素为向量. 特别地，若 σ 为全体实数集合，则称 E 为实线性空间；若 σ 为全体复数集合，则称 E 为复线性空间.

上述抽象的线性空间的定义，其实正是具有明显几何直观的三维向量空间所具有的本质特征的数学抽象.

在三维向量空间中，向量的模（长度）的概念，起着重要作用. 类似地，在抽象的线性空间中，也有所谓

模（范数）的概念.

定义 2　设 E 为数域 σ 上的线性空间，若对于任一 $x \in E$，恒存在一个非负实数与之对应，记为 $\|x\|$，并且：

（1）$\|x\| = 0 \Leftrightarrow x = \boldsymbol{0}$；

（2）若 $x \in E, \alpha \in \sigma$，则 $\|\alpha x\| = |\alpha| \|x\|$；

（3）若 $x, y \in E$，则 $\|x + y\| \leqslant \|x\| + \|y\|$，

则称 E 为线性赋范空间，或简称为赋范空间，并称 $\|x\|$ 为 E 中的元素 x 的范数，也称 $\|x\|$ 为 E 中的元素 x 的模. 引进模的线性空间也称为线性有模空间.

例 1　设 $\mathbf{R}$ 为全体实数构成的集合，若对于任一 $x \in \mathbf{R}$，定义其范数为其绝对值 $|x|$，则 $\mathbf{R}$ 就成为一个线性赋范空间.

例 2　所谓 n 维欧氏空间是由任意 n 个有序实数所构成的一切数组 $\boldsymbol{X} = (x_1, x_2, \cdots, x_n)$ 为元素的空间 $\mathbf{R}^n$. 显而易见，$\mathbf{R}^n$ 为实线性空间. 若对于任一 $\boldsymbol{X} = (x_1, x_2, \cdots, x_n) \in \mathbf{R}^n$，定义

$$\|\boldsymbol{X}\| = \sqrt{\sum_{k=1}^{n} x_k^2}$$

则 $\mathbf{R}^n$ 便是线性赋范空间.

例 3　记 $C_{[a,b]}$ 为定义于 $[a,b]$ 上的全体连续函数的集合，并且按通常意义来定义 $C_{[a,b]}$ 中元素的加法运算以及数与其元素的乘法运算. 若对任一 $f(x) \in C_{[a,b]}$，定义

$$\|f(x)\| = \max_{a \leqslant x \leqslant b} |f(x)|$$

则 $C_{[a,b]}$ 即为线性赋范空间.

极限运算是分析学中最基本、最重要的运算，且极限运算依赖于距离概念. 在线性空间中，常常需要

引进极限运算,因此也需要以某种方式引进距离概念.其实,在线性空间中引进了模的概念,也就等价于引进了距离的概念.为了能够了解距离概念的本质,我们先介绍一下以距离概念为基础的度量空间的概念.

定义 3 设 X 是由某些元素所构成的集合,若对于任何 $x,y \in X$,恰有一个非负实数与之对应,记之为 $\rho(x,y)$,并且它满足如下条件:

(1) $\rho(x,y) = 0 \Leftrightarrow x = y$;

(2) $\rho(x,y) = \rho(y,x)$;

(3) $\rho(x,y) + \rho(y,z) \geqslant \rho(x,z)$,

则称 X 为度量空间或距离空间,称 X 中的元素为空间中的点,称 $\rho(x,y)$ 为 x 与 y 两点之间的距离.

显然,任一赋范空间必为一度量空间.事实上,对该赋范空间中任意两元素 x,y,若规定 $\rho(x,y) = \| x - y \|$,则易见此赋范空间为度量空间.于是,对线性空间赋予范数的概念,就等价于给出了距离的定义.从而对于线性赋范空间就可以引进极限运算.

定义 4 设 $\{x_n\}$ 为线性赋范空间 E 中某点列,若存在 $a \in E$,使得

$$\rho(x_n,a) = \| x_n - a \| \to 0, n \to \infty$$

则称点列 $\{x_n\}$ 当 $n \to \infty$ 时以点 a 为极限,也称 $\{x_n\}$ 收敛于 a,记为

$$\lim_{n \to \infty} x_n = a$$

例 4 按例 3 中在 $C_{[a,b]}$ 内的范数的定义易见,若设 $f_n(x) \in C_{[a,b]}(n=1,2,\cdots), f(x) \in C_{[a,b]}$,则

$$\| f_n(x) - f(x) \| \to 0, n \to \infty$$

的充要条件为 $f_n(x)$ 在 $[a,b]$ 上一致收敛于 $f(x)$.

下面介绍泛函及其连续性和线性泛函的概念.

定义 5　设 E 为线性赋范空间,则称定义于 E 上的数值函数 $f(x)$ 为赋范空间 E 上的泛函,或简称为泛函.

定义 6　设 E 为数域 σ 上的线性赋范空间,$f(x)$ 为 E 上的泛函,若对于任意 $x,y \in E,\alpha,\beta \in \sigma$,恒有

$$f(\alpha x + \beta y) = \alpha f(x) + \beta f(y)$$

则称 $f(x)$ 是 E 上的线性泛函.

定义 7　设 $f(x)$ 为线性赋范空间 E 上的泛函,若任给 $\varepsilon > 0$,恒存在 $\delta > 0$,使得当 $x_1,x_2 \in E$ 时,只要 $\| x_1 - x_2 \| < \delta$,便有

$$| f(x_1) - f(x_2) | < \varepsilon$$

则称泛函 $f(x)$ 在 E 上连续.

下面举两个有关连续线性泛函的具体例子.

例 5　设 $C_{[a,b]}$ 为例 3 中所述的线性赋范空间.则对于任一 $x(t) \in C_{[a,b]}$,由于 $x(t)$ 在 $[a,b]$ 上连续,所以积分 $\int_a^b x(t)\mathrm{d}t$ 存在.从而,容易证明

$$F(x) = \int_a^b x(t)\mathrm{d}t$$

是空间 $C_{[a,b]}$ 上的线性泛函,并且对于任给 $\varepsilon > 0$,取 $\delta = \dfrac{\varepsilon}{b-a}$, 当 $x_1(t),x_2(t) \in C_{[a,b]}$ 且 $\| x_1(t) - x_2(t) \| < \delta$ 时,有

$$| F(x_2) - F(x_1) | = \left| \int_a^b [x_2(t) - x_1(t)]\mathrm{d}t \right| \leqslant$$

$$\int_a^b | x_2(t) - x_1(t) | \,\mathrm{d}t =$$

$$\max_{t \in [a,b]} | x_2(t) - x_1(t) | (b-a) =$$

$$\| x_2(t) - x_1(t) \| (b-a) < \varepsilon$$

于是,泛函 $F(x)$ 在 $C_{[a,b]}$ 上连续.

例 6 设 $x_0(t)$ 是 $[a,b]$ 上已知的连续函数,则对于任一 $x(t) \in C_{[a,b]}$,有

$$f(x) = \int_a^b x(t) x_0(t) \mathrm{d}t$$

显然是空间 $C_{[a,b]}$ 上的线性泛函.事实上,首先,由 $f(x)$ 的定义及例 3 可知,$f(x)$ 是定义于 $C_{[a,b]}$ 上的泛函;其次,对任意 $x_1(t), x_2(t) \in C_{[a,b]}$,以及数域 σ 上的任意两数 α, β,恒有

$$f(\alpha x_1 + \beta x_2) = \int_a^b [\alpha x_1(t) + \beta x_2(t)] x_0(t) \mathrm{d}t =$$

$$\alpha \int_a^b x_1(t) x_0(t) \mathrm{d}t +$$

$$\beta \int_a^b x_2(t) x_0(t) \mathrm{d}t =$$

$$\alpha f(x_1) + \beta f(x_2)$$

因此,泛函 $f(x)$ 是线性的.此外,我们还可以证明泛函 $f(x)$ 是连续的.事实上,若在 $[a,b]$ 上,$x_0(t) \equiv 0$,则结论显然成立;若在 $[a,b]$ 上,$x_0(t) \not\equiv 0$,则由 $x_0(t)$ 在 $[a,b]$ 上连续,可知

$$r = \int_a^b | x_0(t) | \mathrm{d}t \neq 0$$

于是对任给 $\varepsilon > 0$,取 $\delta = \dfrac{\varepsilon}{r}$,当 $x_1(t), x_2(t) \in C_{[a,b]}$ 且 $\| x_1(t) - x_2(t) \| < \delta$ 时,有

$$| f(x_2) - f(x_1) | = \left| \int_a^b [x_2(t) - x_1(t)] x_0(t) \mathrm{d}t \right| \leqslant$$

$$\int_a^b | x_2(t) - x_1(t) | | x_0(t) | \mathrm{d}t \leqslant$$

$$\max_{t\in[a,b]}\mid x_2(t)-x_1(t)\mid\int_a^b\mid x_0(t)\mid\mathrm{d}t=$$

$$\parallel x_2(t)-x_1(t)\parallel\int_a^b\mid x_0(t)\mid\mathrm{d}t<$$

$$\delta\cdot r=\varepsilon$$

这表明泛函 $f(x)$ 在 $C_{[a,b]}$ 上连续.

3.2　$\delta-$ 函数与广义函数的定义

有了上面所介绍的那些关于泛函的基本概念作为基础,就可以进行广义函数的讨论了.所谓广义函数,简言之,就是定义于某一函数空间[①] Φ 上的连续线性泛函.下面我们从 3.1 节中例 6 出发,略做一些有益的引申,以便于展开对所论问题的阐述.

3.1 节中例 6 表明,由定义于 $[a,b]$ 上的连续函数 $x_0(t)$ 可以确定连续函数空间 $C_{[a,b]}$ 上的一个连续线性泛函

$$f(x)=\int_a^b x(t)x_0(t)\mathrm{d}t \tag{1}$$

而且,当 $x_0(t),x_1(t)\in C_{[a,b]}$ 时,只要 $x_0(t)$ 异于 $x_1(t)$,则它们必不会确定同一个泛函.亦即,若对任一 $x(t)\in C_{[a,b]}$,恒有

$$\int_a^b x(t)x_0(t)\mathrm{d}t=\int_a^b x(t)x_1(t)\mathrm{d}t \tag{2}$$

则当 $t\in[a,b]$ 时,$x_0(t)\equiv x_1(t)$.事实上,若设 $t_0\in$

---

① 　这里所谓的函数空间,是某些函数的集合,并且此集合构成线性赋范空间.

$[a,b]$,使 $x_0(t_0) \neq x_1(t_0)$,则由 $x_0(t),x_1(t)$ 于 $[a,b]$ 上连续,可知必存在含于 $[a,b]$ 内的开区间 Δ,便得

$$x_0(t) \neq x_1(t),\text{当 } t \in \Delta \text{ 时}$$

不妨设

$$x_0(t) - x_1(t) > 0,\text{当 } t \in \Delta \text{ 时}$$

取 $\widetilde{x}(t) \in C_{[a,b]}$,使得当 $t \in \Delta$ 时,$\widetilde{x}(t) > 0$;当 $t \notin \Delta$ 时,$\widetilde{x}(t) = 0$. 于是

$$\int_a^b \widetilde{x}(t)[x_0(t) - x_1(t)]\mathrm{d}t =$$

$$\int_\Delta \widetilde{x}(t)[x_0(t) - x_1(t)]\mathrm{d}t > 0$$

从而引出矛盾. 这表明,定义于 $[a,b]$ 上的连续函数 $x_0(t)$ 与由式(1)所确定的定义于 $C_{[a,b]}$ 上的连续线性泛函是一一对应的. 可是,一个定义于 $C_{[a,b]}$ 上的泛函,却未必能与一个定义于 $[a,b]$ 上的连续函数相对应,也未必能与一个其他普通函数相对应. 比如,设 $t_0 \in [a,b]$,并且对于 $C_{[a,b]}$ 中任一函数 $x(t)$,定义

$$f(x) = x(t_0)$$

在量子力学中常记之为

$$x(t_0) = \int_a^b x(t)\delta(t - t_0)\mathrm{d}t \tag{3}$$

其中 $\delta(t - t_0)$ 不是普通函数. 为了弄清楚这一点,我们采用如下与之相类似的另一种提法[①].

设由定义于 $(-\infty, +\infty)$ 上的全体连续函数所构成的函数空间为 F. 对任一 $f(t) \in F$,定义 F 上的泛函为 $\delta_0[f(t)] = f(0)$,记为

---

① 直接由式(3)也完全可以说明 $\delta(t - t_0)$ 是 δ — 函数. 这里之所以通过式(4)来说明它,不过是因为顾及 δ — 函数原来的定义而已.

$$f(0) = \int_{-\infty}^{+\infty} f(t)\delta(t)\,\mathrm{d}t \tag{4}$$

则不难看出,这里的函数 $\delta(t)$ 其实就是 $\delta-$ 函数.事实上,按上述记法,如果取 $f(t) \equiv 1$,那么可得

$$\int_{-\infty}^{+\infty} \delta(t)\,\mathrm{d}t = 1 \tag{5}$$

于是,在弱意义下

$$\delta(t) = 0, \text{当} \ t \neq 0 \ \text{时} \tag{6}$$

如上所述,定义于 $[a,b]$ 上的连续函数 $x_0(t)$,与由它确定的定义于空间 $C_{[a,b]}$ 上的连续线性泛函

$$f_{x_0}(x) = \int_a^b x_0(t)x(t)\,\mathrm{d}t, x(t) \in C_{[a,b]}$$

是一一对应的.于是,我们就把意义本来不同的 $x_0(t)$ 与 $f_{x_0}(x)$ 视为代表同一对象的两个不同的符号.不言而喻,对于一般的函数空间上的泛函,自然也可以持类似的看法.前面已经说过,一般由普通函数所构成的函数空间 Φ 上的连续线性泛函,未必对应普通函数.既然与普通函数对应的连续线性泛函,可以视为普通函数的"替身",那么这类函数空间 Φ 上的连续线性泛函(作为"替身")就既包括了构成普通函数空间的普通函数,又包括了非普通的"函数".这正是下面我们把这类函数空间 Φ 上的连续线性泛函称为广义函数的缘由.

广义函数的定义显然与函数空间 Φ 有关.例如,若 Φ 是平方可积的函数的全体(即 L^2 空间),则此时 Φ 中的连续线性泛函与此函数空间 Φ 中的函数一一对应.于是,Φ 上的广义函数正是平方可积函数的全体.换句话说,此时所谓的广义函数其实并没有什么推广,还都是普通的函数.若 Φ 是连续函数的全体,则此时 Φ 上

的广义函数确实是 Φ 中普通函数的推广. 事实上,这时 Φ 上的广义函数是与斯蒂尔切斯(Stieltjes)积分一一对应的.不难证明,函数空间 Φ 越窄,定义于 Φ 上的连续线性泛函(即广义函数)就越多.

为了使所得到的广义函数具有更好的运算性质,比如具有任意次可微性等,我们常常对函数空间 Φ 加上某些限制.为此,我们取 Φ 为所有在 $(-\infty,+\infty)$ 上任意次可微,还各自在某个有界区间①之外恒为零的函数所组成的空间,并且称之为基本空间 K.基本空间 K 中的函数称为基本函数.

显而易见,基本空间 K 是一无穷集合.例如,对于任意给定的正数 a,b,函数

$$\varphi(x,a,b)=\begin{cases}e^{-b^2/(x-a)^2}, & \text{当} \mid x \mid < a \text{ 时} \\ 0, & \text{当} \mid x \mid \geqslant a \text{ 时}\end{cases}$$

及其经过平移或有限次线性组合所得到的函数,都是空间 K 中的函数.

定义 8 设 $\varphi_n(x) \in K(n=1,2,\cdots)$,且所有 $\varphi_n(x)$ 都在同一有界闭区间 L 之外恒为零,记

$$\| \varphi_n^{(m)}(x) \|_L = \max_{x \in L} \mid \varphi_n^{(m)}(x) \mid$$

若

$$\lim_{n \to \infty} \| \varphi_n^{(m)}(x) \|_L = 0, m=0,1,2,\cdots$$

亦即对任一非负整数 m,函数序列 $\{\varphi_n^{(m)}(x)\}$ 皆于 L 上一致收敛于零,则称 K 中的函数序列 $\{\varphi_n(x)\}$ 收敛于零,记之为

———————————

① 本章仅就广义函数为一维 δ — 函数的情形进行论述,若涉及高维情形,显然应将此处的区间改为相应的高维区域.

$$\varphi_n(x) \to 0(K)$$

定义9　基本空间 K 上的连续线性泛函称为 K 上的广义函数. 换言之,所谓 f 是空间 K 上的广义函数,即对任一 $\varphi \in K$,都恰有一个实数[①]与之对应,记之为

$$f(\varphi) = (f, \varphi)$$

且 $f(\varphi)$ 具有如下性质:

$1°$ 线性性:对任何 $\varphi, \psi \in K$ 以及任意两数 α, β[②],恒有

$$f(\alpha\varphi + \beta\psi) = \alpha f(\varphi) + \beta f(\psi)$$

$2°$ 连续性:当 $\varphi_n \to 0(K)$ 时,恒有 $f(\varphi_n) \to 0$.

需要指出的是,若 K 上的广义函数一一对应在 $(-\infty, +\infty)$ 上有定义,且于任一闭区间上可积的函数,记之为 $f(x)$,即这里的广义函数就可以视为 $f(x)$,则记

$$(f, \varphi) = \int_{-\infty}^{+\infty} f(x)\varphi(x)\mathrm{d}x \tag{7}$$

我们常称基本空间 K 上的广义函数的全体所构成的集合为空间 K 的对偶空间,记为 K'.

从定义9及式(7)可知,在 $(-\infty, +\infty)$ 上有定义,且于任一闭区间上可积的函数 $f(x) \in K'$.

定义10　若对任一 $\varphi \in K$,定义 K 上的泛函为

$$\delta(\varphi) = \varphi(0)$$

则 $\delta(\varphi)$ 显然为空间 K 上的广义函数. 我们称此广义函数为 $\delta -$ 函数,并记之为

---

①　此处若为复数,则后面的式(7)右端的 $f(x)$ 应改为其复共轭 $\overline{f(x)}$.

②　设基本空间 K 是数域 σ 上的线性空间. 于是若 σ 为实数域,则 α, β 只取实数;若 σ 为复数域,则 α, β 可以为复数.

$$\delta(\varphi) = (\delta, \varphi) = \int_{-\infty}^{+\infty} \delta(x)\varphi(x)\mathrm{d}x^{①}$$

此广义函数 $\delta(\varphi)$ 通常记为 $\delta(x)$. 仿式(4)(5)(6)所述可以证明,它正是前面所讨论过的 δ - 函数.

3.3　广义函数的基本运算

设 f, g 为在 $(-\infty, +\infty)$ 上有定义,且于任一闭区间上可积的普通函数. 由式(7)可知,对任一 $\varphi \in K$,恒有

$$(f+g, \varphi) = \int_{-\infty}^{+\infty} [f(x) + g(x)]\varphi(x)\mathrm{d}x =$$

$$\int_{-\infty}^{+\infty} f(x)\varphi(x)\mathrm{d}x + \int_{-\infty}^{+\infty} g(x)\varphi(x)\mathrm{d}x =$$

$$(f, \varphi) + (g, \varphi)$$

将这种普通函数加法的运算加以推广,则有如下定义:

定义 11　设 $f, g \in K'$,对任一 $\varphi \in K$,定义 $f + g$ 为

$$(f+g, \varphi) = (f, \varphi) + (g, \varphi)$$

并称之为 f 与 g 的和.

容易证明,若 $f, g \in K'$,则 $f+g \in K'$. 换言之,当 f 与 g 皆为 K 上的连续线性泛函时,$f+g$ 也为 K 上的连续线性泛函.

设 f 为在 $(-\infty, +\infty)$ 上有定义,且于任一闭区间上可积的普通函数,α 为实数,由式(7)可知,对任一 $\varphi \in K$,恒有

---

① 受式(7)的启示,为表达一致起见,才采用此记号.

$$(\alpha f,\varphi) = \int_{-\infty}^{+\infty} \alpha f(x)\varphi(x)\mathrm{d}x =$$

$$\alpha\int_{-\infty}^{+\infty} f(x)\varphi(x)\mathrm{d}x =$$

$$\alpha(f,\varphi) =$$

$$\int_{-\infty}^{+\infty} f(x)[\alpha\varphi(x)]\mathrm{d}x =$$

$$(f,\alpha\varphi)$$

将这种数与普通函数的乘法运算加以推广,则有如下定义:

定义 12 设 α 为实数,$f \in K'$,对任一 $\varphi \in K$,定义 αf 为

$$(\alpha f,\varphi) = (f,\alpha\varphi)^{\textcircled{1}} = \alpha(f,\varphi)$$

并称之为 α 与 f 的乘积.

容易证明,对任意实数 α,若 $f \in K'$,则 $\alpha f \in K'$.

设 f 为在 $(-\infty,+\infty)$ 上有定义,且于任一闭区间上可积的普通函数,$h \in K$,则对任一 $\varphi \in K$,恒有

$$(hf,\varphi) = \int_{-\infty}^{+\infty} h(x)f(x)\varphi(x)\mathrm{d}x =$$

$$\int_{-\infty}^{+\infty} f(x)[h(x)\varphi(x)]\mathrm{d}x =$$

$$(f,h\varphi)$$

将这种普通函数与 K 中函数的乘积运算进行推广,便得到如下定义:

定义 13 设 $h \in K$,对任意 $\varphi \in K$,$f \in K'$,定义 hf 为

---

① 当 α 为复数时,此处应是 $(f,\bar{\alpha}\varphi)$.

$$(hf,\varphi)=(f,h\varphi)^{①}$$

称之为 h 与 f 的乘积.

容易证明,若 $h \in K$,$f \in K'$,则 $hf \in K'$.事实上,hf 的线性性是显然的;至于连续性,则利用普通函数的高阶微商的莱布尼茨公式

$$\frac{\mathrm{d}^k}{\mathrm{d}x^k}[h(x)\varphi_n(x)]=\sum_{s=0}^{k}C_k^s\frac{\mathrm{d}^{k-s}h(x)}{\mathrm{d}x^{k-s}}\cdot\frac{\mathrm{d}^s\varphi_n(x)}{\mathrm{d}x^s}$$

便不难得到证明.

顺便指出,一般不宜给出 K' 上的两个广义函数的乘积定义.

下面我们引进广义函数的极限概念.

定义 14 设 $f_n \in K'$($n=1,2,\cdots$),若对于任何 $\varphi \in K$,数列 $\{(f_n,\varphi)\}$ 恒收敛,记其极限为 $f(\varphi)$,即

$$\lim_{n\to\infty}(f_n,\varphi)=f(\varphi)=(f,\varphi),\varphi \in K$$

则称广义函数序列 $\{f_n\}$ 收敛于 f,或称广义函数序列 $\{f_n\}$ 的极限为 f,记为

$$f_n \to f,n \to \infty$$

关于定义 4,我们做如下几点说明:

1° 这里所定义的广义函数序列的收敛性概念,正是泛函分析中所谓的"弱收敛"概念. 因此,我们也把广义函数序列 $\{f_n\}$ 收敛于 f 称为 $\{f_n\}$ 弱收敛于 f,或称 $\{f_n\}$ 的弱极限为 f,并记之为

$$\lim_{n\to\infty}f_n\xrightarrow{\text{弱}}f$$

或者

$$f_n\underset{n\to\infty}{\overset{\text{弱}}{\Longleftrightarrow}}f$$

---

① 当 $h(x)$ 为复值函数时,此处应是 $(f,\bar{h}\varphi)$.

2° 若广义函数序列 $\{f_n\}$ 弱收敛于 f,则不难证明 f 是 K 上的连续线性泛函. 换言之,K 上收敛的广义函数序列的极限仍是 K 上的广义函数.

3° 若 $\{f_n\}$ 为 K' 中依赖于参数 $\mu \in \Delta$ 的广义函数族,则根据在高等数学中所熟知的海涅(Heine)定理易见,当参数 μ 在 Δ 中按某种趋势变化比如 $\mu \to \mu_0$ 时,$\{f_\mu\}$ 的极限定义显然可以归结为定义 13. 从而可以这样定义其极限:设 $f_\mu \in K' (\mu \in \Delta)$,若对任一 $\varphi \in K$,$\lim\limits_{\mu \to \mu_0}(f_\mu, \varphi)$ 恒存在,记其极限为 $f(\varphi)$,即

$$\lim_{\mu \to \mu_0}(f_\mu, \varphi) = f(\varphi) = (f, \varphi), \varphi \in K$$

则称当 $\mu \to \mu_0$ 时 $\{f_\mu\}$ 弱收敛于 f 或称当 $\mu \to \mu_0$ 时 $\{f_\mu\}$ 的弱极限为 f,记为

$$\lim_{\mu \to \mu_0} f_\mu \stackrel{弱}{=\!=\!=} f$$

或者

$$f_\mu \underset{\mu \to \mu_0}{\overset{弱}{\Longrightarrow}} f$$

概括地说,广义函数理论是在于推广古典的微积分运算.

若在 $(-\infty, +\infty)$ 上有定义的函数 $f(x)$ 为普通的 k 次连续可微函数,则对于 $\varphi(x) \in K$,由分部积分公式,有

$$(f'(x), \varphi(x)) = \int_{-\infty}^{+\infty} f'(x)\varphi(x)\mathrm{d}x =$$

$$f(x)\varphi(x)\Big|_{-\infty}^{+\infty}{}^① - \int_{-\infty}^{+\infty} f(x)\varphi'(x)\mathrm{d}x =$$

---

① 由基本空间 K 的定义可知,当 $\varphi(x) \in K'$ 时,有
$$\varphi^{(n)}(\pm\infty) = 0, n = 0, 1, 2, \cdots$$

$$-(f(x), \varphi'(x))$$

依此类推,则得

$$(f^{(m)}(x), \varphi(x)) = (-1)^m (f(x), \varphi^{(m)}(x))$$

$$m = 1, 2, \cdots, k$$

将上述结论推广到广义函数上,便得到关于广义函数的微商概念.

定义 15 设 $f(\varphi)$ 为基本空间 K 上的广义函数,即

$$f(\varphi) = (f, \varphi), \varphi \in K$$

定义 $f^{(m)}$ 为

$$(f^{(m)}(x), \varphi(x)) = (-1)^m (f(x), \varphi^{(m)}(x))$$

$$m = 1, 2, \cdots$$

并称之为广义函数 f 的 m 次微商(或广义微商).

容易证明,K 上的广义函数的任意阶导数仍是 K 上的广义函数.换言之,若 $f \in K'$,则

$$f^{(m)} \in K', m = 1, 2, \cdots$$

例 7 证明赫维塞德单位函数

$$H(x) = \begin{cases} 0, & \text{当 } x < 0 \text{ 时} \\ 1, & \text{当 } x \geqslant 0 \text{ 时} \end{cases}$$

作为广义函数,其导数为

$$H'(x) = \delta(x)$$

证 将普通函数 $H(x)$ 视为广义函数,再由广义函数的导数定义便知,对任一 $\varphi \in K$,有

$$(H'(x),\varphi(x)) = -(H(x),\varphi'(x)) =$$
$$-\int_{-\infty}^{+\infty} H(x)\varphi'(x)\mathrm{d}x =$$
$$-\int_{0}^{+\infty} \varphi'(x)\mathrm{d}x =$$
$$\varphi(0) - \varphi(+\infty) =$$
$$\varphi(0) = (\delta(x),\varphi(x))$$

于是,由广义函数的定义便得
$$H'(x) = \delta(x)$$

例 8　根据广义函数的导数定义以及 $\delta -$ 函数的定义可知,对任一 $\varphi \in K$,恒有
$$(\delta^{(n)}(x),\varphi(x)) = (-1)^n(\delta(x),\varphi^{(n)}(x)) =$$
$$(-1)^n\varphi^{(n)}(0)$$
$$n = 1,2,\cdots$$

类似地,对任一 $\varphi \in K$,恒有
$$(\delta^{(n)}(x-\xi),\varphi(x)) = (-1)^n(\delta(x-\xi),\varphi^{(n)}(x)) =$$
$$(-1)^n\varphi^{(n)}(\xi)$$
$$n = 1,2,\cdots$$

例 9　设 $x_m(m=0,\pm 1,\pm 2,\cdots)$ 为实数轴上依序排列的一列孤立点,且
$$\lim_{m \to \pm\infty} x_m = \pm\infty$$
假定 $f(x)$ 在开区间 $(x_m,x_{m+1})(m=0,\pm 1,\pm 2,\cdots)$ 内任意次可微,且 $f^{(n)}(x)(n=0,1,2,\cdots)$ 皆以 x_m $(m=0,\pm 1,\pm 2,\cdots)$ 为第一类间断点,即 $\lim_{x \to x_m^-} f^{(n)}(x)$ 与 $\lim_{x \to x_m^+} f^{(n)}(x)$ 都存在. 将 $f(x)$(即 $f^{(0)}(x)$) 与 $f^{(n)}(x)$ $(n=1,2,\cdots)$ 所对应的 K 上的广义函数分别记为 $[f]$ 与 $[f^{(n)}]$,并记 $[f]^{(n)}$ 为广义函数 $[f]$ 的 n 阶微商. 设

$J_m^{(n)}$ 为 $f^{(n)}(x)$ 在 $x_m(m=0,\pm 1,\pm 2,\cdots)$ 处的跃度,即

$$J_m^{(n)} = f^{(n)}(x_m+0) - f^{(n)}(x_m-0)$$

则

$$[f]^{(n)} = [f^{(n)}] + \sum_{m=-\infty}^{+\infty} \sum_{p+q=n-1} J_m^{(p)} \delta^{(q)}(x-x_m) \quad (1)$$

特别地,有

$$[f]' = [f'] + \sum_{m=-\infty}^{+\infty} J_m \delta(x-x_m) \quad (2)$$

由此可见,具有第一类间断点的函数的广义微商由两部分叠加而成:第一部分体现所论函数的普通微商,第二部分则反映所论函数的间断特性,其数学表现为 $\delta -$ 函数或其微商的线性组合.

我们先证明式(2). 根据定义 5 及普通函数的分部积分公式,对任一 $\varphi \in K$,有

$$([f]', \varphi) = -([f], \varphi') = -\int_{-\infty}^{+\infty} f(x)\varphi'(x)\mathrm{d}x =$$

$$-\sum_{m=-\infty}^{+\infty} \int_{x_m}^{x_{m+1}} f(x)\varphi'(x)\mathrm{d}x =$$

$$-\sum_{m=-\infty}^{+\infty} \{f(x_{m+1}-0)\varphi(x_{m+1}) -$$

$$f(x_m+0)\varphi(x_m)\} +$$

$$\sum_{m=-\infty}^{+\infty} \int_{x_m}^{x_{m+1}} f'(x)\varphi(x)\mathrm{d}x =$$

$$\sum_{m=-\infty}^{+\infty} f(x_m+0)\varphi(x_m) -$$

$$\sum_{m=-\infty}^{+\infty} f(x_{m+1}-0)\varphi(x_{m+1}) +$$

$$\int_{-\infty}^{+\infty} f'(x)\varphi(x)\mathrm{d}x \quad (3)$$

令 $m+1=k$,则

$$\sum_{m=-\infty}^{+\infty} f(x_{m+1}-0)\varphi(x_{m+1}) = \sum_{k=-\infty}^{+\infty} f(x_k-0)\varphi(x_k)$$

$$(4)$$

将式(4)右端的 k 记为 m,并代入式(3),得

$$([f]',\varphi) =$$

$$\sum_{m=-\infty}^{+\infty} f(x_m+0)\varphi(x_m) - \sum_{m=-\infty}^{+\infty} f(x_m-0)\varphi(x_m) +$$

$$\int_{-\infty}^{+\infty} f'(x)\varphi(x)\mathrm{d}x =$$

$$\sum_{m=-\infty}^{+\infty} J_m\varphi(x_m) + \int_{-\infty}^{+\infty} f'(x)\varphi(x)\mathrm{d}x =$$

$$\sum_{m=-\infty}^{+\infty} J_m(\delta(x-x_m),\varphi(x)) + ([f'(x)],\varphi(x)) =$$

$$(\sum_{m=-\infty}^{+\infty} J_m\delta(x-x_m) + [f'(x)],\varphi(x))$$

于是,由 3.2 节定义 2 便知式(2)成立.至于式(1),则由式(2)并根据数学归纳法就不难得证.

　　自从 20 世纪 30 年代,索伯列夫在深入研究微分方程的某些问题时引入广义函数的方法以来,广义函数论得到了迅猛的发展.它不仅在数学领域内,而且在物理及工程技术等方面都有着广泛的应用.而早在 20 世纪 20 年代由狄拉克引进的 δ－函数,不仅是广义函数的典型范例,而且促进了广义函数论的发展,同时广义函数论也为 δ－函数奠定了严格的数学基础.

　　这里,我们只是为了简单介绍 δ－函数的数学理论才不得不涉及广义函数论中一些必要的知识,至于这方面其他更深入的内容,不再赘述.

广义函数初步[①]

第 4 章

世界著名数学家 D. R. Weidman 曾指出：

数学史简单地写道，所有总的轮廓和大多数主要结果是由少数几个天才得到的，他们是不同凡响的数学家. 这些大人物们跨大步前进，然后小明星挤进漏洞，做些推广并发现新的应用，同时巨人们又跨步向更前方. 也许由某些人去填补间隙，进行推广是重要的，而创造数学思想的氛围也是必要的，以便让天才们能发现自我并茁壮成长. 但是不出色的数学家都认为他自己不能证明重大定理，因而肯定对自己不满意. 这部分地是因为他迎头遇到的问题过于巨大，不能完全解决.

[①] 本章摘编自《近代分析数学概要》，陈景良著，清华大学出版社，1989.

4.1　广义函数论的发展

4.1.1　物理背景

自然科学尤其是物理科学的发展表明,"空间 E^n 中某点集到数集的对应关系"这个古典的函数概念是不完全够用的.

例如,温度是宏观概念,说某点的温度实际上无意义,有意义的只是某区域的平均温度.

某些物理现象,自变量的间隔极小而因变量取值极大.譬如,直线上质量集中在一点附近时的密度,力学中瞬时作用的冲击力,电学中的雷击电闪,数字通信中的抽样脉冲,等等.刻画这类现象的数学模型称为 $\delta -$ 函数,即一个"函数"除原点外到处为 0,在原点则等于无穷,而在整个直线上的积分值为 1. $\delta -$ 函数首先是在物理学中引进的,实际上是对相当复杂的极限过程的一种简化和抽象,它的采用可使计算大大简化,有时还用 $\delta -$ 函数的"微商".自然,按照古典数学分析的观点,这是不可理解的.

$\delta -$ 函数在广义函数论中占有重要地位.我们具体看一看通信工程中关于 $\delta -$ 函数概念的描述.设 t 是时间, u 是电压,图 1 表示宽为 τ ,高为 $1/\tau$ 的矩形电压脉冲.当保持矩形脉冲面积 $\tau \cdot 1/\tau = 1$ 不变,而使脉宽 τ 趋于零时,脉冲幅度 $1/\tau$ 趋于无穷.对任意固定的 $\tau > 0$,矩形脉冲对应一个定义在 $(-\infty, \infty)$ 上的函数 $u = u_\tau(t)$,即

$$u_\tau(t) = \begin{cases} \dfrac{1}{\tau}, t \in \left[-\dfrac{\tau}{2}, \dfrac{\tau}{2} \right] \\ 0, t \in \left(-\infty, -\dfrac{\tau}{2} \right) \cup \left(\dfrac{\tau}{2}, \infty \right) \end{cases}$$

引进单位阶跃函数(图 2)

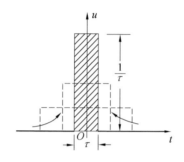

图 1

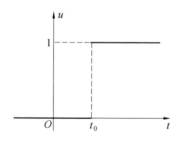

图 2

$$u(t - t_0) = \begin{cases} 0, t < t_0 \\ 1, t \geqslant t_0 \end{cases}$$

这是在时间 $t = t_0$ 时接入电源产生的单位阶跃信号的简化模型. 显然

$$u_\tau(t) = \frac{1}{\tau} \left[u\left(t + \frac{\tau}{2} \right) - u\left(t - \frac{\tau}{2} \right) \right]$$

这样,我们考察的是函数族

$$\{u_\tau(t) \mid \tau \in (0,\infty)\}$$

当 $\tau \to 0$ 时,将 $u_\tau(t)$ 的"极限"称为 δ - 函数(这只是 δ - 函数的一种形式上的定义),记作 $\delta(t)$,即

$$\delta(t) = \lim_{\tau \to 0} u_\tau(t) = \lim_{\tau \to 0} \frac{1}{\tau} \left[u\left(t + \frac{\tau}{2}\right) - u\left(t - \frac{\tau}{2}\right) \right]$$

$$(1)$$

注意,这里所说的"极限"并不是通常意义下的极限,而是一种广义极限.实际上,当 $t \neq 0$ 时明显地有 $\delta(t) = 0$,而 $\delta(0)$ 在通常意义下是没有定义的.但是,δ - 函数的全部性质又是由 $t=0$ 这一点确定的.

一般地,δ - 函数又称为冲激函数,可用箭头表示,如图 3.它示意表明,$\delta(t)$ 只在 $t=0$ 点有一"冲激",在所有其他点的函数值为零.

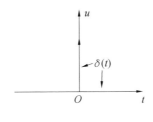

图 3

在数字通信中,不仅可以由矩形脉冲系列引出 δ - 函数,而且可以由三角形等其他脉冲系列引出 δ - 函数.同时把这样引出的 δ - 函数又称为抽样脉冲函数,原因在于它通常被利用来从连续信号中"抽取"离散的样值.为了说明这一点,需要引入 δ - 函数的积分形式的定义.

因为对每个 $u_\tau(t)$ 有 $\int_{-\infty}^{\infty} u_\tau(t)\mathrm{d}t = 1$，而 $\delta(t)$ 是 $u_\tau(t)$ 的广义极限，所以狄拉克定义 δ — 函数是满足下述条件的函数 $\delta(t)$

$$\begin{cases} \int_{-\infty}^{\infty} \delta(t)\mathrm{d}t = 1 \\ \delta(t) = 0, t \neq 0 \end{cases} \tag{2}$$

这也是 δ — 函数的一种形式上的定义.

显然，可以用 δ — 函数描述直线上任一点处出现的冲激. $\delta(t - t_0)$ 表示在 $t = t_0$ 点有一冲激，而 $t \neq t_0$ 时 $\delta(t - t_0) = 0$，积分 $\int_{-\infty}^{\infty} \delta(t - t_0)\mathrm{d}t = 1$ 与 t_0 无关. 因此，若 $\varphi(t)$ 是连续信号，则有

$$\int_{-\infty}^{\infty} \delta(t - t_0)\varphi(t)\mathrm{d}t = \int_{-\infty}^{\infty} \delta(t - t_0)\varphi(t_0)\mathrm{d}t =$$
$$\varphi(t_0)\int_{-\infty}^{\infty} \delta(t - t_0)\mathrm{d}t =$$
$$\varphi(t_0) \tag{3}$$

这就是说，连续信号 $\varphi(t)$ 与冲激信号 $\delta(t - t_0)$ 相乘并对时间 t 从 $-\infty$ 到 ∞ 积分，可以得到关于 $\varphi(t)$ 在时间 $t = t_0$ 时的函数抽样值 $\varphi(t_0)$（图 4）. 一般地，利用一个抽样脉冲函数序列 $\{\delta(t - t_n)\}_{n=1}^{\infty}$，可从连续信号 $\varphi(t)$ 中得到一个离散抽样值序列 $\{\varphi(t_n)\}_{n=1}^{\infty}$，这样得到的离散信号，称为 $\varphi(t)$ 的抽样信号.

设实数直线上有一质量分布，总质量是有限的. 用 $f(x)$ 表示区间 $(-\infty, x]$ 中的质量. 于是，对于任意取定的点 x，比值

$$\frac{f(x + h) - f(x - h)}{2h}$$

是区间 $(x - h, x + h]$ 上质量分布的平均密度；点 x 的

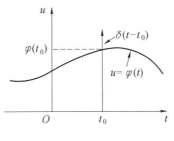

图 4

密度 $\rho(x)$ 是指 $h \to 0$ 时平均密度的极限. 显然，$\rho(x) = f'(x)$，因此 $\rho(x)$ 只在 $f'(x)$ 存在的点有定义. 如果质量集中在点 x_0 附近，总质量为 1，那么常把它简化为单位质量集中在点 x_0. 这时

$$f(x) = \begin{cases} 0, x < x_0 \\ 1, x \geqslant x_0 \end{cases}$$

从而当 $x \neq x_0$ 时 $\rho(x) = 0$，且 $\rho(x_0) = \infty$，也就是说

$$\rho(x) = \delta(x - x_0) \tag{4}$$

在数学物理方程中，$\delta -$ 函数还可用来处理若干定解问题的基本解及格林（Green）函数.

4.1.2　广义函数大意

以上我们从物理学中引进了 $\delta -$ 函数，由于它不符合古典函数定义，因而不能像普通函数那样去理解. 但是它确实是现实世界的一种量的关系的抽象，并能给物理学中遇到的复杂不连续量提供方便的描述. 因此促使人们去研究这种函数，这正是广义函数论的起源.

数学分析中关于函数的运算，需要考虑必要的严格且细致的条件，有时也限制了数学方法的灵活应用. 例如，求导运算对连续函数不能普遍施行，存在一阶导数的函数不一定存在高阶导数. 又如,对于函数列,求导运算与求极限运算一般不能交换等.

因此,问题在于适当地推广函数概念及运算,使之成为描述和研究物理世界的更为一般的、更为灵活的数学工具.

广义函数论是在上述背景下发展和建立起来的. 它用泛函分析的方法,把古典的函数、微分及其他概念推广了. 它除包括古典函数外,还包括 δ — 函数及其他奇异"函数",既有严格的理论基础,又有灵活的运算性质.

为了使读者了解本章讨论的线索,有必要讲一讲广义函数概念的大意. 关于 δ — 函数,当它出现在积分号中时,它的意义是明确的,式(3)表明了这一点. 如果 Φ 是由定义在 $(-\infty,\infty)$ 上连续的某类函数构成的线性空间, φ 是 Φ 中的任一函数,那么式(3)说明"函数" $\delta(t-t_0)$ 确定了 Φ 上的一个线性泛函,或者反过来说,由式(3)规定的 Φ 上的线性泛函定义了一个"函数" $\delta(t-t_0)$. 在这样的理解下,我们可以把 δ — 函数直接视为函数空间上的线性泛函,使它成为人们易于接受的概念. 这启发我们把古典函数也看作函数空间上的线性泛函,从而推广函数的定义.

实际上,例如设
$$f \in L^1(-\infty,\infty)$$
Φ 是由 $(-\infty,\infty)$ 上连续的某类函数构成的线性空间. 则由函数 f 可规定 Φ 上的一个线性泛函 $F:\Phi \to C$
$$F(\varphi) = \int_{-\infty}^{\infty} f(x)\varphi(x)\mathrm{d}x, \ \forall \varphi \in \Phi \qquad (5)$$
可以证明,当 Φ 包含足够多的函数时,两个不同的函数

$f,g \in L^1(-\infty,\infty)$ 不会对应于同一线性泛函,或者反过来说,如果 $f,g \in L^1(-\infty,\infty)$ 满足下式成立

$$\int_{-\infty}^{\infty} f(x)\varphi(x)\mathrm{d}x = \int_{-\infty}^{\infty} g(x)\varphi(x)\mathrm{d}x, \forall\, \varphi \in \Phi$$

那么在 $(-\infty,\infty)$ 上

$$f(x) = g(x)$$

因而 f 对应的线性泛函是唯一的,我们可以把 f 看作 Φ 上的一个线性泛函.但是,反过来 Φ 上一个线性泛函未必对应一个古典的函数. $\delta -$ 函数就是一个例子,如上所说,它也是 Φ 上的一个线性泛函.所以,如果我们把 $L^1(-\infty,\infty)$ 中每个函数 f 与它所对应的 Φ 上的线性泛函看作一回事,而且一般地把 Φ 上的线性泛函作为函数的新的定义(正式定义时要求线性泛函还是连续的),那么这样定义的函数包括 $L^1(-\infty,\infty)$ 中的所有函数,包括 $\delta -$ 函数,还可能包括许多其他的非古典的函数.

自然,这样的新的函数定义能把函数概念推广到什么程度将与空间 Φ 的选取有关.上面所说的 Φ 是由连续的某类函数构成的,它使得式(3)对任何 $\varphi \in \Phi$ 有意义,从而 $\delta -$ 函数可以看作 Φ 上的线性泛函.不难想象, Φ 的条件越宽,即包含的函数越广泛,则 Φ 上的连续线性泛函可能越少,这样函数概念的推广便很有限,甚至没有推广.例如, $\Phi = L^2(-\infty,\infty)$,它包含的函数可以在点 t_0 没有定义,于是式(3)不是对所有 $\varphi \in \Phi$ 都有意义, $\delta -$ 函数不能看作 Φ 上的线性泛函; Φ 是自对偶空间,即 Φ 上的连续线性泛函与 Φ 中的函数一一对应,所以用 Φ 上连续线性泛函定义的函数只是 Φ 自身的函数,并没有什么推广.相反, Φ 的条件越严,则 Φ 上连续线性泛函可能越多,就是说函数概念可能得到较大的推广.通常,我们取 Φ 为无穷次可微并且只在一个有限区域上不等于零的函数的全体,同时赋予线性运算与极限运算结构,使 Φ 成为具有较强分析结构的线性空间.

把某些由无穷可微函数组成并且具有较强分析结构的线性空间,称为基本(函数)空间,广义函数就是基本空间上的连续线性泛函.广义函数的基本运算、性质及概念都是从基本空间自然地诱导出来的.广义函数论本质上是以基本空间为基础的泛函分析.

这种广义函数概念,最先由苏联数学家索伯列夫引进,并用来解变系数双曲型方程的柯西问题.随后施瓦兹做了更系统的发展,指出它与数学和力学中各种分支的联系.现在,广义函数论已应用于数学和物理的许多领域中.

4.2 基 本 概 念

4.2.1 基本函数与基本函数空间

在定义的几种不同的基本函数空间中,下面是最常用的一种,它是由施瓦兹首先给出的.

定义 1 设 $\Omega \subseteq E^n$ 是开集,$C_0^\infty(\Omega)$ 按通常函数的线性运算成为复线性空间.在 $C_0^\infty(\Omega)$ 中引进如下收敛概念:设函数列 $\{\varphi_k\}_{k=1}^\infty \subseteq C_0^\infty(\Omega)$,如果存在函数 $\varphi \in C_0^\infty(\Omega)$,使得:

$1°$ 存在 $G \subseteq \Omega$,使得 $\mathrm{supp}(\varphi_k - \varphi) \subseteq G, k = 1, 2, \cdots$.

2° 若对任何一个 n 重指数 α,函数列 $\{D^\alpha \varphi_k\}_{k=1}^\infty$ 在 G 上一致收敛于 $D^\alpha \varphi$,则称 $\{\varphi_k\}_{k=1}^\infty$ 收敛于 φ. 线性空间 $C_0^\infty(\Omega)$ 和以上收敛概念在一起,称为基本(函数)空间或检验(函数)空间,记作 $\mathscr{D}(\Omega)$. $\mathscr{D}(\Omega)$ 中的每个元素 φ 称为基本函数或检验函数.

定义是说, $\mathscr{D}(\Omega)$ 是由所有在 Ω 中有紧支集(即函数值不为零的点的全体的闭包是 Ω 中的有界闭集)的无穷可微复值函数 φ 组成的线性空间,而且规定有条件相当强的收敛概念. $\mathscr{D}(\Omega)$ 中函数列 $\{\varphi_k\}_{k=1}^\infty$ 收敛于 φ,条件 1° 是对一切 k,存在一个共同的集 G, $\bar{G}$ 是 Ω 中的有界闭集,使得

$$\text{supp}(\varphi_k - \varphi) \subseteq G$$

条件 2° 是 $\{\varphi_k\}_{k=1}^\infty$ 求任何阶导数后,要在 G 上一致收敛于 φ 的相应的导数.

空间 $\mathscr{D}(\Omega)$ 中的元素是很多的,我们举一个关于 $\mathscr{D}(E^n)$ 中的一类元素的例子.

例 1 设 $\varphi: E^n \to \mathbf{R}, a$ 是任何正数

$$\varphi(\boldsymbol{x}) = \begin{cases} \mathrm{e}^{-\frac{a^2}{a^2 - |\boldsymbol{x}|^2}}, & |\boldsymbol{x}| < a \\ 0, & |\boldsymbol{x}| \geqslant a \end{cases}$$

这里 $\boldsymbol{x} \in E^n$, $|\boldsymbol{x}|$ 是向量 $\boldsymbol{x}$ 的长度,即

$$|\boldsymbol{x}| = \|\boldsymbol{x}\|_2$$

显然

$$\text{supp}\,\varphi = \{\boldsymbol{x} \mid |\boldsymbol{x}| \leqslant a\}$$

它是 E^n 中的闭球. 可以证明, φ 是无穷可微函数. 因此, $\varphi \in \mathscr{D}(E^n)$. 这种函数的平移、线性组合都是 $\mathscr{D}(E^n)$ 中的函数. 在图 5 中给出了 $n = 1$ 时 φ 的图像.

在本章后面的讨论中,如无特别申明,记号 Ω 均表示 E^n 中的开集.

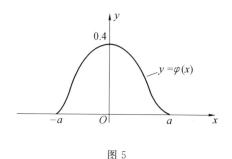

图 5

4.2.2　广义函数与广义函数空间

我们用记号 $\varphi_k \xrightarrow{\mathscr{D}} \varphi$ 表示在空间 $\mathscr{D}(\Omega)$ 的意义下函数列 $\{\varphi_k\}_{k=1}^{\infty}$ 收敛于 φ.

显然,若

$$\varphi_k \xrightarrow{\mathscr{D}} \varphi, \psi_k \xrightarrow{\mathscr{D}} \psi$$

则对任何数 α 与 β,有

$$\alpha\varphi_k + \beta\psi_k \xrightarrow{\mathscr{D}} \alpha\varphi + \beta\psi$$

这是空间 $\mathscr{D}(\Omega)$ 中线性运算的连续性.

现在我们用 $\mathscr{D}(\Omega)$ 中的收敛概念来定义 $\mathscr{D}(\Omega)$ 上线性泛函的连续性和广义函数.

定义 2　设基本空间 $\mathscr{D}(\Omega)$ 上的泛函 $T: \mathscr{D}(\Omega) \to C$ 是线性的,如果对于任何 $\{\varphi_k\}_{k=1}^{\infty} \subseteq \mathscr{D}(\Omega)$,只要 $\varphi_k \xrightarrow{\mathscr{D}} \varphi$,便有 $\lim\limits_{k \to \infty} T\varphi_k = T\varphi$,那么称 T 是连续的.

定义 3　基本空间 $\mathscr{D}(\Omega)$ 上的连续线性泛函称为广义函数或分布,$\mathscr{D}(\Omega)$ 上的连续线性泛函全体记作 $\mathscr{D}'(\Omega)$.

容易证明,$\mathscr{D}'(\Omega)$ 对于通常线性泛函间的线性运算是封闭的,也就是说,若 $T_1, T_2 \in \mathscr{D}'(\Omega)$,则对任何

数 α 与 β,有

$$\alpha T_1 + \beta T_2 \in \mathscr{D}'(\Omega)$$

定义 4 $\mathscr{D}'(\Omega)$ 按线性运算成为线性空间.规定弱收敛为 $\mathscr{D}'(\Omega)$ 中的收敛概念,这就是说,序列 $\{T_k\}_{k=1}^{\infty} \subseteq \mathscr{D}'(\Omega)$ 收敛于 $T \in \mathscr{D}'(\Omega)$ 是指

$$\lim_{k \to \infty} T_k \varphi = T\varphi , \forall \varphi \in \mathscr{D}(\Omega) \tag{1}$$

并记作 $T_k \xrightarrow{\mathscr{D}'} T$.线性空间 $\mathscr{D}'(\Omega)$ 和所说的收敛概念一起,称为广义函数空间或分布空间,仍记作 $\mathscr{D}'(\Omega)$.

原先,对偶空间是对赋范线性空间定义的.现在 $\mathscr{D}(\Omega)$ 和 $\mathscr{D}'(\Omega)$ 有各自的收敛概念,但都不是赋范线性空间,一般仍然把广义函数空间 $\mathscr{D}'(\Omega)$ 称为基本空间 $\mathscr{D}(\Omega)$ 的对偶空间.顺便指出,$\mathscr{D}(\Omega)$ 是不变的赋范空间.

显然,若

$$T_k \xrightarrow{\mathscr{D}'} T , S_k \xrightarrow{\mathscr{D}'} S$$

则对任何数 α 与 β

$$\alpha T_k + \beta S_k \xrightarrow{\mathscr{D}'} \alpha T + \beta S$$

这是空间 $\mathscr{D}'(\Omega)$ 中线性运算的连续性.

我们自然关心 $\mathscr{D}'(\Omega)$ 中包含哪些元素,为此先引进一个由勒贝格可积函数构成的线性空间.

定义 5 设函数 f 在 Ω 上几乎处处有定义,且对任何一个可测集 $G \subseteq \Omega$,有 $f \in L^1(G)$,则称 f 为 Ω 上的局部可积函数.显然,任何两个局部可积函数的线性组合仍为局部可积函数.因而局部可积函数全体构成一个线性空间,称为局部可积函数空间,记作 $L_{\mathrm{loc}}^1(\Omega)$("loc"是"Local"的缩写).

对于 $1 \leqslant p \leqslant \infty$ 有

$$L^p(\Omega) \subseteq L^1(\Omega)$$

由此推出

$$L^p(\Omega) \subseteq L^1_{\text{loc}}(\Omega)$$

对于 $f \in L^1_{\text{loc}}(\Omega)$，积分 $\int_\Omega |f| \, \mathrm{d}x$ 可以无限，但对任一可测集 $G \subseteq \Omega$，积分 $\int_G |f| \, \mathrm{d}x$ 总是有限的. 因此，对每个 $\varphi \in \mathscr{D}(\Omega)$，由于 $\text{supp } \varphi \subseteq \Omega$，积分

$$\int_\Omega f\varphi \, \mathrm{d}x$$

总是有限的. 这样，我们可以定义 $\mathscr{D}(\Omega)$ 上的一个线性泛函 $T_f : \mathscr{D}(\Omega) \to C$，满足

$$T_f\varphi = \int_\Omega f\varphi \, \mathrm{d}x, \ \forall \, \varphi \in \mathscr{D}(\Omega)$$

一般也把 $T_f\varphi$ 写成 (f, φ)，即

$$T_f\varphi = (f, \varphi) = \int_\Omega f\varphi \, \mathrm{d}x, \ \forall \, \varphi \in \mathscr{D}(\Omega) \qquad (2)$$

T_f 称为 f 对应的泛函.

下面的定理表明，仅当在 Ω 上 $f(x) = 0$ 时，f 对应的泛函 T_f 才是零泛函.

定理 1 若 $f \in L^1_{\text{loc}}(\Omega)$，且

$$T_f\varphi = \int_\Omega f\varphi \, \mathrm{d}x = 0, \ \forall \, \varphi \in \mathscr{D}(\Omega)$$

则在 Ω 上 $f(x) = 0$. 特别地，当 $f \in C(\Omega)$ 时，若满足所设条件，则有

$$f(x) = 0, \ \forall \, x \in \Omega$$

证 只证明 $f \in C(\Omega)$ 的情形，用反证法. 设 f 在 $x_0 \in \Omega$ 不为零，不妨设 $f(x_0) > 0$，则由 f 的连续性，必存在 $\eta > 0$ 使得

$$f(x) > 0$$

当

$$| \ x - x_0 \ | \leqslant \eta$$

取

$$\varphi(x) = \begin{cases} \mathrm{e}^{-\frac{\eta^2}{\eta^2 - |x - x_0|^2}} \ , \ | \ x - x_0 \ | \leqslant \eta \\ 0, 其他 \end{cases}$$

于是

$$\varphi \in \mathscr{D}(\Omega)$$

且

$$\int_\Omega f\varphi \, \mathrm{d}x = \int_{|x - x_0| \leqslant \eta} f(x) \mathrm{e}^{-\frac{\eta^2}{\eta^2 - |x - x_0|^2}} \, \mathrm{d}x > 0$$

这与定理的假设矛盾.

这个定理很重要,通常称为变分法的基本引理.

由定理 1,我们立即推出如下结论:若 f, g 是 $L^1_{\mathrm{loc}}(\Omega)$ 中两个不同的(即非几乎处处相等的)函数,则 f, g 必对应着 $\mathscr{D}(\Omega)$ 上的两个不同的线性泛函 T_f, T_g. 也就是说,如果

$$f, g \in L^1_{\mathrm{loc}}(\Omega), f \neq g$$

那么必定存在函数 $\varphi_0 \in \mathscr{D}(\Omega)$,使得

$$\int_\Omega f\varphi_0 \, \mathrm{d}x \neq \int_\Omega g\varphi_0 \, \mathrm{d}x$$

定理 2 设 $f \in L^1_{\mathrm{loc}}(\Omega)$,则 f 对应的线性泛函 T_f 是连续的,即 $T_f \in \mathscr{D}'(\Omega)$.

证 设

$$\{\varphi_k\}_{k=1}^\infty \subseteq \mathscr{D}(\Omega), \varphi_k \xrightarrow{\mathscr{D}} \varphi$$

依定义 1,存在 $G \subseteq \Omega$,使得

$$\mathrm{supp}(\varphi_k - \varphi) \subseteq G, k = 1, 2, \cdots$$

于是

$$| T_f\varphi_k - T_f\varphi | = \left| \int_\Omega f(\varphi_k - \varphi)\mathrm{d}x \right| =$$

$$\left| \int_G f(\varphi_k - \varphi)\mathrm{d}x \right| \leqslant$$

$$\sup_{x\in G} | \varphi_k - \varphi | \int_G | f | \mathrm{d}x$$

因为

$$\lim_{k\to\infty} \sup_{x\in G} | \varphi_k - \varphi | = 0$$

$\int_G | f | \mathrm{d}x$ 是有限数,所以

$$\lim_{k\to\infty} T_f\varphi_k = T_f\varphi$$

根据定义 2,$T_f \in \mathscr{D}'(\Omega)$.

因此,每个 $f \in L^1_{\mathrm{loc}}(\Omega)$,对应一个 $\mathscr{D}(\Omega)$ 上的广义函数 T_f,而且 $L^1_{\mathrm{loc}}(\Omega)$ 上的不同函数,对应着不同的广义函数. 我们可以把 f 与 T_f 等同,直接把 f 称为广义函数.

但是,并非每个广义函数 $T \in \mathscr{D}'(\Omega)$ 都一定是某个 $f \in L^1_{\mathrm{loc}}(\Omega)$ 对应的广义函数. 重要的例子是 4.1 中已经提到的 δ — 函数,那里只有关于它的形式上的定义,现在给出它的数学上的定义.

定义 6 设 $a \in \Omega$,线性泛函 $\delta_a : \mathscr{D}(\Omega) \to C$,满足

$$(\delta_a, \varphi) = \varphi(a), \forall \varphi \in \mathscr{D}(\Omega) \tag{3}$$

这里 (δ_a, φ) 表示 $\delta_a\varphi$. 显然 $\delta_a \in \mathscr{D}'(\Omega)$,称为狄拉克 δ — 函数. 当 $a = 0$ 时,记 δ_0 为 δ.

可以把定义 δ — 函数的式(3)写成

$$(\delta_a, \varphi) = \int_\Omega \delta(x - a)\varphi(x)\mathrm{d}x = \varphi(a), \forall \varphi \in \mathscr{D}(\Omega)$$

$$\tag{4}$$

把 δ_a 写成 $\delta(x - a)$,特别地,把 $\delta = \delta_0$ 写成 $\delta(x)$. 自然,

这里的积分,$\delta(x-a)$ 及 $\delta(x)$ 都不过是形式上的表示. 这是因为 $\delta(x-a)$ 并非局部可积的函数. 下面说明用反证法来证明这一事实的大意.

假设有

$$\delta(x-a) \in L^1_{\text{loc}}(\Omega)$$

使式(4)成立,则

$$\int_\Omega \delta(x-a)\varphi(x)\mathrm{d}x = 0, \forall \varphi \in \mathscr{D}(\Omega), \varphi(a)=0$$

由此可以证明 $\delta(x-a)$ 除去点 $x=a$ 几乎处处为零,这样 $\delta(x-a)$ 是 Ω 上几乎处处为零的局部可积函数. 于是,我们立即可以得出

$$\int_\Omega \delta(x-a)\varphi(x)\mathrm{d}x = 0, \forall \varphi \in \mathscr{D}(\Omega)$$

这与式(4)矛盾. 因此

$$\delta(x-a) \notin L^1_{\text{loc}}(\Omega)$$

对于一般的广义函数 $T \in \mathscr{D}'(\Omega)$,以后常用记号 (T,φ) 表示 T 作用在 $\varphi \in \mathscr{D}(\Omega)$ 上的值 $T\varphi$. 当 T 不是某个 $f \in L^1_{\text{loc}}(\Omega)$ 对应的广义函数时,有时也形式地把 (T,φ) 写成

$$(T,\varphi) = \int_\Omega T(x)\varphi(x)\mathrm{d}x, \forall \varphi \in \mathscr{D}(\Omega) \qquad (5)$$

应当指出,我们所引进的广义函数概念确实是比较广泛的概念,$\mathscr{D}'(\Omega)$ 中既包含了应用上用得较多的、相当广泛的古典的函数,又包含了不少非古典意义下的函数. 但是广义函数概念也是很有限制的,它没有包含所有的非局部可积的甚至是不可测的古典函数.

4.2.3　广义函数的支集

定义 7　设 V 是 Ω 的开子集,$T \in \mathscr{D}'(\Omega)$. 若

$$(T,\varphi) = 0, \forall \varphi \in \mathscr{D}(V)$$

则称广义函数 T 在 V 上等于零. 如果 $S, T \in \mathscr{D}'(\Omega)$ 且 $S-T$ 在 V 上等于零, 那么称广义函数 S 与 T 在 V 上相等.

由定义立即推出: $S, T \in \mathscr{D}'(\Omega)$, S 与 T 在 Ω 的开子集 V 上相等 $\Leftrightarrow (S, \varphi) = (T, \varphi), \forall \varphi \in \mathscr{D}(V)$.

可以证明: 若 $\{V_i\}_{i=1}^{\infty}$ 是 Ω 的一列开子集, 且 $T \in \mathscr{D}'(\Omega)$ 在每个 V_i 上等于零, 则 T 在并集

$$V = \bigcup_{i=1}^{\infty} V_i$$

上也等于零.

定义 8 设 $T \in \mathscr{D}'(\Omega)$ 在 Ω 的开子集 V 上等于零, 而且 V 是使 T 等于零的最大开子集, 则称 V 的余集 $\Omega - V$ 为广义函数 T 的支集, 记作 supp T.

显然, $x \in$ supp $T \Leftrightarrow x$ 不存在使 T 等于零的开邻域. 也可以这么说, supp T 是 Ω 的最小的闭子集, 在这个闭子集外广义函数等于零.

容易证明: 若 $\varphi \in \mathscr{D}(\Omega), T \in \mathscr{D}'(\Omega)$ 且

$$\text{supp } \varphi \bigcap \text{supp } T = \varnothing$$

则

$$(T, \varphi) = 0$$

例 2 supp $\delta_a = \{a\}$, 特别地, supp $\delta = \{0\}$. 事实上, 若 $\varphi \in \mathscr{D}(\Omega - \{a\})$, 令 $\varphi(a) = 0$, 不难证明 $\varphi \in \mathscr{D}(\Omega)$, 而且仍有 $\varphi \in \mathscr{D}(\Omega - \{a\})$, 于是 $(\delta_a, \varphi) = \varphi(a) = 0$.

4.3　广义函数的运算

4.3.1　广义函数的导数

广义函数的导数概念是普通函数导数概念的推

广,其基本思想产生于分部积分能把一个函数的导数变换为另一个函数的导数.

具体地说,设 $f \in C^1(E^n)$,$\varphi \in \mathscr{D}(E^n)$,则有

$$\left(\frac{\partial f}{\partial x_i}, \varphi\right) = \int_{E^n} \frac{\partial f}{\partial x_i} \varphi \, \mathrm{d}\boldsymbol{x} =$$

$$\int_{-\infty}^{\infty} \cdots \int_{-\infty}^{\infty} \mathrm{d}x_1 \cdots \mathrm{d}x_{i-1} \mathrm{d}x_{i+1} \cdots \mathrm{d}x_n \int_{-\infty}^{\infty} \frac{\partial f}{\partial x_i} \varphi \, \mathrm{d}x_i$$

因为 φ 在 E^n 的某一有界闭集外恒为零,所以当 $|x_i|$ 充分大时 φ 为零. 于是由分部积分得

$$\int_{-\infty}^{\infty} \frac{\partial f}{\partial x_i} \varphi \, \mathrm{d}x_i = -\int_{-\infty}^{\infty} f \frac{\partial \varphi}{\partial x_i} \mathrm{d}x_i$$

因此

$$\left(\frac{\partial f}{\partial x_i}, \varphi\right) = -\int_{E_n} f \frac{\partial \varphi}{\partial x_i} \mathrm{d}\boldsymbol{x} = -\left(f, \frac{\partial \varphi}{\partial x_i}\right)$$

同样,当 $\Omega \subseteq E^n$ 是开集,$f \in C^1(\Omega)$ 时,我们有

$$\int_{\Omega} \frac{\partial f}{\partial x_i} \varphi \, \mathrm{d}\boldsymbol{x} = -\int_{\Omega} f \frac{\partial \varphi}{\partial x_i} \mathrm{d}\boldsymbol{x}, \forall \varphi \in \mathscr{D}(\Omega) \qquad (1)$$

一般地,如果 α 是一个 n 重指数,$f \in C^{|\alpha|}(\Omega)$,那么重复使用 $|\alpha|$ 次分部积分,得到

$$\int_{\Omega} D^\alpha f \cdot \varphi \mathrm{d}\boldsymbol{x} = (-1)^{|\alpha|} \int_{\Omega} f D^\alpha \varphi \mathrm{d}\boldsymbol{x}, \forall \varphi \in \mathscr{D}(\Omega)$$

$$(2)$$

以上事实推广到广义函数,很自然地得出广义函数导数的下述定义.

定义 9　设 $T \in \mathscr{D}'(\Omega)$,泛函 $\dfrac{\partial T}{\partial x_i} : \mathscr{D}(\Omega) \to C$,满足

$$\left(\frac{\partial T}{\partial x_i}, \varphi\right) = -\left(T, \frac{\partial \varphi}{\partial x_i}\right), \forall \varphi \in \mathscr{D}(\Omega) \qquad (3)$$

则称 $\dfrac{\partial T}{\partial x_i}$ 是广义函数 T 对 x_i 的一阶广义导数. 又 α 是 n

重指数, 泛函 $D^a T : \mathscr{D}(\Omega) \to C$, 满足

$$(D^a T, \varphi) = (-1)^{|a|}(T, D^a \varphi), \forall \varphi \in \mathscr{D}(\Omega) \quad (4)$$

则称 $D^a T$ 是广义函数 T 的 $|\alpha|$ 阶广义导数.

定义 9 中的式(4)包括了式(3), 它们分别是式(2)与(1)的推广. 因此, 从泛函观点来看, 普通可微函数的导数与其作为广义函数的导数是一致的.

下面的定理指出了广义导数三条最基本的性质, 它们是由基本函数的无穷可微性和基本空间较强的收敛结构引出的.

定理 3　设 $T \in \mathscr{D}'(\Omega)$, 则:

$1°\ T$ 具有无穷可导性, 即对任何 n 重指数 α, 广义导数 $D^a T$ 都存在.

$2°$ 每个 $D^a T$ 与求导次序无关.

$3°$ 每个 $D^a T \in \mathscr{D}'(\Omega)$.

证　因为对任何 n 重指数 α 及 $\varphi \in \mathscr{D}(\Omega)$, 均有 $D^a \varphi \in \mathscr{D}(\Omega)$, 且 $D^a \varphi$ 与求导次序无关, 所以由式(4)可知 $D^a T$ 总有意义且与求导次序无关. 因此性质 $1°$ 与 $2°$ 成立.

再证性质 $3°$. 对于任何 $\varphi_1, \varphi_2 \in \mathscr{D}(\Omega)$ 及任何数 β_1, β_2, 我们有

$$
\begin{aligned}
(D^a T, \beta_1 \varphi_1 + \beta_2 \varphi_2) &= (-1)^{|a|}(T, D^a(\beta_1 \varphi_1 + \beta_2 \varphi_2)) = \\
&(-1)^{|a|} T(\beta_1 D^a \varphi_1 + \beta_2 D^a \varphi_2) = \\
&(-1)^{|a|} \beta_1 T D^a \varphi_1 + \\
&(-1)^{|a|} \beta_2 T D^a \varphi_2 = \\
&\beta_1 (-1)^{|a|}(T, D^a \varphi_1) + \\
&\beta_2 (-1)^{|a|}(T, D^a \varphi_2) = \\
&\beta_1 (D^a T, \varphi_1) + \beta_2 (D^a T, \varphi_2)
\end{aligned}
$$

这说明 $D^a T$ 是线性泛函. 另外, 设 $\varphi_n \xrightarrow{\mathscr{D}} \varphi$, 则存在

$G \subseteq \Omega$ 使得

$$\mathrm{supp}(\varphi_n - \varphi) \subseteq G, n = 1, 2, \cdots$$

于是对序列 $\{D^a \varphi_n\}_{n=1}^{\infty}$ 和 $D^a \varphi$ 有

$$\mathrm{supp}(D^a \varphi_n - D^a \varphi) \subseteq G, n = 1, 2, \cdots$$

而且对任一 n 重指数 β，序列

$$\{D^{\beta}(D^a \varphi_n)\}_{n=1}^{\infty} = \{D^{\beta+a} \varphi_n\}_{n=1}^{\infty}$$

在 G 上一致收敛于 $D^{\beta}(D^a \varphi) = D^{\beta+a} \varphi$. 因此 $\{D^a \varphi_n\}_{n=1}^{\infty}$ 在 $\mathscr{D}(\Omega)$ 中收敛于 $D^a \varphi$. 由此从 T 的连续性得到

$$\lim_{n \to \infty}(D^a T, \varphi_n) = (-1)^{|a|} \lim_{n \to \infty}(T, D^a \varphi_n) =$$
$$(-1)^{|a|}(T, D^a \varphi) =$$
$$(D^a T, \varphi)$$

这样，我们已经证明了 $D^a T \in \mathscr{D}'(\Omega)$，即每个广义导数 $D^a T$ 都是广义函数.

定理 3 中的性质 1° 与 2° 都是普通导数未必具有的. 对于 $f \in L^1_{\mathrm{loc}}(\Omega)$，普通意义的导数 $D^a f$ 可以不存在，即使存在，求导次序也不一定能随意改变. 然而 f 作为广义函数时任何阶广义导数都存在，而且与求导次序无关. 这时广义导数 $D^a f$ 可能已不属于 $L^1_{\mathrm{loc}}(\Omega)$ 而且有较高的奇异性.

下面看几个广义函数的广义导数的例子.

例 3　函数 $\ln|x|$ 在 E^1 上是局部可积的. 于是它对应一个广义函数

$$(\ln|x|, \varphi) = \int_{-\infty}^{\infty}(\ln|x|)\varphi(x)\mathrm{d}x, \forall \varphi \in \mathscr{D}(E^1)$$

$(\ln|x|)'$ 是 $\ln|x|$ 的广义导数，根据定义 9 可知

$$((\ln|x|)', \varphi) = -\int_{-\infty}^{\infty}(\ln|x|)\varphi'(x)\mathrm{d}x$$
$$\forall \varphi \in \mathscr{D}(E^1) \tag{5}$$

因为

$$\int_{-\infty}^{\infty} \varphi'(x) \ln|x| \, \mathrm{d}x = \lim_{\varepsilon \to 0} \int_{|x| \geqslant \varepsilon} \varphi'(x) \ln|x| \, \mathrm{d}x$$

而且

$$\int_{|x| \geqslant \varepsilon} \varphi'(x) \ln|x| \, \mathrm{d}x =$$

$$\int_{-\infty}^{-\varepsilon} \varphi'(x) \ln|x| \, \mathrm{d}x + \int_{\varepsilon}^{\infty} \varphi'(x) \ln|x| \, \mathrm{d}x =$$

$$\varphi(-\varepsilon) \ln\varepsilon \int_{-\infty}^{-\varepsilon} \frac{\varphi(x)}{x} \mathrm{d}x - \varphi(\varepsilon) \ln\varepsilon \int_{\varepsilon}^{\infty} \frac{\varphi(x)}{x} \mathrm{d}x =$$

$$-\int_{|x| \geqslant \varepsilon} \frac{\varphi(x)}{x} \mathrm{d}x - 2\varepsilon \varphi'(\xi) \ln\varepsilon$$

$$-\varepsilon < \xi < \varepsilon$$

所以

$$\int_{-\infty}^{\infty} \varphi'(x) \ln|x| \, \mathrm{d}x = -\lim_{\varepsilon \to 0} \int_{|x| \geqslant \varepsilon} \frac{\varphi(x)}{x} \mathrm{d}x$$

$$\forall \varphi \in \mathscr{D}(E^1) \tag{6}$$

在包含 $x=0$ 的任何区间上,函数 $1/x$ 不是勒贝格可积的,从而 $1/x$ 不是 E^1 上局部可积函数. 这就是说,$1/x$ 不能以积分形式 $\left(\dfrac{1}{x}, \varphi\right) = \displaystyle\int_{-\infty}^{\infty} \frac{\varphi(x)}{x} \mathrm{d}x$ 确定为 $\mathscr{D}(E^1)$ 上的广义函数. 但是,在等式(6)中,由于左端的积分收敛,因而右端的极限必有意义. 这个极限称为积分 $\displaystyle\int_{-\infty}^{\infty} \frac{\varphi(x)}{x} \mathrm{d}x$ 的柯西主值, 通常记作 $PV\displaystyle\int_{-\infty}^{\infty} \frac{\varphi(x)}{x} \mathrm{d}x$,即

$$PV\int_{-\infty}^{\infty} \frac{\varphi(x)}{x} \mathrm{d}x = \lim_{\varepsilon \to 0} \int_{|x| \geqslant \varepsilon} \frac{\varphi(x)}{x} \mathrm{d}x \tag{7}$$

定义泛函 $PV\dfrac{1}{x}: \mathscr{D}(E^1) \to C$,满足

$$\left(PV\frac{1}{x},\varphi\right)=PV\int_{-\infty}^{\infty}\frac{\varphi(x)}{x}\mathrm{d}x, \forall\,\varphi\in\mathscr{D}(E^1)\ (8)$$

于是由式(5)～(8)得到

$$((\ln\mid x\mid)',\varphi)=\left(PV\frac{1}{x},\varphi\right),\forall\,\varphi\in\mathscr{D}(E^1)\ (9)$$

由此

$$(\ln\mid x\mid)'=PV\frac{1}{x}\qquad\qquad(10)$$

例 4 在 E^1 上,赫维塞德函数是指

$$Y(x)=\begin{cases}1,当\ x>0\\0,当\ x<0\end{cases}$$

广义导数 Y' 由下式定义

$$(Y',\varphi)=-(Y,\varphi')=-\int_0^{\infty}\varphi'(x)\mathrm{d}x=\varphi(0)=(\delta,\varphi)$$
$$\forall\,\varphi\in\mathscr{D}(E^1)$$

所以

$$Y'=\delta\qquad\qquad(11)$$

Y 在不连续点 $x=0$ 的"跳跃度"等于1,于是可以说,Y 的广义导数是 δ — 函数与 Y 在原点的"跳跃度"的乘积.Y 可看作函数 $f(x)=\max(x,0)$ 的广义导数.

下面考察比例 2 更一般的情况.

例 5 设 $f\in C^1(\Omega-\{c\})$,这里 $\Omega=(a,b)$,$c\in(a,b)$,而且极限

$$f(c-0)=\lim_{x\to c^-}f(x)$$
$$f(c+0)=\lim_{x\to c^+}f(x)$$

存在.用 $[f']$ 表示 f 的古典导数,设 $[f']$ 在 $\Omega-\{c\}$ 上有界.显然,f 和 $[f']$ 都能确定为 $\mathscr{D}(\Omega)$ 上的积分形式的广义函数.现在我们来寻求广义导数 f'.对任何 $\varphi\in\mathscr{D}(\Omega)$,我们有

$$(f',\varphi) = -\int_{\Omega} f(x)\varphi'(x)\mathrm{d}x =$$

$$-\int_{a}^{c} f(x)\varphi'(x)\mathrm{d}x -$$

$$\int_{c}^{b} f(x)\varphi'(x)\mathrm{d}x =$$

$$[f(c+0) - f(c-0)]\varphi(c) +$$

$$\int_{\Omega} [f'(x)]\varphi(x)\mathrm{d}x =$$

$$([f(c+0) - f(c-0)]\delta_c,\varphi) +$$

$$([f'],\varphi)$$

因此

$$f' = [f(c+0) - f(c-0)]\delta_c + [f'] \qquad (12)$$

$[f(c+0)-f(c-0)]$ 是 f 在 $x=a$ 的"跳跃度",于是可以说,f 的广义导数是古典导数 $[f']$ 与"质量" $[f(c+0)-f(c-0)]$ 集中在点 c 的 δ — 函数之和.

例 6 δ — 函数 δ_a 的广义导数由下式定义

$$(\delta_a',\varphi) = -(\delta_a,\varphi') = -\varphi'(a),\forall\,\varphi \in \mathscr{D}(\Omega)$$

δ_a' 有它的物理意义,如静电学中的"偶极子"概念就可用 δ_a' 来描述.

一般地,δ_a 的 p 阶广义导数由下式定义

$$(\delta_a^{(p)},\varphi) = (-1)^p(\delta_a,\varphi^{(p)}) = (-1)^p\varphi^{(p)}(a)$$

$$\forall\,\varphi \in \mathscr{D}(\Omega) \qquad (13)$$

4.3.2 广义函数的原函数

利用广义导数的概念,我们能够定义广义函数的原函数或不定积分. 在这里我们仅讨论一个变量的情形.

设 C 是任一常数,则

$$\varphi \to (C,\varphi) = \int_{-\infty}^{\infty} C\varphi(x)\mathrm{d}x$$

是在 $\mathscr{D}(E^1)$ 上的广义函数. 我们直接用 C 表示这样确定的广义函数, 因而在这种意义下 $C \in \mathscr{D}'(E^1)$.

定义 10 设 $S, T \in \mathscr{D}'(E^1)$, 如果 S 的广义导数 $S' = T$, 那么称 S 是广义函数 T 的一个(广义)原函数, 称 $S + C$(C 是任意常数) 是 T 的(广义) 不定积分.

定理 4 每个 $T \in \mathscr{D}'(E^1)$ 必有一个原函数 S. 这时, 对任何常数 $C, S + C$ 均为 T 的原函数, 而且 T 的任何两个原函数之差是一个常数.

证 考察 $\mathscr{D}'(E^1)$ 的子空间

$$H = \left\{ \chi \in \mathscr{D}(E^1) \left| \int_{-\infty}^{\infty} \chi(x) \mathrm{d}x = 0 \right. \right\}$$

因为当 $\chi \in H$ 时, 显然函数

$$\psi(x) = \int_{-\infty}^{x} \chi(t) \mathrm{d}t$$

属于 $\mathscr{D}(E^1)$ 且 $\chi = \psi'$; 反之当 $\psi \in \mathscr{D}(E^1)$ 且 $\chi = \psi'$ 时, 必有 $\chi \in H$. 所以 $\chi \in H \Leftrightarrow$ 存在 $\psi \in \mathscr{D}(E^1)$ 使得 $\chi = \psi'$.

容易证明: $S \in \mathscr{D}'(E^1)$ 是 $T \in \mathscr{D}'(E^1)$ 的一个原函数等价于有

$$(S, \chi) = -(T, \psi), \forall \chi \in H, \chi = \psi' \tag{14}$$

成立. 事实上, 若 S 是 T 的原函数, 则

$$(S, \chi) = (S, \psi') = -(S', \psi) = -(T, \psi)$$

$$\forall \chi \in H, \chi = \psi'$$

反之, 若式(14) 成立, 因为对每个 $\varphi \in \mathscr{D}(E^1)$, 均有 $\varphi' \in H$, 所以

$$(S, \varphi') = -(T, \varphi), \forall \varphi \in \mathscr{D}(E^1) \tag{15}$$

于是由定义 1 知道 $S' = T$, 可见 S 是 T 的原函数.

现选取 $\varphi_0 \in \mathscr{D}(E^1)$ 使得

$$\int_{-\infty}^{\infty} \varphi_0(x) \mathrm{d}x = 1$$

对给定的 $T \in \mathscr{D}'(E^1)$，定义泛函 $S:\mathscr{D}(E^1) \to C$，满足

$$(S, \varphi) = \lambda(T, \varphi_0) - (T, \psi), \forall \varphi \in \mathscr{D}(E^1) \quad (16)$$

其中

$$\lambda = \int_{-\infty}^{\infty} \varphi(x) \mathrm{d}x$$

$$\psi(x) = \int_{-\infty}^{x} \chi(t) \mathrm{d}t$$

$$\chi(x) = \varphi(x) - \lambda\varphi_0(x) \quad (17)$$

显然，对任何 $\varphi \in \mathscr{D}(E^1)$ 有

$$\chi \in H, \chi = \psi'$$

特别地，当 $\varphi \in H$ 时

$$\lambda = 0, \chi = \varphi$$

这样，由式(16) 定义的 $S \in \mathscr{D}'(E^1)$ 满足条件(14)，从而 S 是 T 的一个原函数.

设 C 是任一常数，则

$$(C, \varphi') = C\int_{-\infty}^{\infty} \varphi'(x) \mathrm{d}x = 0, \forall \varphi \in \mathscr{D}(E^1)$$

因此对任何 $\varphi \in \mathscr{D}(E^1)$，有

$$(S + C, \varphi') = (S, \varphi') + (C, \varphi') =$$
$$(S, \varphi') = -(T, \varphi)$$

这就是说，$S + C$ 是 T 的原函数.

最后，若 S_1 与 S_2 是 T 的两个原函数，则由式(14) 与式(17) 可以得到

$$(S_1, \varphi - \lambda\varphi_0) = -(T, \psi) = (S_2, \varphi - \lambda\varphi_0)$$
$$\forall \varphi \in \mathscr{D}(E^1)$$

由此推出

$$(S_1 - S_2, \varphi) = \lambda(S_1 - S_2, \varphi_0), \forall \varphi \in \mathscr{D}(E^1)$$

令 $C = (S_1 - S_2, \varphi_0)$，并注意到 λ 的定义，我们有

$$(S_1 - S_2, \varphi) = C \int_{-\infty}^{\infty} \varphi(x) \mathrm{d}x = (C, \varphi), \forall \varphi \in \mathscr{D}(E^1)$$

于是

$$S_1 - S_2 = C$$

如果 $S, T \in \mathscr{D}'(E^1)$，且 S 的 p 阶广义导数

$$S^{(p)} = T$$

那么称 S 是 T 的 p 阶（广义）原函数.

定理 5 每个 $T \in \mathscr{D}'(E^1)$ 存在任何阶原函数，而且 T 的任何两个 p 阶原函数之差是 x 的次数小于或等于 $p-1$ 的多项式.

证 由定理 4 直接推出 T 存在任何阶原函数. 假设下面的 $S \in \mathscr{D}'(E^1)$.

如果 $S' = 0$（零广义函数），那么任何常数 C 是 0 的原函数，而且由定理 4 知道 0 的原函数只能是常数. 因此 $S = C$.

如果 $S'' = 0$，那么 $S' = C$（常数）. 比较广义函数 S 和 Cx，它们有相同的导数 C，于是它们之差是一个常数 B. 因此 $S = Cx + B$.

一般地，用归纳法可以证明，如果 $S^{(p)} = 0$，那么 S 是 x 的次数小于或等于 $p-1$ 的多项式.

因此，若 S_1 与 S_2 是 T 的两个 p 阶原函数，则由 $S_1^{(p)} = S_2^{(p)} = T$ 推出

$$(S_1 - S_2)^{(p)} = S_1^{(p)} - S_2^{(p)} = 0$$

于是 $S_1 - S_2$ 等于 x 的次数小于或等于 $p-1$ 的多项式.

下面的定理说明了广义原函数与古典原函数之间的联系.

定理 6　设 $f \in C(E^1), g \in L^1_{\text{loc}}(E^1)$，且在 E^1 上
$$f'(x) = g(x)$$
则 f 是 g 的广义原函数.

证　对任何 $\varphi \in \mathscr{D}(E^1)$，有
$$(f', \varphi) = \int_{-\infty}^{\infty} f'(x)\varphi(x)\mathrm{d}x =$$
$$\int_{-\infty}^{\infty} g(x)\varphi(x)\mathrm{d}x =$$
$$(g, \varphi)$$

于是作为广义函数有 $f' = g$，即 f 是 g 的广义原函数，或说 f 的广义导数是 g.

这个定理可以推广到多元函数的情形.

4.3.3　广义函数列的极限

定理 7　设 $\{T_n\}_{n=1}^{\infty} \subseteq \mathscr{D}'(\Omega), T \in \mathscr{D}'(\Omega)$，且 $T_n \xrightarrow{\mathscr{D}'} T$，则对任何 n 重指数 $\alpha, D^\alpha T_n \xrightarrow{\mathscr{D}'} D^\alpha T$.

证　由 4.2.2 中定义 4，$T_n \xrightarrow{\mathscr{D}'} T$ 是指
$$\lim_{n \to \infty}(T_n, \varphi) = (T, \varphi), \forall \varphi \in \mathscr{D}(\Omega)$$
因为当 $\varphi \in \mathscr{D}(\Omega)$ 时，$D^\alpha \varphi \in \mathscr{D}(\Omega)$，所以由广义导数的定义
$$\lim_{n \to \infty}(D^\alpha T_n, \varphi) = (-1)^\alpha \lim_{n \to \infty}(T_n, D^\alpha \varphi) =$$
$$(-1)^{|\alpha|}(T, D^\alpha \varphi) =$$
$$(D^\alpha T, \varphi)$$
因此 $D^\alpha T_n \xrightarrow{\mathscr{D}'} D^\alpha T$.

这个定理告诉我们：广义函数列求导运算和求极限运算可以随意地交换. 而在古典数学分析中，函数列求导运算和求极限运算的交换则要受到一些条件的限制.

现在我们再来考察 δ 一函数, 它可通过各种形式表示为普通函数的极限. 这样, 它自然也可看成是普通函数列的极限.

定理 8 设 $\{f_k\}_{k=1}^{\infty} \subseteq C(E^n), f_k(\boldsymbol{x}) \geqslant 0, k = 1, 2, \cdots$, 而且具有下列性质:

1° 对每个 $\varphi \in \mathscr{D}(E^n)$, 积分 $\int_{E^n} f_k(\boldsymbol{x}) \varphi(\boldsymbol{x}) \mathrm{d}\boldsymbol{x}$ 对 k 一致收敛. "对 k 一致"是指: 对任意的 $\varepsilon > 0$, 存在仅依赖于 ε 而与 k 无关的常数 $b > 0$, 使得

$$\left| \int_{|\boldsymbol{x}| \geqslant b} f_k(\boldsymbol{x}) \varphi(\boldsymbol{x}) \mathrm{d}\boldsymbol{x} \right| < \varepsilon, k = 1, 2, \cdots$$

这里 $|\boldsymbol{x}|$ 是向量 $\boldsymbol{x}$ 的长度;

2° 积分 $\int_{E^n} f_k(\boldsymbol{x}) \mathrm{d}\boldsymbol{x}$ 对 k 一致收敛且

$$\lim_{k \to \infty} \int_{E^n} f_k(\boldsymbol{x}) \mathrm{d}\boldsymbol{x} = 1$$

3° 在每个不含原点的列紧集上, $\{f_k\}_{k=1}^{\infty}$ 一致收敛于零, 则 $f_k \xrightarrow{\mathscr{D}'} \delta$.

证 任意取定 $\varphi \in \mathscr{D}(E^n), \varepsilon > 0$. 因为

$$(f_k, \varphi) = \int_{E^n} f_k(\boldsymbol{x}) \varphi(\boldsymbol{x}) \mathrm{d}\boldsymbol{x} =$$

$$\int_{E^n} f_k(\boldsymbol{x}) [\varphi(\boldsymbol{x}) - \varphi(\boldsymbol{0})] \mathrm{d}\boldsymbol{x} +$$

$$\int_{E^n} f_k(\boldsymbol{x}) \varphi(\boldsymbol{0}) \mathrm{d}\boldsymbol{x} \qquad (18)$$

而且, 由 1° 与 2° 知道存在 $b > 0$, 使得

$$\left| \int_{|\boldsymbol{x}| \geqslant b} f_k(\boldsymbol{x}) [\varphi(\boldsymbol{x}) - \varphi(\boldsymbol{0})] \mathrm{d}\boldsymbol{x} \right| < \varepsilon, k = 1, 2, \cdots$$

$$(19)$$

由 φ 连续及 2° 知道存在 $a > 0$ 及自然数 N_1, 使得当

$k > N_1$ 时有

$$\left| \int_{|x| \leqslant a} f_k(x)[\varphi(x) - \varphi(0)]\mathrm{d}x \right| \leqslant$$

$$\frac{\varepsilon}{2} \int_{|x| \leqslant a} f_k(x)\mathrm{d}x < \varepsilon \tag{20}$$

由 3° 知道存在自然数 N_2 使得

$$\left| \int_{a \leqslant |x| \leqslant b} f_k(x)[\varphi(x) - \varphi(0)]\mathrm{d}x \right| < \varepsilon, \forall k \geqslant N_2 \tag{21}$$

注意到式(18)右端的第一个积分是式(19)(20)及(21)绝对值中的三个积分的和,我们立即得出

$$\lim_{k \to \infty} \int_{E^n} f_k(x)[\varphi(x) - \varphi(0)]\mathrm{d}x = 0$$

由此,由式(18)有

$$\lim_{k \to \infty}(f_k, \varphi) = \lim_{k \to \infty}\int_{E^n} f_k(x)\varphi(0)\mathrm{d}x =$$

$$\varphi(0) = (\delta, \varphi)$$

所以 $f_k \xrightarrow{\mathscr{D}'} \delta$.

我们列举几个常用的 δ — 函数的渐近表达式,它们都可由定理 8 直接导出.

例 7 最简单的函数族 $\{\delta_\varepsilon \mid \varepsilon > 0\}$ 定义为

$$\delta_\varepsilon(x) = \begin{cases} \dfrac{1}{2\varepsilon}, & |x| \leqslant \varepsilon \\[2mm] 0, & |x| > \varepsilon \end{cases}$$

δ_ε 是 E^n 上的函数,为了简便,设 $n = 1$(图 6). 实际上在 4.1 节中我们已经见过这种情形. 显然

$$\lim_{\varepsilon \to 0}\delta_\varepsilon(x) = 0, \forall x \neq 0$$

而且

$$\int_{-\infty}^{\infty}\delta_\varepsilon(x)\mathrm{d}x = 1, \forall \varepsilon \neq 0$$

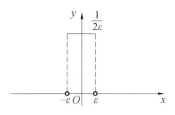

图 6

因此

$$\lim_{\varepsilon \to 0} \int_{-\infty}^{\infty} \delta_\varepsilon(x)\mathrm{d}x = 1$$

这样,我们可以由定理 6 推出

$$\lim_{\varepsilon \to 0}(\delta_\varepsilon,\varphi) = (\delta,\varphi), \forall \varphi \in \mathscr{D}(E^1) \qquad (22)$$

由于 δ_ε 特别简单,我们无须应用定理 6,也很容易推出式(22).事实上,对每个 $\varphi \in \mathscr{D}(E^1)$,由积分中值定理有

$$(\delta_\varepsilon,\varphi) = \int_{-\infty}^{\infty} \delta_\varepsilon(x)\varphi(x)\mathrm{d}x =$$

$$\int_{-\varepsilon}^{\varepsilon} \frac{1}{2\varepsilon}\varphi(x)\mathrm{d}x =$$

$$\varphi(\xi) \qquad (23)$$

其中 $\xi \in (-\varepsilon,\varepsilon)$.于是,由式(23)及 φ 的连续性,我们有

$$\lim_{\varepsilon \to 0}(\delta_\varepsilon,\varphi) = \varphi(0) = (\delta,\varphi)$$

式(22)告诉我们,在 $\mathscr{D}'(E^1)$ 的意义下,只要 ε 足够小,δ_ε 就能充分近似 δ.在这样的理解下,我们可以把(22)形式地改写成

$$\lim_{\varepsilon \to 0}\delta_\varepsilon(x) = \delta(x) \qquad (24)$$

在以下几个例子中,我们将直接采用这种形式写

法,并且不做详细论证.

例 8 E^1 上的柯西函数(图 7)

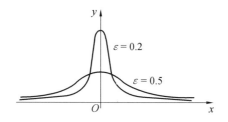

图 7

$$\delta_\epsilon(x) = \frac{1}{\pi} \frac{\epsilon}{x^2 + \epsilon^2}, \epsilon > 0$$

为 δ — 函数提供了另一种渐近表达式

$$\delta(x) = \lim_{\epsilon \to 0} \frac{1}{\pi} \frac{\epsilon}{x^2 + \epsilon^2}$$

例 9 E^1 上的高斯函数(图 8)

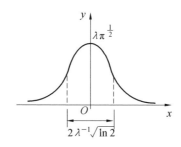

图 8

$$\delta_\lambda(x) = \lambda \pi^{-1/2} e^{-\lambda^2 x^2}, \lambda > 0$$

具有下列性质:

$1°\ \lim_{\lambda \to \infty} \delta_\lambda(x) = 0, \forall\, x \neq 0;$

$$2° \int_{-\infty}^{\infty} \delta_\lambda(x) \mathrm{d}x = 1, \forall \lambda > 0;$$

$$3° \lim_{\lambda \to \infty} \int_{-\infty}^{\infty} \delta_\lambda(x) \varphi(x) \mathrm{d}x = \varphi(0), \forall \varphi \in \mathscr{D}(E^1).$$

高斯函数也给出 $\delta -$ 函数的一种渐近表达式

$$\delta(x) = \lim_{\lambda \to \infty} \lambda \pi^{-1/2} \mathrm{e}^{-\lambda^2 x^2}$$

例 10　E^1 上的函数列 $\{\delta_n\}_{n=1}^{\infty}$,其定义为

$$\delta_n(x) = \begin{cases} C_n(1-x^2)^n, & |x| \leqslant 1 \\ 0, & |x| > 1 \end{cases}$$

这里常数 C_n 由

$$\int_{-1}^{1} \delta_n(x) \mathrm{d}x = 1$$

决定(图 9).

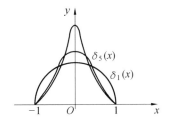

图 9

4.3.4　广义函数的直积

设 $\Omega_1 \subseteq E^n$ 和 $\Omega_2 \subseteq E^m$ 是开集. 用 $x = (x_1, \cdots, x_n)$ 表示 Ω_1 中的点,用 $y = (y_1, \cdots, y_m)$ 表示 Ω_2 中的点. 积空间 $\Omega_1 \times \Omega_2$ 中的点记作

$$(x, y) = (x_1, \cdots, x_n, y_1, \cdots, y_m)$$

D_x^α 与 D_y^β 分别表示对 $x_1, \cdots, x_n$ 与 $y_1, \cdots, y_m$ 的导数. 为了明确起见,$\mathscr{D}(\Omega_1)$ 上与 $\mathscr{D}(\Omega_2)$ 上的广义函数分别记作 S_x 与 T_y. 现在对于 $S_x \in \mathscr{D}'(\Omega_1), T_y \in \mathscr{D}'(\Omega_2),$

我们要定义 $\mathscr{D}(\Omega_1 \times \Omega_2)$ 上的一个广义函数. 为此, 先引进下述定理.

定理 9 设 $S_x \in \mathscr{D}'(\Omega_1)$, $\varphi(x,y) \in \mathscr{D}(\Omega_1 \times \Omega_2)$, 则有

$$(S_x, \varphi(x,y)) \in \mathscr{D}(\Omega_2)$$

且

$$D_y^\alpha (S_x, \varphi(x,y)) = (S_x, D_y^\alpha \varphi(x,y)) \qquad (25)$$

证 对任意固定的 $y \in \Omega_2$ 有

$$\varphi(x,y) \in \mathscr{D}(\Omega_1)$$

由此可知 $(S_x, \varphi(x,y))$ 确定一个 Ω_2 上的函数. 因为

$$\frac{1}{h}\{(S_x, \varphi(x, y_1 + h, y_2, \cdots, y_m)) -$$

$$(S_x, \varphi(x, y_1, y_2, \cdots, y_m))\} =$$

$$(S_x, \frac{1}{h}\{\varphi(x, y_1 + h, y_2, \cdots, y_m) -$$

$$\varphi(x, y_1, y_2, \cdots, y_m)\}) \to$$

$$(S_x, \frac{\partial}{\partial y_1}\varphi(x,y)), h \to 0$$

所以 $(S_x, \varphi(x,y))$ 对 y_1 可微, 且

$$\frac{\partial}{\partial y_1}(S_x, \varphi(x,y)) = \left(S_x, \frac{\partial}{\partial y_1}\varphi(x,y)\right)$$

如此继续下去, 得知 $(S_x, \varphi(x,y))$ 对 y 无穷可微, 且式 (25) 成立. 又 $\varphi(x,y)$ 在 $\Omega_1 \times \Omega_2$ 上有紧支集, 导致 $(S_x, \varphi(x,y))$ 在 Ω_2 上有紧支集. 因此 $(S_x, \varphi(x,y)) \in \mathscr{D}(\Omega_2)$.

定理 9 表明, 对于

$$S_x \in \mathscr{D}'(\Omega_1)$$

$$T_y \in \mathscr{D}'(\Omega_2)$$

可以定义一个 $\mathscr{D}(\Omega_1 \times \Omega_2)$ 上的泛函 $S_x \times T_y$, 如下

$$(S_x \times T_y, \varphi(x,y)) = (T_y, (S_x, \varphi(x,y)))$$
$$\forall \varphi(x,y) \in \mathscr{D}(\Omega_1 \times \Omega_2) \qquad (26)$$

可以证明

$$S_x \times T_y \in \mathscr{D}'(\Omega_1 \times \Omega_2)$$

而且

$$T_y \times S_x = S_x \times T_y \qquad (27)$$

也就是说

$$(S_x \times T_y, \varphi(x,y)) = (T_y, (S_x, \varphi(x,y))) =$$
$$(S_x, (T_y, \varphi(x,y)))$$
$$\forall \varphi(x,y) \in \mathscr{D}(\Omega_1 \times \Omega_2) \qquad (28)$$

定义 11 设 $S_x \in \mathscr{D}'(\Omega_1), T_y \in \mathscr{D}'(\Omega_2)$,按式 (28)确定一个广义函数

$$S_x \times T_y \in \mathscr{D}'(\Omega_1 \times \Omega_2)$$

$S_x \times T_y$ 称为 S_x 与 T_y 的直积(或张量积).

因为对于 $\varphi \in \mathscr{D}(\Omega_1), \psi \in \mathscr{D}(\Omega_2)$,有 $\varphi\psi \in \mathscr{D}(\Omega_1 \times \Omega_2)$,所以直积明显地有下述性质

$$(S_x \times T_y, \varphi(x)\psi(y)) = (T_y \times S_x, \varphi(x)\psi(y)) =$$
$$(S_x, \varphi(x))(T_y, \psi(y))$$
$$\forall \varphi \in \mathscr{D}(\Omega_1), \psi \in \mathscr{D}(\Omega_2) \qquad (29)$$

可以证明,对于 $S_x \in \mathscr{D}'(\Omega_1), T_y \in \mathscr{D}'(\Omega_2)$,不论用何种方式定义广义函数 $D \in \mathscr{D}'(\Omega_1 \times \Omega_2)$,只要 D 满足

$$(D, \varphi(x)\psi(y)) = (S_x, \varphi(x))(T_y, \psi(y))$$
$$\forall \varphi \in \mathscr{D}(\Omega_1), \psi \in \mathscr{D}(\Omega_2)$$

则 D 是唯一确定的, $D = S_x \times T_y$.

公式(29)可以看作富比尼(Fubini)定理的一个推广.事实上,若 S_x, T_y 分别是

$$f \in L^1_{\mathrm{loc}}(\Omega_1)$$
$$g \in L^1_{\mathrm{loc}}(\Omega_2)$$

对应的广义函数,则直积 $S_x \times T_y$ 与函数的普通意义的直接积一致,这时式(28)成为

$$\iint\limits_{\Omega_1 \times \Omega_2} f(x)g(y)\varphi(x,y)\mathrm{d}x\mathrm{d}y =$$

$$\int_{\Omega_2} g(y)\left\{\int_{\Omega_1} f(x)\varphi(x,y)\mathrm{d}x\right\}\mathrm{d}y =$$

$$\int_{\Omega_1} f(x)\left\{\int_{\Omega_2} g(y)\varphi(x,y)\mathrm{d}y\right\}\mathrm{d}x$$

$$\forall\,\varphi(x,y) \in \mathscr{D}(\Omega_1 \times \Omega_2)$$

我们指出直积的如下两条性质(根据直积的定义,不难给出它们的证明):

1° 直积 $S_x \times T_y \in \mathscr{D}'(\Omega_1 \times \Omega_2)$ 的支集等于 S_x 的支集与 T_y 的支集的积集,即

$$\operatorname{supp}(S_x \times T_y) = (\operatorname{supp} S_x) \times (\operatorname{supp} T_y)$$

2° 对每个 n 重指数 α 与 m 重指数 β 有

$$D_x^\alpha D_y^\beta (S_x \times T_y) = (D_x^\alpha S_x) \times (D_y^\beta T_y)$$

4.3.5　关于广义函数的乘法运算

到现在为止,关于广义函数的运算,我们已经讨论过线性运算、导数、不定积分、极限和直积.因为一般的广义函数,例如 δ — 函数,是基本函数空间 $\mathscr{D}(\Omega)$ 上的连续线性泛函,不再是从点集 $\Omega \subseteq E^n$ 到数集的对应关系,说它在"某一点 $x \in \Omega$ 的值"已无意义,所以对于一般广义函数没有定积分运算.下面介绍一下乘法运算问题.

广义函数的线性运算仍是加法与数乘两种运算,自然包含了减法运算.至于怎样定义一般广义函数之间的乘法运算,例如 δ — 函数与它自己的乘积 $\delta \cdot \delta$,则是广义函数论中没有解决的课题之一.已有的广义函

数之间的乘法运算的定义,是关于一般广义函数与无穷可微函数对应的广义函数之间的乘积.

设

$$f \in C^\infty(\Omega)$$

因为

$$C^\infty(\Omega) \subseteq L^1_{\text{loc}}(\Omega)$$

所以 f 可直接看作 $\mathscr{D}'(\Omega)$ 中的广义函数. 这时,显然有

$$f\varphi \in \mathscr{D}(\Omega), \forall \varphi \in \mathscr{D}(\Omega)$$

通常称每个 $f \in C^\infty(\Omega)$ 为 $\mathscr{D}(\Omega)$ 的乘子,并把 $C^\infty(\Omega)$ 称为 $\mathscr{D}(\Omega)$ 的一个乘子空间.

如上事实保证下述定义是有意义的.

定义 12　设 $f \in C^\infty(\Omega), T \in \mathscr{D}'(\Omega)$,作广义函数 $fT \in \mathscr{D}'(\Omega)$,有

$$(fT, \varphi) = (T, f\varphi), \forall \varphi \in \mathscr{D}(\Omega) \tag{30}$$

fT 称为乘子 f 与广义函数 T 的积.

例 11　考察 $\mathscr{D}'(E^1)$ 中的 $\delta -$ 函数及其各阶导数与任何乘子 $f \in C^\infty(E^1)$ 的乘积.

对于 $f\delta$,由于

$$(f\delta, \varphi) = (\delta, f\varphi) = f(0)\varphi(0) =$$
$$(f(0)\delta, \varphi)$$
$$\forall \varphi \in \mathscr{D}(E^1)$$

因此

$$f\delta = f(0)\delta$$

对于 $f\delta'$,由于

$$(f\delta', \varphi) = (\delta', f\varphi) = -(\delta, f'\varphi + f\varphi') =$$
$$-f'(0)\varphi(0) - f(0)\varphi'(0) =$$
$$(f(0)\delta' - f'(0)\delta, \varphi)$$
$$\forall \varphi \in \mathscr{D}(E^n)$$

因此

$$f\delta' = f(0)\delta' - f'(0)\delta$$

一般地,对于 $f\delta^{(n)}$ 有

$$f\delta^{(n)} = \sum_{k=0}^{n} \frac{n!}{k!\,(n-k)!} (-1)^{n-k} f^{(n-k)}(0)\delta^{(k)}$$

$$(31)$$

从定义 12 可以看出,当 T 是 $L_{\text{loc}}^1(\Omega)$ 中某个函数对应的广义函数时,它和任何乘子的乘积就是通常的函数乘积. 因此定义 12 是按照通常的函数乘积的方式来规定乘子与广义函数的乘积. 不难看出,按照这种方式(即按照式(30)),我们不能规定一般的局部可积函数与广义函数的乘积,更不能规定一般的广义函数之间的乘积.

一般的广义函数之间的乘法运算问题仍在继续研究之中.

4.4 卷 积

4.4.1 函数的卷积与磨光函数

这里先引进两个普通函数的卷积概念.

定义 13 设 $f,g \in L_{\text{loc}}^1(E^n)$,而且 f 或 g 具有有界支集. 这时存在一个函数 $f * g \in L_{\text{loc}}^1(E^n)$,满足

$$f * g(x) = \int_{E^n} f(y)g(x-y)\mathrm{d}y =$$
$$\int_{E^n} f(x-y)g(y)\mathrm{d}y \qquad (1)$$

函数 $f * g$ 称为函数 f 与 g 的卷积.

我们以磨光函数作为卷积概念的一个具体背景.磨光函数在函数逼近中有重要的应用.

考虑一元函数的情形. 设函数 f 定义在区间 $(-\infty,\infty)$ 上,这不妨碍一般性,因为定义在任何区间 $[a,b]$ 上的函数总可用适当方式延拓至整个实数直线上. 由于积分运算能从间断函数得出连续函数,能从粗糙函数得出光滑函数,而导数运算又能用差商运算来近似,因而由

$$f_1(x) \equiv \frac{\displaystyle\int_0^{x+\frac{h}{2}} f(t)\,\mathrm{d}t - \int_0^{x-\frac{h}{2}} f(t)\,\mathrm{d}t}{h} = \frac{1}{h}\int_{x-\frac{h}{2}}^{x+\frac{h}{2}} f(t)\,\mathrm{d}t \tag{2}$$

给出的函数 f_1 应当比 f 更光滑,同时又近似于 f. 函数 f_1 是积分 $\int_0^x f(t)\,\mathrm{d}t$ 的中心差商,在数值逼近中将它称为 f 的一次磨光函数. h 称为磨光宽度,随着 h 的减小, f_1 逼近 f 的精度随着提高.

一般地, k 次磨光函数 f_k 可递归地定义为

$$f_k(x) = \frac{1}{h}\int_{x-\frac{h}{2}}^{x+\frac{h}{2}} f_{k-1}(t)\,\mathrm{d}t, k=1,2,\cdots \tag{3}$$

其中 $f_0 = f$. 因为函数 f_k 比 f_{k-1} 更光滑,同时又近似于 f_{k-1},所以 k 越大, f_k 越光滑,而且磨光宽度 h 越小, f_k 越近似于 f.

用数学归纳法不难证明, f 的 k 次磨光函数 f_k 可以表示成

$$f_k(x) = \frac{1}{h}\int_{-\infty}^{\infty} f(t)\,\omega_{k-1}\left(\frac{x-t}{h}\right)\mathrm{d}t, k=1,2,\cdots \tag{4}$$

其中

$$\omega_k(x) = \int_{x-\frac{1}{2}}^{x+\frac{1}{2}} \omega_{k-1}(t)\,\mathrm{d}t, k = 1, 2, \cdots \tag{5}$$

$$\omega_0(x) = \begin{cases} 0, & \text{当} \mid x \mid > \dfrac{1}{2} \\[2mm] 1, & \text{当} \mid x \mid < \dfrac{1}{2} \\[2mm] \dfrac{1}{2}, & \text{当} \mid x \mid = \dfrac{1}{2} \end{cases} \tag{6}$$

事实上,当 $k = 1$ 时,由于

$$\omega_0\left(\frac{x-t}{h}\right) = 1$$

当

$$\left|\frac{x-t}{h}\right| < \frac{1}{2}$$

即

$$x - \frac{h}{2} < t < x + \frac{h}{2}$$

$$\omega_0\left(\frac{x-t}{h}\right) = 0$$

当

$$\left|\frac{x-t}{h}\right| > \frac{1}{2}$$

即

$$t < x - \frac{h}{2}$$

或

$$t > x + \frac{h}{2}$$

因此

$$f_1(x) = \frac{1}{h}\int_{x-\frac{h}{2}}^{x+\frac{h}{2}} f(t)\,\mathrm{d}t = \frac{1}{h}\int_{-\infty}^{\infty} f(t)\omega_0\left(\frac{x-t}{h}\right)\mathrm{d}t$$

现设公式 (4) 对 $k = n - 1$ 成立，即

$$f_{n-1}(x) = \frac{1}{h}\int_{-\infty}^{\infty} f(t)\omega_{n-2}\left(\frac{x-t}{h}\right)\mathrm{d}t$$

于是

$$f_n(x) = \frac{1}{h}\int_{x-\frac{h}{2}}^{x+\frac{h}{2}} f_{n-1}(\tau)\mathrm{d}\tau =$$

$$\frac{1}{h}\int_{-\infty}^{\infty} f_{n-1}(\tau)\omega_0\left(\frac{x-\tau}{h}\right)\mathrm{d}\tau =$$

$$\frac{1}{h^2}\int_{-\infty}^{\infty}\int_{-\infty}^{\infty} f(t)\omega_{n-2}\left(\frac{\tau-t}{h}\right)\omega_0\left(\frac{x-\tau}{h}\right)\mathrm{d}t\mathrm{d}\tau =$$

$$\frac{1}{h}\int_{-\infty}^{\infty} f(t)\left\{\frac{1}{h}\int_{-\infty}^{\infty}\omega_0\left(\frac{x-\tau}{h}\right)\omega_{n-2}\left(\frac{\tau-t}{h}\right)\mathrm{d}\tau\right\}\mathrm{d}t =$$

$$\frac{1}{h}\int_{-\infty}^{\infty} f(t)\omega_{n-1}\left(\frac{x-t}{h}\right)\mathrm{d}t$$

这里利用了式 (5) 的定义

$$\omega_{n-1}\left(\frac{x-t}{h}\right) = \int_{\frac{x-t}{h}-\frac{1}{2}}^{\frac{x-t}{h}+\frac{1}{2}}\omega_{n-2}(\xi)\mathrm{d}\xi =$$

$$\frac{1}{h}\int_{x-\frac{h}{2}}^{x+\frac{h}{2}}\omega_{n-2}\left(\frac{\tau-t}{h}\right)\mathrm{d}\tau =$$

$$\frac{1}{h}\int_{-\infty}^{\infty}\omega_0\left(\frac{x-\tau}{h}\right)\omega_{n-2}\left(\frac{\tau-t}{h}\right)\mathrm{d}\tau$$

这样便证明了式 (4).

从图 10 看出，函数列 $\omega_0, \omega_1, \omega_2, \cdots$ 是从间断函数出发，其图形越来越光滑. 显然

$$\omega_k \in C^{k-1}(E^1), k \geqslant 1$$

我们主要是用这个函数列中的函数来磨别的函数. 用 ω_{k-1} 来磨光 f 就得到 f 的 k 次磨光函数 f_k.

在数值逼近中，ω_k 称为 k 次基本样条函数. 在研究样条函数中，无论是理论分析或实际数值计算，函数 ω_k 都起着独特的作用. 由式 (2) 与 (3) 得知，当

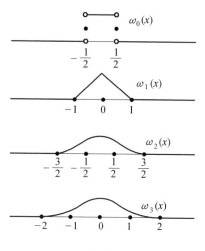

图 10

$f(x) \equiv 1$ 时

$$f_k(x) \equiv 1, k = 1, 2, \cdots$$

因此从式(4)推出

$$\int_{-\infty}^{\infty} \omega_k(x)\mathrm{d}x = \frac{1}{h}\int_{-\infty}^{\infty} \omega_k\left(\frac{x-t}{h}\right)\mathrm{d}x = 1, k = 1, 2, \cdots$$

$$(7)$$

也就是说,每条曲线 $y = \omega_k(x)$ 和 x 轴围成的面积均为 1.这是函数 ω_k 的一个基本性质.

由式(4)可知,若令

$$g_k(x) = \frac{1}{h}\omega_k\left(\frac{x}{h}\right), k = 0, 1, 2, \cdots \qquad (8)$$

则 f 的 k 次磨光函数 f_k 就是 f 与 g_{k-1} 的卷积

$$f_k(x) = f * g_{k-1}(x) = \int_{-\infty}^{\infty} f(t)g_{k-1}(x-t)\mathrm{d}t \quad (9)$$

容易看出,如果 $f \in L_{\mathrm{loc}}^1(E^1)$,那么 $f_k \in C^{k-1}(E^1)$.

利用以上方法,我们可以把一个局部可积函数磨

100

光为有限次可微的函数. 在函数逼近的理论和应用中, 有时还需把一个函数磨光为无穷可微的函数. 下面着重介绍无穷可微磨光函数的一些概念和结论.

考察定义在 E^n 上的函数. 下述定义可以看作基本样条函数概念的一种延伸.

定义 14　设非负实值函数 $J \in C_0^\infty(E^n)$, 如果 J 具有下列性质:

$1°\ J(x) = 0, \ |x| \geqslant 1$;

$2°\ \displaystyle\int_{E^n} J(x)\mathrm{d}x = 1$,

那么称 J 是 E 上的平滑子.

常取平滑子为

$$J(x) = \begin{cases} \alpha \mathrm{e}^{\frac{1}{|x|^2-1}}, & |x| < 1 \\ 0, & |x| \geqslant 1 \end{cases} \tag{10}$$

其中

$$\alpha = \left[\iint_{|x|<1} \mathrm{e}^{\frac{1}{|x|^2-1}} \mathrm{d}x \right]^{-1}$$

在 4.2 节的例 1 中我们已给出同类型的函数及图形.

平滑子主要用来磨光别的函数. 取 J 形如式 (10), 真正常用的是如下形式的一族平滑函数

$$J_\varepsilon(x) = \varepsilon^{-n} J\left(\frac{x}{\varepsilon}\right) = \begin{cases} \varepsilon^{-n} \alpha \mathrm{e}^{\frac{\varepsilon^2}{|x|^2-\varepsilon^2}}, & |x| < \varepsilon \\ 0, & |x| \geqslant \varepsilon \end{cases} \tag{11}$$

其中 ε 是任何正数. 显然, J_ε 具有下列性质:

$1°\ J_\varepsilon \in C_0^\infty(E^n)$;

$2°\ J_\varepsilon(x) = 0, \ |x| \geqslant \varepsilon$;

$3°\ \displaystyle\int_{E^n} J_\varepsilon(x)\mathrm{d}x = 1$.

图 11 给出一维时函数 J_ε 的图形.

定义 15　设 $f \in L_{\mathrm{loc}}^1(E^n)$. 卷积

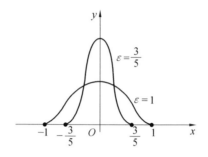

图 11

$$f * J_\varepsilon(x) = \int_{E^n} f(y) J_\varepsilon(x-y) \mathrm{d}y \qquad (12)$$

称为 f 的磨光函数.

定理 10 设 $f \in L^1_{\mathrm{loc}}(E^n)$,则有:

$1° \, f * J_\varepsilon \in C^\infty(E^n)$.

$2°$ 若 $K = \mathrm{supp}\, f$ 是有界闭集,则

$$\mathrm{supp}\, f * J_\varepsilon \subseteq K_\varepsilon = \bigcup_{x \in K} U(x, \varepsilon)$$

$3°$ 若 $\Omega \subseteq E^n, f \in C(\Omega)$,则在任何 $G \subseteq \Omega$ 上,当 $\varepsilon \to 0^+$ 时 $f * J_\varepsilon$ 一致收敛于 f. 特别地,若 f 在点 $x^* \in E^n$ 连续,则 $\lim\limits_{\varepsilon \to 0^+} f * J_\varepsilon(x^*) = f(x^*)$.

$4°$ 若 $f \in L^p(E^n), 1 \leqslant p < +\infty$,则 $f * J_\varepsilon \in L^p(E^n)$,而且

$$\lim_{\varepsilon \to 0^+} \| f * J_\varepsilon - f \|_p = 0$$

证 $1°$ 因为 $J_\varepsilon(x-y)$ 是 x 的无穷可微函数,而且式(12)中的积分是在 E^n 的紧子集上计算的,应用数学分析中积分号内取微分的定理有

$$D^\alpha [f * J_\varepsilon(x)] = \int_{E^n} f(y) D^\alpha_x J_\varepsilon(x-y) \mathrm{d}y$$

所以

$$f * J_\varepsilon \in C^\infty(E^n)$$

$2°$ 若 $x \in E^n$，但 $x \notin K_\varepsilon$，即 $|x - y| > \varepsilon, \forall y \in K$，则

$$J_\varepsilon(x - y) = 0, \forall y \in K$$

于是

$$f * J_\varepsilon(x) = \int_{E^n} f(y) J_\varepsilon(x - y) \mathrm{d}y =$$

$$\int_K f(y) J_\varepsilon(x - y) \mathrm{d}y = 0$$

可见 $\mathrm{supp}\, f * J_\varepsilon \subseteq K_\varepsilon$.

$3°$ 从 $f \in C(\Omega)$ 及 $G \subseteq \Omega$ 推出 f 在 G 上一致连续，因而对任意给定的 $\sigma > 0$，存在 $\delta > 0$，使得只要 $|y| < \delta$，就有

$$|f(x - y) - f(x)| < \sigma, \forall x \in G$$

取 $\varepsilon \leqslant \delta$，我们得到

$$|f * J_\varepsilon(x) - f(x)| =$$

$$\left| \int_{E^n} f(y) J_\varepsilon(x - y) \mathrm{d}y - f(x) \right| =$$

$$\left| \int_{E^n} f(x - y) J_\varepsilon(y) \mathrm{d}y - f(x) \right| =$$

$$\left| \int_{E^n} [f(x - y) - f(x)] J_\varepsilon(y) \mathrm{d}y \right| \leqslant$$

$$\int_{|y| < \varepsilon} |f(x - y) - f(x)| J_\varepsilon(y) \mathrm{d}y < \sigma$$

$$\forall x \in G$$

这就证明了当 $\varepsilon \to 0^+$ 时 $f * J_\varepsilon \to f$ 在 G 上是一致的. f 在一点 x^* 连续是 $G = \{x^*\}$ 的特殊情形.

$4°$ 设 $f \in L^p(E^n), 1 \leqslant p < \infty$. 令 $p' = \dfrac{p}{1 - p}$，由赫尔德(Hölder) 不等式

$$\mid f * J_\varepsilon(x) \mid = \left| \int_{E^n} f(y) J_\varepsilon(x-y) \mathrm{d}y \right| \leqslant$$

$$\left\{ \int_{E^n} \mid f(y) \mid^p \big[(J_\varepsilon(x-y))^{1/p} \big]^p \mathrm{d}y \right\}^{1/p} \cdot$$

$$\left\{ \int_{E^n} \big[(J_\varepsilon(x-y))^{1/p'} \big]^{p'} \mathrm{d}y \right\} =$$

$$\left\{ \int_{E^n} \mid f(y) \mid^p J_\varepsilon(x-y) \mathrm{d}y \right\}^{1/p}$$

由此,根据富比尼定理

$$\int_{E^n} \mid f * J_\varepsilon(x) \mid^p \mathrm{d}x \leqslant \int_{E^n} \int_{E^n} \mid f(y) \mid^p J_\varepsilon(x-y) \mathrm{d}y \mathrm{d}x =$$

$$\int_{E^n} \mid f(y) \mid^p \mathrm{d}y \int_{E^n} J_\varepsilon(x-y) \mathrm{d}x =$$

$$\parallel f \parallel_p^p \qquad (13)$$

于是

$$f * J_\varepsilon \in L^p(E^n)$$

设 $\sigma > 0$. f 能用具有紧支集的连续函数来逼近,这就是说,存在 $\varphi \in C_0(E^n)$,使得

$$\parallel f - \varphi \parallel_p < \frac{\sigma}{3} \qquad (14)$$

由不等式(13)与(14),我们得到

$$\parallel f * J_\varepsilon - \varphi * J_\varepsilon \parallel_p = \parallel (f-\varphi) * J_\varepsilon \parallel_p =$$

$$\parallel f - \varphi \parallel_p < \frac{\sigma}{3} \qquad (15)$$

因为 φ 是有紧支集的连续函数. 由性质 $3°$ 可知在 E^n 上,当 $\varepsilon \to 0^+$ 时 $\varphi * J_\varepsilon$ 一致收敛于 φ. 所以当 ε 充分小时就有

$$\parallel \varphi * J_\varepsilon - \varphi \parallel_p < \frac{\sigma}{3} \qquad (16)$$

最后,对如此小的 ε,从不等式(14) $\sim$ (16) 推出

$$\parallel f * J_\varepsilon - f \parallel_p \leqslant \parallel f * J_\varepsilon - \varphi * J_\varepsilon \parallel_p +$$

$$\| \varphi * J_\varepsilon - \varphi \|_p +$$
$$\| \varphi - f \|_p < \sigma$$

因此 $\lim\limits_{\varepsilon \to 0^+} \| f * J_\varepsilon - f \|_p = 0$.

定理 10 所提供的磨光函数的性质,使我们清楚地了解"磨光"的含意. f 不光滑,而 $f * J_\varepsilon \in C^\infty$;当 ε 足够小时,在 f 连续的点或区域上,$f * J_\varepsilon$ 和 f 差别不大.

4.4.2　广义函数的卷积

我们回到两个普通函数的卷积. 设 $f, g \in L^1_{\mathrm{loc}}(E^n)$ 且两者至少有一个有紧支集,这时 f 与 g 的卷积 $f * g \in L^1_{\mathrm{loc}}(E^n)$,它是由式(1)定义的.为了将卷积概念推广到广义函数的情形中去,我们把 $f * g$ 看作 $\mathscr{D}(E^n)$ 上的连续线性泛函.这就是说,我们能用广义函数来重新定义 $f * g$,即

$$(f * g, \varphi) = (f_x \times g_y, \varphi(x + y)), \forall \varphi \in \mathscr{D}(E^n)$$
$$\tag{17}$$

事实上,根据式(1),对每个 $\varphi \in \mathscr{D}(E^n)$ 有

$$(f * g, \varphi) = \int_{E^n} \int_{E^n} f(x - y) g(y) \varphi(x) \mathrm{d}x \mathrm{d}y =$$
$$\int_{E^n} \int_{E^n} f(x) g(y) \varphi(x + y) \mathrm{d}x \mathrm{d}y =$$
$$(f_x \times g_y, \varphi(x + y))$$

但是,我们还必须证明式(17)右端代表的积分确实是有意义的,因为 $\varphi(x + y)$ 作为 (x, y) 的函数在积空间 $E^n \times E^n$ 内并没有紧支集.具体地说,设 f 有紧支集,由于

$$(f_x \times g_y, \varphi(x + y)) = (g_y, (f_x, \varphi(x + y)))$$

我们需要证明 y 的函数 $(f_x, \varphi(x + y)) \in \mathscr{D}(E^n)$.为此我们给出一个定理,它适用于一般的广义函数.

定理 11　设 $S \in \mathscr{D}'(E^n)$，且 S 有紧支集，则对任何 $\varphi \in \mathscr{D}(E^n)$，$y$ 的函数 $(S_x, \varphi(x+y)) \in \mathscr{D}(E^n)$.

证　用类似于上节定理 9 的证法，对任何 n 重指数 α，我们有

$$D_y^\alpha(S_x, \varphi(x+y)) = (S_x, D_y^\alpha \varphi(x+y))$$

取 $\alpha \in \mathscr{D}(E^n)$ 使

$$\alpha(x) = 1, \forall x \in \operatorname{supp} S$$

则有

$$(S_x, \varphi(x+y)) = (\alpha(x)S_x, \varphi(x+y)) =$$
$$(S_x, \alpha(x)\varphi(x+y)) \qquad (18)$$

设

$$\operatorname{supp} \alpha \subseteq \{x \mid |x| < a\}$$
$$\operatorname{supp} \varphi \subseteq \{x \mid |x| < b\}$$

于是，如果

$$|y| \geqslant a+b$$

那么当 $|x| > a$ 时

$$\alpha(x) = 0$$

当 $|x| \leqslant a$ 时

$$|x+y| \geqslant |y| - |x| \geqslant a+b-a = b$$

从而

$$\varphi(x+y) = 0$$

这就是说，当 $|y| \geqslant a+b$ 时有

$$\alpha(x)\varphi(x+y) = 0, \forall x \in E^n$$

故此时由式(18) 可知

$$(S_x, \varphi(x+y)) = 0$$

即 $(S_x, \varphi(x+y))$ 在 E^n 上有紧支集. 因此 $(S_x, \varphi(x+y)) \in \mathscr{D}(E^n)$.

这个定理表明式(17) 右端是有意义的，而且下面

关于两个广义函数的卷积的定义是合理的.

定义 16 设 $S, T \in \mathscr{D}'(E^n)$,且其中至少有一个有紧支集.这时有一个 $S * T \in \mathscr{D}'(E^n)$,满足

$$(S * T, \varphi) = (S_x \times T_y, \varphi(x+y)), \forall \varphi \in \mathscr{D}(E^n)$$

$$(19)$$

广义函数 $S * T$ 称为广义函数 S 与 T 的卷积.

当 S, T 分别是 $f, g \in L^1_{\text{loc}}(E^n)$ 对应的广义函数时,式(19)与(17)一致,因此广义函数的卷积是普通函数卷积的自然推广.

由定义,卷积是可交换的,即

$$S * T = T * S$$

定义 17 设 $h \in E^n$,φ 是 E^n 上的一个函数,由 φ 与 h 确定一个函数 $\tau_h \varphi$,即

$$\tau_h \varphi(x) = \varphi(x-h), \forall x \in E^n \qquad (20)$$

$\tau_h \varphi$ 称为函数 φ 的平移,τ_h 称为平移算子.

按此定义,若 $\varphi, \psi \in L^2(E^n)$,则内积

$$(\tau_h \varphi, \psi) = \int_{E^n} \varphi(x-h) \psi(x) \mathrm{d}x =$$

$$\int_{E^n} \varphi(x) \psi(x+h) \mathrm{d}x =$$

$$(\varphi, \tau_{-h} \psi)$$

仿此,我们定义广义函数的平移.

定义 18 设 $h \in E^n$,$T \in \mathscr{D}'(E^n)$.由 h 和 T 确定一个广义函数 $\tau_h T \in \mathscr{D}'(E^n)$,满足

$$(\tau_h T, \varphi) = (T, \tau_{-h} \varphi), \forall \varphi \in \mathscr{D}(E^n) \qquad (21)$$

$\tau_h T$ 称为广义函数 T 的平移.

现在,式(19)可以改写成

$$(S * T, \varphi) = (T_y, (S_x, \tau_{-y} \varphi)), \forall \varphi \in \mathscr{D}(E^n)$$

$$(22)$$

4.4.3 卷积的基本性质

δ - 函数有仅含一点的紧支集,因此它能与任何 $T \in \mathscr{D}'(E^n)$ 作卷积.

定理 12 设 $T \in \mathscr{D}'(E^n)$,则

$$\delta_a * T = \tau_a T \tag{23}$$

$$D^a \delta * T = D^a T \tag{24}$$

证 对任何 $\varphi \in \mathscr{D}(E^n)$,我们有

$$
\begin{aligned}
(\delta_a * T, \varphi) &= (T_y, (\delta_a, \tau_{-y}\varphi)) = \\
&= (T_y, \tau_{-y}\varphi(a)) = \\
&= (T_y, \varphi(a + y)) = \\
&= (\tau_a T, \varphi)
\end{aligned}
$$

$$
\begin{aligned}
(D^a \delta * T, \varphi) &= (T_y, (D^a \delta, \tau_{-y}\varphi)) = \\
&= (T_y, (-1)^{|a|}(\delta, \tau_{-y}D^a\varphi)) = \\
&= (-1)^{|a|}(T_y, D^a\varphi(y)) = \\
&= (D^a T, \varphi)
\end{aligned}
$$

因此式(23)与(24)成立.

特别地,当 $a = 0$ 时,式(23)得到

$$\delta * T = T \tag{25}$$

因此函数 δ 是卷积的单位元. 定理 12 表明,广义函数的平移及导数均可表示为对 δ - 函数及其导数的卷积,从而 δ - 函数及其导数在卷积运算中占有特殊地位.

定理 13 设 $S, T \in \mathscr{D}(E^n)$,且其中至少有一个有紧支集,则

$$\tau_h(S * T) = \tau_h S * T = S * \tau_h T \tag{26}$$

$$D^a(S * T) = D^a S * T = S * D^a T \tag{27}$$

证 对任何 $\varphi \in \mathscr{D}(E^n)$ 有

$$(\tau_h(S * T), \varphi) = (S * T, \tau_{-h}\varphi) =$$

$$(T_y,(S,\tau_{-y}\tau_{-h}\varphi))$$

$$(\tau_h S * T,\varphi) = (T_y,(\tau_h S,\tau_{-y}\varphi)) =$$
$$(T_y,(S,\tau_{-h}\tau_{-y}\varphi))$$

$$(S * \tau_h T,\varphi) = (\tau_h T_y,(S,\tau_{-y}\varphi)) =$$
$$(T_y,\tau_{-h}(S,\tau_{-y}\varphi)) =$$
$$(T_y,(S,\tau_{-h-y}\varphi))$$

由于

$$\tau_{-y}\tau_{-h} = \tau_{-h}\tau_{-y} = \tau_{-h-y}$$

因此式(26)成立. 又

$$(D^a(S * T),\varphi) = (-1)^{|a|}(S * T,D^a\varphi) =$$
$$(-1)^{|a|}(T_y,(S,\tau_{-y}D^a\varphi))$$

$$(D^a S * T,\varphi) = (T_y,(D^a S,\tau_{-y}\varphi)) =$$
$$(-1)^{|a|}(T_y,(S,D^a\tau_{-y}\varphi))$$

$$(S * D^a T,\varphi) = (D^a T_y,(S,\tau_{-y}\varphi)) =$$
$$(-1)^{|a|}(T_y,D^a(S,\tau_{-y}\varphi)) =$$
$$(-1)^{|a|}(T_y,(S,D^a\tau_{-y}\varphi))$$

由于

$$D^a\tau_{-y} = \tau_{-y}D^a$$

因此式(27)成立.

这个定理告诉我们,求两个广义函数卷积的平移或导数,只需求其中一个广义函数的平移或导数. 下一个定理是卷积的结合律.

定理 14　设 $R,S,T \in \mathscr{D}'(E^n)$,其中至少有两个有紧支集,则

$$R * (S * T) = (R * S) * T \qquad (28)$$

证　由假设,式(28)的两端都是有意义的. 对任何 $\varphi \in \mathscr{D}(E^n)$,我们有

$$(R * (S * T),\varphi) = ((S * T)_y,(R_x,\varphi(x + y))) =$$

$$(T_z,(S_y,(R_x,\varphi(x+y+z))))=$$
$$(R_x \times S_y \times T_z,\varphi(x+y+z))$$
$$((R*S)*T,\varphi)=(T_z,((R*S)_y,\varphi(y+z)))=$$
$$(T_z,(S_y,(R_x,\varphi(x+y+z))))=$$
$$(R_x \times S_y \times T_z,\varphi(x,y,z))$$

于是式(28)成立.

因此，我们可以定义三个广义函数的卷积 $R*S*T \in \mathscr{D}'(E^n)$ 为

$$R*S*T=R*(S*T)=(R*S)*T \qquad (29)$$

仿此可以定义 n 个广义函数的卷积,只要其中至少有 $n-1$ 个有紧支集.

定理 15 设 $S,T \in \mathscr{D}'(E^n)$,且其中至少有一个有紧支集,则有

$$\mathrm{supp}(S*T) \subseteq \mathrm{supp}\ S+\mathrm{supp}\ T \qquad (30)$$

这里

$$\mathrm{supp}\ S+\mathrm{supp}\ T=\{x+y \mid x \in \mathrm{supp}\ S, y \in \mathrm{supp}\ T\}$$

证 记

$$A=\mathrm{supp}\ S$$
$$B=\mathrm{supp}\ T$$
$$\Omega=E^n-(A+B)$$

只需证明 $S*T$ 在开集 Ω 上等于零.这里,由于 A 与 B 是闭集,所以 $A+B$ 是闭集,Ω 是开集.

对于任何 $\varphi \in \mathscr{D}(\Omega)$,作为 x,y 的函数,$\varphi(x+y)$ 的支集包含在开集

$$\{(x,y) \in E^n \times E^n \mid x+y \in \Omega\}$$

内.因为

$$(x,y) \in A \times B \Rightarrow x+y \in A+B$$

所以 $\varphi(x+y)$ 的支集不与 $S \times T$ 的支集相交.于是

$$(S * T, \varphi) = (S_x \times T_y, \varphi(x+y)) = 0$$

这就证明了 $S * T$ 在 Ω 上等于零.

推论   若 $S, T \in \mathscr{D}'(E^n)$ 均有紧支集,则卷积 $S * T$ 也有紧支集.

4.4.4   基本解

设 α 是 n 重指数, a_α 是依赖于 α 的常数,则

$$P(D) = \sum_{|\alpha| \leqslant m} a_\alpha D^\alpha$$

是 E^n 上的常系数线性偏微分算子. m 阶常系数线性偏微分方程的一般形式是

$$P(D)u \equiv \sum_{|\alpha| \leqslant m} a_\alpha D^\alpha u = f \qquad (31)$$

其中 f 是已知的 n 元函数, u 是未知的 n 元函数. 如果 $f \equiv 0$,那么方程(31) 称为齐次的;否则,方程(31) 称为非齐次的.

例如

$$P_1(D) = \frac{\partial}{\partial t} - a^2 \frac{\partial^2}{\partial x^2}$$

是热(传导) 算子,方程

$$P_1(D)u \equiv \frac{\partial u}{\partial t} - a^2 \frac{\partial^2 u}{\partial x^2} = f(x, t) \qquad (32)$$

是热传导方程.

$$P_2(D) = \frac{\partial^2}{\partial x^2} + \frac{\partial^2}{\partial y^2} + \frac{\partial^2}{\partial z^2}$$

是拉普拉斯算子,通常记作 Δ,方程

$$\Delta u \equiv \frac{\partial^2 u}{\partial x^2} + \frac{\partial^2 u}{\partial y^2} + \frac{\partial^2 u}{\partial z^2} = 0 \qquad (33)$$

是拉普拉斯方程.

为了说明广义函数卷积的应用,我们简单地介绍一下常系数线性偏微分算子的基本解. 在偏微分方程

理论中,基本解是非常有用的工具. 例如,在一定条件下,形如(31) 的方程的某些解是算子 $P(D)$ 的基本解与函数 f 的卷积,某些偏微分算子可以用基本解的性质来刻画等.

定义 19 设 $P(D) = \sum\limits_{|a| \leqslant m} a_a D^a$, δ 是狄拉克 δ — 函数. 如果广义函数 $T \in \mathscr{D}'(E^n)$ 满足

$$P(D)T = \delta \tag{34}$$

那么称 T 是偏微分算子 $P(D)$ 的基本解.

我们看几个关于基本解的例子.

例 12 回过来考察 4.3 节中的例 4,可以说 E^n 上的赫维塞德函数是如下微分方程的一个解

$$\frac{\mathrm{d}Y}{\mathrm{d}x} = \delta$$

一般地,E^n 上的赫维塞德函数 Y 定义为

$$Y(x_1, \cdots, x_n) = \begin{cases} 1, x_1 \geqslant 0, \cdots, x_n \geqslant 0 \\ 0, \text{其他} \end{cases}$$

则这个函数是如下偏微分方程的一个解

$$\frac{\partial^n Y}{\partial x_1 \cdots \partial x_n} = \delta \tag{35}$$

我们在 $n = 2$ 的情形下来验证这一事实. 按函数 Y 的定义,对任何 $\varphi \in \mathscr{D}(E^2)$,有

$$\left(\frac{\partial^2 Y}{\partial x_1 \partial x_2}, \varphi \right) = \left(Y, \frac{\partial^2 \varphi}{\partial x_1 \partial x_2} \right) =$$

$$\int_0^\infty \int_0^\infty \frac{\partial^2 \varphi}{\partial x_1 \partial x_2} \mathrm{d}x_1 \mathrm{d}x_2 =$$

$$\varphi(0,0) = (\delta, \varphi)$$

因此

$$\frac{\partial^2 Y}{\partial x_1 \partial x_2} = \delta$$

根据定义 19，E^n 上的赫维塞德函数 Y 是偏微分算子 $\dfrac{\partial^n}{\partial x_1 \cdots \partial x_n}$ 的基本解.

例 13　可以验证，广义函数

$$U(x,t) = \frac{1}{2a\sqrt{\pi t}} Y(t) e^{-x^2/4a \cdot 2i}$$

是式（32）中热算子 $P_1(D)$ 的基本解，其中 Y 是 t 的赫维塞德函数. U 在 $t > 0$ 时满足齐次热传导方程

$$\frac{\partial u}{\partial t} = a^2 \frac{\partial^2 u}{\partial x^2} \qquad (36)$$

且满足条件

$$U(x,0) = \lim_{t \to 0} U(x,t) = \delta$$

因此它是方程（36）满足初始条件

$$u \mid_{t=0} = \delta$$

的柯西问题的解.

例 14　可以验证，广义函数

$$U(x,y,z) = -\frac{1}{4\pi\sqrt{x^2 + y^2 + z^2}}$$

是式（33）中拉普拉斯算子 Δ 的基本解.

显然，如果算子 $P(D)$ 有基本解，那么基本解不是唯一的，因为任何一基本解加上齐次方程

$$P(D)u = 0$$

的任何解仍是 $P(D)$ 的基本解.

最后，我们指出非齐次方程（31）的解与其算子 $P(D)$ 的基本解之间的关系.

定理 16　设在方程（31）中，算子 $P(D)$ 有基本解 T，函数 f 有紧支集，则卷积 $f * T$ 是方程（31）的解，而且（31）的任何有紧支集的解 u 必有

$$u = f * T$$

证　因 f 有紧支集,故 $f * T$ 恒有意义. 利用卷积的可交换性及公式(25)与(27),我们有

$$P(D)(f * T) = P(D)T * f = \delta * f = f$$

因此 $f * T$ 是式(31) 的解.

又设 u 是式(31) 的有紧支集的解,则 $u * T$ 有意义,仍根据上面的理由,我们得到

$$f * T = P(D)u * T = P(D)T * u = \delta * u = u$$

第 二 编
计算数学中的 δ － 函数

单位跳跃函数与 δ — 函数[①]

第 5 章

世界著名数学家 C. F. Carrier 曾指出：

应用数学专业的学生在学成时应对相关领域有广泛的了解，对其中的几个领域有深刻的理解，对大量定量问题中的某些问题有着高度激发的好奇心以及做出有意义的贡献的愿望．

我们认为，间断性与连续性的对立统一，是贯穿于样条函数之中的一对主要矛盾，而间断性则是矛盾的主要方面．因此，我们一开始就抓住间断函数进行分析．

---

① 本章摘编自《样条函数方法》，李岳生，齐东旭著，科学出版社，1979.

反映函数间断性本质特征的是单位跳跃函数,因此,我们又把注意力集中在单位跳跃函数的分析上,包括对它进行差分、微分、积分等运算,并导出单位跳跃函数的变化率,即广义导数 ——δ — 函数.

把样条函数和 δ — 函数联系起来,是我们的一个基本观点.δ — 函数既是灵便的运算工具,又是样条函数的逼近对象.掌握这章的内容对理解和研究样条函数是有帮助的.

5.1　突变现象 —— 单位跳跃函数

在自然界,存在着许多突变现象,如水的汽化或结冰,质量或载荷的集中分布,台风或寒潮的突袭,原子弹的爆炸,等等. 这种突变使事物的变化过程呈现出阶段性,并且常常出现在量变过程中的一些关节点上. 如果说连续的量变可以用连续函数来描写,那么,突变就要用间断函数来描写.

先看一个简单的例子.

例　考虑一个无限长的杆,x 轴就取在杆上. 假若杆的总质量为 1,而且质量分布是那样的高度集中,以至于它所占的体积可以忽略不计,则我们可以认为质量集中在一个数学点上,把这个点取为 $x = 0$.

如果以 $\sigma(x)$ 表示 $(-\infty, x)$ 这一段杆的总质量,那么显然 $\sigma(x)$ 是以 $x = 0$ 为间断点的函数

$$\sigma(x) = \begin{cases} 0, x < 0 \\ 1, x > 0 \end{cases} \tag{1}$$

在 $x = 0$ 处,其左、右极限分别为 0 或 1. 至于 $\sigma(0)$ 的取

值既可取为 0，亦可取为 1，但一种更自然的定义是规定它为左、右极限的平均值

$$\sigma(0) = \frac{1}{2}(\sigma(0_-) + \sigma(0_+)) = \frac{1}{2} \tag{2}$$

单位质量的集中，使杆的质量分布呈现出突变现象，描写这种突变现象的函数 $\sigma(x)$ 称为单位跳跃函数.

这一函数不仅可以描写质量的集中分布，而且也是描写其他种种突变现象，诸如物理学、力学、化学、生物学乃至社会学领域内的突变现象的有用手段. 它在电工学中的应用尤为广泛，并且是运算的一个基本工具，习惯上常称之为赫维塞德函数.

如果杆的总质量为 m，集中分布于 $x = x_1$ 处，那么显然杆在 $(-\infty, x)$ 上的总质量可以表示为

$$m(x) = m\sigma(x - x_1) \tag{3}$$

更一般些，若总质量 m 集中分布于许多点 $x_i(i = 1, 2, \cdots, N-1)$ 处，在 x_i 处集中了质量 m_i，且

$$m_1 + m_2 + \cdots + m_{N-1} = m$$

那么在 $(-\infty, x)$ 上杆的总质量可以表示为

$$m(x) = \sum_{i=1}^{N-1} m_i\sigma(x - x_i) \tag{4}$$

这是一个按段为常数的阶梯函数.（1）（2）（3）（4）的图形如图 1.

其他类似的突变现象，例如，忽略自重、长度为 L 的简支梁于 $x_i(i = 1, 2, \cdots, N-1)$ 处作用以大小为 β_i 的集中载荷，描写其剪力的函数 $Q(x)$ 也是按段为常数的阶梯函数

$$Q(x) = \sum_{i=1}^{N-1} \beta_i\sigma(x - x_i) + \sum_{i=1}^{N-1} \beta_i\left(\frac{x_i}{L} - 1\right) \tag{5}$$

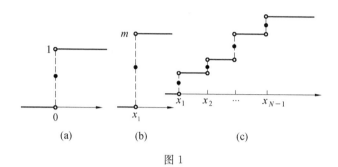

图 1

长度为 L 的悬臂梁于 $x = \dfrac{L}{2}$ 处作用集中力偶,则任一截面 x 上的弯矩 $M(x)$ 也是一个按段为常数的函数

$$M(x) = 1 - \sigma\left(x - \frac{L}{2}\right) \qquad (6)$$

等等.

实际上,对任一分段连续的函数 $f(x)$,设 x_i 为其间断点,并假定在间断点处 $f(x)$ 的左、右极限都存在,记其左、右极限之差,即跳跃量为

$$[f(x_i)] \equiv f(x_i + 0) - f(x_i - 0) \qquad (7)$$

令

$$S(x) = \sum_i [f(x_i)]\sigma(x - x_i)$$

这时从 $f(x)$ 减去 $S(x)$ 得一连续函数

$$g(x) = f(x) - S(x)$$

从而

$$f(x) = g(x) + S(x) \qquad (8)$$

为一连续函数 $g(x)$ 与一阶梯函数 $S(x)$ 之和,而 $S(x)$ 又由单位跳跃函数组合而成.直观地看,可由下面图 2 的图形一目了然.

以上分析表明,研究任何分段连续且有左、右极

120

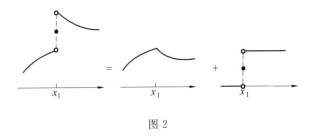

图 2

限的函数,都归结为单位跳跃函数的平移和叠加. 因此,我们只要集中分析后者就够了.

5.2　单位跳跃函数的形式导数 $\delta(x)$

既然 $\sigma(x)$ 是描写突变现象的最基本的函数,那么自然应该研究它的变化率即 $\sigma(x)$ 的导数. 我们知道,在古典意义下, $\sigma(x)$ 在 $x=0$ 处的导数不存在. 但是,导数是差商的极限,因而就从研究 $\sigma(x)$ 的差商入手.

规定 $\overline{\Delta}_h$ 表示以 h 为步长的对称差分算子

$$\overline{\Delta}_h f(x) \equiv f\left(x+\frac{h}{2}\right) - f\left(x-\frac{h}{2}\right) \tag{1}$$

$\overline{\Delta}_1$ 简记为 $\overline{\Delta}$. 通常在表示对称差分算子时惯用 δ,为了避免与 δ — 函数混淆,我们采用了上面的记法,在(1)的规定之下,显然

$$\overline{\Delta}\sigma(x) = \sigma\left(x+\frac{1}{2}\right) - \sigma\left(x-\frac{1}{2}\right) =$$

121

$$\begin{cases} 0, & |x| > \dfrac{1}{2} \\[2mm] \dfrac{1}{2}, & |x| = \dfrac{1}{2} \\[2mm] 1, & |x| < \dfrac{1}{2} \end{cases} \qquad (2)$$

及

$$\delta_h(x) \equiv \frac{\overline{\Delta}_h}{h}\sigma(x) = \begin{cases} 0, & |x| > \dfrac{h}{2} \\[2mm] \dfrac{1}{2h}, & |x| = \dfrac{h}{2} \\[2mm] \dfrac{1}{h}, & |x| < \dfrac{h}{2} \end{cases} \qquad (3)$$

(2) 与(3) 的图形如图 3 所示.

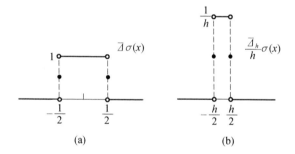

(a)   (b)

图 3

在式(3) 中,令 $h \to 0$,便在形式上得到 $\sigma(x)$ 的导数,并记为 $\delta(x)$,即

$$\delta_h(x) \to \delta(x) = \sigma'(x) =$$

$$\begin{cases} 0, & x \neq 0 \\ \infty, & x = 0 \end{cases} (h \to 0) \qquad (4)$$

当然,这种导数并不是通常的导数. 考虑到微分与积分互为逆运算,可以对(4) 中的 $\delta(x)$ 进行积分得

122

$$\sigma(x) = \int_{-\infty}^{x} \delta(x)\mathrm{d}x \qquad (5)$$

自然,(5)的右端也不是通常(黎曼意义下)的积分,但只要我们联系 5.1 节中的例子,便可看出(5)中的积分恰好就是杆段 $(-\infty, x)$ 的质量,所以它是有明显物理意义的.

事实上,从数学分析的观点看,我们可以把(5)的右端理解为下述极限形式(或与其等价的一切极限形式)的缩写

$$\sigma(x) = \lim_{h \to 0} \int_{-\infty}^{x} \delta_h(x)\mathrm{d}x$$

如前所述,在古典意义下 $\sigma'(x)$ 在 $x = 0$ 处没有意义,因而(4)只是一种形式导数. 不过,这一形式导数 $\delta(x)$ 反映了单位集中质量的分布密度,而在物理学中"密度"的概念具有基本重要性,因此突破间断函数不能求导数的旧框框,引进 δ 一函数,就有着十分重要的意义.

δ 一函数是首先由狄拉克在量子力学的研究中引进的. 在物理学中早已成为灵便的运算工具;在数学上也已建立了相应的广义函数论或分布理论. 下面,我们要把 δ 一函数作为研究样条函数的一个工具.

由(5)又可以推得

$$\int_{a}^{b} \delta(x)\mathrm{d}x = \sigma(b) - \sigma(a) = 1, a < 0 < b \qquad (6)$$

若函数 $f(x)$ 于 $x = x_0$ 处连续,则由(4)进一步可推得

$$\int_{-\infty}^{\infty} \delta(x_0 - t)f(t)\mathrm{d}t = \int_{-\infty}^{\infty} \delta(t)f(x_0 + t)\mathrm{d}t =$$
$$\lim_{h \to 0} \int_{-\infty}^{\infty} \delta_h(t)f(x_0 + t)\mathrm{d}t =$$

$$f(x_0)$$

同理

$$\int_a^b \delta(x_0 - t)f(t)\mathrm{d}t = f(x_0), a < x_0 < b$$

我们还要用到 $\sigma(x)$ 的二阶以至高阶的广义导数，它们直观上仍可以想象为相应的差商的极限. 例如 $\sigma(x)$ 的二阶差商为

$$\left(\frac{\overline{\Delta_h}}{h}\right)^2 \sigma(x) = \frac{1}{h^2}(\sigma(x+h) - 2\sigma(x) + \sigma(x-h)) =$$

$$\begin{cases} 0, \ |x| > h \\ \pm\dfrac{1}{2h^2}, x = \mp h \\ \dfrac{1}{h^2}, -h < x < 0 \\ -\dfrac{1}{h^2}, 0 < x < h \\ 0, x = 0 \end{cases} \tag{7}$$

在图 4 中画出了它的图形.

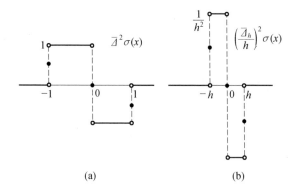

(a)   (b)

图 4

124

当 $h \to 0$ 时,式(7)的极限就可以认为是 $\sigma''(x)$,即 $\delta'(x)$.

5.3　分部积分法与广义函数 $\delta(x)$

注意上一节中 $\delta(x)$ 的性质(4)(6)在古典微积分的框框里是彼此矛盾的.因为仅在一点不为零的函数在古典意义下的积分总应该是零.但联系其物理背景来理解,$\delta(x)$ 的性质所反映的正是 $\delta_h(x)$ 的共性,因此是非常自然的.

现在,借助分部积分法,可以确切地把 $\delta(x)$ 叫作单位跳跃函数 $\sigma(x)$ 的广义导数.分部积分公式是大家熟知的

$$\int_a^b fg'\,\mathrm{d}x = fg\,\Big|_a^b - \int_a^b gf'\,\mathrm{d}x \tag{1}$$

利用(1)可以推广函数 $g(x)$ 的导数概念.因为即使 $g(x)$ 在古典意义下的导数不存在,但对足够光滑的函数 $f(x)$(例如对一切无穷次连续可微的函数 $f(x)$),(1)的右端是有意义的,这样我们便可借助(1)的右端去定义(1)的左端积分,并说 $g'(x)$ 是 $g(x)$ 的广义导数.

例如对 $g(x)=\sigma(x)$,由(1)有

$$\int_a^b f\sigma'(x)\mathrm{d}x = f\sigma\,\Big|_a^b - \int_a^b \sigma f'(x)\mathrm{d}x =$$
$$f(b)\sigma(b) - \int_0^b f'(x)\mathrm{d}x =$$
$$f(b) - (f(b)-f(0)) =$$
$$f(0)$$

$$a < 0 < b$$

因此,我们可以把 $\sigma(x)$ 的广义导数 $\delta(x)$ 定义为使下列积分式

$$\int_a^b \delta(x) f(x) \mathrm{d}x = f(0), a < 0 < b \qquad (2)$$

恒成立的函数.

下面我们将要反复用到等式(2).

对广义函数 $\delta(x)$ 还可以再求导数,$\delta(x)$ 的导数 $\delta'(x)$ 也是一个广义函数,其定义也由分部积分法引入

$$\int_a^b \delta'(x) f(x) \mathrm{d}x = -\int_a^b \delta(x) f'(x) \mathrm{d}x = -f'(0)$$

$$a < 0 < b$$

一般说来,$\delta^{(m)}(x)$ 定义为

$$\int_a^b \delta^{(m)}(x) f(x) \mathrm{d}x = (-1)^m \int_a^b \delta(x) f^{(m)}(x) \mathrm{d}x =$$

$$(-1)^m f^{(m)}(0), a < 0 < b$$

$$(3)$$

对于式(3)来说,自然假定 $f^{(m)}(x)$ 于 $x = 0$ 处连续,否则式(3)右端没有意义.

定理 设 $f(x)$ 为 $[a,b]$ 上的阶梯函数,其间断点为 $\{x_i\}_{i=1}^n$,且

$$a = x_0 < x_1 < x_2 < \cdots < x_n < x_{n+1} = b$$

又设 $g(x)$ 为 $[a,b]$ 上的任一连续函数,它的导数 $g'(x)$ 可积,则

$$\int_a^b f(x) g'(x) \mathrm{d}x = fg \Big|_a^b - \sum_{i=1}^n [f(x_i)] g(x_i) \quad (4)$$

其中 $[f(x_i)] = f(x_i + 0) - f(x_i - 0)$ 为 $f(x)$ 在点 x_i 的跳跃量.

证　因为在 $[a,b]$ 上 $f(x)$ 可表示为单位跳跃函数的线性组合

$$f(x) = \sum_{i=1}^{n} [f(x_i)]\sigma(x - x_i) + f(x_0 + 0)$$

对 $f(x)$ 求广义导数,注意到

$$\sigma'(x - x_i) = \delta(x - x_i)$$

则有

$$f'(x) = \sum_{i=1}^{n} [f(x_i)]\delta(x - x_i)$$

因此,由分部积分法得

$$\int_a^b f(x)g'(x)\mathrm{d}x = fg\Big|_a^b - \int_a^b g(x)f'(x)\mathrm{d}x =$$

$$fg\Big|_a^b - \sum_{i=1}^{n}[f(x_i)]\int_a^b g(x)\delta(x - x_i)\mathrm{d}x =$$

$$fg\Big|_a^b - \sum_{i=1}^{n}[f(x_i)]g(x_i)$$

定理证完.

事实上(4)的左端积分也可以分段直接积分出来

$$\int_a^b f(x)g'(x)\mathrm{d}x = \sum_{i=0}^{n}\int_{x_i}^{x_{i+1}} f(x)g'(x)\mathrm{d}x =$$

$$\sum_{i=0}^{n} f(x_i + 0)(g(x_{i+1}) - g(x_i))$$

$$(5)$$

将(4)与(5)的两端比较一下,就发现定理不过是分部求和公式的积分形式而已. 但我们以后将看到定理的反复运用刚好是对样条函数的乘积进行积分的一个基本技巧.

下面我们研究 $\delta(x)$ 的积分. 为此先引进"截断单项式"的记号:

127

对任一正整数 k,定义

$$x_+^k = \begin{cases} x^k, x \geqslant 0 \\ 0, x < 0 \end{cases}$$

当 $k = 0$ 时,定义

$$x_+^0 = \sigma(x) = \begin{cases} 0, x < 0 \\ \dfrac{1}{2}, x = 0 \\ 1, x > 0 \end{cases}$$

$x_+^k \ (k = 0, 1, 2, 3)$ 的图形如图 5 所示. 这种截断单项式是样条函数的重要部分,而且它们都可以通过单位跳跃函数 x_+^0 表示为 $x_+^k = x^k x_+^0$.

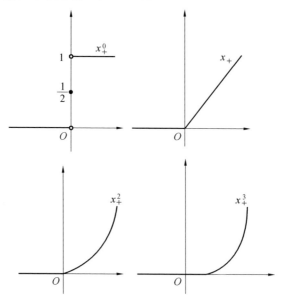

图 5

将 $\delta(x)$ 积分一次,有

128

$$\int \delta(x)\mathrm{d}x = x_+^0 \qquad\qquad (6)$$

对(6)再作一次积分,若不计积分常数,则

$$\iint \delta(x)\mathrm{d}x\mathrm{d}x = x_+$$

一般说来,对 $\delta(x)$ 作 $k+1$ 次积分,且不计积分常数,则得

$$\int \cdots \int \delta(x)\mathrm{d}x \cdots \mathrm{d}x = \frac{x_+^k}{k!}$$

由此可见,对 $\delta(x)$ 每积分一次,函数的光滑性就提高一阶;对 $\delta(x)$ 进行 $k+1$ 次积分之后,所得到的函数的 k 阶导数以 $x=0$ 为唯一不连续点.

δ—样条函数与δ—函数的逼近

第6章

世界著名数学家 R. D. Toupin 曾指出：

应用数学代表了数学、科学和工程中的一定的趣味和风格.在数学中,应用数学倾向于为那种已与科学、工程有着确立了和证实了的关系的领域确定其重要性.在科学与工程中,它倾向于在下述方面把自己区分于这个大领域:选择可用数学表明的问题,以及在系统阐述科学和工程问题时,更多地依赖于数学方法.

我们所说的δ—样条函数,是指一类可以逼近δ—函数的样条函数,叫B—样条函数.这类函数与δ—函数有着密切的内在联系,而这种联系将给我们许多有益的启示.

在这一章,我们将介绍δ—样条函数的形成、性质、算法及它对δ—函数的逼近;还将论证δ—样条函数系统作成样条

130

函数空间的一组基底. 这组基底是我们在以后的研究中反复运用的基本工具, 因为它有许多独特优越的性质.

6.1　δ － 样条函数的形成

6.1.1　积分和微分、微分和差分

大家知道, 现代数字计算机只能对有限位数字做加、减、乘、除四则算术运算 (除非配有符号处理语言). 因此, 计算方法的一项基本任务, 就是要研究那些最简单的、最普通的、最基本的、最常见的、碰到亿万次的运算 —— 积分、微分、差分、求和等运算 —— 的相互联系和转化规律. 这些运算之间的联系和转化可以通过下面的简单图式说明:

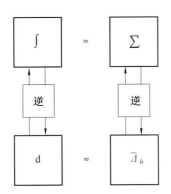

其中 $\boxed{A} \approx \boxed{B}$ 表示 A 近似 B, $\boxed{A} — \boxed{逆} \rightarrow \boxed{B}$ 表示 B 为

A 的逆:$B = A^{-1}$,$\boxed{A} \overset{逆}{\underset{}{\rightleftharpoons}} \boxed{B}$ 表示 A,B 互逆.

至于如何实现这些基本运算之间的联系和转化,途径是多种多样的,结果是丰富多彩的.δ — 样条函数的形成,对于我们如何利用这些基本运算之间的联系和转化,提供了一个有启发性的例子.

大家都清楚,对任意函数 $f(x)$,我们有

$$\frac{\mathrm{d}}{\mathrm{d}x} \int f(x)\mathrm{d}x = f(x)$$

由于 $\dfrac{\mathrm{d}}{\mathrm{d}x} \approx \dfrac{\overline{\Delta}_h}{h}$,所以

$$f_h(x) \equiv \frac{\overline{\Delta}_h}{h} \int f(x)\mathrm{d}x \approx \frac{\mathrm{d}}{\mathrm{d}x} \int f(x)\mathrm{d}x = f(x) \quad (1)$$

6.1.2 由 δ — 函数到 δ — 样条函数

δ — 函数作为单位跳跃函数的广义导数,性质颇为奇特,然而并非"害群之马". 在一定条件下,坏事可以变为好事.

我们把上述近似关系(1)用到 $f(x) = \delta(x)$ 上,结果如何呢? 应该有

$$\delta_h(x) \equiv \frac{\overline{\Delta}_h}{h} \int_{-\infty}^{x} \delta(x)\mathrm{d}x = \frac{\overline{\Delta}_h}{h}\sigma(x) \approx \delta(x)$$

参看图 1.

这里,我们看到 $\delta_h(x)$ 确实形式上像 $\delta(x)$,而且保留了

$$\int \delta_h(x)\mathrm{d}x = \int \delta(x)\mathrm{d}x = 1$$

以及 $\delta_h(x) = 0(|x| > h/2)$ 等性质,的确是 $\delta(x)$ 的一个近似. 然而 $\delta_h(x)$ 已经成了通常的阶梯函数,不再像 δ — 函数那样不好捉摸了.

δ — 函数在一点取值 ∞ 这种奇特性质被克服,究

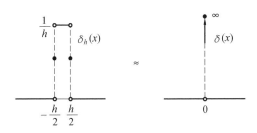

图 1

其原因,是由于对它作积分的结果.因为我们知道,积分运算是一种由局部到整体的全局性的运算,它可以使无界的函数变成有界的函数,使粗糙的函数变成光滑的函数,使 δ — 函数变成单位跳跃函数.

既然如此,自然可以得到:如果从 $\delta_h(x)$ 出发,对它再积分一次,接着差商一次,那么不会得到一个比 $\delta_h(x)$ 更"光滑",但仍然是近似 $\delta_h(x)$ 的,从而也是近似 $\delta(x)$ 的函数吗? 事实果然如此

$$\widetilde{\delta}_h(x) \equiv \frac{\overline{\Delta}_h}{h} \int_{-\infty}^{x} \delta_h(x) \mathrm{d}x =$$

$$\frac{1}{h^2} \left[(x+h)_+ - 2x_+ + (x-h)_+ \right] =$$

$$\frac{\overline{\Delta}_h}{h} \int_{-\infty}^{x} \left(\frac{\overline{\Delta}_h}{h} \int_{-\infty}^{x} \delta(x) \mathrm{d}x \right) \mathrm{d}x \approx$$

$$\delta_h(x) \approx \delta(x)$$

(图 2).

这里 $\widetilde{\delta}_h(x)$ 比 $\delta_h(x)$ 更"光滑"了,因为它已没有间断点了.而且

$$\int \widetilde{\delta}_h(x) \mathrm{d}x = 1$$

当 $|x| > h$ 时

133

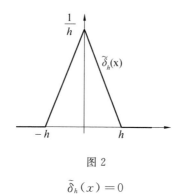

图 2

$$\widetilde{\delta}_h(x) = 0$$

当 $|x| < h$ 时

$$\widetilde{\delta}_h(x) > 0$$

所以,$\widetilde{\delta}_h(x)$ 的确是 $\delta(x)$ 的一个更"光滑"的近似.

如果回顾一下前面谈到的单位集中质量的杆,那么上述的 $\delta_h(x)$ 和 $\widetilde{\delta}_h(x)$ 都可以赋予质量分布密度的解释.前者在 $|x| < h/2$ 上是均匀分布,后者在 $|x| < h$ 上是尖顶山形分布,但都在 $x = 0$ 处高度集中,不过不是抽象地集中在一个数学点上.

自然而然,对 $\widetilde{\delta}_h(x)$ 继续作积分,随之作对称差商,这样交替进行,每一个回合都得到一个函数,如此下去就可以得到一个比一个光滑的并且逼近 $\delta(x)$ 的序列.例如从 $\delta(x)$ 出发,作了 $k+1$ 次积分与差分之后,便得到

$$\underbrace{\left(\frac{\overline{\Delta}_h}{h}\int\right) \cdots \left(\frac{\overline{\Delta}_h}{h}\int\right)}_{k+1重} \delta(x)\mathrm{d}x \cdots \mathrm{d}x \qquad (2)$$

在对这一序列函数性质的分析中,参数 h 只起到改变比例尺寸的作用,因此重要的是研究 $h = 1$ 的情形.

134

注意上述运算过程等价于首先作完 $k+1$ 次积分，随后再作 $k+1$ 次对称差分，那么

$$\underbrace{\int\cdots\int}_{k+1\text{重}}\delta(x)\mathrm{d}x\cdots\mathrm{d}x=\frac{x_+^k}{k!}+k\text{ 次多项式} \qquad (3)$$

又 k 次多项式的 $k+1$ 阶差分总等于零，因此得下列函数

$$\Omega_k(x)\equiv\bar{\Delta}^{k+1}\left(\frac{x_+^k}{k!}\right),k\text{ 为非负整数} \qquad (4)$$

完全可以猜到：这些函数应该是一个比一个更光滑的山形函数，山峰在 $x=0$ 处；从对 $k=0,1,2,3$ 画出的 $\Omega_k(x)$ 的图形（图 3），使我们对这一猜想坚信不疑。进一步要做的，只是去严格证明这些猜想，并对这些函数的性质加以充分利用罢了！

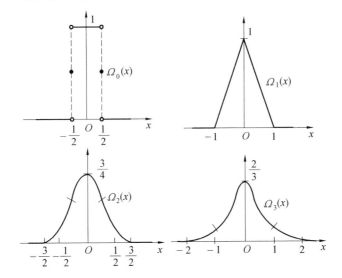

图 3

135

6.2 δ — 样条函数的基本性质

6.2.1 $\Omega_k(x)$ 的基本性质及其证明

如果以 E^λ 表示移位算子

$$E^\lambda f(x) \equiv f(x+\lambda)$$

I 表示单位算子

$$If(x) \equiv f(x)$$

那么显然有

$$\overline{\Delta} = (E^{\frac{1}{2}} - E^{-\frac{1}{2}}) = (I - E^{-1})E^{\frac{1}{2}}$$

对任一正整数 n,利用二项式展开有

$$\overline{\Delta}^n = (I - E^{-1})^n E^{\frac{n}{2}} = \sum_{j=0}^{n}(-1)^j \binom{n}{j} E^{\frac{n}{2}-j}$$

从而

$$\overline{\Delta}^n f(x) = \left(\sum_{j=0}^{n}(-1)^j \binom{n}{j} E^{\frac{n}{2}-j}\right) f(x) =$$

$$\sum_{j=0}^{n}(-1)^j \binom{n}{j} f\left(x + \frac{n}{2} - j\right) \quad (1)$$

其中 $\binom{n}{j}$ 表示二项式系数.

利用式(1)可将6.1节中式(4)定义的 $\Omega_k(x)$ 写成

$$\Omega_k(x) = \sum_{j=0}^{k+1} \frac{(-1)^j \binom{k+1}{j} \left(x + \frac{k+1}{2} - j\right)_+^k}{k!} \quad (2)$$

$k \geqslant 0$ 为非负整数.

式(2)把 $\Omega_k(x)$ 的分段表达式统一起来,这有许

多方便之处. 如采用分段写法,对 $k=1,2,3$,式(2) 等价于下面的表达式

$$\Omega_1(x)=\begin{cases}0, & |x|\geqslant 1\\ 1-|x|, & |x|<1\end{cases}$$

$$\Omega_2(x)=\begin{cases}0, & |x|\geqslant\dfrac{3}{2}\\[2mm] -x^2+\dfrac{3}{4}, & |x|<\dfrac{1}{2}\\[2mm] \dfrac{1}{2}x^2-\dfrac{3}{2}|x|+\dfrac{9}{8}, & \dfrac{1}{2}\leqslant|x|\leqslant\dfrac{3}{2}\end{cases}$$

$$\Omega_3(x)=\begin{cases}0, & |x|\geqslant 2\\[2mm] \dfrac{1}{2}|x|^3-x^2+\dfrac{2}{3}, & |x|\leqslant 1\\[2mm] -\dfrac{1}{6}|x|^3+x^2-2|x|+\dfrac{4}{3}, & 1<|x|<2\end{cases}$$

对任意 k 次的情形,都可以这样分段写,随着 k 的变大而越来越复杂.

$\Omega_k(x)$ 有下列常用的基本性质:

(1)$\Omega_k(x)$ 是 k 次样条函数,结点为

$$\xi_j^{(k)}=-\frac{k+1}{2}+j,j=0,1,\cdots,k+1$$

而且

$$\Omega_k^{(l)}(x)\mid_{x=\pm\frac{k+1}{2}}=0,l=0,1,\cdots,k-1$$

$$\left[\Omega_k^{(k)}(\xi_j^{(k)})\right]=(-1)^j\binom{k+1}{j}$$

(2)$\Omega_k(x)$ 是对称山形函数,在 $x=0$ 处是山峰,当 $x>0(<0)$ 时是单调下降(上升)的. $\Omega_k(x)$ 是局部非零的,即当 $|x|<\dfrac{k+1}{2}$ 时,$\Omega_k(x)>0$;当 $|x|>\dfrac{k+1}{2}$ 时,$\Omega_k(x)=0$.

(3) $\int_{-\infty}^{+\infty} \Omega_k(x)\mathrm{d}x = 1$, $\sum_{n=-\infty}^{+\infty} \Omega_k(x+n) = 1$, $-\infty < x < +\infty$.

(4) $\Omega_k(x)$ 为 $\Omega_{k-1}(x)$ 与 $\Omega_0(x)$ 的卷积,即

$$\Omega_k(x) = \int_{-\infty}^{+\infty} \Omega_{k-1}(x-t)\Omega_0(t)\mathrm{d}t = \Omega_{k-1} * \Omega_0$$

(5) $\Omega_k(x)$ 的富氏变换与反变换为

$$\Omega_k(x) = \frac{1}{2\pi}\int_{-\infty}^{+\infty} \hat{\Omega}_k(\xi)\mathrm{e}^{\mathrm{i}\xi x}\,\mathrm{d}\xi$$

$$\hat{\Omega}_k(\xi) = \int_{-\infty}^{+\infty} \mathrm{e}^{-\mathrm{i}\xi x}\Omega_k(x)\mathrm{d}x = \left(\frac{\sin\dfrac{\xi}{2}}{\xi/2}\right)^{k+1}$$

下面我们来逐条证明这些性质.

为证性质(1),注意 6.1 节中式(4) 和本节中式(2),显然 $\Omega_k(x)$ 按段为 k 次多项式,$\xi_j^{(k)} = \dfrac{k+1}{2} - j$ 为其结点,且

$$\Omega_k^{(l)}(x)\Big|_{x=\pm\frac{k+1}{2}} = \overline{\Delta}^{k+1}\left(\frac{x_+^{k-l}}{(k-l)\,!}\right)\Big|_{x=\pm\frac{k+1}{2}} = 0$$
$$l = 0, 1, \cdots, k-1$$

而 k 阶导数

$$\Omega_k^{(k)}(x) = \Delta^{k+1}x_+^0 = \sum_{j=0}^{k+1}(-1)^j\binom{k+1}{j}\left(x+\frac{k+1}{2}-j\right)_+^0$$

在 $\xi_v^{(k)}$ 处有间断,且由上式知跳跃量为

$$[\Omega_k^{(k)}(\xi_v^{(k)})] = \Omega_k^{(k)}(\xi_v^{(k)}+0) - \Omega_k^{(k)}(\xi_v^{(k)}-0) =$$
$$(-1)^v\binom{k+1}{v}$$
$$v = 0, 1, \cdots, k+1$$

由 6.1 节中式(2),我们有

$$\Omega_0(x) = \bar{\Delta} \int_{-\infty}^{x} \delta(t)\mathrm{d}t = \int_{x-\frac{1}{2}}^{x+\frac{1}{2}} \delta(t)\mathrm{d}t$$

$$\Omega_k(x) = \bar{\Delta} \int_{-\infty}^{x} \Omega_{k-1}(t)\mathrm{d}t = \int_{x-\frac{1}{2}}^{x+\frac{1}{2}} \Omega_{k-1}(t)\mathrm{d}t$$

$$k = 1, 2, \cdots \tag{3}$$

我们对 k 用数学归纳法证明性质(2)(3)(4). 首先,对 $k=0,1$ 而言,$\Omega_0(x)$,$\Omega_1(x)$ 具有这些性质是显然的. 假若对任意正整数 $k-1$,$\Omega_{k-1}(x)$ 具有性质(2)(3)(4),则由(3)易见

$$\Omega_k(-x) = \int_{-x-\frac{1}{2}}^{-x+\frac{1}{2}} \Omega_{k-1}(t)\mathrm{d}t = \int_{x-\frac{1}{2}}^{x+\frac{1}{2}} \Omega_{k-1}(-t)\mathrm{d}t$$

从而由

$$\Omega_{k-1}(-t) = \Omega_{k-1}(t)$$

得到

$$\Omega_k(-x) = \Omega_k(x)$$

对(3)两端求导数,有

$$\Omega'_k(x) = \Omega_{k-1}\left(x+\frac{1}{2}\right) - \Omega_{k-1}\left(x-\frac{1}{2}\right) =$$

$$\Omega_{k-1}\left(x+\frac{1}{2}\right) - \Omega_{k-1}\left(\frac{1}{2}-x\right)$$

于是由 $\Omega_{k-1}(x)$ 当 $x>0$(或 <0)时的单调下降(或上升)性质和对称性质推出

$$\Omega'_k(x) \leqslant 0 (\text{或} > 0)$$

及 $\Omega'_k(0) = 0$.

由式(2)知,当 $x \leqslant -\dfrac{k+1}{2}$ 时显然有 $\Omega_k(x) = 0$;由 $\Omega_k(x) = \Omega_k(-x)$ 知,当 $x \geqslant \dfrac{k+1}{2}$ 时也有 $\Omega_k(x) = 0$,进而任取 ε,$0 < \varepsilon < \dfrac{1}{2}$,有

$$\Omega_k\left(\frac{k+1}{2}-\varepsilon\right)=\int_{\frac{k}{2}-\varepsilon}^{\frac{k}{2}+1-\varepsilon}\Omega_{k-1}(t)\mathrm{d}t=$$

$$\int_{\frac{k}{2}-\varepsilon}^{\frac{k}{2}}\Omega_{k-1}(t)\mathrm{d}t>0$$

至此性质（2）证完.

再稍加改写，式（3）变为

$$\Omega_k(x)=\int_{x-\frac{1}{2}}^{x+\frac{1}{2}}\Omega_0(x-t)\Omega_{k-1}(t)\mathrm{d}t=$$

$$\int_{-\infty}^{\infty}\Omega_0(x-t)\Omega_{k-1}(t)\mathrm{d}t=$$

$$\int_{-\infty}^{\infty}\Omega_{k-1}(x-t)\Omega_0(t)\mathrm{d}t \qquad (4)$$

这就是性质（4）.

将式（4）两端关于 x 积分，并由归纳法假设得

$$\int_{-\infty}^{\infty}\Omega_k(x)\mathrm{d}x=\int_{-\infty}^{\infty}\int_{-\infty}^{\infty}\Omega_{k-1}(x-t)\mathrm{d}x\Omega_0(t)\mathrm{d}t=$$

$$\int_{-\infty}^{\infty}\Omega_0(t)\mathrm{d}t=1$$

再根据（3），有

$$\sum_{n=-\infty}^{\infty}\Omega_k(x+n)=\sum_{n=-\infty}^{\infty}\int_{x+n-\frac{1}{2}}^{x+n+\frac{1}{2}}\Omega_{k-1}(t)\mathrm{d}t=$$

$$\int_{-\infty}^{\infty}\Omega_{k-1}(t)\mathrm{d}t=1$$

于是性质（3）证完.

至于性质（5），只要注意富氏变换的一条定理：卷积的富氏变换等于每个函数富氏变换的乘积，立即得到

$$\hat{\Omega}_k(\xi)=\hat{\Omega}_{k-1}(\xi)\cdot\hat{\Omega}_0(\xi)=(\hat{\Omega}_0(\xi))^{k+1}$$

而

$$\hat{\Omega}_0(\xi)=\int_{-\infty}^{\infty}\mathrm{e}^{-\mathrm{i}\xi x}\Omega_0(x)\mathrm{d}x=\int_{-\frac{1}{2}}^{\frac{1}{2}}\mathrm{e}^{-\mathrm{i}\xi x}\mathrm{d}x=$$

$$\frac{\sin\dfrac{\xi}{2}}{\dfrac{\xi}{2}}$$

这就证明了性质(5).

由于 $\Omega_k(x)$ 的上述性质,我们今后称函数 $\Omega_k(x)$ 为 $\delta-$ 样条函数.

6.2.2　关于 $\Omega_k(x)$ 的计算公式

(1)求导数和求积分公式

$$\Omega_k^{(l)}(x)=\frac{\sum_{j=0}^{k+1}(-1)^j\binom{k+1}{j}\left(x+\dfrac{k+1}{2}-j\right)_+^{k-l}}{(k-l)!}$$

$$(5)$$

其中 l 为正或负整数,当 $l>0$ 时表示 l 阶导数;当 $l<0$ 时表示 $-l$ 次积分;当 $l=0$ 时即为式(2).

注意 6.1 节中式(4)的写法,求导数公式还可以表示为

$$\Omega_k^{(l)}=\bar{\Delta}^{k+1}\frac{x_+^{k-l}}{(k-l)!}=\bar{\Delta}^l\Omega_{k-l}(x)\qquad(6)$$

由于偶(奇)函数的导数为奇(偶)函数,则有

$$\Omega_k^{(2l)}(x)=\Omega_k^{(2l)}(-|x|)$$

$$\Omega_k^{(2l+1)}(x)=-\Omega_k^{(2l+1)}(-x)$$

$$l=0,1,2,\cdots$$

由此可见,当 $x>0$ 时,在计算 $\Omega_k(x)$ 及各阶导数时,总可以将 x 换成 $-x$ 计算,从而使计算量大为减少.

(2)分部积分公式.

令 $f_\mu(x)(\mu=0,1,\cdots,k+1)$ 表示 $f(x)$ 的 μ 次不定积分,则有下列公式

$$\int_{-\infty}^{\infty} \Omega_k(x) f(x) \mathrm{d}x = \overline{\Delta}^{k+1} f_{k+1}(x) \Big|_{x=0} =$$

$$\sum_{l=0}^{k+1} (-1)^l \binom{k+1}{l} f_{k+1}\left(\frac{k+1}{2} - l\right) \qquad (7)$$

$$\int_a^b \Omega_k(x) f(x) \mathrm{d}x = \sum_{\mu=0}^{k} (-1)^\mu \Omega_k^{(\mu)}(x) f_{\mu+1}(x) \Big|_a^b +$$

$$\sum_{\frac{k+1}{2}-b \leqslant l < \frac{k+1}{2}-a} (-1)^l \binom{k+1}{l} f_{k+1}\left(\frac{k+1}{2} - l\right) \qquad (8)$$

证 对式（7）左端反复进行分部积分，则得

$$\int_{-\infty}^{\infty} \Omega_k(x) f(x) \mathrm{d}x = \sum_{\mu=0}^{k} (-1)^\mu \Omega_k^{(\mu)}(x) f_{\mu+1}(x) \Big|_{-\infty}^{\infty} +$$

$$(-1)^{k+1} \int_{-\infty}^{\infty} \Omega_k^{(k+1)}(x) f_{k+1}(x) \mathrm{d}x$$

$$(9)$$

根据 $\Omega_k(x)$ 的局部非零的性质（见性质（2）），式（9）右端第一项和数为零. 又

$$\Omega_k^{(k+1)}(x) = \overline{\Delta}^{k+1} \delta(x) =$$

$$\sum_{j=0}^{k+1} (-1)^j \binom{k+1}{j} \delta\left(x + \frac{k+1}{2} - j\right)$$

得

$$\int_{-\infty}^{\infty} \Omega_k^{(k+1)}(x) f_{k+1}(x) \mathrm{d}x =$$

$$\sum_{j=0}^{k+1} (-1)^j \binom{k+1}{j} f_{k+1}\left(-\frac{k+1}{2} + j\right) =$$

$$\sum_{j=0}^{k+1} (-1)^j \binom{k+1}{k+1-j} f_{k+1}\left(\frac{k+1}{2} - (k+1-j)\right) =$$

$$(-1)^{k+1} \sum_{l=0}^{k+1} (-1)^l \binom{k+1}{l} f_{k+1}\left(\frac{k+1}{2} - l\right) =$$

$$(-1)^{k+1} \overline{\Delta}^{k+1} f_{k+1}(0)$$

即(7)得证.

(8)的证明是类似的.不过右端第一项求和时 a,b 有可能为 $\Omega_k^{(k)}(x)$ 的间断点,如果出现这种情况,那么理解为取右极限值.

特别地,当 $x_i = x_0 + ih$,$x_j = x_0 + jh$ 时,若令 $\dfrac{x - x_i}{h} = \xi$,则利用式(7),可以得到

$$\int_{-\infty}^{\infty} \Omega_k\left(\frac{x - x_i}{h}\right)\Omega_k\left(\frac{x - x_j}{h}\right)\mathrm{d}x =$$

$$h\int_{-\infty}^{\infty} \Omega_k(\xi)\Omega_k(i - j + \xi)\mathrm{d}\xi =$$

$$h\overline{\Delta}^{k+1}\Omega_k^{(-k-1)}(i - j + \xi)\big|_{\xi=0} =$$

$$h\overline{\Delta}^{k+1}\sum_{v=0}^{k+1}\frac{(-1)^v\binom{k+1}{v}\left(i - j + \xi + \frac{k+1}{2} - v\right)_+^{2k+1}}{(2k+1)!}\Bigg|_{\xi=0} =$$

$$h\sum_{\mu,\nu=0}^{k+1}\frac{(-1)^{\mu+\nu}\binom{k+1}{\mu}\binom{k+1}{\nu}(i - j + k + 1 - \mu - \nu)_+^{2k+1}}{(2k+1)!} \tag{10}$$

用吕兹 — 伽略金(Ritz-Галёркин)方法解常微分方程边值问题,当我们取 $\left\{\Omega_k\left(\dfrac{x - x_i}{h}\right)\right\}$ 为坐标函数系时,公式(10)是有用的.

(3)磨光公式.

设 $f(x) \in C^m(-\infty,\infty)$,我们称

$$\widetilde{f}_{k+1}(x) = \frac{1}{h}\int_{-\infty}^{\infty} \Omega_k\left(\frac{x - t}{h}\right)f(t)\mathrm{d}t \tag{11}$$

为 $f(x)$ 的 $k+1$ 次磨光函数,(11)称为磨光公式,h 称为磨光参数.

磨光函数具有下列性质:

(1)$\widetilde{f}_{k+1}(x)=\dfrac{\overline{\Delta}_h^{k+1}}{h^{k+1}}f_{k+1}(x)\in C^{m+k+1}(-\infty,\infty).$

(2)$\displaystyle\int_{-\infty}^{\infty}\mid\widetilde{f}_{k+1}^{(l)}(x)\mid^2\mathrm{d}x\leqslant\int_{-\infty}^{\infty}\mid f^{(l)}(x)\mid^2\mathrm{d}x$，$l=0,1,\cdots,m.$

证 令$\dfrac{x-t}{h}=\xi$，则$t=x-h\xi$。应用分部积分公式(7)，于是(11)右端

$$\frac{1}{h}\int_{-\infty}^{\infty}\Omega_k\left(\frac{x-t}{h}\right)f(t)\mathrm{d}t=$$

$$\int_{-\infty}^{\infty}\Omega_k(\xi)f(x-h\xi)\mathrm{d}\xi=$$

$$\int_{-\infty}^{\infty}\sum_{j=0}^{k+1}(-1)^j\binom{k+1}{j}\delta\left(\xi+\right.$$

$$\left.\frac{k+1}{2}-j\right)f_{k+1}(x-h\xi)\mathrm{d}\xi\frac{1}{h^{k+1}}=$$

$$\sum_{j=0}^{k+1}(-1)^j\binom{k+1}{j}f_{k+1}\left(x-\right.$$

$$\left.h\left(j-\frac{k+1}{2}\right)\right)\frac{1}{h^{k+1}}=$$

$$\frac{\overline{\Delta}_h^{k+1}}{h^{k+1}}f_{k+1}(x)$$

由此可见性质(1)成立.

对式(11)两端求l阶导数，并利用分部积分法，有

$$\widetilde{f}_{k+1}^{(l)}(x)=\int_{-\infty}^{\infty}\frac{\mathrm{d}^l}{\mathrm{d}x^l}\Omega_k\left(\frac{x-t}{h}\right)f(t)\mathrm{d}t=$$

$$\int_{-\infty}^{\infty}(-1)^l\frac{\mathrm{d}^l}{\mathrm{d}t^l}\Omega_k\left(\frac{x-t}{h}\right)f(t)\mathrm{d}t=$$

$$\frac{1}{h}\int_{-\infty}^{\infty}\Omega_k\left(\frac{x-t}{h}\right)f^{(l)}(t)\mathrm{d}t\qquad(12)$$

由式(12)，利用函数卷积的富氏变换性质得

$$\widetilde{f}^{(l)}_{k+1}(\xi) = \left(\frac{\sin\dfrac{h\xi}{2}}{\dfrac{h\xi}{2}}\right)^{k+1} \hat{f}^{(l)}(\xi)$$

由 $\left|\dfrac{\sin\dfrac{h\xi}{2}}{\dfrac{h\xi}{2}}\right| \leqslant 1$，便有

$$|\widetilde{f}^{(l)}_{k+1}(\xi)| \leqslant |\hat{f}^{(l)}(\xi)|$$

于是

$$\int_{-\infty}^{\infty} |\widetilde{f}^{(l)}_{k+1}(\xi)|^2 \mathrm{d}\xi \leqslant \int_{-\infty}^{\infty} |\hat{f}^{(l)}(\xi)|^2 \mathrm{d}\xi \quad (13)$$

再根据帕塞瓦尔(Parseval)等式,得

$$\int_{-\infty}^{\infty} |\widetilde{f}^{(l)}_{k+1}(x)|^2 \mathrm{d}x = \frac{1}{2\pi}\int_{-\infty}^{\infty} |\widetilde{f}^{(l)}_{k+1}(\xi)|^2 \mathrm{d}\xi$$

$$\int_{-\infty}^{\infty} |f^{(l)}(x)|^2 \mathrm{d}x = \frac{1}{2\pi}\int_{-\infty}^{\infty} |\hat{f}^{(l)}(\xi)|^2 \mathrm{d}\xi$$

代入(13)就得到性质(2).

6.2.3　关于 $\Omega_k(x)$ 的常用函数值表

我们给出前几个 $\Omega_k(x)(k=1,2,3,4,5)$ 及其一、二阶导数的函数值表,它们在计算中经常用到.

(1) $\Omega_k(x)$ 的数值表(表 1).

表 1

$\diagdown\ x$ k	0	$\pm\dfrac{1}{2}$	± 1	$\pm\dfrac{3}{2}$	± 2	$\pm\dfrac{5}{2}$	± 3
1	1	$\dfrac{1}{2}$					
2	$\dfrac{3}{4}$	$\dfrac{1}{2}$	$\dfrac{1}{8}$				

145

续表1

k \ x	0	$\pm\dfrac{1}{2}$	± 1	$\pm\dfrac{3}{2}$	± 2	$\pm\dfrac{5}{2}$	± 3
3	$\dfrac{2}{3}$	$\dfrac{23}{48}$	$\dfrac{1}{6}$	$\dfrac{1}{48}$			
4	$\dfrac{115}{192}$	$\dfrac{11}{24}$	$\dfrac{19}{96}$	$\dfrac{1}{24}$	$\dfrac{1}{384}$		
5	$\dfrac{11}{20}$	$\dfrac{841}{1\,920}$	$\dfrac{13}{60}$	$\dfrac{79}{1\,280}$	$\dfrac{1}{120}$	$\dfrac{1}{3\,840}$	

(2)$\Omega'_k(x)$ 的数值表(表 2).

为了求 $\Omega'_k(x)$,只需利用

$$\Omega'_k(x) = \bar{\Delta}\Omega_{k-1}(x)$$

从表 1 作差分即得.特别地,指出当 $k=1$ 时

$$\Omega'_1(x) = \Omega_0\left(x + \frac{1}{2}\right) - \Omega_0\left(x - \frac{1}{2}\right)$$

而

$$\Omega_0\left(\pm\frac{1}{2}\right) = \frac{1}{2}$$

所以在下面的表中规定

$$\Omega'_1(0) = 0$$

(3)$\Omega''_k(x)$ 的数值表.

由于 $\Omega''_k(x) = \bar{\Delta}\Omega'_{k-1}(x)$,并注意当 $k=1$ 时

$$\Omega''_1(x) = \delta(x+1) - 2\delta(x) + \delta(x-1)$$

从表 2 即得 $\Omega''_k(x)$ 的数值表(表 3).

表 2

k \ x	0	$\pm\dfrac{1}{2}$	± 1	$\pm\dfrac{3}{2}$	± 2	$\pm\dfrac{5}{2}$	± 3
1	0	∓ 1	$\mp\dfrac{1}{2}$				
2	0	∓ 1	$\mp\dfrac{1}{2}$				
3	0	$\mp\dfrac{5}{8}$	$\mp\dfrac{1}{2}$	$\mp\dfrac{1}{8}$			
4	0	$\mp\dfrac{1}{2}$	$\mp\dfrac{11}{24}$	$\mp\dfrac{1}{6}$	$\mp\dfrac{1}{12}$		
5	0	$\mp\dfrac{77}{192}$	$\mp\dfrac{5}{12}$	$\mp\dfrac{75}{384}$	$\mp\dfrac{1}{24}$	$\mp\dfrac{1}{384}$	

表 3

k \ x	0	$\pm\dfrac{1}{2}$	± 1	$\pm\dfrac{3}{2}$	± 2	$\pm\dfrac{5}{2}$	± 3
1	$-2\delta(0)$	0	$\delta(0)$				
2	-2	$-\dfrac{1}{2}$	1	$\dfrac{1}{2}$			
3	-2	$-\dfrac{1}{2}$	1	$\dfrac{1}{2}$			
4	$-\dfrac{5}{4}$	$-\dfrac{1}{2}$	$\dfrac{1}{2}$	$\dfrac{1}{2}$	$\dfrac{1}{8}$		
5	-1	$-\dfrac{11}{24}$	$\dfrac{1}{3}$	$\dfrac{9}{24}$	$\dfrac{1}{6}$	$\dfrac{1}{12}$	

6.3　结点任意分布的 δ — 样条函数

6.3.1　形成及其基本性质

我们对 $(t-x)_{+}^{0}$ 关于 t 以 x_0, x_1 为结点作一阶差商；对 $(t-x)_{+}$ 关于 t 以 x_0, x_1, x_2 为结点作二阶差商，分别得到 x 的平顶山形函数 $\Pi_{\frac{1}{2}}(x)$ 和尖顶山形函数 $\Lambda_1(x)$. 实际上，它们也可以看成从 $\delta(t-x)$ 出发，关于 t 分别积分一次或两次以后，再分别关于 t 作一阶或二阶差商的结果. 按此思路，自然要去研究：从 $\delta(t-x)$ 出发，对 t 积分 $k+1$ 次，得到

$$\frac{(t-x)_{+}^{k}}{k!} + \text{关于 } t \text{ 的 } k \text{ 次多项式}$$

以后，随之关于 t 以 $x_0, x_1, \cdots, x_{k+1}$ 为结点作 $k+1$ 阶差商，研究这样的函数有什么性质和用途.

首先提出差商的概念和记号.

对给定的函数值序列 $\{f(x_j)\}$，按习惯其各阶差商的定义和记号如下：

一阶差商

$$f(x_0, x_1) \equiv \frac{f(x_0) - f(x_1)}{x_0 - x_1}$$

二阶差商

$$f(x_0, x_1, x_2) \equiv \frac{f(x_0, x_1) - f(x_1, x_2)}{x_0 - x_2}$$

任意 n 阶差商

$$f(x_0, x_1, \cdots, x_n) =$$
$$\frac{f(x_0, x_1, \cdots, x_{n-1}) - f(x_1, x_2, \cdots, x_n)}{x_0 - x_n}$$

148

差商也可以直接表示为函数值的线性组合

$$f(x_0,x_1,\cdots,x_n) = \sum_{j=0}^{n} \omega_j f(x_j)$$

其中

$$\omega_j = \prod_{\substack{l=0 \\ l \neq j}}^{n} \frac{1}{x_j - x_l}$$

大家熟知，差商关于其各元 x_i 有对称性. 差商的许多性质和微商是类似的，例如任意 $n-1$ 次多项式的 n 阶差商为零.

关于函数乘积的高阶差商与函数乘积的高阶微商的公式也是类似的. 我们将函数值序列 $\{f(x_j)\}$ 和 $\{g(x_j)\}$ 的乘积记为 $\{fg(x_j)\}$，它的 n 阶差商有下列公式

$$fg(x_0,x_1,\cdots,x_n) = \sum_{j=0}^{n} f(x_0,\cdots,x_j) g(x_j,\cdots,x_n)$$

$$(1)$$

公式(1) 可用数学归纳法证明.

事实上，当 $n=1$ 时

$$fg(x_0,x_1) = \frac{fg(x_1) - fg(x_0)}{x_1 - x_0} =$$

$$\frac{f(x_1)g(x_1) - f(x_0)g(x_0)}{x_1 - x_0} =$$

$$\frac{f(x_1)g(x_1) - f(x_0)g(x_1) + f(x_0)g(x_1) - f(x_0)g(x_0)}{x_1 - x_0} =$$

$$f(x_0)g(x_0,x_1) + f(x_0,x_1)g(x_1)$$

可见对 $n=1$ 公式(1) 成立. 假设公式(1) 对正整数 $n-1$ 成立，则有

$$fg(x_0,x_1,\cdots,x_n) =$$

149

$$\frac{fg(x_1,\cdots,x_n) - fg(x_0,\cdots,x_{n-1})}{x_n - x_0} =$$

$$\Big[\sum_{j=1}^{n} f(x_1,\cdots,x_j) g(x_j,\cdots,x_n) -$$

$$\sum_{j=0}^{n-1} f(x_0,\cdots,x_j) g(x_j,\cdots,x_{n-1})\Big]/(x_n - x_0)$$

由于

$$f(x_1,\cdots,x_j) = f(x_0,\cdots,x_{j-1}) +$$
$$(x_j - x_0) f(x_0,\cdots,x_j)$$
$$g(x_j,\cdots,x_{n-1}) = g(x_{j+1},\cdots,x_n) +$$
$$(x_j - x_n) g(x_j,\cdots,x_n)$$

代入上式,并整理得

$$fg(x_0,\cdots,x_n) =$$

$$\Big[\sum_{j=1}^{n}(x_j - x_0) f(x_0,\cdots,x_j) g(x_j,\cdots,x_n) -$$

$$\sum_{j=0}^{n-1}(x_j - x_n) f(x_0,\cdots,x_j) g(x_j,\cdots,x_n)\Big]/(x_n - x_0) =$$

$$\sum_{j=0}^{n} f(x_0,\cdots,x_j) g(x_j,\cdots,x_n)$$

亦即推得公式(1)对正整数 n 也成立.

下面为了写起来简便,记 x_+^k 为 $G_k(x)$. 如果将 $G_k(t-x)$ 关于 t 以 $x_0, x_1, \cdots, x_{k+1}$ 为结点,作 $k+1$ 阶差商,那么得

$$G_k(x_0 - x, x_1 - x, \cdots, x_{k+1} - x) =$$

$$\sum_{j=0}^{k+1} \omega_j G_k(x_j - x) \tag{2}$$

其中

$$\omega_j = \prod_{\substack{l=0 \\ l \neq j}}^{k+1} \frac{1}{x_j - x_l} \tag{3}$$

(2)就是我们所说的结点任意分布的 δ-样条函数. 关于它,可以指出有下列基本性质:

(1)$G_k(x_0-x,x_1-x,\cdots,x_{k+1}-x)$ 是以 x_0, $x_1,\cdots,x_{k+1}$ 为结点的 k 次样条函数.

(2)其图形如山形,且对 $k>0$ 有

$$G_k(x_0-x,\cdots,x_{k+1}-x)$$
$$\begin{cases}=0,x \notin (\min\{x_j\},\max\{x_j\}) \\ >0,x \in (\min\{x_j\},\max\{x_j\})\end{cases} \tag{4}$$

对 $k=0$ 的情形,只要把两个结点 x_0,x_1 除外,(4)仍成立.

(3)$G_k(x_0-x,\cdots,x_{k+1}-x)$ 可以通过对 $G_{k-1}(x_0-x,\cdots,x_k-x)$ 和 $G_{k-1}(x_1-x,\cdots,x_{k+1}-x)$ 进行"凸性组合"得

$$G_k(x_0-x,\cdots,x_{k+1}-x)=$$
$$\frac{x-x_0}{x_{k+1}-x_0}G_{k-1}(x_0-x,\cdots,x_k-x)+$$
$$\frac{x_{k+1}-x}{x_{k+1}-x_0}G_{k-1}(x_1-x,\cdots,x_{k+1}-x) \tag{5}$$

(4)$\displaystyle\int_{-\infty}^{\infty} G_k(x_0-x,\cdots,x_{k+1}-x)\mathrm{d}x=$
$$\frac{1}{k+1}\int_{-\infty}^{\infty} G_k(x_0-x,\cdots,x_{k+1}-x)f(x)\mathrm{d}x=$$
$$k!\,f_{k+1}(x_0,x_1,\cdots,x_{k+1})$$

其中 $f_{k+1}(x)$ 表示 $f(x)$ 的 $k+1$ 次不定积分.

(5)　　$G_k(x-x_0,\cdots,x-x_{k+1})=$
$$G_k(x_0-x,\cdots,x_{k+1}-x)$$

这些性质证明起来并不困难.

性质(1)由表达式(2)一目了然.

性质(2)的前半部分也是明显的,因为当 $x>$

$\max\{x_j\}$ 时

$$G_k(x_j - x) = 0$$

当 $x < \min\{x_j\}$ 时

$$G_k(x_j - x) = (x_j - x)_+^k = (x_j - x)^k$$

因此这时(2)是关于 t 的 k 次多项式 $(t-x)^k$ 作 $k+1$ 阶差商的结果,因而是零.

性质(2)的后半部分则是性质(3)的推论.

性质(3)的推导利用了高阶差商公式(1).因为

$$G_k(t-x) = (t-x)_+^k = (t-x)G_{k-1}(t-x)$$

于是由式(1)有

$$G_k(x_0 - x, \cdots, x_{k+1} - x) =$$
$$(x_0 - x)G_{k-1}(x_0 - x, \cdots, x_{k+1} - x) +$$
$$G_{k-1}(x_1 - x, \cdots, x_{k+1} - x) \qquad (6)$$

又根据差商的定义

$$G_{k-1}(x_0 - x, \cdots, x_{k+1} - x) =$$
$$[G_{k-1}(x_1 - x, \cdots, x_{k+1} - x) -$$
$$G_{k-1}(x_0 - x, \cdots, x_k - x)]/$$
$$(x_{k+1} - x_0) \qquad (7)$$

将(7)代入(6)并经过整理立即得(5),即性质(3)得证.

由性质(3)立即可以推出性质(2)的后半部分.事实上已知

$$G_0(x_0 - x, x_1 - x) \geqslant 0, G_0(x_1 - x, x_2 - x) \geqslant 0 \qquad (8)$$

而当 $x \in (\min(x_0, x_1, x_2), \max(x_0, x_1, x_2))$ 时,(8)中至少有一个是严格大于零的,于是根据性质(3),必有

$$G_1(x_0 - x, x_1 - x, x_2 - x) > 0 \qquad (9)$$

欲对任意正整数 k 证明性质(2),只需用归纳法仿

此类推.

为证性质(4),只需对(2)两端积分,有

$$\int_{-\infty}^{\infty} G_k(x_0 - x, \cdots, x_{k+1} - x)\,\mathrm{d}x =$$

$$\sum_{j=0}^{k+1} \omega_j \int_{-\infty}^{\infty} (x_j - x)_+^k\,\mathrm{d}x =$$

$$\sum_{j=0}^{k+1} \omega_j \int_a^b (x_j - x)_+^k\,\mathrm{d}x =$$

$$\sum_{j=0}^{k+1} \frac{\omega_j (x_j - a)^{k+1}}{k+1} =$$

$$\frac{1}{k+1}, a = \min\{x_j\}, b = \max\{x_j\} \tag{10}$$

式(10)最后一步,是根据 $(t-a)^{k+1}/(k+1)$ 的 $k+1$ 阶差商为 $1/(k+1)$ 求得.

至于性质(4)的第二个等式,反复用分部积分法就证得结论.

性质(5)是下面简单恒等式

$$x_+^k = (-1)^{k+1}(-x)_+^k + x^k \tag{11}$$

的直接应用.

6.3.2　计算公式

δ —样条函数的计算,即使是对结点任意分布的情形,也不比普通多项式的计算麻烦多少,应用上是方便的.我们可以利用表达式(2),得到求导数和求积分的公式

$$G_k^{(l)}(x_0 - x, x_1 - x, \cdots, x_{k+1} - x) =$$

$$\frac{k!}{(k-l)!} \sum_{j=0}^{k+1} (-1)^l \omega_j G_{k-l}(x_j - x) \tag{12}$$

其中 l 为正整数时,表示 l 阶导数;l 为负整数时,表示 $-l$ 次不定积分;$l=0$ 就是函数本身.

对 k 不是很大的数,比如 $k \leqslant 15$,我们的计算表明,按(12)的计算精度很好,没有遇到计算不稳定的困难.更何况常用的总是 $k \leqslant 3,5$ 的情形.

不过,一般说来,求高阶差分或差商是一种不稳定的计算过程.因此对过大的 k(比如 $k > 20$)和很不均匀的结点分布.按(12)去计算,有效数字可能损失过多.下面的递推算法,就是为了解决这个问题,即使对很大的 k 和很不均匀的结点分布,计算的稳定性也是很好的.

对任意给定的结点分布 $\{x_j\}(x_j < x_{j+1})$,记

$$G_{k,j}(x) = G_k(x_j - x, x_{j+1} - x, \cdots, x_{j+k+1} - x)$$

$$\tag{13}$$

$$N_{k,j}(x) = (x_{j+k+1} - x_j)G_{k,j}(x) \tag{14}$$

由(5)有

$$N_{k,j}(x) = \frac{x - x_j}{x_{k+j} - x_j} N_{k-1,j}(x) +$$

$$\frac{x_{k+j+1} - x}{x_{k+j+1} - x_{j+1}} N_{k-1,j+1}(x) \tag{15}$$

下面讨论

$$F(x) = \sum_j A_j N_{k,j}(x) \tag{16}$$

的计算问题.

(1) 递推求和公式.

利用(15)可将和数(16)通过低次 δ—样条函数表示出来.事实上,将(14)代入(16)得

$$F(x) = \sum_j A_j N_{k,j}(x) =$$

$$\sum_j A_j \{(x - x_j)G_{k-1,j}(x) + (x_{j+k+1} - x)G_{k-1,j+1}(x)\} =$$

$$\sum_j \{A_j(x - x_j) + A_{j-1}(x_{j+k} - x)\}G_{k-1,j}(x) =$$

$$\sum_j A_j^{[1]}(x) N_{k-1,j}(x) \qquad (17)$$

其中

$$A_j^{[1]}(x) = A_j \frac{x-x_j}{x_{j+k}-x_j} + A_{j-1} \frac{x_{j+k}-x}{x_{j+k}-x_j} \quad (18)$$

依此类推,可得

$$F(x) = \sum_j A_j^{[\mu]} N_{k-\mu,j}(x) \qquad (19)$$

其中

$$A_j^{[\mu]}(x) = \begin{cases} A_j, \text{当 } \mu = 0 \\ A_j^{[\mu-1]}(x) \dfrac{x-x_j}{x_{j+k+1-\mu}-x_j} + \\ A_{j-1}^{[\mu-1]}(x) \dfrac{x_{j+k+1-\mu}-x}{x_{j+k+1-\mu}-x_j}, \text{当 } \mu > 0 \end{cases}$$

$$(20)$$

由于 $N_{0,j}(x) = 1$,当 $x \in (x_j, x_{j+1})$ 时;而在 (x_j, x_{j+1}) 之外 $N_{0,j}(x) = 0$. 因此

$$F(x) = A_j^{[k]}(x), x_j < x < x_{j+1} \qquad (21)$$

由此可见,对 $x \in (x_j, x_{j+1})$ 为计算 $F(x)$,可以从 A_j, $A_{j-1}, \cdots, A_{j-k}$ 出发,按(20)进行凸性组合而求得,这就是要求按(20)逐列地得出下面的数表:

$$
\begin{array}{lllll}
A_{j-k} & & & & \\
A_{j-k+1} & A_{j-k+1}^{[1]}(x) & & & \\
\vdots & \vdots & & \ddots & \\
\vdots & \vdots & & & A_{j-1}^{[k-1]}(x) \\
A_j & A_j^{[1]}(x) & \cdots & A_j^{[k-1]}(x) & A_j^{[k]}(x)
\end{array}
$$

表中右下角元素 $A_j^{[k]}(x)$ 便是所求的 $F(x)$.

(2)递推求导数公式.

注意

$$G'_k(x_j - x, \cdots, x_{j+k+1} - x) =$$

$$k\frac{G_{k-1}(x_j - x, \cdots, x_{j+k} - x) - G_{k-1}(x_{j+1} - x, \cdots, x_{j+k+1} - x)}{x_{j+k+1} - x_j} \quad (22)$$

于是

$$N'_{k,j}(x) = k\left(\frac{1}{x_{j+k} - x_j}N_{k-1,j}(x) - \right.$$

$$\left. \frac{1}{x_{j+k+1} - x_{j+1}}N_{k-1,j+1}(x)\right)$$

$$F'(x) = \sum_j A_j N'_{k,j}(x) =$$

$$k\sum_j A_j\left\{\frac{1}{x_{j+k} - x_j}N_{k-1,j}(x) - \frac{1}{x_{j+k+1} - x_{j+1}}N_{k-1,j+1}(x)\right\} =$$

$$k\sum_j\left\{A_j\frac{1}{x_{j+k} - x_j} - A_{j-1}\frac{1}{x_{j+k} - x_j}\right\}N_{k-1,j}(x) =$$

$$k\sum_j A_j^{(1)}N_{k-1,j}(x)$$

其中

$$A_j^{(1)} = \frac{A_j - A_{j-1}}{x_{j+k} - x_j}$$

依此类推,则得

$$F^{(\mu)}(x) = k(k-1)\cdots(k-\mu+1)\sum_j A_j^{(\mu)}N_{k-\mu,j}(x)$$

$$(23)$$

其中

$$A_j^{(\mu)} = \begin{cases} A_j, & \text{当 } \mu = 0 \\ (A_j^{(\mu-1)} - A_{j-1}^{(\mu-1)})/(x_{j+k+1-\mu} - x_j), & \text{当 } \mu > 0 \end{cases}$$

$$(24)$$

由此可见,求导数的过程变成对其系数逐步求差商的过程. 特别对结点等距的情形, $x_j = x_0 + jh$ (对一切 j),用 ∇ 表示后向差分算子: $\nabla A_j = A_j - A_{j-1}$,则 (23) 变成

$$F^{(\mu)}(x) = \sum_j (\nabla^\mu A_j) N_{k-\mu,j}(x)/h^\mu \qquad (25)$$

如果在 $[x_i, x_{i+1}]$ 上既要求 $F(x)$，又要求其各阶导数，那么最好把所需的 $N_{v,j}(x)$ 都求出来，形成下面的数值表：

$$
\begin{array}{ccccc}
 & & & & N_{0,i}(x) \\
 & & & N_{1,i-1}(x) & N_{1,i}(x) \\
 & & N_{2,i-2}(x) & N_{2,i-1}(x) & N_{2,i}(x) \\
 & \ddots & \vdots & \vdots & \vdots \\
N_{k,i-k}(x) & \cdots & N_{k,i-2}(x) & N_{k,i-1}(x) & N_{k,i}(x)
\end{array}
$$

其中第 $k-\mu$ 行各元素，就是求 $F^{(\mu)}(x)$ $(x_i \leqslant x \leqslant x_{i+1})$ 时要用的.

6.4 δ — 样条函数对 δ — 函数的逼近

6.4.1 结点等距分布的情形

定理 1 对任意定义在区间 $[a, b]$ 上的连续函数或有第一类不连续点的函数 $f(x)$，若把它们以 $b-a$ 为周期延拓到 $(-\infty, \infty)$ 上，则当 $h \to 0$ 时，有

$$\int_{-\infty}^{\infty} \delta_h(x-t) f(t) \mathrm{d}t \to$$

$$
\begin{cases}
f(x), \text{于连续点 } x \text{ 处} \\
\dfrac{f(x_+) + f(x_-)}{2}, \text{于间断点 } x \text{ 处} \\
\dfrac{f(a_+) + f(b_-)}{2}, \text{于端点 } a, b \text{ 处}
\end{cases}
\qquad (1)
$$

其中

$$\delta_h(x) = \frac{1}{h} \Omega_k\left(\frac{x}{h}\right)$$

证 根据 $\Omega_k(x)$ 的性质(2)和(3)知,当 $|x| \geqslant \dfrac{(k+1)h}{2}$ 时,$\delta_h(x) = 0$,且

$$\int_{-\infty}^{\infty} \delta_h(x)\mathrm{d}x = 1$$

从而在 $f(x)$ 的连续点 x 处,有

$$\int_{-\infty}^{\infty} \delta_h(x-t)f(t)\mathrm{d}t =$$

$$\int_{x-\frac{(k+1)h}{2}}^{x+\frac{(k+1)h}{2}} \delta_h(x-t)f(t)\mathrm{d}t =$$

$$f(x) + \int_{x-\frac{(k+1)h}{2}}^{x+\frac{(k+1)h}{2}} \delta_h(x-t)(f(t)-f(x))\mathrm{d}t \qquad (2)$$

上式的后一积分

$$\left| \int_{x-\frac{(k+1)h}{2}}^{x+\frac{(k+1)h}{2}} \delta_h(x-t)(f(t)-f(x))\mathrm{d}t \right| \leqslant$$

$$\sup_{x-\frac{(k+1)h}{2} \leqslant t \leqslant x+\frac{(k+1)h}{2}} |f(t)-f(x)| \to 0, h \to 0$$

至于在间断点 x 处,则可将积分分段处理

$$\int_{x-\frac{(k+1)h}{2}}^{x+\frac{(k+1)h}{2}} \delta_h(x-t)f(t)\mathrm{d}t =$$

$$\int_{x-\frac{(k+1)h}{2}}^{x} \delta_h(x-t)f(t)\mathrm{d}t +$$

$$\int_{x}^{x+\frac{(k+1)h}{2}} \delta_h(x-t)f(t)\mathrm{d}t =$$

$$\frac{1}{2}(f(x_+) + f(x_-)) +$$

$$\int_{x-\frac{(k+1)h}{2}}^{x} \delta_h(x-t)(f(t)-f(x_-))\mathrm{d}t +$$

$$\int_{x}^{x+\frac{(k+1)h}{2}} \delta_h(x-t)(f(t)-f(x_+))\mathrm{d}t \qquad (3)$$

由于 $\Omega_k(x)$ 是对称的,$\delta_h(x)$ 为偶函数,所以

$$\int_{x-\frac{(k+1)h}{2}}^{x} \delta_h(x-t)\,\mathrm{d}t = \int_{x}^{x+\frac{(k+1)h}{2}} \delta_h(x-t)\,\mathrm{d}t =$$

$$\frac{1}{2}$$

注意 $f(x)$ 的左右极限存在,于是(3)的右端两个积分随 $h \to 0$ 而趋于零,这就于间断点处证明了定理的结论.

至于在端点 a,b 处,与在间断点处一样处理,定理证完.

定理 2　设定义在区间 $[a,b]$ 上的函数 $f(x)$,其 l 阶导数连续或有第一类不连续点,若将它以 $b-a$ 为周期延拓到 $(-\infty,\infty)$ 上,则有

$$\int_{-\infty}^{\infty} \frac{\mathrm{d}^l}{\mathrm{d}x^l}\delta_h(x-t)f(t)\,\mathrm{d}t \to f^{(l)}(x),\ h \to 0 \quad (4)$$

其中于间断点处, $f^{(l)}(x)$ 规定为

$$\frac{1}{2}(f^{(l)}(x_+) + f^{(l)}(x_-))$$

只要注意

$$\frac{\mathrm{d}^l}{\mathrm{d}x^l}\delta_h(x-t) = (-1)^l \frac{\mathrm{d}^l}{\mathrm{d}t^l}\delta_h(x-t)$$

再利用分部积分法及定理 1 得

$$(-1)^l \int_{-\infty}^{\infty} \frac{\mathrm{d}^l}{\mathrm{d}t^l}\delta_h(x-t)f(t)\,\mathrm{d}t =$$

$$\int_{-\infty}^{\infty} \delta_h(x-t)f^{(l)}(t)\,\mathrm{d}t \to$$

$$f^{(l)}(x)$$

当 $h \to 0$ 时,定理证完.

6.4.2　结点任意分布的情形

定理 3　在定理 1 的条件下,在函数 $f(x)$ 的连续

点 x 处,当 $x_0 \to x, x_1 \to x, \cdots, x_{k+1} \to x$ 时,有

$$(k+1)\int_{-\infty}^{\infty} G_k(x_0-t,\cdots,x_{k+1}-t)f(t)\mathrm{d}t \to f(x)$$

$$(5)$$

如果 x 是 $f(x)$ 的不连续点或区间 $[a,b]$ 的端点,那么只要进一步补充假定 $x_0,x_1,\cdots,x_{k+1}$ 关于点 x 对称分布,则当 $x_0 \to x, x_1 \to x, \cdots, x_{k+1} \to x$ 时,有

$$(k+1)\int_{-\infty}^{\infty} G_k(x_0-t,\cdots,x_{k+1}-t)f(t)\mathrm{d}t \to$$

$$\begin{cases} \dfrac{1}{2}(f(x-0)+f(x_0+0)) \\ \text{或}\ \dfrac{1}{2}(f(a+0)+f(b-0)) \end{cases}$$

$$(6)$$

为证定理 3,我们先证一条引理.

引理 若 $x_0,x_1,\cdots,x_{k+1}$ 关于点 0 为对称分布,则 $G_k(x_0-x,\cdots,x_{k+1}-x)$ 是 x 的偶函数.

证 根据结点分布的假定,无妨设 $x_0 < x_1 < \cdots < x_{k+1}$,且 $x_0 = -x_{k+1}, x_1 = -x_k, \cdots$.由结点任意分布的 δ — 样条函数的性质 5 和结点关于 x 对称分布的假定知

$$G_k(x_0-x,\cdots,x_{k+1}-x) =$$
$$G_k(x-x_0,\cdots,x-x_{k+1}) =$$
$$G_k(x+x_{k+1},\cdots,x+x_0).$$

$$(7)$$

再根据差商关于其变元的对称性,有

$$G_k(x+x_{k+1},\cdots,x+x_0) =$$
$$G_k(x_0+x,\cdots,x_{k+1}+x)$$

$$(8)$$

比较(7)的左端和(8)的右端得

$$G_k(x_0-x,\cdots,x_{k+1}-x) =$$
$$G_k(x_0+x,\cdots,x_{k+1}+x)$$

这就证明了引理.

定理 3 的证明   令

$$h_i = x_i - x, i = 0, 1, \cdots, k+1$$

于是 h_i 关于 0 点分布是对称的. 又

$$G_k(x_0 - t, \cdots, x_{k+1} - t) =$$

$$G_k(h_0 + x - t, \cdots, h_{k+1} + x - t)$$

于是根据引理, $G_k(x_0 - t, \cdots, x_{k+1} - t)$ 是 $t - x$ 的偶函数. 换句话说,它作为 t 的函数,关于点 x 是对称的. 因此

$$(k+1)\int_{-\infty}^{x} G_k(x_0 - t, \cdots, x_{k+1} - t)\mathrm{d}t =$$

$$(k+1)\int_{x}^{\infty} G_k(x_0 - t, \cdots, x_{k+1} - t)\mathrm{d}t \qquad (9)$$

而由 6.3 节中性质 4 知,(9)中两积分之和等于 1,因而它们分别等于 1/2.

往下的证明,只需仿照定理 1 的证明进行. 当遇到不连续点时,由于(9),我们和定理 1 一样可以分段处理. 至此定理 3 证完.

定理 4   在定理 2 的条件下,当 $h_0 \to 0, h_1 \to 0, \cdots, h_{k+1} \to 0$ 时,有

$$(k+1)\int_{-\infty}^{\infty} \frac{\mathrm{d}^l}{\mathrm{d}x^l} G_k(h_0 + x - t, \cdots, h_{k+1} + x - t)f(t)\mathrm{d}t$$

$$\to f^{(l)}(x) \qquad (10)$$

证   由于

$$G_k(h_0 + x - t, \cdots, h_{k+1} + x - t) =$$

$$\sum_{j=0}^{k+1} \omega_j (h_j + x - t)_+^k$$

其中

161

$$\omega_j = \prod_{\substack{l=0 \\ l \neq j}}^{k+1} \frac{1}{h_j - h_l}, j = 0, 1, \cdots, k+1$$

与 x, t 无关,于是

$$\frac{\mathrm{d}^l}{\mathrm{d}x^l} G_k(h_0 + x - t, \cdots, h_{k+1} + x - t) =$$

$$(-1)^l \frac{\mathrm{d}^l}{\mathrm{d}t^l} G_k(h_0 + x - t, \cdots, h_{k+1} + x - t)$$

代入(10),再作分部积分,并利用定理 3 便完成了定理 4 的证明.

6.5 由 δ — 样条函数作成的基函数系

对于任意给定的分划

$$\Delta : a = x_0 < x_1 < \cdots < x_{N-1} < x_N = b$$

以 $x_1, x_2, \cdots, x_{N-1}$ 为内结点的任意 k 次样条函数可表为

$$S(x) = \sum_{j=0}^{k} \frac{\alpha_j x^j}{j!} + \sum_{j=1}^{N-1} \frac{\beta_j (x - x_j)_+^k}{k!} \qquad (1)$$

其中 α_j, β_j 为 $N + k$ 个任意常数.注意(1)是函数系

(基 Ⅰ)

$$\{1, x, \cdots, x^k, (x - x_i)_+^k, i = 1, 2, \cdots, N-1\} \qquad (2)$$

的线性组合.基 Ⅰ 是由 $[a, b]$ 上 $N + k$ 个线性独立的函数构成的.形如(1)的函数的全体称为 $[a, b]$ 上关于分划 Δ 的 k 次样条函数空间,记为 $Sp(\Delta, k)$.基 Ⅰ 为 $Sp(\Delta, k)$ 的一组基底,它的维数是 $N + k$.

由于直接采用基 Ⅰ 作样条函数插值时导致不完美的系数矩阵,因而基 Ⅰ 不便于应用.下面我们引入另一个基函数系,简记为 δ — 基.为此,须将分划 Δ 扩

充为

$$\tilde{\Delta}:x_{-k}<x_{-k+1}<\cdots<x_0<\cdots<x_N<\cdots<x_{N+k}$$

扩充的结点 $x_{-k},\cdots,x_{-1}$ 及 $x_{N+1},\cdots,x_{N+k}$ 原则上是随意的.对于以后将要研究的周期样条函数来说,上述扩充应当是周期地进行. δ 一基由 δ 一样条函数构成.

（δ 一 基）

$$\{N_{k,j}(x),j=-k,-k+1,\cdots,N-1\} \qquad (3)$$

其中

$$N_{k,j}(x)=(x_{j+k+1}-x_j)G_k(x_j-x,\cdots,x_{j+k+1}-x) \qquad (4)$$

$$G_k(x)=x_+^k$$

当结点等距分布时, $x_j=x_0+jh$,于是 $N_{k,j}(x)$ 就是

$$\Omega_k\left(\frac{x-x_0}{h}-j-\frac{k+1}{2}\right)$$

往下,我们就来证明:在 $[a,b]$ 上, δ 一基构成与基 I 等价的样条函数空间 $Sp(\Delta,k)$ 的基底.

定理 5 若 $x\in[a,b]$,则

$$\sum_{j=-k}^{N-1}N_{k,j}(x)\equiv 1 \qquad (5)$$

证 1可以由 $N_{0,j}(x)$ 或 $N_{1,j}(x)$ 线性组合而成,这一事实可由图4明显看出.须加说明的一点是式(5)对 $k=0$ 的情形在 $x=a$ 和 $x=b$ 处分别理解为右极限和左极限,否则按我们以前的规定,式(5)左端于 $x=a,b$ 处取值 $1/2$.

为证对任意正整数 $k>1$ 时式(5)也成立,将式(5)的左端求导数,并注意6.3节中式(22)的简记形式,有

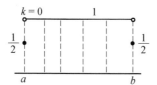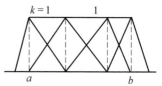

图 4

$$G'_{k,j}(x) = k \frac{G_{k-1,j}(x) - G_{k-1,j+1}(x)}{x_{j+k+1} - x_j}$$

$$N'_{k-j}(x) = k\left(\frac{1}{x_{j+k} - x_j}N_{k-1,j}(x) - \frac{1}{x_{j+k+1} - x_{j+1}}N_{k-1,j+1}(x)\right)$$

于是

$$\sum_{j=-k}^{N-1} N'_{k,j}(x) = k\left(\frac{1}{x_0 - x_{-k}}N_{k-1,-k}(x) - \frac{1}{x_{N+k} - x_N}N_{k-1,N}(x)\right) \equiv$$

$$0, a \leqslant x \leqslant b$$

这样，我们就证明了式(5)的左端是一个与 k 和结点分布无关的常数. 特别对等距结点的情形，由 6.2 节中性质(3)，式(5) 左端即为

$$\sum_{j=-k}^{N-1} \Omega_k\left(\frac{x - x_j}{h} - \frac{k+1}{2}\right) \equiv 1$$

于是定理 5 得证.

定理 6

$$p(x) = \sum_{j=-k}^{N-1} c_j N_{k,j}(x), x \in [a, b] \tag{6}$$

为 r 阶微分方程

$$p^{(r)}(x) = 0, r \leqslant k \tag{7}$$

的解的充要条件是其系数 $\{c_j\}$ 为 r 阶差分方程式

$$c_j^{(r)} = 0 \tag{8}$$

的解，其中

$$c_j^{(\mu)} = \begin{cases} c_j, \mu = 0 \\ \dfrac{k-\mu+1}{x_{k-\mu+1+j} - x_j} \nabla c_j^{(\mu-1)}, \mu = 1, 2, \cdots, r \end{cases} \tag{9}$$

又进一步有

$$\left[p^{(k)}(x_j) \right] = \nabla c_j^{(k)} \tag{10}$$

由此特别看出，在 $[a,b]$ 上 $p(x)$ 为 k 次多项式的充要条件是当 $j = 1, 2, \cdots, N-1$ 时 $\nabla c_j^{(k)} = 0$.

证　对 $k = 0$，由 $N_{0,j}(x)(j = 0, 1, \cdots, N-1)$ 的线性独立性，显然有（7）与（8）的等价性，且进一步有

$$\left[p(x_i) \right] = c_i - c_{i-1}$$

即（10）成立. 按数学归纳法，设对 $k-1$ 定理成立，再证对 k 亦成立. 为此对（6）求一次导数得

$$p'(x) = \sum_{j=-k}^{N-1} c_j N'_{k,j}(x) = \sum_{j=-k+1}^{N-1} c'_j N_{k-1,j}(x) \tag{11}$$

其中

$$c'_j = \frac{k}{x_{k+j} - x_j} \nabla c_j$$

由于 $p'(x)$ 是 $k-1$ 次样条函数，根据归纳法假设，$p'(x)$ 满足 $r(r \leqslant k-1)$ 阶微分方程（7）与 c'_j 满足 $r(r \leqslant k-1)$ 阶差分方程（8）是等价的，从而关于 $p(x)$ 满足 $r(r \leqslant k)$ 阶微分方程（7）与 c_j 满足 $r(r \leqslant k)$ 阶差分方程（8）的等价性对 k 也成立.

再注意

$$p^{(k)}(x) = \sum_{j=0}^{N-1} c_j^{(k)} N_{0,j}(x)$$

因此

$$\left[p^{(k)}(x_j)\right] = \nabla c_j^{(k)}$$

特别在 $x_1, x_2, \cdots, x_{N-1}$ 处 $p^{(k)}(x)$ 不出现间断时，$p(x)$ 便是 $[a,b]$ 上的 k 次多项式，反之亦然。至此定理 6 证完。

定理 7 任给区间 $[a,b]$ 的一个分划

$$\Delta: a = x_0 < x_1 < \cdots < x_N = b$$

及其扩充分划

$$\widetilde{\Delta}: x_{-k} < x_{-k+1} < \cdots < x_0 < x_1 < \cdots <$$

$$x_N < \cdots < x_{N+k}$$

则样条函数系

$$\{(x-x_i)_+^k, i = -k, \cdots, -1, 0, 1, \cdots, N-1\}$$

可以通过 δ-基 $\{N_{k,j}(x), j = -k, -k+1, \cdots, N-1\}$ 线性表示。具体说，在 $[a,b]$ 上有

$$(x-x_i)_+^k = \sum_{j=-k}^{N-1} (x_{j+1} - x_i) \cdots (x_{j+k} - x_i) \cdot$$
$$(x_{j+1} - x_i)_+^0 N_{k,j}(x)$$
$$i = -k, -k+1, \cdots, N-1 \tag{12}$$

这里符号 $(u)_+^0$ 理解为

$$(u)_+^0 = \begin{cases} 0, u \leqslant 0 \\ 1, u > 0 \end{cases}$$

证 为简便起见，我们用符号 $p_i(x)$ 表示(12)右端的样条函数，并用 $c_j(i)$ 表示其中的系数，即

$$c_j(i) = (x_{j+1} - x_i) \cdots (x_{j+k} - x_i)(x_{j+1} - x_i)_+^0$$

当固定 i 时，$\{c_j(i)\}_{j=-k}^{N-1}$ 作为 j 的序列简记为 $\{c_j\}_{j=-k}^{N-1}$。

按照定理 6，先来分析 $p_i(x)$ 的系数的序列 $\{c_j\}_{j=-k}^{N-1}$ 所满足的差分方程。为此，我们计算各阶差商 $c_j^{(\mu)}$

$$c_j^{(0)} = c_j =$$

$$\begin{cases} 0, j \leqslant i-1 \\ (x_{j+1} - x_i)\cdots(x_{j+k} - x_i), j = i, i+1, \cdots \end{cases}$$

$$\nabla c_j^{(0)} = c_j - c_{j-1} =$$

$$\begin{cases} 0, j \leqslant i-1 \\ (x_{j+1} - x_i)\cdots(x_{j+k-1} - x_i)(x_{j+k} - x_i), j = i, i+1, \cdots \end{cases}$$

$$c_j^{(1)} = \frac{k}{x_{j+k} - x_j} \nabla c_j =$$

$$k(x_{j+1} - x_i)\cdots(x_{j+k-1} - x_i)(x_{j+1} - x_i)_+^0$$

仿此进行下去,一般地有

$$c_j^{(\mu)} = k(k-1)\cdots(k-\mu+1)(x_{j+1} - x_i) \cdot \cdots \cdot$$
$$(x_{j+k-\mu} - x_i)(x_{j+1} - x_i)_+^0$$
$$\mu = 0, 1, \cdots, k \tag{13}$$

特别地

$$c_j^{(k)} = k! \ (x_{j+1} - x_i)_+^0$$

于是

$$\nabla c_j^{(k)} = c_j^{(k)} - c_{j-1}^{(k)} = k! \ \{(x_{j+1} - x_i)_+^0 - (x_j - x_i)_+^0\} =$$

$$k! \ \delta_{ij} = \begin{cases} 0, i \neq j \\ k!, i = j \end{cases}$$

根据定理 6 有

$$p_i^{(k)}(x_j + 0) - p_i^{(k)}(x_j - 0) = k! \ \delta_{ij} \tag{14}$$

可见 $p_i(x)$ 仅在结点 $x = x_i$ 处,其 k 阶导数有间断,因此 $p_i(x)$ 为分段 k 次多项式,并可表为下面形式

$$p_i(x) = (x - x_i)_+^k + q_k(x) \tag{15}$$

其中 $q_k(x)$ 为某 k 次多项式.

但由 $p_i(x)$ 的表达式(12)容易看出,由于

$$c_{i-k} = c_{i-k+1} = \cdots = c_{i-1} = 0$$

故

$$p_i(x) = c_i N_{k,i}(x) + c_{i+1} N_{k,i+1}(x) + \cdots +$$
$$c_{N-1} N_{k,N-1}(x) \tag{16}$$

再根据 δ — 样条函数的局部非零性质,当 $x \notin (x_j,$ $x_{j+k+1})$ 时,$N_{k,j}(x) \equiv 0$,则由(16)立即看出

$$p_i(x) \equiv 0, x \leqslant x_i \tag{17}$$

比较(15)和(17)便知

$$q_k(x) \equiv 0$$

从而

$$p_i(x) = (x - x_i)_+^k$$

至此定理证完.

定理 8 在定理 7 的同样假设下,如下三个样条函数系:

(基 I):$\{1, x, \cdots, x^k, (x - x_i)_+^k, i = 1, \cdots, N-1\}$;

(基 II):$\{(x - x_i)_+^k, i = -k, -k+1, \cdots, N-1)\}$;

(δ — 基):$\{N_{k,j}(x), j = -k, -k+1, \cdots, N-1\}$,

在$[a, b]$上是线性等价的,即基 I、基 II、δ — 基彼此可以线性表示,从而它们都是样条函数空间 $S_p(\Delta, k)$ 的基底.

证 关于用δ — 基线性表示基 II 的问题,已由定理 7 指出并得以证明. 反过来,通过基 II 线性表示δ — 基是比较容易的. 事实上,因为由 $N_{k,j}(x)$ 的定义知,它是

$$(x - x_j)_+^k, \cdots, (x - x_{j+k+1})_+^k$$

的线性组合,从而δ — 基的全体乃是

$$(x - x_j)_+^k, j = -k, \cdots, N-1, N, \cdots, N+k \tag{18}$$

的线性组合. 但限于 $[a,b]$ 上看, (18) 中对 $j=N,N+1,\cdots,N+k$ 时的 $(x-x_j)_+^k\equiv 0$. 因此 δ — 基是基 Ⅱ 的线性组合. 这样就证明了 δ — 基和基 Ⅱ 的线性等价性.

下面证明基 Ⅰ 和基 Ⅱ 的线性等价性, 在 $[a,b]$ 上, 注意基 Ⅱ 中当 $i=0,-1,-2,\cdots,-k$ 时

$$(x-x_i)_+^k=(x-x_i)^k \tag{19}$$

即 $(x-x_i)_+^k, i=0,-1,\cdots,-k$ 就是普通的多项式, 而它们与基 Ⅰ 中的

$$\{1,x,\cdots,x^k\}$$

显然是线性等价的; 基 Ⅰ 与基 Ⅱ 的其余部分则是完全相同的, 从而基 Ⅰ 与基 Ⅱ 的线性等价性得证. 至此定理全部证完.

上面定理 6、定理 7、定理 8 集中回答了一个问题, 这就是 δ — 基 $\{N_{k,j}(x),j=-k,\cdots,N-1\}$ 作为 $S_p(\Delta,k)$ 的一个基底. 这一事实是我们以后采用 δ — 基作为样条函数插值、磨光、拟合及最小二乘法的基函数系统的理论基础.

定理 9　在 $[a,b]$ 上, 有

$$(x-t)^k=\sum_{j=-k}^{N-1}(x_{j+1}-t)\cdots(x_{j+k}-t)N_{k,j}(x) \tag{20}$$

证　记 (20) 右边函数为 $p(x,t)$. 注意 δ — 基的局部非零性质, 当 $x\notin(x_j,x_{j+k+1})$ 时, $N_{k,j}(x)\equiv 0$. 所以, 在 $[a,b]$ 上, $p(x,t)$ 可以改写成下面扩展形式

$$p(x,t)=\sum_{j=-2k}^{N-1}c_jN_{k,j}(x) \tag{21}$$

其中

$$c_j = c_j(t) = (x_{j+1} - t) \cdots (x_{j+k} - t)$$

通过各阶差商的计算易知

$$c_j^{(k)} = k!$$

因此由定理 6，$p(x, t)$ 是 $[x_{-k}, x_N]$ 上的多项式（注意这里的 x_{-k} 相当于定理 6 中的区间左端点 a），当然也必然是 $[a, b]$ 上的多项式.

下面进一步证明，在 $[x_{-k}, x_N]$ 上，当 $i = -k, \cdots,$ $-1, 0$ 时

$$p(x, x_i) = (x - x_i)^k \qquad (22)$$

为此只需证明，当 $x \in [x_i, x_{i+1}]$ 时 (22) 成立. 事实上，注意到当 $j = i-1, \cdots, i-k$ 时，$c_j(x_i) = 0$. 因此当 $x \in [x_i, x_{i+1}]$ 时

$$p(x, x_i) = c_i N_{k,i}(x) =$$

$$(x_{i+1} - x_i) \cdots (x_{i+k} - x_i) \cdot$$

$$(x_{i+k+1} - x_i) \frac{(x - x_i)^k}{(x_{i+1} - x_i) \cdots (x_{i+k} - x_i)(x_{i+k+1} - x_i)} =$$

$$(x - x_i)^k$$

于是 (22) 得证.

再注意 $p(x, t)$ 是 t 的 k 次多项式，它由 $k+1$ 个函数值 $p(x, x_i)(i = -k, \cdots, -1, 0)$ 唯一决定，于是由 (22) 立即在 $[x_{-k}, x_N]$ 上得出结论，即

$$p(x, t) = (x - t)^k$$

自然在 $[x_0, x_N]$，即 $[a, b]$ 上有

$$p(x, t) = (x - t)^k$$

定理证完.

推论　在 $[a,b]$ 上,有

$$x^\mu = \sum_{i=-k}^{N-1} \xi_i^{(\mu)} N_{k,i}(x), \mu = 0, 1, \cdots, k \qquad (23)$$

其中

$$\xi_i^{(\mu)} = \mathrm{Sym}_\mu(x_{i+1}, \cdots, x_{i+k}) / \binom{k}{\mu} \qquad (24)$$

(24)右边符号的意义是

$$\mathrm{Sym}_0(x_{i+1}, \cdots, x_{i+k}) = 1$$

$$\xi_i^{(0)} = 1$$

当 $\mu \geqslant 1$ 时,$\mathrm{Sym}_\mu(x_{i+1}, \cdots, x_{i+k})$ 表示 $x_{i+1}, \cdots, x_{i+k}$ 的 μ 次初等对称函数,即

$$\mathrm{Sym}_\mu(x_{i+1}, \cdots, x_{i+k}) = \sum_{(v_1, \cdots, v_\mu)} x_{v_1} x_{v_2} \cdots x_{v_\mu} \qquad (25)$$

$v_1, v_2, \cdots, v_\mu$ 是从数组 $\{i+1, i+2, \cdots, i+k\}$ 中任取的 μ 个相异整数.(25)求和总项数为 $\binom{k}{\mu}$.

证　只需将(20)两边在 $t=0$ 处求 $k-\mu$ 阶导数即得推论结果,只要注意到

$$(x_{j+1} - t) \cdots (x_{j+k} - t) =$$

$$\sum_{\mu=0}^{k} (-1)^{k-\mu} \mathrm{Sym}_\mu(x_{i+1}, \cdots, x_{i+k}) t^{k-\mu}$$

$$(x - t)^k = \sum_{\mu=0}^{k} (-1)^{k-\mu} \binom{k}{\mu} x^k t^{k-\mu}$$

利用推论,对 $k=0, 1, 2, 3$ 具体给出 $\xi_i^{(\mu)}$ 的数值表如下(表4),注意 $\xi_i^{(\mu)}$ 是随 k 而变化的.

表 4 $\xi_i^{(\mu)}$ 的数值表

μ \ k	0	1	2	3
0	1	1	1	1
1		x_{i+1}	$(x_{i+1}+x_{i+2})/2$	$(x_{i+1}+x_{i+2}+x_{i+3})/3$
2			$x_{i+1}x_{i+2}$	$(x_{i+1}x_{i+2}+x_{i+2}x_{i+3}+x_{i+3}x_{i+1})/3$
3				$x_{i+1}x_{i+2}x_{i+3}$

第三编
δ－函数与插值

三次样条函数插值法

第7章

世界著名数学家 L. Bers 曾指出：

在教育未来的纯数学家和应用数学家时，我们所应该尝试的是使他们准备同他们的科学一起成长，给他们以对数学的连续变化的知觉以及发展他们对数学和其他科学的关系的理解.

7.1　五类插值问题

7.1.1　插值问题的提法

给定插值节点$\{x_i\}$

$$a = x_0 < x_1 < x_2 < \cdots < x_{N-1} < x_N = b$$

求区间$[a,b]$上的以 $x_1, x_2, \cdots, x_{N-1}$ 为其内部结点的三次样条函数 $S_3(x)$，满足下列五类插值条件中的任何一类：

问题 1 第一类边界插值条件问题.

要求 $S_3(x)$ 满足：

(1) 内点条件 $S_3(x_i) = y_i, i = 1, 2, \cdots, N-1$；

(2) 边界条件 —— 固支梁条件

$$S_3(x_0) = y_0$$

$$S'_3(x_0) = y'_0$$

$$S_3(x_N) = y_N$$

$$S'_3(x_N) = y'_N$$

问题 2 第二类边界插值条件问题.

要求 $S_3(x)$ 满足：

(1) 内点条件 $S_3(x_i) = y_i, i = 1, 2, \cdots, N-1$；

(2) 边界条件 —— 简支梁条件

$$S_3(x_0) = y_0$$

$$S''_3(x_0) = 0$$

$$S_3(x_N) = y_N$$

$$S''_3(x_N) = 0$$

问题 3 第三类边界插值条件问题.

要求 $S_3(x)$ 满足：

(1) 内点条件 $S_3(x_i) = y_i, i = 1, 2, \cdots, N-1$；

(2) 边界条件 —— 周期性条件

$$S_3(x_0) = y_0$$

$$S_3^{(\alpha)}(x_N) = S_3^{(\alpha)}(x_0), \alpha = 0, 1, 2$$

问题 4 第四类边界插值条件问题.

要求 $S_3(x)$ 满足：

(1) 内点条件 $S_3(x_i) = y_i, i = 1, 2, \cdots, N-1$；

(2) 边界条件 —— 悬臂梁条件

$$S_3(x_0) = y_0$$

$$S'_3(x_0) = y'_0$$

$$S''_3(x_N) = S'''_3(x_N - 0) = 0$$

这一条件是以图 1 所示的悬臂梁为背景得到的.

图 1

问题 5 第五类边界插值条件问题.

要求 $S_3(x)$ 满足:

(1) 内点条件 $S_3(x_i) = y_i, i = 1, 2, \cdots, N-1$;

(2) 边界条件——弹簧支撑梁条件

$$S''_3(x_0) = S''_3(x_N) = 0$$
$$S'''_3(x_0 + 0) = -K_a S_3(x_0)$$
$$S'''_3(x_N - 0) = K_b S_3(x_N)$$
$$K_a > 0, K_b > 0$$

这一条件是以图 2 所示的弹簧支撑的梁为背景得到的.

图 2

以上各问题中的 y_i, y'_0, y'_N 等都是给定的数据.

7.1.2 插值问题的唯一可解性

我们已经知道,以 $x_1, x_2, \cdots, x_{N-1}$ 为结点的三次样条函数的全体是

$$S_3(x) = \sum_{j=0}^{3} \alpha_j x^j / j! + \sum_{j=1}^{N-1} \beta_j (x - x_j)^3_+ / 3! \quad (1)$$

177

其中 α_j, β_j 一共有 $N+3$ 个任意常数. 上面叙述的五类问题就是要从函数类(1)中找出满足插值条件的三次样条函数.

注意到每一插值问题所加的插值条件都是 $N+3$ 个, 恰好与(1)中待定的参数 α_i, β_i 的总数相等, 因此从原则上说上述五个问题都归结为 $N+3$ 阶的线性代数方程组的求解问题. 由于线性代数方程组的系数矩阵因边界条件不同而不同, 所以为研究上述各问题的唯一可解性, 就要分析相应的矩阵是否奇异. 这是一种代数的方法. 下面我们采用的不是这种方法, 而是直接利用(1)所示的 $S_3(x)$ 为微分方程

$$S^{(4)}(x) = \sum_{j=1}^{N-1} \beta_j \delta(x - x_j) \qquad (2)$$

的解这一性质, 给出其解析的证明.

定理 1 上述插值问题 $1 \sim 5$ 每一个都是唯一可解的.

证 显然只需证明相应的齐问题只有恒等于零的解. 所谓齐问题, 是指上述插值条件中的 $y_i = 0$, $i = 0, \cdots, N, y'_0 = y'_N = 0$.

设形如(1)的函数 $S(x)$ 为齐问题 $1 \sim 5$ 的解, 根据前面分部积分法, 我们有

$$\int_a^b S(x) S^{(4)}(x) \mathrm{d}x = (S(x)S'''(x) - S'(x)S''(x)) \Big|_a^b +$$

$$\int_a^b (S''(x))^2 \mathrm{d}x \qquad (3)$$

由于 $S^{(4)}(x)$ 可表示为(2), 所以(3)的左边积分

$$\int_a^b S(x) S^{(4)}(x) \mathrm{d}x = \sum_{j=1}^{N-1} \beta_j S(x_j) = 0$$

这后一等式利用了内点的齐插值条件. 又根据齐插值

边界条件,对问题 $1\sim4$ 都有

$$(S(x)S'''(x)-S'(x)S''(x))\Big|_a^b=0$$

而对问题 5 则有

$$(S(x)S'''(x)-S'(x)S''(x))\Big|_a^b=$$

$$K_bS(b)^2+K_aS(a)^2\geqslant0$$

总之,对于问题 $1\sim5$ 中任何一个都有

$$\int_a^b(S''(x))^2\mathrm{d}x\leqslant0\tag{4}$$

而 $S''(x)$ 为连续函数,于是由(4)得

$$S''(x)=\alpha_2+\alpha_3x+\sum_{j=1}^{N-1}\beta_j(x-x_j)_+\equiv$$

$$0,x\in[a,b]$$

再根据函数系 $\{1,x,(x-x_1)_+,\cdots,(x-x_{N-1})_+\}$ 在区间 $[a,b]$ 上的线性无关性推得

$$\alpha_2=\alpha_3=\beta_1=\cdots=\beta_{N-1}=0$$

从而

$$S(x)=\alpha_0+\alpha_1x$$

再次利用齐插值边界条件,对问题 $1\sim4$,显然有

$$\alpha_0=\alpha_1=0$$

于是

$$S(x)\equiv0,x\in[a,b]$$

对问题 5,也有

$$0=S'''(x_0+0)=-K_aS(x_0)$$

$$0=S'''(x_N-0)=K_bS(x_N)$$

由于假设 $K_a>0,K_b>0$,故

$$S(x_0)=S(x_N)=0$$

从而

$$S(x) \equiv 0, x \in [a, b]$$

至此定理 1 证完.

7.2 δ — 基函数插值法

7.2.1 "三弯矩法"与"三转角法"

我们在讨论 δ — 基函数插值法之前,先来介绍一下通常采用的"三弯矩法"和"三转角法". 前者是把结点 x_j 处待求函数 $S(x)$ 的二阶导数 $S''(x_j) = M_j$ 作为基本未知量,后者则以一阶导数 $S'(x_j) = m_j$ 作为基本未知量. 在力学上,M_j 与 m_j 可以分别解释为细梁在 x_j 截面处的弯矩和转角,并且只有相邻两截面的弯矩与转角有关,因此可以分别称之为三弯矩法和三转角法.

由于 $S(x)$ 在 $[x_{j-1}, x_j]$ 上是三次多项式,在端点取值

$$S(x_{j-1}) = y_{j-1}, S(x_j) = y_j \tag{1}$$

如果求得了

$$M_{j-1} = S''(x_{j-1})$$
$$M_j = S''(x_j)$$

那么 $[x_{j-1}, x_j]$ 上的三次多项式便唯一确定下来了. 事实上,由于

$$S''(x) = M_{j-1} \frac{x_j - x}{h_j} + M_j \frac{x - x_{j-1}}{h_j} \tag{2}$$

其中

$$h_j = x_j - x_{j-1}$$

对(2)积分两次,并利用(1)确定积分常数,于是在 $[x_{j-1}, x_j]$ 上 $S(x)$ 及 $S'(x)$ 可以通过 M_{j-1}, M_j 表示

出来

$$S(x) = M_{j-1} \frac{(x_j - x)^3}{6h_j} + M_j \frac{(x - x_{j-1})^3}{6h_j} +$$

$$\left(y_{j-1} - \frac{M_{j-1}}{6} h_j^2 \right) \frac{x_j - x}{h_j} +$$

$$\left(y_j - \frac{M_j}{6} h_j^2 \right) \frac{x - x_{j-1}}{h_j} \qquad (3)$$

$$S'(x) = -M_{j-1} \frac{(x_j - x)^2}{2h_j} + M_j \frac{(x - x_{j-1})^2}{2h_j} +$$

$$\frac{y_j - y_{j-1}}{h_j} - \frac{M_j - M_{j-1}}{6} h_j \qquad (4)$$

再利用一阶导数的连续性

$$S'(x_j - 0) = S'(x_j + 0) \qquad (5)$$

则得

$$\mu_j M_{j-1} + 2M_j + \lambda_j M_{j+1} = d_j \qquad (6)$$

其中

$$\lambda_j = \frac{h_{j+1}}{h_j + h_{j+1}}, \mu_j = 1 - \lambda_j$$

$$d_j = 6 \frac{\dfrac{y_{j+1} - y_j}{h_{j+1}} - \dfrac{y_j - y_{j-1}}{h_j}}{h_j + h_{j+1}}$$

$$j = 1, 2, \cdots, N - 1$$

（6）是 M_{j-1}, M_j, M_{j+1} 的关系式. 用类似的办法也可以得到 m_{j-1}, m_j, m_{j+1} 之间的关系式，这只要在 $[x_{j-1}, x_j]$ 上把 $S(x)$ 用 m_{j-1} 与 m_j 表示成

$$S(x) = m_{j-1} \frac{(x_j - x)^2 (x - x_{j-1})}{h_j^2} -$$

$$m_j \frac{(x - x_{j-1})^2 (x_j - x)}{h_j^2} +$$

$$y_{j-1} \frac{(x_j - x)^2 (2(x - x_{j-1}) + h_j)}{h_j^3} +$$

$$y_j \frac{(x-x_{j-1})^2(2(x_j-x)+h_j)}{h_j^3} \quad (7)$$

接着对(7)两边求一、二阶导数,再根据二阶导数的连续性,得到

$$\lambda_j m_{j-1} + 2m_j + \mu_j m_{j+1} = 3\Big(\lambda_j \frac{y_j-y_{j-1}}{h_j} + \mu_j \frac{y_{j+1}-y_j}{h_{j+1}}\Big)$$

$$(8)$$

其中 λ_j,μ_j 的意义同前,$j=1,2,\cdots,N-1$.

假若考虑到五类插值问题相应的边界条件,那么它们分别与(6)或(8)合在一起,即得关于 M_0,$M_1,\cdots,M_N$ 或 $m_0,m_1,\cdots,m_N$ 的线性代数方程组,求解它,再代回(3)或(7),就得到各区间 $[x_{j-1},x_j]$($j=1$,$2,\cdots,N$)上的表达式.

7.2.2 δ—基函数插值法

下面的函数组构成 $[a,b]$ 上以 $x_1,x_2,\cdots,x_{N-1}$ 为结点的三次样条函数空间 $S_p(\Delta,3)$ 的基底

$$\varphi_j(x) = \begin{cases} \Omega_3\Big(\dfrac{x-x_j}{h}\Big) = \Omega_3\Big(\dfrac{x-x_0}{h}-j\Big) \\ (\text{等距结点}) \\ N_{3,j-2}(x) = (x_{j+2}-x_{j-2})G_{3,j-2}(x) \\ (\text{非等距结点}) \\ j=-1,0,\cdots,N+1 \end{cases}$$

并称之为 δ—样条基函数系统,简称为 δ—基.利用 δ—基,任何以 $x_1,x_2,\cdots,x_{N-1}$ 为结点的三次样条函数皆可表为

$$S(x) = \sum_{j=-1}^{N+1} C_j \varphi_j(x) \quad (9)$$

对 7.1 节的五类插值问题中的每一种,都可以利

用内点条件和边界条件,通过 $\varphi_j(x)$ 及其导数的计算,得到如下 $N+3$ 阶的线性代数方程组

$$AC = F \tag{10}$$

其中 $A = (a_{ij})$,$i,j = -1,0,1,\cdots,N+1$;$C = (c_{-1},c_0,c_1,\cdots,c_{N+1})^{\mathrm{T}}$;$F$ 是由给定插值数据组成的 $N+3$ 维列向量.

系数矩阵 A,不论结点是否等距分布,除问题 3 以外,其他每个问题都呈下面带状结构

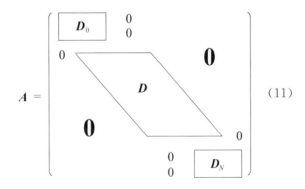

$$\tag{11}$$

其中每行的非零元素最多有三个.除首尾各两行的元素因每一问题边界条件的不同而有变化以外,中间 $N-1$ 行的元素由于内点条件相同而对各问题取值都是一样的.

D 为 $N-1$ 行、$N+1$ 列矩阵中的三对角非零带,其中元素 $a_{ij} = \varphi_j(x_i)$.考虑到 $\varphi_j(x)$ 的局部非零性质,写为下面形式更方便一些

$$a_{ij} = \begin{cases} \varphi_j(x_i), & |i-j| \leqslant 1 \\ 0, & |i-j| > 1 \end{cases}$$

$$i = 1,2,\cdots,N-1;\ j = 0,1,\cdots,N$$

当结点为等距分布时,有

183

$$D = \begin{pmatrix} \dfrac{1}{6} & \dfrac{2}{3} & \dfrac{1}{6} & & & & \\ & \dfrac{1}{6} & \dfrac{2}{3} & \dfrac{1}{6} & & \mathbf{0} & \\ & & \ddots & \ddots & \ddots & & \\ & \mathbf{0} & & \ddots & \ddots & \ddots & \\ & & & & \dfrac{1}{6} & \dfrac{2}{3} & \dfrac{1}{6} \end{pmatrix}$$

下面给出 $\boldsymbol{D}_0$ 及 $\boldsymbol{D}_N$ 中元素的具体表达式. 我们约定凡带导数边界条件的,将等式两边同乘以相应的步长因子,这样可以使系数矩阵各元素具有相同的量纲.

$$\boldsymbol{D}_0 = \begin{pmatrix} a_{-1,-1} & a_{-1,0} & a_{-1,1} & 0 & \cdots & 0 \\ a_{0,-1} & a_{0,0} & a_{0,1} & 0 & \cdots & 0 \end{pmatrix}$$

$$\boldsymbol{D}_N = \begin{pmatrix} 0 & \cdots & 0 & a_{N,N-1} & a_{N,N} & a_{N,N+1} \\ 0 & \cdots & 0 & a_{N+1,N-1} & a_{N+1,N} & a_{N+1,N+1} \end{pmatrix}$$

对问题 1

$$\begin{cases} a_{-1,j} = h_0 \varphi'_j(x_0), a_{0,j} = \varphi_j(x_0), \\ j = -1, 0, 1 \\ a_{N+1,j} = h_N \varphi'_j(x_N), a_{N,j} = \varphi_j(x_N), \\ j = N-1, N, N+1 \\ \boldsymbol{F} = (h_0 y'_0, y_0, y_1, \cdots, y_N, h_N y'_N)^{\mathrm{T}} \end{cases} \quad (12)$$

对问题 2

$$\begin{cases} a_{-1,j} = h_0^2 \varphi''_j(x_0), a_{0,j} = \varphi_j(x_0), \\ j = -1, 0, 1 \\ a_{N+1,j} = h_N^2 \varphi''_j(x_N), a_{N,j} = \varphi_j(x_N), \\ j = N-1, N, N+1 \\ \boldsymbol{F} = (h_0^2 y''_0, y_0, y_1, \cdots, y_N, h_N^2 y''_N)^{\mathrm{T}} \end{cases} \quad (13)$$

对问题 4

$$\begin{cases} a_{-1,j} = h_0 \varphi'_j(x_0), a_{0,j} = \varphi_j(x_0), \\ j = -1,0,1 \\ a_{N+1,j} = h_N^3 \varphi'''_j(x_N - 0), a_{N,j} = h_N^2 \varphi''_j(x_N) \quad (14) \\ j = N-1, N, N+1 \\ \boldsymbol{F} = (h_0 y'_0, y_0, y_1, \cdots, y_{N-1}, 0, 0)^{\mathrm{T}} \end{cases}$$

对问题 5

$$\begin{cases} a_{-1,j} = h_0^2 \varphi''_j(x_0), a_{0,j} = h_0^3 \{\varphi'''_j(x_0+0) + K_a \varphi_j(x_0)\}, \\ j = -1,0,1 \\ a_{N+1,j} = h_N^3 \{\varphi'''_j(x_N-0) - K_b \varphi_j(x_N)\}, a_{N,j} = h_N^2 \varphi''_j(x_N), \\ j = N-1, N, N+1 \\ \boldsymbol{F} = (0,0,y_1,\cdots,y_{N-1},0,0)^{\mathrm{T}} \end{cases}$$

$$(15)$$

对问题 3，情况有所不同，这时系数矩阵 $\boldsymbol{A}$ 呈下面形式

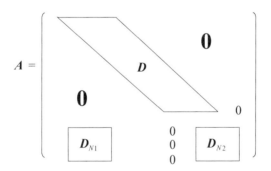

矩阵 $\boldsymbol{D}$ 中元素为

$$a_{i,j} = \begin{cases} \varphi_{j-1}(x_i), & |i-j| \leqslant 1 \\ 0, & |i-j| > 1 \end{cases} \quad (16)$$

$$i = -1,0,\cdots,N-2; j = -1,0,\cdots,N$$

$$\boldsymbol{D}_{N1} = \begin{pmatrix} a_{N-1,-1} & a_{N-1,0} & a_{N-1,1} \\ a_{N,-1} & a_{N,0} & a_{N,1} \\ a_{N+1,-1} & a_{N+1,0} & a_{N+1,1} \end{pmatrix}$$

$$\boldsymbol{D}_{N2} = \begin{pmatrix} a_{N-1,N-1} & a_{N-1,N} & a_{N-1,N+1} \\ a_{N,N-1} & a_{N,N} & a_{N,N+1} \\ a_{N+1,N-1} & a_{N+1,N} & a_{N+1,N+1} \end{pmatrix}$$

其中

$$a_{N-1,j} = \begin{cases} \varphi_j(x_0), & j = -1,0,1 \\ \varphi_j(x_N), & j = N-1,N,N+1 \end{cases} \tag{17}$$

$$a_{N,j} = \begin{cases} h_0 \varphi'_j(x_0), & j = -1,0,1 \\ h_N \varphi'_j(x_N), & j = N-1,N,N+1 \end{cases} \tag{18}$$

$$a_{N+1,j} = \begin{cases} h_0^2 \varphi''_j(x_0), & j = -1,0,1 \\ h_N^2 \varphi''_j(x_N), & j = N-1,N,N+1 \end{cases} \tag{19}$$

$$\boldsymbol{F} = (y_0, y_1, \cdots, y_{N-1}, 0, 0, 0)^{\mathrm{T}} \tag{20}$$

当结点分布为等距的时候，利用 $\varphi_j(x) = \Omega_3\left(\dfrac{x-x_j}{h}\right)$ 的计算公式容易写出五类插值问题相应的系数矩阵.

问题 1 利用首末两方程，消去 c_{-1}, c_{N+1} 则得到关于 $c_0, \cdots, c_N$ 的三对角带状方程组，系数矩阵为

$$\widetilde{\boldsymbol{A}} = \begin{pmatrix} \dfrac{2}{3} & \dfrac{1}{3} & 0 & & & \\ \dfrac{1}{6} & \dfrac{2}{3} & \dfrac{1}{6} & & \boldsymbol{0} & \\ & & \ddots & \ddots & \ddots & \\ & \boldsymbol{0} & & \ddots & \ddots & \ddots \\ & & & \dfrac{1}{6} & \dfrac{2}{3} & \dfrac{1}{6} \\ & & & 0 & \dfrac{1}{3} & \dfrac{2}{3} \end{pmatrix}$$

问题 2　关于 $c_0, \cdots, c_N$ 的系数矩阵为

$$\widetilde{A} = \begin{pmatrix} 1 & 0 & & & & & \\ \frac{1}{6} & \frac{2}{3} & \frac{1}{6} & & & \mathbf{0} & \\ & & \ddots & \ddots & \ddots & & \\ & \mathbf{0} & & \ddots & \ddots & \ddots & \\ & & & & \frac{1}{6} & \frac{2}{3} & \frac{1}{6} \\ & & & & & 0 & 1 \end{pmatrix}$$

问题 3　由周期性条件可以推出 $c_0 = c_N, c_1 = c_{N+1}, c_{-1} = c_{N-1}$，因此，只需列出关于 $c_1, \cdots, c_N$ 的方程组，其系数矩阵为

$$A = \begin{pmatrix} \frac{2}{3} & \frac{1}{6} & 0 & \cdots & \cdots & 0 & \frac{1}{6} \\ \frac{1}{6} & \frac{2}{3} & \frac{1}{6} & & & & \\ & \ddots & \ddots & \ddots & & \mathbf{0} & \\ & & \ddots & \ddots & \ddots & & \\ & & & \ddots & \ddots & \ddots & \\ & \mathbf{0} & & & \frac{1}{6} & \frac{2}{3} & \frac{1}{6} \\ \frac{1}{6} & 0 & 0 & \cdots & 0 & \frac{1}{6} & \frac{2}{3} \end{pmatrix}$$

187

问题 **4**

$$A = \begin{pmatrix} -\dfrac{1}{2} & 0 & \dfrac{1}{2} & 0 & & & & \\ \dfrac{1}{6} & \dfrac{2}{3} & \dfrac{1}{6} & 0 & & \mathbf{0} & & \\ 0 & \dfrac{1}{6} & \dfrac{2}{3} & \dfrac{1}{6} & & & & \\ & \ddots & \ddots & \ddots & & & & \\ & & \ddots & \ddots & \ddots & & & \\ & & & \ddots & \ddots & \ddots & & \\ & \mathbf{0} & & & \dfrac{1}{6} & \dfrac{2}{3} & \dfrac{1}{6} & 0 \\ & & & & 0 & 1 & -2 & 1 \\ & & & & -1 & 3 & -3 & 1 \end{pmatrix}$$

问题 **5**

$$A = \begin{pmatrix} 1 & -2 & 1 & 0 & & & & \\ -1+\dfrac{K_a}{6} & 3+\dfrac{2K_a}{3} & -1+\dfrac{K_a}{6} & 0 & & \mathbf{0} & & \\ 0 & \dfrac{1}{6} & \dfrac{2}{3} & \dfrac{1}{6} & & & & \\ & \ddots & \ddots & \ddots & & & & \\ & & \ddots & \ddots & \ddots & & & \\ & \mathbf{0} & & & \dfrac{1}{6} & \dfrac{2}{3} & \dfrac{1}{6} & 0 \\ & & & & 0 & 1 & -2 & 1 \\ & & & & -1 & 3-\dfrac{K_b}{6} & -3-\dfrac{2K_b}{3} & 1-\dfrac{K_b}{6} \end{pmatrix}$$

对线性代数方程组 $AC = F$,只要事先利用第二行及第 $N+2$ 行分别将相应的矩阵中的元素 $a_{-1,1}$ 及 $a_{N+1,N-1}$ 消为零,便可以采用三对角带状追赶法求解.

下面我们将指出这里的 δ — 基函数法与"三弯矩法"和"三转角法"的区别与联系.

对式(9)两端求一次和二次导数,再利用分部求和法得

$$S'(x) = \sum_{j=-1}^{N+1} c_j \overline{\Delta} \Omega_2 \left(\frac{x - x_j}{h} \right) / h =$$

$$\sum_{j=-\frac{1}{2}}^{N+\frac{1}{2}} \overline{\Delta} c_j \Omega_2 \left(\frac{x - x_j}{h} \right) / h$$

$$S''(x) = \sum_{j=0}^{N} \overline{\Delta}^2 c_j \Omega_1 \left(\frac{x - x_j}{h} \right) / h^2$$

其中 $\overline{\Delta} c_j = c_{j+\frac{1}{2}} - c_{j-\frac{1}{2}}$,由此可见

$$m_i = S'(x_i) = \frac{\overline{\Delta}}{2h} (c_{i-\frac{1}{2}} + c_{i+\frac{1}{2}}) =$$

$$\frac{1}{2h} (c_{i+1} - c_{i-1})$$

$$M_i = S''(x_i) = \frac{1}{h^2} (c_{i+1} - 2c_i + c_{i-1})$$

若对式(9)代入插值条件

$$y_i = S(x_i) = \sum_{j=-1}^{N+1} c_j \Omega_3 \left(\frac{x_i - x_j}{h} \right) =$$

$$\sum_{j=-1}^{N+1} c_j \Omega_3 (i - j)$$

两端关于 i 作一阶差分与二阶差分,则得

$$\frac{\overline{\Delta}}{2h} (y_{i-\frac{1}{2}} + y_{i+\frac{1}{2}}) = \sum_{j=0}^{N} \frac{\overline{\Delta}}{2h} (c_{i-\frac{1}{2}} + c_{i+\frac{1}{2}}) \Omega_3 (i - j)$$

$$i = 1, 2, \cdots, N-1$$

及

$$\frac{\overline{\Delta}^2 y_i}{h^2} = \sum_{j=0}^{N} \frac{\overline{\Delta}^2 c_j}{h^2} \Omega_3 (i - j)$$

$$i = 1, 2, \cdots, N-1$$

将

$$m_i = \frac{\overline{\Delta}}{2h}(c_{i-\frac{1}{2}} + c_{i+\frac{1}{2}}) = \frac{1}{2h}(c_{i+1} - c_{i-1})$$

和

$$M_i = \frac{\overline{\Delta}^2 c_i}{h^2}$$

作基本未知量,那么就导出三转角方程

$$\frac{1}{6}m_{i-1} + \frac{2}{3}m_i + \frac{1}{6}m_{i+1} = \frac{1}{2h}(y_{i+1} - y_{i-1})$$

$$i = 1, 2, \cdots, N-1$$

和三弯矩方程

$$\frac{1}{6}M_{i-1} + \frac{2}{3}M_i + \frac{1}{6}M_{i+1} = \frac{\overline{\Delta}^2 y_i}{h^2}$$

$$i = 1, 2, \cdots, N-1$$

由此看来,三转角法或三弯矩法是在求得 m_i 或 M_i 之后,再作积分求得 $S(x)$;而用 δ — 基函数法则相反,先求出 c_i 从而得到写法上统一的表达式 $S(x)$,然后可以通过求导数得出 m_i 或 M_i. 这种 δ — 基函数法在计算上显得统一灵活,且容易推广到高次样条函数插值上去.

7.3 基样条函数插值法

前面我们讨论了二次基样条函数插值问题. 本节,将针对三次样条函数做类似的讨论.

7.3.1 三次基样条函数的形成

将三次基样条函数表示为

$$L_0(x) = \sum_{j=-\infty}^{\infty} c_j \varphi_j(x) \tag{1}$$

其中 $\varphi_j(x) = \Omega_3(x-j)$，希望求出 c_j，使满足

$$L_0(i) = \delta_{0i} = \begin{cases} 1, i = 0 \\ 0, i \neq 0 \end{cases}$$

i 为整数.

根据要求，容易得到 c_j 满足的差分方程式

$$\frac{1}{6}c_{i+1} + \frac{2}{3}c_i + \frac{1}{6}c_{i-1} = \delta_{0i} \tag{2}$$

我们求出特征方程

$$\lambda^2 + 4\lambda + 1 = 0 \tag{3}$$

的两个特征根为

$$\lambda_1 = \frac{1}{\lambda_2} = -2 + \sqrt{3} \tag{4}$$

从而

$$c_j = \alpha_1 \lambda_1^j + \alpha_2 \lambda_2^j \tag{5}$$

要求当 $|j| \to \infty$ 时 $c_j \to 0$，即 c_j 为衰减的，得

$$c_j = \alpha_1 \lambda_1^j, j \geqslant 0 \tag{6}$$

由(1)，欲使 $L_0(x)$ 为偶函数，则有 $c_{-j} = c_j$. 又据 $j = 0$ 时的差分方程

$$\frac{2}{3}c_0 + \frac{1}{6}(c_1 + c_{-1}) = \frac{2}{3}c_0 + \frac{1}{3}c_1 = 1$$

得

$$\left(\frac{2}{3} + \frac{1}{3}\lambda_1\right)\alpha_1 = 1$$

因而 $\alpha_1 = \sqrt{3}$，于是

$$c_j = c_{-j} = \sqrt{3}(-2 + \sqrt{3})^j, j \geqslant 0 \tag{7}$$

一般说来

$$L_i(x) = \sum_{j=-\infty}^{\infty} c_j \varphi_j(x-i) = \sum_{j=-\infty}^{\infty} c_j \Omega_3(x-i-j) \tag{8}$$

对结点距离为 h 的情形，只需令

$$\varphi_j(x) = \Omega_3\left(\frac{x - x_j}{h}\right)$$

$L_0(x)$ 的图形如图 3 所示.

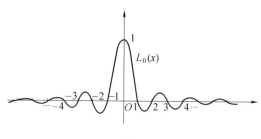

图 3

7.3.2 五类插值问题的求解

问题 1 令插值函数为

$$S_3(x) = \sum_{i=-1}^{N+1} y_i L_i(x), x_0 = a \leqslant x \leqslant b = x_N \quad (9)$$

将边界条件

$$S'_3(x_0) = y'_0$$

$$S'_3(x_N) = y'_N$$

代入插值函数表达式,得

$$S'_3(x_0) = \sum_{i=-1}^{N+1} y_i L'_i(x_0) = y'_0$$

$$S'_3(x_N) = \sum_{i=-1}^{N+1} y_i L'_i(x_N) = y'_N$$

从而得到关于 y_{-1} 和 y_{N+1} 的方程组. 我们得

$$y_{-1} = \frac{\sigma_0 + \lambda^N \sigma_N}{1 - \lambda^{2N}}, y_{N+1} = \frac{\sigma_N + \lambda^N \sigma_0}{1 - \lambda^{2N}} \quad (10)$$

其中

$$\sigma_0 = \sum_{i=1}^{N} y_i \lambda^{i-1} - \frac{2hy'_0}{c_0(1 - \lambda^2)}$$

$$\sigma_n = \sum_{i=0}^{N-1} y_i \lambda^{N-i-1} + \frac{2hy'_N}{c_0(1-\lambda^2)} \qquad (11)$$

(10)(11) 中的

$$c_0 = \sqrt{3}$$

$$\lambda = -2 + \sqrt{3} \approx 0.267\ 95$$

以(10)的 y_{-1} 和 y_{N+1} 连同给定的 $y_0,\cdots,y_N$ 代入(9)即得插值函数 $S_3(x), x \in [a,b]$.

问题 2 插值函数仍取(9)的形式,利用边界条件

$$S''_3(x_0) = S''_3(x_N) = 0$$

得到关于 y_{-1}, y_{N+1} 的方程组

$$y_{-1}(c_2 - 2c_1 + c_0) + \sum_{i=0}^{N}(c_{i-1} - 2c_i + c_{i+1})y_i +$$

$$y_{N+1}(c_N - 2c_{N+1} + c_{N+2}) = 0$$

$$y_{-1}(c_{N+2} - 2c_{N+1} + c_N) +$$

$$\sum_{i=0}^{N}(c_{N-i+1} - 2c_{N-i} + c_{N-i-1})y_i +$$

$$y_{N+1}(c_0 - 2c_{-1} + c_{-2}) = 0$$

又根据(2),上述方程组简化为

$$c_1 y_{-1} + c_{N+1} y_{N+1} = -\frac{2c_0 - 1}{2} y_0 - \sum_{i=1}^{N} c_i y_i$$

$$c_{N+1} y_{-1} + c_1 y_{N+1} = -\frac{2c_0 - 1}{2} y_N - \sum_{i=0}^{N-1} c_{N-i} y_i$$

再由(6)(7)得

$$y_{-1} = \frac{\tilde{\sigma}_0 - \lambda^N \sigma_N}{1 - \lambda^{2N}}$$

$$y_{N+1} = \frac{\tilde{\sigma}_N - \lambda^N \sigma_0}{1 - \lambda^{2N}} \qquad (12)$$

其中

$$\lambda = -2 + \sqrt{3}$$

及

$$\tilde{\sigma}_0 = \left(1 - \frac{3}{2\lambda}\right)y_0 - \sum_{i=1}^{N} \lambda^{i-1} y_i$$

$$\tilde{\sigma}_N = \left(1 - \frac{3}{2\lambda}\right)y_N - \sum_{i=0}^{N-1} \lambda^{N-i-1} y_i \tag{13}$$

问题 3　利用边界条件 $S'_3(x_0) = S'_3(x_N)$ 及 $S''_3(x_0) = S''_3(x_N)$，并令 $y_N = y_0$ 及

$$\hat{\sigma}_0 = \sum_{i=1}^{N} \lambda^{i-1} y_i - \frac{1}{\lambda} y_0$$

$$\hat{\sigma}_N = \sum_{i=0}^{N-1} \lambda^{N-i-1} y_i - \frac{1}{\lambda} y_N \tag{14}$$

得

$$y_{-1} = \frac{\tilde{\sigma}_0 + \hat{\sigma}_0 - \tilde{\sigma}_N + \hat{\sigma}_N}{2(1 - \lambda^N)}$$

$$y_{N+1} = \frac{\tilde{\sigma}_N + \hat{\sigma}_N - \tilde{\sigma}_0 + \hat{\sigma}_0}{2(1 - \lambda^N)} \tag{15}$$

这里的 $\tilde{\sigma}_0$ 及 $\tilde{\sigma}_N$ 由(13)给出

问题 4　在形如(9)的表达式中，要求用边界条件定出 y_{-1}, y_N, y_{N+1}.

问题 5　在形如(9)的表达式中，要求用边界条件定出 $y_{-1}, y_0, y_N, y_{N+1}$.

采取的方法与求解问题 $1 \sim 3$ 是类似的，只是写起来复杂一些，在此不作开列.

上面计算中，为确定 y_{-1} 和 y_{N+1}，需采用(10) — (11)，(12) — (13)，(14) — (15)等公式. 从实用的角度看，利用下面的近似处理是更为简洁的. 从近似等式

$$y'_0 = S'_3(x_0) \approx \frac{y_1 - y_{-1}}{2h}$$

$$y'_N = S'_3(x_N) \approx \frac{y_{N+1} - y_{N-1}}{2h}$$

$$y''_{0} = S''_{3}(x_{0}) \approx \frac{y_{1} - 2y_{0} + y_{-1}}{h^{2}}$$

$$y''_{N} = S''_{3}(x_{N}) \approx \frac{y_{N+1} - 2y_{N} + y_{N-1}}{h^{2}}$$

$$\vdots$$

定出 y_{-1}, y_{N+1},等等,在一般情况下,具有足够的精度.

7.3.3　四次与五次基样条函数

在此顺便指出,与二次和三次样条函数的情形类似,我们也可以造出四次和五次的基样条函数,而四次样条函数又可以按结点分布的不同造出两种基样条函数.

例如对五次的情形,基样条函数的形成过程及结果如下:

(1) 令五次基样条函数为

$$L_{0}(x) = \sum_{j=-\infty}^{\infty} c_{j}\varphi_{j}(x) \qquad (16)$$

其中

$$\varphi_{j}(x) = \Omega_{5}\left(\frac{x - x_{0}}{h} - j\right)$$

按基样条函数的要求得到关于 c_{j} 的差分方程

$$c_{j+2} + 26c_{j+1} + 66c_{j} + 26c_{j-1} + c_{j-2} = \delta_{0j} \qquad (17)$$

(2) 给出(17)的特征方程和它的特征根

$$\lambda_{1} = \frac{a + \sqrt{a^{2} - 4}}{2}$$

$$\lambda_{2} = \frac{a - \sqrt{a^{2} - 4}}{2}$$

$$\lambda_{3} = \frac{b + \sqrt{b^{2} - 4}}{2}$$

$$\lambda_4 = \frac{b - \sqrt{b^2 - 4}}{2} \tag{18}$$

其中

$$a = -13 + \sqrt{105}$$
$$b = -13 - \sqrt{105}$$

容易算出

$$\lambda_1 = \frac{1}{\lambda_2} \approx -0.430\,5$$

$$\lambda_3 = \frac{1}{\lambda_4} \approx -0.043\,1 \tag{19}$$

（3）由衰减条件，当 $|j| \to \infty$ 时 $c_j \to 0$ 及由对称条件 $c_j = c_{-j}$，$L_0(0) = 1$ 得到

$$c_j = \alpha_1 \lambda_1^j + \alpha_3 \lambda_3^j, \quad j \geqslant 0 \tag{20}$$

其中

$$\alpha_1 = \frac{1}{(a - b)\sqrt{a^2 - 4}}$$

$$\alpha_3 = \frac{1}{(b - a)\sqrt{b^2 - 4}} \tag{21}$$

对四次样条的讨论类似以上过程. 这时（16）中的

$$\varphi_j(x) = \Omega_4\left(\frac{x - x_0}{h} - j\right)$$

相应地得到关于 c_j 的差分方程

$$c_{j+2} + 76c_{j+1} + 230c_j + 76c_{j-1} + c_{j-2} = \delta_{0j} \tag{22}$$

相应于（18）中的

$$\begin{cases} a = -38 + 8\sqrt{19} \\ b = -38 - 8\sqrt{19} \end{cases} \tag{23}$$

因而容易算出

$$\lambda_1 = \frac{1}{\lambda_2} \approx -0.361\,5$$

196

$$\lambda_3 = \frac{1}{\lambda_4} \approx -0.013\,7 \qquad (24)$$

α_1 与 α_3 的表达式仍与(21)相同,只不过 a 与 b 的数值由(23)提供.

7.4　三次样条函数的基本性质

我们已知知道,三次样条函数是广义微分方程

$$S^{(4)}(x) = q(x) = \sum_{i=1}^{N-1} \beta_i \delta(x - x_i), a \leqslant x \leqslant b \ (1)$$

的解. 但是我们注意(1) 乃是如下泛函

$$J(S) = \frac{1}{2} \int_a^b \{(S'')^2 - 2qS\} \mathrm{d}x \qquad (2)$$

的欧拉方程,因此插值问题的解就是使泛函(2)达到极小的函数. 由于 $S(x_i) = y_i, i = 1, 2, \cdots, N-1$,于是

$$J(S) = \frac{1}{2} \int_a^b (S'')^2 \mathrm{d}x - \sum_{i=1}^{N-1} \beta_i S(x_i) =$$

$$\frac{1}{2} \int_a^b (S'')^2 \mathrm{d}x - \sum_{i=1}^{N-1} \beta_i y_i$$

这样一来,求泛函 $J(S)$ 的极小问题便等价于求

$$\int_a^b (S'')^2 \mathrm{d}x$$

的极小问题. 这就很自然地导出下面的极值定理.

定理 2(第一积分关系)　设 $f(x) \in C^2[a,b]$ 为问题 $1 \sim 5$ 的任一解,$S(f;x)$ 为其三次样条函数解,则对问题 $1 \sim 4$,有

$$\int_a^b (f'')^2 \mathrm{d}x = \int_a^b (S''(f;x))^2 \mathrm{d}x +$$

$$\int_a^b (f'' - S''(f;x))^2 \mathrm{d}x \qquad (3)$$

对问题 5，有

$$\int_a^b (f'')^2 \mathrm{d}x + K_a f(a)^2 + K_b f(b)^2 \geqslant$$

$$\int_a^b (S''(f;x))^2 \mathrm{d}x + \int_a^b (f - S(f;x))^2 \mathrm{d}x +$$

$$K_a S(f;a)^2 + K_b S(f;b)^2 \qquad (4)$$

证 令 $g = f - S(f;x)$，则 g 为问题 $1 \sim 5$ 的相应的齐插值问题的解，于是

$$\int_a^b (f'')^2 \mathrm{d}x = \int_a^b (S''(f;x))^2 \mathrm{d}x + \int_a^b (g'')^2 \mathrm{d}x +$$

$$2\int_a^b S''g'' \mathrm{d}x$$

而通过分部积分法，有

$$\int_a^b S''g'' \mathrm{d}x = (S''g' - S'''g) \Big|_a^b +$$

$$\int_a^b S^{(4)}(f;x)g(x)\mathrm{d}x$$

由于 g 是齐问题的解，于是

$$\int_a^b S^{(4)}(f;x)g(x)\mathrm{d}x = \sum_{i=1}^{N-1} \beta_i g(x_i) = 0$$

$$(S''(f;x)g'(x) - S'''(f;x)g(x)) \Big|_a^b \cdot$$

$$\begin{cases} = 0, \text{对问题 } 1 \sim 4 \\ \geqslant \dfrac{1}{2}\{-K_a f(a)^2 - K_b f(b)^2 + K_a S(f;a)^2 + K_b S(f;b)^2\}, \\ \text{对问题 } 5 \end{cases}$$

这就证明了定理 2.

定理 3(第二积分关系) 设 $f(x) \in c^2[a,b]$ 为任给的被插函数，$S(f;x)$ 为其三次样条插值函数，记

$R(x) = f(x) - S(f;x)$ 为样条函数插值余项,则有如下积分关系

$$\int_a^b (R''(x))^2 \mathrm{d}x = \int_a^b R(x) f^{(4)}(x) \mathrm{d}x, \text{对问题 } 1 \sim 4 \tag{5}$$

$$\int_a^b (R''(x))^2 \mathrm{d}x + K_a R(a)^2 + K_b R(b)^2 =$$

$$\int_a^b R(x) f^{(4)}(x) \mathrm{d}x, \text{对问题 } 5 \tag{6}$$

证　仍然采用分部积分法,由各问题相应的边界条件,得到

$$\int_a^b (R''(x))^2 \mathrm{d}x = -R''' R \Big|_a^b + \int_a^b R \cdot f^{(4)} \mathrm{d}x - \sum_{i=1}^{N-1} \beta_i R(x_i) =$$

$$\begin{cases} \int_a^b R f^{(4)} \mathrm{d}x, \text{对问题 } 1 \sim 4 \\ - K_a R(a)^2 - K_b R(b)^2 + \int_a^b R f^{(4)} \mathrm{d}x, \text{对问题 } 5 \end{cases}$$

定理得证.

定理 4(最小模性质)　在定理 3 的条件下有

$$\int_a^b (S''(f;x))^2 \mathrm{d}x \leqslant \int_a^b (f''(x))^2 \mathrm{d}x, \text{对问题 } 1 \sim 4 \tag{7}$$

$$\int_a^b (S''(f;x))^2 \mathrm{d}x + K_a S(f;a)^2 + K_b S(f;b)^2 \leqslant$$

$$\int_a^b (f''(x))^2 \mathrm{d}x + K_a f(a)^2 + K_b f(b)^2, \text{对问题 } 5 \tag{8}$$

且仅当 $f(x) = S(f;x)$ 时等号成立.

定理 5(最佳逼近性质)　设 $f(x)$ 为任给的被插函数,$S(f;x)$ 为其三次样条插值函数,对问题 $1 \sim 4$,有

$$\int_a^b \{f''(x) - S''(f;x)\}^2 \mathrm{d}x \leqslant \int_a^b \{f''(x) - S''(x)\}^2 \mathrm{d}x$$

$$(9)$$

对问题 5,有

$$\int_a^b \{f''(x) - S''(f;x)\}^2 \mathrm{d}x + K_a\{f(a) - S(f;a)\}^2 +$$

$$K_b\{f(b) - S(f;b)\}^2 \leqslant$$

$$\int_a^b \{f''(x) - S''(x)\}^2 \mathrm{d}x + K_a\{f(a) - S(a)\}^2 +$$

$$K_b\{f(b) - S(b)\}^2 \qquad (10)$$

定理 4 与定理 5 的证明与前面几个定理的证明是类似的,只要注意插值条件和 δ — 函数的性质,通过分部积分法就可证明定理的结论.

7.5　多结点基样条函数插值法

本节将介绍另一类基样条函数插值法. 这种基样条函数与 7.3 节中所讨论的不同,后者的样条函数结点是整数点或半整数点,而现在将要讨论的样条函数将有更多的结点,但型值仍给在整数点 $\{x_i\}$ 上.

7.5.1　基样条函数 $\Phi_j(x)$ 的构造

我们分两种情形.

(1) 当 $k = 2m$ 为偶数. 首先构造下面 $m+1$ 个样条函数

$$\varphi_{2m}(x) = \sum_j y_j \Omega_{2m}(x-j) \qquad (1)$$

$$\varphi_{\frac{v}{2m}}^{\langle \frac{v}{2m} \rangle}(x) = \sum_j y_j \Omega_{\frac{v}{2m}}^{\langle \frac{v}{2m} \rangle}(x-j), v = 1, 2, \cdots, m \quad (2)$$

其中

$$\Omega_k^{(l)}(x) = \Omega_k(x+l) + \Omega_k(x-l)$$

由 $\Omega_k(x)$ 的性质,有

$$\varphi_{2m}(i) = \Omega_{2m}(0)y_i + \sum_{\mu=1}^{m}\Omega_{2m}(\mu)(y_{i+\mu} + y_{i-\mu}) \quad (3)$$

$$\varphi_{2m}^{\langle\frac{v}{2m}\rangle}(i) = 2\Omega_{2m}^{\langle\frac{v}{2m}\rangle}y_i + \sum_{\mu=1}^{m}\Omega_{2m}^{\langle\frac{v}{2m}\rangle}(\mu)(y_{i+\mu} + y_{i-\mu})$$
$$v = 1,2,\cdots,m \quad\quad (4)$$

以适当的常数(它们是待定的)α_v 乘(4)中的第 v 个等式,然后对 v 作和,使之能与(3)右边和数相消. 如此的 $\alpha_v(v=1,2,\cdots,m)$ 满足如下线性代数方程组

$$\boldsymbol{\Omega\alpha} = \boldsymbol{\omega} \quad\quad (5)$$

其中

$$\boldsymbol{\alpha} = (\alpha_1,\alpha_2,\cdots,\alpha_m)^{\mathrm{T}}$$
$$\boldsymbol{\omega} = (\Omega_{2m}(1),\Omega_{2m}(2),\cdots,\Omega_{2m}(m))^{\mathrm{T}}$$

$$\boldsymbol{\Omega} = \begin{pmatrix} \Omega_{2m}^{\langle\frac{1}{2m}\rangle}(1) & \Omega_{2m}^{\langle\frac{2}{2m}\rangle}(1) & \cdots & \Omega_{2m}^{\langle\frac{m}{2m}\rangle}(1) \\ \Omega_{2m}^{\langle\frac{1}{2m}\rangle}(2) & \Omega_{2m}^{\langle\frac{2}{2m}\rangle}(2) & \cdots & \Omega_{2m}^{\langle\frac{m}{2m}\rangle}(2) \\ \vdots & \vdots & & \vdots \\ \Omega_{2m}^{\langle\frac{1}{2m}\rangle}(m) & \Omega_{2m}^{\langle\frac{2}{2m}\rangle}(m) & \cdots & \Omega_{2m}^{\langle\frac{m}{2m}\rangle}(m) \end{pmatrix}$$

令

$$\begin{cases} \beta = 2\sum_{v=1}^{m}\alpha_v\Omega_{2m}\left(\dfrac{v}{2m}\right) - \Omega_{2m}(0) \\ \gamma_v = \alpha_v/\beta, v = 1,2,\cdots,m \\ \gamma_0 = -1/2\beta \end{cases} \quad (6)$$

于是得到

$$\Phi_0(x) = \sum_{v=0}^{m}\gamma_v\Omega_{2m}^{\langle\frac{v}{2m}\rangle}(x) \quad\quad (7)$$

一般地,有

$$\Phi_j(x) = \Phi_0(x-j)$$

且满足

$$\Phi_j(i) = \delta_{ij} = \begin{cases} 1, i = j \\ 0, i \neq j \end{cases}$$

（2）当 $k = 2m+1$ 为奇数. 类似于偶数情形的作法，给出 $m+2$ 个样条函数

$$\varphi_{2m+1}(x) = \sum_j y_j \Omega_{2m+1}(x - x_j) \qquad (8)$$

$$\varphi_{2m+1}^{\langle \frac{v}{m+1} \rangle}(x) = \sum_j y_j \Omega_{2m+1}^{\langle \frac{v}{m+1} \rangle}(x - x_j), v = 1, 2, \cdots, m+1 \qquad (9)$$

注意 $\Omega_{2m+1}(m+1) = 0$，于是

$$\varphi_{2m+1}(i) = \Omega_{2m+1}(0) y_i + \sum_{\mu=1}^{m+1} \Omega_{2m+1}(\mu)(y_{i+\mu} + y_{i-\mu})$$

$$(10)$$

$$\varphi_{2m+1}^{\langle \frac{v}{m+1} \rangle}(i) = 2\Omega_{2m+1}\left(\frac{v}{m+1}\right) y_i +$$

$$\sum_{\mu=1}^{m+1} \Omega_{2m+1}^{\langle \frac{v}{m+1} \rangle}(\mu)(y_{i+\mu} + y_{i-\mu}), v = 1, 2, \cdots, m \qquad (11)$$

类似于（5）的方程组为

$$\widetilde{\boldsymbol{\Omega}} \, \widetilde{\boldsymbol{\alpha}} = \widetilde{\boldsymbol{\omega}} \qquad (12)$$

其中

$$\widetilde{\boldsymbol{\alpha}} = (\alpha_1, \alpha_2, \cdots, \alpha_{m+1})^{\mathrm{T}}$$

$$\widetilde{\boldsymbol{\omega}} = (\Omega_{2m+1}(1), \Omega_{2m+1}(2), \cdots, \Omega_{2m+1}(m+1))^{\mathrm{T}}$$

$$\widetilde{\boldsymbol{\Omega}} = \begin{pmatrix} \Omega_{2m+1}^{\langle \frac{1}{m+1} \rangle}(1) & \Omega_{2m+1}^{\langle \frac{2}{m+1} \rangle}(1) & \cdots & \Omega_{2m+1}^{\langle \frac{m+1}{m+1} \rangle}(1) \\ \Omega_{2m+1}^{\langle \frac{1}{m+1} \rangle}(2) & \Omega_{2m+1}^{\langle \frac{2}{m+1} \rangle}(2) & \cdots & \Omega_{2m+1}^{\langle \frac{m+1}{m+1} \rangle}(2) \\ \vdots & \vdots & & \vdots \\ \Omega_{2m+1}^{\langle \frac{1}{m+1} \rangle}(m+1) & \Omega_{2m+1}^{\langle \frac{2}{m+1} \rangle}(m+1) & \cdots & \Omega_{2m+1}^{\langle \frac{m+1}{m+1} \rangle}(m+1) \end{pmatrix}$$

令

$$\tilde{\beta}=2\sum_{v=1}^{m+1}\tilde{\alpha}_v\Omega_{2m+1}\left(\frac{v}{m+1}\right)-\Omega_{2m+1}(0)$$

$$\tilde{\gamma}_v=\tilde{\alpha}_v/\tilde{\beta},v=1,2,\cdots,m+1$$

$$\tilde{\gamma}_0=-\frac{1}{2\tilde{\beta}} \tag{13}$$

则得

$$\Phi_0(x)=\sum_{v=0}^{m+1}\tilde{\gamma}_v\Omega_{2m+1}^{\left(\frac{v}{m+1}\right)}(x) \tag{14}$$

且

$$\Phi_j(x)=\Phi_0(x-j)$$

$$\Phi_j(j)=\delta_{ij}$$

当样条函数次数不高时(5)与(12)是容易计算和求解的,现在将常用的多结点基样条函数列表如下(表 1),并参见图 4.

表 1

k	基样条函数表达式
1	$\Omega_1(x)$
2	$2\Omega_2(x)-\dfrac{1}{2}\Omega_2^{(1/2)}(x)$
3	$\dfrac{10}{3}\Omega_3(x)-\dfrac{4}{3}\Omega_3^{(1/2)}(x)+\dfrac{1}{6}\Omega_3^{(1)}(x)$
4	$\dfrac{136}{3}\Omega_4(x)-\dfrac{256}{9}\Omega_4^{(1/4)}(x)+\dfrac{113}{18}\Omega_4^{(1/2)}(x)$

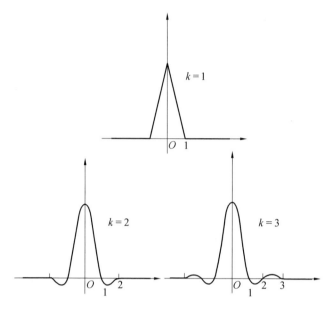

图 4

由上面讨论看出,多结点基样条函数是由 $\Omega_k(x)$ 的平移和叠加而来,而组合的系数 $\{\gamma_j\}$ 或 $\{\tilde{\gamma}_j\}$ 满足 $2\sum\gamma_j=1$ 及 $2\sum\tilde{\gamma}_j=1$.

7.5.2 多结点基样条函数的应用

由于引进了上面的基函数(7)和(14),插值公式便很简单

$$S(x)=\sum_j y_j\Phi_j(x) \qquad (15)$$

由于 $\Omega_k(x)$ 的微商、积分都容易计算,因此

$$S^{(l)}(x)=\sum_j y_j\Phi_j^{(l)}(x) \qquad (16)$$

也是容易计算的,并且容易得到一类数值微商和数值积分公式.

对于不带边界条件的插值问题,即在$\{x_i\}(x_i = x_0 + ih)$上给定型值$\{y_i\}$,$i=0,1,\cdots,N$. 将$\{x_i\}$扩充,当$k=2m$为偶数时,扩充为

$$x_{-(m+1)} < x_{-m} < \cdots < x_0, x_N < x_{N+1} < \cdots < x_{N+m+1}$$

当$k=2m+1$为奇数时,扩充为

$$x_{-(m+2)} < \cdots < x_0, x_N < x_{N+1} < \cdots < x_{N+m+2}$$

其中$x_v = x_0 + vh$. 扩充节点上的型值适当给定.

对于加边界条件的插值问题,可以由边界条件定出扩充节点上的延拓型值$y_{-1},y_{-2},\cdots$ 及y_{N+1}, $y_{N+2},\cdots$,从而采用公式(15).

我们要强调指出,多结点基样条函数插值在计算上是很简单的. 首先,它不需求解线性代数方程组,这种显式算法给计算工作带来许多方便;其次,由$\Phi_j(x)$的局部非零性质可知,对给定的x,在(15)中参与求和的只是对应邻近于x的几个节点处的基函数,因而计算量较小. 尤其把多结点基样条函数推广应用到矩形网域上的曲面插值问题时,这种计算量小的显式算法便更显现出优越性了. 如果在$\{(x_i,y_j)\}(i=0,1,\cdots,$ $N;j=0,1,\cdots,M;x_i=x_0+i\Delta x,y_j=y_0+j\Delta y)$上给定型值$\{r_{ij}\}$,那么多结点插值曲面的表达式为

$$S(x,y) = \sum_i \sum_j r_{ij} \Phi_i\left(\frac{x-x_i}{\Delta x}\right) \Phi_j\left(\frac{x-x_j}{\Delta y}\right) \quad (17)$$

其中$\Phi_i(x)$由(7)或(14)给出.

7.6　程序和算例

在计算机上实现 δ — 基函数插值法,首先是形成方程组 $AC=F$ 的系数矩阵 A 和右端,这对每一类插值问题都是容易的.

现在以问题 1 为例给出程序.

插值节点为

$$x_0 < x_1 < \cdots < x_N$$

事先以任意方式虚设节点

$$x_{-3} < x_{-2} < x_{-1} < x_0$$

$$x_N < x_{N+1} < x_{N+2} < x_{N+3}$$

将插值节点经过这样的扩充之后,存放在数组 $x[-3:N+3]$ 中.型值 $y_0,y_1,\cdots,y_N$ 存放在数组 $y[0:N]$ 中.边界条件中给定的导数值 y'_0 及 y'_N 赋值在 P 和 Q 中.

线性代数方程组的增广矩阵存放在数组 $A[-1:N+1,-1:N+2]$ 中,待求的 c_j 存放在数组 $C[-1:N+1]$ 中.下面的无参数过程 ACF 便是形成问题 1 的增广矩阵的程序,它用到了前面的函数过程 $NN(jj,kk,ll,x,xx)$.

procedure ACF ;

begin integer i,j ; real $h0,hn$;

　　$h0:=x[0]-x[-1];hn:=x[N]-x[N-1]$;

　　for $i:=-1$ step 1 until $N+1$ do

for j:=-1 step 1 until $N+2$ do

$\quad A[i,j]$:=0;

for i:=0 step 1 until N do

$\quad$ for j:=-1 step 1 until $N+1$ do

$\quad A[i,j]$:=if $abs(i-j)>1$ then 0

$\quad$ elso $NN(j-2,3,0,x,x[i])$;

for j:=$-1,0,1$ do $A[-1,j]$:=$h0*NN(j-$

$2,3,1,x,x[0])$;

for j:=$N-1,N,N+1$ do $A[N+1,j]$:=

$hn*NN(j-2,3,1,x[N])$;

for i:=0 step 1 until N do $A[i,N+2]$:=$y[i]$;

$A[-1,N+2]$:=$h0*P;A[N+1,N+2]$:=

$hn*Q$

$\quad$ end

上述程序未考虑去零存储问题. 如果插值点数目不大, 程序如此编写很直观, 用起来也方便. 如果作为标准程序备用, 应该根据 7.2 节中所述的系数矩阵的特点, 只计算和存储 D,D_0,D_N 或 D_{N1},D_{N2} 中的元素.

例 1 设插值节点为 $x_0=0,x_1=0.1,\cdots,x_5=0.5$. 延拓的节点 $x_{-3}=-0.3,x_{-2}=-0.2,x_{-1}=-0.1;x_6=0.6,x_7=0.7,x_8=0.8$.

对于第一类边界条件插值问题, 当 $k=3$ 时

$$
A = \begin{pmatrix}
-\dfrac{1}{2} & 0 & \dfrac{1}{2} & & & & & & \\[2mm]
\dfrac{1}{6} & \dfrac{2}{3} & \dfrac{1}{6} & & & \mathbf{0} & & & \\[2mm]
& \dfrac{1}{6} & \dfrac{2}{3} & \dfrac{1}{6} & & & & & \\[2mm]
& & \dfrac{1}{6} & \dfrac{2}{3} & \dfrac{1}{6} & & & & \\[2mm]
& & & \dfrac{1}{6} & \dfrac{2}{3} & \dfrac{1}{6} & & & \\[2mm]
& & & & \dfrac{1}{6} & \dfrac{2}{3} & \dfrac{1}{6} & & \\[2mm]
& & \mathbf{0} & & & \dfrac{1}{6} & \dfrac{2}{3} & \dfrac{1}{6} \\[2mm]
& & & & & -\dfrac{1}{2} & 0 & \dfrac{1}{2}
\end{pmatrix}
$$

如果被插函数为 x^3,那么

$$
F = \begin{pmatrix}
0 \\
0 \\
0.001 \\
0.008 \\
0.027 \\
0.064 \\
0.125 \\
0.075
\end{pmatrix}
$$

解出

$$C=\begin{pmatrix} 0 \\ 0 \\ 0 \\ 0.006 \\ 0.024 \\ 0.006 \\ 0.120 \\ 0.210 \end{pmatrix}$$

在$[0,0.5]$上,插值函数和被插函数x^3相一致,这正符合理论分析.

例 2 在例 1 中,延拓的节点为不等距的,我们取$x_6=0.61$,则相应的系数矩阵为

$$A=\begin{pmatrix} -\dfrac{1}{2} & 0 & \dfrac{1}{2} & & & & & \\ \dfrac{1}{6} & \dfrac{2}{3} & \dfrac{1}{6} & & & & & \\ & \dfrac{1}{6} & \dfrac{2}{3} & \dfrac{1}{6} & & & \boldsymbol{0} & \\ & & \dfrac{1}{6} & \dfrac{2}{3} & \dfrac{1}{6} & & & \\ & & & \dfrac{1}{6} & \dfrac{2}{3} & \dfrac{1}{6} & & \\ & \boldsymbol{0} & & & \dfrac{1}{6} & 0.67204301 & 0.16129032 & \\ & & & & & 0.18586789 & 0.65540194 & 0.15873015 \\ & & & & & -0.50691244 & 0.03072197 & 0.47619047 \end{pmatrix}$$

对x^3作插值,由右边F同例 1 中的数值,解得

$$C = \begin{pmatrix} 0 \\ 0 \\ 0 \\ 0.006 \\ 0.024 \\ 0.006 \\ 0.122 \\ 0.213\ 5 \end{pmatrix}$$

在 $[0,0.5]$ 上,这里得到的插值函数与例 1 中得到的插值函数是一样的.

如果被插函数是 $\sin 4\pi x$,那么

$$F = \begin{pmatrix} 1.256\ 637\ 00 \\ 0.000\ 000\ 00 \\ 0.951\ 056\ 51 \\ 0.587\ 785\ 25 \\ -0.587\ 785\ 25 \\ -0.951\ 056\ 51 \\ 0.000\ 000\ 00 \\ 1.256\ 637\ 00 \end{pmatrix}$$

解得

$$C = \begin{pmatrix} -1.280\ 921\ 40 \\ 0.012\ 142\ 20 \\ 1.232\ 352\ 60 \\ 0.764\ 786\ 29 \\ -0.764\ 786\ 28 \\ -1.232\ 352\ 60 \\ 0.028\ 531\ 460 \\ 1.325\ 237\ 80 \end{pmatrix}$$

例 3 如果节点取为：

x_i：$-0.3, -0.2, -0.1, 0, 0.1, 0.22, 0.3, 0.39,$ $0.5, 0.61, 0.7, 0.8,$ 其中前后各三个为延拓的节点，那么系数矩阵为

$$\mathbf{A} =$$

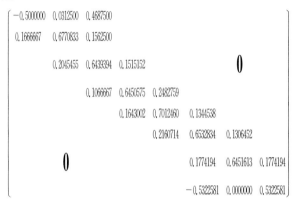

若被插函数为 x^3, x^4 和 $\sin 4\pi x$，则有如下结果（表 2）：

表 2

x^3		x^4		$\sin 4\pi x$	
F	C	F	C	F	C
0.000000	0.00000	0.00000000	-0.0000548	1.25663700	-1.27151580
0.000000	0.00000	0.00000000	0.0000274	0.00000000	0.00743939
0.001000	0.00000	0.00010000	-0.0000603	0.95105651	1.32404620
0.010648	0.00660	0.00234256	0.0008793	0.36812455	0.63973344
0.027000	0.02574	0.00810000	0.0071760	-0.58778524	-0.74824784
0.059319	0.05850	0.02313441	0.0217396	-0.98228725	-1.25089650
0.125000	0.11895	0.06250000	0.0565016	0.00000000	-0.02619566
0.082500	0.21350	0.05500000	0.1250729	1.38230070	1.34615340

以上各例中，边界的一阶导数条件由被插函数精确

给定.

下面列出对 $\sin 4\pi x$ 插值的部分数据(表3)：

表 3

x	$\sin 4\pi x$	$S(x)$	$\sin 4\pi x - S(x)$
0.00	0.0000	0.0000	0.0000
0.05	0.5878	0.5856	0.0022
0.10	0.9511	0.9511	0.0000
0.15	0.9511	0.9413	0.0098
0.20	0.5878	0.5878	0.0000
0.25	0.0000	0.0000	0.0000
0.30	-0.5878	-0.5878	0.0000
0.35	-0.9511	-0.9413	-0.0098
0.40	-0.9511	-0.9511	0.0000
0.45	-0.5878	-0.5856	-0.0022
0.50	0.0000	0.0000	0.0000

令 $y=4\pi x$，则 $\Delta y=4\pi h=0.4\pi$ 是比较大的步长，但从表中看出,插值精度仍然很好.

例 4 采用参变量形式的多结点基样条函数对单位圆作周期插值,把单位圆周分为 4,16 等分,分点取

212

为型值点，加密计算的部分数据如下表（表 4）：

表 4

N	t	k = 2			k = 3		
		$x(t)$	$y(t)$	$\sqrt{x^2+y^2}-1$	$x(t)$	$y(t)$	$\sqrt{x^2+y^2}-1$
4	1.0	0.00000	1.00000	0.0000000	0.00000	1.00000	0.0000000
	1.2	−0.22000	0.94000	−0.0345985	−0.26489	0.92889	−0.0340804
	1.4	−0.48000	0.76000	−0.1011118	−0.51911	0.75111	−0.0869588
	1.6	−0.76000	0.48000	−0.1011118	−0.75111	0.51911	−0.0869588
	1.8	−0.94000	0.22000	−0.0345985	−0.92889	0.26489	−0.0340804
16	1.0	0.92388	0.38268	0.0000000	0.92388	0.38268	0.0000000
	1.2	0.89145	0.45272	−0.0001820	0.89090	0.45389	−0.0001416
	1.4	0.85273	0.52142	−0.0004879	0.85235	0.52229	−0.0003533
	1.6	0.80805	0.58828	−0.0004879	0.80871	0.58760	−0.0003533
	1.8	0.75940	0.65034	−0.0001820	0.76027	0.64939	−0.0001416

奇次样条函数

世界著名数学家 J. W. Tukey 曾指出：

有三件事：一是数学的肯定性，二是对科学的类比概念性思考，三是已充分发展的数值分析与统计数据分析中的不确定性. 要是期望所有的应用数学家都能同时正视这三个方面，那就是非常过分的要求. 但是对他们中那些适于承担所有三个方面的人提出要求似乎是有极大的重要性.

在这一章，我们要把三次样条函数的插值方法和内在属性 —— 变分性质 —— 加以推广和概括. 我们仍采用 δ — 样条函数系统(简称 δ — 基)作为我们的插值工具，这样做便于程序标准化，

第 8 章

且求解过程中线性代数方程组的系数矩阵仍保持带状性质．

本章讨论几个重要的典型的插值问题，其中问题 5 以弹性支撑梁的边值条件为背景，是我们第一次提出并研究的．

需要指出，这一章的重点已经不是插值方法，而是奇次样条插值多项式的内在变分性质或极值性质的研讨，以及插值余项的估计．这些理论结果，是研究最佳求积公式和最佳线性逼近的基础，也是研究算子样条函数的一个背景．

我们首先研究普通样条函数．对于任意给定的分划

$$\tilde{\Delta}: \cdots x_{-1} < a = x_0 < x_1 < \cdots < x_N = b < x_{N+1} < \cdots$$

其中 $[a,b]$ 以外的结点 $\cdots, x_{-1}$ 及 $x_{N+1}, \cdots$ 为延拓的结点．$2m-1$ 次的样条函数，以 $x_1, \cdots, x_{N-1}$ 为结点者，它们定义为 $2m$ 阶广义微分方程式

$$S^{(2m)}(x) = \sum_{j=1}^{N-1} \beta_j \delta(x - x_j) \qquad (1)$$

的解．因而样条函数的一种表达形式自然取为

$$S(x) = \sum_{j=0}^{2m-1} \alpha_j \frac{x^j}{j!} + \sum_{j=1}^{N-1} \frac{\beta_j (x - x_j)_+^{2m-1}}{(2m-1)!} \qquad (2)$$

式(2)表示的函数的全体作成区间 $[a,b]$ 上的 $N+2m-1$ 维函数空间，记为 $\mathrm{Sp}(\Delta, 2m-1)$．表达式(2)是利用

基 $I: \{1, x, \cdots, x^{2m-1}, (x-x_j)_+^{2m-1} (j=1,2,\cdots,N-1)\}$ 表达的．

现在采用如下的

δ－基：$\{\varphi_{i-m+1}(x) = N_{k, i-k}(x) (i=0,1,\cdots,N+k-$

1)}，为书写方便，记 $k = 2m - 1$. 求形如

$$S(x) = \sum_{j=0}^{N+k-1} c_{j-m+1} \varphi_{j-m+1}(x) \qquad (3)$$

的样条插值函数.

8.1　五类插值问题

我们将在函数类 $\mathrm{Sp}(\Delta, 2m-1)$ 中求解五类插值问题，即求函数 $S(x) \in \mathrm{Sp}(\Delta, 2m-1)$，使满足共同的内点插值条件

$$S(x_i) = y_i, i = 1, 2, \cdots, N-1 \qquad (1)$$

和以下开列的五类边界插值条件中的某一类条件.

第一类边界插值条件

$$S^{(\alpha)}(x_i) = y_i^{(\alpha)}, i = 0, N, \alpha = 0, 1, \cdots, m-1 \quad (2)$$

第二类边界插值条件

$$S^{(\alpha)}(x_i) = y_i^{(\alpha)}, i = 0, N, \alpha = 0, m, m+1, \cdots, 2m-2$$
$$(3)$$

第三类边界插值条件

$$S^{(\alpha)}(x_0) = y_0^{(\alpha)}, \alpha = 0, 1, \cdots, m_0 - 1 \qquad (4)$$

$$S^{(\alpha)}(x_N) = S^{(\alpha)}(x_0), \alpha = 0, 1, \cdots, 2m - m_0 - 1 (5)$$

其中 m_0 为任一正整数，满足 $1 \leqslant m_0 \leqslant m$. 当然，给在左端 x_0 处的条件(4)可以换在右端 $x = x_N$ 处，而同时将右端条件改换到左端.

第四类边界插值条件

$$S^{(\alpha)}(x_0) = y_0^{(\alpha)}, \alpha = 0, 1, \cdots, m-1 \qquad (6)$$

$$S^{(\alpha)}(x_N) = 0, \alpha = m, \cdots, 2m-1 \qquad (7)$$

第五类边界插值条件

$$\begin{pmatrix} S^{(m)}(x_0) \\ S^{(m+1)}(x_0) \\ \vdots \\ S^{(2m-1)}(x_0) \end{pmatrix} = -K_a \begin{pmatrix} S(x_0) \\ S'(x_0) \\ \vdots \\ S^{(m-1)}(x_0) \end{pmatrix} \tag{8}$$

$$\begin{pmatrix} S^{(m)}(x_N) \\ S^{(m+1)}(x_N) \\ \vdots \\ S^{(2m-1)}(x_N) \end{pmatrix} = K_b \begin{pmatrix} S(x_N) \\ S'(x_N) \\ \vdots \\ S^{(m-1)}(x_N) \end{pmatrix} \tag{9}$$

其中 K_a, K_b 为两个 $m \times m$ 阶矩阵,它们所满足的条件如下:

令

$$W = \begin{pmatrix} \mathbf{0} & & & & 1 \\ & & & -1 & \\ & & 1 & & \\ & \iddots & & & \mathbf{0} \\ (-1)^{m-1} & & & & \end{pmatrix} \tag{10}$$

我们总假定 $(-1)^m W K_a$ 和 $(-1)^m W K_b$ 为非负定矩阵,也就是说,对任意实向量

$$\boldsymbol{\xi}^{\mathrm{T}} = (\xi_1, \xi_2, \cdots, \xi_m)$$

总有

$$(-1)^m \boldsymbol{\xi}^{\mathrm{T}} W K_a \boldsymbol{\xi} \geqslant 0 \tag{11}$$

$$(-1)^m \boldsymbol{\xi}^{\mathrm{T}} W K_b \boldsymbol{\xi} \geqslant 0 \tag{12}$$

还假定 K_a, K_b 的秩 $\mathrm{Rank}(K_a), \mathrm{Rank}(K_b)$ 满足

$$\mathrm{Rank}(K_a) + \mathrm{Rank}(K_b) \geqslant m$$

以上提法中所涉及的插值数据 $\{y_i, y_i^{(a)}\}$ 都假定是给定的.

以后,我们分别称上述带同类内点条件(1)和不同类型边界插值条件的问题为问题1,问题2,……,问题5.

定理 1 以上五个插值问题的每一个都是唯一可解的,但对问题 2 须补充要求 $N \geqslant m+1$.

证 必须而且只需证明相应齐插值问题的解恒等于零. 为此,设 $S(x) \in \mathrm{Sp}(\Delta, 2m-1)$ 为齐插值问题的解,则

$$S^{(2m)}(x) = \sum_{j=1}^{N-1} \beta_j \delta(x-x_j), a \leqslant x \leqslant b \quad (13)$$

于是积分

$$\int_a^b S(x) S^{(2m)}(x) \mathrm{d}x = \sum_{j=1}^{N-1} \beta_j S(x_j) = 0 \quad (14)$$

这是由于齐插值问题的内点条件

$$S(x_j) = 0, j = 1, 2, \cdots, N-1$$

另一方面,将(14)左端作 m 次分部积分得

$$\int_a^b S(x) S^{(2m)}(x) \mathrm{d}x =$$

$$\{S(x) S^{(2m-1)}(x) - S'(x) S^{(2m-2)}(x) + \cdots +$$

$$(-1)^{m-1} S^{(m-1)}(x) S^{(m)}(x)\} \Big|_a^b +$$

$$(-1)^m \int_a^b \{S^{(m)}(x)\}^2 \mathrm{d}x \quad (15)$$

对于问题 $1 \sim 4$,由于齐边界条件,不难看出(15)中的

$$\{S(x) S^{(2m-1)}(x) - \cdots + (-1)^{m-1} S^{(m-1)}(x) S^{(m)}(x)\} \Big|_a^b = 0$$

至于对问题 5,如果引进向量函数

$$\boldsymbol{\xi}^{\mathrm{T}}(x) = (S(x), S'(x), \cdots, S^{(m-1)}(x))$$

那么

$$\{S(x)S^{(2m-1)}(x) - \cdots + (-1)^{m-1}S^{(m-1)}(x)S^{(m)}(x)\}\Big|_a^b =$$

$$\{\boldsymbol{\xi}^{\mathrm{T}}(x)\boldsymbol{W}\boldsymbol{\xi}^{(m)}(x)\}\Big|_a^b =$$

$$\boldsymbol{\xi}^{\mathrm{T}}(b)\boldsymbol{W}\boldsymbol{\xi}^{(m)}(b) - \boldsymbol{\xi}^{\mathrm{T}}(a)\boldsymbol{W}\boldsymbol{\xi}^{(m)}(a) \qquad (16)$$

又由边界条件(8)(9)有

$$\boldsymbol{\xi}^{(m)}(a) = -\boldsymbol{K}_a\boldsymbol{\xi}(a)$$

$$\boldsymbol{\xi}^{(m)}(b) = \boldsymbol{K}_b\boldsymbol{\xi}(b)$$

代入(16)得

$$\boldsymbol{\xi}^{\mathrm{T}}(b)\boldsymbol{W}\boldsymbol{\xi}^{(m)}(b) - \boldsymbol{\xi}^{\mathrm{T}}(a)\boldsymbol{W}\boldsymbol{\xi}^{(m)}(a) =$$

$$\boldsymbol{\xi}^{\mathrm{T}}(b)\boldsymbol{W}\boldsymbol{K}_b\boldsymbol{\xi}(b) + \boldsymbol{\xi}^{\mathrm{T}}(a)\boldsymbol{W}\boldsymbol{K}_a\boldsymbol{\xi}(a)$$

再代入(15)得

$$\boldsymbol{\xi}^{\mathrm{T}}(b)\boldsymbol{W}\boldsymbol{K}_b\boldsymbol{\xi}(b) + \boldsymbol{\xi}^{\mathrm{T}}(a)\boldsymbol{W}\boldsymbol{K}_a\boldsymbol{\xi}(a) +$$

$$(-1)^m \int_a^b \{S^{(m)}(x)\}^2 \mathrm{d}x = 0 \qquad (17)$$

由(17)并由不等式(11)和(12)得

$$\int_a^b \{S^{(m)}(x)\}^2 \mathrm{d}x = (-1)^{m+1}\{\boldsymbol{\xi}^{\mathrm{T}}(b)\boldsymbol{W}\boldsymbol{K}_b\boldsymbol{\xi}(b) +$$

$$\boldsymbol{\xi}^{\mathrm{T}}(a)\boldsymbol{W}\boldsymbol{K}_a\boldsymbol{\xi}(a)\} \leqslant 0$$

总之,对于问题 $1 \sim 5$,我们得到了

$$\int_a^b \{S^{(m)}(x)\}^2 \mathrm{d}x \leqslant 0 \qquad (18)$$

但 $S^{(m)}(x) \in C^{m-2}[a,b]$,对 $m \geqslant 2$;而对 $m=1, S^{(m)}(x)$ 是阶梯函数. 因此对 $m \geqslant 1$,由(18)得 $S^{(m)}(x) \equiv 0$ 于 $[a,b]$,即 $S(x)$ 在 $[a,b]$ 上为 $m-1$ 次多项式.

除问题2以外,由齐边界条件立即推得 $S(x) \equiv 0$ 于 $[a,b]$;至于对问题2,则利用满足问题2中边界条件的样条函数称为自然样条函数 $m-2$ 个内点条件(因为假定 $N \geqslant m+1$),也可以结论 $S(x) \equiv 0$ 于 $[a,b]$. 至此定理证完.

8.2　δ — 基函数插值法

我们采用 δ — 样条基函数系统 $\{\varphi_{j-m+1}(x)\}$，求属于 $\mathrm{Sp}(\Delta, 2m-1)$ 的

$$S(x) = \sum_{j=0}^{N+2(m-1)} c_{j-m+1} \varphi_{j-m+1}(x)$$

使之满足五类插值问题的插值条件，以决定系数 $\{c_{j-m+1}\}$.

对前述的每一问题，有相同的内点插值条件，这就导出了相同的 $N-1$ 个线性代数方程

$$\sum_{j=0}^{N+2(m-1)} c_{j-m+1} \varphi_{j-m+1}(x_i) = y_i, i = 1, 2, \cdots, N-1$$

$$(1)$$

其余不足的 $2m$ 个代数方程式将由边界条件得到. 由于边界插值条件的不同，这些代数方程也就不同. 为了便于书写，我们形式上把它们统一起来. 为此把各类边界插值条件统一以线性泛函的形式给出

$$\gamma_i(S) = g_i, i = 1, 2, \cdots, 2m \qquad (2)$$

其中 $\gamma_i(S)$ 为 $S(x_0), S'(x_0), \cdots, S^{(2m-1)}(x_0), S(x_N),$ $S'(x_N), \cdots, S^{(2m-1)}(x_N)$ 的某个给定的线性表达式；g_i 是一些给定的常数. 例如，对问题 1，有

$$\gamma_i(S) = S^{(i-1)}(x_0), g_i = y_0^{(i-1)}, i = 1, 2, \cdots, m$$

$$\gamma_{m+i}(S) = S^{(i-1)}(x_N), g_i = y_N^{(i-1)}, i = 1, 2, \cdots, m$$

对问题 5，有

$$\begin{bmatrix} \gamma_1(S) \\ \gamma_2(S) \\ \vdots \\ \gamma_m(S) \end{bmatrix} = \begin{bmatrix} S^{(m)}(x_0) \\ S^{(m+1)}(x_0) \\ \vdots \\ S^{(2m-1)}(x_0) \end{bmatrix} + \boldsymbol{K}_a \begin{bmatrix} S(x_0) \\ S'(x_0) \\ \vdots \\ S^{(m-1)}(x_0) \end{bmatrix}$$

$$\begin{bmatrix} \gamma_{m+1}(S) \\ \gamma_{m+2}(S) \\ \vdots \\ \gamma_{2m}(S) \end{bmatrix} = \begin{bmatrix} S^{(m)}(x_N) \\ S^{(m+1)}(x_N) \\ \vdots \\ S^{(2m-1)}(x_N) \end{bmatrix} - \boldsymbol{K}_b \begin{bmatrix} S(x_N) \\ S'(x_N) \\ \vdots \\ S^{(m-1)}(x_N) \end{bmatrix}$$

而

$$\begin{bmatrix} g_1 \\ g_2 \\ \vdots \\ g_m \end{bmatrix} = \begin{bmatrix} 0 \\ 0 \\ \vdots \\ 0 \end{bmatrix}$$

$$\begin{bmatrix} g_{m+1} \\ g_{m+2} \\ \vdots \\ g_{2m} \end{bmatrix} = \begin{bmatrix} 0 \\ 0 \\ \vdots \\ 0 \end{bmatrix}$$

等.

当(2)的右端 $g_i = 0 (i = 1, 2, \cdots, 2m)$ 时,我们称之为齐边界条件;否则称为非齐边界条件.

注意边界条件泛函 $\gamma_i(S)$ 是线性的,即对 $f_1(x)$,$f_2(x)$ 的线性组合 $c_1 f_1(x) + c_2 f_2(x)$,有

$$\gamma_i(c_1 f_1 + c_2 f_2) = c_1 \gamma_i(f_1) + c_2 \gamma_i(f_2)$$

因此条件(2)的具体形式为

$$\sum_{j=0}^{N+2(m-1)} \gamma_i(\varphi_{j-m+1}) c_{j-m+1} = g_i \qquad (3)$$

于是由(1)(3)我们便构成了所需要的 $N+2m-1$ 阶的线性代数方程组

$$AC = F \qquad (4)$$

其中

$$C = (c_{-m+1}, c_{-m+2}, \cdots, c_{N+m-1})^{\mathrm{T}}$$

对问题 1,2,4,5,假若把左端点的 m 个条件排在方程组(4)的最前面,把右端点的 m 个条件排在方程组(4)的最后面,而 $N-1$ 个内点条件排在中间,则(4)中的系数矩阵 A 呈如下带状结构

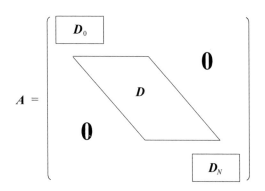

其中 D_0, D, D_N 的每行非零元素最多只有 $2m-1$ 个. 如果结点是等距分布的,那么 D 中每行都是同一组常数组成.

对问题 3,将左端点的 m_0 个条件放在前面,其余 $2m-m_0$ 个边界条件放在最后面,则系数矩阵 A 的结构如下

$$A =$$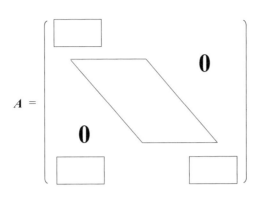

总之,对每一类问题,在电子计算机上求解时都可以采取只求非零元素的紧凑存储方式,充分利用系数矩阵 A 的带状结构,用消元法求解.

8.3 变 分 性 质

在前面讨论的关于三次样条插值函数的各种内在属性,如最小模性质,最佳逼近性质,等等,对任意奇次样条插值函数都同样具有这些性质.这些性质本质上是一种变分性质.因为奇次样条插值函数实际上是某种变分问题即泛函极小问题的解.

后面,我们用 $PC^{2m-1}[a,b]$ 表示 $[a,b]$ 上具有下列性质的全体函数 $v(x)$ 所作成的集合:

(1) $v(x)$ 在 $[a,b]$ 上有 $2m-2$ 次连续导数;

(2) 在 (a,b) 内, $v(x)$ 的 $2m-1$ 阶导数分段连续,仅有有限个第一类不连续点,并且是平方可积的.

这一函数集记为 $PC^{2m-1,2}$.

对插值问题 1~5,引进 $PC^{2m-1}[a,b]$ 的相应子集

223

$$V = \{v(x) \mid v(x) \in PC^{2m-1}[a,b], v(x_i) = y_i$$
$$i = 1, 2, \cdots, N-1, \gamma_i(v) = g_i, i = 1, 2, \cdots, 2m\}$$
$$V_0 = \{v(x) \mid v(x) \in PC^{2m-1}[a,b], v(x_i) = 0$$
$$i = 1, \cdots, N-1, \gamma_i(v) = 0, i = 1, 2, \cdots, 2m\}$$

其中 $\gamma_i(v)$ 表示每一插值问题的相应边界插值条件泛函.

现在我们来研究泛函

$$J(v) = \int_a^b \{v^{(m)}(x)\}^2 \mathrm{d}x, v(x) \in V \qquad (1)$$

的极小问题. 将要证明:插值问题 $1 \sim 4$ 的属于 $\mathrm{Sp}(\Delta, 2m-1)$ 的解 $S(x)$,也就是极小问题(1)的解,并由此导出最佳逼近性、第一积分关系和第二积分关系等重要性质;对问题 5,也有相应的极值问题,只需把泛函 $J(v)$ 换成 $J_1(v)$,有

$$J_1(v) = J(v) + (v, (-1)^m \boldsymbol{WK}v)_a +$$
$$(v, (-1)^m \boldsymbol{WK}v)_b \qquad (2)$$

其中

$$(v, (-1)^m \boldsymbol{WK}v)_a =$$
$$\sum_{i,j=1}^m v^{(i-1)}(a) [(-1)^m \boldsymbol{WK}_a]_i^j v^{(j-1)}(a) \qquad (3)$$
$$(v, (-1)^m \boldsymbol{WK}v)_b =$$
$$\sum_{i,j=1}^m v^{(i-1)}(b) [(-1)^m \boldsymbol{WK}_b]_i^j v^{(j-1)}(b) \qquad (4)$$

而 $[(-1)^m \boldsymbol{WK}_a]_i^j, [(-1)^m \boldsymbol{WK}_b]_i^j$ 表示矩阵 $(-1)^m \boldsymbol{WK}_a$ 和 $(-1)^m \boldsymbol{WK}_b$ 的第 i 行、第 j 列元素.

对 $f(x) \in V, g(x) \in V$,下面还要用到与(3)(4)相应的双一次泛函

$$(f, (-1)^m \boldsymbol{WK}g)_a =$$

$$\sum_{i,j=1}^{m} f^{(i-1)}(a)\left[(-1)^m \boldsymbol{W}\boldsymbol{K}_a\right]_i^j g^{(j-1)}(a)$$

$$(f,(-1)^m \boldsymbol{W}\boldsymbol{K}g)_b =$$

$$\sum_{i,j=1}^{m} f^{(i-1)}(b)\left[(-1)^m \boldsymbol{W}\boldsymbol{K}_b\right]_i^j g^{(j-1)}(b)$$

定理 2(最小模性质)　设 $S(x) \in \mathrm{Sp}(\Delta,2m-1)$ 为插值问题 $1 \sim 5$ 的解,且设问题 2 的不低于 m 次的边界上的导数条件是齐条件(即 $y_i^{(\alpha)} = 0, i = 0, N, \alpha = m,\cdots,2m-1$),则对问题 $1 \sim 4$ 而言,有

$$J(s) \leqslant J(f), f \in V \tag{5}$$

对问题 5,则有

$$J_1(s) \leqslant J_1(f), f \in V \tag{6}$$

并且仅当 $f = S$ 时,(5)(6) 取等号,后一结论对问题 2 须补充要求 $N \geqslant m-1$.

　　证　设 $f(x) \in V$ 和 $S(x) \in \mathrm{Sp}(\Delta,2m-1)$ 属于同一插值问题之解,那么

$$g(x) = f(x) - S(x) \in V_0$$

为相应的齐插值问题之解. 由于

$$\{f^{(m)}(x)\}^2 = \{S^{(m)}(x) + g^{(m)}(x)\}^2 =$$

$$\{S^{(m)}(x)\}^2 + \{g^{(m)}(x)\}^2 + 2\{S^{(m)}(x)g^{(m)}(x)\} \tag{7}$$

于是

$$J(f) = J(S) + J(g) + 2\int_a^b S^{(m)}(x)g^{(m)}(x)\mathrm{d}x \tag{8}$$

将(8) 右端后面的积分反复进行分部积分,并利用定理 1,得到

$$\int_a^b S^{(m)}(x)g^{(m)}(x)\mathrm{d}x = \{S^{(m)}(x)g^{(m-1)}(x) - \cdots +$$

$$(-1)^{m-1} S^{(2m-1)}(x)g(x)\}\Big|_a^b +$$

$$(-1)^m \int_a^b S^{(2m)}(x)g(x)\mathrm{d}x \qquad (9)$$

对问题 $1 \sim 4$，利用 $S(x)$ 所满足的边界条件及 $g(x)$ 所满足的齐边界条件，立即得出，式(9)右端第一部分

$$\{S^{(m)}(x)g^{(m-1)}(x) - \cdots +$$
$$(-1)^{m-1}S^{(2m-1)}(x)g(x)\}\Big|_a^b = 0$$

又利用 $g(x)$ 所满足的内点齐插值条件得知式(9)右端的第二部分

$$\int_a^b S^{(2m)}(x)g(x)\mathrm{d}x = \sum_{i=1}^{N-1}\beta_i\int_a^b\delta(x-x_i)g(x)\mathrm{d}x =$$
$$\sum_{i=1}^{N-1}\beta_i g(x_i) = 0$$

总之

$$\int_a^b S^{(m)}(x)g^{(m)}(x)\mathrm{d}x = 0$$

以之代入(8)得

$$J(f) = J(S) + J(g) \qquad (10)$$

但由于

$$J(g) \geqslant 0, g(x) \in V$$

因此，从(10)便得到定理 2 中的(5).

进一步，我们从(10)还可看出，使(5)成为等式的充要条件是

$$J(g) = \int_a^b \{g^{(m)}(x)\}^2 \mathrm{d}x = 0 \qquad (11)$$

根据假设 $g(x) \in PC^{2m-1}[a,b]$，当 $m \geqslant 2$ 时，$g^{(m)}(x)$ 在 $[a,b]$ 上至少是连续的；而当 $m=1$ 时，$g'(x)$ 在 $[a,b]$ 上最多有有限个第一类不连续点. 又假定在 $g^{(m)}(x)$ 的间断点处，取其左或右极限为函数值，则由

(11) 推知于$[a,b]$上
$$g^{(m)}(x) \equiv 0$$
也就是说 $g(x)$ 为 $m-1$ 次多项式. 对于问题 $1,3,4$, 我们利用 $g(x)$ 所满足的齐边界条件知 $g(x)=0$ 在$[a,b]$上至少有 m 个根, 从而在$[a,b]$上 $g(x) \equiv 0$; 对于问题 2, 则利用 $N \geqslant m-1$ 的条件知 $g(x)=0$ 于 (a,b) 上至少有 $m-2$ 个根, 从而在$[a,b]$上 $g(x) \equiv 0$. 这样, 对问题 $1 \sim 4$, 定理 2 的结论全部得证.

至于对问题 5, 则要注意
$$\begin{aligned}
&\{S^{(m)}(x)g^{(m-1)}(x)-\cdots+ \\
&(-1)^{m-1}S^{(2m-1)}(x)g(x)\}\bigg|_a^b= \\
&(-1)^{m-1}\{(g,\boldsymbol{WK}S)_a+ \\
&(g,\boldsymbol{WK}S)_b\}= \\
&-\{(g,(-1)^m\boldsymbol{WK}S)_a+ \\
&(g,(-1)^m\boldsymbol{WK}S)_b\} \quad\quad\quad (12)
\end{aligned}$$

根据 $(-1)^m\boldsymbol{WK}_a, (-1)^m\boldsymbol{WK}_b$ 为非负定矩阵的假设 (11) 与 (12), 有
$$\begin{aligned}
(g,(-1)^m\boldsymbol{WK}S)_a &= (f,(-1)^m\boldsymbol{WK}S)_a- \\
&(S,(-1)^m\boldsymbol{WK}S)_a \leqslant \\
&\frac{1}{2}\{(f,(-1)^m\boldsymbol{WK}f)_a+ \\
&(S,(-1)^m\boldsymbol{WK}S)_a\}- \quad (13) \\
&(S,(-1)^m\boldsymbol{WK}S)_a= \\
&\frac{1}{2}\{(f,(-1)^m\boldsymbol{WK}f)_a- \\
&(S,(-1)^m\boldsymbol{WK}S)_a\}
\end{aligned}$$

同理

$$(g,(-1)^m \boldsymbol{WKS})_b \leqslant \frac{1}{2} \{ (f,(-1)^m \boldsymbol{WK}f)_b -$$
$$(S,(-1)^m \boldsymbol{WKS})_b \} \qquad (14)$$

将不等式(13)与(14)代入(12)得

$$\{ S^{(m)}(x)g^{(m-1)}(x) - \cdots + (-1)^{m-1}S^{(2m-1)}(x)g(x) \} \Big|_a^b \geqslant$$
$$-\frac{1}{2}\{ (f,(-1)^m\boldsymbol{WK}f)_a + (f,(-1)^m\boldsymbol{WK}f)_b \} -$$
$$\frac{1}{2}\{ (S,(-1)^m\boldsymbol{WK}f)_a + (S,(-1)^m\boldsymbol{WKS})_b \} \qquad (15)$$

将(15)代入(9),并注意

$$\int_a^b S^{(2m)}(x)g(x)\,\mathrm{d}x = \sum_{i=1}^{N-1} \beta_i g(x_i) = 0$$

便得

$$\int_a^b S^{(m)}(x)g^{(m)}(x)\,\mathrm{d}x \geqslant -\frac{1}{2}\{ (f,(-1)^m\boldsymbol{WK}f)_a +$$
$$(f,(-1)^m\boldsymbol{WK}f)_b \} -$$
$$\frac{1}{2}\{ (S,(-1)^m\boldsymbol{WKS})_a +$$
$$(S,(-1)^m\boldsymbol{WKS})_b \} \qquad (16)$$

将(16)的二倍代入(8)并移项便得

$$J_1(f) \geqslant J_1(S) + J(g) \qquad (17)$$

由此便得到定理 2 中的(6).

进一步,从(17)得知,欲 $J_1(S)=J_1(f)$,必须而且只需

$$J(g) \leqslant J_1(f) - J_1(S) = 0$$

从而 $g^{(m)}(x) \equiv 0$ 于 $[a,b]$ 上. 但由插值问题 5 的边界条件得

$$\boldsymbol{K}_a \boldsymbol{\xi}(a) = 0, \boldsymbol{K}_b \boldsymbol{\xi}(b) = 0 \qquad (18)$$

其中

$$\boldsymbol{\xi}(a) = (g(a), \cdots, g^{(m-1)}(a))^{\mathrm{T}}$$
$$\boldsymbol{\xi}(b) = (g(b), \cdots, g^{(m-1)}(b))^{\mathrm{T}}$$

由假设

$$\mathrm{Rank}(\boldsymbol{K}_a) + \mathrm{Rank}(\boldsymbol{K}_b) \geqslant m$$

于是从(18)可知于$[a,b]$上 $g(x) = 0$ 至少有 m 个根，从而在$[a,b]$上 $g(x) \equiv 0$. 至此对问题 5 而言，定理 2 的结论得证. 这样就完成了整个定理 2 的证明.

定理 3(第一积分关系)　在定理 2 的条件下，对问题 1 ~ 4 存在第一积分关系式

$$J(f) = J(S) + J(g) \tag{19}$$

对问题 5，则存在相应的不等关系式

$$J_1(f) \geqslant J_1(S) + J(g) \tag{20}$$

也可称之为第二积分关系式.

证　(19)与(20)就是定理 2 证明过程中所得的关系式(10)和(17).

定理 4(最佳逼近性)　设 $f(x) \in V, S(f;x) \in \mathrm{Sp}(\Delta, 2m-1)$ 为 $f(x)$ 的插值问题 1 ~ 5 的解，$S(x) \in \mathrm{Sp}(\Delta, 2m-1)$ 为任意满足插值边界条件的样条函数，则在定理 2 的条件下，对问题 1 ~ 4 有

$$J(f - S(f;x)) \leqslant J(f - S) \tag{21}$$

对问题 5 有

$$J_1(f - S(f;x)) \leqslant J_1(f - S) \tag{22}$$

而且仅当 $S(x) = S(f;x)$ 时，(21)(22)取等号.

证　因

$$f - S = \{f - S(f;x)\} + \{S(f;x) - S\}$$

我们视 $f - S$ 为定理 2 中的 f，$\{S(f;x) - S\}$ 相当于定理 2 中的 S，而 $\{f - S(f;x)\}$ 便相当于定理 2 中的 g，于是本定理的结论乃是定理 2 的推论.

定理 5（第二积分关系） 设 $f(x) \in V$，$S(f;x) \in \mathrm{Sp}(\Delta, 2m-1)$ 为其插值函数，则对问题 $1 \sim 4$，有如下第二积分关系式

$$J(f - S(f;x)) =$$
$$(-1)^m \int_a^b \{f(x) - S(f;x)\} f^{(2m)}(x) \mathrm{d}x \tag{23}$$

对问题 5，有

$$J_1(f - S(f;x)) =$$
$$(-1)^m \int_a^b \{f(x) - S(f;x)\} f^{(2m)}(x) \mathrm{d}x \tag{24}$$

我们称后一关系式为第二积分关系式.

证 令

$$f(x) - S(f;x) = g(x)$$

由分部积分法有

$$\int_a^b \{g^{(m)}(x)\}^2 \mathrm{d}x = \{g^{(m)}(x) g^{(m-1)}(x) - \cdots +$$
$$(-1)^{m-1} g^{(2m-1)}(x) g(x)\} \Big|_a^b +$$
$$(-1)^m \int_a^b g^{(2m)}(x) g(x) \mathrm{d}x$$
$$\tag{25}$$

对问题 $1 \sim 4$，利用 $g(x)$ 所满足的齐边界条件得

$$\{g^{(m)}(x) g^{(m-1)}(x) - \cdots +$$
$$(-1)^{m-1} g^{(2m-1)}(x) g(x)\} \Big|_a^b = 0 \tag{26}$$

而 (25) 中的右端积分为

$$\int_a^b g^{(2m)}(x) g(x) \mathrm{d}x =$$
$$\int_a^b \{f^{(2m)}(x) - \sum_{i=1}^{N-1} \beta_i \delta(x - x_i)\} g(x) \mathrm{d}x =$$

$$\int_a^b \{f(x) - S(f;x)\} f^{(2m)}(x)\mathrm{d}x - \sum_{i=1}^{N-1} \beta_i g(x_i) =$$

$$\int_a^b \{f(x) - S(f;x)\} f^{(2m)}(x)\mathrm{d}x \qquad (27)$$

将(26)(27)代入(25),便证明了(23).

　　至于对问题 5,则(26)并不成立.然而根据定理 2 对问题 5 的类似证明过程可知

$$\{g^{(m)}(x)g^{(m-1)}(x) - \cdots +$$
$$(-1)^{m-1}g^{(2m-1)}(x)g(x)\}\Big|_a^b =$$
$$(-1)^{m-1}\{g(x)g^{(2m-1)}(x) - \cdots -$$
$$(-1)^{m-1}g^{(m-1)}(x)g^{(m)}(x)\}\Big|_a^b =$$
$$-\{(g,(-1)^m\boldsymbol{WK}g)_a +$$
$$(g,(-1)^m\boldsymbol{WK}g)_b\} \qquad (28)$$

将(28)代入(25)并移项便得

$$\int_a^b \{g^{(m)}(x)\}^2\mathrm{d}x + (g,(-1)^m\boldsymbol{WK}g)_a +$$
$$(g,(-1)^m\boldsymbol{WK}g)_b =$$
$$(-1)^m\int_a^b \{f(x) -$$
$$S(f;x)\} f^{(2m)}(x)\mathrm{d}x \qquad (29)$$

这就是要证明的(24).定理 5 证完.

8.4　插　值　余　项

8.4.1　基于第一、第二积分关系的余项估计

　　推广的罗尔定理,在样条函数插值余项的估计中将反复用到,首先引证如下:

231

定理 6　设 $f(x) \in C^n[a,b], n \geqslant 1$，也就是说 $f(x)$ 在 $[a,b]$ 上 n 次连续可微，又设 $f(x)$ 于 $x_i (1 \leqslant i \leqslant k)$ 处至少有 m_i 重根，其中

$$a = x_1 < x_2 < \cdots < x_k = b$$

$$\sum_{i=1}^{k} m_i \geqslant n+1$$

则存在 $\xi \in [a,b]$，使 $f^{(n)}(\xi) = 0$. 进一步还可以断言 $\xi \in (a,b)$，除非 $k=1$ 且 $x_1 = a$ 或 b. 在后一种情况下，$\xi = x_1$.

证　若 $k=1$，则取 $\xi = x_1$ 即得所欲证者. 若 $k>1$，则对 n 用归纳法证明.

对 $n=1, f(x)$ 有两个不同的零点，上述结果就是熟知的罗尔定理. 如果定理 1 对一切直到 $n-1$ 的整数成立，并令 $g(x) = f'(x)$. 函数 $g(x)$ 在 $x_i (1 \leqslant i \leqslant k)$ 处有 $m_i - 1$ 阶零点且有一个一阶零点 $\xi_i \in (x_i, x_{i+1})$ $(i=1,2,\cdots,k-1)$，于是，$g(x)$ 的零点的总数是

$$\sum_{i=1}^{k} (m_i - 1) + k - 1 \geqslant n$$

根据归纳法假设，必存在 $\xi \in (a,b)$ 使 $g^{(n-1)}(\xi) = 0$，即 $f^{(n)}(\xi) = 0$，定理证完.

定理 7(插值余项及其低阶导数的估计)　设 $f(x) \in C^m[a,b], S(f;x)$ 为 $f(x)$ 的插值问题 $1 \sim 5$ 的样条插值函数，则

$$R^{(\alpha)}(f;x) = f^{(\alpha)}(x) - S^{(\alpha)}(f;x) = O(h^{(2m-1-2\alpha)/2}) \tag{1}$$

其中

$$h = \max_{0 \leqslant i \leqslant N-1} |x_{i+1} - x_i|, \alpha = 0, 1, \cdots, m-1$$

证　根据第一积分关系式(定理 3)，我们有

232

$$\int_a^b \{R^{(m)}(f;x)\}^2 \mathrm{d}x \leqslant \int_a^b \{f^{(m)}(x)\}^2 \mathrm{d}x = O(1)\ (2)$$

（对于问题 5，在式（2）中间的式子上应再加一个仅与 f 有关的常数，但这并不影响（2）最后的结论，因此在这里及以后类似之处都不细加说明）对任意的 $x \in [x_i, x_{i+1}]$ $(1 \leqslant i \leqslant N-1)$，根据罗尔定理，存在 ξ 使 $R^{(m-1)}(f;\xi_1) = 0$ 且

$$|\xi_1 - x| \leqslant mh = O(h)$$

从而

$$R^{(m-1)}(f;x) = \int_{\xi_1}^x R^{(m)}(f;t)\mathrm{d}t$$

由柯西不等式，有

$$|R^{(m-1)}(f;x)|^2 \leqslant \int_a^b \{R^{(m)}(f;t)\}^2 \mathrm{d}t\, |x-\xi|$$

进而推知在 $[a,b]$ 上有

$$|R^{(m-1)}(f;x)| = O(h^{1/2}) \tag{3}$$

由（3），反复应用罗尔定理，可知在 $[a,b]$ 上有

$$|R^{(m-\beta)}(f;x)| = \left| \int_{\xi_\beta}^x R^{(m-\beta+1)}(f;t)\mathrm{d}t \right| =$$

$$O(h^{\beta-\frac{1}{2}}),\beta = 1,2,\cdots,m \tag{4}$$

（4）中的 ξ_β 是 $R^{(m-\beta)}(f;x)$ 的零点，且

$$|\xi_\beta - x| \leqslant (m-\beta+1)h$$

在（4）中，令 $m-\beta = \alpha$，则（4）就成为要证明的（1），于是定理证完.

如果我们借助第二积分关系，那么可以作出较之式（1）更佳的余项估计.

定理 8 设 $f(x) \in C^{2m}[a,b]$，则定理 7 中余项估计（1）中的阶可以提高为

$$R^{(\alpha)}(f;x) = O(h^{2m-1-\alpha}),\alpha = 0,1,\cdots,m-1 \tag{5}$$

233

证　因为由第二积分关系，有

$$\left|\int_a^b \{f^{(m)}(x)-S^{(m)}(f;x)\}^2 \mathrm{d}x\right|=$$

$$\left|\int_a^b |f(x)-S(f;x)| f^{(2m)}(x)\mathrm{d}x\right|\leqslant$$

$$\sup_{a\leqslant x\leqslant b}|R(f;x)|\int_a^b |f^{(2m)}(x)|\mathrm{d}x$$

于是定理 7 中的(3)变为

$$\sup_{a\leqslant x\leqslant b}|R^{(m-1)}(f;x)|\leqslant$$

$$\{\sup_{a\leqslant x\leqslant b}|R(f;x)|\}^{1/2}\cdot O(h^{1/2})\quad (6)$$

而(4)成为

$$\sup_{a\leqslant x\leqslant b}|R^{(m-\beta)}(f;x)|\leqslant\{\sup_{a\leqslant x\leqslant b}|R(f;x)|\}^{1/2}\cdot O(h^{\beta-1/2})$$

$$\beta=1,2,\cdots,m \quad (7)$$

特别在(7)中令 $\beta=m$，则得

$$\sup_{a\leqslant x\leqslant b}|R(f;x)|\leqslant\{\sup_{a\leqslant x\leqslant b}|R(f;x)|\}^{1/2}O(h^{m-1/2})$$

$$(8)$$

将(8)两边平方，且消去共同的因子，得

$$\sup_{a\leqslant x\leqslant b}|R(f;x)|\leqslant O(h^{2m-1}) \quad (9)$$

将(9)代回(7)的右边，便得我们要证的(5).

8.4.2　插值余项的积分表达

余项估计(5)只是对 $m-1$ 阶以下的导数作出的，其实样条函数插值的余项直到其 $2m-1$ 阶导数都可以有类似的估计，并且(5)右端关于 h 的阶可以估计得更细，即还可以提高一阶，得到如下的估计

$$R^{(\alpha)}(f;x)=O(h^{2m-\alpha}),a\leqslant x\leqslant b$$

$$\alpha=0,1,2,\cdots,2m-1 \quad (10)$$

对分划

$$\Delta:a=x_0<x_1<\cdots<x_N=b$$

做了一个附加的限制

$$r_\Delta = \frac{\max\limits_{0\leqslant i\leqslant N-1}\mid x_{i+1}-x_i\mid}{\min\limits_{0\leqslant i\leqslant N-1}\mid x_{i+1}-x_i\mid} < \beta \qquad (11)$$

β 为与结点分布无关的常数.

在 $m=2$ 的情形,可以去年限制(11)得到如下估计

$$\sup_{a\leqslant x\leqslant b}\mid f(x)-S(f;x)\mid \leqslant \frac{5}{384}h^4 \sup_{a\leqslant x\leqslant b}\mid f^{(4)}(x)\mid$$

$$(12)$$

去掉限制(11)得到三次样条函数插值余项为 $O(h^4)$.

下面我们要在一定的条件下给出肯定的回答. 为此,我们要把余项的积分表达即所谓皮亚诺余项应用到样条函数的插值余项上.

定理 9　设 $f(x) \in C^{2n}[a,b]$ 为任意被插函数,$S(f;x) \in \mathrm{Sp}(\Delta,2m-1)$ 为其插值问题 $1\sim 5$ 的解,以 $R(f;x)=f(x)-S(f;x)$ 表示插值余项,则

$$R(f;x)=\int_a^b R_x\left\{\frac{(x-t)_+^{2m-1}}{(2m-1)!}\right\}f^{(2m)}(t)\mathrm{d}t \quad (13)$$

其中 $R_x\{(x-t)_+^{2m-1}\}$ 表示 $(x-t)_+^{2m-1}$ 作为 x 的函数(视 t 为参数)时的插值问题的余项.

证　由微积分学,我们熟知有带积分余项的泰勒展开式

$$f(x)=f(a)+f'(a)\frac{x-a}{1!}+f''(a)\frac{(x-a)^2}{2!}+\cdots +$$

$$f^{(2m-1)}(a)\frac{(x-a)^{2m-1}}{(2m-1)!}+$$

$$\int_a^x \frac{(x-t)^{2m-1}}{(2m-1)!}f^{(2m)}(t)\mathrm{d}t=$$

$$P_{2m-1}(x)+$$

$$\int_a^b \frac{1}{(2m-1)!}(x-t)_+^{2m-1} f^{(2m)}(t)\mathrm{d}t \quad (14)$$

（14）也可以利用 $\delta-$ 函数，从

$$f(x)=\int_a^b \delta(x-t)f(t)\mathrm{d}t, a < x < b$$

出发，反复作分部积分而得到.

现在将（14）两端函数作样条插值得

$$S(f;x)=S(R_{2m-1};x)+$$

$$\frac{1}{(2m-1)!}\int_a^b S_x\{(x-t)_+^{2m-1}\}f^{(2m)}(t)\mathrm{d}t \quad (15)$$

但插值问题 $1\sim 5$ 对 $2m-1$ 次多项式是精确的，因此

$$S(P_{2m-1};x)=P_{2m-1}(x) \quad (16)$$

于是从（14）减去（15）便得

$$f(x)-S(f;x)=\frac{1}{(2m-1)!}\int_a^b\{(x-t)_+^{2m-1}-$$

$$S_x\{(x-t)_+^{2m-1}\}\}f^{(2m)}(t)\mathrm{d}t$$

$$(17)$$

此即余项（13），定理证完.

8.4.3　标准正交基

现在对插值问题 $1\sim 5$ 中的每一问题，类似于 8.2 节开头那样，引入相应的 $N+2m-1$ 个插值条件泛函 $\gamma_i(f)(i=1,2,\cdots,N+2m-1)$，则插值问题的提法归结为：设 $f(x)$ 为任意给定的被插值函数，要求 $S(x)\in\mathrm{Sp}(\Delta,2m-1)$，满足 $N+2m-1$ 个插值条件

$$\gamma_i(S)=\gamma_i(f), i=1,2,\cdots,N+2m-1 \quad (18)$$

例子对问题 1，插值条件泛函 $\gamma_i(f)$ 可定义为

$$\begin{cases} \gamma_i(f)=f^{(i-1)}(x_0), i=1,2,\cdots,m \\ \gamma_{i+m}(f)=f^{(i-1)}(x_N), i=1,2,\cdots,m \\ \gamma_{2m+i}(f)=f(x_i), i=1,2,\cdots,N-1 \end{cases} \quad (19)$$

它们合起来共 $N+2m-1$ 个线性独立的插值泛函. 其他几个插值问题中, 有的含齐边界条件, 有的含周期性边界条件, 这时自然也假定被插函数 $f(x)$ 事先是满足齐边界条件或周期性边界条件的, 因此插值问题的提法也都可归结为 (18) 的形式.

引入定义在 $[a,b]$ 上、属于 $\mathrm{Sp}(\Delta,2m-1)$ 的一组在插值条件下的标准正交基 $\{\psi_i(x)\}$, 即

$$\psi_j(x) \in \mathrm{Sp}(\Delta,2m-1) \text{ 且 } \gamma_i(\psi_j)=\delta_{ij} \quad (20)$$
$$i,j=1,2,\cdots,n$$

其中 $n=N+2m-1$. 由于五个插值问题的解都是唯一存在的, 且对 $\mathrm{Sp}(\Delta,2m-1)$ 中的函数而言, 这种插值函数就是函数本身, 因此基底 $\{\psi_i(x)\}$ 唯一存在, 且可通过 δ — 基 $\{\varphi_i(x)\}(i=-m+1,\cdots,N+m-1)$ 唯一表示出来. 事实上, 令

$$\psi_j(x)=\sum_{v=1}^{n}c_{vj}\varphi_{v-m}(x),j=1,\cdots,n \quad (21)$$

由插值条件

$$\gamma_i(\psi_j)=\sum_{v=1}^{n}c_{vj}\gamma_i(\varphi_{v-m}),i,j=1,2,\cdots,n \quad (22)$$

记 $\gamma_i(\varphi_{v-m})=\lambda_{iv}(i,v=1,2,\cdots,n)$, 以 λ_{iv} 为元素作成的矩阵记为

$$\boldsymbol{\Phi}=(\lambda_{iv}) \quad (23)$$

以 c_{vj} 为元素的矩阵记为

$$\boldsymbol{C}=(c_{vj}) \quad (24)$$

于是 (20) 的矩阵形式是

$$\boldsymbol{\Phi C}=\boldsymbol{I} \quad (25)$$

$\boldsymbol{I}$ 为 n 阶单位矩阵. 由 (25) 有

$$\boldsymbol{C}=\boldsymbol{\Phi}^{-1} \quad (26)$$

代入(21) 得

$$\psi_j(x) = \sum_{v=1}^{n} \varphi_{v-m}(x) [\boldsymbol{\Phi}^{-1}]_v^j, j = 1,2,\cdots,n \quad (27)$$

其中$[\boldsymbol{\Phi}^{-1}]_v^j$ 表示矩阵 $\boldsymbol{\Phi}^{-1}$ 的第 v 行、第 j 列元素.

8.4.4　余项估计

利用插值余项的积分表达和罗尔定理,我们可以把插值余项的估计归结为对单位跳跃函数的插值余项的估计.

下面,我们首先给出两个重要的引理,接着得到插值余项的估计.

引理 1　在区间$[a,b]$,$(x-t)_+^{2m-1}$ 作为 x 的函数,把 t 视为参数,或把它作为 t 的函数,把 x 视为参数,两者的插值余项是一样的,即

$$R_x\{(x-t)_+^{2m-1}\} = R_t\{(x-t)_+^{2m-1}\} \quad (28)$$

并由此可将插值余项(13) 改写成

$$R(f;x) = \frac{1}{(2m-1)!} \int_a^b R_t\{(x-t)_+^{2m-1}\} f^{(2m)}(t)\mathrm{d}t \tag{29}$$

证　我们利用(27) 所示的标准正交基$\{\psi_j(x)\}$,可将插值问题 $1 \sim 5$ 的解表成

$$S(f;x) = \sum_{i=1}^{n} \gamma_i(f)\psi_i(x) \quad (30)$$

注意到

$$R_x\{(x-t)_+^{2m-1}\} = (x-t)_+^{2m-1} - S_x\{(x-t)_+^{2m-1}\} \tag{31}$$

这里的 $S_x\{(x-t)_+^{2m-1}\}$ 也就是 $S\{(x-t)_+^{2m-1};x\}$. 根据(30) 有

$$S_x\{(x-t)_+^{2m-1}\} = \sum_{i=1}^{n}\gamma_{ix}\{(x-t)_+^{2m-1}\}\psi_i(x)$$

$$(32)$$

其中 $\gamma_{ix}\{(x-t)_+^{2m-1}\}$ 表示泛函 γ_i 作用到 x 的函数 $(x-t)_+^{2m-1}$ 上的结果. 与前面一样,我们把下标写上 x 是强调其作为 x 的函数,而视 t 为参数. 重要的是

$$\gamma_{ix}\{(x-t)_+^{2m-1}\} \in \mathrm{Sp}(\varDelta,2m-1), i=1,2,\cdots,m$$

$$(33)$$

从而每一 $\gamma_{ix}\{(x-t)_+^{2m-1}\}$ 作为 t 的函数又可通过标准正交基 $\{\psi_j(t)\}$ 表示出来

$$\gamma_{ix}\{(x-t)_+^{2m-1}\} = \sum_{j=1}^{k}\gamma_{jt}\{\gamma_{ix}\{(x-t)_+^{2m-1}\}\}\psi_j(t)$$

$$(34)$$

将(34)代入(32)得到

$$S_x\{(x-t)_+^{2m-1}\} =$$

$$\sum_{i=1}^{n}\sum_{j=1}^{n}\gamma_{jt}\{\gamma_{ix}\{(x-t)_+^{2m-1}\}\}\psi_j(t)\psi_i(x) \quad (35)$$

类似地可得

$$S_t\{(x-t)_+^{2m-1}\} =$$

$$\sum_{j=1}^{n}\sum_{i=1}^{n}\gamma_{ix}\{\gamma_{jt}\{(x-t)_+^{2m-1}\}\}\psi_i(x)\psi_j(t) \quad (36)$$

显然

$$\gamma_{ix}\{\gamma_{jt}\{(x-t)_+^{2m-1}\}\} = \gamma_{jt}\{\gamma_{ix}\{(x-t)_+^{2m-1}\}\}$$

由此可见

$$S_x\{(x-t)_+^{2m-1}\} = S_t\{(x-t)_+^{2m-1}\} \quad (37)$$

将(37)代入(31)得

$$R_x\{(x-t)_+^{2m-1}\} = (x-t)_+^{2m-1} - S_t\{(x-t)_+^{2m-1}\} = R_t\{(x-t)_+^{2m-1}\}$$

这就证明了(28),从而有(29)成立.引理 1 证完.

引理 2　关于单位跳跃函数$(x-t)_+^0$ 的插值余项,我们有

$$\sup_{a\leqslant x\leqslant b}\int_a^b \mid R_t\{(x-t)_+^0\}\mid \mathrm{d}t=O(h) \qquad (38)$$

证　根据定义

$$R_t\{(x-t)_+^0\}=(x-t)_+^0-\sum_{j=1}^n \gamma_{jt}\{(x-t)_+^0\}\psi_j(t) \qquad (39)$$

其中 $\psi_j(t)\in \mathrm{Sp}(\Delta,2m-1)$.

首先对 $m=1$ 的简单情况做一具体分析.这时

$$R_t\{(x-t)_+^0\}=(x-t)_+^0-\sum_{j=0}^N (x-x_j)_+^0\,\psi_j(t)$$

$$\psi_j(t)=\frac{(x_{j+1}-t)_+-(x_j-t)_+}{x_{j+1}-x_j}-$$

$$\frac{(x_{j-1}-t)_+-(x_j-t)_+}{x_j-x_{j-1}}=$$

$$N_{1,j-1}(t)$$

又设 $x\in[x_i,x_{i+1}]$,将$(x-t)_+$ 以 x_i,x_{i+1} 为结点关于 x 作一阶差商,记为

$$l_i(t)=\frac{(x_{i+1}-t)_+-(x_i-t)_+}{x_{i+1}-x_i}$$

$$i=0,1,\cdots,N-1$$

$l_i(t)$ 的图形如图 1 所示:

注意 $l_i(t)$ 可表示为

$$l_i(t)=\sum_{j=0}^N l_i(x_j)\psi_j(t)$$

于是

240

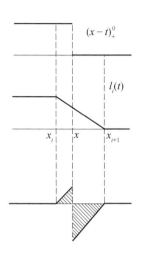

图 1

$$R_t\{(x-t)_+^0\} = \{(x-t)_+^0 - l_i(t)\} -$$

$$\{\sum_{j=0}^{N}\{(x-x_j)_+^0 - l_i(x_j)\}\psi_j(t)\} =$$

$$(x-t)_+^0 - l_i(t)$$

容易算出

$$\int_a^b |R_t\{(x-t)_+^0\}| \, \mathrm{d}t = \frac{(x_{i+1}-x)^2 + (x-x_i)^2}{2(x_{i+1}-x_i)} \leqslant$$

$$\frac{x_{i+1}-x_i}{2} = O(h)$$

于是

$$\sup_{a\leqslant x\leqslant b}\left|\int_a^b R_t\{(x-t)_+^0\}\right|\mathrm{d}t \leqslant O(h)$$

因此对 $m=1$ 引理得证.

对任意 m 可采取类似的证法. 设 $x\in[x_i,x_{i+1}]$，将 $(x-t)_+^{2m-1}$ 以 $x_{i-m+1},\cdots,x_{i+m}$ 为结点作 $2m-1$ 阶差商,也记为 $l_i(t)$. 注意由于 $l_i(t)\in \mathrm{Sp}(\Delta,2m-1)$,从而

241

可以表示为

$$l_i(t) = \sum_{j=1}^{n} \gamma_{jt}(l_i)\psi_j(t), a \leqslant t \leqslant b \qquad (40)$$

于是

$$R_t\{(x-t)_+^0\} = (x-t)_+^0 - l_i(t) -$$

$$\sum_{j=1}^{n} \gamma_{jt}\{(x-t)_+^0 - l_i(t)\}\psi_j(t) =$$

$$g(x,t) - \sum_{j=1}^{n} \gamma_{jt}(g)\psi_j(t)$$

注意由于

$$l'_i(t) = -\frac{2m-1}{x_{i+m} - x_{i-m+1}} N_{2m-2, i-m+1} \leqslant 0$$

及

$$g(x,t) = (x-t)_+^0 - l_i(t) = 0$$

当

$$t \notin (x_{i-m+1}, x_{i+m})$$

可见其图形如图 2 所示.

由此有

$$\int_a^b |g(x,t)| \,\mathrm{d}t \leqslant x_{i+m} - x_{i-m} = O(h) \qquad (41)$$

再由(27),可得

$$\int_a^b |\psi_j(x)| \,\mathrm{d}x \leqslant$$

$$\left(\sum_{v=1}^{n} |[\Phi^{-1}]_v^j|\right) \cdot$$

$$\max_i \int_{-\infty}^{\infty} |\varphi_i(x)| \,\mathrm{d}x \leqslant$$

$$\|\Phi^{-1}\|_\infty \cdot h = O(h) \qquad (42)$$

而在 $\sum \gamma_{jt}(g)\psi_j(t)$ 中最多包含 $2m-1$ 项,从而

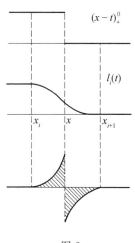

图 2

$$\int_{-\infty}^{\infty}\Big|\sum\gamma_{jt}(g)\psi_j(t)\Big|\mathrm{d}t=O(h) \qquad (43)$$

总之,我们有

$$\sup_{a\leqslant x\leqslant b}\int_a^b|R_t\{(x-t)_+^0\}|\mathrm{d}t=O(h)$$

注意,(42)的右端的估计与 $\parallel\Phi^{-1}\parallel$ 有关.以上引理 2
证完.

现在,我们给出关于余项估计的结论.

定理 10　设 $f(x)\in C^{2m}[a,b]$,则

$$R^{(a)}(f;x)=O(h^{2m-a}),\alpha=0,1,\cdots,2m-1 \quad (44)$$

估计式(44)右端的界与 $\parallel\Phi^{-1}\parallel$ 有关.

证　根据定理 9 及引理 1,有

$$R(f;x)=\frac{1}{(2m-1)!}\int_a^b R_t\{(x-t)_+^{2m-1}\}f^{(2m)}(t)\mathrm{d}t$$

$$(45)$$

将(45)两端对 x 求 $2m-1$ 阶导数,并注意

243

$$\frac{\mathrm{d}}{\mathrm{d}x}R_t\{(x-t)_+^{2m-1}\}=R_t\left\{\frac{\mathrm{d}}{\mathrm{d}x}(x-t)_+^{2m-1}\right\}$$

于是得到

$$R^{(2m-1)}(f;x)=\int_a^b R_t\{(x-t)_+^0\}f^{(2m)}(t)\mathrm{d}t$$

记

$$M_{2m}=\sup_{a\leqslant x\leqslant b}\mid f^{(2m)}(x)\mid$$

则

$$\sup_{a\leqslant x\leqslant b}\mid R^{(2m-1)}(f;x)\mid\leqslant$$

$$M_{2m}\sup_{a\leqslant x\leqslant b}\int_a^b\mid R_t\{(x-t)_+^0\}\mid\mathrm{d}t$$

由引理 2

$$\sup_{a\leqslant x\leqslant b}\mid R^{(2m-1)}(f;x)\mid=O(h) \tag{46}$$

但对任意的 $x\in[x_i,x_{i+1}]$，根据罗尔定理，存在 ξ_1，$\xi_2,\cdots,\xi_{2m-2}$，使得

$$R^{(i)}(f;\xi_i)=0,i=1,2,\cdots,2m-2$$

但

$$\mid\xi_i-x\mid\leqslant ih$$

从而

$$\max_i\mid\xi_i-x\mid=O(h)$$

于是

$$R^{(2m-2)}(f;x)=\int_{\xi_{2m-2}}^x R^{(2m-1)}(f;t)\mathrm{d}t=O(h^2)$$

$$R^{(2m-3)}(f;x)=\int_{\xi_{2m-3}}^x R^{(2m-2)}(f;t)\mathrm{d}t=O(h^3)$$

$$\vdots$$

一般来说，有

$$R^{(2m-\beta)}(f;x)=\int_{\xi_{2m-\beta}}^x R^{(2m-\beta+1)}(f;t)\mathrm{d}t=O(h^\beta)$$

$$\beta = 1, 2, \cdots, 2m$$

亦即

$$R^{(\alpha)}(f;x) = O(h^{2m-\alpha}), \alpha = 0, 1, \cdots, 2m-1$$

定理 10 证完.

如果被插函数 $f(x)$ 有较低的光滑性,自然得到下面的结论.

定理 11 设 $f(x) \in C^{\mu}[a,b], \mu \leqslant 2m$,则:

$(1) R(f;x) = \dfrac{1}{(\mu-1)!} \displaystyle\int_a^b R_x\{(x-t)_+^{\mu-1}\} f^{(\mu)}(t) \mathrm{d}t;$

$(2) R_x\{(x-t)_+^{\mu-1}\} = R_t\{(x-t)_+^{\mu-1}\};$

$(3) R^{(\alpha)}\{f;x\} = O(h^{\mu-\alpha}).$

证明与前面所述的证明类似,从略.

我们还要指出,对 L_2 模 $\|f\| = \left\{\displaystyle\int_a^b f^2(x)\mathrm{d}x\right\}^{\frac{1}{2}}$ 而言,定理 10,11 的结果也是成立的.

8.5 广义结点样条函数

本章的结果,可以推广到具有广义结点的样条函数

$$S(x) = \sum_{j=0}^{2m-1} \frac{\alpha_j x^j}{j!} + \sum_{t=1}^{N-1} \sum_{0 \leqslant j \leqslant \gamma_{i-1}} \frac{\beta_{ij}(x-x_i)^{2m-1-j}}{(2m-1-j)!} \quad (1)$$

的插值问题上,其中的 r_i 限制为

$$1 \leqslant r_i \leqslant m, i = 1, 2, \cdots, N-1$$

值得指出,(1) 中对 j 的求和不必一定要取遍 0 到 r_i 各整数. 显然 (1) 所示的函数 $S(x) \in PC^m[a,b]$.

相应于 (1) 的插值问题的内点条件应为

$$S^{(j)}(x_i) = y_i^{(j)}, 0 \leqslant j \leqslant r_i - 1, i = 1, 2, \cdots, N \quad (2)$$

(2) 中关于 j 的变化方式应和 (1) 完全一致. 至于边界

插值条件则和本章 8.1 节的方法完全一致.

对于这种推广了的问题 $1 \sim 5$,本章前述的定理 $1 \sim 5$ 仍然成立,关键在于 $S(x) \in PC^m[a,b]$,检查诸定理的证明都成立. 关于重结点样条函数空间的 δ — 基应做相应地推广.

关于插值余项,假如 $f(x) \in C^{2m}[a,b]$,则可得

$$R^{(\alpha)}\{f;x\} = O(h^{2m-r+1-\alpha}), \alpha = 0,1,\cdots,2m-r+1$$

$$(3)$$

其中 $r = \max_{1 \leqslant i \leqslant N-1}(r_i)$ 表示内结点的最大亏损度.

$\delta-$ 函数勒让德非线性逼近的收敛性

第 9 章

世界著名数学家 G. T. Kneebone 曾指出：

> 有时一个数学理论是直接由具体经验提出，再通过抽象过程从这些经验中提炼精华的；有时纯数学及其应用是肩并肩地发展的，二者互相促进；还有时，一个数学理论最初靠纯智力的运用而提出，其后才表明具有意义重大的应用.

许多数学和物理工作者研究了逼近形式正交多项式级数的具有较好收敛性的非线性方法[1-5]，这些非线性逼近方法的一个共同点是使用了线性级数中正交多项式的母函数.

247

物理学的微分方程中常含有狄拉克 δ — 函数 $\delta(x)$. 当其解需要展开成某种级数时,就会涉及 $\delta(x)$ 的展开式. 近来 δ — 函数 的展开式出现于多篇文献中,如文献[6]~[8]利用 δ — 函数的正交多项式展开解决了一些化学、物理方面的问题;文献[2]讨论了用母函数方法对 δ — 函数的勒让德展开式的非线性逼近,证明了这样的逼近等价于 δ — 函数的一种斯蒂尔切斯积分的高斯求积公式,而这种斯蒂尔切斯积分则由勒让德多项式的母函数所决定,但并未给出这种逼近的收敛性或逼近误差. 浙江师范大学的潘云兰教授 2005 年讨论了利用勒让德多项式母函数的非线性逼近,证明了当这类非线性逼近的区间 $[-1,1]$ 应用于狄拉克 δ — 函数 时逼近是收敛的,且导出了逼近误差.

9.1　预　备　知　识

母函数逼近方法的详细描述可参考文献[5]. 一般地,设

$$v(x,t) = \sum_{k=0}^{\infty} u_k(x) t^k \tag{1}$$

是函数系 $\{u_k(x)\}$ 的母函数,其中 $\{u_k(x)\}$ 和一个线性算子系 $\{H_k[\degree]\}$ 标准正交,即满足

$$H_k[u_m(x)] = \delta_{mk}, m,k = 0,1,2,\cdots \tag{2}$$

其中, δ_{mk} 是克罗内克 δ — 函数. 给定一个函数 $f(x)$,其母函数非线性逼近的最基本形式定义为

$$F(n;x) = \sum_{j=1}^{n} a_j v(x,t_j), n = 1,2,\cdots \tag{3}$$

248

其中,待定参数$\{a_j\}$和$\{t_j\}$由下列匹配条件决定

$$H_k[F(n;x)] = H_k[f(x)], k = 0,1,\cdots,2n-1 \quad (4)$$

记

$$f_k = H_k[f(x)], k = 0,1,\cdots$$

把式(1)代入式(3)且交换求和次序,从式(4)得到

$$\sum_{j=1}^{n} a_j t_j^k = f_k, k = 0,1,\cdots,2n-1 \qquad (5)$$

通常可以通过解这个方程组得到式(3)中的参数,而这一方程组可通过 Prony 方法[9]解得.首先从方程式

$$c_0 f_k + c_1 f_{k+1} + \cdots + c_{n-1} f_{k+n-1} + f_{k+n} = 0 \quad (6)$$

$$k = 0,1,\cdots,n-1$$

中解得$c_0,c_1,\cdots,c_{n-1}$,然后求出多项式

$$p(t) = c_0 + c_1 t + \cdots + c_{n-1} t^{n-1} + t^n \qquad (7)$$

的所有根,即非线性参数$t_1,t_2,\cdots,t_n$,最后剩下的线性参数$a_1,a_2,\cdots,a_n$就可以由式(5)求出了.如果$\{t_j\}$有重数$\{r_j\}$,文献[5]把逼近$\{F(n;x)\}$推广成

$$F(n;x) = \sum_{j=1}^{s} \sum_{i=0}^{r_j-1} \frac{a_{ji}}{i!} \frac{\partial}{\partial t^i} v(x,t) \bigg|_{t=t_j}, n = 1,2,\cdots$$

$$(8)$$

其中

$$\sum_{j=1}^{s} r_j = n$$

设$P_k(x)$是k次勒让德多项式,则$\{P_k(x)\}$的母函数是

$$v_L(x,t) = \frac{1}{\sqrt{1-2xt+t^2}} = \sum_{k=0}^{\infty} P_k(x) t^k \qquad (9)$$

$$|x| \leqslant 1, |t| < 1$$

勒让德多项式互相正交且满足

$$\int_{-1}^{1} P_m(x)P_n(x)\mathrm{d}x = \begin{cases} 0, m \neq n \\ \dfrac{2}{2n+1}, m = n \end{cases}$$

一个定义在区间$[-1,1]$上的函数$f(x)$可形式地展开成勒让德多项式的级数

$$f(x) = \sum_{k=0}^{\infty} f_k P_k(x) \tag{10}$$

其中

$$f_k = \frac{2k+1}{2}\int_{-1}^{1} f(x)P_k(x)\mathrm{d}x, k = 0,1,2,\cdots$$

用式(11)定义的函数$F_L(n;x)$来逼近这一形式级数

$$F_L(n;x) = \sum_{j=1}^{n} a_j v_L(x,t_j) \tag{11}$$

其中,$2n$个自由参数由$f(x)$和$F_L(n;x)$之间的$2n$个匹配条件来决定,它们是

$$H_k(f) = H_k(F_L), k = 0,1,\cdots,2n-1$$

其中,算子$\{H_k\}$由式(12)定义

$$H_k(g(x)) = \frac{2k+1}{2}\int_{-1}^{1} g(x)P_k(x)\mathrm{d}x \tag{12}$$

$$k = 0,1,2,\cdots$$

由 Prony 方法可知,式(11)中的参数$\{t_j\}$是多项式的根,如果它们有大于 1 的重数,那么需要根据式(8)中的形式来修改$F_L(n;x)$的表达式. 由式(9)可知,要求$\{t_j\}$的模小于 1. 若有些参数不满足这样的条件,则所导出的非线性逼近将变得无效. 对这种病态情况,可不断使用文献[2]中的模缩减方法缩减$\{t_j\}$的模,直到它们都小于 1 为止.

9.2　δ - 函数逼近的收敛性

$\delta(x)$ 在区间$[-1,1]$上的勒让德多项式展开式是

$$\delta(x) = \sum_{k=0}^{\infty} \frac{2k+1}{2} P_k(0) P_k(x) \qquad (13)$$

文献[2]用母函数方法对这一问题进行了研究,指出如用式(11)中的$\{F_L(n;x)\}$去逼近$\delta(x)$,那么对任一 n,总存在某个参数t_j不满足约束条件$|t_j| < 1$. 然而,如果用式(14)逼近

$$F_L^1(n;x) = \sum_{j=1}^{n} a_j v_L^1(x,t_j) \qquad (14)$$

其中

$$v_L^1(x,t) = \frac{1-t^2}{2(1-2xt+t^2)^{3/2}} =$$

$$\sum_{k=0}^{\infty} \frac{2k+1}{2} P_k(x) t^k =$$

$$t^{\frac{1}{2}} \frac{\partial}{\partial t} (t^{\frac{1}{2}} v_L(x,t))$$

$$|x| \leqslant 1, |t| < 1 \qquad (15)$$

那么,$\{F_L^1(n;x)\}$是如下积分的对应高斯求积公式

$$\delta_L^1(x) = \frac{1}{\pi i} \int_{-i}^{i} \frac{1}{\sqrt{1+z^2}} v_L^1(x,z) dz, x \in [-1,1] \qquad (16)$$

其中积分是在虚轴上从$-i$到i这一线段上进行的,且函数$\delta_L^1(x)$具有这样的性质,它在$[-1,1]$的非零点上等于零,$\int_{-1}^{1} \delta_L^1(x) dx = 1$,即在区间$[-1,1]$上$\delta_L^1(x)$和

$\delta(x)$ 具有相同的性质.

至于 $\{F_L^1(n;x)\}$ 是否收敛于 $\delta(X)$,文献[2]中并未涉及.笔者将证明 $\{F_L^1(n;x)\}$ 在区间 $[-1,1]$ 上收敛于 $\delta(x)$,且给出用 $\{F_L^1(n;x)\}$ 逼近 $\delta(x)$ 的逼近误差.本节的证明将用到如下的引理.

引理 1[10]　　如果在区间 $[a,b]$(可以是无穷区间)上函数 $w(x) \geqslant 0$,那么具有 $2n-1$ 阶精度的高斯求积公式

$$\int_a^b w(x)f(x)\mathrm{d}x \simeq \sum_{j=1}^n A_j f(t_j)$$

是黎曼 $-$ 斯蒂尔切斯和.

利用引理 1,可以证明引理 2.

引理 2　　设 $I = \int_C w(z)f(z)\mathrm{d}z$ 存在,其中 C 是虚轴上的某一段.如果 $w(z)$ 在 C 上是个实的或纯虚的函数,且在 C 上不变号,那么具有 $2n-1$ 阶精度的高斯求积公式

$$I \simeq \sum_{j=1}^n A_j^{(n)} f(z_j^{(n)})$$

当 n 趋于无穷时收敛于 I.

证　　由于 C 是虚轴上的一段,故存在实轴上的一个区间 R,使得

$$I = \mathrm{i}\int_R w(\mathrm{i}t)f(\mathrm{i}t)\mathrm{d}t$$

其中 i 是虚数单位.记

$$f(z) = f(\mathrm{i}t) = f_1(t) + \mathrm{i}f_2(t)$$

其中 $t \in R$ 且 $f_1(t)$ 和 $f_2(t)$ 是 2 个实函数.

先证当 $w(z)$ 是实函数的情形.

令

$$w_1(t) = w(\mathrm{i}t) = w(z)$$

不失一般性,可假定 $w_1(t)$ 在 R 上非负.引进记号

$$z_j^{(n)} = \mathrm{i}t_j^{(n)}, j = 1, 2, \cdots, n; n = 1, 2, \cdots$$

$$p_n(z) = \prod_{j=1}^{n}(z - z_j^{(n)})$$

$$q_n(t) = \prod_{j=1}^{n}(t - t_j^{(n)}), n = 1, 2, \cdots$$

则有

$$p_n(z) = \prod_{j=1}^{n}(z - z_j^{(n)}) = \mathrm{i}^n \prod_{j=1}^{n}(t - t_j^{(n)}) = \mathrm{i}^n q_n(t)$$

从而对 $m < n$

$$\int_R w_1(t) q_n(t) q_m(t) \mathrm{d}t = (-\mathrm{i})^{(n+m+1)} \int_C w(z) p_n(z) p_m(z) \mathrm{d}z = \sum_{j=1}^{n} A_j^{(n)} p_n(z_j^{(n)}) p_m(z_j^{(n)}) = 0$$

即 $\{q_n(t)\}$ 是 R 上的一个以 $w_1(t)$ 为权的正交多项式系,且 $q_n(t)$ 的次数恰好是 n. 对 $j = 1, 2, \cdots, n; n = 1, 2, \cdots,$ 因为

$$A_j^{(n)} = \int_C w(z) \frac{p_n(z)}{(z - z_j^{(n)}) p_n(z_j^{(n)})} \mathrm{d}z = \mathrm{i} \int_R w_1(t) \frac{q_n(t)}{(t - t_j^{(n)}) q_n(t_j^{(n)})} \mathrm{d}t$$

故如果记

$$B_j^{(n)} = \int_R w_1(t) \frac{q_n(t)}{(t - t_j^{(n)}) q_n(t_j^{(n)})} \mathrm{d}t$$

那么

$$\sum_{j=1}^{n} B_j^{(n)} (t_j^{(n)})^k = \frac{1}{\mathrm{i}^{k+1}} \sum_{j=1}^{n} A_j^{(n)} (z_j^{(n)})^k =$$

$$\frac{1}{i^{k+1}} \int_C w(z) z^k \mathrm{d}z =$$

$$\int_R w_1(t) t^k \mathrm{d}t$$

$$k = 0, 1, \cdots, 2n-1$$

所以

$$\int_R w_1(t) g(t) \mathrm{d}t \simeq \sum_{j=1}^n B_j^{(n)} g(t_j^{(n)})$$

是精度为 $2n-1$ 的高斯求积公式. 由引理 1, 只要 $\int_R w_1(t) g(t) \mathrm{d}t$ 存在, 就有

$$\lim_{n \to \infty} \sum_{j=1}^n B_j^{(n)} g(t_j^{(n)}) = \int_R w_1(t) g(t) \mathrm{d}t$$

所以

$$\lim_{n \to \infty} \sum_{j=1}^n A_j^{(n)} f(z_j^{(n)}) = i \lim_{n \to \infty} \sum_{j=1}^n B_j^{(n)} [f_1(t_j^{(n)}) + if_2(t_j^{(n)})] =$$
$$i f_R w_1(t) [f_1(t) + if_2(t)] \mathrm{d}t = I$$

至于 $w(z)$ 是纯虚数函数的情形, 其证明类似可得. 引理 2 得证.

现在给出收敛性定理.

定理 1   对每一 $x \in [-1, 1]$, 逼近序列 $\{F_L^1(n; x)\}$ 收敛到 $\delta(x)$.

事实上, $\int_{-1}^1 \delta_L^1(x) \mathrm{d}x = 1$, 且对 $[-1, 1]$ 上的非零点 x, 式(16) 中的积分为零. 而 $\{F_L^1(n; x)\}$ 是式(16) 中积分的对应高斯求积公式, 故由引理 2 可得定理 1 的证明.

定理 2 给出了逼近误差.

定理 2   对每一正整数 n, 设 $T_n(x)$ 是 n 次切比雪夫(Chebyshev) 多项式, 则对任何 $x \in [-1, 1]$ 且

$x \neq 0$，有如下的逼近误差

$$E_n(x) = \delta(x) - F_L^1(n;x) =$$

$$\frac{1}{2\pi i} \oint_C \int_{-1}^1 \frac{[f_1(x,z) + if_2(x,z)]T_n(t)}{(z-t)T_n(z)} dt dz$$

其中 $t_1, t_2, \cdots, t_n$ 是 $T_n(x)$ 的 n 个根。围线 C 含有 t，$t_1, \cdots, t_n$ 且具有逆时针方向，对 $t \in [-1,1]$，有

$$f_1(x,t) = \operatorname{Re} v_L^1(x,it), f_2(x,t) = \operatorname{Im} v_L^1(x,it)$$

证 注意到

$$\delta(x) = \delta_L^1(x) = \frac{1}{\pi} \int_{-1}^1 \frac{1}{\sqrt{1-t^2}} [f_1(x,t) +$$

$$if_2(x,t)] dt, x \in [-1,1]$$

类似于引理 2 的证明，可证 $\operatorname{Re} F_L^1(n;x)$ 和 $\operatorname{Im} F^1(n;x)$ 分别是积分

$$\frac{1}{\pi} \int_{-1}^1 \frac{1}{\sqrt{1-t^2}} f_1(x,t) dt$$

和

$$\frac{1}{\pi} \int_{-1}^1 \frac{1}{\sqrt{1-t^2}} f_2(x,t) dt$$

的高斯—切比雪夫求积公式。由一求积公式误差的已知结果[5]，不难证得这里的误差表达式。

参 考 资 料

［1］Brezins ki C. Padé—Type Approximation and General Orthogonal Polynomials，ISNM 50［M］. Basel：Birk häuser Verlag，1980.

［2］Charron R J，Small R D. On weighting schemes associated with the generating function method［A］. Chui C K，Schumaker L L，Ward J D. Approximation Theory Ⅵ（Vol. 1）［C］. New York：

Academic Press Inc, 1989:133-136.

[3] Chisholm J S R, Common A K. Generalizations of Padé approximation for Chebyshev series [A]. Butzer P L, Fehér F, Christoffel E B. The Influence of His Work on Mathematics and the Physical Sciences[C]. Basel: Birkhauser Verlag, 1979.

[4] Garibotti C R, Grinstein F F. A summation procedure for expansions in orthogonal polynomials[J]. Rev Brasileira Fis, 1977,7(3):557-567.

[5] Small R D. The generating function method of nonlinear approximation[J]. SIAM J Num Anal, 1988,25(1):235-244.

[6] Zhu W, Huang Y H, Kouri D J, et al. Orthogonal polynomial expansion of the spectral density operalor and the calculation of bound state energies and eigenfuncitons[J]. Chem Phys Lett, 1994,217(1):73-79.

[7] Kouri D J, Zhu W, Parker G A, et al. Acceleration of convergence in the polynomial — expanded spectral density approach to bound and resonance state calculations[J]. Chem Phys Lett, 1995, 238(6):395-403.

[8] Parker G A. Zhu W, Huang Y H, et al. Matrix pseudo — spectroscopy: iterative calculation of matrix eigenvalues and eigenvectors of large matrices using a polynomial expansion of the Dirac delta function[J]. Comput Phys Commun, 1996, 96(1):27-35.

[9] Hildebrand F B. Introduction to Numerical Analysis[M]. New York: Dover Publications Inc. 1987.

[10] Szëgo G. Orthogonal Polynomials[J]. Providence: Colloquium Publications-American Mathematical Society,1959.

δ — 函数的导函数的勒让德非线性逼近

第 10 章

世界著名数学家 A. Renyi 曾指出：

数学模型仅仅是一个近似，它总有一些方面与事实不符. 正因为这一点，人们必须当心，不要因粗心地使用数学而使它与事实进一步不符合，必须尽可能精确. 此外还有一种常见的对近似的误解，认为使用近似就意味着远离数学的精确性. 实际上，近似有它的精确理论，关于近似的结果也要像等式那样被严格地证明.

许多数学和物理工作者研究了逼近形式正交多项式级数的具有较好收敛性的非线性方法[1-5]，这些非线性逼近方法的一个共同点是使用了线性级数

257

中正交多项式的母函数.

物理学的微分方程中常常含有狄拉克 δ — 函数 $\delta(x)$ 及其导函数 $\delta'(x)$,当其解需要展开成某种级数时,就会涉及它们的展式,因而对其逼近的讨论自然也就成了一个有意义的问题.文献[2]和文献[6]讨论了用母函数方法求 δ — 函数的勒让德非线性逼近问题.本章将讨论用母函数方法对 $\delta'(x)$ 的勒让德非线性逼近问题.浙江师范大学的潘云兰教授2006年用了2种变形勒让德多项式的母函数,证明了这样的逼近等价于 $\delta'(x)$ 的两种Stieltjes积分的高斯求积公式,而这两种Stieltjes积分则由前述两种变形勒让德多项式的母函数所决定.同时,笔者证明了这样的逼近是收敛的,且导出了逼近误差.

10.1 预 备 知 识

定义1 设 $\{u_k(x)\}$ 是一个函数系,$\{H_k[\cdot]\}$ 是一个线性算子系.如果 $\{H_k[\cdot]\}$ 和 $\{u_k(x)\}$ 标准正交,即满足

$$H_k[u_m(x)] = \delta_{mk}, m, k = 0, 1, 2, \cdots \qquad (1)$$

式(1)中,δ_{mk} 是克罗内克 δ — 函数,那么称

$$v(x, t) = \sum_{k=0}^{\infty} u_k(x) t^k \qquad (2)$$

为函数系 $\{u_k(x)\}$ 的母函数.

下面给出母函数非线性逼近的定义.

定义2 给定一个函数 $f(x)$,其关于母函数 $v(x, t)$ 的 n 阶母函数非线性逼近定义为

258

$$F(n;x) = \sum_{j=1}^{n} a_j v(x,t_j), n = 1, 2, \cdots \qquad (3)$$

式(3)中,待定参数$\{a_j\}$和$\{t_j\}$由下列匹配条件决定

$$H_k[F(n;x)] = H_k[f(x)], k = 0, 1, \cdots, 2n-1 \quad (4)$$

记 $f_k = H_k[f(x)], k = 0, 1, \cdots$,把式(2)代入式(3)且交换求和次序,再利用式(4)可得

$$\sum_{j=1}^{n} a_j t_j^k = f_k, k = 0, 1, \cdots, 2n-1 \qquad (5)$$

通常,式(3)中的参数可通过解这个方程组得到,而这一方程组可通过 Prony 方法[7] 解得. 母函数逼近方法的详细描述参见文献[5].

设 $P_k(x)$ 是 k 次勒让德多项式,则$\{P_k(x)\}$的母函数是

$$v(x,t) = \frac{1}{\sqrt{1-2xt+t^2}} = \sum_{k=0}^{\infty} P_k(x) t^k \qquad (6)$$

$$|x| \leqslant 1, |t| < 1$$

勒让德多项式互相正交且满足

$$\int_{-1}^{1} P_m(x) P_n(x) \mathrm{d}x = \begin{cases} 0, m \neq n \\ \dfrac{2}{2n+1}, m = n \end{cases}$$

一个定义在区间$[-1,1]$上的函数 $f(x)$ 可形式地展开成勒让德多项式的级数

$$f(x) = \sum_{k=0}^{\infty} f_k P_k(x) \qquad (7)$$

其中

$$f_k = \frac{2k+1}{2} \int_{-1}^{1} f(x) P_k(x) \mathrm{d}x, k = 0, 1, 2, \cdots$$

匹配条件式(4)中的算子$\{H_k\}$此时成为

$$H_k(g(x)) = \frac{2k+1}{2}\int_{-1}^{1}g(x)P_k(x)\mathrm{d}x, k = 0,1,2,\cdots$$

$$(8)$$

由式（6）可知，要求式（3）中的参数$\{t_j\}$的模小于1. 若有些参数不满足这样的条件，则所导出的非线性逼近将变得无效. 对于这种病态的情形，往往可通过修改母函数的方法使$\{t_j\}$的模变得小于1.

10.2　对$\delta'(x)$的逼近

本节将在区间$[-1,1]$上用勒让德多项式的母函数逼近$f(x)=\delta'(x)$. 如用由式（3）定义的$\{F(n;x)\}$去逼近$\delta'(x)$，其中$v(x,t)$由式（6）给出，笔者发现，对任一n，总存在某个参数t_j不满足约束条件$|t_j|<1$. 笔者将通过修改母函数的方法来克服这一问题，用2种变形勒让德多项式的母函数来逼近$\delta'(x)$.

先考虑如下的母函数

$$v_1(x,t) = -\frac{x-5t+xt^2+t^3}{(1-2xt+t^2)^{\frac{5}{2}}} =$$

$$-\sum_{k=0}^{\infty}\frac{2k+3}{2}(k+1)P_{k+1}(x)t^k =$$

$$-\frac{\partial}{\partial t}\left(t^{\frac{1}{2}}\frac{\partial}{\partial t}(t^{\frac{1}{2}}v(x,t))\right)$$

$$|x|\leqslant 1, |t|<1 \qquad (9)$$

令

$$F_1(n;x) = \sum_{j=1}^{n}a_j v_1(x,t_j) \qquad (10)$$

下面讨论用$F_1(n;x)$逼近$\delta'(x)$.

引理 1[6]　设 $I = \int_C w(z)f(z)\mathrm{d}z$ 存在,其中 C 是虚轴上的某一段.如果 $w(z)$ 在 C 上是个实的或纯虚的函数,且在 C 上不变号,那么具有 $2n-1$ 阶精度的高斯求积公式

$$I \simeq \sum_{j=1}^{n} A_j^{(n)} f(z_j^{(n)})$$

当 n 趋于无穷时收敛于 I.

定理 1 给出了在式(10)中定义的非线性逼近 $F_1(n;x)$ 的收敛性.

定理 1　记

$$\delta'_1(x) = \int_{-i}^{i} w(z)v_1(x,z)\mathrm{d}z, x \in [-1,1] \quad (11)$$

式(11)中,$w(z) = \dfrac{1}{\pi i} \cdot \dfrac{1}{\sqrt{1+z^2}}$,且积分是在虚轴上从 $-i$ 到 i 这一线段上进行.则在区间 $[-1,1]$ 上对 $\delta'(x)$ 的非线性逼近 $F_1(n;x)$ 是式(11)定义的线积分的高斯求积公式.进一步地,有

$$H(x) = \int_{-1}^{x} \delta'_1(u)\mathrm{d}u, x \in [-1,1]$$

和 $\delta(x)$ 具有相同的勒让德展开式,且

$$\lim_{n \to \infty} F_1(n;x) = \delta'_1(x), x \in [-1,1] \quad (12)$$

证　不难看出,由式(8)定义的算子 H_k 在这里成为

$$H_k(g(x)) = -\frac{1}{k+1}\int_{-1}^{1} g(x)P_{k+1}(x)\mathrm{d}x, k = 0,1,2,\cdots$$

且满足

$$H_k(v_1) = t^k, k = 0,1,2,\cdots$$

在匹配条件式(4)(或等价地,式(5))中的 f_k 可计算

如下

$$f_k = H_k(\delta') = \frac{1}{k+1}P'_{k+1}(0) = P_k(0) =$$

$$\begin{cases} 0, k \text{ 是奇数} \\ (-1)^{\frac{k}{2}}\dfrac{(k-1)!!}{k!!}, k \text{ 是偶数} \end{cases} =$$

$$\frac{1}{\pi i}\int_{-i}^{i}\frac{1}{\sqrt{1+z^2}}z^k \mathrm{d}z, k = 0, 1, \cdots$$

所以,从匹配条件式(4)不难看出 $F_1(n;x)$ 刚好是对积分式(11)应用高斯求积公式所得,这样就证明了定理 1 的第一部分.

至于第二部分,注意到级数式(9)在 $(-1,1)$ 的任何闭子区间上关于 t 都一致收敛,有

$$H(x) = -\frac{1}{\pi i}\int_{-i}^{i}\left[\frac{1}{\sqrt{1+z^2}}\sum_{k=0}^{\infty}\frac{2k+3}{2}(k+1)\int_{-1}^{x}P_{k+1}(u)\mathrm{d}u\right]z^k\mathrm{d}z =$$

$$\frac{1}{\pi i}\int_{-i}^{i}\frac{1}{\sqrt{1+z^2}}\sum_{k=0}^{\infty}\frac{k+1}{2}[P_k(x) - P_{k+2}(x)]z^k\mathrm{d}z =$$

$$\sum_{k=0}^{\infty}\frac{2k+1}{2}P_k(0)P_k(x) =$$

$$\delta(x), x \in [-1, 1]$$

即 $H(x)$ 和 $\delta(x)$ 具有相同的勒让德展开式.

至于定理 1 的最后部分,即收敛性式(12),可从引理 1 得到. 定理 1 得证.

定理 2 给出了 $F_1(n;x)$ 的逼近误差.

定理 2 对每一正整数 n,设 $T_n(x)$ 是 n 次切比雪夫多项式,则对任何 $x \in [-1, 1]$,有如下的逼近误差

$$E_n(x) = \delta'(x) - F_1(n;x) =$$

$$\frac{1}{2\pi i}\oint_C\int_{-1}^{1}\frac{[f_1(x,z) + if_2(x,z)]T_n(t)}{(z-t)T_n(z)}\mathrm{d}t\mathrm{d}z$$

262

其中,$t_1,t_2,\cdots,t_n$ 是 $T_n(x)$ 的 n 个根,围绕 C 有 $t,t_1,$ $t_2,\cdots,t_n$ 且具有逆时针方向,对 $t\in[-1,1]$,有

$$f_1(x,t)=\mathrm{Re}\ v_1(x,it)$$

$$f_2(x,t)=\mathrm{Im}\ v_1(x,it)$$

证　注意到

$$\delta'(x)=\delta'_1(x)=\frac{1}{\pi}\int_{-1}^{1}\frac{1}{\sqrt{1-t^2}}\big[f_1(x,t)+$$

$$\mathrm{i}f_2(x,t)\big]\mathrm{d}t,x\in[-1,1]$$

类似于引理 1 的证明,可证得 $\mathrm{Re}\ F_1(n;x)$ 和 $\mathrm{Im}\ F_1(n;x)$ 分别是积分

$$\frac{1}{\pi}\int_{-1}^{1}\frac{1}{\sqrt{1-t^2}}f_1(x,t)\mathrm{d}t$$

和

$$\frac{1}{\pi}\int_{-1}^{1}\frac{1}{\sqrt{1-t^2}}f_2(x,t)\mathrm{d}t$$

的高斯－切比雪夫求积公式,由一求积公式误差的已知结果[5] 不难证得这里的误差表达式,受篇幅限制,就不在这里详细叙述了.定理 2 得证.

因为 $\delta'(x)$ 是一个奇函数,且 $P_k(x)$ 满足条件

$$P_k(-x)=(-1)^kP_k(x),k=0,1,2,\cdots$$

所以接下来考虑 $\delta'(x)$ 的如下逼近

$$F_2(n;x)=\sum_{j=1}^{n}a_jv_2(x,t_j) \tag{13}$$

式(13) 中

$$v_2(x,t)=\frac{1}{2}\big[v_1(x,\sqrt{t})-v_1(-x,\sqrt{t})\big]=$$

$$\frac{1}{2}\big[v_1(x,\sqrt{t})+v_1(x,-\sqrt{t})\big]=$$

$$-\sum_{k=0}^{\infty}\frac{4k+3}{2}(2k+1)P_{2k+1}(x)t^k$$

$$|x|\leqslant 1,|t|<1$$

得到如下的收敛性(定理 3)和逼近误差(定理 4).

定理 3 在区间 $[-1,1]$ 上对 $\delta'(x)$ 的非线性逼近 $F_2(n;x)$ 是带权 $w(t)=\dfrac{1}{\pi}\cdot\dfrac{1}{\sqrt{(-t)(1+t)}}$ 的线积分

$$\delta'_2(x):=\int_{-1}^{0}w(t)v_2(x,t)\mathrm{d}t,x\in[-1,1]\tag{14}$$

的高斯 — 雅可比求积公式.进一步

$$H(x)=\int_{-1}^{x}\delta'_2(u)\mathrm{d}u,x\in[-1,1]$$

和 $\delta(x)$ 具有相同的勒让德展开式,且

$$\lim_{n\to\infty}F_2(n;x)=\delta'_2(x),x\in[-1,1]\tag{15}$$

其证明可类似于定理 1,这里就不再详述了.

下面讨论非线性逼近 $F_2(n;x)$ 的误差项,先引进如下的引理 2.

引理 2[5] 设 $t_1,t_2,\cdots,t_n$ 是 n 个实数且不需要两两不等.设 C 是复平面上的一条围有这些 $\{t_j\}$ 但不围有 $v(z)$ 的奇异点的具有逆时针方向的围线.记

$$P(z)=\prod_{j=1}^{n}(z-t_j)$$

则存在一个实数 τ 满足

$$\min(t_1,t_2,\cdots,t_n)\leqslant\tau\leqslant\max(t_1,t_2,\cdots,t_n)$$

使得

$$\frac{1}{2\pi\mathrm{i}}\oint_{C}\frac{v(z)}{P(z)}\mathrm{d}z=\frac{1}{(n-1)!}\left.\frac{\mathrm{d}^{n-1}v(t)}{\mathrm{d}t^{n-1}}\right|_{t=\tau}$$

定理 4 对每一正整数 n 和每一 $x\in[-1,1]$,存

在 $\xi \in (-1, 0)$，使得

$$E_n(x) = \delta'(x) - F_2(n; x) =$$

$$\frac{1}{n!} \int_{-1}^{0} w(t) Q_n(t) \frac{\partial^n}{\partial u^n} v_2(x, u) \Big|_{u=\xi} \mathrm{d}t$$

其中

$$Q_n(t) = \prod_{j=1}^{n} (t - t_j)$$

$$w(t) = \frac{1}{\pi} \cdot \frac{1}{\sqrt{(-t)(1+t)}}$$

而 $\{t_j\}$ 是 $[-1, 0]$ 上的以 $w(t)$ 为权的 n 次正交多项式在 $[-1, 0]$ 上的 n 个根.

证 由一求积公式误差的已知结果[5]，再注意到定理 3，可得

$$E_n(x) = \delta'(x) - F_2(n; x) =$$

$$\frac{1}{2\pi \mathrm{i}} \oint_C \int_{-1}^{0} \frac{w(t) v_2(x, z) Q_n(t)}{(z - t) Q_n(z)} \mathrm{d}t \mathrm{d}z$$

其中，C 是复平面上的一条围有 $t, t_1, t_2, \cdots, t_n$ 的具有逆时针方向的围线

$$Q_n(t) = \prod_{j=1}^{n} (t - t_j)$$

由求解 $F_2(n; x)$ 中参数 $\{a_j\}$ 和 $\{t_j\}$ 的 Prony 方法，可得

$$\int_{-1}^{0} w(t) Q_n(t) t^k \mathrm{d}t = 0, k = 0, 1, \cdots, n-1 \quad (16)$$

式 (16) 说明 $\{t_j\}$ 是 $[-1, 0]$ 上的以 $w(t)$ 为权的 n 次正交多项式在 $[-1, 0]$ 上的 n 个根. 因此，所有参数 $\{t_j\}$ 都是位于区间 $[-1, 0]$ 中的实数. 由引理 2 即可得 $E_n(x)$ 的表示式，定理 4 得证.

参 考 资 料

[1] Brezinski C. Padé－Type Approximation and General Orthogonal Polynomials，ISNM 50[M]. Basel：Birkhauser Verlag,1980.

[2] Charron R J，Small R D. On weighting schemes associated with the generating function method[C]//Chui C K，Schumaker L L，Ward J D. Approximation Theory Ⅵ：Vol. 1. New York：Academic Press Inc，1989：133-136.

[3] Chisholm J S R，Common A K. Generalizations of Padé approximation for Chebyshev series[C]// Butzer P L，Fehér F，Christoffel E B. The Influence of His Work on Mathematics and the Physical Sciences. Basel：Birkhauser Verlag，1979.

[4] Garibotti C R，Grinstein F F. A summation procedure for expansions in orthogonal polynomials[J]. Rev Brasileira Fis，1977,7(3)：557-567.

[5] Small R D. The generating function method of nonlinear approximation [J]. SIAM J Num Anal，1988,25(1)：235-244.

[6] 潘云兰.δ 函数 Legendre 非线性逼近的收敛性[J].浙江师范大学学报：自然科学版,2005,28(4)：367-371.

[7] Hildebrand F B. Introduction to Numerical Analysis[M]. New York：Dover Publications Inc，1987.

第四编
δ一函数

δ－函数[①]

第 11 章

世界著名数学家 M．H．Stone 曾指出：

> 所有对教育感兴趣的人应该掌握的是如下事实：我们关于数学本质的概念已经改善了，我们关于这门学科的技术性知识被大大地改进了，并且，为了科学技术进步，我们对它的依赖大大地增加了．

由于许多物理现象具有脉冲性质，人们才提出并研究了 δ－函数．一般人们初次接触 δ－函数这一概念时，都会有不可思议之感．可是，在比较系统且深入地讨论了 δ－函数的理论之后，也就会觉得顺理成章了．

[①]　本章摘编自《δ－函数及其应用》，赵为礼，张卿，杨有发编著，吉林科学技术出版社，1992．

本章主要是通过具体实例,由浅入深地引出了 $\delta -$ 函数的概念,指出了 $\delta -$ 函数的几何意义及其物理背景,论证了 $\delta -$ 函数的性质,并把一维 $\delta -$ 函数的有关结论,推广到高维的情形. 最后借助于广义函数理论,初步奠定了 $\delta -$ 函数的数学基础.

11.1 $\delta -$ 函数的定义

$\delta -$ 函数是一类物理背景十分明显,应用相当广泛,而又有别于普通函数的函数. 狄拉克曾称之为"非正常函数". 为了比较自然地引进 $\delta -$ 函数,以便读者不仅能从形式上接受,而且能正确地理解这个非常重要的概念,我们首先看两个浅显的实例.

例 1 设在 x 轴上除点 $x=0$ 以外的其他各点处,都没有电荷分布,而于点 $x=0$ 处,集中分布一单位电荷,试确定 x 轴上各点的电荷分布密度 $\rho(x)$.

解 设 $[a,b]$ 为 x 轴上某区间,$Q[a,b]$ 表示展布于 $[a,b]$ 上的电荷总量. 若令 $\Delta=b-a$,则易见

$$\rho(0) = \lim_{\substack{\Delta \to 0 \\ 0 \in [a,b]}} \frac{Q[a,b]}{\Delta} = \lim_{\substack{\Delta \to 0 \\ 0 \in [a,b]}} \frac{1}{\Delta} = \infty^{①}$$

当 $x \neq 0$ 时

$$\rho(x) = \lim_{\substack{\Delta \to 0 \\ x \in [a,b] \\ 0 \notin [a,b]}} \frac{Q[a,b]}{\Delta} \lim_{\substack{\Delta \to 0 \\ x \in [a,b] \\ 0 \notin [a,b]}} \frac{0}{\Delta} = 0$$

亦即 x 轴上各点的电荷分布密度函数为

---

① $x \in [a,b]$ 表示点 x 属于区间 $[a,b]$;而 $x \notin [a,b]$ 表示点 x 不属于区间 $[a,b]$.

$$\rho(x) = \begin{cases} 0, \text{当 } x \neq 0 \text{ 时} \\ \infty, \text{当 } x = 0 \text{ 时} \end{cases} \tag{1}$$

此外,不难看出,还有

$$Q(-\infty, +\infty) = \int_{-\infty}^{+\infty} \rho(x) \mathrm{d}x = 1 \tag{2}$$

例 2 设在 x 轴上除点 $x = \xi$ 外的其他各点处,都没有物质分布,而于点 $x = \xi$ 处集中分布一单位质量的物质.试确定 x 轴上各点处的物质分布密度 $\mu(x)$.

解 设 $[a,b]$ 为 x 轴上某区间,$m[a,b]$ 表示展布于 $[a,b]$ 上的物质的总质量.若令 $\Delta = b - a$,则易见

$$\mu(\xi) = \lim_{\substack{\Delta \to 0 \\ \xi \in [a,b]}} \frac{m[a,b]}{\Delta} = \lim_{\substack{\Delta \to 0 \\ \xi \in [a,b]}} \frac{1}{\Delta} = \infty$$

当 $x \neq \xi$ 时

$$\mu(x) = \lim_{\substack{\Delta \to 0 \\ x \in [a,b] \\ \xi \notin [a,b]}} \frac{m[a,b]}{\Delta} = \lim_{\substack{\Delta \to 0 \\ x \in [a,b] \\ \xi \notin [a,b]}} \frac{0}{\Delta} = 0$$

亦即,x 轴上各点的物质分布密度函数为

$$\mu(x) = \begin{cases} 0, \text{当 } x \neq \xi \text{ 时} \\ \infty, \text{当 } x = \xi \text{ 时} \end{cases} \tag{3}$$

此外,还不难看出

$$m(-\infty, +\infty) = \int_{-\infty}^{+\infty} \mu(x) \mathrm{d}x = 1 \tag{4}$$

仔细观察例 1 和例 2,便不难发现它们有一个明显的共性 —— 都反映了集中分布的物理量的物理特性.显然类似的例子不胜枚举.δ－函数则正是将诸如例 1、例 2 为物理背景的函数 $\rho(x)$,$\mu(x)$ 加以抽象概括而引入数学园地中来,并反过来作为一个强有力的数学工具被广为应用.

综上所述,便容易理解如下定义:

定义 1 我们称一个函数为 δ－函数,并记之为

$\delta(x)$，如果它满足：

$$1° \delta(x) = \begin{cases} 0, \text{当 } x \neq 0 \text{ 时} \\ \infty, \text{当 } x = 0 \text{ 时} \end{cases};$$

$$2° \int_{-\infty}^{+\infty} \delta(x) \mathrm{d}x = 1.$$

只需作一个平移变换，便可得到与定义 1 等价的定义：

定义 2　我们称一个函数为 δ — 函数，并记之为 $\delta(x - \xi)$，如果它满足：

$$1° \delta(x - \xi) = \begin{cases} 0, \text{当 } x \neq \xi \text{ 时} \\ \infty, \text{当 } x = \xi \text{ 时} \end{cases};$$

$$2° \int_{-\infty}^{+\infty} \delta(x - \xi) \mathrm{d}x = 1.$$

运用简单的推理，便不难得到与上述两个定义等价的，由狄拉克最早提出的定义：

定义 3　我们称一个函数为 δ — 函数，并记之为 $\delta(x)$，如果它满足：

$$1° \delta(x) = 0, \text{当 } x \neq 0 \text{ 时};$$

$$2° \int_{-\infty}^{+\infty} \delta(x) \mathrm{d}x = 1.$$

从上述定义可见，δ — 函数已经不再是古典分析中所论述的函数了. 因为在古典分析中，所谓无穷大（即 ∞）乃是"无限制变大"的意思，而任何一个普通函数，都不会在其定义域内的某一点处等于 ∞. 在实变函数论中倒是允许函数在其定义域内某些点处等于 ∞，然而，δ — 函数依然不是实变函数论中所涉及的函数. 事实上，若把 δ — 函数视为实变函数论中所涉及的函数，则根据实变函数论中的一个广为人知的结果：一个函数在零测度集合上的函数值（无论为有限，还

是无限）都不会影响该函数的勒贝格积分值,就应该有

$$\int_{-\infty}^{+\infty}\delta(x)\mathrm{d}x=0$$

这显然与 δ — 函数的定义相悖.

　　这说明 δ — 函数不能按"逐点对应"的普通函数来理解. 正因为如此,自从 1926 年狄拉克在量子力学的研究中引进了 δ — 函数之后,就不断遭到维护所谓正统数学观念的纯粹数学家们的激烈反对. 然而,随着 δ — 函数在物理及工程技术方面的广泛应用,日益显示了这一巧妙的数学工具的强劲的生命力. 因此,面对鼓噪和非难,非但没有把 δ — 函数否定掉,反倒唤起一些颇有胆识的数学家致力于奠定 δ — 函数严格的数学基础,并逐步创立了一个崭新的数学分支 —— 广义函数论.

　　广义函数论的形成,虽然使得 δ — 函数这个令人费解的"怪"函数,有了牢靠的理论根基,但是,也使原来虽然粗糙,却是简明且有启发性的论述,被既冗长又艰涩的逻辑推理所替代. 因此,δ — 函数原有的鲜明的直观意义与生动的物理背景便也随之黯然失色了;而且,由于广义函数论的内容较为艰深,也常常使得非专门从事数学工作的人们感到深奥莫测.

　　为了使本书具有更加广泛的适应性,除了另辟一节,对 δ — 函数的数学理论略做启示性介绍外,我们尽量避免涉及广义函数论的知识,以便具备高等数学基础知识的读者,稍加努力就能掌握本章所涉及的基本内容. 而且,这样做的结果,也将更加突出 δ — 函数的直观意义和物理背景,从而,还 δ — 函数以本来面目.

不过,这样一来,关于 δ - 函数的性质,我们只好在普通函数的范围内,采取初等"证明". 但是, δ - 函数毕竟不是普通函数,因此,这些"证明"也只能当作示意性说明.

最后,尽管证明不易,我们还是要指出与 δ - 函数的上述定义等价的另一个定义:

定义 4 我们称 $\delta(x-\xi)$ 为 δ - 函数,如果对于任一于 $(-\infty,+\infty)$ 上连续的函数 $f(x)$,恒有

$$\int_{-\infty}^{+\infty} \delta(x-\xi) f(x) \mathrm{d}x = f(\xi)$$

这个定义表明,尽管 $\delta(x-\xi)$ 不是古典分析中的普通函数,然而,它和在 $(-\infty,+\infty)$ 上为连续的函数 $f(x)$ 的乘积在 $(-\infty,+\infty)$ 上的积分运算,不仅有确定的意义,而且其值就等于 $f(\xi)$. 后面我们将看到,正是由于 δ - 函数的这一极其重要的运算性质,才使得它在广泛的实际应用中大放异彩.

11.2 弱 收 敛

从定义 4 我们已经看到, δ - 函数虽然不是普通函数,却和普通函数有着密切的联系. 下面将进一步指出, δ - 函数可以视为普通函数的弱极限.

11.2.1 弱收敛的定义

定义 5 设依赖于参数 k 的函数族 $\{\varphi_k(x)\}$ 中的每一函数皆于 (a,b) 内有定义. 如果对任一于 (a,b) 内连续的函数 $f(x)$,恒有

$$\lim_{k \to \infty} \int_a^b f(x) \varphi_k(x) \mathrm{d}x = \int_a^b f(x) \varphi(x) \mathrm{d}x$$

那么称函数族 $\{\varphi_k(x)\}$（于 (a,b) 内），当 $k \to \infty$ 时弱收敛于 $\varphi(x)$，或者称 $\varphi(x)$ 为函数族 $\{\varphi_k(x)\}$（于 (a,b) 内），当 $k \to \infty$ 时的弱极限. 记为

$$\lim_{k \to \infty} \varphi_k(x) \xlongequal{\text{弱}} \varphi(x), a < x < b \qquad (1)$$

或者

$$\varphi_k(x) \underset{k \to \infty}{\overset{\text{弱}}{\Rightarrow}} \varphi(x), a < x < b \qquad (2)$$

值得指出的是：

$1°\ \lim\limits_{k \to \infty} \varphi_k(x) \xlongequal{\text{弱}} \varphi(x)$ 乃是某种意义下的平均收敛 —— 带"权"平均收敛的概念. 此权函数 $f(x)$ 并非特定的函数，而是于 (a,b) 内连续的任一函数. 此外，一个明显的事实是式(1)成立并不能保证当 $x \in (a, b)$ 时

$$\lim_{k \to \infty} \varphi_k(x) = \varphi(x) \qquad (3)$$

成立，也就是说弱收敛不能保证（在普通意义下）收敛；

$2°$ 函数族 $\{\varphi_k(x)\}$ 所依赖的参数 k，既可以是连续参量，也可以是离散参量；所论的极限过程，既可以如定义所述为 $k \to \infty$，也可能是 $k \to 0$ 或 $k \to a$（a 为某常数）等，这完全视函数族 $\{\varphi_k(x)\}$ 对参数 k 的依赖关系而定；

$3°$ 对函数族 $\{\varphi_k(x)\}$ 所要求的条件，则常常视具体问题而定；

$4°$ 区间 (a,b) 也可以是 $(a, +\infty)$，$(-\infty, b)$ 或 $(-\infty, +\infty)$；然而，此时对权函数 $f(x)$ 除要求连续性外，往往还要附加其他限制条件，如要求 $f(x)$ 有界等.

11.2.2　把 δ — 函数看作普通函数的弱极限

按定义 4 和 5 及其说明 $4°$,易知

$$\lim_{k \to \infty} \varphi_k(x) \overset{\text{弱}}{=\!=\!=} \delta(x), \quad -\infty < x < +\infty$$

的充分必要条件是对任一在 $(-\infty, +\infty)$ 上连续的有界函数 $f(x)$[①],恒有

$$\lim_{k \to \infty} \int_{-\infty}^{+\infty} \varphi_k(x) f(x) \mathrm{d}x = f(0) \tag{4}$$

事实上,由定义 4

$$f(0) = \int_{-\infty}^{+\infty} \delta(x) f(x) \mathrm{d}x$$

再根据定义 5 及其说明 $4°$,立即得证.

这里,函数族 $\{\varphi_k(x)\}$ 所依赖的参数 k,仍有如 11.2.1 中的 $4°$ 所作的说明.

上述充要条件尽管非常浅显,却提供了论证某函数族以 δ — 函数为弱极限的一个适用的方法.

例 3　设脉冲函数

$$s_\varepsilon(x) = \begin{cases} \dfrac{1}{\varepsilon}, & \text{当 } |x| \leqslant \dfrac{\varepsilon}{2} \text{ 时} \\[2mm] 0, & \text{当 } |x| > \dfrac{\varepsilon}{2} \text{ 时} \end{cases}$$

证明

$$\lim_{\varepsilon \to 0^+} s_\varepsilon(x) \overset{\text{弱}}{=\!=\!=} \delta(x), \quad -\infty < x < +\infty$$

证　由 $s_\varepsilon(x)$ 的定义及积分中值定理知,对任一于 $(-\infty, +\infty)$ 上连续的函数 $f(x)$,有

---

①　依问题的要求,有时则对 $f(x)$ 于 $(-\infty, +\infty)$ 上附加另外的限制条件(见例 7);有时则除连续性限制条件外,并不附加其他条件(见例 3).

$$\int_{-\infty}^{+\infty} s_\varepsilon(x)f(x)\mathrm{d}x = \int_{-\frac{\varepsilon}{2}}^{\frac{\varepsilon}{2}} \frac{1}{\varepsilon}f(x)\mathrm{d}x =$$

$$\frac{1}{\varepsilon}f(\xi)\left[\frac{\varepsilon}{2} - (-\frac{\varepsilon}{2})\right] =$$

$$f(\xi), -\frac{\varepsilon}{2} \leqslant \xi \leqslant \frac{\varepsilon}{2}$$

于是,由 $f(x)$ 的连续性立即得到

$$\lim_{\varepsilon \to 0^+} \int_{-\infty}^{+\infty} s_\varepsilon(x)f(x)\mathrm{d}x = \lim_{\delta \to 0^+} f(\xi) = f(0)$$

这表明

$$\lim_{\varepsilon \to 0^+} s_\varepsilon(x) \xlongequal{\text{弱}} \delta(x), -\infty < x < +\infty$$

例 4　设半径为 ε 的一维球形函数

$$J_\varepsilon(x) = \begin{cases} (\varepsilon r)^{-1}\exp(\dfrac{-x^2}{\varepsilon^2 - x^2}), 当 \mid x \mid < \varepsilon \text{ 时} \\ 0, 当 \mid x \mid \geqslant \varepsilon \text{ 时} \end{cases}$$

其中

$$r = \int_{-1}^{1} \exp(\frac{-x^2}{1-x^2})\mathrm{d}x$$

证明

$$\lim_{\varepsilon \to 0^+} J_\varepsilon(x) \xlongequal{\text{弱}} \delta(x), -\infty < x < +\infty$$

证　由 $J_\varepsilon(x)$ 的定义以及积分中值定理[①],对任一于 $(-\infty, +\infty)$ 上连续的函数 $f(x)$,有

$$\int_{-\infty}^{+\infty} J_\varepsilon(x)f(x)\mathrm{d}x = \int_{-\varepsilon}^{\varepsilon} \frac{1}{\varepsilon r}\exp(\frac{-x^2}{\varepsilon^2 - x^2})f(x)\mathrm{d}x =$$

––––––––––––

① 这里用到的积分中值定理是:设 $f(x), g(x)$ 皆于 $[a,b]$ 上连续,且 $g(x)$ 于 $[a,b]$ 上非负(或非正),则存在 $\xi \in [a,b]$ 使

$$\int_a^b f(x)g(x)\mathrm{d}x = f(\xi)\int_a^b g(x)\mathrm{d}x$$

$$f(\xi)\int_{-\varepsilon}^{\varepsilon}\frac{1}{\varepsilon r}\exp\left[\frac{-\left(\dfrac{x}{\varepsilon}\right)^2}{1-\left(\dfrac{x}{\varepsilon}\right)^2}\right]\mathrm{d}x$$

$$-\varepsilon<\xi<\varepsilon$$

令 $\dfrac{x}{\varepsilon}=u$，立见

$$\int_{-\varepsilon}^{\varepsilon}\frac{1}{\varepsilon r}\exp\left[\frac{-\left(\dfrac{x}{\varepsilon}\right)^2}{1-\left(\dfrac{x}{\varepsilon}\right)^2}\right]\mathrm{d}x=$$

$$\frac{1}{r}\int_{-1}^{1}\exp\left(\frac{-u^2}{1-u^2}\right)\mathrm{d}u=1$$

于是，由 $f(x)$ 的连续性便知

$$\lim_{\varepsilon\to 0}\int_{-\varepsilon}^{\varepsilon}J_{\varepsilon}(x)f(x)\mathrm{d}x=\lim_{\varepsilon\to 0^+}f(\xi)=f(0)$$

从而得到

$$\lim_{\varepsilon\to 0^+}J_{\varepsilon}(x)\xmapsto{\text{弱}}\delta(x),\ -\infty<x<+\infty$$

例 5 设开尔文(Kelvin)热源函数

$$\Phi_t(x,\xi)=\frac{1}{2a\sqrt{\pi t}}\exp\left[-\frac{(x-\xi)^2}{4a^2 t}\right]$$

$$t>0,a>0$$

其中 a 是常数. 证明

$$\lim_{t\to 0^+}\Phi_t(x,\xi)\xmapsto{\text{弱}}\delta(x-\xi),\ -\infty<x<+\infty$$

证 显然，只需证明对任何于$(-\infty,+\infty)$上连续的有界函数 $f(x)$，恒有

$$\lim_{t\to 0^+}\int_{-\infty}^{+\infty}\Phi_t(x,\xi)f(x)\mathrm{d}x=f(\xi)\qquad(5)$$

即可. 令 $u=\dfrac{x-\xi}{2a\sqrt{t}}$，可见对任何 $t>0$，恒有

$$\int_{-\infty}^{+\infty} \Phi_t(x,\xi)\mathrm{d}x = \frac{1}{\sqrt{\pi}}\int_{-\infty}^{+\infty} \mathrm{e}^{-u^2}\mathrm{d}u =$$

$$\frac{1}{\sqrt{\pi}} \cdot \sqrt{\pi} = 1^{①} \qquad (6)$$

从而,欲证式(5)成立,又只需证明

$$\lim_{t \to 0^+}\int_{-\infty}^{+\infty} \Phi_t(x,\xi)\big[f(x) - f(\xi)\big]\mathrm{d}x = 0 \qquad (7)$$

由 $f(x)$ 的连续性知,对于固定的 $\xi \in (-\infty, +\infty)$ 而言,任给 $\varepsilon > 0$,存在 $\delta_0 > 0$,使得当 $|x - \xi| \leqslant \delta_0$ 时,有

$$|f(x) - f(\xi)| < \frac{\varepsilon}{3} \qquad (8)$$

此外,显然有

$$\left|\int_{-\infty}^{+\infty} \Phi_t(x,\xi)\big[f(x) - f(\xi)\big]\mathrm{d}x\right| \leqslant$$

$$\left|\int_{-\infty}^{\xi-\delta_0} \Phi_t(x,\xi)\big[f(x) - f(\xi)\big]\mathrm{d}x\right| +$$

$$\left|\int_{\xi-\delta_0}^{\xi+\delta_0} \Phi_t(x,\xi)\big[f(x) - f(\xi)\big]\mathrm{d}x\right| +$$

$$\left|\int_{\xi+\delta_0}^{+\infty} \Phi_t(x,\xi)\big[f(x) - f(\xi)\big]\mathrm{d}x\right| \qquad (9)$$

而由式(6)及(8)知

$$\left|\int_{\xi-\delta_0}^{\xi+\delta_0} \Phi_t(x,\xi)\big[f(x) - f(\xi)\big]\mathrm{d}x\right| \leqslant$$

$$\int_{\xi-\delta_0}^{\xi+\delta_0} \Phi_t(x,\xi)\,|f(x) - f(\xi)|\,\mathrm{d}x <$$

$$\frac{\varepsilon}{3}\int_{\xi-\delta_0}^{\xi+\delta_0} \Phi_t(x,\xi)\mathrm{d}x \leqslant$$

---

① $\displaystyle\int_{-\infty}^{+\infty} \mathrm{e}^{-u^2}\mathrm{d}u$ 称为概率积分,其值为 $\sqrt{\pi}$,一般的高等数学书中,都有其求法.

$$\frac{\varepsilon}{3} \int_{-\infty}^{+\infty} \Phi_t(x,\xi) \mathrm{d}x = \frac{\varepsilon}{3} \qquad (10)$$

由 $f(x)$ 的有界性知,存在 $M > 0$,使得

$$|f(x)| \leqslant M, \quad -\infty < x < +\infty$$

因此,由代换 $u = \dfrac{x - \xi}{2a\sqrt{t}}$ 便有

$$\left| \int_{\xi+\delta_0}^{+\infty} \Phi_t(x,\xi) [f(x) - f(\xi)] \mathrm{d}x \right| \leqslant$$

$$2M \frac{1}{\sqrt{\pi}} \int_{\delta_0/2a\sqrt{t}}^{+\infty} \mathrm{e}^{-u^2} \mathrm{d}u$$

由积分 $\displaystyle\int_{-\infty}^{+\infty} \mathrm{e}^{-u^2} \mathrm{d}u$ 的收敛性可知

$$\lim_{t \to 0^+} \int_{\frac{\delta}{2a\sqrt{t}}}^{+\infty} \mathrm{e}^{-u^2} \mathrm{d}u = 0$$

于是,存在 $\delta_1 > 0$,使得当 $0 < t < \delta_1$ 时

$$\left| \int_{\xi+\delta_0}^{+\infty} \Phi_t(x,\xi)[f(x) - f(\xi)]\mathrm{d}x \right| < \frac{\varepsilon}{3} \quad (11)$$

同理,存在 $\delta_2 > 0$,使得当 $0 < t < \delta_2$ 时

$$\left| \int_{-\infty}^{\xi-\delta_0} \Phi_t(x,\xi)[f(x) - f(\xi)]\mathrm{d}x \right| < \frac{\varepsilon}{3} \quad (12)$$

取 $\delta = \min\{\delta_1, \delta_2\}$,则由式(9)(10)(11)(12) 知,当 $0 < t < \delta$ 时,有

$$\left| \int_{-\infty}^{+\infty} \Phi_t(x,\xi)[f(x) - f(\xi)]\mathrm{d}x \right| <$$

$$\frac{\varepsilon}{3} + \frac{\varepsilon}{3} + \frac{\varepsilon}{3} = \varepsilon$$

这表明式(7) 成立.

例 6 设柯西函数

$$\varphi_\eta(x) = \frac{1}{\pi} \frac{\eta}{\eta^2 + x^2}, \quad \eta > 0$$

证明

280

$$\lim_{\eta \to 0^+} \varphi_\eta(x) \overset{\text{弱}}{=\!=\!=} \delta(x), \, -\infty < x < +\infty$$

证　注意到

$$\int_{-\infty}^{+\infty} \varphi_\eta(x)\mathrm{d}x = \lim_{\substack{a \to -\infty \\ b \to +\infty}} \int_a^b \varphi_\eta(x)\mathrm{d}x =$$

$$\lim_{\substack{a \to -\infty \\ b \to +\infty}} \frac{1}{\pi} \int_a^b \frac{\eta}{\eta^2 + x^2} \mathrm{d}x =$$

$$\lim_{\substack{a \to -\infty \\ b \to +\infty}} \frac{1}{\pi} \Big[\arctan \frac{b}{\eta} - \arctan \frac{a}{\eta}\Big] = 1$$

$$(13)$$

可见，只需证明对任一于 $(-\infty, +\infty)$ 上连续的有界函数 $f(x)$，恒有

$$\lim_{\eta \to 0^+} \int_{-\infty}^{+\infty} \varphi_\eta(x)[f(x) - f(0)]\mathrm{d}x = 0 \qquad (14)$$

由 $f(x)$ 的连续性知，任给 $\varepsilon > 0$，存在 $\delta_0 > 0$，使得当 $|x| \leqslant \delta_0$ 时，有

$$|f(x) - f(0)| < \frac{\varepsilon}{3} \qquad (15)$$

此外，显然有

$$\left| \int_{-\infty}^{+\infty} \varphi_\eta(x)[f(x) - f(0)]\mathrm{d}x \right| \leqslant$$

$$\int_{-\infty}^{-\delta_0} \varphi_\eta(x)|f(x) - f(0)|\mathrm{d}x +$$

$$\int_{-\delta_0}^{\delta_0} \varphi_\eta(x)|f(x) - f(0)|\mathrm{d}x +$$

$$\int_{\delta_0}^{+\infty} \varphi_\eta(x)|f(x) - f(0)|\mathrm{d}x \qquad (16)$$

而由式(15) 和(13) 知

$$\int_{-\delta_0}^{\delta_0} \varphi_\eta(x)|f(x) - f(0)|\mathrm{d}x < \frac{\varepsilon}{3} \int_{-\delta_0}^{\delta_0} \varphi_\eta(x)\mathrm{d}x \leqslant$$

$$\frac{\varepsilon}{3} \int_{-\infty}^{+\infty} \varphi_\eta(x) \mathrm{d}x =$$

$$\frac{\varepsilon}{3} \qquad (17)$$

由 $f(x)$ 的有界性知,存在 $M > 0$,使得

$$| f(x) | \leqslant M$$

于是,作变换 $u = \dfrac{x}{\eta}$ 便得

$$\int_{\delta_0}^{+\infty} \varphi_\eta(x) \mid f(x) - f(0) \mid \mathrm{d}x \leqslant$$

$$2M \cdot \frac{1}{\pi} \int_{\frac{\delta_0}{\eta}}^{+\infty} \frac{1}{1+u^2} \mathrm{d}u$$

从而,由积分 $\displaystyle\int_{-\infty}^{+\infty} \frac{\mathrm{d}u}{1+u^2}$ 的收敛性可知,存在 $\delta_1 > 0$,使得当 $0 < \eta < \delta_1$ 时

$$\int_{\delta_0}^{+\infty} \varphi_\eta(x) \mid f(x) - f(0) \mid \mathrm{d}x < \frac{\varepsilon}{3} \qquad (18)$$

同理,存在 $\delta_2 > 0$,使得当 $0 < \eta < \delta_2$ 时

$$\int_{-\infty}^{-\delta_0} \varphi_\eta(x) \mid f(x) - f(0) \mid \mathrm{d}x < \frac{\varepsilon}{3} \qquad (19)$$

取 $\delta = \min\{\delta_1, \delta_2\}$,则由式(16)(17)(18) 和(19) 可知,当 $0 < \eta < \delta$ 时

$$\left| \int_{-\infty}^{+\infty} \varphi_\eta(x) [f(x) - f(0)] \mathrm{d}x \right| <$$

$$\frac{\varepsilon}{3} + \frac{\varepsilon}{3} + \frac{\varepsilon}{3} = \varepsilon$$

这表明式(14) 成立.

例7 设狄利克雷函数

$$\varphi_N(x) = \frac{\sin Nx}{\pi x}$$

证明

$$\lim_{N\to\infty}\varphi_N(x)\xrightarrow{\ \text{弱}\ }\delta(x),\ -\infty<x<+\infty$$

证　我们只需证明,对任一于$(-\infty,+\infty)$上连续且按段光滑[①]的函数$f(x)$,如果$\int_{-\infty}^{+\infty}\mid f(x)\mid\mathrm{d}x$收敛,那么恒有

$$\lim_{N\to+\infty}\int_{-\infty}^{+\infty}\varphi_N(x)f(x)\mathrm{d}x=f(0)\qquad(20)$$

我们首先证明,若$f(x)$于$[-a,a]$上连续且按段光滑,则

$$\lim_{N\to+\infty}\int_{-a}^{+a}f(x)\frac{\sin Nx}{\pi x}\mathrm{d}x=f(0)\qquad(21)$$

为此,显然只需证明

$$\lim_{N\to+\infty}\int_0^a f(x)\frac{\sin Nx}{\pi x}\mathrm{d}x=\frac{f(0)}{2}\qquad(22)$$

$$\lim_{N\to+\infty}\int_{-a}^0 f(x)\frac{\sin Nx}{\pi x}\mathrm{d}x=\frac{f(0)}{2}\qquad(23)$$

此两式的证明是类似的,我们只证明式(22).由

$$\int_0^{+\infty}\frac{\sin u}{u}\mathrm{d}u=\frac{\pi}{2}\qquad(24)$$

所以

$$\int_0^a f(x)\frac{\sin Nx}{\pi x}\mathrm{d}x-\frac{f(0)}{2}=$$

$$\frac{1}{\pi}\int_0^a f(x)\frac{\sin Nx}{x}\mathrm{d}x-$$

----

①　如果$f(x)$于$[a,b]$上除有限个第一类间断点外,处处连续,那么称$f(x)$于$[a,b]$上按段连续;如果$f(x),f'(x)$皆于$[a,b]$上按段连续,那么称$f(x)$于$[a,b]$上按段光滑;如果定义于$(-\infty,+\infty)$上的函数$f(x)$于任意闭区间$[a,b]$上按段光滑,那么称$f(x)$于$(-\infty,+\infty)$上按段光滑.

$$\frac{1}{\pi}\int_0^{+\infty} f(0)\,\frac{\sin Nx}{x}\mathrm{d}x =$$

$$\frac{1}{\pi}\int_0^a \frac{f(x)-f(0)}{x}\sin Nx\,\mathrm{d}x -$$

$$\frac{1}{\pi}\int_a^{+\infty} f(0)\,\frac{\sin Nx}{x}\mathrm{d}x$$

因为 $f(x)$ 于 $[-a,a]$ 上按段光滑，所以函数 $\dfrac{f(x)-f(0)}{x}$ 于 $[0,a]$ 上按段连续，从而于 $[0,a]$ 上可积. 于是根据黎曼引理[①]知

$$\lim_{N\to+\infty}\frac{1}{\pi}\int_0^a \frac{f(x)-f(0)}{x}\sin Nx\,\mathrm{d}x =0$$

作变数替换 $u=Nx$，则由式（24）可得

$$\lim_{N\to+\infty}\frac{1}{\pi}\int_a^{+\infty} f(0)\,\frac{\sin Nx}{x}\mathrm{d}x =$$

$$\frac{f(0)}{\pi}\lim_{N\to+\infty}\int_{Na}^{+\infty}\frac{\sin u}{u}\mathrm{d}u =0 \qquad (25)$$

故

$$\lim_{N\to+\infty}\int_0^a f(x)\,\frac{\sin Nx}{\pi x}\mathrm{d}x =\frac{f(0)}{2}$$

这就证明了式（22）. 联合类似可证式（23），便知式（21）成立.

下面证明式（20）. 由于对任何 $a>0$，有

$$\left|\int_a^{+\infty} f(x)\,\frac{\sin Nx}{\pi x}\mathrm{d}x\right|\leqslant \frac{1}{\pi a}\int_a^{+\infty}|f(x)|\,\mathrm{d}x \leqslant$$

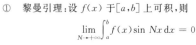

————————

① 黎曼引理：设 $f(x)$ 于 $[a,b]$ 上可积，则

$$\lim_{N\to+\infty}\int_a^b f(x)\sin Nx\,\mathrm{d}x =0$$

$$\lim_{N\to+\infty}\int_a^b f(x)\cos Nx\,\mathrm{d}x =0$$

$$\frac{1}{\pi a}\int_{-\infty}^{+\infty}\mid f(x)\mid \mathrm{d}x$$

因此

$$\lim_{a\to+\infty}\int_{a}^{+\infty}f(x)\frac{\sin Nx}{\pi x}\mathrm{d}x=0$$

同理

$$\lim_{a\to+\infty}\int_{-\infty}^{-a}f(x)\frac{\sin Nx}{\pi x}\mathrm{d}x=0$$

于是,对任给 $\varepsilon>0$,存在 $A>0$,使得当 $a\geqslant A$ 时

$$\left|\int_{a}^{+\infty}f(x)\frac{\sin Nx}{\pi x}\mathrm{d}x\right|<\frac{\varepsilon}{3}$$

$$\left|\int_{-\infty}^{-a}f(x)\frac{\sin Nx}{\pi x}\mathrm{d}x\right|<\frac{\varepsilon}{3}$$

特别有

$$\left|\int_{A}^{+\infty}f(x)\frac{\sin Nx}{\pi x}\mathrm{d}x\right|<\frac{\varepsilon}{3}$$

$$\left|\int_{-\infty}^{-A}f(x)\frac{\sin Nx}{\pi x}\mathrm{d}x\right|<\frac{\varepsilon}{3}$$

由式(21)中 $a>0$ 的任意性可知,存在 $M>0$,使得当 $N\geqslant M$ 时

$$\left|\int_{-A}^{A}f(x)\frac{\sin Nx}{\pi x}\mathrm{d}x-f(0)\right|<\frac{\varepsilon}{3}$$

故当 $N\geqslant M$ 时

$$\left|\int_{-\infty}^{+\infty}f(x)\frac{\sin Nx}{\pi x}\mathrm{d}x-f(0)\right|\leqslant$$

$$\left|\int_{-\infty}^{-A}f(x)\frac{\sin Nx}{\pi x}\mathrm{d}x\right|+$$

$$\left|\int_{-A}^{A}f(x)\frac{\sin Nx}{\pi x}\mathrm{d}x-f(0)\right|+$$

$$\left|\int_{A}^{+\infty}f(x)\frac{\sin Nx}{\pi x}\mathrm{d}x\right|<$$

$$\frac{\varepsilon}{3} + \frac{\varepsilon}{3} + \frac{\varepsilon}{3} = \varepsilon$$

这表明式(20)成立,从而结论得证.

正如定义 5 的说明 1° 所指出,上述诸例所列举的函数,都在某种意义下带权平均收敛于 δ — 函数. 于是这些函数与 δ — 函数都有着深刻的内在联系. 然而,无论如何也不能误认为上述诸例中所列举的函数(逐点)收敛于 δ — 函数. 比如例 3 中所列举的函数 $s_\varepsilon(x)$,若形式地记成

$$\lim_{\varepsilon \to 0} s_\varepsilon(x) = \eta(x)$$

则显然当 $x \neq 0$ 时

$$\eta(x) = 0$$

因此,$\eta(x)$ 满足定义 3 的条件 1°. 可是,尽管对任何 $\varepsilon > 0$,恒有

$$\int_{-\infty}^{+\infty} s_\varepsilon(x)\mathrm{d}x = \int_{-\frac{\varepsilon}{2}}^{\frac{\varepsilon}{2}} \frac{1}{\varepsilon}\mathrm{d}x = 1$$

从而

$$\lim_{\varepsilon \to 0} \int_{-\infty}^{+\infty} s_\varepsilon(x)\mathrm{d}x = 1$$

但由于上述极限不能取到积分号下,因此,不能得出

$$\int_{-\infty}^{+\infty} \eta(x)\mathrm{d}x = 1$$

可见 $\eta(x)$ 不能满足定义 3 的条件 2°. 因此 $\eta(x)$ 不可能是 δ — 函数,从而 $s_\varepsilon(x)$ 并非逐点收敛于 δ — 函数. 其实,δ — 函数根本不是逐点有定义的普通函数.

11.2.3 磨光算子

所谓磨光算子,是一个把 11.2.2 中例 4 所列举的函数略加变动后作为核函数的积分算子. 从而,可以看出磨光算子与 δ — 函数的内在联系. 磨光算子是一

286

种非常灵活、适用的数学工具. 它的作用在于：对于问题中光滑程度不符合要求的函数，首先用"磨光"后的、与原来函数任意逼近的十分光滑的函数替代之；由于"磨光"后的函数符合问题的要求，经过推理或计算，得出相应的结论；尔后，基于"磨光"后的函数与原来的函数任意逼近，便可推出对原来函数所应有的结论.

定义 6 设

$$J(x) = \begin{cases} r^{-1} \exp\left(\dfrac{-x^2}{1-x^2}\right), \text{当} \mid x \mid < 1 \text{ 时} \\ 0, \text{当} \mid x \mid \geqslant 1 \text{ 时} \end{cases}$$

其中

$$r = \int_{-1}^{1} \exp\left(\frac{-x^2}{1-x^2}\right) \mathrm{d}x$$

则以

$$J_\varepsilon(x, y) = \frac{1}{\varepsilon} J\left(\frac{x-y}{\varepsilon}\right), \varepsilon > 0$$

为核的积分算子

$$J_\varepsilon \varphi(x) = \int_a^b J_\varepsilon(x, y) \varphi(y) \mathrm{d}y =$$
$$\frac{1}{\varepsilon} \int_a^b J\left(\frac{x-y}{\varepsilon}\right) \varphi(y) \mathrm{d}y$$

为一维磨光算子，其中 $\varphi(x)$ 为于 $[a, b]$ 上可积的函数.

一维磨光算子的理论意义及其应用，主要基于如下的定理：

定理 1 设 $\varphi(x)$ 于 $[a, b]$ 上连续，则 $J_\varepsilon \varphi(x)$ 于 $[a, b]$ 上任意次连续可微，且极限式

$$\lim_{\varepsilon \to 0} J_\varepsilon \varphi(x) = \varphi(x)$$

于$[a,b]$上一致成立.

证 结论的前一部分,由含参变量积分在积分号下的微商定理①立即得证. 为证明结论的后一部分,首先将 $\varphi(x)$ 连续有界地延拓到$(-\infty,+\infty)$上. 为此,设

$$\bar{\varphi}(x)=\begin{cases}\varphi(a),\text{当 } x<a \text{ 时}\\\varphi(x),\text{当 } a\leqslant x\leqslant b \text{ 时}\\\varphi(b),\text{当 } x>b \text{ 时}\end{cases}$$

于是,由 $\bar{\varphi}(x)$ 于任一有界闭区间上的一致连续性及 $J_\varepsilon(x,y)$ 的定义可知,在$[a,b]$上一致地有

$$|J_\varepsilon\varphi(x)-\varphi(x)|\leqslant$$

$$\left|\int_{x-\varepsilon}^{x+\varepsilon}J_\varepsilon(x,y)\bar{\varphi}(y)\mathrm{d}y-\varphi(x)\int_{x-\varepsilon}^{x+\varepsilon}J_\varepsilon(x,y)\mathrm{d}y\right|\leqslant$$

$$\int_{x-\varepsilon}^{x+\varepsilon}J_\varepsilon(x,y)|\bar{\varphi}(y)-\bar{\varphi}(x)|\mathrm{d}y\leqslant$$

$$\max_{\substack{|y-x|\leqslant\varepsilon\\x\in[a,b]}}|\bar{\varphi}(y)-\bar{\varphi}(x)|\int_{x-\varepsilon}^{x+\varepsilon}J_\varepsilon(x,y)\mathrm{d}y=$$

$$\max_{\substack{|y-x|\leqslant\varepsilon\\x\in[a,b]}}|\bar{\varphi}(y)-\bar{\varphi}(x)|\to 0,\varepsilon\to 0$$

至此,定理证完.

下面我们举例说明磨光算子的应用. 此例虽略显专门,但读者可以侧重于领会磨光算子的应用,余者

---

① 此定理为:设 $f(x,y),\dfrac{\partial f(x,y)}{\partial x}$ 皆在$a\leqslant x\leqslant b,c\leqslant y\leqslant d$上连续,则

$$g(x)=\int_c^d f(x,y)\mathrm{d}y$$

在$[a,b]$上可微,且

$$g'(x)=\int_c^d\frac{\partial f(x,y)}{\partial x}\mathrm{d}y$$

皆可简略而过.

例 8 考虑含小参数 $\mu > 0$ 的常微分方程边值问题

$$\begin{cases} \mu z'' = f(x,z,\mu) \\ z(0)=0, z(1)=0 \end{cases} \tag{26}$$

的解与隐函数方程

$$f(x,u,0)=0 \tag{27}$$

的解之间的关系. 记

$$G=\{(x,z,\mu) \mid 0 \leqslant x \leqslant 1, \mid z \mid \leqslant \alpha, 0 \leqslant \mu \leqslant \beta\}$$

其中 α, β 为正的常数. 假设:

$1° f(x,z,\mu)$ 于 G 上连续可微, 且 $f'_z(x,z,0) \geqslant m > 0(0 \leqslant x \leqslant 1, \mid z \mid \leqslant \alpha)$;

$2°$ 方程 (27) 于 $0 \leqslant x \leqslant 1$ 上存在解 $u=u(x)$, 且有 $\mid u(x) \mid < \alpha(0 \leqslant x \leqslant 1)$.

则当 $\mu > 0$ 充分小时, 边值问题 (26) 恒存在解 $z=z(x,\mu)$, 且有估计式

$$\mid z(x,\mu)-u(x) \mid \leqslant \mid u(0) \mid e + \mid u(1) \mid e + c\mu^{\frac{1}{2}}$$
$$0 \leqslant x \leqslant 1$$

其中 $c > 0$ 为与 μ 无关的常数.

为证明例 8 的结论, 我们将不加证明地引述如下定理:

定理 2(Nagumo) 假设:

(Ⅰ) $\underline{\omega}(x), \overline{\omega}(x)$ 于 $[a,b]$ 上两次连续可微, 且当 $a < x < b$ 时, $\underline{\omega}(x) < \overline{\omega}(x)$, 记

$$B^u = \{(x,y,y') \mid a \leqslant x \leqslant b, \underline{\omega}(x) \leqslant y \leqslant \overline{\omega}(x),$$
$$-\infty < y' < +\infty\}$$

(Ⅱ) $f(x,y,y'), f'_y(x,y,y'), f'_{y'}(x,y,y')$ 皆在 B^u 上连续;

（Ⅲ）当 $a \leqslant x \leqslant b$ 时,恒有
$$\bar{\omega}''(x) < f(x, \bar{\omega}(x), \bar{\omega}'(x))$$
$$\underline{\omega}''(x) > f(x, \underline{\omega}(x), \underline{\omega}'(x))$$

（Ⅳ）在 B'' 上,$|f(x, y, y')| \leqslant \varphi(|y'|)$,此处 $\varphi(u)$ 为在 $u \geqslant 0$ 上连续的正值函数,并且
$$\int_0^{+\infty} \frac{u\mathrm{d}u}{\varphi(u)} = \infty$$

则在平面区域 $B = \{(x, y) \mid a \leqslant x \leqslant b, \underline{\omega}(x) \leqslant y \leqslant \bar{\omega}(x)\}$ 内不在同一垂直线上的两点 (x_1, y_1) 与 (x_2, y_2)（不妨设 $x_1 < x_2$）,方程
$$y'' = f(x, y, y')$$
存在解 $y = y(x)$,使得
$$(x, y(x)) \in B, x_1 \leqslant x \leqslant x_2$$
并且
$$y(x_1) = y_1$$
$$y(x_2) = y_2$$

现在回到例 8 所述结论的证明. 按隐函数存在定理知,$u(x)$ 于 $0 \leqslant x \leqslant 1$ 上连续可微. 由于 $u(x)$ 的光滑程度不符合下面证明的需要,所以要对它进行磨光处理. 令
$$u_\varepsilon(x) = \frac{1}{\varepsilon} \int_0^1 J\left(\frac{x-y}{\varepsilon}\right) u(y) \mathrm{d}y, 0 \leqslant x \leqslant 1$$

由定理 1 可知,$u_\varepsilon(x)$ 于 $[0, 1]$ 上任意次连续可微. 仿定理 1 的证明,将 $u(x)$ 延拓,使之在整个数轴上仍连续可微,即设
$$\bar{u}(x) = \begin{cases} u(0) + u'(0)x, & \text{当} -\infty < x < 0 \text{ 时} \\ u(x), & \text{当} 0 \leqslant x \leqslant 1 \text{ 时} \\ u(1) + u'(1)(x-1), & \text{当} 1 < x < +\infty \text{ 时} \end{cases}$$

易见 $\bar{u}(x)$ 于 $-\infty < x < +\infty$ 上连续可微. 于是

$$u_\varepsilon(x) = \frac{1}{\varepsilon} \int_{x-\varepsilon}^{x+\varepsilon} J\left(\frac{x-y}{\varepsilon}\right) \bar{u}(y) \mathrm{d}y, 0 \leqslant x \leqslant 1$$

故按定理1的证明及拉格朗日中值定理知,当 $0 \leqslant x \leqslant$ 1 时

$$|u_\varepsilon(x) - u(x)| \leqslant \max_{\substack{|y-x| \leqslant \varepsilon \\ x \in [0,1]}} |\bar{u}(y) - u(x)| \leqslant$$

$$P\varepsilon \tag{28}$$

其中,$P = \max\limits_{0 \leqslant x \leqslant 1} |u'(x)|$. 由分部积分法及 $J(x)$ 的定义,有

$$u'_\varepsilon(x) = \frac{1}{\varepsilon} \int_{x-\varepsilon}^{x+\varepsilon} \left[\frac{\partial}{\partial x} J\left(\frac{x-y}{\varepsilon}\right)\right] \bar{u}(y) \mathrm{d}y +$$

$$\left[\frac{1}{\varepsilon} J\left(\frac{x-y}{\varepsilon}\right) \bar{u}(y)\right]_{y=x+\varepsilon} -$$

$$\left[\frac{1}{\varepsilon} J\left(\frac{x-y}{\varepsilon}\right) \bar{u}(y)\right]_{y=x-\varepsilon} =$$

$$-\frac{1}{\varepsilon} \int_{x-\varepsilon}^{x+\varepsilon} \left[\frac{\partial}{\partial y} J\left(\frac{x-y}{\varepsilon}\right)\right] \bar{u}(y) \mathrm{d}y =$$

$$\left[-\frac{1}{\varepsilon} J\left(\frac{x-y}{\varepsilon}\right) \bar{u}(y)\right]_{y=x-\varepsilon}^{y=x+\varepsilon} +$$

$$\frac{1}{\varepsilon} \int_{x-\varepsilon}^{x+\varepsilon} J\left(\frac{x-y}{\varepsilon}\right) \bar{u}'(y) \mathrm{d}y =$$

$$\frac{1}{\varepsilon} \int_{x-\varepsilon}^{x+\varepsilon} J\left(\frac{x-y}{\varepsilon}\right) \bar{u}'(y) \mathrm{d}y \tag{29}$$

据此,再作变量替换 $\dfrac{x-y}{\varepsilon} = \xi$,得

$$u''_\varepsilon(x) = \frac{1}{\varepsilon} \int_{x-\varepsilon}^{x+\varepsilon} \left[\frac{\partial}{\partial x} J\left(\frac{x-y}{\varepsilon}\right)\right] \bar{u}'(y) \mathrm{d}y +$$

$$\left[\frac{1}{\varepsilon} J\left(\frac{x-y}{\varepsilon}\right) \bar{u}'(y)\right]_{y=x+\varepsilon} -$$

$$\left[\frac{1}{\varepsilon} J\left(\frac{x-y}{\varepsilon}\right) \bar{u}'(y)\right]_{y=x-\varepsilon} =$$

$$\frac{1}{\varepsilon}\int_{x-\varepsilon}^{x+\varepsilon}\frac{1}{r}\frac{-2(\dfrac{x-y}{\varepsilon})}{[1-(\dfrac{x-y}{\varepsilon})^2]^2}\cdot$$

$$\frac{1}{\varepsilon}\exp\left[\frac{-(\dfrac{x-y}{\varepsilon})^2}{1-(\dfrac{x-y}{\varepsilon})^2}\right]\bar{u}'(y)\,\mathrm{d}y=$$

$$-\frac{2}{r\varepsilon}\int_{-1}^{1}\frac{\xi}{(1-\xi^2)^2}\cdot$$

$$\exp(\frac{-\xi^2}{1-\xi^2})\bar{u}'(x-\varepsilon\xi)\,\mathrm{d}\xi$$

可见存在 $R>0$，使得当 $0\leqslant x\leqslant 1$ 时

$$|u''_{\varepsilon}(x)|\leqslant\frac{R}{\varepsilon}\tag{30}$$

记

$$M=ST+L+1\tag{31}$$

其中

$$S=\max_{0\leqslant x\leqslant 1}|u'(x)|$$
$$T=\max_{\substack{0\leqslant x\leqslant 1\\|z|\in a}}f'_z(x,z,0)$$

令 $\varepsilon=\mu^{\frac{1}{2}}$，取

$$\underline{\omega}_{\mu}(x)=u_{\mu^{1/2}}(x)-\delta_0|u(0)|\,\mathrm{e}^{-(\frac{m}{\mu})^{1/2}x}-$$
$$\delta_1|u(1)|\,\mathrm{e}^{(\frac{m}{\mu})^{1/2}(x-1)}-\frac{M}{m}\mu^{\frac{1}{2}}$$
$$0\leqslant x\leqslant 1$$

$$\underline{\omega}_{\mu}(x)=u_{\mu^{1/2}}(x)+(1-\delta_0)|u(0)|\,\mathrm{e}^{-(\frac{m}{\mu})^{1/2}x}+$$
$$(1-\delta_1)|u(1)|\,\mathrm{e}^{(\frac{m}{\mu})^{1/2}(x-1)}+$$
$$\frac{M}{m}\mu^{\frac{1}{2}},0\leqslant x\leqslant 1$$

此处

$$\delta_i = \begin{cases} 0, \text{当 } u(i) < 0 \text{ 时} \\ 1, \text{当 } u(i) \geqslant 0 \text{ 时} \end{cases} (i = 0, 1)$$

显然 $\underline{\omega}_\mu(x), \bar{\omega}_\mu(x)$ 于 $[0,1]$ 上两次连续可微[①]（其实是任意次连续可微的），并且

$$\underline{\omega}_\mu(x) < u_\mu^{1/2}(x) < \bar{\omega}_\mu(x), 0 \leqslant x \leqslant 1 \quad (32)$$

此外，当 $\mu > 0$ 充分小时

$$\underline{\omega}_\mu(0) < 0 < \bar{\omega}_\mu(0)$$
$$\underline{\omega}_\mu(1) < 0 < \bar{\omega}_\mu(1)$$

并且

$$|\underline{\omega}_\mu(x)| \leqslant a, |\bar{\omega}_\mu(x)| \leqslant a, 0 \leqslant x \leqslant 1$$

记

$$B_\mu^* = \{(x, z, z') \mid 0 \leqslant x \leqslant 1,$$
$$\underline{\omega}_\mu(x) \leqslant z \leqslant \bar{\omega}_\mu(x),$$
$$-\infty < z' < +\infty\}$$

则对于充分小的 $\mu > 0, f(x, z, \mu), f'_z(x, z, \mu)$ 皆于 B_μ^* 上连续. 由假设条件 1° 知，自然存在 $A > 0$，使得当 $(x, z, \mu) \in G$ 时

$$|f(x, z, \mu)| \leqslant A$$

由此可见定理 2 的条件（Ⅳ）被满足. 又由拉格朗日中值定理及 $u(x)$ 是方程（27）的解可知

$$f(x, \underline{\omega}_\mu(x), \mu) = \{f(x, \underline{\omega}_\mu(x), \mu) - f(x, \underline{\omega}_\mu(x), 0)\} +$$
$$\{f(x, \underline{\omega}_\mu(x), 0) - f(x, u_\mu^{1/2}(x), 0)\} +$$
$$\{f(x, u_\mu^{1/2}(x), 0) - f(x, u(x), 0)\} =$$
$$f'_\mu(x, \underline{\omega}_\mu(x), \theta\mu)\mu + f'_z(x, u_\mu^{1/2}(x) +$$

---

① 这里可以看出将 $u(x)$ 磨光的作用. 事实上，若在 $\underline{\omega}_\mu(x), \bar{\omega}_\mu(x)$ 的表达式中，以 $u(x)$ 取代 $u_\mu^{1/2}(x)$，则此时 $\underline{\omega}_\mu(x), \bar{\omega}_\mu(x)$ 显然并不是两次连续可微函数.

$$\theta_2(\underline{\omega}_\mu(x)-u_{\mu^{1/2}}(x)),0)\cdot$$
$$(\underline{\omega}_\mu(x)-u_{\mu^{1/2}}(x))+$$
$$f'_z(x,u(x)+\theta_3(u_{\mu^{1/2}}(x)-u(x)),0)\cdot$$
$$(u_{\mu^{1/2}}(x)-u(x)) \qquad (33)$$

其中 $0<\theta_1,\theta_2,\theta_3<1$. 根据条件 $1°$ 知

$$\lim_{\mu\to0}f'_\mu(x,\underline{\omega}_\mu(x),\theta,\mu)\mu^{1/2}=0 \qquad (34)$$

由式(30)

$$\mid\mu^{1/2}u''_{\mu^{1/2}}(x)\mid\leqslant R,0\leqslant x\leqslant1$$

据此及(33)(34)(28)(31)(32)诸式与条件 $1°$ 可知,当 $\mu>0$ 充分小时

$$f(x,\underline{\omega}_\mu(x),\mu)<\mu^{1/2}+m(\underline{\omega}_\mu(x)-u_{\mu^{1/2}}(x))+$$
$$TP\mu^{1/2}+R\mu^{1/2}+\mu u''_{\mu^{1/2}}(x)=$$
$$M\mu^{1/2}+m(\underline{\omega}_\mu(x)-u_{\mu^{1/2}}(x))+$$
$$\mu u''_{\mu^{1/2}}(x)=$$
$$\mu\underline{\omega}''_\mu(x),0\leqslant x\leqslant1$$

同理可证,当 $\mu<0$ 充分小时

$$f(x,\overline{\omega}_\mu(x),\mu)>\mu\overline{\omega}''_\mu(x),0\leqslant x\leqslant1$$

综上所述,根据定理 2 可知,当 $\mu>0$ 充分小时,方程(26)存在解 $z=z(x,\mu)$ 满足

$$\underline{\omega}_\mu(x)\leqslant z(x,\mu)\leqslant\overline{\omega}_\mu(x),0\leqslant x\leqslant1 \qquad (35)$$

据式(32)及(35),并由 $\underline{\omega}_\mu(x),\overline{\omega}_\mu(x)$ 的表达式知,当 $\mu>0$ 充分小时

$$\mid z(x,\mu)-u_{\mu^{1/2}}(x)\mid\leqslant\mid u(0)\mid e^{-(\frac{m}{\mu})^{1/2}x}+$$
$$\mid u(1)\mid e^{(\frac{m}{\mu})^{1/2}(x-1)}+$$
$$\frac{M}{m}\mu^{1/2}$$

再由式(28),并记 $C=P+\dfrac{M}{m}$ 便知,当 $\mu>0$ 充分小时,

于 $0 \leqslant x \leqslant 1$ 上有

$$
\begin{aligned}
\mid z(x,\mu) - u(x) \mid \leqslant\ & \mid z(x,\mu) - u_{\mu^{1/2}}(x) \mid + \\
& \mid u_{\mu^{1/2}}(x) - u(x) \mid \leqslant \\
& \mid u(0) \mid \mathrm{e}^{-\left(\frac{m}{\mu}\right)^{1/2} x} + \\
& \mid u(1) \mid \mathrm{e}^{\left(\frac{m}{\mu}\right)^{1/2}(x-1)} + \\
& c\mu^{1/2}
\end{aligned}
$$

至此,本例的结论全部获证.

从例 8 大致可以看出磨光算子这一数学工具的应用.而磨光算子这一积分算子的核,则与 δ － 函数密切相关,因此,磨光算子的作用也正是体现了 δ － 函数的作用.

11.3 δ － 函数的几何意义与物理意义

δ － 函数的定义 1 至定义 3,反映了 δ － 函数鲜明的直观背景,而与其等价的定义 4,则反映 δ － 函数深刻的运算意义.下面分别就定义 1 至定义 3 以及定义 4,从两个不同的侧面,来说明 δ － 函数的几何意义与物理意义,以便较为全面地阐述.

11.3.1 几何意义

1. 由 δ － 函数的定义 1 至定义 3,以及根据例 3 至例 7 所指出的把 δ － 函数视为普通函数的弱极限的观点,可以大体上把 $\delta(x-\xi)$ 看作定义于整个数轴上的一条示意性的平面曲线(图 1),它具有如下几何性质:

$1°$ 在点 $x=\xi$ 的无限窄的邻域之外,此曲线与 x 轴重合;

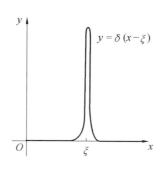

图 1

2° 在点 $x=\xi$ 的无限窄的邻域上,此曲线突起了一个无限高的"峰";

3° 此曲线下的面积为有限值 1.

正由于 δ — 函数并非古典意义下的普通函数,因此,显然不能在通常意义下给出 δ — 函数确切的几何解释.上述几何意义,只能算是一种粗糙的看法而已.然而,正是这种粗糙的示意性的看法,才使得我们能够对 δ — 函数这种乍看起来很"怪"的函数,有一个直观、形象的理解.

2. 表征 δ — 函数运算性质的定义 4,其几何意义也是很明显的.它表明当 ξ 由 $-\infty$ 变到 $+\infty$ 时,平面上点 $\left(\xi, \int_{-\infty}^{+\infty} \delta(x-\xi) f(x)\mathrm{d}x\right)$ 的轨迹正是函数 $y=f(x)$ $(-\infty < x < +\infty)$ 的几何图形.

11.3.2 物理意义

1. δ — 函数的定义 1 至定义 3,以及作为 δ — 函数的物理背景在 11.1 节中所列举的两个实例表明,δ — 函数反映了集中分布的物理量的物理特性 —— 集中分布的物理量的密度分布函数,如电荷分布密度、物

质分布密度等的特性. 值得指出的是, δ — 函数在物理上乃是集中分布的物理量的密度函数的局部分布和总体效应相结合的产物. 如在定义 2 中

$$\delta(x-\xi)=\begin{cases}0,\text{当 }x\neq\xi\text{ 时}\\\infty,\text{当 }x=\xi\text{ 时}\end{cases}$$

代表集中分布的物理量的密度的局部分布状态; 而

$$\int_{-\infty}^{+\infty}\delta(x-\xi)\mathrm{d}x=1$$

则是该集中分布的物理量的密度分布的总体效应. 它表明若集中分布的物理量是电荷, 则其电荷分布密度的总体效应与单位电荷等效; 若集中分布的物理量是某种物质质量, 则该物质分布密度的总体效应与单位质量等效.

为了着重强调 δ — 函数的物理意义, 有时我们还称 $\delta(x-\xi)$ 为单位冲激函数, 或者也称之为在点 $x=\xi$ 处强度为 1 的冲激函数或单位脉冲函数. 更一般地, 我们称 $C\delta(x-\xi)$ 为于 $x=\xi$ 处, 强度为 C 的冲激函数.

δ — 函数远不是像其定义的物理背景那样, 只能描述集中分布于一点的物理量的物理特性, 而是可以更广泛地表达一般离散 (集中) 分布的物理量的物理特性. 不仅如此, 借助于 δ — 函数, 还可以对连续分布与离散 (集中) 分布的物理量的物理特性, 施以统一的数学表达.

例 9 设在 x 轴上, 在 $x=-1$ 处置有电量为 2 个单位的点电荷, 在 $x=0$ 处置有单位点电荷, 在 $x=1$ 处置有 2 个单位的点电荷, 在 $x=2$ 处置有 3 个单位的点电荷; 而在别处没有电荷分布, 则根据 δ — 函数的定义及其物理意义可知, x 轴上各点的电荷分布密度为

$$\rho(x) = 2\delta(x+1) + \delta(x) + 2\delta(x-1) + 3\delta(x-2)$$

并且,此电荷分布密度的总体效应 —— 在 x 轴上分布的电荷总量显然是

$$\int_{-\infty}^{+\infty} \rho(x)\mathrm{d}x = 2\int_{-\infty}^{+\infty} \delta(x+1)\mathrm{d}x + \int_{-\infty}^{+\infty} \delta(x)\mathrm{d}x +$$
$$2\int_{-\infty}^{+\infty} \delta(x-1)\mathrm{d}x +$$
$$3\int_{-\infty}^{+\infty} \delta(x-2)\mathrm{d}x = 8(单位)$$

例 10   设于 x 轴上连续地分布某种物质,物质分布密度为 $\gamma(x)$,并假定于点 $x = x_k$ 处,还置有质量为 $m_k(k=1,2,\cdots,n)$ 的重物. 试求 x 轴上各点的物质分布密度、x 轴上分布的物质的全部质量及其重心的位置.

解   按 δ — 函数的定义及其物理意义可知,x 轴上各点的物质分布密度为

$$\rho(x) = \gamma(x) + \sum_{k=1}^{n} m_k \delta(x - x_k)$$

于是,x 轴上分布的物质的全部质量为

$$M = \int_{-\infty}^{+\infty} \rho(x)\mathrm{d}x = \int_{-\infty}^{+\infty} \gamma(x)\mathrm{d}x +$$
$$\sum_{k=1}^{n} m_k \int_{-\infty}^{+\infty} \delta(x - x_k)\mathrm{d}x =$$
$$\int_{-\infty}^{+\infty} \gamma(x)\mathrm{d}x + \sum_{k=1}^{n} m_k$$

所求的重心坐标为

$$x_C = \frac{\int_{-\infty}^{+\infty} x\rho(x)\mathrm{d}x}{\int_{-\infty}^{+\infty} \rho(x)\mathrm{d}x} = \frac{\int_{-\infty}^{+\infty} x\rho(x)\mathrm{d}x}{M} \qquad (1)$$

原来仅对连续分布的情形才成立的式(1),现在则对离散(集中)分布的情形也成立.这就使得不论物质是连续分布还是离散(集中)分布的情形,其重心坐标都可以用一个统一的公式式(1)求得.只不过是在离散分布的情形下,$\rho(x)$的表达式中出现δ-函数,而在连续分布的情形,则不出现这种奇异函数而已.众所周知,类似于式(1),将连续分布和离散分布的物理量,施以统一数学表达的实例,是垂手可拾的.能够把这种对立的物理对象进行统一的数学处理,关键在于引进了能够恰当反映集中分布这一物理特性的奇异函数——δ-函数.

2.定义 4 更为深刻地体现了借助于δ-函数所反映出的集中分布与连续分布的物理量的内在联系.

如考察由时刻 $\tau=\alpha$ 到 $\tau=\beta$ 这段时间内,持续力 $F(\tau)$ 的作用,由于 $\int_{-\infty}^{+\infty}\delta(x-\xi)\mathrm{d}x=1$ 是无量纲量,因此,规定了δ-函数的量纲为

$$[\delta(x-\xi)]=\frac{1}{[x]}$$

于是,若视 $\mathrm{d}\tau$ 为无穷小,则于时刻 $\tau=t$ 可以认为 $\delta(\tau-t)\mathrm{d}\tau=1$. 从而,$F(\tau)\delta(\tau-t)\mathrm{d}\tau$ 便可以看作于时间区间 $\alpha\leqslant\tau\leqslant\beta$ 上,只于时刻 $\tau=t\in[\alpha,\beta]$ 处瞬时起作用且取值为 $F(t)$ 瞬时力,即

$$F(\tau)\delta(\tau-t)\mathrm{d}\tau=F_t(\tau)$$

其中

$$F_t(\tau)=\begin{cases}F(t),\text{当 }\tau=t\text{ 时}\\0,\text{当 }\tau\neq t\text{ 且 }\tau\in[\alpha,\beta]\text{ 时}\end{cases}$$

将 $F(t)$ 连续地延拓到 $(-\infty,+\infty)$ 上,比如设

$$\bar{F}(\tau) = \begin{cases} F(\alpha), \text{当 } \tau < \alpha \text{ 时} \\ F(\tau), \text{当 } \alpha \leqslant \tau \leqslant \beta \text{ 时} \\ F(\beta), \text{当 } \tau \geqslant \beta \text{ 时} \end{cases}$$

则由 $\delta -$ 函数的定义知,当 $t \in [\alpha, \beta]$ 时

$$\int_{\alpha}^{\beta} F(\tau) \delta(\tau - t) \mathrm{d}\tau = \int_{-\infty}^{+\infty} \bar{F}(\tau) \delta(\tau - t) \mathrm{d}\tau =$$
$$\bar{F}(t) = F(t)$$

这表明于时刻 $\tau = t \in [\alpha, \beta]$ 瞬时起作用,且取值为 $F(t)$ 的瞬时力 $F_t(\tau)$ 在时间区间 $[\alpha, \beta]$ 上的总体效应,与在 $[\alpha, \beta]$ 上的持续力 $F(\tau)$ 在时刻 $\tau = t$ 处的瞬时效应等效.既然 $[\alpha, \beta]$ 上的持续力 $F(\tau)$ 可视为当 τ 由 α 变到 β 时诸 $F(\tau)$ 叠加而成,于是它自然可以视为在时刻 $\tau = t$ 处瞬时起作用的瞬时力 $F_t(\tau)$ 当 t 由 α 变到 β 时叠加的结果.这个具有普遍意义的重要结论,清楚地阐明了连续分布与集中分布的物理量之间的内在联系;它表明为了考察连续分布的物理量的物理特性,可先考虑集中分布的情形,尔后再利用迭加原理,便可达到预期的目的.在本书所述的应用部分中,多处用到这一结论.

11.4　间断函数的导数

按古典分析的理论,一个函数若在其定义域内的某点处可导(即导数存在),则函数在该点处必然连续.因此,一个间断函数在其间断点处必不可导.然而,我们利用 $\delta -$ 函数却可以研究间断函数的导数,这也进一步说明了引入 $\delta -$ 函数的重要意义.

鉴于 δ－函数不是普通函数，因此，用 δ－函数表达的间断函数的导数，自然不再是古典意义下的普通导数，而是所谓广义导数．对基于这种导数概念所做的推理，按理说都应借助于广义函数这一较深的数学工具才能获得严格的证明．为了浅显易懂起见，下面所做的关于间断函数的导数的全部论述，都只能借助于古典分析工具进行，从而这也只能算是"粗糙的"示意性的说明．不过，了解这些内容，对于读者理解和掌握 δ－函数及其应用还是很有益处的．

11.4.1　弱相等的概念

弱相等的概念正像弱收敛的概念一样，都是属于广义函数论的内容．为了进一步讨论 δ－函数及其性质的需要，我们对这个概念只做简单扼要的介绍．

定义 7　如果对任一于 $[a,b]$ 上连续的函数 $f(x)$，恒有

$$\int_a^b f(x)\varphi(x)\mathrm{d}x = \int_a^b f(x)\psi(x)\mathrm{d}x$$

则称在弱意义下，在区间 $[a,b]$ 上

$$\varphi(x) = \psi(x)$$

或称在区间 $[a,b]$ 上，$\varphi(x)$ 与 $\psi(x)$ 是弱相等的．

顾名思义，弱相等的概念是通常函数相等概念的推广．事实上不难证明，若 $\varphi(x)$ 与 $\psi(x)$ 皆在 $[a,b]$ 上连续，则由此两函数于区间 $[a,b]$ 上的弱意义下相等，必可推得它们在通常意义下在 $[a,b]$ 上相等．假若不然，则存在 $x_0 \in (a,b)$，使得

$$\varphi(x_0) \neq \psi(x_0)$$

于是，由 $\varphi(x)$ 与 $\psi(x)$ 的连续性知，存在 $\varepsilon > 0$，使得当 $x_0 - \varepsilon \leqslant x \leqslant x_0 + \varepsilon$ 时，$\varphi(x) \neq \psi(x)$，不妨设

$$\varphi(x) - \psi(x) > 0$$

于是,取定义于$[a,b]$上的连续函数

$$f(x) = \begin{cases} (x_0 + \varepsilon - x)(x - x_0 + \varepsilon), \\ \text{当 } x_0 - \varepsilon \leqslant x \leqslant x_0 + \varepsilon \text{ 时} \\ 0, \text{其他} \end{cases}$$

便得

$$\int_a^b [\varphi(x) - \psi(x)] f(x) \mathrm{d}x =$$

$$\int_{x_0 - \varepsilon}^{x_0 + \varepsilon} [\varphi(x) - \psi(x)](x_0 + \varepsilon - x)(x - x_0 + \varepsilon) \mathrm{d}x > 0$$

此矛盾表明,只要两个在$[a,b]$上连续的函数在弱意义下相等,就必在通常意义下相等.

需要指出的是,定义 7 中的区间有时也可以是(a, b),还可以是$(-\infty, +\infty)$. 如果是$(-\infty, +\infty)$,那么除要求 $f(x)$ 于$(-\infty, +\infty)$ 上连续外,往往还将根据问题的要求,对 $f(x)$ 附加另外的限制条件.

11.4.2　间断函数的导数

如所熟知,在古典分析中,有如下的一条原函数存在定理:设 $f(x)$ 于$[a,b]$上连续,则函数

$$F(x) = \int_a^x f(\xi) \mathrm{d}\xi$$

于$[a,b]$上可微,并且

$$F'(x) = f(x)$$

今考察

$$H(x) = \int_{-\infty}^x \delta(\xi) \mathrm{d}\xi \tag{1}$$

由 δ - 函数的定义知

$$H(x) = \begin{cases} 0, \text{当 } x < 0 \text{ 时} \\ 1, \text{当 } x \geqslant 0 \text{ 时} \end{cases}$$

这个函数是赫维塞德由于对电器技术研究的需要而引进的,通常称之为赫维塞德单位函数,也称之为于点 $x=0$ 处跃度为 1 的阶跃函数(图 2).

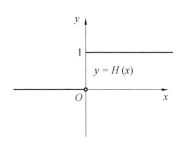

图 2

将上述古典分析中原函数存在定理,形式地用于式(1),便有

$$H'(x)=\delta(x),\ -\infty<x<+\infty \qquad (2)$$

我们也称函数 $CH(x-\xi)$ 为于点 $x=\xi$ 处跃度为 C 的阶跃函数. 仿上所述,形式地有

$$\frac{\mathrm{d}}{\mathrm{d}x}[CH(x-\xi)]=C\delta(x-\xi),\ -\infty<x<+\infty$$

$$(3)$$

这表明一个在间断点 $x=\xi$ 处跃度为 C 的阶跃函数的导数(即变化率),等于在同一点处强度为 C 的冲激函数. 式(3)是间断函数求导运算的基础. 由此可见,间断函数的导数并非普通意义下的导数,我们称之为广义导数或广义微商.

例 11　设 $f(x)$ 于 $(-\infty,+\infty)$ 上除了 $x=\xi$ 是其第一类间断点外,处处可微,并且

$$f'(\xi-0)=f'(\xi+0)$$

记 $f(x)$ 于 $x=\xi$ 处的跃度为

$$f(\xi+0) - f(\xi-0) = C$$

并定义

$$\widetilde{f}(x) = \begin{cases} f(x), \text{当 } x < \xi \text{ 时} \\ f(\xi-0), \text{当 } x = \xi \text{ 时} \\ f(x) - C, \text{当 } x > \xi \text{ 时} \end{cases}$$

则根据假设便知 $\widetilde{f}(x)$ 于 $(-\infty, +\infty)$ 上可微,且当 $x < \xi$ 及 $x > \xi$ 时有

$$f(x) = \widetilde{f}(x) + CH(x-\xi)$$

于是,由式(3)可见,当 $-\infty < x < +\infty$ 时

$$f'(x) = \widetilde{f}'(x) + C\delta(x-\xi)$$

例 12　设

$$f(x) = \begin{cases} x^2, \text{当 } x < 2 \text{ 时} \\ x^2 - 5, \text{当 } x > 2 \text{ 时} \end{cases}$$

则由例 11 可知

$$f'(x) = 2x - 5\delta(x-2), \quad -\infty < x < +\infty \quad (4)$$

事实上,根据例 11,定义函数

$$\widetilde{f}(x) = \begin{cases} x^2, \text{当 } x < 2 \text{ 时} \\ 4, \text{当 } x = 2 \text{ 时} \\ x^2, \text{当 } x > 2 \text{ 时} \end{cases}$$

再注意 $f(x)$ 于 $x = 2$ 处的跃度为 -5,则由例 11 的结论立即可见式(4)是成立的.

例 13　考虑函数

$$\text{Sgn } x = \begin{cases} -1, \text{当 } x < 0 \text{ 时} \\ 0, \text{当 } x = 0 \text{ 时} \\ 1, \text{当 } x > 0 \text{ 时} \end{cases}$$

Sgn x 被称为符号函数. 显然

$$\text{Sgn } x = -1 + 2H(x), x \neq 0$$

故

$$\frac{\mathrm{d}}{\mathrm{d}x}(\mathrm{Sgn}\ x)=2H'(x)=2\delta(x),\ -\infty<x<+\infty$$

$$(5)$$

不难看出,式(5)其实也可借助于例 11 的结论直接得到.

例 14 设脉冲函数

$$f(x)=\begin{cases}0,\text{当}\ x<a\ \text{时}\\C,\text{当}\ a\leqslant x\leqslant b\ \text{时}\\0,\text{当}\ x>b\ \text{时}\end{cases}$$

其中 $C>0$ 为常数(图 3),则

$$f(x)=\begin{cases}CH(x-a)-CH(x-b),\text{当}\ x\neq b\ \text{时}\\C,\text{当}\ x=b\ \text{时}\end{cases}$$

于是

$$f'(x)=CH'(x-a)-CH'(x-b)=$$
$$C\delta(x-a)-C\delta(x-b)$$
$$-\infty<x<+\infty$$

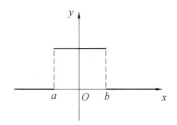

图 3

例 15 设阶梯函数

305

$$f(x) = \begin{cases} -1, & \text{当 } x < -1 \text{ 时} \\ 0, & \text{当 } -1 < x < 0 \text{ 时} \\ 2, & \text{当 } 0 < x < 2 \text{ 时} \\ 5, & \text{当 } x > 2 \text{ 时} \end{cases}$$

如图 4 所示,则当 $x \neq -1, 0, 2$ 时,有

$$f(x) = -1 + H(x+1) + 2H(x) + 3H(x-2)$$

于是

$$f'(x) = \delta(x+1) + 2\delta(x) + 3\delta(x-2)$$
$$-\infty < x < +\infty$$

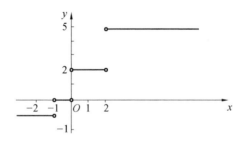

图 4

需要指出,上述诸例中函数微商的等式,都应该看成是在弱意义下相等.因为在这些例子中,都是用属于广义函数的 δ - 函数来表达所论间断函数的微商,从而也只能是在弱相等的意义下来理解这些等式.

例 16 设

$$f(x) = \begin{cases} f_1(x), & \text{当 } x < \xi \text{ 时} \\ f_2(x), & \text{当 } x > \xi \text{ 时} \end{cases}$$

其中 $f_1(x)$ 和 $f_2(x)$ 分别于 $x < \xi$ 和 $x > \xi$ 内可微,且 $f'_1(\xi - 0)$ 与 $f'_2(\xi + 0)$ 都存在.求这个函数的导数.

306

解 因为 $f'_2(\xi+0)$ 与 $f'_1(\xi-0)$ 都存在,则易见 $f_1(\xi-0)$ 与 $f_2(\xi+0)$ 都存在,亦即 $f(\xi-0)$ 与 $f(\xi+0)$ 存在. 所以, $x=\xi$ 是 $f(x)$ 的第一类间断点. 此例中的函数与例题 11 中的函数的唯一区别,就在于例 11 中的函数 $f(x)$ 的间断点 $x=\xi$ 处,有

$$f'(\xi-0)=f'(\xi+0)$$

而对于本例中的函数 $f(x)$ 则未必如此,不过,我们仍可像例题 11 那样,记

$$C=f(\xi+0)-f(\xi-0)$$

并定义

$$\widetilde{f}(x)=\begin{cases} f_1(x), & \text{当 } x<\xi \text{ 时} \\ f_1(\xi-0), & \text{当 } x=\xi \text{ 时} \\ f_2(x)-C, & \text{当 } x>\xi \text{ 时} \end{cases}$$

本来, $\widetilde{f}(x)$ 于 $x=\xi$ 处取何值以及是否有定义,对于下面表达 $f'(x)$ 来说是无所谓的. 这里之所以规定 $\widetilde{f}(\xi)=f_1(\xi-0)$,不过是为了与例 11 在处理上统一而已. 由于当 $x>\xi$ 与 $x<\xi$ 时

$$f(x)=\widetilde{f}(x)+CH(x-\xi)$$

故当 $-\infty<x<+\infty$ 时,应有

$$f'(x)=\widetilde{f}'(x)+C\delta(x-\xi) \tag{6}$$

然而,由于此时未必有

$$\widetilde{f}'(\xi-0)=\widetilde{f}'(\xi+0)$$

因此或者规定

$$\widetilde{f}'(\xi)=\widetilde{f}'(\xi-0) \tag{7}$$

或者规定

$$\widetilde{f}'(\xi)=\widetilde{f}'(\xi+0) \tag{8}$$

这样一来,式(6)就有两种形式. 这两种形式也只在 $x=\xi$ 处有区别,即或者取式(7),或者取式(8). 鉴于前

面已指出,式(6)应当按着在弱意义下相等来理解,因此上述两种形式采取任何一种均可. 基于同样理由,于式(6)中往往干脆就不特别指明 $\widetilde{f}'(x)$ 在点 ξ 处究竟取何值. 由于

$$\overline{f}'(x) = \begin{cases} f'_1(x), & \text当 $x < \xi$ 时 \\ f'_2(x), & \text当 $x > \xi$ 时 \end{cases}$$

于是,当 $-\infty < x < +\infty$ 时

$$f'(x) = C\delta(x-\xi) + \begin{cases} f'_1(x), & \text当 $x < \xi$ 时 \\ f'_2(x), & \text当 $x > \xi$ 时 \end{cases} \tag{9}$$

对于本例中的函数 $f(x)$,其导函数最常用的表达式就是式(9).

例 17 设

$$f(x) = \begin{cases} 2\sin x, & \text当 $x < \pi$ 时 \\ -x^2, & \text当 $x > \pi$ 时 \end{cases}$$

则 $f(x)$ 符合例 16 的全部要求,而

$$C = f(\pi+0) - f(\pi-0) = -\pi^2$$

于是,根据例 16 所述的结论,当 $-\infty < x < +\infty$ 时,或者

$$f'(x) = -\pi^2\delta(x-\pi) + \begin{cases} 2\cos x, & \text当 $x \leqslant \pi$ 时 \\ -2x, & \text当 $x > \pi$ 时 \end{cases}$$

或者

$$f'(x) = -\pi^2\delta(x-\pi) + \begin{cases} 2\cos x, & \text当 $x < \pi$ 时 \\ -2x, & \text当 $x \geqslant \pi$ 时 \end{cases}$$

或者采取常用的表达式,即当 $-\infty < x < +\infty$ 时

$$f'(x) = -\pi^2\delta(x-\pi) + \begin{cases} 2\cos x, & \text当 $x < \pi$ 时 \\ -2x, & \text当 $x > \pi$ 时 \end{cases}$$

例 18 设 $a < \alpha < \beta < b$,且

$$f(x) = \begin{cases} \mathrm{e}^x, \text{当 } a \leqslant x < \alpha \text{ 时} \\ x^3 + 2, \text{当 } \alpha < x < \beta \text{ 时} \\ x^3, \text{当 } \beta < x \leqslant b \text{ 时} \end{cases}$$

为求定义于有限区间 $[a,b]$ 上的间断函数 $f(x)$ 的导数,先将 $f(x)$ 开拓到 $(-\infty, +\infty)$ 上,使之除 α, β 为第一类间断点外,处处可微. 为此,设

$$F(x) = \begin{cases} \mathrm{e}^x, \text{当 } x < \alpha \text{ 时} \\ x^3 + 2, \text{当 } \alpha < x < \beta \text{ 时} \\ x^3, \text{当 } x > \beta \text{ 时} \end{cases}$$

由于 $F(x)$ 于间断点 α, β 处的跃度分别为

$$F(\alpha + 0) - F(\alpha - 0) = \alpha^3 + 2 - \mathrm{e}^\alpha$$
$$F(\beta + 0) - F(\beta - 0) = -2$$

因此,若记

$$\widetilde{F}(x) = \begin{cases} \mathrm{e}^x, \text{当 } x \leqslant \alpha \text{ 时} \\ x^3 + \mathrm{e}^\alpha - \alpha^3, \text{当 } x > \alpha \text{ 时} \end{cases}$$

则当 $x \neq \alpha, \beta$ 时

$$F(x) = \widetilde{F}(x) + (\alpha^3 + 2 - \mathrm{e}^\alpha)H(x - \alpha) - 2H(x - \beta)$$

从而,当 $-\infty < x < +\infty$ 时

$$F'(x) = \widetilde{F}'(x) + (\alpha^3 + 2 - \mathrm{e}^\alpha)\delta(x - \alpha) - 2\delta(x - \beta)$$

特别,当 $a \leqslant x \leqslant b$ 时,此式成立. 这就表明,或者

$$f'(x) = (\alpha^3 + 2 - \mathrm{e}^\alpha)\delta(x - \alpha) - 2\delta(x - \beta) + \begin{cases} \mathrm{e}^x, \text{当 } a \leqslant x \leqslant \alpha \text{ 时} \\ 3x^2, \text{当 } \alpha < x \leqslant b \text{ 时} \end{cases}$$

或者

$$f'(x) = (\alpha^3 + 2 - \mathrm{e}^\alpha)\delta(x - \alpha) - 2\delta(x - \beta) +$$

$$\begin{cases} \mathrm{e}^x, \text{当 } a \leqslant x < \alpha \text{ 时} \\ 3x^2, \text{当 } \alpha < x \leqslant b \text{ 时} \end{cases}$$

或者通常表示为

$$f'(x) = (\alpha^3 + 2 - \mathrm{e}^a)\delta(x - \alpha) - 2\delta(x - \beta) +$$
$$\begin{cases} \mathrm{e}^x, \text{当 } a \leqslant x < \alpha \text{ 时} \\ 3x^2, \text{当 } \alpha < x \leqslant b \text{ 时} \end{cases}$$

至此,对于一般在有限或无穷区间上有定义的,除第一类间断点外处处可微的间断函数,我们都能够借助于 δ — 函数,给出其导数的表达式.

11.5 δ — 函数的性质

δ — 函数之所以有着广泛的应用,其主要原因之一是它有许多很好的性质. 如前所述,为了使本书具有更广泛的适应性,便于读者接受,对于本来属于广义函数的 δ — 函数的下述诸性质,在本节我们都只采取古典分析中的方法,给出形式上的"证明".

首先,根据 δ — 函数的定义(并注意其物理背景),立即可得如下的性质:

性质 1　对于任意区间 $[a, b]$,恒有

$$\int_a^b \delta(x - \xi)\mathrm{d}\xi = \begin{cases} 1, \text{当 } \xi \in [a, b] \text{ 时} \\ 0, \text{当 } \xi \notin [a, b] \text{ 时} \end{cases}$$

今后我们将以定义 1 至定义 3 这三个等价的定义之一作为 δ — 函数的定义,而将定义 4 视为其运算性质,即:

性质 2(运算性质)　设 $f(x)$ 于 $(-\infty, +\infty)$ 上连续,则

310

$$\int_{-\infty}^{+\infty} f(x)\delta(x-\xi)\mathrm{d}x = f(\xi)$$

证 根据 δ — 函数的定义、积分中值定理以及性质 1 知,对任意 $\varepsilon > 0$,有

$$\int_{-\infty}^{+\infty} f(x)\delta(x-\xi)\mathrm{d}x = \int_{\xi-\varepsilon}^{\xi+\varepsilon} f(x)\delta(x-\xi)\mathrm{d}x =$$
$$f(\eta)\int_{\xi-\varepsilon}^{\xi+\varepsilon}\delta(x-\xi)\mathrm{d}x =$$
$$f(\eta)$$

其中 $\eta \in [\xi-\varepsilon, \xi+\varepsilon]$. 注意 $f(x)$ 的连续性及 $\varepsilon > 0$ 的任意性,立即可得

$$\int_{-\infty}^{+\infty} f(x)\delta(x-\xi)\mathrm{d}x = \lim_{\varepsilon \to 0^+} \int_{\xi-\varepsilon}^{\xi+\varepsilon} f(x)\delta(x-\xi)\mathrm{d}x =$$
$$\lim_{\varepsilon \to 0^+} f(\eta) = f(\xi)$$

推论 1 设 $f(x)$ 于 $[a,b]$ 上连续,则当 $\xi \in [a, b]$ 时

$$\int_a^b f(x)\delta(x-\xi)\mathrm{d}x = f(\xi)$$

证 设

$$\widetilde{f}(x) = \begin{cases} f(a), & \text{当 } x < a \text{ 时} \\ f(x), & \text{当 } a \leqslant x \leqslant b \text{ 时} \\ f(b), & \text{当 } x > b \text{ 时} \end{cases}$$

则 $\widetilde{f}(x)$ 于 $(-\infty, +\infty)$ 上连续. 于是,按 δ — 函数的定义及性质 1,并注意到 $\xi \in [a,b]$,便有

$$\int_a^b f(x)\delta(x-\xi)\mathrm{d}x = \int_{-\infty}^{+\infty} \widetilde{f}(x)\delta(x-\xi)\mathrm{d}x =$$
$$\widetilde{f}(\xi) = f(\xi)$$

性质 3(δ — 函数的微商) 设 $f(x)$ 于 $(-\infty, +\infty)$ 上 n 次连续可微,则

$$\int_{-\infty}^{+\infty} f(x)\delta^{(n)}(x-\xi)\mathrm{d}x = (-1)^n f^{(n)}(\xi)$$

证 用数学归纳法证明之.

显然当 $n=1$ 时,结论成立.事实上,由分部积分法以及性质 2,并注意到当 $x \neq \xi$ 时,$\delta(x-\xi)=0$,便得

$$\int_{-\infty}^{+\infty} f(x)\delta'(x-\xi)\mathrm{d}x = f(x)\delta(x-\xi)\Big|_{-\infty}^{+\infty} -$$

$$\int_{-\infty}^{+\infty} f'(x)\delta(x-\xi)\mathrm{d}x =$$

$$-f'(\xi)$$

今假设当 $n=k$ 时,结论成立,亦即

$$\int_{-\infty}^{+\infty} f(x)\delta^{(k)}(x-\xi)\mathrm{d}x = (-1)^k f^{(k)}(\xi)$$

要证当 $n=k+1$ 时,结论成立.事实上,由分部积分法以及性质 2,并注意到当 $x \neq \xi$ 时,$\delta^{(k)}(x-\xi)=0$,便得

$$\int_{-\infty}^{+\infty} f(x)\delta^{(k+1)}(x-\xi)\mathrm{d}x =$$

$$f(x)\delta^{(k)}(x-\xi)\Big|_{-\infty}^{+\infty} -$$

$$\int_{-\infty}^{+\infty} f'(x)\delta^{(k)}(x-\xi)\mathrm{d}x =$$

$$(-1)(-1)^k \frac{\mathrm{d}^k}{\mathrm{d}x^k}[f'(x)]\big|_{x=\xi} =$$

$$(-1)^{k+1} f^{(k+1)}(\xi)$$

于是,根据数学归纳法原理便知,所述结论对任何自然数 n 都成立.

推论 2 设 $f(x)$ 于 $[a,b]$ 上 n 次连续可微,则当 $\xi \in [a,b]$ 时

$$\int_a^b f(x)\delta^{(n)}(x-\xi)\mathrm{d}x = (-1)^n f^{(n)}(\xi)$$

证 将 $f(x)n$ 次连续可微地延拓到 $(-\infty,$

312

$+\infty$），设如此延拓后的函数为 $\widetilde{f}(x)$，则由 $\widetilde{f}^{(n)}(\xi)=f^{(n)}(\xi)$ 及性质 3 立即可知，当 $\xi \in [a,b]$ 时

$$\int_a^b f(x)\delta^{(n)}(x-\xi)\mathrm{d}x = \int_{-\infty}^{+\infty} \widetilde{f}(x)\delta^{(n)}(x-\xi)\mathrm{d}x =$$
$$(-1)^n \widetilde{f}^{(n)}(\xi) =$$
$$(-1)^n f^{(n)}(\xi)$$

为了加深对 δ—函数微商的意义的理解，这里我们简要地叙述一下 $\delta'(x)$ 的物理背景.

设于 x 轴上，只在 $x=0$ 与 $x=l$ 处分别置以电量为 $-Q$ 与 Q 的电荷，从而形成偶极矩为 $P=Ql$ 的偶极子. 于是仿 11.3 节中的例 9 可知，此时 x 轴上各点 x 处的电荷分布密度为

$$\rho(x) = -Q\delta(x) + Q\delta(x-l) =$$
$$P\frac{\delta(x-l)-\delta(x)}{l}$$

固定偶极矩 P，令 $l \to 0$，则由 $P=Ql$ 知，此时 $Q \to +\infty$. 记

$$\widetilde{\rho}(x) = \lim_{l \to 0}(P\frac{\delta(x-l)-\delta(x)}{l}) =$$
$$-P\delta'(x)$$

则得

$$\delta'(x) = \frac{\widetilde{\rho}(x)}{-P}$$

而 $\widetilde{\rho}(x)$ 则表示由在点 $x=0$ 处及与该点无限靠近的点处分别置以等量但符号相反的无穷大电荷形成偶极子后，在 x 轴上各点的电荷密度分布.

推论 3

$$\int_{-\infty}^{+\infty} \delta^{(n)}(x-\xi)\mathrm{d}x = 0, n=1,2,\cdots$$

而且，对任何区间 $[a,b]$，恒有

$$\int_a^b \delta^{(n)}(x-\xi)\mathrm{d}x = 0, n = 1,2,\cdots$$

证 在性质 3 及推论 2 中,取 $f(x)\equiv 1$,便立即得到所要证明的结论.

在下述性质及其推论中所出现的等式,除了推论 5 之外,都应当按弱意义下相等来理解. 此外,本节所叙述的在闭区间 $[a,b]$ 上成立的所有性质及其推论,将 $[a,b]$ 换成开区间 (a,b) 显然也成立.

性质 4,设 n 为非负整数,则

$$\delta^{(n)}(-x) = (-1)^n \delta^{(n)}(x), \quad -\infty < x < +\infty$$

其中

$$\delta^{(n)}(-x) = \frac{\mathrm{d}^n \delta(-x)}{\mathrm{d}(-x)^n}$$

证 令 $u = -x$,则由性质 3 知,对任一于 $(-\infty, +\infty)$ 上 n 次连续可微的函数 $f(x)$,恒有

$$\int_{-\infty}^{+\infty} f(x)\delta^{(n)}(-x)\mathrm{d}x = \int_{-\infty}^{+\infty} f(-u)\delta^{(n)}(u)\mathrm{d}u =$$

$$(-1)^n \frac{\mathrm{d}^n f(-u)}{\mathrm{d}u^n}\bigg|_{u=0} =$$

$$(-1)^n f^{(n)}(x)\big|_{x=0} =$$

$$(-1)^n \int_{-\infty}^{+\infty} f(x)\delta^{(n)}(x)\mathrm{d}x =$$

$$\int_{-\infty}^{+\infty} f(x)[(-1)^n \delta^{(n)}(x)]\mathrm{d}x$$

于是,按定义 7 及其后所作的说明,立即可见(在弱意义下)

$$\delta^{(n)}(-x) = (-1)^n \delta^{(n)}(x), \quad -\infty < x < +\infty$$

性质 4 表明,当 n 为偶数时,$\delta^{(n)}(x)$ 是偶函数;当 n 为奇数时,$\delta^{(n)}(x)$ 为奇函数. 特别,$\delta(x)$ 为偶函数,$\delta'(x)$ 为奇函数,这两种情形以后将经常用到.

推论 4 设 n 为非负整数,则

$$\delta^{(n)}(\xi-x)=(-1)^n\delta^{(n)}(x-\xi),\ -\infty<x<+\infty$$

其中

$$\delta^{(n)}(\xi-x)=\frac{\mathrm{d}^n\delta(\xi-x)}{\mathrm{d}(\xi-x)^n}$$

证 作平移变换 $u=\xi-x$,则由性质 4 便可立即得证.

由性质 3、推论 2 及推论 4 不难得到如下推论:

推论 5 设 $f(x)$ 于 $(-\infty,+\infty)$ 上 n 次连续可微,则

$$\int_{-\infty}^{+\infty}f(x)\delta^{(n)}(\xi-x)\mathrm{d}x=f^{(n)}(\xi)$$

若 $f(x)$ 于 $[a,b]$ 上 n 次连续可微,则当 $\xi\in[a,b]$ 时

$$\int_a^b f(x)\delta^{(n)}(\xi-x)\mathrm{d}x=f^{(n)}(\xi)$$

性质 5 设 $\varphi(x)$ 于 $(-\infty,+\infty)$ 上连续可微,且 $\varphi(x)=0$ 无重根,其全部单根为 $x_1,x_2,\cdots,x_n$,则

$$\delta[\varphi(x)]=\sum_{k=1}^n\frac{\delta(x-x_k)}{|\varphi'(x_k)|},\ -\infty<x<+\infty$$

证 按假设可知

$$\varphi'(x_k)\neq0,k=1,2,\cdots,n$$

再根据 $\varphi'(x)$ 的连续性,存在 $\varepsilon_k>0(k=1,2,\cdots,n)$,使得

$$\varphi'(x)\neq0,x_k-\varepsilon\leqslant x\leqslant x_k+\varepsilon \qquad (1)$$

且使诸区间 $[x_k-\varepsilon_k,x_k+\varepsilon_k](k=1,2,\cdots,n)$ 中任意两个区间皆无公共点. 于是由 δ—函数的定义知,对任一在 $(-\infty,+\infty)$ 上连续的函数 $f(x)$,恒有

$$\int_{-\infty}^{+\infty}f(x)\delta[\varphi(x)]\mathrm{d}x=\sum_{k=1}^n\int_{x_k-\varepsilon_k}^{x_k+\varepsilon_k}f(x)\delta[\varphi(x)]\mathrm{d}x$$

$$(2)$$

令 $u = \varphi(x)$，由式(1)知，若设 $\tilde{u}_k = \varphi(x_k - \varepsilon)$，$\tilde{\tilde{u}}_k = \varphi(x_k + \varepsilon)$，则 $u = \varphi(x)$ 的反函数于以 $\tilde{u}_k$，$\tilde{\tilde{u}}_k$ 为端点的区间上存在，记为 $x = \varphi^{-1}(u)$．若

$$\varphi'(x) > 0, \quad x_k - \varepsilon \leqslant x \leqslant x_k + \varepsilon$$

则

$$\varphi(x_k + \varepsilon) > \varphi(x_k - \varepsilon)$$

再注意到 $\varphi(x_k) = 0$，便有

$$\int_{x_k - \varepsilon}^{x_k + \varepsilon} f(x)\delta[\varphi(x)]\mathrm{d}x = \int_{\varphi(x_k - \varepsilon)}^{\varphi(x_k + \varepsilon)} f[\varphi^{-1}(u)]\delta(u)\frac{\mathrm{d}\varphi^{-1}(u)}{\mathrm{d}u}\mathrm{d}u =$$

$$f[\varphi^{-1}(u)]\left.\frac{\mathrm{d}\varphi^{-1}(u)}{\mathrm{d}u}\right|_{u = \varphi(x_k)} =$$

$$f(x)\left.\frac{1}{\varphi'(x)}\right|_{x = x_k} =$$

$$\frac{f(x_k)}{|\varphi'(x_k)|}$$

若

$$\varphi'(x) < 0, \quad x_k - \varepsilon \leqslant x \leqslant x_k + \varepsilon$$

则

$$\varphi(x_k + \varepsilon) < \varphi(x_k - \varepsilon)$$

从而

$$\int_{x_k - \varepsilon}^{x_k + \varepsilon} f(x)\delta[\varphi(x)]\mathrm{d}x =$$

$$-\int_{\varphi(x_k - \varepsilon)}^{\varphi(x_k + \varepsilon)} f[\varphi^{-1}(u)]\delta(u)\frac{\mathrm{d}\varphi^{-1}(u)}{\mathrm{d}u}\mathrm{d}u =$$

$$-f[\varphi^{-1}(u)]\left.\frac{\mathrm{d}\varphi^{-1}(u)}{\mathrm{d}u}\right|_{u = \varphi(x_k)} =$$

$$-f(x)\left.\frac{1}{\varphi'(x)}\right|_{x = x_k} =$$

$$\frac{f(x_k)}{|\varphi'(x_k)|}$$

于是,当 $k=1,2,\cdots,n$ 时,恒有

$$\int_{x_k-\varepsilon_k}^{x_k+\varepsilon_k} f(x)\delta[\varphi(x)]\mathrm{d}x = \frac{f(x_k)}{|\varphi'(x_k)|}$$

将此式代入式(2),并由性质 2 可得

$$\int_{-\infty}^{+\infty} f(x)\delta[\varphi(x)]\mathrm{d}x = \sum_{k=1}^{n} \frac{1}{|\varphi'(x_k)|}\int_{-\infty}^{+\infty} f(x)\delta(x-x_k)\mathrm{d}x =$$

$$\int_{-\infty}^{+\infty} f(x)\sum_{k=1}^{n} \frac{\delta(x-x_k)}{|\varphi'(x_k)|}\mathrm{d}x$$

从而,按定义 7 可知(在弱意义下)

$$\delta[\varphi(x)] = \sum_{k=1}^{n} \frac{\delta(x-x_k)}{|\varphi'(x_k)|},\ -\infty < x < +\infty$$

推论 6 设 $\varphi(x)$ 于 $[a,b]$ 上连续可微,且 $\varphi(x)=0$ 在 $[a,b]$ 上无重根,其全部单根为 $x_1,x_2,\cdots,x_n$,则

$$\delta[\varphi(x)] = \sum_{k=1}^{n} \frac{\delta(x-x_k)}{|\varphi'(x_k)|},\ a \leqslant x \leqslant b$$

证 首先将 $\varphi(x)$ 连续可微地延拓到 $(-\infty,+\infty)$ 上,使之于 $x \notin [a,b]$ 处恒不为零.设如此延拓后所得到的函数为 $\widetilde{\varphi}(x)$,则由假设条件以及 $\widetilde{\varphi}(x)$ 的属性,根据性质 5 可知(在弱意义下)

$$\delta[\widetilde{\varphi}(x)] = \sum_{k=1}^{n} \frac{\delta(x-x_k)}{|\widetilde{\varphi}'(x_k)|},\ -\infty < x < +\infty$$

从而

$$\delta[\varphi(x)] = \sum_{k=1}^{n} \frac{\delta(x-x_k)}{|\varphi'(x_k)|},\ a \leqslant x \leqslant b$$

显然性质 5 还有如下的重要推论:

推论 7 设 a 为非零常数,则:

$1°\ \delta(ax) = \dfrac{1}{|a|}\delta(x)$;

$2°\ \delta(x^2-a^2) = (2|a|)^{-1}[\delta(x+a)+\delta(x-a)]$.

性质 6　设 $\varphi(x)$ 于 $(-\infty,+\infty)$ 上连续可微,则
$$\varphi(x)\delta'(x-\xi)=\varphi(\xi)\delta'(x-\xi)-\varphi'(\xi)\delta(x-\xi)$$
$$-\infty<x<+\infty$$

证　根据分部积分公式以及性质 2、性质 3 知,对任一于 $(-\infty,+\infty)$ 上连续可微的函数 $f(x)$,恒有

$$\int_{-\infty}^{+\infty}\varphi(x)\delta'(x-\xi)f(x)\mathrm{d}x=$$

$$\delta(x-\xi)\varphi(x)f(x)\Big|_{-\infty}^{+\infty}-$$

$$\int_{-\infty}^{+\infty}\delta(x-\xi)(\varphi(x)f(x))'\mathrm{d}x=$$

$$-\int_{-\infty}^{+\infty}\delta(x-\xi)\varphi'(x)f(x)\mathrm{d}x-$$

$$\int_{-\infty}^{+\infty}\delta(x-\xi)\varphi(x)f'(x)\mathrm{d}x=$$

$$-\varphi'(\xi)f(\xi)-\varphi(\xi)f'(\xi)=$$

$$-\varphi'(\xi)\int_{-\infty}^{+\infty}f(x)\delta(x-\xi)\mathrm{d}x+$$

$$\varphi(\xi)\int_{-\infty}^{+\infty}f(x)\delta'(x-\xi)\mathrm{d}x=$$

$$\int_{-\infty}^{+\infty}f(x)[\varphi(\xi)\delta'(x-\xi)-$$

$$\varphi'(\xi)\delta(x-\xi)]\mathrm{d}x$$

于是

$$\varphi(x)\delta'(x-\xi)=\varphi(\xi)\delta'(x-\xi)-\varphi'(\xi)\delta(x-\xi)$$
$$-\infty<x<+\infty$$

推论 8
$$x\delta'(x-\xi)=\xi\delta'(x-\xi)-\delta(x-\xi)$$

特别,当 $\xi=0$ 时
$$x\delta'(x)=-\delta(x)$$

证　在性质 6 中,取 $\varphi(x)=x$,便立即得证.

性质 7 设 $\varphi(x)$ 在 $(-\infty, +\infty)$ 上连续,则

$$\varphi(x)\delta(x-\xi) = \varphi(\xi)\delta(x-\xi), \quad -\infty < x < +\infty$$

$$(3)$$

证 对任一在 $(-\infty, +\infty)$ 上连续的函数 $f(x)$,按性质 2 有

$$\int_{-\infty}^{+\infty} f(x)\varphi(x)\delta(x-\xi)\mathrm{d}x = f(\xi)\varphi(\xi) =$$

$$\varphi(\xi)\int_{-\infty}^{+\infty} f(x)\delta(x-\xi)\mathrm{d}x =$$

$$\int_{-\infty}^{+\infty} f(x)\varphi(\xi)\delta(x-\xi)\mathrm{d}x$$

由此可见,等式(3)在弱意义下成立.

推论 9

$$(x-\xi)\delta(x-\xi) = 0, \quad -\infty < x < +\infty$$

特别,当 $\xi = 0$ 时

$$x\delta(x) = 0, \quad -\infty < x < +\infty$$

证 在性质 7 中,取 $\varphi(x) = x$,便立即得证.

推论 10 设 $\varphi(x), \psi(x)$ 皆在 $(-\infty, +\infty)$ 上连续. 若存在 $\xi \in (-\infty, +\infty)$,使得 $\varphi(\xi) = \psi(\xi)$,则

$$\varphi(x)\delta(x-\xi) = \psi(x)\delta(x-\xi), \quad -\infty < x < +\infty$$

证 由性质 7 可得

$$\varphi(x)\delta(x-\xi) = \varphi(\xi)\delta(x-\xi) =$$

$$\psi(\xi)\delta(x-\xi) =$$

$$\psi(x)\delta(x-\xi)$$

$$-\infty < x < +\infty$$

仿性质 6,我们还可以证明如下的性质:

性质 8 设 $\varphi(x)$ 在 $(-\infty, +\infty)$ 上 n 次连续可微,则

$$\varphi(x)\delta^{(n)}(x-\xi) = \sum_{k=0}^{n}(-1)^k C_n^k \varphi^{(k)}(\xi)\delta^{(n-k)}(x-\xi)$$

$$-\infty < x < +\infty$$

其中 C_n^k 表示在 n 个元素中取 k 个元素的组合总数.

显而易见,性质7与性质6分别是性质8当 $n=0$ 与 $n=1$ 时的特殊情形.

性质9 设函数

$$H(x-\xi) = \begin{cases} 0, & \text{当 } x < \xi \text{ 时} \\ 1, & \text{当 } x \geqslant \xi \text{ 时} \end{cases}$$

则

$$H'(x-\xi) = \delta(x-\xi), \quad -\infty < x < +\infty$$

性质10 设函数

$$f(x) = \begin{cases} f_1(x), & \text{当 } x < \xi \text{ 时} \\ f_2(x), & \text{当 } x > \xi \text{ 时} \end{cases}$$

其中 $f_1(x)$ 与 $f_2(x)$ 分别在 $x < \xi$ 与 $x > \xi$ 内可微,且 $f'_1(\xi-0)$ 与 $f'_2(\xi+0)$ 皆存在.若记

$$C = f(\xi+0) - f(\xi-0)$$

则当 $-\infty < x < +\infty$ 时

$$f'(x) = C\delta(x-\xi) + \begin{cases} f'_1(x), & \text{当 } x < \xi \text{ 时} \\ f'_2(x), & \text{当 } x > \xi \text{ 时} \end{cases}$$

性质9及性质10已分别在11.4节中11.4.2段的开头及例16中详细推导过,这里只是为了把 δ - 函数的性质阐述得更完整,才又将它们开列出来.

11.6　高维 δ - 函数

如果所论 δ - 函数中含有 n 个自变量,那么称之为 n 维 δ - 函数.前面所讨论的函数 $\delta(x-\xi)$,只含一个自变量 x,称为一维 δ - 函数.高于一维的 δ - 函数,也

称为高维 $\delta-$ 函数.

鉴于高维 $\delta-$ 函数与一维 $\delta-$ 函数有许多类似之处,因此下面只是扼要地进行讨论.

11.6.1 高维 $\delta-$ 函数的定义

为了解高维 $\delta-$ 函数的定义的背景,我们先举两个具体的例子.

例 19 设在三维空间 $Oxyz$ 中,除原点 $(0,0,0)$ 外的其余各点处都没有电荷分布,而于原点处分布一单位电荷,试确定 $Oxyz$ 空间中各点 (x,y,z) 处的电荷分布密度 $\rho(x,y,z)$.

设 G 为 $Oxyz$ 空间中的某有界闭区域,Q_G 表示分布于 G 上的电荷总量,S_G 表示域 G 的体积.若令 l 表示 G 的直径,即 G 上任意两点间距离之最大者,则显然有

$$\rho(0,0,0)=\lim_{\substack{l\to 0\\ (0,0,0)\in G}}\frac{Q_G}{S_G}=\lim_{\substack{l\to 0\\ (0,0,0)\in G}}\frac{1}{S_G}=\infty$$

而当 $(x,y,z)\neq(0,0,0)$ 时

$$\rho(x,y,z)=\lim_{\substack{(x,y,z)\in G\\ (0,0,0)\notin G}}\frac{Q_G}{S_G}=\lim_{\substack{l\to 0\\ (x,y,z)\in G\\ (0,0,0)\notin G}}\frac{0}{S_G}=0$$

于是,在 $Oxyz$ 空间中各点 (x,y,z) 的电荷分布密度为

$$\rho(x,y,z)=\begin{cases}0,\text{当}(x,y,z)\neq(0,0,0)\text{ 时}\\ \infty,\text{当}(x,y,z)=(0,0,0)\text{ 时}\end{cases}$$

此外,显然还有

$$Q_{\mathbf{R}^3}=\iiint\limits_{\mathbf{R}^3}\rho(x,y,z)\mathrm{d}x\mathrm{d}y\mathrm{d}z=1$$

其中 $\mathbf{R}^3$ 为整个三维空间[①].

例 20 设在三维空间 $Oxyz$ 中除点 (ξ,η,ζ) 外的其余各点处都没有物质分布,而于点 (ξ,η,ζ) 处分布一单位质量的物质,试确定 $Oxyz$ 空间中各点 (x,y,z) 处的物质分布密度 $\mu(x,y,z)$.

设 G 为 $Oxyz$ 空间中的某有界闭区域,S_G 为域 G 的体积,M_G 为分布于 G 上的物质的总质量. 若令 l 表示域 G 的直径,则有

$$\mu(\xi,\eta,\zeta) = \lim_{\substack{l \to 0 \\ (\xi,\eta,\zeta) \in G}} \frac{M_G}{S_G} = \lim_{\substack{l \to 0 \\ (\xi,\eta,\zeta) \in G}} \frac{1}{S_G} = \infty$$

当 $(x,y,z) \neq (\xi,\eta,\zeta)$ 时

$$\mu(x,y,z) = \lim_{\substack{l \to 0 \\ (x,y,z) \in G \\ (\xi,\eta,\zeta) \notin G}} \frac{M_G}{S_G} = \lim_{\substack{l \to 0 \\ (x,y,z) \in G \\ (\xi,\eta,\zeta) \notin G}} \frac{0}{S_G} = 0$$

于是,$Oxyz$ 空间中各点 (x,y,z) 的物质分布密度为

$$\mu(x,y,z) = \begin{cases} 0, & \text{当}(x,y,z) \neq (\xi,\eta,\zeta) \text{ 时} \\ \infty, & \text{当}(x,y,z) = (\xi,\eta,\zeta) \text{ 时} \end{cases}$$

此外,显然还有

$$M_{\mathbf{R}^3} = \iiint\limits_{\mathbf{R}^3} \mu(x,y,z)\mathrm{d}x\mathrm{d}y\mathrm{d}z = 1$$

将诸如例 19 与例 20 中的那些具有明显的共性——反映了集中分布的物理量的物理特性的函数 $\rho(x,y,z)$ 与 $\mu(x,y,z)$ 加以数学抽象,引进下述定义:

定义 8 我们称一个含有 n 个变元 $x_1,x_2,\cdots,x_n$ 的函数为 n 维 $\delta -$ 函数,并记之为 $\delta(x_1,x_2,\cdots,x_n)$,如果它满足:

---

① 常记 $\mathbf{R}^n$ 表示整个 n 维欧氏空间.

$1°$ $\delta(x_1,x_2,\cdots,x_n)=$
$$\begin{cases}0,当(x_1,x_2,\cdots,x_n)\neq(0,0,\cdots,0)\text{ 时}\\\infty,当(x_1,x_2,\cdots,x_n)=(0,0,\cdots,0)\text{ 时}\end{cases};$$

$2°$ $\underset{\mathbf{R}^n}{\iint\cdots\int}\delta(x_1,x_2,\cdots,x_n)\mathrm{d}x_1\mathrm{d}x_2\cdots\mathrm{d}x_n=1.$

只需作一个平移变换,便可得到与定义 8 等价的如下定义:

定义 9　我们称一个含有 n 个变元 $x_1,x_2,\cdots,x_n$ 的函数为 n 维 δ-函数,并记为 $\delta(x_1-\xi_1,x_2-\xi_2,\cdots,x_n-\xi_n)$,如果它满足:

$1°$ $\delta(x_1-\xi_1,x_2-\xi_2,\cdots,x_n-\xi_n)=$
$$\begin{cases}0,当(x_1,x_2,\cdots,x_n)\neq(\xi_1,\xi_2,\cdots,\xi_n)\text{ 时}\\\infty,当(x_1,x_2,\cdots,x_n)=(\xi_1,\xi_2,\cdots,\xi_n)\text{ 时}\end{cases};$$

$2°$ $\underset{\mathbf{R}^n}{\iint\cdots\int}\delta(x_1-\xi_1,x_2-\xi_2,\cdots,x_n-\xi_n)\mathrm{d}x_1\cdot$ $\mathrm{d}x_2\cdot\cdots\cdot\mathrm{d}x_n=1.$

运用简单的推理,便不难得到与定义 8 及定义 9 等价的如下定义:

定义 10　我们称一个含有 n 个变元 $x_1,x_2,\cdots,x_n$ 的函数为 n 维 δ-函数,并记为 $\delta(x_1,x_2,\cdots,x_n)$,如果它满足:

$1°\delta(x_1,x_2,\cdots,x_n)=0$,当 $(x_1,x_2,\cdots,x_n)\neq(0,0,\cdots,0)$ 时;

$2°$ $\underset{\mathbf{R}^n}{\iint\cdots\int}\delta(x_1,x_2,\cdots,x_n)\mathrm{d}x_1\mathrm{d}x_2\cdots\mathrm{d}x_n=1.$

由上述诸定义可见,n 维 δ-函数显然是一维 δ-函数的推广,并且,高维 δ-函数,自然也不是古典分析中的那种"逐点对应"的普通函数.

我们还可以给出与上述三个定义等价的下述定义,它也是 n 维 δ — 函数重要的运算性质.

定义 11 我们称 $\delta(x_1 - \xi_1, x_2 - \xi_2, \cdots, x_n - \xi_n)$ 为 n 维 δ — 函数,如果对任一于 $\mathbf{R}^n$ 内连续的函数 $f(x_1, x_2, \cdots, x_n)$,恒有

$$\iint_{\mathbf{R}^n} \cdots \int \delta(x_1 - \xi_1, x_2 - \xi_2, \cdots, x_n - \xi_n) \cdot$$

$$f(x_1, x_2, \cdots, x_n) \mathrm{d}x_1 \mathrm{d}x_2 \cdots \mathrm{d}x_n =$$

$$f(\xi_1, \xi_2, \cdots, \xi_n)$$

11.6.2 高维 δ — 函数的性质

为了讨论高维 δ — 函数的性质,首先,需要介绍多元函数弱收敛的概念.

(1) 多元函数弱收敛的概念.

n 元函数弱收敛与一元函数弱收敛的定义非常相似,只不过是把那里的一元函数换成 n 元函数,把定积分换成 n 重积分而已. 因此,n 元函数弱收敛的定义,其实也是一元函数弱收敛定义的推广.

定义 12 设依赖于参数 h 的函数族 $\{\varphi_h(x_1, x_2, \cdots, x_n)\}$ 中的每一个函数都在 $\mathbf{R}^n$ 中某域 G 内有定义. 若对任一于 G 内连续的函数 $f(x_1, x_2, \cdots, x_n)$,恒有

$$\lim_{h \to \infty} \iint_G \cdots \int f(x_1, x_2, \cdots, x_n) \varphi_h(x_1, x_2, \cdots, x_n) \mathrm{d}x_1 \mathrm{d}x_2 \cdots \mathrm{d}x_n =$$

$$\iint_G \cdots \int f(x_1, x_2, \cdots, x_n) \varphi(x_1, x_2, \cdots, x_n) \mathrm{d}x_1 \mathrm{d}x_2 \cdots \mathrm{d}x_n$$

则称函数族 $\{\varphi_h(x_1, x_2, \cdots, x_n)\}$ 当 $h \to \infty$ 时在 G 内弱收敛于 $\varphi(x_1, x_2, \cdots, x_n)$,或者称 $\varphi(x_1, x_2, \cdots, x_n)$ 是函数族 $\{\varphi_h(x_1, x_2, \cdots, x_n)\}$ 于 G 内当 $h \to \infty$ 时的弱极

限,记为

$$\lim_{h\to\infty}\varphi_h(x_1,x_2,\cdots,x_n)\stackrel{弱}{=\!=\!=}\varphi(x_1,x_2,\cdots,x_n)$$
$$(x_1,x_2,\cdots,x_n)\in G$$

或者

$$\varphi_h(x_1,x_2,\cdots,x_n)\underset{h\to\infty}{\overset{弱}{\Rightarrow}}\varphi(x_1,x_2,\cdots,x_n)$$
$$(x_1,x_2,\cdots,x_n)\in G$$

此定义自然也有类似于定义 5 的附加说明 1° 至 4°,且应变通之处也都十分明显,故不再赘述.据此及定义 11 显然有如下结论

$$\lim_{h\to\infty}\varphi_h(x_1,x_2,\cdots,x_n)\stackrel{弱}{=\!=\!=}\delta(x_1,x_2,\cdots,x_n)$$
$$(x_1,x_2,\cdots,x_n)\in \mathbf{R}^n$$

的充分必要条件为对任一在 $\mathbf{R}^n$ 内连续的有界函数 $f(x_1,x_2,\cdots,x_n)$,恒有

$$\lim_{h\to\infty}\underset{\mathbf{R}^n}{\iint\cdots\int}\varphi_h(x_1,x_2,\cdots,x_n)f(x_1,x_2,\cdots,x_n)\mathrm{d}x_1\mathrm{d}x_2\cdots\mathrm{d}x_n=$$
$$f(0,0,\cdots,0)$$

值得注意的是:

(1)若上述定义中的 G 为 $\mathbf{R}^n$,则根据所论问题的要求,有时对函数 $f(x_1,x_2,\cdots,x_n)$ 除假设其连续外,还要加上有界性的限制条件;

(2)对函数族 $\{\varphi_h(x_1,x_2,\cdots,x_n)\}$ 所依赖的参数 h,则与定义 5 的附加说明 2° 类似,这里不再重述.

上述充要条件提供了讨论 n 元函数族以 n 维 $\delta-$函数为弱极限的具体方法.下面给出几个例子来进一步说明这种方法的运用.

例 21　设脉冲函数

$$S_\varepsilon(x,y) = \begin{cases} \dfrac{1}{\pi\varepsilon^2}, \text{当}\sqrt{x^2+y^2} \leqslant \varepsilon \text{ 时} \\[3mm] 0, \text{当}\sqrt{x^2+y^2} > \varepsilon \text{ 时} \end{cases}$$

试证明

$$\lim_{\varepsilon \to 0^+} S_\varepsilon(x,y) \xrightarrow{\text{弱}} \delta(x,y), (x,y) \in \mathbf{R}^2$$

证 按 $S_\varepsilon(x,y)$ 的定义和二重积分的中值定理知,对任一于 $\mathbf{R}^2$ 上连续的函数 $f(x,y)$,有

$$\iint\limits_{\mathbf{R}^2} S_\varepsilon(x,y)f(x,y)\mathrm{d}x\mathrm{d}y = \iint\limits_{\sqrt{x^2+y^2}\leqslant\varepsilon} \frac{1}{\pi\varepsilon^2}f(x,y)\mathrm{d}x\mathrm{d}y = f(\xi,\eta)$$

其中, $\sqrt{\xi^2+\eta^2} \leqslant \varepsilon$. 于是,由 $f(x,y)$ 的连续性便得

$$\lim_{\varepsilon \to 0^+} \iint\limits_{\mathbf{R}^2} S_\varepsilon(x,y)f(x,y)\mathrm{d}x\mathrm{d}y = \lim_{\varepsilon \to 0^+} f(\xi,\eta) = f(0,0)$$

故

$$\lim_{\varepsilon \to 0^+} S_\varepsilon(x,y) \xrightarrow{\text{弱}} \delta(x,y), (x,y) \in \mathbf{R}^2$$

例 22 设以 ε 为半径的 n 维球形函数

$$J_\varepsilon(x_1,x_2,\cdots,x_n) = \begin{cases} (\varepsilon^n r)^{-1}\exp\left[\dfrac{-(x_1^2+x_2^2+\cdots+x_n^2)}{\varepsilon^2-(x_1^2+x_2^2+\cdots+x_n^2)}\right], \\[3mm] \quad\text{当}\sqrt{x_1^2+x_2^2+\cdots+x_n^2} < \varepsilon \text{ 时} \\[3mm] 0,\text{当}\sqrt{x_1^2+x_2^2+\cdots+x_n^2} \geqslant \varepsilon \text{ 时} \end{cases}$$

其中

$$r = \idotsint\limits_{\sqrt{x_1^2+x_2^2+\cdots+x_n^2}<1} \exp\left[\frac{-(x_1^2+x_2^2+\cdots+x_n^2)}{1-(x_1^2+x_2^2+\cdots+x_n^2)}\right]\mathrm{d}x_1\mathrm{d}x_2\cdots\mathrm{d}x_n$$

试证明

$$\lim_{\varepsilon \to 0^+} J_\varepsilon(x_1,x_2,\cdots,x_n) \xrightarrow{\text{弱}} \delta(x_1,x_2,\cdots,x_n)$$

$$(x_1, x_2, \cdots, x_n) \in \mathbf{R}^n$$

证 按 $J_\varepsilon(x_1, x_2, \cdots, x_n)$ 的定义及积分中值定理可知，对任一于 $\mathbf{R}^n$ 内连续的函数 $f(x_1, x_2, \cdots, x_n)$，恒有

$$\underset{\mathbf{R}^n}{\iint\cdots\int} J_\varepsilon(x_1, x_2, \cdots, x_n) f(x_1, x_2, \cdots, x_n) \mathrm{d}x_1 \mathrm{d}x_2 \cdots \mathrm{d}x_n =$$

$$\underset{\sqrt{x_1^2 + x_2^2 + \cdots + x_n^2} < \varepsilon}{\iint\cdots\int} J_\varepsilon(x_1, x_2, \cdots, x_n) \cdot$$

$$f(x_1, x_2, \cdots, x_n) \mathrm{d}x_1 \mathrm{d}x_2 \cdots \mathrm{d}x_n =$$

$$f(\xi_1, \xi_2, \cdots, \xi_n) \underset{\sqrt{x_1^2 + x_2^2 + \cdots + x_n^2} < \varepsilon}{\iint\cdots\int} \frac{1}{\varepsilon^n r} \cdot$$

$$\exp\left[\frac{-(x_1^2 + x_2^2 + \cdots + x_n^2)}{\varepsilon^2 - (x_1^2 + x_2^2 + \cdots + x_n^2)}\right] \mathrm{d}x_1 \mathrm{d}x_2 \cdots \mathrm{d}x_n$$

其中

$$\sqrt{\xi_1^2 + \xi_2^2 + \cdots + \xi_n^2} < \varepsilon$$

设

$$\frac{x_k}{\varepsilon} = u_k, k = 1, 2, \cdots, n$$

则

$$\lim_{\varepsilon \to 0^+} \underset{\mathbf{R}^n}{\iint\cdots\int} J_\varepsilon(x_1, x_2, \cdots, x_n) f(x_1, x_2, \cdots, x_n) \mathrm{d}x_1 \mathrm{d}x_2 \cdots \mathrm{d}x_n =$$

$$\lim_{\varepsilon \to 0^+} f(\xi_1, \xi_2, \cdots, \xi_n) \frac{1}{r} \underset{\sqrt{u_1^2 + u_2^2 + \cdots + u_n^2} \leqslant 1}{\iint\cdots\int} \cdots \cdot$$

$$\int \exp\left[\frac{-(u_1^2 + u_2^2 + \cdots + u_n^2)}{1 - (u_1^2 + u_2^2 + \cdots + u_n^2)}\right] \mathrm{d}u_1 \mathrm{d}u_2 \cdots \mathrm{d}u_n =$$

$$\lim_{\varepsilon \to 0^+} f(\xi_1, \xi_2, \cdots, \xi_n) = f(0, 0, \cdots, 0)$$

从而，本例结论得证.

例 23 设 n 维空间 $\mathbf{R}^n$ 内的开尔文热源函数为

$$\Phi_t(x_1, x_2, \cdots, x_n, \xi_1, \cdots, \xi_n) = \frac{1}{a^n (\pi t)^{\frac{n}{2}}} \cdot$$

$$\exp\left[-\frac{(x_1 - \xi_1)^2 + \cdots + (x_n - \xi_n)^2}{a^2 t} \right], t > 0$$

其中 a 为正常数. 试证明

$$\lim_{t \to 0^+} \Phi_t(x_1, \cdots, x_n, \xi_1, \cdots, \xi_n) \xrightarrow{\quad 弱 \quad} \delta(x_1 - \xi_1, \cdots, x_n - \xi_n)$$

$$(x_1, x_2, \cdots, x_n) \in \mathbf{R}^n$$

证 显然,我们只需证明对任一于 $\mathbf{R}^n$ 内连续的有界函数 $f(x_1, x_2, \cdots, x_n)$,恒有

$$\lim_{t \to 0^+} \underset{\mathbf{R}^n}{\iint \cdots \int} \Phi_t(x_1, x_2, \cdots, x_n, \xi_1, \cdots, \xi_n) \cdot$$

$$f(x_1, x_2, \cdots, x_n) \mathrm{d}x_1 \mathrm{d}x_2 \cdots \mathrm{d}x_n =$$

$$f(\xi_1, \xi_2, \cdots, \xi_n)$$

$$(x_1, x_2, \cdots, x_n) \in \mathbf{R}^n$$

即可. 为此,令

$$u_k = \frac{x_k - \xi_k}{a\sqrt{t}}, k = 1, 2, \cdots, n \qquad (1)$$

则对任一 $t > 0$,恒有

$$\underset{\mathbf{R}^n}{\iint \cdots \int} \Phi_t(x_1, x_2, \cdots, x_n, \xi_1, \cdots, \xi_n) \mathrm{d}x_1 \mathrm{d}x_2 \cdots \mathrm{d}x_n =$$

$$\frac{1}{\pi^{n/2}} \underset{\mathbf{R}^n}{\iint \cdots \int} e^{-(u_1^2 + \cdots + u_n^2)} \mathrm{d}u_1 \cdots \mathrm{d}u_n =$$

$$\frac{1}{\pi^{n/2}} \left(\int_{-\infty}^{+\infty} e^{-u_1^2} \mathrm{d}u_1 \right) \left(\int_{-\infty}^{+\infty} e^{-u_2^2} \mathrm{d}u_2 \right) \cdots \left(\int_{-\infty}^{+\infty} e^{-u_n^2} \mathrm{d}u_n \right) =$$

$$\frac{1}{\pi^{n/2}} \cdot \underbrace{\sqrt{\pi} \cdot \sqrt{\pi} \cdot \cdots \cdot \sqrt{\pi}}_{n个} = 1 \qquad (2)$$

于是,为证明本例的结论,只需证明

$$\lim_{t \to 0^+} \iint \cdots \int_{\mathbf{R}^n} \Phi_t(x_1, x_2, \cdots, x_n, \xi_1, \xi_2, \cdots, \xi_n) \cdot$$

$$[f(x_1, x_2, \cdots, x_n) - f(\xi_1, \xi_2, \cdots, \xi_n)]$$

$$\mathrm{d}x_1 \mathrm{d}x_2 \cdots \mathrm{d}x_n = 0 \tag{3}$$

因为 $f(x_1, x_2, \cdots, x_n)$ 在 $\mathbf{R}^n$ 上连续，所以对固定的 $(\xi_1, \xi_2, \cdots, \xi_n) \in \mathbf{R}^n$ 而言，任给 $\varepsilon > 0$，存在 $\delta_0 > 0$，使得当

$$\sqrt{(x_1 - \xi_1)^2 + \cdots + (x_n - \xi_n)^2} \leqslant \delta_0$$

时

$$|f(x_1, x_2, \cdots, x_n) - f(\xi_1, \xi_2, \cdots, \xi_n)| < \frac{\varepsilon}{2} \tag{4}$$

又由于 $f(x_1, x_2, \cdots, x_n)$ 在 $\mathbf{R}^n$ 上有界，所以存在 $M > 0$，使得

$$|f(x_1, x_2, \cdots, x_n)| \leqslant M, (x_1, x_2, \cdots, x_n) \in \mathbf{R}^n$$

据此，并由(1)(2)(3)可得

$$\left| \iint \cdots \int_{\mathbf{R}^n} \Phi_t(x_1, \cdots, x_n, \xi_1, \cdots, \xi_n) \cdot \right.$$

$$\left. [f(x_1, \cdots, x_n) - f(\xi_1, \cdots, \xi_n)] \mathrm{d}x_1 \cdots \mathrm{d}x_n \right| \leqslant$$

$$\iint \cdots \int_{r \leqslant \delta_0} \Phi_t(x_1, \cdots, x_n, \xi_1, \cdots, \xi_n) \cdot$$

$$|f(x_1 \cdots x_n) - f(\xi_1 \cdots \xi_n)| \mathrm{d}x_1 \cdots \mathrm{d}x_n +$$

$$\iint \cdots \int_{r > \delta_0} \Phi_t(x_1, \cdots, x_n, \xi_1, \cdots, \xi_n) \cdot$$

$$|f(x_1 \cdots x_n) - f(\xi_1 \cdots \xi_n)| \mathrm{d}x_1 \cdots \mathrm{d}x_n <$$

$$\frac{\varepsilon}{2} \iint \cdots \int_{r \leqslant \delta_0} \Phi_t(x_1, \cdots, x_n, \xi_1, \cdots, \xi_n) \mathrm{d}x_1 \cdots \mathrm{d}x_n +$$

$$2M \iint \cdots \int_{r > \delta_0} \frac{1}{a^n (\pi t)^{n/2}} \exp\left[-\frac{r^2}{a^2 t}\right] \mathrm{d}x_1 \cdots \mathrm{d}x_n \leqslant$$

$$\frac{\varepsilon}{2} \iint \cdots \int_{\mathbf{R}^n} \Phi_t(x_1, \cdots, x_n, \xi_1, \cdots, \xi_n) \mathrm{d}x_1 \cdots \mathrm{d}x_n +$$

$$\frac{2M}{\pi^{n/2}} \iint_{(u_1^2 + \cdots + u_n^2)^{1/2} > \frac{\delta_0}{at^{1/2}}} \cdots \int e^{-(u_1^2 + \cdots + u_n^2)} \mathrm{d}u_1 \cdots \mathrm{d}u_n =$$

$$\frac{\varepsilon}{2} + \frac{2M}{\pi^{n/2}} \iint_{(u_1^2 + \cdots + u_n^2)^{1/2} > \frac{\delta_0}{at^{1/2}}} \cdots \int e^{-(u_1^2 + \cdots + u_n^2)} \mathrm{d}u_1 \cdots \mathrm{d}u_n \quad (5)$$

其中 $r = \left[(x_1 - \xi_1)^2 + (x_2 - \xi_2)^2 + \cdots + (x_n - \xi_n)^2\right]^{1/2}$，
再由式（2）可见

$$\lim_{t \to 0^+} \iint_{(u_1^2 + \cdots + u_n^2)^{1/2} > \frac{\delta_0}{at^{1/2}}} \cdots \int e^{-(u_1^2 + \cdots + u_n^2)} \mathrm{d}u_1 \cdots \mathrm{d}u_n = 0$$

于是，存在 $\delta > 0$，使得当 $0 < t < \delta$ 时

$$\iint_{(u_1^2 + \cdots + u_n^2)^{1/2} > \frac{\delta_0}{at^{1/2}}} \cdots \int e^{-(u_1^2 + \cdots + u_n^2)} \mathrm{d}u_1 \cdots \mathrm{d}u_n < \frac{\varepsilon \pi^{\frac{n}{2}}}{4M} \quad (6)$$

将式（6）代入式（5）便知，当 $0 < t < \delta$ 时

$$\left| \iint \cdots \int_{\mathbf{R}^n} \Phi_t(x_1, \cdots, x_n, \xi_1, \cdots, \xi_n) \left[f(x_1, \cdots, x_n) - \right. \right.$$

$$\left. \left. f(\xi_1, \cdots, \xi_n) \right] \mathrm{d}x_1 \cdots \mathrm{d}x_n \right| <$$

$$\frac{\varepsilon}{2} + \frac{\varepsilon}{2} = \varepsilon$$

这就证明了式（3），从而本例的结论得证.

（2）高维 δ — 函数的性质.

为了讨论高维 δ — 函数的性质，这里还需要简单介绍两个多元函数弱相等的概念.

定义 13 设 G 为 $\mathbf{R}^n$ 内某区域（或闭区域）. 若对任一于 G 内连续的函数 $f(x_1, x_2, \cdots, x_n)$，恒有

$$\iint_G \cdots \int f(x_1,x_2,\cdots,x_n)\varphi(x_1,x_2,\cdots,x_n)\mathrm{d}x_1\mathrm{d}x_2\cdots\mathrm{d}x_n =$$

$$\iint_G \cdots \int f(x_1,x_2,\cdots,x_n)\psi(x_1,x_2,\cdots,x_n)\mathrm{d}x_1\mathrm{d}x_2\cdots\mathrm{d}x_n$$

则称在弱意义下,在 G 内

$$\varphi(x_1,x_2,\cdots,x_n)=\psi(x_1,x_2,\cdots,x_n)$$

或者称为在 G 内 $\varphi(x_1,\cdots,x_n)$ 与 $\psi(x_1,\cdots,x_n)$ 是弱相等的.

需要指出的是:

(1) 若此定义中的 G 就是 $\mathbf{R}^n$,则往往除了要求 $f(x_1,\cdots,x_n)$ 于 $\mathbf{R}^n$ 上连续外,还依问题的要求,对 $f(x_1,\cdots,x_n)$ 附加其他的限制条件.

(2) 正像一元函数的情形一样,多元函数弱相等的概念,也是两个普通多元函数相等概念的推广. 事实上,仿一元函数中相类似结论的推导不难证明,若 $\varphi(x_1,\cdots,x_n)$ 与 $\psi(x_1,\cdots,x_n)$ 都在域 G 内连续,则这两个函数在 G 内弱相等可推得它们在通常意义下在 G 内相等.

虽然高维 δ — 函数的性质大多是一维 δ — 函数相应性质的推广,但考虑到读者对这方面可能比较生疏,因此还是对它们给予扼要证明(因为这里只是采取古典分析的方法来论证,所以也只能算是形式上的说明而已).

此外,下面所叙述的有关在 $\mathbf{R}^n$ 中的区域 G 内成立的高维 δ — 函数的性质及推论,当 G 为闭区域时,也显然成立.

性质 11 设 G 为 $\mathbf{R}^n$ 中任一区域,则

$$\iint_G \cdots \int \delta(x_1-\xi_1,\cdots,x_n-\xi_n)\mathrm{d}x_1,\cdots,\mathrm{d}x_n =$$

$$\begin{cases} 1, & \text{当}(\xi_1,\cdots,\xi_n) \in G \text{ 时} \\ 0, & \text{当}(\xi_1,\cdots,\xi_n) \notin G \text{ 时} \end{cases}$$

若将定义 8 至定义 10 这三个等价的定义之一作为 n 维 δ-函数的定义,而将另一个与其等价的定义 11 视为运算性质,则有:

性质 12(运算性质) 设 $f(x_1,\cdots,x_n)$ 在 $\mathbf{R}^n$ 上连续,则

$$\iint\cdots\int_{\mathbf{R}^n} f(x_1,\cdots,x_n)\delta(x_1-\xi_1,\cdots,x_n-\xi_n)\mathrm{d}x_1\cdots\mathrm{d}x_n = f(\xi_1,\cdots,\xi_n)$$

证 根据定义 9 与积分中值定理可知,对任意 $\varepsilon > 0$,有

$$\iint\cdots\int_{\mathbf{R}^n} f(x_1,\cdots,x_n)\delta(x_1-\xi_1,\cdots,x_n-\xi_n)\mathrm{d}x_1\cdots\mathrm{d}x_n =$$

$$\iint\cdots\int_{[(x_1-\xi_1)^2+\cdots+(x_n-\xi_n)^2]^{1/2}<r} f(x_1,\cdots,x_n) \cdot$$

$$\delta(x_1-\xi_1,\cdots,x_n-\xi_n)\mathrm{d}x_1\cdots\mathrm{d}x_n =$$

$$f(\eta_1,\cdots,\eta_n) \iint\cdots\int_{[(x_1-\xi_1)^2+\cdots+(x_n-\xi_n)^2]^{1/2}<r} \cdot$$

$$\delta(x_1-\xi_1,\cdots,x_n-\xi_n)\mathrm{d}x_1\cdots\mathrm{d}x_n =$$

$$f(\eta_1,\cdots,\eta_n)$$

其中

$$\sqrt{(\eta_1-\xi_1)^2+\cdots+(\eta_n-\xi_n)^2} \leqslant \varepsilon$$

注意到 $f(x_1,\cdots,x_n)$ 在 $\mathbf{R}^n$ 上的连续性及 $\varepsilon > 0$ 的任意性,立即可得

$$\iint\cdots\int_{\mathbf{R}^n} f(x_1,\cdots,x_n)\delta(x_1-\xi_1,\cdots,x_n-\xi_n)\mathrm{d}x_1\cdots\mathrm{d}x_n =$$

$$\lim_{\varepsilon \to 0} f(\eta_1, \cdots, \eta_n) = f(\xi_1, \cdots, \xi_n)$$

推论 11 设 $f(x_1, \cdots, x_n)$ 于 $\mathbf{R}^n$ 中某域 G 内连续,则当 $(\xi_1, \xi_2, \cdots, \xi_n) \in G$ 时

$$\iint_G \cdots \int f(x_1, \cdots, x_n) \delta(x_1 - \xi_1, \cdots, x_n - \xi_n) dx_1 \cdots dx_n = f(\xi_1, \cdots, \xi_n)$$

性质 12 和推论 11 所表述的高维 δ—函数的重要运算性质,为高维 δ—函数的广泛应用奠定了基础.

性质 13 对任何自然数 n,当 $(x_1, x_2, \cdots, x_n) \in \mathbf{R}^n$ 时,恒有

$$\delta(x_1 - \xi_1, \cdots, x_n - \xi_n) = \delta(x_1 - \xi_1)\delta(x_2 - \xi_2)\cdots\delta(x_n - \xi_n)$$

证 对任一在 $\mathbf{R}^n$ 内连续的函数 $f(x_1, \cdots, x_n)$,反复利用一维 δ—函数的性质 2,并根据上述的性质 12 便得

$$\iint_{\mathbf{R}^n} \cdots \int f(x_1, \cdots, x_n) \delta(x_1 - \xi_1) \cdots \delta(x_n - \xi_n) dx_1 \cdots dx_n =$$

$$\iint_{\mathbf{R}^{n-1}} \cdots \int \left[\int_{-\infty}^{+\infty} f(x_1, \cdots, x_n) \delta(x_1 - \xi_1) dx_1 \right] \cdot$$

$$\delta(x_2 - \xi_2) \cdots \delta(x_n - \xi_n) dx_2 \cdots dx_n =$$

$$\iint_{\mathbf{R}^{n-1}} \cdots \int \left[f(\xi_1, x_2, \cdots, x_n) \delta(x_2 - \xi_2) \cdots \cdot \right.$$

$$\left. \delta(x_n - \xi_n) \right] dx_2 \cdots dx_n =$$

$$\iint_{\mathbf{R}^{n-2}} \cdots \int \left[\int_{-\infty}^{+\infty} f(\xi_1, x_2, \cdots, x_n) \delta(x_2 - \xi_2) dx_2 \right] \cdot$$

$$\delta(x_3 - \xi_3) \cdots \delta(x_n - \xi_n) dx_3 \cdots dx_n =$$

$$\iint_{\mathbf{R}^{n-2}} \cdots \int \left[f(\xi_1, \xi_2, x_3, \cdots, x_n) \delta(x_3 - \xi_3) \cdots \cdot \right.$$

$$\delta(x_n - \xi_n)]\mathrm{d}x_3 \cdots \mathrm{d}x_n = \cdots =$$

$$f(\xi_1, \xi_2, \cdots, \xi_n) =$$

$$\iint_{R^n} \cdots \int f(x_1, \cdots, x_n)\delta(x_1 - \xi_1)\cdots\delta(x_n - \xi_n)\mathrm{d}x_1 \cdots \mathrm{d}x_n$$

于是,由定义 13 便知(在弱意义下)

$$\delta(x_1 - \xi_1, \cdots, x_n - \xi_n) = \delta(x_1 - \xi_1)\cdots\delta(x_n - \xi_n)$$

$$(x_1, \cdots, x_n) \in \mathbf{R}^n$$

推论 12 设 G 为 $\mathbf{R}^n$ 内任一区域,则当 $(x_1, \cdots, x_n) \in G$ 时

$$\delta(x_1 - \xi_1, \cdots, x_n - \xi_n) = \delta(x_1 - \xi_1)\cdots\delta(x_n - \xi_n)$$

性质 13 及推论 12 是高维 δ — 函数的非常重要的性质,它们表明高维 δ — 函数(在弱意义下)能够分解为一维 δ — 函数的乘积.

性质 14 设 $\varphi(x_1, \cdots, x_n)$ 于 $\mathbf{R}^n$ 上连续,则当 $(x_1, \cdots, x_n) \in \mathbf{R}^n$ 时

$$\varphi(x_1, \cdots, x_n)\delta(x_1 - \xi_1, \cdots, x_n - \xi_n) =$$

$$\varphi(\xi_1, \cdots, \xi_n)\delta(x_1 - \xi_1, \cdots, x_n - \xi_n)$$

证 对任一在 $\mathbf{R}^n$ 上连续的函数 $f(x_1, \cdots, x_n)$,按性质 12 显然有

$$\iint_{R^n} \cdots \int f(x_1, \cdots, x_n)[\varphi(x_1, \cdots, x_n)\delta(x_1 - \xi_1, \cdots, x_n - \xi_n)]\mathrm{d}x_1 \cdots \mathrm{d}x_n =$$

$$f(\xi_1, \cdots, \xi_n)\varphi(\xi_1, \cdots, \xi_n) = \varphi(\xi_1, \cdots, \xi_n) \cdot$$

$$\iint_{R^n} \cdots \int f(x_1, \cdots, x_n)\delta(x_1 - \xi_1, \cdots, x_n - \xi_n)\mathrm{d}x_1 \cdots \mathrm{d}x_n =$$

$$\iint_{R^n} \cdots \int f(x_1, \cdots, x_n)[\varphi(\xi_1, \cdots, \xi_n)\delta(x_1 - \xi_1, \cdots, x_n - \xi_n)]\mathrm{d}x_1 \cdots \mathrm{d}x_n$$

于是,根据定义 13 便立得所证.

推论 13 当 $(x_1, \cdots, x_n) \in \mathbf{R}^n$ 时,有

$$\sum_{k=1}^{n}(x_k+\xi_k)(x_k-\xi_k)\delta(x_1-\xi_1,\cdots,x_n-\xi_n)=0$$

证　在性质 14 中,取 $\varphi(x_1,\cdots,x_n)=\sum_{k=1}^{n}x_k^2$ 便得所证.

推论 14　当 $(x_1,\cdots,x_n)\in \mathbf{R}^n$ 时,有

$$\sum_{k=1}^{n}x_k^2\delta(x_1,\cdots,x_n)=0$$

证　只需在推论 13 中,取 $\xi_k=0(k=1,2,\cdots,n)$ 即可得证.

推论 15　设 $\varphi(x_1,\cdots,x_n)$ 与 $\psi(x_1,\cdots,x_n)$ 都在 $\mathbf{R}^n$ 上连续. 若 $\varphi(\xi_1,\cdots,\xi_n)=\psi(\xi_1,\cdots,\xi_n)$,则当 $(x_1,\cdots,x_n)\in \mathbf{R}^n$ 时

$$\varphi(x_1,\cdots,x_n)\delta(x_1-\xi_1,\cdots,x_n-\xi_n)=$$
$$\psi(x_1,\cdots,x_n)\delta(x_1-\xi_1,\cdots,x_n-\xi_n)$$

证　由性质 14 可知,当 $(x_1,\cdots,x_n)\in \mathbf{R}^n$ 时

$$\varphi(x_1,\cdots,x_n)\delta(x_1-\xi_1,\cdots,x_n-\xi_n)=$$
$$\varphi(\xi_1,\cdots,\xi_n)\delta(x_1-\xi_1,\cdots,x_n-\xi_n)=$$
$$\psi(\xi_1,\cdots,\xi_n)\delta(x_1-\xi_1,\cdots,x_n-\xi_n)=$$
$$\psi(x_1,\cdots,x_n)\delta(x_1-\xi_1,\cdots,x_n-\xi_n)$$

性质 15　设 $f(x_1,\cdots,x_n)$ 在 $\mathbf{R}^n$ 上 m 次连续可微,则

$$\underset{\mathbf{R}^n}{\iint\cdots\int}f(x_1,\cdots,x_n)\cdot$$

$$\frac{\partial^m\delta(x_1-\xi_1,x_2-\xi_2,\cdots,x_n-\xi_n)}{\partial x_{k_1}^{m_1}\partial x_{k_2}^{m_2}\cdots\partial x_{k_s}^{m_s}}\mathrm{d}x_1\mathrm{d}x_2\cdots\mathrm{d}x_n=$$

$$(-1)^m\frac{\partial^m\delta(\xi_1,\xi_2,\cdots,\xi_n)}{\partial x_{k_1}^{m_1}\partial x_{k_2}^{m_2}\cdots\partial x_{k_s}^{m_s}}$$

其中 $1\leqslant k_1<k_2<\cdots<k_s\leqslant n,s\leqslant n,m_j(j=1,2,\cdots,$

s) 为非负整数,且

$$\sum_{j=1}^{s} m_j = m$$

证 由性质 12,13 和 11.5 节中的性质 3,有

$$\iint_{\mathbf{R}^n} \cdots \int f(x_1, x_2, \cdots, x_n) \cdot$$

$$\frac{\partial^m \delta(x_1 - \xi_1, x_2 - \xi_2, \cdots, x_n - \xi_n)}{\partial x_{k_1}^{m_1} \partial x_{k_2}^{m_2} \cdots \partial x_{k_s}^{m_s}} \mathrm{d}x_1 \mathrm{d}x_2 \cdots \mathrm{d}x_n =$$

$$\iint_{\mathbf{R}^n} \cdots \int f(x_1, \cdots, x_n) M \mathrm{d}x_1 \mathrm{d}x_2 \cdots \mathrm{d}x_n =$$

$$\iint_{\mathbf{R}^{n-s}} \cdots \int \left[\iint_{\mathbf{R}_s} \cdots \int f(x_1, \cdots, x_n) M \mathrm{d}x_{k_1} \cdots \mathrm{d}x_{k_s} \right] \mathrm{d}x_1 \cdots \cdot$$

$$\mathrm{d}x_{k_1-1} \mathrm{d}x_{k_1+1} \cdots \mathrm{d}x_{k_s-1} \mathrm{d}x_{k_s+1} \cdots \mathrm{d}x_n =$$

$$\iint_{\mathbf{R}^{n-s}} \cdots \int \left[\iint_{\mathbf{R}^{s-1}} \cdots \int \left(\int_{-\infty}^{+\infty} f(x_1, \cdots, \right. \right.$$

$$\left. \left. x_n) M \mathrm{d}x_{k_1} \right) \right] \mathrm{d}x_{k_2} \cdots \mathrm{d}x_{k_s} \right] \mathrm{d}x_1 \cdots \cdot$$

$$\mathrm{d}x_{k_1-1} \mathrm{d}x_{k_1+1} \cdots \mathrm{d}x_{k_s-1} \mathrm{d}x_{k_s+1} \cdots \mathrm{d}x_n =$$

$$\iint_{\mathbf{R}^{n-s}} \cdots \int \left[\iint_{\mathbf{R}^{s-1}} \cdots \int (-1)^{m_1} N \mathrm{d}x_{k_2} \cdots \mathrm{d}x_{k_s} \right] \mathrm{d}x_1 \cdots \cdot$$

$$\mathrm{d}x_{k_1-1} \mathrm{d}x_{k_1+1} \cdots \mathrm{d}x_{k_s-1} \mathrm{d}x_{k_s+1} \cdots \mathrm{d}x_n =$$

$$\iint_{\mathbf{R}^{n-s}} \cdots \int \left[\iint_{\mathbf{R}^{s-2}} \cdots \int (-1)^{m_1} \left(\int_{-\infty}^{+\infty} N \mathrm{d}x_{k_2} \right) \mathrm{d}x_{k_3} \cdots \cdot \right.$$

$$\left. \mathrm{d}x_{k_s} \right] \mathrm{d}x_1 \cdots \mathrm{d}x_{k_1-1} \mathrm{d}x_{k_1+1} \cdots \mathrm{d}x_{k_s-1} \mathrm{d}x_{k_s+1} \cdots \mathrm{d}x_n =$$

$$\iint_{\mathbf{R}^{n-s}} \cdots \int \left[\iint_{\mathbf{R}^{s-2}} \cdots \int (-1)^{m_1} (-1)^{m_2} H \mathrm{d}x_{k_3} \cdots \mathrm{d}x_{k_s} \right] \mathrm{d}x_1 \cdots \cdot$$

$$\mathrm{d}x_{k_1-1} \mathrm{d}x_{k_1+1} \cdots \mathrm{d}x_{k_s-1} \mathrm{d}x_{k_s+1} \cdots \mathrm{d}x_n = \cdots =$$

$$\iint_{\mathbf{R}^{n-s}} \cdots \int (-1)^m P \mathrm{d}x_1 \cdots \mathrm{d}x_{k_1-1} \mathrm{d}x_{k_1+1} \cdots \cdot$$

$$\mathrm{d}x_{k_s-1}\mathrm{d}x_{k_s+1}\cdots\mathrm{d}x_n =$$
$$(-1)^m \frac{\partial^m f(\xi_1,\xi_2,\cdots,\xi_n)}{\partial x_{k_1}^{m_1}\partial x_{k_2}^{m_2}\cdots\partial x_{k_s}^{m_s}}$$

其中

$$M = \frac{\mathrm{d}^{m_1}\delta(x_{k_1}-\xi_{k_1})}{\mathrm{d}x_{k_1}^{m_1}}\cdots\frac{\mathrm{d}^{m_s}\delta(x_{k_s}-\xi_{k_s})}{\mathrm{d}x_{k_s}^{m_s}}\cdot$$
$$\delta(x_1-\xi_1,\cdots,x_{k_1-1}-\xi_{k_1-1},x_{k_1+1}-\xi_{k_1+1},\cdots,$$
$$x_{k_s-1}-\xi_{k_s-1},$$
$$x_{k_s+1}-\xi_{k_s+1},\cdots,x_n-\xi_n)$$

$$N = \frac{\partial^{m_1} f(x_1,\cdots,x_{k_1-1},\xi_{k_1},x_{k_1+1},\cdots,x_n)}{\partial x_{k_1}^{m_1}}\cdot$$
$$\frac{\mathrm{d}^{m_2}\delta(x_{k_2}-\xi_{k_2})}{\mathrm{d}x_{k_2}^{m_2}}\cdots\frac{\mathrm{d}^{m_s}\delta(x_{k_s}-\xi_{k_s})}{\mathrm{d}x_{k_s}^{m_s}}\cdot$$
$$\delta(x_1-\xi_1,\cdots,x_{k_1-1}-\xi_{k_1-1},x_{k_1+1}-$$
$$\xi_{k_1+1},\cdots,x_{k_s-1}-\xi_{k_s-1},$$
$$x_{k_s+1}-\xi_{k_s+1},\cdots,x_n-\xi_n)$$

$$H =$$
$$\frac{\partial^{m_1+m_2} f(x_1,\cdots,x_{k_1-1},\xi_{k_1},x_{k_1+1},\cdots,x_{k_2-1},\xi_{k_2},x_{k_2+1},\cdots,x_n)}{\partial x_{k_1}^{m_1}\partial x_{k_2}^{m_2}}\cdot$$
$$\frac{\mathrm{d}^{m_2}\delta(x_{k_3}-\xi_{k_3})}{\mathrm{d}x_{k_3}^{m_3}}\cdots\frac{\mathrm{d}^{m_s}\delta(x_{k_s}-\xi_{k_s})}{\mathrm{d}x_{k_s}^{m_s}}\delta(x_1-\xi_1,\cdots,$$
$$x_{k_1-1}-\xi_{k_1-1},x_{k_1+1}-\xi_{k_1+1}\cdots x_{k_s-1}-$$
$$\xi_{k_s-1},x_{k_s+1}-\xi_{k_s+1},\cdots,x_n-\xi_n)$$

$$P =$$
$$\frac{\partial^m f(x_1,\cdots,x_{k_1-1}\xi_{k_1},x_{k_1+1},\cdots,x_{k_2-1}\xi_{k_2},x_{k_2+1},\cdots,x_{k_s-1}\xi_{k_s},x_{k_s+1},\cdots,x_n)}{\partial x_{k_1}^{m_1}\partial x_{k_2}^{m_2}\cdots\partial x_{k_s}^{m_s}}\cdot$$

$$\delta(x_1-\xi_1,\cdots,x_{k_1-1}-\xi_{k_1-1},x_{k_1+1}-\xi_{k_1+1},\cdots,$$
$$x_{k_s-1}-\xi_{k_s-1},x_{k_s+1}-\xi_{k_s+1},\cdots,x_n-\xi_n)$$

推论 16　设 $f(x_1,x_2,\cdots,x_n)$ 于 $\mathbf{R}^n$ 中某区域 G 内 m 次连续可微,则当 $(\xi_1,\xi_2,\cdots,\xi_n)\in G$ 时

$$\underset{G}{\iint}\cdots\int f(x_1,x_2,\cdots,x_n)\cdot$$

$$\frac{\partial^m\delta(x_1-\xi_1,x_2-\xi_2,\cdots,x_n-\xi_n)}{\partial x_{k_1}^{m_1}\partial x_{k_2}^{m_2}\cdots\partial x_{k_s}^{m_s}}\mathrm{d}x_1\mathrm{d}x_2\cdots\mathrm{d}x_n=$$

$$(-1)^m\frac{\partial^m f(\xi_1,\xi_2,\cdots,\xi_n)}{\partial x_{k_1}^{m_1}\partial x_{k_2}^{m_2}\cdots\partial x_{k_s}^{m_s}}$$

其中 $1\leqslant k_1<k_2<\cdots<k_s\leqslant n,s\leqslant n,m_j(j=1,2,\cdots,s)$ 为非负整数,且

$$\sum_{j=1}^s m_j=m$$

推论 17

$$\underset{\mathbf{R}^n}{\iint}\cdots\int\frac{\partial^m\delta(x_1-\xi_1,x_2-\xi_2,\cdots,x_s-\xi_s)}{\partial x_{k_1}^{m_1}\partial x_{k_2}^{m_2}\cdots\partial x_{k_s}^{m_s}}\mathrm{d}x_1\mathrm{d}x_2\cdots\mathrm{d}x_n=0$$

并且对 $\mathbf{R}^n$ 中的任一区域 G,恒有

$$\underset{G}{\iint}\cdots\int\frac{\partial^m\delta(x_1-\xi_1,x_2-\xi_2,\cdots,x_s-\xi_s)}{\partial x_{k_1}^{m_1}\partial x_{k_2}^{m_2}\cdots\partial x_{k_s}^{m_s}}\mathrm{d}x_1\mathrm{d}x_2\cdots\mathrm{d}x_n=0$$

其中 $1\leqslant k_1<k_2<\cdots<k_s\leqslant n,s\leqslant n,m_j(j=1,2,\cdots,n)$ 为非负整数,且

$$\sum_{j=1}^s m_j=m\geqslant 1$$

证　在性质 15 和推论 16 中,取 $f(x_1,x_2,\cdots,x_n)\equiv 1$,并注意到 $m\geqslant 1$ 便可得证.

性质 16　当 $(x_1,x_2,\cdots,x_n)\in\mathbf{R}^n$ 时

$$\frac{\partial^m\delta(x_1-\xi_1,x_2-\xi_2,\cdots,x_n-\xi_n)}{\partial x_{k_1}^{m_1}\partial x_{k_2}^{m_2}\cdots\partial x_{k_s}^{m_s}}=$$

$$\frac{\partial^m\delta(\xi_1-x_1,\xi_2-x_2,\cdots,\xi_n-x_n)}{\partial x_{k_1}^{m_1}\partial x_{k_2}^{m_2}\cdots\partial x_{k_s}^{m_s}}$$

其中 $1 \leqslant k_1 < k_2 < \cdots < k_s \leqslant n, s \leqslant n, m_j (j=1,2,\cdots,s)$ 为非负整数，且

$$\sum_{j=1}^{s} m_j = m$$

证 由性质 13 及 11.5 节中的推论 4 可知，当 $(x_1, x_2, \cdots, x_s) \in \mathbf{R}^n$ 时

$$\frac{\partial^m \delta(x_1 - \xi_1, x_2 - \xi_2, \cdots, x_s - \xi_s)}{\partial x_{k_1}^{m_1} \partial x_{k_2}^{m_2} \cdots \partial x_{k_s}^{m_s}} =$$

$$\delta(x_1 - \xi_1) \cdots \delta(x_{k_1-1} - \xi_{k_1-1}) \delta(x_{k_1+1} - \xi_{k_1+1}) \cdots \cdot$$

$$\delta(x_{k_s-1} - \xi_{k_s-1}) \delta(x_{k_s+1} - \xi_{k_s+1}) \cdots \delta(x_n - \xi_n) \cdot$$

$$\frac{d^{m_1} \delta(x_{k_1} - \xi_{k_1})}{dx_{k_1}^{m_1}} \frac{d^{m_2} \delta(x_{k_2} - \xi_{k_2})}{dx_{k_2}^{m_2}} \cdots \frac{d^{m_s} \delta(x_{k_s} - \xi_{k_s})}{dx_{k_s}^{m_s}} =$$

$$\delta(\xi_1 - x_1) \cdots \delta(\xi_{k_1-1} - x_{k_1-1}) \delta(\xi_{k_1+1} - x_{k_1+1}) \cdots \cdot$$

$$\delta(\xi_{k_s-1} - x_{k_s-1}) \delta(\xi_{k_s+1} - x_{k_s+1}) \cdots \delta(\xi_n - x_n)(-1)^{m_1} \cdot$$

$$\frac{d^{m_1} \delta(\xi_{k_1} - x_{k_1})}{d(\xi_{k_1} - x_{k_1})^{m_1}} (-1)^{m_2} \frac{d^{m_2} \delta(\xi_{k_2} - x_{k_2})}{d(\xi_{k_2} - x_{k_2})^{m_2}} \cdots (-1)^{m_s} \cdot$$

$$\frac{d^{m_s} \delta(\xi_{k_s} - x_{k_s})}{d(\xi_{k_s} - x_{k_s})^{m_s}} =$$

$$\delta(\xi_1 - x_1, \cdots, \xi_{k_1-1} - x_{k_1-1}, \xi_{k_1+1} - x_{k_1} + 1, \cdots,$$

$$\xi_{k_s-1} - x_{k_s-1}, \xi_{k_s+1} - x_{k_s+1}, \cdots, \xi_n - x_n) \cdot$$

$$\frac{d^{m_1} \delta(\xi_{k_1} - x_{k_1})}{dx_{k_1}^{m_1}} \cdot \frac{d^{m_2} \delta(\xi_{k_2} - x_{k_2})}{dx_{k_2}^{m_2}} \cdot \cdots \cdot$$

$$\frac{d^{m_s} \delta(\xi_{k_s} - x_{k_s})}{dx_{k_s}^{m_s}} =$$

$$\delta(\xi_1 - x_1, \cdots, \xi_{k_1-1} - x_{k_1-1}, \xi_{k_1+1} - x_{k_1+1}, \cdots,$$

$$\xi_{k_s-1} - x_{k_s-1}, \xi_{k_s+1} - x_{k_s+1}, \cdots, \xi_n - x_n) \cdot$$

$$\frac{\partial^m \delta(\xi_{k_1} - x_{k_1}, \xi_{k_2} - x_{k_2}, \cdots, \xi_{k_s} - x_{k_s})}{\partial x_{k_1}^{m_1} \partial x_{k_2}^{m_2} \cdots \partial x_{k_s}^{m_s}} =$$

$$\frac{\partial^m \delta(\xi_1 - x_1, \xi_2 - x_2, \cdots, \xi_n - x_n)}{\partial x_{k_1}^{m_1} \partial x_{k_2}^{m_2} \cdots \partial x_{k_s}^{m_s}}$$

推论 18 设 $f(x_1, x_2, \cdots, x_n)$ 于 $\mathbf{R}^n$ 上 m 次连续可微,则

$$\iint \cdots \int_{\mathbf{R}^n} f(x_1, x_2, \cdots, x_n) \cdot$$

$$\frac{\partial^m \delta(\xi_1 - x_1, \xi_2 - x_2, \cdots, \xi_n - x_n)}{\partial x_{k_1}^{m_1} \partial x_{k_2}^{m_2} \cdots \partial x_{k_s}^{m_s}} \mathrm{d}x_1 \mathrm{d}x_2 \cdots \mathrm{d}x_n =$$

$$(-1)^m \frac{\partial^m f(\xi_1, \cdots, \xi_n)}{\partial x_{k_1}^{m_1} \partial x_{k_2}^{m_2} \cdots \partial x_{k_s}^{m_s}}$$

若 $f(x_1, x_2, \cdots, x_n)$ 于 $\mathbf{R}^n$ 中某区域 G 内 m 次连续可微,则当 $(\xi_1, \xi_2, \cdots, \xi_n) \in G$ 时

$$\iint \cdots \int_G f(x_1, x_2, \cdots, x_n) \cdot$$

$$\frac{\partial^m \delta(\xi_1 - x_1, \cdots, \xi_n - x_n)}{\partial x_{k_1}^{m_1} \partial x_{k_2}^{m_2} \cdots \partial x_{k_s}^{m_s}} \mathrm{d}x_1 \mathrm{d}x_2 \cdots \mathrm{d}x_n =$$

$$(-1)^m \frac{\partial^m f(\xi_1, \xi_2, \cdots, \xi_n)}{\partial x_{k_1}^{m_1} \partial x_{k_2}^{m_2} \cdots \partial x_{k_s}^{m_s}}$$

其中 $1 \leqslant k_1 < k_2 < \cdots < k_s \leqslant n, s \leqslant n, m_j (j = 1, 2, \cdots, s)$ 为非负整数,且

$$\sum_{j=1}^s m_j = m$$

证 由性质 15、推论 16 和性质 16 立即可见本推论是正确的.

11.6.3 高维 δ-函数的几何意义与物理意义

仿照 11.3 节中对一维 δ-函数意义的陈述,下面分别就定义 8 至定义 10 及定义 11 扼要地从两个不同的侧面来说明高维 δ-函数的几何意义和物理意义. 此外,为了更加直观、形象地说明 n 维 δ-函数的几何

意义与物理意义,我们仅就 $n=2$ 或 $n=3$ 的情形来加以阐述.

1. 几何意义.

（1）以二维 δ一函数为例. 由定义 8 至定义 10,以及根据本节例 21 至例 23 所指出的把二维 δ一函数视为普通二元函数的弱极限的观点,可以把 $z=\delta(x-\xi,y-\eta)$ 看作定义于整个 xOy 平面上,展布于 $Oxyz$ 空间中的示意性的曲面 S(图 5).它具有如下几何性质：

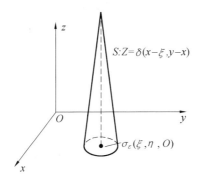

图 5

$1°$ 在 xOy 平面上的点 (ξ,η) 处之直径为无限小的圆域 σ_ε 之外,该曲面 S 与 xOy 平面重合；

$2°$ 在圆域 σ_ε 上,曲面 S 突起了一个无限高的"峰"；

$3°$ 此曲面 S 下的体积值为 1.

这种几何解释虽然粗糙,但是却为这种非古典意义下的看来很"怪"的高维 δ一函数,提供了一个形象、直观的几何背景.

（2）表征高维 δ一函数运算性质的定义 11 几何意义也同样是明显的.它表明当点 (ξ,η) 遍经 xOy 平面

341

时,空间 $Oxyz$ 上的点 $(\xi, \eta, \int_{-\infty}^{+\infty} \delta(x-\xi, y-\eta) f(x, y) \mathrm{d}x \mathrm{d}y)$ 的轨迹正是函数 $z = f(x, y)(x, y) \in \mathbf{R}^2$ 的几何图形.

2. 物理意义.

(1) 以例 19、例 20 为物理背景所引进的高维 δ — 函数的定义 8 至定义 10,反映了集中分布的物理量的物理特性 —— 该物理量的密度分布函数的特性;也表明高维 δ — 函数是此密度函数的局部分布与总体效应相结合的产物. 例如就定义 8 中 $n=3$ 的情形而言

$$\delta(x-\xi, y-\eta, z-\zeta) = \begin{cases} 0, & \text{当}(x,y,z) \neq (\xi,\eta,\zeta) \text{ 时} \\ \infty, & \text{当}(x,y,z) = (\xi,\eta,\zeta) \text{ 时} \end{cases}$$

代表集中分布的物理量的密度的局部分布状态,而

$$\iiint\limits_{\mathbf{R}^3} \delta(x-\xi, y-\eta, z-\zeta) \mathrm{d}x \mathrm{d}y \mathrm{d}z = 1$$

则代表该密度分布的总体效应. 它表明若集中分布的物理量是电荷,则其电荷分布密度的总体效应与单位电荷等效;若集中分布的物理量是某种物质质量,则该物质分布密度的总体效应与单位质量等效.

也像一维 δ — 函数一样,高维 δ — 函数自然也不仅仅是像其定义的物理背景那样,只能描述集中分布于一点的物理量的物理特性. 而是可以更广泛的表达一般离散(集中)分布的物理量的物理特性. 不仅如此,借助于高维 δ — 函数,还可以对连续分布与离散(集中)分布的物理量的物理特性,施以统一的数学表达.

例 24 设于 $Oxyz$ 空间中,在 $(0,0,0)$ 处置有电量为 6 单位的点电荷,在 $(0,1,1)$ 处置有电量为 5 单位的点电荷,在 $(-1,2,-3)$ 处置有电量为 4 单位的点电

荷,而在其余各处没有电荷分布,则由三维 δ － 函数的定义及其物理意义可知,$Oxyz$ 空间中各点(x,y,z)的电荷分布密度为

$$\rho(x,y,z)=6\delta(x,y,z)+5\delta(x,y-1,z-1)+4\delta(x+1,y-2,z+3)$$

并且,此电荷分布密度的总体效应 —— 在 $Oxyz$ 空间中分布的电荷总量显然是

$$\iiint\limits_{\mathbf{R}^3}\rho(x,y,z)\mathrm{d}x\mathrm{d}y\mathrm{d}z=$$

$$6\iiint\limits_{\mathbf{R}^3}\delta(x,y,z)\mathrm{d}x\mathrm{d}y\mathrm{d}z+$$

$$5\iiint\limits_{\mathbf{R}^3}\delta(x,y-1,z-1)\mathrm{d}x\mathrm{d}y\mathrm{d}z+$$

$$4\iiint\limits_{\mathbf{R}^3}\delta(x+1,y-2,z+3)\mathrm{d}x\mathrm{d}y\mathrm{d}z=$$

$$15(单位)$$

例 25　设于 $Oxyz$ 空间中连续地分布某种物质,分布密度为 $r(x,y,z)$. 假定于点(x_k,y_k,z_k) 处又置有质量为 $m_k(k=1,2,\cdots,n)$ 的重物. 试求 $Oxyz$ 空间中各点(x,y,z) 的物质分布密度函数 $\rho(x,y,z)$、$Oxyz$ 空间上分布的物质的全部质量及其重心的位置.

解　按三维 δ － 函数的定义及其物理意义可知

$$\rho(x,y,z)=r(x,y,z)+\sum_{k=1}^{n}m_k\delta(x-x_k,y-y_k,z-z_k)$$

于是,$Oxyz$ 空间中分布的物质的总质量为

$$M=\iiint\limits_{\mathbf{R}^3}\rho(x,y,z)\mathrm{d}x\mathrm{d}y\mathrm{d}z=\iiint\limits_{\mathbf{R}^3}r(x,y,z)\mathrm{d}x\mathrm{d}y\mathrm{d}z+$$

$$\sum_{k=1}^{n} m_k \iiint_{\mathbf{R}^3} \delta(x - x_k, y - y_k, z - z_k)\mathrm{d}x\,\mathrm{d}y\,\mathrm{d}z =$$

$$\iiint_{\mathbf{R}^3} r(x, y, z)\mathrm{d}x\,\mathrm{d}y\,\mathrm{d}z + \sum_{k=1}^{n} m_k$$

从而所求重心的坐标(x_c, y_c, z_c)为

$$x_c = \frac{\iiint\limits_{\mathbf{R}^3} x\rho(x, y, z)\mathrm{d}x\,\mathrm{d}y\,\mathrm{d}z}{\iiint\limits_{\mathbf{R}^3} \rho(x, y, z)\mathrm{d}x\,\mathrm{d}y\,\mathrm{d}z} = \frac{\iiint\limits_{\mathbf{R}^3} x\rho(x, y, z)\mathrm{d}x\,\mathrm{d}y\,\mathrm{d}z}{M}$$

$$(7)$$

$$y_c = \frac{\iiint\limits_{\mathbf{R}^3} y\rho(x, y, z)\mathrm{d}x\,\mathrm{d}y\,\mathrm{d}z}{\iiint\limits_{\mathbf{R}^3} \rho(x, y, z)\mathrm{d}x\,\mathrm{d}y\,\mathrm{d}z} = \frac{\iiint\limits_{\mathbf{R}^3} y\rho(x, y, z)\mathrm{d}x\,\mathrm{d}y\,\mathrm{d}z}{M}$$

$$(8)$$

$$z_c = \frac{\iiint\limits_{\mathbf{R}^3} z\rho(x, y, z)\mathrm{d}x\,\mathrm{d}y\,\mathrm{d}z}{\iiint\limits_{\mathbf{R}^3} \rho(x, y, z)\mathrm{d}x\,\mathrm{d}y\,\mathrm{d}z} = \frac{\iiint\limits_{\mathbf{R}^3} z\rho(x, y, z)\mathrm{d}x\,\mathrm{d}y\,\mathrm{d}z}{M}$$

$$(9)$$

原来仅对连续分布的情形才成立的(7)(8)(9)诸式,现在则对离散(集中)分布的情形也成立. 这就是说,不论物质是连续分布,还是离散(集中)分布的情形,其重心坐标都可以用公式(7)(8)(9)求得. 只不过在离散分布的情形下,$\rho(x, y, z)$的表达式中出现三维δ－函数,而对连续分布的情形,则不出现这种奇异函数而已. 不言而喻,能够把这种对立的物理对象,进行统一的数学处理的关键,就在于引进了能够恰当地反

映集中分布这一物理特性的奇异函数 —— 高维 δ －
函数.

（2）具有重要运算意义的定义 10，则更深刻地体
现了借助于 δ － 函数所反映出的集中分布与连续分布
的物理量的内在联系.

比如考察连续分布于平面薄片 S 上的作用力
$F(x,y)$. 仍记 S 为该薄片于 xOy 平面上所占有的区
域. 若视 $\mathrm{d}x,\mathrm{d}y$ 为无穷小，则于点 $(x,y)=(\xi,\eta)\in S$,
可以认为

$$\delta(x-\xi,y-\eta)\mathrm{d}x\mathrm{d}y=1$$

从而，$F(x,y)\delta(x-\xi,y-\eta)\mathrm{d}x\mathrm{d}y$ 便可看作只在点$(\xi,$
$\eta)\in S$ 处起作用且取值为$F(\xi,\eta)$，而于 S 的其余点处
作用力为零的集中力. 记

$$F_{\xi,\eta}(x,y)=\begin{cases}F(\xi,\eta), & \text{当}(x,y)=(\xi,\eta)\text{ 时}\\ 0, & \text{当}(x,y)\in S,\text{且}(x,y)\neq(\xi,\eta)\text{ 时}\end{cases}$$

则当$(x,y)\in S$ 时

$$F(x,y)\delta(x-\xi,y-\eta)\mathrm{d}x\mathrm{d}y=F_{\xi,\eta}(x,y)$$

于是，等式

$$\iint\limits_{S}F(x,y)\delta(x-\xi,y-\eta)\mathrm{d}x\mathrm{d}y=F(\xi,\eta)$$

表明只在点$(\xi,\eta)\in S$ 处起作用，且取值为 $F(\xi,\eta)$ 的
集中力 $F_{\xi\eta}(x,y)$ 在 S 上的总体效应，与作用于 S 上的
连续力 $F(x,y)$，在点(ξ,η) 处的局部效应等效. 既然
作用于 S 上的连续力 $F(x,y)$ 可以视为当点(x,y) 遍
经 S 时诸 $F(x,y)$ 叠加而成，于是它自然也可以视为
只在点$(\xi,\eta)\in S$ 处起作用的集中力 $F_{\xi,\eta}(x,y)$，当$(\xi,$
$\eta)$ 遍经 S 时叠加的结果. 这个结论既揭示了连续分布
与集中分布的物理量之间的内在联系，又表明为了考

察连续分布的物理量的物理特性,可以先考察集中分布的情形,而后再利用迭加原理,便可达到预期的目的.

11.6.4 n 维磨光算子

n 维磨光算子,在理论上和实际中都是有用的数学工具.因此,我们在这里也简要地加以介绍.

所谓 n 维磨光算子,是将例 22 中所列举的函数略加变通后作为核函数的积分算子.由此,可以看出 n 维磨光算子与 n 维 δ — 函数的内在联系.

定义 14 设

$$J(x_1,x_2,\cdots,x_n) = \begin{cases} r^{-1}\exp\left[-\dfrac{(x_1^2+x_2^2+\cdots+x_n^2)}{1-(x_1^2+x_2^2+\cdots+x_n^2)}\right], \\ \quad \text{当}\sqrt{x_1^2+x_2^2+\cdots+x_n^2}<1 \text{ 时} \\ 0,\text{当}\sqrt{x_1^2+x_2^2+\cdots+x_n^2}\geqslant 1 \text{ 时} \end{cases}$$

其中

$$r = \iint\cdots\int\limits_{(x_1^2+\cdots+x_n^2)^{1/2}<1} \exp\left[-\frac{(x_1^2+x_2^2+\cdots+x_n^2)}{1-(x_1^2+x_2^2+\cdots+x_n^2)}\right]dx_1 dx_2\cdots dx_n$$

则以

$$J_\varepsilon(x_1,x_2,\cdots,x_n,y_1,y_2,\cdots,y_n) =$$

$$\frac{1}{\varepsilon^n}J\left(\frac{x_1-y_1}{\varepsilon},\frac{x_2-y_2}{\varepsilon},\cdots,\frac{x_n-y_n}{\varepsilon}\right),\varepsilon>0$$

为核的积分算子

$$J_\varepsilon\varphi(x_1,x_2,\cdots,x_n) = \iint\cdots\int\limits_{G} J_\varepsilon(x_1,x_2,\cdots,x_n,y_1,y_2,\cdots,y_n)\cdot$$

$$\varphi(y_1,y_2,\cdots,y_n)dy_1 dy_2\cdots dy_n$$

称为 n 维磨光算子,其中 G 为 $\mathbf{R}^n$ 中某区域,$\varphi(x_1,x_2,\cdots,x_n)$ 在 G 上可积.

n 维磨光算子的理论意义及其应用，主要基于下述定理：

定理3 设 $\varphi(x_1, x_2, \cdots, x_n)$ 在 $\mathbf{R}^n$ 中某有界闭区域 G 上连续，则 $J_\varepsilon \varphi(x_1, x_2, \cdots, x_n)$ 在 G 上任意次连续可微，且极限式

$$\lim_{\varepsilon \to 0} J_\varepsilon \varphi(x_1, x_2, \cdots, x_n) = \varphi(x_1, x_2, \cdots, x_n)$$

在 G 上一致地成立.

证 结论的前一部分，由含参变量的 n 重积分在积分号下的微商定理即可得证. 为了证明结论的后一部分，首先将函数 $\varphi(x_1, x_2, \cdots, x_n)$ 连续有界地延拓到 $\mathbf{R}^n$ 上，使之成为在 $\mathbf{R}^n$ 上连续有界的函数，记之为 $\overline{\varphi}(x_1, x_2, \cdots, x_n)$[①]. 由于 $\overline{\varphi}(x_1, x_2, \cdots, x_n)$ 在 $\mathbf{R}^n$ 内任一有界闭区域上一致连续，再根据 $J_\varepsilon(x_1, \cdots, x_n, y_1, \cdots, y_n)$ 的定义便知，当 $(x_1, x_2, \cdots, x_n) \in G$ 时，一致地有

$$| J_\varepsilon \varphi(x_1, x_2, \cdots, x_n) - \varphi(x_1, x_2, \cdots, x_n) | =$$

$$\left| \iint \cdots \int_{r^n} J_\varepsilon(x_1, \cdots, x_n, y_1, \cdots, y_n) \overline{\varphi}(y_1, \cdots, y_n) dy_1 \cdots dy_n - \right.$$

$$\left. \varphi(x_1, \cdots, x_n) \iint \cdots \int_{r_n \leqslant \varepsilon} J_\varepsilon(x_1, \cdots, x_n, y_1, \cdots, y_n) dy_1 \cdots dy_n \right| \leqslant$$

---

① 比如，设

$\overline{\varphi}(x_1, x_2, \cdots, x_n) =$

$\begin{cases} \varphi(x_1, x_2, \cdots, x_n), 当 (x_1, x_2, \cdots, x_n) \in G 时 \\ \max\limits_{(y_1, y_2, \cdots, y_n) \in G} \left[\varphi(y_1, y_2, \cdots, y_n) \dfrac{\rho(x_1, x_2, \cdots, x_n; G)}{\rho(x_1, x_2, \cdots, x_n; y_1, y_2, \cdots, y_n)} \right], \\ \qquad 当 (x_1, x_2, \cdots, x_n) \notin G 时 \end{cases}$

其中 $\rho(x_1, \cdots, x_n; G)$ 及 $\rho(x_1, \cdots, x_n; y_1, \cdots, y_n)$ 分别代表点 $(x_1, \cdots, x_n)$ 与域 G 的距离及点 $(x_1, x_2, \cdots, x_n)$ 与 $(y_1, y_2, \cdots, y_3)$ 的距离.

$$\iint\cdots\int_{r_n\leqslant\varepsilon} \mid \overline{\varphi}(y_1,\cdots,y_n) - \overline{\varphi}(x_1,\cdots,x_n) \mid \cdot$$

$$J_\varepsilon(x_1,\cdots,x_n,y_1,\cdots,y_n)\mathrm{d}y_1\cdots\mathrm{d}y_n \leqslant$$

$$\max_{r_n\leqslant\varepsilon} \mid \overline{\varphi}(y_1,\cdots,y_n) - \overline{\varphi}(x_1,\cdots,x_n) \mid \cdot$$

$$\iint\cdots\int_{r_n\leqslant\varepsilon} J_\varepsilon(x_1,\cdots,x_n,y_1,\cdots,y_n)\mathrm{d}y_1\cdots\mathrm{d}y_n =$$

$$\max_{\substack{r_n\leqslant\varepsilon \\ P\in G}} \mid \overline{\varphi}(y_1,\cdots,y_n) - \overline{\varphi}(x_1,\cdots,x_n) \mid \rightarrow$$

$$0(\varepsilon \rightarrow 0)$$

其中

$$r_n = \left[(x_1 - y_1)^2 + \cdots + (x_n - y_n)^2\right]^{1/2}$$

P 为点 $(x_1,\cdots,x_n)$.

稍加比较便不难看出，n 维磨光算子和定理 3 分别与一维磨光算子和定理 1 类似. 此外，n 维磨光算子的作用，也与一维的情形相类似. 因此这方面的例子不再赘述.

δ-函数在数字信号处理中的应用

世界著名数学家 W. Prager 曾指出：

数学应用新领域的首要特征是其巨大进展，这样在其不断成熟时，如果不对数学所要应用的领域有更多的了解，那就越发难于对这种应用做出有意义的贡献．

12.1 数字信号处理简介

为了阐述 δ-函数在数字信号处理中的应用，我们先简单介绍什么是数字信号处理以及它的发展概况．

所谓信号就是一个传载信息的函数，这种信息通常是表示一个有关的物理

第 12 章

系统的状态或特性的. 习惯上把信号的数学表达式的自变量当作时间, 尽管事实上它未必代表时间. 并且, 这个自变量可以是连续的, 也可以是离散的. 定义在时间连续的集合上的信号, 用连续变量函数表示, 叫作时域连续信号; 定义在时间离散的集合上的信号, 用数字序列表示, 叫作时域离散信号. 信号的幅度也可以是连续的, 也可以是离散的. 数字信号就是时间和幅度都是离散的信号. 时间和幅度都连续的信号又称为模拟信号. 数字信号处理就是用数字方法处理各种信息的技术, 它是一门新兴的独立的应用科学, 主要是研究用数字或符号序列表示和处理各种信息. 处理的目的不外乎是, 估计信号的特征参数; 或者把信号变换成某种更符合要求的形式, 或者是剔除混在信号中的噪声和干扰等.

几乎在每个科学和技术的领域里, 为了容易提取信号, 都需要对接收的信号进行处理, 例如在石油地震勘探中, 当人为设计的炮声一响, 各种仪器开始接收地震波(即是地震信号, 数学上表示为时间域的离散函数). 然而, 接收来的这种信号, 包括了许多干扰信息, 在时间域就分析不出有效的和干扰的信号, 于是, 专业人员就根据需要, 设计一个变换, 将其转换成频率域信号, 这样, 他们就可以根据有效信号的频率及干扰信号的频率的不同, 将两个(或者多个) 按某种方式合并在一起的信号分离开来. 也可以增强一个信号的某一分量或参数. 这些手段都称为数字信号处理.

所谓信号处理系统, 也是按照信号分类的同样原则分类的. 如时域连续系统是指输入和输出都是时域连续信号的系统; 而时域离散系统是输入和输出都是

时域离散信号的系统；类似地，模拟系统是输入和输出都是模拟信号系统；而数字系统则是输入和输出都是数字信号的系统．由于时域离散信号可以通过对一个时域连续信号取样而得到，或者直接通过某种时域离散处理而产生．因此，在信号处理的理论中，只要研究幅度和时间都是离散的信号就可以了．

无论时域离散信号的来源如何，数字信号处理系统都有许多引人注目的特点，它既可以借助于程序在通用数字计算机上来实现；也可以通过用硬件来完成；必要时它还可以模仿模拟系统；更重要的是它可用来实现模拟硬件不可能实现的信号变换．

最近又研制出一种可编程序处理机，它不仅功能较多，而且处理的速度快，是大有前途的数字信号处理设备．

由于数字系统在通用数字计算机上处理，不随使用条件（如环境温度、电源电压、老化程度等）而变化，噪声干扰小，同时，又容易按不同要求而变化．因此，就具有速度快、精度高、手段多、稳定性强、灵活性大等许多优点．所以数字信号处理在通讯、雷达、声呐、地震、遥感、生物医学、核子科学等科学技术领域内都得到迅速发展．

数字信号处理的手段（或者说是变换方法）是丰富多彩的，而且，目前许多新方法、新技术又不断出现，如离散傅氏变换（或者说离散频谱分析）、快速傅氏变换、褶积和相关、快速褶积和相关、Z 变换、希尔伯特变换、沃什变换、哈达玛变换以及数字滤波、褶积滤波、线性滤波、递归滤波、广义维纳滤波，还有信号的插值、平滑和加工等处理方法．但是，应该强调的是离散傅氏变换和数字滤波仍然是两种最基本的数字信号处理的方法. 由于本书重点不是讨论数字信号处理,因此,这些内容不能一一列入,感兴趣的读者可查阅有关的参考书.

δ — 函数在数字信号处理中占有重要地位,有许多数学原理及其变换公式,都是借助于 δ — 函数的概念和性质而建立起来的. 它的应用主要表现在以下三个方面:

1. 任意离散信号均可表示为 δ — 函数(即单位脉冲函数) 的加权和;

2. δ — 函数运算性质的应用;

3. 等间隔的脉冲函数序列(即 δ — 函数序列) 的谱,仍然是脉冲函数序列.

从以下几节的讨论中,我们可以看到 δ — 函数在推导数字信号处理的数学原理上,有着举足轻重的作用.

12.2　任意离散信号均可表示为 δ — 函数的加权和

12.2.1　单位脉冲序列的概念

在时域离散系统中,信号通常表示为一个序列的形式,即一个数字序列 x,它的第 n 个数字以 $x(n)$ 表示,并且 $x(n)$ 仅仅对于整数 n 值才有定义. 于是 δ — 函数在时域离散系统中被定义为

$$\delta(n) = \begin{cases} 0, & \text{当 } n \neq 0 \text{ 时} \\ 1, & \text{当 } n = 0 \text{ 时} \end{cases} \tag{1}$$

人们通常称 $\delta(n)$ 为单位取样序列.容易看到单位取样序列在时域离散信号和系统中所起的作用,和单位脉冲函数 $\delta(x)$ 在时域连续信号和系统中所起的作用是相同的.从数学上看,序列也是函数,尽管它们的定义有所不同,我们也称 $\delta(n)$ 为脉冲函数.有的书上也称 $\delta(n)$ 为脉冲串、冲激序列等.值得注意的是时域离散脉冲函数不像时域连续脉冲函数那样复杂,从式(1)就可以看到 $\delta(n)$ 的定义要比 $\delta(x)$ 的定义简单而精确.

在应用中还要经常用到所谓单位阶跃序列,通常用 $u(n)$ 来表示,即

$$u(n) = \begin{cases} 1, \text{当 } n \geqslant 0 \text{ 时} \\ 0, \text{当 } n < 0 \text{ 时} \end{cases} \tag{2}$$

不难看到 $\delta(n), u(n)$ 有如下的重要关系

$$u(n) = \sum_{n=-\infty}^{+\infty} \delta(n) \tag{3}$$

而且,类似地有

$$\delta(n) = u(n) - u(n-1) \tag{4}$$

由式(1)还可以得到,对任意整数 k 值的脉冲延迟序列为

$$\delta(n-k) = \begin{cases} 1, \text{当 } n = k \text{ 时} \\ 0, \text{当 } n \neq k \text{ 时} \end{cases} \tag{5}$$

12.2.2　任意序列均可表示为脉冲序列的加权和

顾名思义,脉冲序列 $\delta(n)$ 在数字信号处理中,主要是用来将连续函数进行离散化,即设时域连续函数 $f(t)$ 在 $t = T$ 时是连续的,则 $f(t)$ 在时间 T 的函数值可表示为

$$f(t) = f(t)\delta(t - T) \tag{6}$$

也就是 T 时刻产生的脉冲,其幅度等于时刻 T 的函数值,如函数 $f(t)$ 在 $t=nT(n=0,\pm1,\pm2,\cdots)$ 是连续的,则

$$f(t) = \sum_{n=-\infty}^{+\infty} f(nT)\delta(t-nT) \qquad (7)$$

式(7)说明,时域连续函数 $f(t)$ 的抽样波形是等距脉冲的一个无穷序列. 每一个脉冲的幅度等于 $f(t)$ 在脉冲出现时刻的值. 也就是当引入了 δ - 函数后,任何一个时域连续函数都可以写成式(7)右端的离散形式. 正是由于 δ - 函数的这一作用,我们就可以对任意的时域离散序列 $x(n)$,将它表示为脉冲序列的加权和,即

$$x(n) = \sum_{k=-\infty}^{+\infty} x(k)\delta(n-k) \qquad (8)$$

例如,序列
$$\{x(-3),x(-1),x(1),x(3)\} = \{-4,3,1,2\}$$
则有
$$x(n) = -4\delta(n+3) + 3\delta(n+1) + \delta(n-1) + 2\delta(n-3)$$

12.2.3　线性时不变系统和离散褶积

根据式(8),可以推导并给出离散褶积的概念. 为此,先给出系统、线性系统和线性时不变系统的概念.

系统在数学上定义为将输入序列 $h(n)$ 映射成输出序列 $H(n)$ 的唯一性变换,或者称为运算,记为

$$H(n) = T[h(n)] \qquad (9)$$

其中 T 由给定的系统确定. 或者具体地说,一个离散时间系统就是将一个序列 $h(n)$ 变换成另一个序列 $H(n)$ 的变换. 图 1 是离散时间系统的图形表示. 序列 $h(n)$

称为输入,$H(n)$ 称为输出或者称为响应. 如果设输入序列为 $\delta(n)$,则输出序列为 $H(n)$,就称 $H(n)$ 为单位脉冲响应(也称为单位取样响应).

$$h(n) \longrightarrow \boxed{T[\quad]} \longrightarrow H(n)$$

图 1

对变换 $T[\quad]$ 加上种种限制条件,就可以定义出各类时域离散系统. 由于线性时不变系统在数学上比较容易表示,同时,又由于它可以设计成实现多种有用的信号处理功能,因此,这种系统被人们广泛地采用.

设 $h_1(n),h_2(n)$ 为任意两时间序列,α,β 为两个任意常数,若有

$$T[\alpha h_1(n) + \beta h_2(n)] = \alpha T[h_1(n)] + \beta T[h_2(n)]$$
$$(10)$$

成立,则称系统 T 是线性的. 式(8)告诉我们任意序列 $x(n)$ 可以表示为各延迟的脉冲序列的加权和,再由(10),可以看到线性系统完全可以通过其单位脉冲响应来表示;也就是若 $h_k(n)$ 为系统对 $\delta(n-k)$ 的单位脉冲响应,则由式(8)可得

$$y(n) = T\left[\sum_{k=-\infty}^{+\infty} x(k)\delta(n-k)\right]$$

再根据式(10)得

$$y(n) = \sum_{k=-\infty}^{+\infty} x(k) T[\delta(n-k)] =$$
$$\sum_{k=-\infty}^{+\infty} x(k) h_k(n) \qquad (11)$$

式(11)中的 $h_k(n)$ 要取决于 n 和 k,这对计算系统响应

用处不大,如若再加一条时不变的约束条件,就会得到更为理想的结论.

若设 $y(n)$ 是系统对于 $x(n)$ 的响应,则 $y(n-k)$ 就是系统对于 $x(n-k)$ 的响应,其中 k 为整数,这就是说输入的延迟导致输出具有相同的延迟,并且若 n 是代表时间的话,我们称这样的系统为时不变系统. 一个系统既是线性的,同时又是时不变的,则称为线性时不变系统. 通常简称为 LTI 系统. 让我们回到式(11)中,若系统 T 是 LTI 系统,由于输入序列为 $\delta(n-k)$,输出序列为 $h_k(n) = h(n-k)$,于是式(11)可化为

$$y(n) = \sum_{k=-\infty}^{+\infty} x(k) T[\delta(n-k)] =$$
$$\sum_{k=-\infty}^{+\infty} x(k) h(n-k) \tag{12}$$

式(12)右端通常称为褶积和,既若序列 $y(n)$ 可表示为式(12),则称 $y(n)$ 为序列 $x(n)$ 和 $y(n)$ 的褶积,这里的褶积又可称为离散褶积,也记为

$$y(n) = x(n) * h(n)$$

在式(12)中将 k 和 $n-k$ 互换,则有

$$y(n) = \sum_{k=-\infty}^{+\infty} x(k) h(n-k) =$$
$$\sum_{k=-\infty}^{+\infty} x(n-k) h(k) =$$
$$h(n) * x(n) \tag{13}$$

这表明这种离散褶积是可交换的,也就是褶积结果与进行褶积运算的两个序列的先后次序无关.

由式(12)或者是(13)可知,对于给定的输入序

列,不同的脉冲响应 $h(n)$ 将产生不同的输出,也就是说,任何 LTI 系统的特性完全可以通过其脉冲响应 $h(n)$ 而表现出来,这一点在应用上极为方便.

离散褶积的运算在数字信号处理中是经常要用的,前面已经说过,工程技术中所接受的信号,一般都包括有效信号 $h(t)$ 和干扰信号 $H(t)$ 两种,即

$$s(t) = h(t) + H(t) \tag{14}$$

对信号处理之目的,就是要削弱干扰信号,增强有效信号,就所接收到的信号一般来说,这两种信号是分不开的,由于从实际资料分析中发现,在许多情况下,干扰信号的频谱 $H(f)$ 与有效信号的频谱 $h(f)$ 是不同的,一种特别的情况是两种信号的频谱是分离的(图 2).于是可以人为地设计一个频率函数(称为滤波因子,或者形象地称为滤波器)

$$G(f) = \begin{cases} 1, 当 h(f) \neq 0 \text{ 时} \\ 0, 当 h(f) = 0 \text{ 时} \end{cases}$$

将式(14)两端取傅氏变换,再乘以 $G(f)$ 得

$$s(f)G(f) = h(f)G(f) + H(f)G(f) \tag{15}$$

因为 $h(f) = 0$ 时,$G(f) = 0$,所以 $H(f)G(f) = 0$,从而有

$$s(f) = h(f)G(f) = h(f)$$

这样 $h(f)$ 与 $G(f)$ 相乘的处理,就达到了滤掉干扰信号,保留有效信号之目的.这个过程称为滤波,由傅氏变换的褶积定理又知

$$\begin{cases} y(n) = x(n) * h(n) & \tag{16} \\ Y(f) = X(f)H(f) & \tag{17} \end{cases}$$

这两个公式分别称为离散信号的时间域滤波公式

(16)和离散信号频率域的滤波公式(17). 从数学上来看,两个信号的褶积的频谱等于两个信号频谱的乘积. 因此,要计算信号频谱的乘积,必须先计算两个信号的离散褶积,可见褶积运算在数字滤波中是何等重要. 关于褶积运算有一系列的方法,如直接法、矩阵法等. 特别是在快速傅氏变换的基础上,又出现了所谓快速褶积运算,这里不一一介绍了.

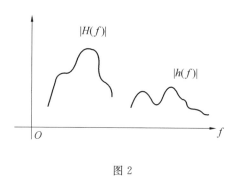

图 2

12.3　等间隔脉冲序列的谱仍是脉冲序列

我们知道 δ 一 函数是一种十分重要的数学工具,它的运用可以大大简化许多冗长而繁杂的推导. 从以下要讨论的抽样定理和离散傅氏变换,便足以看到这一点.

12.3.1　抽样序列的频谱

无论是在理论上还是在应用上,傅氏变换都是一种十分重要的数学方法. 特别是在许多科学技术上,

应用这种变换方法可以把原来不能办到的事情变为可以实现了；把原来非常复杂的问题得以简化．但是，在应用上所出现的信号（或者说是时间的函数）都是连续的，不妨把它记为 $x(t)$．要运用通用数字计算机来处理这些信号，首先必须将这些连续信号离散化．这种离散化的方法就称为抽样．也就是按一定时间间隔 T 进行取值，使原来连续函数 $x(t)$ 变为离散函数 $x(nT)(n=0,\pm1,\pm2,\cdots)$ 或者称为抽样序列．这样，随之便产生了一个问题，即抽样间隔 T 选取多大，才能使经过变换了的信号不发生畸变，也就是抽样序列 $x(nT)$ 在 T 取多大值时，保证经过变换后仍然能恢复成连续信号 $x(t)$ 呢？以及由离散信号恢复成连续信号 $x(t)$ 的具体公式又是什么呢？这将在后面的抽样定理中回答．本段将讨论，这样产生的抽样序列的频谱是什么？

设有连续信号 $x(t),t_0\in(-\infty,+\infty)$，则由 δ一函数的性质 7 得

$$x(t)\delta(t-t_0)=x(t_0)\delta(t-t_0) \qquad (1)$$

式（1）说明 $x(t)$ 在 t_0 时刻产生的脉冲，其幅度恰好等于在时刻 t_0 的函数值．因此，如果函数 $x(t)$ 在 $t=nT$ $(n=0,\pm1,\pm2,\cdots)$ 是连续的，那么 $x(t)$ 在这些点处的离散值为

$$x(t)=\sum_{n=-\infty}^{+\infty}x(nT)\delta(t-nT) \qquad (2)$$

同时，由本章 12.2 节知，任意一个序列 $x(nT)$ 都可以表示为 δ一函数的加权和，所以式（2）说明函数 $x(t)$ 经抽样后便是等距脉冲的一个无限序列，每一个脉冲的幅度就等于 $x(t)$ 在脉冲出现时刻的值．这也就是抽

样问题的数学表达式.

设连续信号 $x(t)$ 按时间间隔 T 进行抽样,得到的离散值记为 $\hat{x}(t) = x(nT)(n = 0, \pm 1, \pm 2, \cdots)$,则由式(1)和(2)知 $x(t)$ 可表示为

$$\hat{x}(t) = x(t) \sum_{n=-\infty}^{+\infty} \delta(t - nT) \qquad (3)$$

为了求 $\hat{x}(t)$ 的谱 $\hat{X}(f)$ 的表达式,需要先求 $\sum_{n=-\infty}^{+\infty} \delta(t - nT)$ 的频谱.这个谱企图通过傅氏变换的方法是求不到的,因为

$$\int_{-\infty}^{+\infty} \Big[\sum_{n=-\infty}^{+\infty} \delta(t - nT) \Big] e^{-i2\pi ft} \, dt =$$

$$\sum_{n=-\infty}^{+\infty} \int_{-\infty}^{+\infty} \delta(t - nT) e^{-i2\pi ft} \, dt =$$

$$\sum_{n=-\infty}^{+\infty} e^{-i2\pi fnT}$$

而 $\sum_{n=-\infty}^{+\infty} e^{-i2\pi fnT}$ 是一个发散级数,所以,求不到谱.为此,必须另找途径.

设

$$c(t) = \sum_{n=-\infty}^{+\infty} \delta(t - nT)$$

其谱以 $c(f)$ 表示,则由于 $c(t)$ 是一个定时产生脉冲的序列,因此,它可以看作一个周期函数,故于 $\left[-\dfrac{T}{2}, \dfrac{T}{2} \right]$ 上可展成傅氏级数

$$c(t) = \sum_{n=-\infty}^{+\infty} c_m e^{i2\pi nft} \qquad (4)$$

其中 c_m 为由 $c(t)$ 确定的傅氏系数,也就是

$$c_m = \frac{1}{T}\int_{-\frac{T}{2}}^{\frac{T}{2}} c(t)\mathrm{e}^{-\mathrm{i}2n\pi ft}\,\mathrm{d}t =$$

$$\frac{1}{T}\int_{-\frac{T}{2}}^{\frac{T}{2}} \sum_{n=-\infty}^{+\infty} \delta(t-nT)\mathrm{e}^{-\mathrm{i}2n\pi ft}\,\mathrm{d}t$$

因为在 $\left[-\dfrac{T}{2},\dfrac{T}{2}\right]$ 上，$\displaystyle\sum_{n=-\infty}^{+\infty} \delta(t-nT)$ 只有一项 $\delta(t)$，所以

$$c_m = \frac{1}{T}\int_{-\frac{T}{2}}^{\frac{T}{2}} \delta(t)\mathrm{e}^{-\mathrm{i}2n\pi ft}\,\mathrm{d}t = \frac{1}{T} \tag{5}$$

故 $c(t)$ 所展成的傅氏级数为

$$c(t) = \sum_{n=-\infty}^{+\infty} \frac{1}{T}\mathrm{e}^{\mathrm{i}2n\pi ft} \tag{6}$$

将(6)取傅氏变换就得到等间隔脉冲序列的频谱，即，因为

$$F[(\delta(t))] = 1,\ F[\delta(t-t_0)] = \mathrm{e}^{-\mathrm{i}2\pi ft_0}。$$

以及傅氏变换的对称性质，得

$$F\left[\frac{1}{T}\sum_{n=-\infty}^{+\infty} \mathrm{e}^{\mathrm{i}2n\pi ft}\right] = \frac{1}{T}\sum_{n=-\infty}^{+\infty} F[\mathrm{e}^{-\mathrm{i}2n\pi ft}] =$$

$$\frac{1}{T}\sum_{n=-\infty}^{+\infty} \delta\left(f-\frac{n}{T}\right)$$

所以，有

$$F\left[\sum_{n=-\infty}^{+\infty} \delta(t-nT)\right] = \frac{1}{T}\sum_{n=-\infty}^{+\infty} \delta\left(f-\frac{n}{T}\right) \tag{7}$$

式(7)说明等间隔脉冲函数序列的频谱仍是脉冲序列.

12.3.2 连续谱与离散谱之间的关系

为了给出抽样定理的条件，先必须说清楚连续谱与离散谱之间的关系，有了这种重要的联系，我们就可以给出，抽样间隔 T 之大小以保证抽样后的离散信号经过变换，仍能恢复成原来的连续信号.

设连续信号 $x(t)$ 的频谱为 $X(f)$，以及式（7）成立，则由式（3）得

$$\hat{X}(f) = X(f) * \frac{1}{T} \sum_{n=-\infty}^{+\infty} \delta(f - \frac{n}{T}) =$$

$$\frac{1}{T} \sum_{n=-\infty}^{+\infty} X(f) * \delta(f - \frac{n}{T}) \qquad (8)$$

由 δ — 函数的性质以及褶积定义知

$$X(f) * \delta(f - \frac{n}{T}) = \int_{-\infty}^{+\infty} X(f - t)\delta(t - \frac{n}{T})\mathrm{d}t =$$

$$X(f - \frac{n}{T})$$

所以，式（8）变为

$$\hat{X}(f) = \frac{1}{T} \sum_{n=-\infty}^{+\infty} X(f - \frac{n}{T}) =$$

$$\frac{1}{T} \sum_{n=-\infty}^{+\infty} X(f - nf_0) \qquad (9)$$

其中 $f_0 = \frac{1}{T}$. 式（9）说明离散信号 $\hat{x}(t)$ 的频谱 $\hat{X}(f)$ 是连续信号 $x(t)$ 的无穷多个谱分量 $X(f - nf_0)$ 的叠加，而这些谱分量 $X(f - nf_0)$ 是频谱 $X(f)$ 沿频率轴 f 关于每个 $f_0 = \frac{1}{T}$ 的无穷多次重复.

设连续信号 $x(t)$ 的频谱 $X(f)$ 为有限带宽，即 $X(f)$ 满足条件

$$X(f) = 0, \text{当} \mid f \mid > f_c \text{ 时} \qquad (10)$$

其中 f_c 是 $X(f)$ 的最高频率或者称截止频率. 从而可知 $X(f)$ 的带宽为 $2f_c$，并且不大于它沿 f 轴每次重复的间距 $f_0 = \frac{1}{T}$，于是，它关于每个 f_0 的重复将不产生

重叠. 所以, 要使频谱 $X(f)$ 在 f 轴上关于 f_0 重复时不发生重叠的所谓假频现象, 抽样间隔 T 必须满足

$$T \leqslant \frac{1}{2f_c} \tag{11}$$

$T = \frac{1}{2f_c}$ 称为奈奎斯特 (Nyquist) 抽样时间. $\frac{1}{T} = 2f_c$ 称为奈奎斯特抽样频率.

综上所述, 连续信号 $x(t)$ 的频谱 $X(f)$ 满足条件式 (10); 抽样间隔 T 满足条件式 (11), 则在奈奎斯特频率范围内, 离散信号的频谱 $\hat{X}(f)$ 与连续信号的频谱 $X(f)$ 是相同的 (仅差一个常数因子), 即

$$\hat{X}(f) = \frac{1}{T}X(f) \tag{12}$$

这就是说, 对连续信号进行抽样时, 为了保证抽样后的信号经过变换, 使之能恢复到连续信号, 或者说避免假频的发生, 必须使抽样频率 $\frac{1}{T}$ 足够高, 至少是频谱 $X(f)$ 的最高频率的两倍, 才能防止 $X(f)$ 的高频分量位移进入确定 $\hat{X}(f)$ 的低频范围中, 也就是说, 只有这样才能保证信号在变换过程中, 不发生畸变.

12.3.3 抽样定理

至此, 我们解决了在抽样时, 抽样间隔 T 取多大才能保证信号不发生畸变的问题. 现在讨论离散信号恢复成连续信号的具体公式的问题.

为了使连续信号能得以恢复, 首先要做到离散谱能恢复成连续谱, 这样就必须滤掉 $|f| > f_c$ 的 $\hat{X}(f)$ 的所有高频分量, 这一步骤在数学上就表现为将 $\hat{X}(f)$ 乘以单位矩形脉冲函数

$$H(f) = \begin{cases} 1, & \text{当 } |f| \leqslant f_c \text{ 时} \\ 0, & \text{当 } |f| > f_c \text{ 时} \end{cases} \tag{13}$$

即

$$\frac{X(f)}{T} = \hat{X}(f)H(f)$$

或者为

$$X(f) = T\hat{X}(f)H(f) \tag{14}$$

由积分变换理论可知

$$F^{-1}\big[H(f)\big] = 2f_c \frac{\sin(2\pi f_c t)}{2\pi f_c t}$$

$$F^{-1}\big[\hat{X}(f)\big] = x(nT)$$

所以,根据褶积定理有

$$x(t) = 2f_c T x(nT) * \frac{\sin(2\pi f_c t)}{2\pi f_c t} =$$

$$2f_c T \sum_{n=-\infty}^{+\infty} x(nT)\delta(t-nT) * \frac{\sin(2\pi f_c t)}{2\pi f_c t} =$$

$$2f_c T \sum_{n=-\infty}^{+\infty} x(nT) \frac{\sin 2\pi f_c(t-nT)}{2\pi f_c(t-nT)} \tag{15}$$

于是,我们得到如下定理:

定理 1(时间域抽样定理)　若连续信号 $x(t)$ 的频谱满足条件式(10);抽样时间间隔 T 满足条件式(11),则连续信号 $x(t)$ 能够由它的离散信号 $x(nT)$ 唯一确定,并且 $x(t)$ 可以表示为

$$x(t) = T \sum_{n=-\infty}^{+\infty} x(nT) \frac{\sin 2\pi f_c(t-nT)}{\pi(t-nT)}$$

类似于定理 1,连续谱进行抽样后得到离散谱也存在这样的问题. 这个离散谱在抽样间隔 f_c 取多大,连续谱应该满足什么条件,才能保证谱不发生畸变,即由离散谱恢复成连续谱. 如果不考虑这个问题,经

364

抽样后得到的离散谱将很难反映出连续谱的性质.

设连续谱为 $X(f)$,按频率间隔 f_c 进行抽样,得到离散谱记为

$$\hat{X}(f) = X(kf_0), k = 0, \pm 1, \pm 2, \cdots$$

于是,有

$$\hat{X}(f) = X(f) \cdot \sum_{n=-\infty}^{+\infty} \delta(f - kf_0) \qquad (16)$$

并且,由此可得

$$\hat{x}(t) = \frac{1}{f_0} \sum_{k=-\infty}^{+\infty} x(t - kT), \text{其中 } T = \frac{1}{f_0} \qquad (17)$$

该式说明,离散信号 $\hat{x}(t)$ 是连续信号 $x(t)$ 沿 t 轴关于每个 $T = \dfrac{1}{f_0}$ 的无穷多次重复.如果连续信号 $x(t)$ 的持续时间有限,也就是

$$x(t) = 0, \text{当 } |t| > T_c \text{ 时} \qquad (18)$$

其中 $T_c = \dfrac{1}{2f_c}$,并且对频谱 $X(f)$ 抽样的间隔不大于 $\dfrac{1}{2T_c}$ 时,那么在时间范围 $|t| \leqslant T_c$ 内,离散信号 $\hat{x}(t)$ 与连续信号 $x(t)$ 相同(仅差一个常数因子),即

$$\hat{x}(t) = \frac{1}{f_0} x(t) \qquad (19)$$

若对频谱 $X(f)$ 抽样间隔大于 $\dfrac{1}{2T_c}$ 时,则信号 $x(t)$ 沿 t 轴重复时将出现重叠.从式(17)可以看到,在 $|t| \leqslant T_c$ 内,离散信号 $\hat{x}(t)$ 与连续信号 $x(t)$ 不相同,抽样后得到的是假信号 $\hat{x}(t)$,这种现象称为假信号现象.为了避免假信号的发生,使连续信号的频谱 $X(f)$ 可由离散信号的频谱 $\hat{X}(f)$ 重构出来,我们给出与定理 1 相类似的定理.

定理 2(频率域抽样定理) 如果连续信号函数 $x(t)$ 的持续时间满足式(18),并且频率抽样间隔 $f_c \leqslant \dfrac{1}{2T_c}$,那么连续谱 $X(f)$ 可由离散谱 $\hat{X}(f)$ 按下式得到恢复

$$X(f) = \sum_{k=-\infty}^{+\infty} X(kf_0) \frac{\sin 2\pi T_c(f - kf_0)}{2\pi T_c(f - kf_0)} \quad (20)$$

式(20)的证明与定理 1 类似,此处略.

可以说上述两个定理在应用中占有极为重要的地位.因为,若不考虑抽样间隔的选取,连续信号离散化要产生假频现象,连续谱离散化要产生假信号现象.这两种现象的产生,都将使抽样后所得的离散信息不能真实地反映连续信息的性质,即使再高级的计算机,利用这些假数据,所算出的结果也是一文不值的.

而这两个重要定理,由于我们引进了 δ — 函数,所以,在推导上非常简单,经过几个步骤就立即得出结论;假定没有 δ — 函数,这两个定理的推导将是何等的烦琐与冗长是可想而知的.仅从式(7)就可以看出,如若不引入 δ — 函数,就需要许多物理、力学上的概念,并且用极限理论加以阐述,甚至由于离散的特性还要动用一个新的积分 ——Stieltjes 积分理论[①],等等.其繁杂程度是不言而喻的.

12.3.4 离散傅氏变换

在离散傅氏变换理论的创建中,δ — 函数仍然占有举足轻重的位置.为了让读者看到离散傅氏变换是

———————

① Stieltjes 积分是黎曼积分的推广.

怎样应用 δ — 函数的,以下从三个基本思想出发来推导离散傅氏变换.

1. 把离散傅氏变换看成是连续傅氏变换的特殊情况. 因而,对连续傅氏变换理论,进行适当修改就导出了离散傅氏变换;

2. 为了用计算机进行计算,因而,连续的时间信号和频率信号,都要根据本章抽样定理的条件进行抽样(即离散化);

3. 抽样后的离散信号,都是一个无穷序列,为了便于上机计算,更是为了借用傅氏级数理论,所以,必须将抽样后的无穷序列进行截断成为一个有限序列. 或者说人为地造成一个周期序列.

修改连续傅氏变换导出离散傅氏变换的过程要经过以下三个步骤:

1° 根据本章定理 1,将连续信号 $x(t)$ 抽样. 用 $\hat{x}(t)$ 表示它的离散值,即

$$\hat{x}(t) = x(nT), n = 0, 1, 2, \cdots \qquad (21)$$

由公式(2)得

$$\hat{x}(t) = \sum_{n=-\infty}^{+\infty} x(nT)\delta(t - nT) \qquad (22)$$

2° 将无穷序列式(22)截断为 N 个值,即将式(22)两端乘以矩形脉冲函数

$$g(t) = \begin{cases} 1, \text{当} -\dfrac{T}{2} < t < T_0 - \dfrac{T}{2} \text{ 时} \\ 0, \text{其他} \end{cases} \qquad (23)$$

其中 T_0 是截断函数的持续时间. 也就是

$$\hat{x}(t)g(t) = \Big[\sum_{n=-\infty}^{+\infty} x(nT)\delta(x - nT) \Big]g(t) =$$

$$\sum_{k=0}^{N-1} x(kT)\delta(t-kT) \qquad (24)$$

这里假定在截断区间内有 N 个等间隔的脉冲函数,即 $N = T_0/T(T_0 = NT)$.

3° 对式(24)的傅氏变换进行抽样(当然要满足本章定理 2 的条件). 这就等价于将式(24)与时间函数 $T_0 \sum\limits_{n=-\infty}^{+\infty} \delta(t-nT_0)$ 在时域内作褶积(参看式(7)),即

$$\hat{x}(t)g(t) * \Big[T_0 \sum_{n=-\infty}^{+\infty} \delta(t-nT_0)\Big] =$$

$$\Big[\sum_{k=0}^{N-1} x(nT)\delta(t-nT)\Big] *$$

$$\Big[T_0 \sum_{n=-\infty}^{+\infty} \delta(t-nT_0)\Big] = \cdots +$$

$$T_0 \sum_{k=0}^{N-1} x(kT)\delta(t+T_0-kT) +$$

$$T_0 \sum_{k=0}^{N-1} x(kT)\delta(t-kT) +$$

$$T_0 \sum_{k=0}^{N-1} x(kT)\delta(t-T_0-Kt) + \cdots$$

$$(25)$$

注意式(25)是以 T_0 为周期的周期函数,写成紧凑形式得

$$T_0 \sum_{n=-\infty}^{+\infty} \Big[\sum_{k=0}^{N-1} x(kT)\delta(t-kT-nT_0)\Big] \qquad (26)$$

为了求式(26)的傅氏变换,设式(26)的傅氏变换记为 $\hat{X}(f)$,根据式(7)有

$$\hat{X}(f) = \sum_{n=-\infty}^{+\infty} C_n \delta(f-nf_0), f_0 = \frac{1}{T_0} \qquad (27)$$

其中

$$C_n = \frac{1}{T_0} \int_{-T/2}^{T_0-T/2} \{ T_0 \sum_{n=-\infty}^{+\infty} [\sum_{k=0}^{N-1} x(kT) \cdot \delta(t-kT-nT_0)] \} e^{-i2n\pi ft/T_0} dt$$

由于积分只是在一个周期上进行,因此

$$C_n = \int_{-T/2}^{T_0-T/2} \sum_{k=0}^{N-1} x(kT) \delta(t-kT) e^{-i2n\pi t/T_0} dt =$$

$$\sum_{k=0}^{N-1} x(kT) \int_{-T/2}^{T_0-T/2} e^{-i2n\pi t/T_0} \delta(t-kT) dt =$$

$$\sum_{k=0}^{N-1} x(kT) e^{-i2n\pi kT/T_0}$$

又由于 $T_0 = NT$,故上式变为

$$C_n = \sum_{k=0}^{N-1} x(kT) e^{-i2n\pi k/N}, n = 0, \pm 1, \pm 2, \cdots \quad (28)$$

即式(26)的傅氏变换为

$$\hat{X}(f) = \sum_{n=-\infty}^{+\infty} [\sum_{k=0}^{N-1} x(kT) e^{-i2n\pi k/N}] \delta(f-nf_0)$$

$$(29)$$

事实上,从式(28)可以看到 C_n 是以 N 为周期的周期函数,因为,于式(28)中设 $n = m+N$,则有

$$e^{-i2\pi k(m+N)/N} = e^{-i2\pi km/N} \cdot e^{-i2k\pi}$$

而 $e^{-i2k\pi} = 1$,所以,有

$$e^{-i2k\pi(m+N)/N} = e^{-i2\pi km/N}$$

即 $C_{m+N} = C_m$. 故式(29)中虽然是无穷多项,实质上只有 N 个独立的值. 当取频率间隔 $f = \dfrac{n}{NT}$ 时,则式(29)变为

$$\hat{X}(\frac{n}{NT}) = \sum_{k=0}^{N-1} x(kT) e^{-i2\pi nk/N}, n = 0, 1, 2, \cdots, N-1$$

$$(30)$$

式(30)就是我们所要求的离散傅氏变换,它是通过连续傅氏变换,将 N 个时间变量与 N 个频率变量联系起来,假若知道时间信号 $x(t)$ 的 N 个时间变量是某周期函数的一个周期,那么,由式(30)便可迅速地算出这个周期函数的傅氏变换(或者说是该周期函数的离散谱).

12.3.5　离散傅氏逆变换

离散傅氏变换是由离散信号 $x(kT)$ 来确定离散谱 $\hat{X}(\dfrac{n}{NT})$ 的;而离散傅氏逆变换则是要根据已知的离散谱来求它所对应的离散信号.

我们将式(30) 改写为

$$\hat{X}(\frac{n}{NT}) = \sum_{r=0}^{N-1} x(rT)\,\mathrm{e}^{-i2n\pi r/N},\ n=0,1,2,\cdots,N-1$$

$$(31)$$

将式(31) 两端乘以 $\mathrm{e}^{i2\pi nm/N}$ 并对 n 从 0 到 $N-1$ 求和得到

$$\sum_{n=0}^{N-1} \hat{X}(\frac{n}{NT})\mathrm{e}^{i2\pi nm/N} = \sum_{n=0}^{N-1}\Big(\sum_{r=0}^{N-1} x(rT)\mathrm{e}^{-i2\pi nr/N}\Big)\mathrm{e}^{i2\pi nm/N} =$$

$$\sum_{r=0}^{N-1} x(rT)\cdot\sum_{n=0}^{N-1}\mathrm{e}^{i2\pi n(m-r)/N} \quad (32)$$

因为

$$\sum_{n=0}^{N-1}\mathrm{e}^{i2\pi n(m-r)/N} = \begin{cases} 0, & \text{当 } m \neq r \text{ 时} \\ N, & \text{当 } m = r \text{ 时} \end{cases}$$

所以,当 $m=r$ 时,式(32) 变为

$$x(mT) = \frac{1}{N}\sum_{m=0}^{N-1}\hat{X}(\frac{n}{NT})\mathrm{e}^{i2\pi nm/N},\ m=0,1,2,\cdots,N-1$$

$$(33)$$

式（33）便是我们所要求的离散傅氏逆变换公式.

为了使公式表示得简捷起见，在式（30）和（33）中，令

$$\begin{cases} X(m) = \hat{X}\left(\dfrac{n}{NT}\right) \\ x(n) = x(kT) \\ W = \mathrm{e}^{-\mathrm{i}2\pi/N} \end{cases}$$

则式（30）（33）变为

$$\begin{cases} X(m) = \displaystyle\sum_{n=0}^{N-1} x(n) W^{mn} & (34) \\ x(n) = \dfrac{1}{N} \displaystyle\sum_{m=0}^{N-1} X(m) W^{-mn} & (35) \end{cases}$$

$$m, n = 0, 1, 2, \cdots, N-1$$

以后常用的公式便是式（34）和式（35），并且称为离散傅氏变换对，它们建立起 N 个信号 $x(n)$ 与 N 个频谱 $X(m)$ 之间的一一对应关系. 为了书写方便，以后将离散傅氏变换简记为 DFT（即 Discrete Fourier Transform 的缩写）. 将正逆变换间的对应关系记为

$$x(n) \underset{N}{\rightleftharpoons} X(m)$$

其中 N 表示为周期.

应该注意到，因为 W^{nm} 以 N 为周期，即

$$W^{nm} = W^{(n+N)m} = W^{(m+N)n}$$

所以，由式（34）和式（35）所定义的正变换 $X(m)$ 及逆变换 $x(n)$ 也是以 N 为周期的序列. 亦即

$$X(m+N) = X(m)$$

$$x(n+N) = x(n)$$

故 N 个离散信号 $x(n)$ 可以看成周期信号 $x(n)$ 在一个周期 N 内的值；N 个离散频谱 $X(m)$ 可以看成周期离

散频谱 $X(m)$ 在一个周期 N 内的值.

下面我们来讨论,当引入了 δ — 函数概念后,傅氏级数和傅氏变换便统一起来的问题.

以图 3 的周期性的三角波形为例加以说明. 设这个三角波形函数为 $y(t)$,因为它是一个偶函数,所以,这个函数展成傅氏级数时,其傅氏系数为

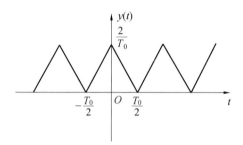

图 3

$$a_n = \frac{1}{T_0}\int_{-T_0/2}^{T_0/2} y(t)\cos(2\pi n f_0 t)\mathrm{d}t =$$

$$\frac{2}{T_0}\int_0^{T_0/2}\left(\frac{2}{T_0} - \frac{4}{T_0^2}t\right)\cos(2\pi n f_0 t)\mathrm{d}t =$$

$$\begin{cases} \dfrac{4}{T_0 n^2 \pi^2}\sin\dfrac{n\pi}{2}, & \text{当 } n \neq 0 \text{ 时} \\[3mm] \dfrac{1}{T_0}, & \text{当 } n = 0 \text{ 时} \end{cases} =$$

$$\begin{cases} \dfrac{4}{T_0 n^2 \pi^2}, & \text{当 } n = \pm 1, \pm 3, \cdots \text{ 时} \\[3mm] 0, & \text{当 } n = \pm 2, \pm 4, \cdots \text{ 时} \\[3mm] \dfrac{1}{T_0}, & \text{当 } n = 0 \text{ 时} \end{cases} \tag{36}$$

显然,$y(t)$ 所展成的傅氏级数为

$$y(t) = \frac{1}{T_0} + \frac{8}{\pi^2 T_0} \Big[\cos{(2\pi f_0 t)} + \frac{1}{3^2} \cos{(6\pi f_0 t)} +$$

$$\frac{1}{5^2} \cos{(10\pi f_0 t)} + \cdots \Big]$$

其中 $f_0 = \dfrac{1}{T_0}$.

以下我们将证明, 通过 $y(t)$ 的傅氏变换可以获得同样的结果.

由抽样定理可知, 周期三角波 $y(t)$ 就是图 3 中单个三角波 $h(t)$ 和等距脉冲函数无穷序列 $x(t)$ 的褶积, 即

$$y(t) = h(t) * x(t) \tag{37}$$

由式 (7) 给出, $x(t)$ 的傅氏变换为 $\dfrac{1}{T_0} \displaystyle\sum_{n=-\infty}^{+\infty} \delta(f - \frac{n}{T_0})$, $h(t)$ 的傅氏变换记为 $H(f)$, 于是

$$Y(f) = H(f)X(f) = H(f) \frac{1}{T_0} \sum_{n=-\infty}^{+\infty} \delta(f - \frac{n}{T_0}) =$$

$$\frac{1}{T_0} \sum_{n=-\infty}^{+\infty} H(\frac{n}{T_0}) \delta(f - \frac{n}{T_0}) \tag{38}$$

由此可见, 周期函数 $y(t)$ 的傅氏变换是幅度分别为 $H(\dfrac{n}{T_0}) \dfrac{1}{T_0}$ 的一个等距脉冲函数的无穷序列. 又知周期函数 $y(t)$ 的傅氏级数, 就其指数形式而言, 是幅度为

$$C_n = \frac{1}{T_0} \int_{-T_0/2}^{T_0/2} y(t) e^{-i2\pi n f_0 t} dt$$

$$n = 0, \pm 1, \pm 2, \cdots \tag{39}$$

的无穷多个复正弦函数的和. 容易看到在 $\left[-\dfrac{T_0}{2}, \dfrac{T_0}{2} \right]$ 内 $y(t) = h(t)$, 于是, 将式 (39) 中的 $y(t)$ 代之以

$h(t)$ 得

$$C_n = \frac{1}{T_0}\int_{-T_0/2}^{T_0/2} h(t)\mathrm{e}^{-\mathrm{i}2\pi nf_0 t}\mathrm{d}t = \frac{1}{T_0}H(nf_0) =$$

$$\frac{1}{T_0}H(\frac{n}{T_0}) \tag{40}$$

这就看到，对一个周期函数，由傅氏变换所导出的系数和用通常的傅氏级数所导出的系数是相同的. 我们比较式（38）和式（40）发现，除了因子 $\frac{1}{T_0}$ 外，函数 $y(t)$ 的傅氏级数展开式的系数 C_n 等于傅氏变换 $H(f)$ 在点 $\frac{n}{T_0}$ 处的值.

12.3.6 离散傅氏变换的性质

和连续傅氏变换一样，离散傅氏变换也有许多在应用上非常重要的性质. 为了应用上的方便，我们将其开列如下：

1. 线性性. 如果 $x_1(n)\underset{N}{\Longrightarrow}X_1(m)$，$x_2(n)\underset{N}{\Longrightarrow}X_2(m)$，那么对任意常数 α_1,α_2，有

$$\alpha_1 x_1(n) + \alpha_2 x_2(n)\underset{N}{\Longrightarrow}\alpha_1 X_1(m) + \alpha_2 X_2(m) \tag{41}$$

2. 对称性. 如果 $x(n)\underset{N}{\Longrightarrow}X(m)$，那么有

$$\frac{1}{N}x(n)\underset{N}{\Longrightarrow}X(-m) \tag{42}$$

3. 时间位移. 如果 $x(n)\underset{N}{\Longrightarrow}X(m)$，那么有

$$x(n\pm h)\underset{N}{\Longrightarrow}X(m)W^{\mp mk} \tag{43}$$

其中 $h=0,1,2,\cdots,N-1$.

4. 频率位移. 如果 $x(n)\underset{N}{\Longrightarrow}X(m)$，那么有

$$X(m\pm l)\underset{N}{\Longrightarrow}x(n)W^{\pm nl},l=0,1,2,\cdots,N-1$$

$$(44)$$

5. 褶积定理. 如果 $x_1(n)\underset{N}{\Longrightarrow}X_1(m)$,

$x_2(n)\leftrightarrow X_2(m)$,且 $x_1(n)$ 与 $x_2(n)$ 的褶积为

$$x_3(n)=\sum_{n=0}^{N-1}x_1(h)x_2(n-h)$$

则有

$$X_3(m)=X_1(m)X_2(m)\qquad(45)$$

其中 $X_3(m)$ 是 $x_3(n)$ 的傅氏变换.并且,如果

$$X'_3(m)=X_1(m)*X_2(m)=$$

$$\frac{1}{N}\sum_{l=0}^{N-1}X_2(l)X_1(m-l)$$

则有

$$x'_3(n)=x_1(n)x_2(n)\qquad(46)$$

其中 $x'_3(n)$ 是 $X'_3(m)$ 的离散傅氏逆变换.

6.相关定理.如果两实序列 $x_1(n),x_2(n)$ 的谱分别为 $X_1(m)$ 和 $X_2(m)$,并记 $X_1(n)$ 与 $X_2(n)$ 的关系为

$$x_3(n)=\sum_{k=0}^{N-1}x_1(h)x_2(n+h)\qquad(47)$$

那么有

$$X_3(m)=X_1^*(m)X_2(m)\qquad(48)$$

其中 $X_3(m)$ 是 $x_3(n)$ 的离散傅氏变换, $X_1^*(m)$ 是 $X_1(m)$ 的复共轭谱.

7.巴塞瓦定理.如果两实序列 $x_1(n),x_2(n)$ 相同,那么由式(48)得到

$$X_3(m)=\mid X_1(m)\mid^2\qquad(49)$$

将式(49)及式(47)代入逆变换公式(35)中得

$$\sum_{h=0}^{N-1} x_1(h)x_2(n+h) = \frac{1}{N}\sum_{m=0}^{N-1} \mid X_1(m) \mid^2 W^{-nm}$$

令 $n=0$ 就得到巴塞瓦等式

$$\sum_{h=0}^{N-1} x^2(h) = \frac{1}{N}\sum_{m=0}^{N-1} \mid X(m) \mid^2 \qquad (50)$$

8. 偶函数. 若时间序列 $x(n)$ 是个实偶函数,即 $x(-n)=x(n)$,则它的离散谱也是个实的偶函数.

9. 奇函数. 如果时间序列 $x(n)$ 是个实的奇函数,即 $x(-n)=-x(n)$,则它的离散谱是一个虚的奇函数.

10. 复共轭定理. 对于实的时间序列 $x(n)$,则它的离散谱具有偶的实部与奇的虚部, 即 $X(m)=X^*(-m)$;对于虚的时间序列 $x(n)$,则它的离散谱具有奇的实部与偶的虚部,即 $X(m)=-X^*(m)$.

上述性质的证明是容易的,只要注意离散傅氏变换的定义式(34)和式(35),性质 1 到性质 4 是不难得证的,后面 6 个性质的证明,只要适当引用前 4 个性质,及式(34)和式(35)也是简单易证的. 这里仅证性质 5 如下:

证 根据式(34)有

$$X_3(m) = \sum_{n=0}^{N-1} x_3(n)W^{nm} = \sum_{n=0}^{N-1}\Big[\sum_{h=0}^{N-1} x_1(h)x_2(n-h)\Big]W^{nm} =$$
$$\sum_{h=0}^{N-1} x_1(h)\Big(\sum_{n=0}^{N-1} x_2(n-k)W^{nm}\Big)$$

根据性质 3,便得

$$X_3(m) = \sum_{h=0}^{N-1} x_1(h)X_2(m)W^{mh} =$$
$$X_2(m)\sum_{h=0}^{N-1} x_1(h)W^{mh} =$$

$$X_2(m)X_1(m)$$

类似地，如果 $X_1(m)$ 与 $X_2(m)$ 的褶积为

$$X'_3(m) = X_1(m) * X_2(m) =$$

$$\frac{1}{N}\sum_{l=0}^{N-1} X_1(l)X_2(m-l)$$

那么有

$$x'_3(n) = x_1(n)x_2(n)$$

其中，$x'_3(n)$ 是 $X'_3(m)$ 的离散傅氏逆变换，这就得到了性质 5 的证明.

12.3.7　快速傅氏变换(FFT) 简介

　　离散傅氏变换在许多应用中的极端重要性，是勿须怀疑的；然而，从式(34)可知，对于 $x(n)$ 有 N 个数据点，要想通过式(34) 直接算出 N 个频谱值，它的计算时间是正比于 N^2 的，即要做 N^2 次乘法运算，特别是 $x(n)$ 要是复序列时，就需要 $4N^2$ 次实数乘法和 $N(4N-2)$ 次实数加法.换句话说，就是需要做 N^2 次复数乘法和 $N(N-1)$ 次复数加法运算，此外，在计算机或专用硬件上实现计算离散傅氏变换时，当然还要求存取输入序列 $x(n)$ 和系数 W^{nm} 的值，这种数据的存取量一般是正比于算术运算的次数.因此，通常衡量一种计算方法的优劣(具体地表现为需要的时间或复杂程度)，都是以需要的乘法和加法的次数作为比较标准的.于是，直接计算离散傅氏变换，其计算量之大(特别是当 N 很大时)是相当惊人的.所以，长时期形成这种方法是好，但是算不起的局面，特别是高速计算机产生之前，更是令人不敢想象.这样就使该理论在实际应用中受到很大限制.

　　由于上述原因，在高速计算机出现之前，很早就有很多人去找能够减少乘法和加法运算次数的计算方法. 一些学者根据 W^{nm} 的对称性和周期性提出一些方法, 它们的计算量粗略地正比于 $N\log N$ 而不是 N^2, 然而, 对于可以手算的很小的 N 值, 并无大意义. 直到 1965 年库利(Cooley)和图基(Tukey)发表了计算离散傅氏变换的一种新方法, 这种算法当 N 为合数(即 N 为两个或多个整数的乘积时)适用. 至此, 激起了将离散傅氏变换应用于数字信号处理的热潮, 并导致了若干计算方法的出现. 这些方法, 现在统称为快速傅氏变换算法, 简记为 FFT(它是 Fast Fourier Transform 的缩写). 这一方法在理论上并没有什么新的突破, 只不过是计算离散傅氏变换的一种特殊方法, 其基本原理是, 把计算长度为 N 的序列的离散傅氏变换逐次地分解成计算长度较短序列的变换, 并且按分解序列的方式不同将导出各种不同的算法. 目前最常用的是两种基本的快速傅氏变换算法, 一种是时间域分解, 即根据序列 $x(n)$(其中 n 通常表示和时间有关的量)逐次分解成较短的子序列; 第二种基本算法是, 将离散傅氏变换谱序列 $X(m)$ 分解成较短的子序列, 因而称为频率域分解. 由于 FFT 算法大大地减少了运算次数, 节省了时间, 因此, 突破了离散傅氏变换在应用上的局限性, 正因如此, DFT 和 FFT 的算法, 现已成为许多科学技术、工程技术, 特别是数字信号处理中的一个强有力的工具.

这里不能详细讨论 FFT 的具体计算方法和流程图, 只是通过介绍 FFT 的基本思想来阐明 DFT 和

FFT 的关系.

　　首先,我们把公式(34)写成矩形方程的形式,即

因为

$$X(m) = \begin{bmatrix} X(0) \\ X(1) \\ \vdots \\ \vdots \\ X(N-1) \end{bmatrix}$$

$$x(n) = \begin{bmatrix} x(0) \\ x(1) \\ \vdots \\ \vdots \\ x(N-1) \end{bmatrix}$$

$$W^{nm} = \begin{bmatrix} W^0 & W^0 & W^0 & \cdots & W^0 \\ W^0 & W^1 & W^2 & \cdots & W^{N-1} \\ W^0 & W^2 & W^4 & \cdots & W^{2(N-1)} \\ \vdots & \vdots & \vdots & & \vdots \\ W^0 & W^{N-1} & W^{2(N-1)} & \cdots & W^{(N-1)(N-1)} \end{bmatrix}$$

所以,式(34) 可以写成

$$\begin{bmatrix} X(0) \\ X(1) \\ \vdots \\ \vdots \\ X(N-1) \end{bmatrix} = \begin{bmatrix} W^0 & W^0 & W^0 & \cdots & W^0 \\ W^0 & W^1 & W^2 & \cdots & W^{N-1} \\ W^0 & W^2 & W^4 & \cdots & W^{2(N-1)} \\ \vdots & \vdots & \vdots & & \vdots \\ W^0 & W^{N-1} & W^{2(N-1)} & \cdots & W^{(N-1)(N-1)} \end{bmatrix}$$

$$
\begin{bmatrix}
x(0) \\
x(1) \\
\vdots \\
\vdots \\
x(N-1)
\end{bmatrix}
\tag{51}
$$

由式(51)便可验证,在计算每个谱分量$X(m)$时,需要进行 N 次复数乘法和 $N-1$ 次复数加法.而每个复数乘法相当于 4 个实数乘法,所以,如果要算出全部谱分量的值,就需作 $4N^2$ 次实数乘法和 $N(4N-2)$ 次实数加法运算.故当 N 很大时,计算量之大是十分惊人的.

下面以 $N=4=2^2$ 为例,来说明 FFT 的基本思想和提高计算速度的原因.

先将式(51)中的 $X(m)$ 的次序重新排列(为的是结果要给出正确的输出)

$$
\begin{bmatrix}
X(0) \\
X(2) \\
X(1) \\
X(3)
\end{bmatrix}
=
\begin{bmatrix}
W^0 & W^0 & W^0 & W^0 \\
W^0 & W^2 & W^4 & W^6 \\
W^0 & W^1 & W^2 & W^3 \\
W^0 & W^3 & W^6 & W^9
\end{bmatrix}
\begin{bmatrix}
x(0) \\
x(1) \\
x(2) \\
x(3)
\end{bmatrix}
\tag{52}
$$

因为 $W=\mathrm{e}^{-\frac{2\pi \mathrm{i}}{4}}$,所以,$W^0=1,W^4=1,W^8=1,W^2=-W^0,W^6=W^4,W^2=W^2,W^3=W^1,W^9=W^4,W^5=W^5$.所以式$(52)$又可以写为

$$
\begin{bmatrix}
X(0) \\
X(2) \\
X(1) \\
X(3)
\end{bmatrix}
=
\begin{bmatrix}
1 & W^0 & W^0 & W^0 \\
1 & W^2 & W^0 & W^2 \\
1 & W^1 & W^2 & W^3 \\
1 & W^3 & W^2 & W^5
\end{bmatrix}
\begin{bmatrix}
x(0) \\
x(1) \\
x(2) \\
x(3)
\end{bmatrix}
\tag{53}
$$

再将式(53)中包含 $W^i(i=0,1,2,\cdots,5)$ 的矩阵分解为每一行仅有两个元素不为 0 的两个矩阵之乘积,即

$$\begin{bmatrix} X(0) \\ X(2) \\ X(1) \\ X(3) \end{bmatrix} = \begin{bmatrix} 1 & W^0 & 0 & 0 \\ 1 & W^2 & 0 & 0 \\ 0 & 0 & 1 & W^1 \\ 0 & 0 & 1 & W^3 \end{bmatrix} \begin{bmatrix} 1 & 0 & W^0 & 0 \\ 0 & 1 & 0 & W^0 \\ 1 & 0 & W^2 & 0 \\ 0 & 1 & 0 & W^2 \end{bmatrix} \begin{bmatrix} x(0) \\ x(1) \\ x(2) \\ x(3) \end{bmatrix}$$

$$(54)$$

第三步,将式(54)右端按矩阵乘法算出来,即最后两个矩阵先相乘,得出的中间结果再和剩余的一个矩阵相乘

$$\begin{bmatrix} X_1(0) \\ X_1(1) \\ X_1(2) \\ X_1(3) \end{bmatrix} = \begin{bmatrix} 1 & 0 & W^0 & 0 \\ 0 & 1 & 0 & W^0 \\ 1 & 0 & W^2 & 0 \\ 0 & 1 & 0 & W^2 \end{bmatrix} \begin{bmatrix} x(0) \\ x(1) \\ x(2) \\ x(3) \end{bmatrix} =$$

$$\begin{bmatrix} x(0) + x(2)W^0 \\ x(1) + x(3)W^0 \\ x(0) + x(2)W^2 \\ x(1) + x(3)W^2 \end{bmatrix} =$$

$$\begin{bmatrix} x(0) + x(2)W^0 \\ x(1) + x(3)W^0 \\ x(0) - x(2)W^0 \\ x(1) - x(3)W^0 \end{bmatrix}$$

$$(55)$$

从式(55)可见,在这一步运算中,只需要 2 次复数乘法和 4 次复数加法运算.

第四步,将式(55)代入式(54)中,得

$$\begin{bmatrix} X(0) \\ X(2) \\ X(1) \\ X(3) \end{bmatrix} = \begin{bmatrix} X_2(0) \\ X_2(1) \\ X_2(2) \\ X_2(3) \end{bmatrix} = \begin{bmatrix} 1 & W^0 & 0 & 0 \\ 1 & W^2 & 0 & 0 \\ 0 & 0 & 1 & W^1 \\ 0 & 0 & 1 & W^3 \end{bmatrix} \begin{bmatrix} X_1(0) \\ X_1(1) \\ X_1(2) \\ X_1(3) \end{bmatrix} =$$

$$
\begin{bmatrix}
X_1(0) + X_1(1)W^0 \\
X_1(0) + X_1(1)W^2 \\
X_1(2) + X_1(3)W^1 \\
X_1(2) + X_1(3)W^3
\end{bmatrix} =
$$

$$
\begin{bmatrix}
X_1(0) + X_1(1)W^0 \\
X_1(0) - X_1(1)W^0 \\
X_1(2) + X_1(3)W^1 \\
X_1(2) - X_1(3)W^1
\end{bmatrix}
\tag{56}
$$

从式(56)看到,这一步运算中,也只需要2次复数乘法和4次复数加法.

由此可见,在计算频谱分量 $X(m)$ 时,由于进行了矩阵分解(实际上就是缩短了运算的序列),并且将零引进被分解的矩阵中,使总的运算次数减少到只有4次复数乘法(而不是 4^2 次)和8次复数加法(而不是 $4(4-1)=12$ 次).特别地,这是按最坏的情况来计算的,要知分解后的矩阵中还有 $W^0=1,W^4=W^8=1$ 等这些无须进行复数乘法运算的数,所以,当 $N=4$ 时,这样分解后的运算次数,一般来说是低于4次复数乘法运算和8次复数加法运算的.

综上所述,可以看到:

1.FFT 算法比直接算法快速的关键是将包含 $W^i(i=0,1,2,\cdots,(N-1)(N-1))$ 的矩阵进行分解,当 $N=4=2^2$ 时,分解成每一行中仅含有2个非零元素的矩阵的乘积;当 $N=8=2^3$ 时,分解成3个矩阵;……当 $N=2n$ 时,分解成 n 个矩阵.

2.FFT 算法总的复数运算次数是,当 $N=4$ 时,乘

382

法为$(4/2)\log_2 4=2$次,加法为$4\cdot\log_2 4=8$次;当$N=8$时,乘法为$\dfrac{8}{2}\log_2 8=12$次,加法为$8\cdot\log_2 8=24$次.一般地,当$N=2^n$时,乘法为$\dfrac{N}{2}\log_2 N=\dfrac{N}{2}n$次,加法为$N\log_2 N=N\cdot n$次.

至于式(53)中的含有W^i的矩阵是怎样分解成式(54)中的两个矩阵,以及具体计算的流程图,这里都不一一介绍了,有兴趣的读者可查阅本书后面列出的参考书目.

12.3.8　$\delta-$函数在$\mathscr{Z}$变换中的应用

$\mathscr{Z}$变换也是数字信号处理中的一种重要的计算方法,是对离散变量序列进行运算的一种有效的数学工具.在工程技术、运筹学和其他许多应用科学中有着广泛的应用.由于本书的宗旨,我们感兴趣的只是$\delta-$函数在$\mathscr{Z}$变换的定义的推导以及诸性质中的应用.

我们知道,统计学家关心时间序列分析,经济学家关心预测,而工程师则关心数字滤波.但所有的人都关心对数据进行处理.这些数据常常带有随机起伏的特殊趋势,这种趋势也许就是测量误差,也许是基本现象中的固有的成分.在处理数据时,不外乎采取平滑处理或滤波处理.如果是线性的称为线性滤波,那么这时$\mathscr{Z}$变换就大有用武之地了.

对于一个给定的序列$x(n)$,它的$\mathscr{Z}$变换的定义为

$$X(z)=\sum_{n=-\infty}^{+\infty}x(n)z^{-n} \tag{57}$$

其中 z 是复变量，$X(z)$ 称为序列 $x(n)$ 的变换式或者称为象. 式(57) 右端的幂级数实际上就是复变函数里被我们熟知的罗朗(Laureut) 级数展开式. 它在一个环域内收敛，并且是收敛域内每一点的解析函数. 值得注意的是 $\mathscr{Z}$ 变换 $X(z)$ 的收敛域，完全是由所给序列 $x(n)$ 的性质决定的.

有趣的是，在时域连续系统的理论中，拉普拉斯变换可以看成傅氏变换的一种推广；而在时域离散信号系统中，$\mathscr{Z}$ 变换即可以作为拉普拉斯变换的特例来处理，又可以看作离散傅氏变换的推广.

设有一个连续信号 $f(t)$，以 T 为取样间隔进行离散化，由式(2) 知

$$f(t) = \sum_{n=0}^{+\infty} f(nT)\delta(t-nT) \tag{58}$$

因为 $L[\delta(t-nT)] = \mathrm{e}^{-snT}$，所以，式(58) 对 t 取拉普拉斯变换得

$$L[f(t)] = \sum_{n=0}^{\infty} f(nT)\mathrm{e}^{-snT} \tag{59}$$

令 $\mathrm{e}^{sT} = z$，则式(59) 变为

$$L[f(t)] = \sum_{n=0}^{\infty} f(nT)z^{-n} \tag{60}$$

式(60) 便告诉我们 $\mathscr{Z}$ 变换为拉普拉斯变换的特殊情形.

再将复变量 z 表示成极坐标形式，即令 $z = r\mathrm{e}^{if}$，代入式(57) 中，得

$$X(r\mathrm{e}^{if}) = \sum_{n=-\infty}^{+\infty} x(n)r^{-n}\mathrm{e}^{-inf} \tag{61}$$

因此, $x(n)$ 的 $\mathscr{L}$ 变换可以看成是序列 $x(n)r^{-n}$ 的傅氏变换. 特别是当 $r=1$, 即 $|z|=1$ 时, 序列 $x(n)$ 的 $\mathscr{L}$ 变换就是它的傅氏变换.

求平均值(数据平滑的一种简单方法)的过程中就用到了 $\mathscr{L}$ 变换.

若在时间 t_0 至 t_n 间得一观察值的序列

$$x_0, x_1, x_2, \cdots, x_n, \cdots$$

设 y_n 是由 x_n 而得的经平滑的观察值序列, 它是由最新 k 个观察值相加并被 k 除而得到的($k=0,1,2,\cdots$, n), 当 n 的值小于 $k-1$ 时, 只能相加 n 个可利用的观察值. 这就得到以下方程

$$\begin{cases} y_0 = \dfrac{1}{k}x_0 \\[2mm] y_1 = \dfrac{1}{k}(x_1 + x_0) \\[2mm] y_2 = \dfrac{1}{k}(x_2 + x_1 + x_0) \\[1mm] \vdots \\[1mm] y_{k-2} = \dfrac{1}{k}(x_{k-2} + x_{k-3} + \cdots + x_0) \\[1mm] \vdots \\[1mm] y_n = \dfrac{1}{k}(x_n + x_{n-1} + \cdots + x_{n-k+1}), \text{当 } n \geqslant k-1 \text{ 时} \end{cases}$$

$$(62)$$

将上述方程写成紧缩形式, 即

$$y_n = \frac{1}{k}(x_n + x_{n-1}u_{n-1} + \cdots + x_{n-k+1}u_{n-k+1}) \quad (63)$$

其中 u_n 是单位阶跃序列. 于式(63)两端取 $\mathscr{L}$ 变换, 得

$$y(z) = \frac{1}{k}X(z)(1 + z^{-1} + \cdots + z^{-k+1}) \qquad (64)$$

这样,我们得到传递函数

$$H(z) = \frac{Y(z)}{X(z)} = \frac{1}{k}(1 + z^{-1} + \cdots + z^{-k+1}) \qquad (65)$$

又知脉冲响应的 $\mathscr{L}$ 变换是传递函数,所以取式(65)的逆 $\mathscr{L}$ 变换则得脉冲响应为

$$h(n) = \frac{1}{k}\big[\delta(n) + \delta(n-1) + \cdots + \delta(n-k+1)\big]$$

可见脉冲响应是由一串脉冲序列所组成,并且每个脉冲强度为 $\frac{1}{k}$.

下面我们再讨论与 δ — 函数有关的 $\mathscr{L}$ 变换的几个性质.

(1) 序列 $x(n)$ 的时移性. 如果 $x(n)$ 的 $\mathscr{L}$ 变换为 $X(z)$,则对任意的整数 k,有

$$\mathscr{L}[x(n-k)] = z^{-k}X(z) \qquad (66)$$

其中 $\mathscr{L}[x(n-k)]$ 表示序列 $x(n-k)$ 取 $\mathscr{L}$ 变换(以下同).

证明是容易的,因为只要令 $m = n - k$,便有

$$\sum_{n=-\infty}^{+\infty} x(n-k)z^{-n} = \sum_{n=-\infty}^{+\infty} x(m)z^{-m-k} =$$

$$z^{-k}\sum_{m=-\infty}^{+\infty} x(m)z^{-m} =$$

$$z^{-k}X(z)$$

所以,式(66)成立.

根据式(66),立即可求得序列

$$\delta(n-l) = \begin{cases} 1, & \text{当 } n = l \text{ 时} \\ 0, & \text{当 } n \neq l \text{ 时} \end{cases}$$

的 $\mathscr{Z}$ 变换,即

$$\mathscr{Z}[\delta(n-l)]=z^{-l}\sum_{m=-\infty}^{+\infty}\delta(m)z^{-m}=z^{-l}\quad（66'）$$

由该式可知 $\delta(n)$ 的 $\mathscr{Z}$ 变换是 $1,\delta(n-1)$ 的 $\mathscr{Z}$ 变换是 z^{-l}.

（2）$X(z)$ 的微分性质. 若 $\mathscr{Z}[x(n)]=X(z)$,则有

$$\frac{\mathrm{d}}{\mathrm{d}z}X(z)=\sum_{n=-\infty}^{+\infty}x(n)(-n)z^{-n-1}$$

即

$$\mathscr{Z}[n(x(n))]=-z\frac{\mathrm{d}}{\mathrm{d}z}X(z)\qquad（67）$$

证　由 $\mathscr{Z}$ 变换的定义式（57）知

$$\mathscr{Z}[nx(n)]=\sum_{n=-\infty}^{+\infty}nx(n)z^{-n}=(-z)\sum_{n=-\infty}^{+\infty}x(n)(-nz^{-n-1})=$$

$$(-z)\sum_{n=-\infty}^{+\infty}x(n)\frac{\mathrm{d}}{\mathrm{d}z}z^{-n}=$$

$$(-z)\frac{\mathrm{d}}{\mathrm{d}z}\sum_{n=-\infty}^{+\infty}x(n)z^{-n}=$$

$$(-z)\frac{\mathrm{d}}{\mathrm{d}z}X(z)$$

类似于式（67）还有

$$\mathscr{Z}[n^2x(n)]=(-z)\frac{\mathrm{d}}{\mathrm{d}z}\Big[(-z)\frac{\mathrm{d}}{\mathrm{d}z}X(z)\Big]\quad（68）$$

我们知道像函数 $X(z)$ 的积分是微分的逆运算,$X(z)$ 的微分对应于像原函数序列 $x(n)$ 乘以 n,相反,$X(z)$ 的积分则应对应于用 n 去除 $x(n)$,即

$$\mathscr{Z}\Big[\frac{1}{n}x(n)\Big]=\int X(z)\mathrm{d}z\qquad（69）$$

其中不定积分的常数要取作零,并且,对任意整数 a,还有

$$\mathscr{L}\left[\frac{x(n)}{-n+a}\right]=z^{-a}\int X(z)z^{a-1}\mathrm{d}z \qquad (70)$$

及

$$\mathscr{L}\left[\frac{x(n)}{(-n+a)^2}\right]=z^{-a}\int z^{-1}\left[\int X(z)z^{a-1}\mathrm{d}z\right]\mathrm{d}z \quad (71)$$

成立.

只要应用式(69),式(70)和式(71)是不难得证的.这里留给读者练习.

利用(67)至(71)诸式,我们可以导出几个有用的结论.

设 $\mathscr{L}[g(n)]=G(z)$,并且

$$-\frac{\mathrm{d}}{\mathrm{d}z}G(z)=H(z) \qquad (72)$$

即 $H(z)$ 是由 $G(z)$ 的微分而得到的,反之 $G(z)$ 是由 $H(z)$ 的积分而得到的. 为了找出这一积分运算的积分限和积分常数,根据 $\mathscr{L}$ 变换的始值定理(请读者参看《工程数学》积分变换一书的第 48 页拉普拉斯变换的初值和始值定理, $\mathscr{L}$ 变换的始值定理与此相类似),有

$$\lim_{z\to\infty}G(z)=g(0) \qquad (73)$$

再将式(72)两端从 z 到 ∞ 积分,即

$$G(z)-G(\infty)=\int_z^\infty H(u)\mathrm{d}u$$

由式(73)知

$$G(z)=g(0)+\int_z^\infty H(u)\mathrm{d}u \qquad (74)$$

为了使式(74)中的广义积分收敛,即当 $z\to\infty$ 时, $H(z)$ 必须与 $\dfrac{1}{z^p}$ 为同阶函数,于是,改进式(72)为

$$-\frac{\mathrm{d}}{\mathrm{d}z}G(z)=\frac{X(z)}{z^2}$$

即，设 $H(z)=\dfrac{1}{z^2}X(z)$，从而，得

$$G(z)=g(0)+\int_z^\infty \frac{X(u)}{u^2}\mathrm{d}u$$

我们知道式（74）是由

$$(n-1)g(n-1)u(n-1)=x(n-2)u(n-2)$$

$$(75)$$

的右端无论在 $n=0$ 或 $n=1$ 都为零时才成立，现将式（75）向右移一个单位，得

$$ng(n)=x(n-1)u(n-1)$$

所以，当 $n\neq 0$ 时，则有

$$g(n)=\frac{1}{n}x(n-1)u(n-1) \qquad (76)$$

$g(0)$ 的值的选取与 $x(n)$ 的值无关，比较式（74）和（76），左端 $\mathscr{Z}[g(n)]=G(z)$，所以，右端部分改写为

$$g(0)\delta(n)+\frac{1}{n}x(n-1)u(n-1)$$

就容易从式（69）发现，它的 $\mathscr{Z}$ 变换是

$$g(0)+\int_z^\infty \frac{1}{u^2}x(u)\mathrm{d}u$$

即

$$\mathscr{Z}\left[g(0)\delta(n)+\frac{x(n-1)}{n}u(n-1)\right]=$$
$$g(0)+\int_z^\infty \frac{1}{u^2}x(u)\mathrm{d}u \qquad (77)$$

如果序列 $x(n)$ 用 $x(n+1)$ 或 $x(n+2)$ 去替代，可以得出式（77）的另外两种形式，即

$$\mathscr{Z}\left[g(0)\delta(n)+\frac{x(n)}{n}u(n-1)\right]=$$
$$g(0)+\int_z^\infty \frac{x(u)-x(0)}{u}\mathrm{d}u \qquad (78)$$

$$\mathscr{Z}\left[g(0)\delta(n) + \frac{x(n+1)}{n}u(n-1)\right] =$$

$$g(0) + \int_z^\infty \left[x(u) - x(0) - x(1)u^{-1}\right]du \quad (79)$$

（3）褶积定理. 若 $x_1(n), x_2(n)$ 的 $\mathscr{Z}$ 变换分别为 $X_1(z)$ 和 $X_2(z)$，则 $x_1(n) * x_2(n)$ 的 $\mathscr{Z}$ 变换为 $X_1(z) \cdot X_2(z)$，即

$$\mathscr{Z}[x_1(n) * x_2(n)] = X_1(z) \cdot X_2(z) \quad (80)$$

并且，只要式(80)右端是若干个 $\mathscr{Z}$ 变换的乘积，我们就可以把它们对应的序列写成褶积的形式，例如式 (66)，因为由 $(66')$ 知 $\mathscr{Z}[\delta(n-k)] = z^{-k}$，所以，得

$$x(n-k) = \delta(n-k) * x(n) \quad (81)$$

这就说明一个在 k 处的单位脉冲序列与一个序列 $x(n)$ 的褶积等于序列 $x(n)$ 向右位移 k 个单位. 如果 $x(n)$ 与在原点的一单位脉冲序列的褶积，那么仍得原序列，即

$$x(n) = \delta(n) * x(n) \quad (82)$$

根据式(80)的重要性质得到的(81)和(92)两个重要结果，都是非常有用的结论.

（4）尺度变换. 一个新的序列可由序列 $x(n)$ 生成. 只要新序列在其时间变量为 $x(n)$ 的自变量的整数 k 的倍数时有非零值，而在其他处均为零即可. 如下定义的序列 $g(n)$ 便是 $x(n)$ 的新的生成序列

$$g(n) = \begin{cases} x(\dfrac{n}{k}), & \text{当 } n = 0, k, 2k, \cdots \text{ 时} \\ 0, & \text{其他} \end{cases}$$

我们把 $g(n)$ 表示为脉冲序列的加权和，即

$$g(n) = \sum_{j=0}^\infty x(j)\delta(n-kj)$$

并且，其 $\mathscr{L}$ 变换为

$$G(z) = \sum_{j=0}^{\infty} x(j) z^{-kj}$$

这个式子的右端便是 $x(n)$ 的 $\mathscr{L}$ 变换，只不过是 z 换成了 z^k（即 $z^{-kj} = (z^k)^{-j}$），这样就得到了 $\mathscr{L}$ 变换的尺度变换规则为

$$\mathscr{L}\Big[\sum_{j=0}^{\infty} x(j) \delta(n - kj)\Big] = X(z^k) \qquad (83)$$

并且，由此又得到

$$\mathscr{L}\Big[\sum_{j=0}^{\infty} \delta(n - 2j)\Big] = \frac{z^2}{z^2 - 1} \qquad (84)$$

$$\mathscr{L}\Big[\sum_{j=0}^{\infty} \frac{a_j}{j} \delta(n - 3j)\Big] = \ln \frac{z^3}{z^3 - a} \qquad (85)$$

只要注意到 $\mathscr{L}[u(n)] = \dfrac{z}{z - 1}$ 和 $\mathscr{L}\Big[\dfrac{a^n}{n} u(n - 1)\Big] =$

$\ln \dfrac{z}{z - a}$，式(84) 和式(85) 就不难分别将其导出.

　　$\mathscr{L}$ 变换有着极为广泛的应用. 一类很重要的线性离散系统，如把有关目标的数据，收集在具有一定重复频率的离散脉冲内的跟踪雷达，多路的、时间分割的、脉冲调制的遥测系统或通信系统，以及以计算机作为组成部分的控制系统等，对这类系统进行分析时，虽然也可以用拉普拉斯变换，但是，用 $\mathscr{L}$ 变换更加简便.

　　其次，用 $\mathscr{L}$ 变换解所谓的差分方程，更是简便有效.

　　关于这些应用，涉及的专业知识面太宽，也距离本书的宗旨甚远，故不赘述. 仅举用 $\mathscr{L}$ 变换解差分方程一例.

例 已知 $w(0) = 1$,解下列一阶线性差分方程

$$w(t + T) + 2w(t) = 5t$$

其中 t 为自变量,T 为离散化取样间隔.

解 将所给差分方程两端取单向 $\mathscr{L}$ 变换(当然也可取双向的),得

$$z[W(z) + 1] + 2W(z) = \frac{5Tz}{(z-1)^2}$$

其中

$$\mathscr{L}[w(t)] = W(z)$$

$$\mathscr{L}[5t] = \frac{5Tz}{(z-1)^2}$$

推导如下:

由 $\mathscr{L}$ 变换的定义式(57)和式(60)知

$$\mathscr{L}[5t] = \sum_{n=0}^{\infty} (5t)z^{-n} = 5\sum_{n=0}^{\infty} nTz^{-n} =$$

$$5Tz^{-1}(1 + 2z^{-1} + 3z^{-1} + \cdots) =$$

$$\frac{5Tz^{-1}}{(1 - z^{-1})^2} =$$

$$\frac{5Tz}{(z-1)^2}$$

解关于 $w(t)$ 的 $\mathscr{L}$ 变换方程,其解为

$$W(z) = \frac{5Tz}{(z+2)(z-1)^2} - \frac{z}{z+2}$$

为了求其逆,将 $\dfrac{5Tz}{(z+2)(z-1)^2}$ 分解为部分分式(不包括分子里的常数和 z),即

$$\frac{1}{(z+2)(z-1)^2} = \frac{k_1}{z+2} + \frac{k_2}{(z-1)^2} + \frac{k_3}{z-1}$$

并分别求得待定常数 $k_1 = \dfrac{1}{9}$,$k_2 = \dfrac{1}{3}$,$k_3 = -\dfrac{1}{9}$,于是

$$W(z) = \frac{5T}{9}\left[\frac{z}{z+2} + \frac{3z}{(z-1)^2} - \frac{z}{z-1}\right] - \frac{z}{z+2}$$

取该式的逆 $\mathscr{L}$ 变换,得

$$w(t) = \frac{5T}{9}\left[(1 - \frac{9}{5T})(-2)^{\frac{t}{T}} + 3\frac{t}{T} - 1\right]$$

由于 $\mathscr{L}$ 变换是一个在其收敛域内的连续函数,其反变换是关于 t 的连续函数(如 $w(t)$),而差分方程的解应该是个离散解,于是,由式(58) 得

$$w(t) = \frac{5T}{9}\sum_{n=0}^{+\infty}\left[(1 - \frac{9}{5T})(-2)^n + 3n - 1\right]\delta(t - nT)$$

这是强度变化的脉冲序列,在某一特定的取样时刻 $t = kT$ 时,因变量的值为

$$w(kT) = \frac{5T}{9}\left[(1 - \frac{9}{5T})(-2)^k + 3k - 1\right]$$

关于 $\mathscr{L}$ 变换再作如下三点说明:

(1) 一般来说取样间隔 T 是固定的.

(2) 这节所推导的公式,只有当抽样时把连续的输入函数变换成宽度为零及强度等于输入函数在抽样时刻的值的一串脉冲时才是正确的.

(3) 抽样频率($\frac{1}{T}$) 至少是截频的两倍.

12.4 希尔伯特变换

我们已经多次提到,δ — 函数的运算性质,无论是在信号处理中,还是在其他的科技领域里,都有广泛的应用.并且,正是因为 δ — 函数的这一重要性质,才能使含有 δ — 函数的一些较复杂的积分能简便地积出来. 关于这一性质的应用, 我们顺手就可以给出例子.

设

$$F[x(t)] = X(f)$$

求证

$$F[x(t)\cos 2\pi f_0 t] = \frac{1}{2}[X(f-f_0) + X(f+f_0)]$$

因为 $x(t)\cos 2\pi f_0 t$ 可以看成是两个函数的乘积, 若设 $F[\cos 2\pi f_0 t] = Y(f)$, 则有

$$X(f) * Y(f) = \int_{-\infty}^{+\infty} Y(\tau)X(f-\tau)\mathrm{d}\tau$$

可知

$$F[\cos 2\pi f_0 t] = Y(f) = \frac{1}{2}[\delta(\tau-f_0) + \delta(\tau+f_0)]$$

所以

$$X(f) * Y(f) = \int_{-\infty}^{+\infty} Y(\tau)X(f-\tau)\mathrm{d}\tau =$$

$$\frac{1}{2}\int_{-\infty}^{+\infty}[\delta(\tau-f_0) + \delta(\tau+f_0)]X(f-\tau)\mathrm{d}\tau =$$

$$\frac{1}{2}\Big[\int_{-\infty}^{+\infty}\delta(\tau-f_0)X(f-\tau)\mathrm{d}\tau +$$

$$\int_{-\infty}^{+\infty}\delta(\tau+f_0)X(f-\tau)\mathrm{d}\tau\Big] =$$

$$\frac{1}{2}[X(f-f_0) + X(f+f_0)]$$

故问题得证. 从证明中可见, 若没有 δ — 函数的运算性质, 最后一步的积分是难于积出来的.

下面我们再介绍希尔伯特变换. 它既作为 δ — 函数运算性质的应用, 又可作为滤波理论的一个例子, 同时也给出了分析信号的一种工具.

希尔伯特变换是把一个实信号表示成复信号(即

解析信号）的一种变换方法．这不仅从理论上讨论起来得到方便，而且，可以由此来研究更广泛的数字信号处理的问题．这一变换方法最初是从通讯理论中提出来的，目前已被广泛地采用．如在地震勘探、随机振动以及一些研究非线性信号处理 —— 同态信号的理论中，都有着重要的应用．

那么，什么是希尔伯特变换呢？前节我们讨论 $\mathscr{L}$ 变换时知道，一个信号序列的 $\mathscr{L}$ 变换，在其收敛域内是一个解析函数，即在其收敛域内的每一点上都存在着唯一的导数．同时，解析性还意味着 $\mathscr{L}$ 变换及其导数在收敛域内是连续函数．而且，解析函数的实部和虚部满足柯西 — 黎曼条件．这些条件都是对 $\mathscr{L}$ 变换在其收敛域内有相当强的约束．此外，还有柯西积分定理的约束，即可用解析区域边界上的函数值来确定解析区域内任何一点的复函数值．根据解析函数（或者说解析信号）的这些关系，在一定的条件下，我们可以建立其傅氏变换或 $\mathscr{L}$ 变换的实部和虚部之间，或者是幅度和相位之间的关系，这些关系在不同领域内有不同的名称．在数学文献中，这些关系通常称为泊松公式；在数字信号处理理论中被称为希尔伯特变换．

12.4.1 实连续信号的希尔伯特变换

为了层次清楚，以下我们分两步来讨论．

1. 实连续信号的复信号表示.

一个简单的余弦信号 $\cos 2\pi f_0 t$（这是一个实连续信号，其中 $f_0 > 0$），根据欧拉公式，它可用简单的基本复信号 $e^{i2\pi f_0 t}$ 和 $e^{-i2\pi f_0 t}$ 表示为

$$\cos 2\pi f_0 t = \frac{1}{2}(e^{i2\pi f_0 t} + e^{-i2\pi f_0 t})$$

不难看出,这是因为复信号 $e^{i2\pi f_0 t}$ 和 $e^{-i2\pi f_0 t}$ 的虚部互相抵消了的缘故. 当然,我们也可以把 $\cos 2\pi f_0 t$ 表示为另外一种复数形式,即

$$\cos 2\pi f_0 t = \text{Re}\{e^{i2\pi f_0 t}\} \tag{1}$$

或者

$$\cos 2\pi f_0 t = \text{Re}\{e^{-i2\pi f_0 t}\} \tag{2}$$

因为一般要求复信号的频率 f 取为正,所以,只取式 (1),并且 $f_0 > 0$,称 $e^{i2\pi f_0 t}$ 为 $\cos 2\pi f_0 t$ 的复信号.

对于任意实连续信号 $x(t)$ 可做同样讨论.

设实连续信号 $x(t)$ 的频谱为 $X(f)$,则 $X(-f) = \overline{X}(f)$,所以,$x(t)$ 可以表示为

$$x(t) = \int_{-\infty}^{+\infty} X(f) e^{i2\pi ft} \, df =$$

$$\int_{0}^{\infty} X(f) e^{i2\pi ft} \, df +$$

$$\int_{-\infty}^{0} X(f) e^{i2\pi ft} \, df =$$

$$\int_{0}^{+\infty} X(f) e^{i2\pi ft} \, df +$$

$$\int_{0}^{+\infty} X(-f) e^{-i2\pi ft} \, df$$

因为

$$X(-f) = \overline{X}(f)$$

所以

$$\overline{\int_{0}^{+\infty} X(-f) e^{-i2\pi ft} \, df} = \int_{0}^{+\infty} X(f) e^{i2\pi ft} \, df$$

于是,得

$$x(t) = 2\int_{0}^{+\infty} X(f) e^{i2\pi ft} \, df \tag{3}$$

从而,有

$$x(t) = \mathrm{Re}\left\{\int_0^{+\infty} 2X(f)\mathrm{e}^{\mathrm{i}2\pi ft}\,\mathrm{d}f\right\} \tag{4}$$

若令

$$g(t) = \int_0^{+\infty} 2X(f)\mathrm{e}^{\mathrm{i}2\pi ft}\,\mathrm{d}f$$

则称 $g(t)$ 为 $x(t)$ 的复信号. 如果设 $g(t)$ 的频谱为 $G(f)$,那么由式(4)可知

$$G(f) = \begin{cases} 2X(f),\text{当 } f > 0 \text{ 时} \\ 0,\text{当 } f \leqslant 0 \text{ 时} \end{cases} \tag{5}$$

2. 希尔伯特变换.

由式(4)可知 $G(f)$ 是由 $X(f)$ 滤波得到的,并且,可以将函数

$$H(f) = \begin{cases} 2,\text{当 } f > 0 \text{ 时} \\ 0,\text{当 } f \leqslant 0 \text{ 时} \end{cases} \tag{6}$$

看成是滤波器频谱. 于是,有

$$G(f) = H(f)X(f) \tag{7}$$

其所对应的时间函数 $h(t)$ 不难求得,为

$$h(t) = \delta(t) + \mathrm{i}\frac{1}{\pi t} \tag{8}$$

于是,实信号 $x(t)$ 的复信号 $g(t)$ 表示为

$$g(t) = h(t) * x(t) = (\delta(t) + \mathrm{i}\frac{1}{\pi t}) * x(t) =$$

$$x(t) + \mathrm{i}\frac{1}{\pi t} * x(t)$$

令

$$\bar{x}(t) = \frac{1}{\pi t} * x(t) = \frac{1}{\pi}\int_{-\infty}^{+\infty}\frac{x(t)}{t-\tau}\,\mathrm{d}\tau \tag{9}$$

则称 $\bar{x}(t)$ 为 $x(t)$ 的希尔伯特变换. $h_1(t) = \frac{1}{\pi t}$ 称为希尔伯特滤波因子. 希尔伯特滤波频谱为

$$H_1(f) = \begin{cases} -\mathrm{i}, \text{当} f > 0 \text{ 时} \\ \mathrm{i}, \text{当} f < 0 \text{ 时} \end{cases} \tag{10}$$

由(9)所导出求 $x(t)$ 的公式,即 $\overline{x}(t)$ 的频谱为 $\overline{X}(f)$,由式(9)和(10)得

$$\overline{x}(f) = H_1(f)X(f) \tag{11}$$

将式(11)两端都乘以 $H_1(f)$,注意 $H_1^2(f) = -1$,于是,有

$$X(f) = -H_1(f)\overline{X}(f) \tag{12}$$

由式(12)知 $X(f)$ 的信号函数 $x(t)$ 则是 $H_1(f)$ 和 $\overline{X}(f)$ 所对应的信号函数 $h_1(t)$ 和 $\overline{x}(t)$ 的褶积,即

$$x(t) = -h_1(t) * \overline{x}(t) =$$

$$-\frac{1}{\pi t} * \overline{x}(t) =$$

$$-\frac{1}{\pi}\int_{-\infty}^{+\infty} \frac{\overline{x}(t)}{t - \tau}\mathrm{d}\tau \tag{13}$$

式(13)称为希尔伯特逆变换公式.通常是把式(9)和(13)写在一起,统称为希尔伯特变换公式.特别是由这两个式子还可以看到,若 $x(t)$ 的希尔伯特变换为 $\overline{x}(t)$,则 $\overline{x}(t)$ 的希尔伯特变换就是 $-x(t)$.例如,我们不难证明,信号 $\cos 2\pi f_0 t$ 的希尔伯特变换为 $\sin 2\pi f_0 t$,则 $\sin 2\pi f_0 t$ 的希尔伯特变换就是 $-\cos 2\pi f_0 t$.

因为 $\cos 2\pi f_0 t$ 的傅氏谱为 $\frac{1}{2}[\delta(f - f_0) + \delta(f + f_0)]$,经过希尔伯特变换,频谱变为

$$\frac{1}{2}[\delta(f-f_0)+\delta(f+f_0)]H_1(f)=$$

$$\begin{cases} -\dfrac{\mathrm{i}}{2}[\delta(f-f_0)+\delta(f+f_0)],\text{当 } f_0>0 \text{ 时} \\[2mm] \dfrac{\mathrm{i}}{2}[\delta(f-f_0)+\delta(f+f_0)],\text{当 } f_0\leqslant 0 \text{ 时} \end{cases}=$$

$$\begin{cases} \dfrac{1}{2\mathrm{i}}\delta(f-f_0),\text{当 } f_0>0 \text{ 时} \\[2mm] -\dfrac{1}{2\mathrm{i}}\delta(f+f_0),\text{当 } f_0\leqslant 0 \text{ 时} \end{cases}=$$

$$\frac{1}{2\mathrm{i}}[\delta(f-f_0)-\delta(f+f_0)]$$

我们知道这个谱所对应的信号恰好是 $\sin 2\pi f_0 t$，于是结论得证.

12.4.2　实离散信号的希尔伯特变换

设有实连续信号 $x(t)$，当其有截止频率 f_c，抽样间隔 T 满足关系式 $\dfrac{1}{2T}\geqslant f_c$，经抽样得离散信号序列记为 $x(nT)$，为了求得 $x(nT)$ 的希尔伯特变换 $\bar{x}(nT)$，可通过对 $x(nT)$ 进行滤波来实现. 若已知连续信号滤波器频谱为式（10），则离散滤波器频谱 $H_k(f)$ 为

$$H_k(f)=H_1(f),\ -\frac{1}{2T}\leqslant f\leqslant\frac{1}{2T} \qquad (14)$$

即离散希尔伯特滤波频谱为

$$H_k(f)=\begin{cases} -\mathrm{i},\text{当 } 0<f\leqslant\dfrac{1}{2T} \text{ 时} \\[2mm] \mathrm{i},\text{当 } -\dfrac{1}{2T}\leqslant f<0 \text{ 时} \end{cases} \qquad (15)$$

于是，希尔伯特滤波因子 $h(nT)$ 为

$$h(nT) = T\int_{-\frac{1}{2T}}^{\frac{1}{2T}} H_k(f)e^{i2\pi nTf}\,\mathrm{d}f =$$

$$-iT\int_0^{\frac{1}{2T}} e^{i2\pi nTf}\,\mathrm{d}f + iT\int_{-\frac{1}{2T}}^0 e^{i2\pi nTf}\,\mathrm{d}f =$$

$$\begin{cases} 0，当\ n=0\ 时 \\ \dfrac{1-e^{i\pi n}}{\pi n}，当\ n\neq 0\ 时 \end{cases} =$$

$$\begin{cases} 0，当\ n=0\ 时 \\ \dfrac{1-(-1)^n}{n\pi}，当\ n\neq 0\ 时 \end{cases}$$

或者

$$h(nT) = \begin{cases} 0，当\ n=2k\ 时 \\ \dfrac{2}{\pi}\dfrac{1}{(2k-1)} = \dfrac{1}{\pi(k-1/2)}, \\ \quad 当\ n=2k-1\ 时 \\ (k=0,\pm 1,\pm 2,\cdots) \end{cases} \tag{16}$$

又知

$$H_k(f) = \sum_{n=-\infty}^{+\infty} h(nT)e^{-i2\pi nTf} =$$

$$\sum_{k=-\infty}^{+\infty} h((2k-1)T)e^{-i2\pi(2k-1)Tf} =$$

$$\frac{e^{i2\pi Tf}}{\pi}\sum_{k=-\infty}^{+\infty} \frac{1}{k-\dfrac{1}{2}}e^{-i4\pi kTf} =$$

$$\begin{cases} -i，当\ 0 < f \leqslant \dfrac{1}{2T}\ 时 \\ i，当\ -\dfrac{1}{2T} \leqslant f < 0\ 时 \end{cases}$$

由于 $x(nT)$ 为实离散信号，$h(nT)$ 为离散希尔伯特滤波因子，于是，有

400

$$\overline{x}(nT) = h(nT) * x(nT) =$$

$$\sum_{n=-\infty}^{+\infty} h(\tau T)x[(n-\tau)T] = \tag{17}$$

$$\frac{2}{\pi}\sum_{k=-\infty}^{+\infty}\frac{1}{2k-1}x[(n-2k+1)T]$$

则 $\overline{x}(nT)$ 称为 $x(nT)$ 的离散希尔伯特变换. 又

$$h(nT) * \overline{x}(nT) = h(nT) * h(nT) * x(nT) =$$

$$-\delta(nT) * x(nT) =$$

$$-x(nT)$$

所以,离散信号的希尔伯特逆变换公式为

$$x(nT) = -h(nT) * \overline{x}(nT) =$$

$$\frac{-2}{\pi}\sum_{k=-\infty}^{+\infty}\frac{1}{2k-1}\overline{x}((n-2k+1)T) \tag{18}$$

通常将式(17)和(18)写在一起,称为离散希尔伯特变换对,即

$$\begin{cases} \overline{x}(nT) = \dfrac{2}{\pi}\sum_{k=-\infty}^{+\infty}\dfrac{1}{2k-1}x[(n-2k+1)T] \\[3mm] x(nT) = -\dfrac{2}{\pi}\sum_{k=-\infty}^{+\infty}\dfrac{1}{2k-1}\overline{x}((n-2k+1)T) \end{cases}$$

$$\tag{19}$$

其中 $x(nT)$ 和 $\overline{x}(nT)$ 分别为一个复序列的实部和虚部,即若设复序列为 $g(nT)$ 时,则

$$g(nT) = x(nT) + i\overline{x}(nt)$$

$g(nT)$ 称为复信号,由式(19)可知,已知 $\overline{x}(nT)$ 可唯一确定 $x(nT)$;有了 $x(nT)$ 和 $\overline{x}(nT)$,则复信号 $g(nT)$ 也就确定出来了.

在希尔伯特变换的讨论中,信号序列具有因果性质是一个重要条件.所谓序列 $h(n)$ 是因果序列,则有

$$h(n) = 0, \text{当 } n < 0 \text{ 时} \qquad (20)$$

可以验证,因果序列完全由其偶部确定,因为,任何一个序列 $x(n)$ 都可以表示为偶序列 $x_{2m}(n)$ 和奇序列 $x_{2m+1}(n)$ 之和,即

$$x(n) = x_{2m}(n) + x_{2m+1}(n), m = 1, 2, \cdots$$

并且

$$x_{2m}(n) = \frac{1}{2} \big[x(n) + x(-n) \big] \qquad (21)$$

$$x_{2m+1}(n) = \frac{1}{2} \big[x(n) - x(-n) \big] \qquad (22)$$

有了因果性概念和公式(21)(22)两式就可以建立一个函数序列的偶部和奇部的关系,或者说建立起它的变换的实部和虚部之间的关系.

设 $x(n)$ 是因果序列,则有,当 $n < 0$ 时,$x(n) = 0$;当 $n > 0$ 时,$x(-n) = 0$. 因此,除了 $n = 0$ 处之外,$x(n)$ 和 $x(-n)$ 的非零部分之间没有重叠. 如对序列

$$x(n) = \begin{cases} 2x_{2m}(n), \text{当 } n > 0 \text{ 时} \\ x_{2m}(n), \text{当 } n = 0 \text{ 时} \\ 0, \text{当 } n < 0 \text{ 时} \end{cases} \qquad (23)$$

和序列

$$x(n) = \begin{cases} 2x_{2m-1}(n), \text{当 } n > 0 \text{ 时} \\ x_{2m-1}(n) + x(0)\delta(n), \text{当 } n = 0 \text{ 时} \\ 0, \text{当 } n < 0 \text{ 时} \end{cases} \qquad (24)$$

而言,我们令

$$u^*(n) = \begin{cases} 2, \text{当 } n > 0 \text{ 时} \\ 1, \text{当 } n = 0 \text{ 时} \\ 0, \text{当 } n < 0 \text{ 时} \end{cases} \qquad (25)$$

则可将因果序列(23)和(24)分别写成

$$x(n) = x_{2m}(n)u^*(n) \tag{26}$$

和

$$x(n) = x_{2m-1}(n)u^*(n) + x(0)\delta(n) \tag{27}$$

从式(26)和(27)可以看到,$x(n)$ 完全可以从 $x_{2m}(n)$ 恢复出来,只有 $n \neq 0$ 时,才能从 $x_{2m-1}(n)$ 恢复 $x(n)$.

有了上述结论,若已知因果序列 $x(n)$ 的傅氏变换的实部或虚部及 $x(0)$,就完全知道了它的傅氏变换.

设因果序列 $x(n)$ 的谱的实部和虚部分别记为 $X_R(\mathrm{e}^{\mathrm{i}w})$ 和 $X_I(\mathrm{e}^{\mathrm{i}w})$,则其傅氏变换 $X(\mathrm{e}^{\mathrm{i}w})$ 的希尔伯特变换公式是

$$\begin{cases} X_I(\mathrm{e}^{\mathrm{i}w}) = \dfrac{1}{2\pi}V \cdot P\displaystyle\int_{-\pi}^{\pi} X_R(\mathrm{e}^{\mathrm{i}\theta})\cot(\dfrac{\theta - w}{2})\mathrm{d}\theta & (28) \\[3mm] X_R(\mathrm{e}^{\mathrm{i}w}) = x(0) - \dfrac{1}{2\pi}V \cdot P\displaystyle\int_{-\pi}^{\pi} X_I(\mathrm{e}^{\mathrm{i}\theta})\cot(\dfrac{\theta - w}{2})\mathrm{d}\theta & (29) \end{cases}$$

式中 $V \cdot P$ 是表示柯西主值的符号,即

$$X_I(\mathrm{e}^{\mathrm{i}w}) = \frac{1}{2\pi}\lim_{\varepsilon \to 0}(\int_{w+\varepsilon}^{\pi} X_R(\mathrm{e}^{\mathrm{i}\theta})\cot(\frac{\theta - w}{2})\mathrm{d}\theta +$$

$$\int_{-\pi}^{w-\varepsilon} X_R(\mathrm{e}^{\mathrm{i}\theta})\cot(\frac{\theta - w}{2})\mathrm{d}\theta) \tag{30}$$

(28)至(30)诸式推导较烦琐,此处从略.

12.4.3 $\mathscr{Z}$ 变换谱的希尔伯特变换

为了应用上的方便,有时用到 $\mathscr{Z}$ 变换谱的希尔伯特变换. 也就是因果序列 $x(n)$ 若取对数记为 $\hat{x}(n)$ 也是稳定的因果实序列;$\hat{x}(n)$ 的 $\mathscr{Z}$ 变换谱 $\hat{X}(z)$ 在单位圆外处处解析;$X(z)$ 在单位圆外无极点和零点;$\arg[X(\mathrm{e}^{\mathrm{i}w})]$ 是 w 的连续的奇函数,则对数振幅 $\log|X(\mathrm{e}^{\mathrm{i}w})|$ 和相位 $\arg[X(\mathrm{e}^{\mathrm{i}w})]$ 满足关系式

$$\log|X(\mathrm{e}^{\mathrm{i}w})| =$$

$$\hat{x}(0) - \frac{1}{2\pi} \int_{-\pi}^{\pi} \arg[X(e^{i\theta})] \cot\left(\frac{\theta - w}{2}\right) d\theta \qquad (31)$$

$$\arg[X(e^{iw})] =$$

$$\frac{1}{2\pi} \int_{-\pi}^{\pi} \log|X(e^{i\theta})| \cot\left(\frac{\theta - w}{2}\right) d\theta \qquad (32)$$

亦即,序列 $x(n)$ 满足上述那些条件时,其对数振幅和相位满足(31)和(32)两式的希尔伯特变换.

当取 $x(n)$ 的 $\mathscr{L}$ 变换 $X(z)$,并且用振幅与相位表示为

$$X(z) = |X(z)| e^{i \arg[X(z)]}$$

取对数得

$$\hat{X}(z) = \log[X(z)] = \log|X(z)| + i \arg[X(z)]$$

$$(33)$$

将 $\log|X(e^{iw})|$ 和 $\arg[X(e^{iw})]$ 代入式(28)和(29)便得式(31)和(32).

对于已知的 $\log|X(e^{iw})|$,由(32)可完全确定 $\arg[X(e^{iw})]$;对于已知的 $\arg[X(e^{iw})]$,从式(31)得到 $\log|X(e^{iw})| = \hat{x}(0) + a$,或者是 $|X(e^{iw})| = e^{\hat{x}(0)} \cdot e^a$,其中 a 为任意常数.

在数字信号处理中,希尔伯特变换式(31)和(32),常常被称为最小相位条件.以后我们将用最小相位系统这个术语,来表示其频率响应是最小相位的系统.即其对数振幅和相位是希尔伯特变换对.类似地,还可以得出一个最小相位序列,其 $\mathscr{L}$ 变换也是最小相位的结论,此处都不赘述.

12.4.4 周期序列傅氏谱的希尔伯特变换

对于以 N 为周期的周期序列 $x(n)$(为方便计,不

404

妨设 N 为偶数），其因果条件为，当 $\dfrac{N}{2} < n < N$ 时，

$x(n) = 0$，根据周期性，在 $-\dfrac{N}{2} < n < 0$ 内，也有

$x(n) = 0$. 因为 $x(n)$ 在每个周期内的后半个周期内为

零，所以，$x(-n)$ 在每个周期的前半个周期内为零.

故，除去 $n = 0, n = \dfrac{N}{2}$ 两点外，$x(n)$ 与 $x(-n)$ 间无重叠

部分. 于是得到

$$x(n) = \begin{cases} 2x_{2m}(n), \text{当 } n = 1, 2, \cdots, (\dfrac{N}{2} - 1) \text{ 时} \\ x_{2m}(n), \text{当 } n = 0, \dfrac{N}{2} \text{ 时} \\ 0, \text{当 } n = \dfrac{N}{2} + 1, \cdots, N - 1 \text{ 时} \end{cases}$$

$$(34)$$

及

$$x(n) = \begin{cases} 2x_{2m-1}(n), \text{当 } n = 1, 2, \cdots, (\dfrac{N}{2} - 1) \text{ 时} \\ x(0)\delta(n) + x(\dfrac{N}{2})\delta(n - \dfrac{N}{2}), \text{当 } n = 0, \dfrac{N}{2} \text{ 时} \\ 0, \text{当 } n = (\dfrac{N}{2} + 1), \cdots, N - 1 \text{ 时} \end{cases}$$

$$(35)$$

若我们定义周期函数

$$u_N(n) = \begin{cases} 1, \text{当 } n = 0, \dfrac{N}{2} \text{ 时} \\ 2, \text{当 } n = 1, 2, \cdots, (\dfrac{N}{2} - 1) \text{ 时} \\ 0, \text{当 } n = (\dfrac{N}{2} + 1), \cdots, N - 1 \text{ 时} \end{cases} \quad (36)$$

则 (34)(35) 可分别改写为

$$x(n) = x_{2m}(n)u_N(n) \qquad (37)$$

$$x(n) = x_{2m-1}(n)u_N(n) + x(0)\delta(n) +$$

$$x(\frac{N}{2})\delta(n - \frac{N}{2}) \qquad (38)$$

从式 (37) 可看到 $x(n)$ 可由 $x_{2m}(n)$ 得到恢复，此外，$x_{2m-1}(n)$ 在 $n = 0$ 和 $n = \dfrac{N}{2}$ 处恒为零. 所以，$x(n)$ 在除去 $n \neq 0$ 与 $n \neq \dfrac{N}{2}$ 两点外也可以由 $x_{2m-1}(n)$ 得到恢复. 于是我们就可以推出周期序列离散傅氏谱的希尔伯特变换为

$$X_R(k) = \frac{1}{N}\sum_{m=0}^{N-1} iX_I(m)v_N(k-m) + x(0) +$$

$$x(\frac{N}{2})(-1)^k$$

其中

$$v_N(k) = \begin{cases} N, \text{当 } k = 0 \text{ 时} \\ -2i\cot(\dfrac{\pi}{N}k), \text{当 } k \text{ 为奇数时} \\ 0, \text{当 } k \text{ 为偶数时} \end{cases}$$

δ－函数在振动理论中的应用

世界著名数学家 T. C. Fry 曾指出：

数学简化了思维过程并使之更可靠，这是它对工业的主要帮助.

所谓振动，就是在物体运动过程中表示运动特征的某些物理量，时而增大，时而减小地反复变化的一种运动. 而振动理论则是用统一的观点，来研究各种物质运动形式中的振动现象. 现代工程的一个重要组成部分，就是分析和预测某物理系统的动力性态（即物体在外力作用下的运动性质和状态）. 无论是线性振动、非线性振动，还是随机振动，δ－函数在其中都有着重要的应用，主要表现在以下三方面：

（1）用 δ－函数表示系统所受的力.

（2）在一定条件下，把持续力表示为无穷多个瞬时力的叠加.

第13章

(3)$\delta -$ 函数的性质的运用.

在这一章里,我们将会看到 $\delta -$ 函数在表示力的情况时,方法巧妙,新颖别致;在有关振动理论的推导中,由于 $\delta -$ 函数的性质的运用,就可以把问题化难为易,把方法化繁为简.这种特殊的作用是任何别的数学工具所无法比拟的.

读者应该注意到,本章不是系统地介绍振动理论本身,而仅仅是介绍 $\delta -$ 函数在振动理论中的某些应用.所以,尽管是非常重要的振动理论内容,若与 $\delta -$ 函数关系不大,我们也不去讨论了.

13.1 线 性 系 统

前一章,为了讨论数字信号处理的需要,不得不简单地介绍了线性系统的几个概念,但是,在研究振动理论时,线性系统的理论,仍然是讨论问题的出发点.因此,这里还要深入地讨论线性系统.

线性系统有连续的和离散和区别,这里以讨论连续的线性系统为主.

所以要首先讨论线性系统,那是因为:

(1)振动理论本身就有线性振动与非线性振动之分,所谓线性振动,也就是一个线性系统的振动问题.

(2)绝大多数工程技术里的振动问题,都可以归结为一个线性系统的振动问题.

(3)线性系统已有较为成熟(或者说是标准的)求解方法.

所谓系统,既可以是一个结构或机器,也可以是

一座大楼,或者是小小的电路.无论是什么系统,总有一些输入记为 $x_1(t),x_2(t),\cdots,x_n(t)$ 构成系统的激励,并相应有一些输出 $h_1(t),h_2(t),\cdots,h_n(t)$ 构成系统的响应.其中 $x(t)$ 和 $h(t)$ 可以是力、位移、速度、加速度、电压和电流等,或者是这些量的组合.

线性系统用数学语言来表示,它就是一个线性方程.并且,这种线性方程可以是一个线性的代数方程,线性差分方程,也可以是线性微分方程.一般地表示离散线性系统多用线性差分方程;连续线性系统多数归结为如下微分方程

$$a_n\frac{\mathrm{d}^n h_n}{\mathrm{d}t^n}+a_{n-1}\frac{\mathrm{d}^{n-1}h_{n-1}}{\mathrm{d}t^{n-1}}+\cdots+a_1\frac{\mathrm{d}h_1}{\mathrm{d}t}+a_0 h_0=$$

$$\left\{\left(b_k\frac{\mathrm{d}^k x_1}{\mathrm{d}t^k}+b_{k-1}\frac{\mathrm{d}^{k-1}x_1}{\mathrm{d}t^{k-1}}+\cdots+b_0 x_1\right)+\right.$$

$$\left(c_m\frac{\mathrm{d}^m x_2}{\mathrm{d}t^m}+c_{m-1}\frac{\mathrm{d}^{m-1}x_2}{\mathrm{d}t^{m-1}}+\cdots+c_0 x_2\right)+\cdots+$$

$$\left.\left(d_s\frac{\mathrm{d}^s x_n}{\mathrm{d}t^s}+d_{s-1}\frac{\mathrm{d}^{s-1}x_n}{\mathrm{d}t^{s-1}}+\cdots+d_0 x_n\right)\right\} \quad\quad (1)$$

其中 $a_i(i=0,1,\cdots,n),b_j(j=0,1,\cdots,k),c_l(l=0,1,\cdots,m),d_p(p=0,1,2,\cdots,s)$ 可以是时间 t 的函数,也可以是不依赖于 t 的常数,这时式(1) 称为常系数线性微分方程. $h_i(t),x_i(t)$ 分别称为响应和激励,它说明响应 $h(t)$ 是由激励 $x_1(t),x_2(t),\cdots,x_n(t)$ 引起的.也就是说微分方程(1)的解,便是线性系统的响应.

线性系统有符合迭加原理之特性,即若干个激励函数叠加后产生的总的响应,是各个激励函数单独产生的响应的叠加(这一点后面还要详细讨论和应用).因此,一个系统是线性的必要条件是它符合迭加原理.若判定一个系统既是线性的又是时不变的,除了

判别它是否符合迭加原理外,还要判别输入发生延迟,看输出是否发生同样延迟;或者输入一个调和信号(即调和函数),看输出是否有其他的频率成分,如果有,就说明系统是非线性时不变系统,这是因为,对一个线性时不变系统输入一个调和信号,那么输出一定是由同一频率的调和信号所组成的(这一性质称为线性系统的频率保真性);或者输入倍增时,看输出是否也倍增,如果不是倍增,那么系统也不是线性时不变系统.

为了确定输入与输出之间的关系,我们给出如下三种线性系统的求解方法,即:经典解法、脉冲响应法和频率响应法.

13.1.1　线性方程的经典解法

为了直观,我们把线性方程的类型及典型求解方法以图示如下:

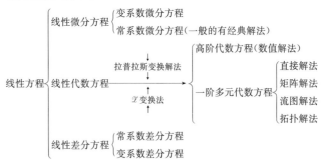

由该图可知,线性微分方程和差分方程往往通过拉普拉斯变换和 $\mathscr{L}$ 变换的方法,将其转化为线性代数方程求解,而代数方程的解法一般较为容易,因此,本书不去涉及.

线性微分方程的经典解法,除了拉普拉斯变换解

法外，还有许多典型解法，如一阶线性微分方程的公式法，即对微分方程

$$y' + p(x)y = Q(x)$$

有解的公式为

$$y = e^{-\int p(x)dx}\left[\int Q(x)e^{\int p(x)dx}dx + c\right] \qquad (2)$$

高于一阶的线性微分方程，其通解公式是所对应的齐次方程的通解与一个非齐次方程的特解之和，即对于微分方程

$$y^{(n)} + p_1(x)y^{(n-1)} + p_2(x)y^{(n-2)} + \cdots + p_n(x)y = Q(x) \qquad (3)$$

设 y_1 为方程

$$y^{(n)} + p_1(x)y^{(n-1)} + \cdots + p_n(x)y = 0 \qquad (4)$$

的通解，设 y_2 为式（3）的一个特解，则式（3）的通解为

$$y = y_1 + y_2 \qquad (5)$$

并且，求 y_2 还有待定系数法、视常数为变数法等有效方法，不仅如此，y_1，y_2 还有明显的物理意义，即 y_1 称为余函数，它表示系统的暂态响应，而且完全决定于系统本身元件的类型、量值、排列方法等；y_2 称为特积分，它表示系统的稳态响应，它不仅与系统本身有关，而且也与激励有关.

特别是 n 阶齐次线性微分方程所表示的振动现象叫作自由振动，如果不计阻力，它是一个简谐振动方程.若系统还受外力的作用，这里便得到式（3）的 n 阶非齐次线性微分方程，它所表示的振动现象叫作强迫振动.我们知道，研究在给定的激励作用下系统的性态，是由这些激励所产生的运动表示，通常称为该系统的响应.如果激励表现为初始位移或初始速度时，求系统的响应. 这时,在数学上表示为线性齐次微分方程,在物理上叫作自由振动. 同样,求激励表现为外部作用力的响应,数学上表现为非齐次线性微分方程,物理上叫作强迫振动.

上述内容,在高等数学的微分方程里,以及普通物理中都有论述,这里就不详细讨论了.

总之,一般的线性系统都可以归结为线性微分方程问题,特别是经常遇到的

$$y'' + p(x)y' + q(x)y = f(x) \qquad (6)$$

的初值问题,或者偏微分方程

$$\frac{\partial^2 u}{\partial t^2} = a^2 \Delta u + f(x, y, z, t) \qquad (7)$$

的边值问题(或初值问题及混合问题). 这就是一个线性系统的基本特征,并且式(6)的上述解法也在各工程技术中被广泛地应用. 式(7)也有所谓分离变量法、积分变换法、格林函数法等典型解法,被广泛地使用. 这些经典解法虽说不是万能的,但是,一般的工程技术问题大多数都能得到解决(下一节里,我们将给出一些具体的例子).

13.1.2 脉冲响应法

所谓脉冲响应法,就是测定系统经适当扰动后的瞬态响应,并由此来确定系统动态特性的一种方法.

输入为脉冲函数 $\delta(t)$ 时的输出 $h(t)$ 称为脉冲响应. 同时,把脉冲响应 $h(t)$ 的傅氏变换 $H(f)$ 称为传递函数,即

$$H(f) = \int_{-\infty}^{+\infty} h(t) \mathrm{e}^{-\mathrm{i}ft} \, \mathrm{d}t \qquad (8)$$

其中,f 为频率.

在线性系统的讨论中,积分变换里的褶积定理起着相当重要的作用,也就是输入信号 $f(t)$ 与输出信号 $g(t)$ 满足如下关系式

$$g(t) = f(t) * h(t) \qquad (9)$$

这说明输出信号等于输入信号与脉冲响应的褶积. 由傅氏变换理论可知,若设

$$F(f) = \int_{-\infty}^{+\infty} f(t) \mathrm{e}^{-\mathrm{i}ft} \mathrm{d}t \qquad (10)$$

$$G(f) = \int_{-\infty}^{+\infty} g(t) \mathrm{e}^{-\mathrm{i}ft} \mathrm{d}t \qquad (11)$$

则有

$$G(f) = F(f) H(f) \qquad (12)$$

并且,在式(9)和式(12)中,任意知道一个即可求出另一个.

式(9)的证明是不难的,只要将一个持续时间有限的连续函数,等效地看成一系列紧密排列的有适当强度的 δ - 函数即可. 事实上,在系统上的一脉冲序列就是在某个时刻 t_i 的脉冲强度为 $f(t_i)$,若单位时间内的脉冲数无限增加,则输入就趋于 $f(t)$. 由于系统是线性时不变的,所以,相应输入 $\sum\limits_{i=1}^{\infty} f(t_i)\delta(t-t_i)$ 的输出,就是 $\sum\limits_{i=1}^{\infty} f(t_i)h(t-t_i)$. 当脉冲数目无限增多,而脉冲间隔趋于零的极限,$f(t_i)$ 的求和就变成了对 $f(t)$ 的积分. 即,相当于输入 $\int_{-\infty}^{+\infty} f(t_1)\delta(t-t_1)\mathrm{d}t_1$ 的输出为 $\int_{-\infty}^{+\infty} f(t_1)h(t-t_1)\mathrm{d}t_1$. 由 δ - 函数的运算性质,可知

$$\int_{-\infty}^{+\infty} f(t_1)\delta(t-t_1)\mathrm{d}t_1 = f(t)$$

而

$$\int_{-\infty}^{+\infty} f(t_1)h(t-t_1)\mathrm{d}t_1 = f(t) * h(t)$$

所以,得到相应于输入 $f(t)$ 的输出便是 $f(t) * h(t)$.用 $g(t)$ 表示 $f(t)$ 的输出,则式(9)得证.再由褶积定理可知,式(12)亦成立.

传递函数式(8),只是表达了系统本身的特性,而与激励及系统的初始状态无关.特别是它不表明系统的物理性质.许多性质不同的物理系统,可以有相同的传递函数.而传递函数不相同的物理系统,即使是系统的激励相同,其响应也未必相同.因此,对传递函数的分析和研究就能统一处理各种物理性质不同的线性系统.如式(9)告诉我们,无论是力学的、电学的,还是其他科技领域内的结构系统,只要是线性时不变的系统,则一旦知道了系统的脉冲响应,对任意的输入,都可用该输入与系统的脉冲响应之褶积算出其输出来.也就是如果我们自终止扰动的瞬时起,直到系统重新恢复静平衡为止的整个过程,测出系统的瞬态响应(即脉冲响应),就能由此确定出系统的动态特性.

13.1.3 频率响应法

所谓频率响应法,就是输入一个简谐信号,或者是阶跃信号,通过对在一系列间距很小的频率上进行测试,那么,系统的动态特性也就完全确定了.

在 13.1.2 中,可以看到,求得某系统的脉冲响应是重要的,但是,求脉冲响应法,一种是如在 13.1.2 里所述,即对系统施加一个尽可能逼真的脉冲输入,然后测量其响应.然而,这种方法在实际上未必可行.于是,还可采用另一种方法 —— 频率响应法.

以下就简谐输入和阶跃输入的两种情况,分别进行讨论.

如下三个式子,都指出了相应于简谐输入的输出[1]

$$F[\mathrm{e}^{\mathrm{i}f_0 t}] = H(f_0)\mathrm{e}^{\mathrm{i}f_0 t} \tag{13}$$

$$F[\cos f_0 t] = A(f_0)\cos (f_0 t + \varphi(f_0)) \tag{14}$$

$$F[\sin f_0 t] = A(f_0)\sin (f_0 t + \varphi(f_0)) \tag{15}$$

其中 $A(f)$ 和 $\varphi(f)$ 是实数量,它们和 $H(f)$ 的关系是

$$H(f) = A(f)\mathrm{e}^{\mathrm{i}\varphi(f)} \tag{16}$$

即 $A(f)$ 为振幅谱,$\varphi(f)$ 为相位谱.

因为,在式(13)中,设 $f(t) = \mathrm{e}^{\mathrm{i}f_0 t}$,再根据式(12),有

$$G(f) = 2\pi H(f)\delta(f - f_0) \tag{17}$$

其中 $G(f)$ 为式(13)中输出 $g(t)$ 的谱.取式(17)的傅氏逆变换,便得出 $g(t)$.再由傅氏变换理论,不难推得式(13).(14)(15)两式又分别是式(13)的实部和虚部.因此,若对系统加上不同频率的正弦或余弦函数,并从输出的振幅增益和相位补偿的测量中得到 $A(f)$ 和 $\varphi(f)$,再由式(16)可直接算出 $H(f)$,并将 $H(f)$ 代入式(8),然后取其逆变换,即可求得简谐输入相应的脉冲响应 $h(t)$.

现在考虑输入阶跃函数

$$u(t) = \begin{cases} 1, & \text{当 } t > 0 \text{ 时} \\ 0, & \text{当 } t < 0 \text{ 时} \end{cases}$$

时,脉冲响应的求法.

---

① 若输入函数还具有"因果性"时,即当 $t < 0$ 时,$f(t) = 0$,则也可以应用拉普拉斯变换,都不影响整个的讨论.

我们把输入阶跃函数的输出 $b(t)$，称为阶跃响应。若 $b(t)$ 的傅氏变换记为 $B(f)$ 时，则有

$$B(f) = \int_{-\infty}^{+\infty} b(t) e^{-ift} dt \qquad (18)$$

下面来分析 $b(t)$ 与 $B(f)$ 和 $h(t)$ 与 $H(f)$ 之间的关系。

根据式(9)，有

$$b(t) = u(t) * h(t) = \int_{-\infty}^{+\infty} u(t - t_1) h(t_1) dt_1 = \int_{-\infty}^{t} h(t_1) dt_1 \qquad (19)$$

于是，得

$$h(t) = \frac{d}{dt} b(t) \qquad (20)$$

也就是说，阶跃响应的微商恰是脉冲响应。回忆前面讨论的阶跃函数的微商恰是 δ - 函数的结论，则不难理解式(20)。由褶积定理及阶跃函数的傅氏变换，知

$$B(f) = H(f) B(f) = H(f) \left[\pi \delta(f) + \frac{1}{if} \right] = \pi H(0) \delta(f) - \frac{i H(f)}{f} \qquad (21)$$

于是，有

$$H(f) = if B(f) \qquad (22)$$

其中在式(21)里，已假定在 $f = 0$ 处不包括 δ - 函数。因为这样一个 δ - 函数将对应一个随着时间一直继续下去的阶跃响应 $b(t)$。所以，这种假定在物理上是妥当的。如果不考虑奇点的情况下，根据傅氏变换的性质 3 也可直接得到式(22)。

以下举几个例子，来具体地说明上述方法。

例 1 对两端 LRC 回路，只考虑电容器，这时以

电流 $I(t)$ 为输入,电压 $V(t)$ 为输出. 我们可以通过求脉冲响应 $h(t)$ 和传递函数 $H(f)$ 来找出电流和电压之间的关系.

脉冲电流 $I(t)=\delta(t)$,相当于在电容上突然加上单位电荷. 由于电容 C 的定义是电荷与电压之比,所以,这就相当于在电容器上突然出现一个电压 $1/C$,因而得脉冲响应为

$$h(t)=\begin{cases} \dfrac{1}{C}, & \text{当 } t \geqslant 0 \text{ 时} \\ 0, & \text{当 } t < 0 \text{ 时} \end{cases}$$

它的傅氏变换即为传递函数 $H(f)$,可得

$$H(f)=\frac{\pi}{C}\delta(f)-\frac{\mathrm{i}}{fC}=$$

$$\frac{\pi}{C}\delta(f)+\frac{1}{fC}\mathrm{e}^{-\mathrm{i}\frac{\pi}{2}}$$

再由式(9)和(12),便可从任何 $I(t)$ 去计算 $V(t)$ 了. 为了保证在 $t<0$ 时有 $h(t)=0$. 所以在 $H(f)$ 的表达式中必须有 δ—函数,否则,就相当于在整个时间过程中于输出端加上一个负电压了.

例 2 我们来考虑两端 LRC 回路的电感 L,这时输入电流为 $I(t)$,输出电压为 $V(t)$,因为脉冲电流会使电压产生一个奇点,从而使人不易理解. 我们换成阶跃输入,即

$$I(t)=\begin{cases} 0, & \text{当 } t < 0 \text{ 时} \\ 1, & \text{当 } t > 0 \text{ 时} \end{cases}$$

根据电感 L 的定义,支配电感的公式为

$$V(t)=L\frac{\mathrm{d}I}{\mathrm{d}t}$$

于是,对于 $I(t)$ 所给出的阶跃输入,其电压响应为

$$b(t) = L\delta(t)$$

对该式作傅氏变换,得

$$B(f) = L$$

又由式(22)可得传递函数为

$$H(f) = \mathrm{i}fL$$

可见只要知道电感 L,可求出传递函数,然后根据式
(9)和(21),便可从任何电流 $I(t)$ 算出电压 $V(t)$.

13.2 用 δ — 函数表示系统所受的力

在许多科学技术中,运用 δ — 函数来表示系统所
受的力,既方便,又有利于求解.特别是在振动理论
中,尤其如此.如当 $t = t_0$ 时,系统受一个脉冲力,其强
度是 F,这时,人们常常用 $F\delta(t - t_0)$ 来表示.这种表
示,就是在 $t = t_0$ 时,系统受力,而在其他时刻,系统不
受力.这种表示法很有实用价值,下面几个例子充分
说明了这一点.

例 3 设有一重量为 W 的物体,悬挂在弹性系数
为 K 的弹簧上,并处于静止状态,在 $t = 0$ 时,开始受一
力 F 的作用,求物体运动的规律.

解 不难看到,当 y 是任一瞬时时刻,物体到静
平衡位置的距离时,则物体运动之规律,可表示为如
下的微分方程

$$\frac{W}{g}\frac{\mathrm{d}^2 y}{\mathrm{d}t^2} + ky = Fu(t)$$

其中 $u(t)$ 是单位阶跃函数($Fu(t)$ 是表示当 $t < 0$ 时,
外力为 0).这个二阶常系数微分方程,用拉普拉斯变

换法是容易求得其解的. 如果在 $t=0$ 时,该系统受一个脉冲力 $F\delta(t)$ 时,则所给方程变为

$$\frac{\mathrm{d}^2 y}{\mathrm{d}t^2} + \omega y = \frac{Fg\delta(t)}{W}$$

其中 $\omega = \dfrac{kg}{W}$,两端取拉普拉斯变换,得

$$L[y] = \frac{Fg}{W}\frac{1}{s^2 + \omega^2}$$

再取逆变换,有

$$y = \frac{Fg}{W\omega}\sin \omega t$$

从这一结果可知,物体受脉冲力后做频率为 $\omega/2\pi$ 的谐振动.

例 4 设有均匀柔软的弦线,在某一点处受到一个冲量而产生自由振动,求振动的规律.

解 (1)若弦是无限长的,位置函数设为 $u(x,t)$,在点 $x=x_0$ 处受到初始冲击,其强度为 I,因为这个冲量是"瞬时"出现的,所以,这个冲量可表示为 $I\delta(x-x_0)\Delta x$,其中 Δx 为任意小的一段. 由动量原理知

$$\rho\Delta x = (u_t\mid_{t=0} - 0) = I\delta(x-x_0)\Delta x$$

所以,当 $\Delta x \to 0$ 时,初始速度为

$$\psi(x) = u_t\mid_{t=0} = \frac{I}{\rho}\delta(x-x_0)$$

于是,这个定解问题可写为

$$\begin{cases} \dfrac{\partial^2 u}{\partial t^2} = a^2\dfrac{\partial^2 u}{\partial x^2}, \ -\infty < x < +\infty, a^2 = I/\rho, t > 0 \\ u\mid_{t=0} = 0, u_t\mid_{t=0} = \dfrac{I}{\rho}\delta(x-x_0) \end{cases}$$

这个定理问题,由达朗贝尔公式,可得其形式解为

$$u(x,t) = \frac{1}{2a}\int_{x-at}^{x+at}\psi(\xi)\,d\xi =$$

$$\frac{1}{2a}\Big[\int_{-\infty}^{x+at}\psi(\xi)\,d\xi - \int_{-\infty}^{x-at}\psi(\xi)\,d\xi\Big]$$

又由

$$\frac{1}{2a}\int_{-\infty}^{x}\frac{I}{\rho}\delta(\xi-x_0)\,d\xi = \frac{I}{2a\rho}\int_{-\infty}^{x}\delta(\xi-x_0)\,d\xi$$

及 δ — 函数的性质 9，得

$$\int_{-\infty}^{x}\delta(\xi-x_0)\,d\xi = \begin{cases} 0, & \text{当 } \xi < x_0 \text{ 时} \\ 1, & \text{当 } \xi > x_0 \text{ 时} \end{cases}$$

若设

$$\theta(x) = \begin{cases} 0, & \text{当 } x < 0 \text{ 时} \\ 1, & \text{当 } x > 0 \text{ 时} \end{cases}$$

则

$$\int_{-\infty}^{x}\delta(\xi-x_0)\,d\xi = \theta(x-x_0)$$

从而得原定解问题的解为

$$u(x,t) = \frac{I}{2a\rho}\big[\theta(x+at-x_0) - \theta(x-at-x_0)\big]$$

（2）若弦是半无限长. 这时，坐标原点选在弦的始点上，x 轴与弦重合，并设弦沿 x 轴的正方向上所受的张力为 T，位移函数为 $u(x,t)$，并且，初始条件设为 $u\big|_{t=0}=f(x)$，$u_t\big|_{t=0}=\psi(x)$，于是，可知弦的横振动规律是如下定解问题

$$\begin{cases} \dfrac{\partial^2 u}{\partial t^2} = a^2\,\dfrac{\partial^2 u}{\partial x^2}, & x \geqslant 0, a^2 = \dfrac{I}{\rho}, t > 0 \\ u\big|_{t=0}=f(x),\ u_t\big|_{t=0}=\psi(x) \end{cases}$$

的解. 显然，这是一个初值问题，其解为

$$u(x,t) = \frac{1}{2}\big[f(x+at) + f(x-at)\big] +$$

420

$$\frac{1}{2a}\int_{x-at}^{x+at}\psi(\xi)\mathrm{d}\xi \tag{1}$$

（3）若弦为有限长的自由振动.设弦的初始位置和 x 轴重合,并且,两个端点分别为 $x=0$ 和 $x=l$,位移函数为 $u(x,t)$,初始条件为 $u\mid_{t=0}=\varphi(x),u_t\mid_{t=0}=\psi(x)$.这时,可知,其振动方程为

$$\begin{cases}\dfrac{\partial^2 u}{\partial t^2}=a^2\dfrac{\partial^2 u}{\partial x^2},t>0,0\leqslant x\leqslant l,a^2=\dfrac{I}{\rho}\\ u\mid_{x=0}=0,u\mid_{x=l}=0\\ u\mid_{t=0}=\varphi(x),u_t\mid_{t=0}=\psi(x),0\leqslant x\leqslant l\end{cases}$$

这是齐次方程的混合问题,其解为

$$u(x,t)=\sum_{n=1}^{\infty}\left[\frac{2}{l}\left(\int_0^t\varphi(\xi)\sin\frac{n\pi}{l}\xi\mathrm{d}\xi\right)\cos\frac{n\pi}{l}at+\right.$$
$$\left.\frac{2}{n\pi a}\left(\int_0^t\psi(\xi)\sin\frac{n\pi}{l}\xi\mathrm{d}\xi\right)\sin\frac{n\pi}{l}at\right]\sin\frac{n\pi}{l}x \tag{2}$$

（4）若弦为有限长的强迫振动.我们知道,弦线的受迫振动与自由振动,只是在泛定方程中差一个外力作用项,即设弦线于 $x=b$ 点处受到一个集中力 $\theta(x,t)=\dfrac{F(t)}{T}\delta(x-b)$ 的作用,其他如(3)中所设,这个弦的振动规律便是定解问题

$$\begin{cases}\dfrac{\partial^2 u}{\partial t^2}=a^2\dfrac{\partial^2 u}{\partial x^2}+\dfrac{F(t)}{T}\delta(x-b),t>0,0\leqslant x\leqslant l,a^2=\dfrac{T}{\rho}\\ u\mid_{x=0}=0,u\mid_{x=l}=0\\ u\mid_{t=0}=\varphi(x),u_t\mid_{t=0}=\psi(x),0\leqslant x\leqslant l\end{cases}$$

在解这个定解问题时,与(3)的解法相类似,只是多出一项,记为 $\theta_s(n,t)$,即

$$\theta_s(n,t)=\frac{F(t)}{T}\int_0^t\delta(\frac{l\xi}{\pi}-b)\sin(n\xi)\mathrm{d}\xi=$$

$$\frac{F(t)}{T}\sin\left(\frac{n\pi b}{l}\right)$$

从而得到

$$u(x,t)=\frac{2al}{\pi^2 T}\sum_{n=1}^{\infty}\frac{1}{n}\sin\left(\frac{n\pi x}{l}\right)\sin\left(\frac{n\pi b}{l}\right)\cdot$$

$$\int_0^t F(\xi)\sin\left(\frac{n\pi c(t-\tau)}{l}\right)d\xi \qquad (3)$$

关于用 δ — 函数表示系统所受的力,要根据不同形式的力,采用不同的表示方法. 如有一个变动的力,记为 $\psi(t)$,作用在长为 l 的某梁的 $x=x'$ 点处,那么,梁的单位长度上所受的载荷 $p(x,t)$ 就可以表示为 δ — 函数的如下形式

$$p(x,t)=\psi(t)\delta(x-x'),0<x'<l$$

假若作用力是一个集中力,它的作用点,在长为 l 的梁上以速度 v 而做等速运动,那么,载荷 $p(x,t)$ 又可表示为

$$p(x,t)=\begin{cases}\psi(t)\delta(x-vt),0\leqslant vt\leqslant l\\ 0,vt>l\end{cases}$$

上述诸问题都是就一维情形讨论的. 这时系统所受的脉冲力,一般用 $\delta(x)$ 或 $\delta(x-x_0)$ 再乘以冲量强度即可表示出来. 对于二维或三维以上的系统所受的脉冲力,用 δ — 函数也可以表示出来. 只要注意前面高维 δ — 函数的性质 13 和推论 13 即可.

如矩形膜的振动中,设有一个膜,它在平衡的位置下,占有平面 $z=0$ 内的矩形

$$0\leqslant x\leqslant a;0\leqslant y\leqslant b$$

且于该矩形内某一点 (p,q) 处,施以一个垂直于膜的冲量 I. 这时,表示这个冲量,则可用二维 δ — 函数表示,即

$$g(x,y)=\frac{I}{\sigma}\delta(x-p)\delta(y-q)$$

其中 $0\leqslant p\leqslant a,0\leqslant q\leqslant b$，而 σ 是膜的面密度．

又如空间某物体——为了便于推导方程，不妨设为一个厚的弹性柱体或者厚的弹性球体，且占有某个空间区域为

$$0\leqslant x\leqslant a,0\leqslant y\leqslant b,0\leqslant z\leqslant c$$

如果在该物体的某点 (p,q,r) 处，受到一个瞬时力 F_0 作用，那么这个力可表示为

$$g(x,y,z)=F_0\delta(x-p)\delta(y-q)\delta(z-r)$$

将这个力的表达式代入物体受该力而产生振动的振动方程里，便可求出物体的振动规律．

我们不再重复这些类似的表达式，读者只要掌握这一规律，一般所遇到的力均能表示出来．下面给出一个二维的例子．

例 5　如图 1，一个弯曲的均匀梁，两端铰支，在 $x=l/4$ 处受脉冲力冲击，求其响应．

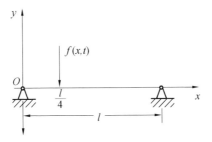

图 1

解　如图 1 取坐标系 xOy，位移函数设为 $y(x,t)$，脉冲力的强度为 F_0．显然，这个作用力不仅与位置有关，而且与时间有关，所以，设 $f(x,t)$ 表示该力，

则有

$$f(x,t) = F_0\delta(t)\delta(x - \frac{l}{4}) \tag{4}$$

由力学原理可知梁的振动方程为

$$-\frac{\partial^2}{\partial x^2}\left[EI(x)\frac{\partial^2 y(x,t)}{\partial x^2}\right] + f(x,t) =$$

$$m(x)\frac{\partial^2 y(x,t)}{\partial t^2} \tag{5}$$

其中 E 是弹性模量,$I(x)$ 为梁的截面惯性矩,$m(x)$ 为梁的分布质量,为了简便,设 $I(x),m(x)$ 均为常数. 并设初始条件为 $y(x,0)=y_t(x,0)=0$,边界条件为 $y(0,t)=y(l,t)=0$,即得偏微分方程定解问题为

$$\begin{cases} \dfrac{\partial^2 y}{\partial t^2} = -\dfrac{\partial^2}{\partial x^2}\left[EI\dfrac{\partial^2 y}{\partial x^2}\right] + F_0\delta(t)\delta(x - \dfrac{l}{4}) \\ y(0,t) = y(l,t) = 0 \\ y(x,0) = y_t(x,0) = 0 \end{cases}$$

求这个定解问题,可用一般偏微分方程书中的典型解法——分离变量法来解,即设变量已分离的解为

$y(x,t) = \sum\limits_{n=1}^{\infty} X(x)T(t)$,先解特征方程

$$\frac{\mathrm{d}^2 T}{\mathrm{d}t^2} + \omega^2 T = Q(t) \tag{6}$$

其中

$$Q(t) = \int_0^t F_0\delta(t)\delta(x - \frac{l}{4})X(x)\mathrm{d}x$$

ω 为固有频率. 对于无阻尼单自由度系统式(26)的解为

$$T(t) = \frac{1}{\omega}\int_0^t Q(\tau)\sin\omega(t-\tau)\mathrm{d}\tau +$$

$$T(0)\cos\omega t + \frac{1}{\omega}T'(0)\sin\omega t \tag{7}$$

当激励力 $f(x,t)$ 为零时,方程(5)经分离变量解法得到的另一特征方程为

$$EI\frac{\mathrm{d}^4 X}{\mathrm{d}x^4} = \omega^2 m X(x) \qquad (8)$$

由

$$\omega = (n\pi)^2 \sqrt{\frac{EI}{ml^4}}, n = 1,2,\cdots$$

则其解为

$$X(x) = \sqrt{\frac{2}{ml}}\sin\frac{n\pi x}{l}, n = 1,2,\cdots$$

从而,由 δ－函数表示的激励 $f(x,t)$ 经过变换后得

$$Q(t) = \int_0^t F_0 \delta(t)\delta(x-\frac{l}{4})\sqrt{\frac{2}{ml}}\sin\frac{n\pi x}{l}\mathrm{d}x =$$

$$F_0\delta(t)\sqrt{\frac{2}{ml}}\int_0^t \delta(x-\frac{l}{4})\sin\frac{n\pi x}{l}\mathrm{d}x =$$

$$F_0\sqrt{\frac{2}{ml}}\sin\frac{n\pi}{4}\delta(t) \qquad (9)$$

将式(9)代入式(7)并注意初始条件,得

$$T(t) = \frac{1}{\omega}\int_0^t F_0\sqrt{\frac{2}{ml}}\sin\frac{n\pi}{4}\delta(t)\sin\omega(t-\tau)\mathrm{d}\tau =$$

$$\frac{1}{\omega}F_0\sqrt{\frac{2}{ml}}\sin\frac{n\pi}{4}\sin\omega t \qquad (10)$$

故所求之响应为

$$y(x,t) = \sum_{n=1}^{\infty} X(x)T(t) = \sum_{n=1}^{\infty}\sqrt{\frac{2}{ml}}\sin\frac{n\pi x}{l}\cdot$$

$$\frac{1}{\omega}F_0\sqrt{\frac{2}{ml}}\sin\frac{n\pi}{4}\sin\omega t =$$

$$\sum_{n=1}^{\infty} \frac{2F_0 l}{n^2 \pi^2 \sqrt{mEI}} \sin \frac{n\pi}{4} \sin \frac{n\pi x}{l} \sin \omega t$$

13.3　持续力表示为瞬时力的叠加

在叙述 δ — 函数的物理意义时，曾给出位于空间内某点 $p_0(x_0, y_0, z_0)$，而质量为 m 的质点，密度可记为 $m\delta(x - x_0)\delta(y - y_0)\delta(z - z_0)$；若位于 $p_0(x_0, y_0, z_0)$ 点而电量为 q 的点电荷的电荷密度可记为 $q\delta(x - x_0)\delta(y - y_0)\delta(z - z_0)$；若作用于瞬时 t_0 时刻而冲量为 F 的瞬时力也可记为 $F\delta(t - t_0)$ 等。所以说连续分布的质量、电荷或持续力，也可以用 δ — 函数来表示。

在振动理论中，一个振动系统受到外力作用，产生强迫振动，其外力或者是瞬时力，或者为持续力。当系统受到瞬时力的作用，求其振动规律时，前面已有多例可见。当系统受到持续力作用时，即把在某时间间隔中的持续力看作许多前后相继的瞬时力。特别是把连续分布的空间中的外力，看作鳞次栉比排列着的许多点上的作用力。也就是将持续的外力转化为瞬时力的叠加。设 $F(t)$ 为持续力，持续的时间不妨设为从 $t = a$ 到 $t = b$。于是，我们将区间 $[a, b]$ 分割成许多小时间段，在某个从 τ_i 到 $\tau_i + \mathrm{d}\tau$ 的时间段内，力 $F(\tau_i)$ 的冲量是 $F(\tau_i)\mathrm{d}\tau$，由于 $\mathrm{d}\tau$ 很短，所以，就把这段短时间内的作用力看作瞬时力，由 13.2 节的讨论可知，该瞬时力可表示为

$$F(\tau_i)\delta(t - \tau_i)$$

这些瞬时力的叠加，就是持续力 $F(t)$，即

$$F(t) = \sum_{i=1}^{n} F(\tau_i)\delta(t - \tau_i)\mathrm{d}\tau =$$

$$\int_a^b F(\tau)\delta(t - \tau)\mathrm{d}\tau$$

上述设想之所以能在线性振动理论中实现,那是因为线性振动系统有符合迭加原理的重要性质.即若干个激励单独对系统产生的总响应(或者说是总的效应),是各个激励对系统产生的响应的叠加,特别是这若干个激励,无须加在系统的同一部分里,因为一个激励的存在并不影响另一个激励引起的响应.正因如此,我们为了分析线性系统受多个激励产生的总的响应,可以先分析单个激励所产生的响应,然后把这些响应迭加起来,就等于总的响应.这样就可以使问题由复杂变为简单,为我们处理许多复杂的振动问题,提供了方便.

我们还能进一步看到,作用在点 ξ 的时刻 τ 的外力 $f(x,t)$ 可以记为

$$f(x,t) = \int_0^t \int_0^l \rho f(\xi, \tau)\delta(x - \xi)\delta(t - \tau)\mathrm{d}\xi\mathrm{d}\tau \quad (1)$$

若对两端点固定的弦振动问题而言,作用在点 ξ 和时刻 τ 的瞬时力 $\rho\delta(x - \xi)\delta(t - \tau)\mathrm{d}\xi\mathrm{d}t$ 所引起的振动 $G(x,t;\xi,\tau)$ 的定解问题是

$$\begin{cases} \dfrac{\partial^2 G}{\partial t^2} = a^2 \dfrac{\partial^2 G}{\partial x^2} + \delta(x - \xi)\delta(t - \tau) & (2) \\[2mm] G\mid_{x=0} = 0, G\mid_{x=l} = 0 & (3) \\[2mm] G\mid_{t=0} = 0, G_t\mid_{t=0} = 0 & (4) \end{cases}$$

该定解问题又可以转化为定解问题

$$\begin{cases} \dfrac{\partial^2 G}{\partial t^2} - a^2 \dfrac{\partial^2 G}{\partial x^2} = 0 & (5) \\[2mm] G\mid_{x=0} = 0, G\mid_{x=l} = 0 & (6) \\[2mm] G\mid_{t=\tau+0} = 0, G_t\mid_{t=\tau+0} = \delta(x-\xi) & (7) \end{cases}$$

而解出来. $G(x,t;\xi,\tau)$ 是作用在一个点上的瞬时力所引起的振动. 所以 G 称为两端固定弦受迫振动的格林函数. 显然式(5)～(7)的解 G 解出后, 由迭加原理可知, 任意外力 $F(x,t) = \rho f(x,t)$ 作用下的强迫振动规律便是

$$u(x,t) = \int_0^t \int_0^l f(\xi,\tau) G(x,t;\xi,\tau) \mathrm{d}\xi \mathrm{d}\tau \qquad (8)$$

例 6　设长度为 l, 两端固定的梁在点 $x = x_0$ 处受到外力为 $F_0 \cos \dfrac{n\pi}{l} \sin \omega t$ 而振动, 求解梁的振动规律.

解　这个定解问题可转化为先对定解问题

$$(A)\begin{cases} \dfrac{\partial^2 u}{\partial t^2} = a^2 \dfrac{\partial^2 u}{\partial x^2} + F_0 \cos \dfrac{n\pi}{l} \sin \omega t, t > 0, 0 < x < l \\[2mm] u\mid_{x=0} = 0, u\mid_{x=l} = 0, t \geqslant 0 \\[2mm] u\mid_{t=0} = 0, u_t\mid_{t=0} = 0, 0 \leqslant x \leqslant l \end{cases}$$

求格林函数 $G(x,t;\xi,\tau)$, 即解定解问题

$$(B)\begin{cases} \dfrac{\partial^2 G}{\partial t^2} = a^2 \dfrac{\partial^2 G}{\partial x^2} + \delta(x-\xi)\delta(t-\tau) \\[2mm] G\mid_{x=0} = 0, G\mid_{x=l} = 0 \\[2mm] G\mid_{t=0} = 0, G_t\mid_{t=0} = 0 \end{cases}$$

而定解问题(B)又由杜哈美原理可转化为如下定解问题

$$(C)\begin{cases} \dfrac{\partial^2 G}{\partial t^2} = a^2 \dfrac{\partial^2 G}{\partial x^2} \\[2mm] G\mid_{x=0} = 0, G\mid_{x=l} = 0 \\[2mm] G\mid_{t=\tau+0} = 0, G_t\mid_{t=\tau+0} = \delta(x-\xi) \end{cases}$$

定解问题（C）的解的一般形式为

$$G(x,t;\xi,\tau) = \sum_{n=0}^{\infty} \left[A_n(\xi,\tau)\cos\frac{n\pi a(t-\tau)}{l} + \right.$$

$$\left. B_n(\xi,\tau)\sin\frac{n\pi a(t-\tau)}{l} \right]\cos\frac{n\pi x}{l}$$

其中系数 $A_n(\xi,\tau)$ 和 $B_n(\xi,\tau)$ 由初始条件确定,即

$$\begin{cases} \displaystyle\sum_{n=0}^{\infty} A_n(\xi,\tau)\cos\frac{n\pi x}{l} = 0 \\ \displaystyle\sum_{n=1}^{\infty} B_n(\xi,\tau)\frac{n\pi a}{l}\cos\frac{n\pi x}{l} = \delta(x-\xi) \end{cases}$$

将上式右端的 $\delta(x-\xi)$ 也展开为傅氏余弦级数,即

$$\delta(x-\xi) = \frac{2}{l}\sum_{n=0}^{\infty}\frac{1}{C_n}\cos\frac{n\pi\xi}{l}\cos\frac{n\pi x}{l}$$

并比较两端系数,得

$$A_n(\xi,\tau) = 0, B_n(\xi,\tau) = \frac{2}{n\pi a}\cos\frac{n\pi\xi}{l}, n \neq 0$$

从而,格林函数为

$$G(x,t;\xi,\tau) = \frac{1}{l}(t-\tau) + \frac{2}{\pi a}\sum_{n=1}^{\infty}\frac{1}{n}\sin\frac{n\pi a(t-\tau)}{l} \cdot$$

$$\cos\frac{n\pi\xi}{l}\cos\frac{n\pi x}{l}$$

于是,由式（8）可知定解问题（A）的解为

$$u(x,t) = \int_0^t\int_0^l f(\xi,\tau)G(x,t;\xi,\tau)\mathrm{d}\xi\mathrm{d}\tau =$$

$$\frac{1}{l}\int_0^t\int_0^l (t-\tau)F_0\cos\frac{\pi\xi}{l}\sin\omega\tau\,\mathrm{d}\xi\mathrm{d}\tau +$$

$$\frac{2F_0}{\pi a}\sum_{n=1}^{\infty}\frac{1}{n}\cos\frac{n\pi x}{l} +$$

$$\frac{2F_0}{\pi a}\sum_{n=1}^{\infty}\frac{1}{n}\cos\frac{n\pi x}{l}\int_0^t\int_0^l \cos\frac{\pi\xi}{l} \cdot$$

$$\sin \omega\tau \sin \frac{n\pi a(t-\tau)}{l} \cos \frac{n\pi\xi}{l} \mathrm{d}\xi\mathrm{d}\tau =$$

$$\frac{2F_0}{2a} \sum_{n=1}^{\infty} \frac{1}{n} \cos \frac{n\pi x}{l} \int_0^l \cos \frac{\pi\xi}{l} \cdot$$

$$\cos \frac{n\pi\xi}{l} \mathrm{d}\xi \int_0^t \sin \omega\tau \sin \frac{n\pi a(t-\tau)}{l} \mathrm{d}\tau$$

对 ξ 积分当 $n \neq 1$ 时为 0，当 $n=1$ 时，这个积分的值等于 $\frac{l}{2}$. 于是

$$u(x,t) = \frac{F_0 l}{\pi a} \cos \frac{\pi x}{l} \int_0^t \sin \omega t \sin \frac{\pi a(t-\tau)}{l} \mathrm{d}\tau =$$

$$\frac{F_0 l}{\pi a} \frac{1}{\omega^2 - \pi^2 a^2/l^2} \left(\omega \sin \frac{\pi at}{l} - \frac{\pi a}{l} \sin \omega t \right) \cos \frac{\pi x}{l}$$

例7 如图 2，一个等剖面简支梁，承受轴向拉力 N 和在 $x=\xi$ 点处有一单位集中横向载荷 $P=1$ 的平衡问题. 梁的挠度 $\omega(x)$ 满足下列定解问题

$$\begin{cases} EJ \dfrac{\mathrm{d}^4\omega}{\mathrm{d}x^4} - N \dfrac{\mathrm{d}^2\omega}{\mathrm{d}x^2} = q(x) \\ \omega(0) = \omega(l) = 0 \\ \left.\dfrac{\mathrm{d}^2\omega}{\mathrm{d}x^2}\right|_{x=0} = \left.\dfrac{\mathrm{d}^2 x}{\mathrm{d}x^2}\right|_{x=l} = 0 \end{cases} \tag{9}$$

其中 EJ 表示梁的弯曲刚度，$q(x) = \delta(x-\xi)$，求梁的挠度 $\omega(x)$.

解 上述边界条件表明，将 $\omega(x)$ 展开成正弦级数，即

$$\omega(x) = \sum_{n=1}^{\infty} a_n \sin \frac{n\pi x}{l}$$

式中 a_n 是待定系数，将 $\omega(x)$ 的展开式代入式(9)，得

$$\sum_{n=1}^{\infty} \left(\frac{n^4\pi^4}{l^4} EJ + \frac{n^2\pi^2}{l^2} N \right) a_n \sin \frac{n\pi x}{l} = \delta(x-\xi)$$

$$\tag{10}$$

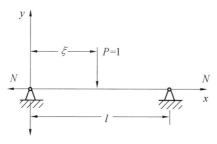

图 2

把 $\delta(x-\xi)$ 也展成正弦级数,得

$$\delta(x-\xi) = \frac{2}{l}\sum_{n=1}^{\infty} b_n \sin\frac{n\pi x}{l} \qquad (11)$$

其中

$$b_n = \int_0^l \delta(x-\xi)\sin\frac{n\pi x}{l}\mathrm{d}x = \sin\frac{n\pi \xi}{l}$$

于是

$$\delta(x-\xi) = \frac{2}{l}\sum_{n=1}^{\infty}\sin\frac{n\pi \xi}{l}\sin\frac{n\pi x}{l} \qquad (12)$$

将式(12)代入式(10),然后比较等式两端同类项的系数,得

$$a_n = \frac{2}{l}\frac{1}{\dfrac{\pi^4 EJ}{l^4}n^4 + \dfrac{\pi^2 N}{l^2}n^2}\sin\frac{n\pi \xi}{l}$$

从而,所求之挠度 $\omega(x)$ 为

$$\omega(x) = \frac{2l^3}{n^4 EJ}\sum_{n=1}^{\infty}\frac{\sin\dfrac{n\pi \xi}{l}\sin\dfrac{n\pi x}{l}}{n^4\left(1 + \dfrac{Nl^2}{n^2 EJ\pi^2}\right)}$$

在许多工程上,所见的系统多是结构上作用有集中载荷的情况,求它的解,多数离不开 δ—函数及其性

431

质. 例如一个变剖面梁(图 3),承受轴向拉力 N,分布横向载荷 $q(x)$ 以及 $x=\xi$ 处集中弯矩 $\overline{M}_\xi$ 的作用,由力学理论可知,梁的总势能 Π 表示为

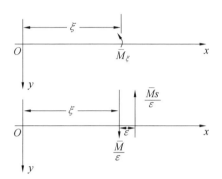

图 3

$$\Pi = \int_0^t \left\{ \frac{1}{2} EJ \left(\frac{\mathrm{d}^2 \omega}{\mathrm{d}x^2} \right)^2 + \frac{1}{2} N \left(\frac{\mathrm{d}\omega}{\mathrm{d}x} \right)^2 - q(x)\omega \right\} \mathrm{d}x +$$
$$\overline{M}_\xi \omega'(\xi) \tag{13}$$

若把单位集中载荷看作分布载荷,它的表达式是

$$q(x,\xi) = \delta(x-\xi)$$

集中力矩 $\overline{M}_\xi$ 可以被看成是由两个方向相反无限靠拢的集中力组成的(图 3). 规定 $\overline{M}_\xi$ 的逆时针方向为正,于是,应有

$$q_M(x,\xi) = \lim_{\varepsilon \to 0} \frac{\overline{M}_\xi}{\varepsilon} \{ \delta(x-\xi) - \delta[x-(\xi+\varepsilon)] \} =$$
$$\lim_{\varepsilon \to 0} \left\{ -\overline{M}_\xi \frac{\delta[x-(\xi+\varepsilon)] - \delta(x-\varepsilon)}{\varepsilon} \right\} =$$
$$-\overline{M}_\xi \delta'(x-\xi)$$

将此"广义"的分布载荷并入原有的分布载荷 $q(x)$

中,式(13) 就可以改写成

$$\Pi = \int_0^t \left\{ \frac{1}{2} EJ \left(\frac{\mathrm{d}^2 \omega}{\mathrm{d} x^2} \right)^2 + \frac{1}{2} N \left(\frac{\mathrm{d} \omega}{\mathrm{d} x} \right)^2 - q^*(x) \omega \right\} \mathrm{d} x$$

其中 $q^*(x) = q(x) - \overline{M}_\xi \delta'(x - \xi)$. 这样就给问题的求解带来很大方便.

振动理论在工程建筑中, 经常要分析建筑材料 (比如某梁内) 在外载荷作用下其剪力和弯矩的分布情况, 以便判断出梁中的危险截面, 有利于进行强度控制. 利用 δ — 函数的性质 1, 对具体问题把弯矩和剪力的关系从数学上联系起来就可得到完美的结果. 请看下面例题:

例 8 考虑一个简支梁上作用有沿梁移动的集中力偶, 如图 4 所示. 按静力平衡规律, 则易求得梁内弯矩的分布(图 5)和剪力的分布(图 6).

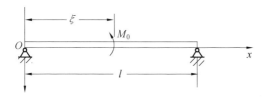

图 4

通常在集中力偶作用点处, 梁内弯矩往往是从强度设计的要求出发人为定义的(一般都是以作用点两侧极邻近的截面上较大弯矩者作为该截面上的内弯矩).

于是, 梁上弯矩函数可以写为

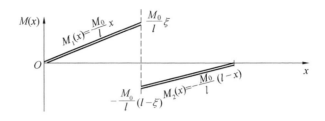

图 5

图 6

$$M(x)=\begin{cases} \dfrac{M_0}{l}x\,,\text{当 } x<\xi \text{ 时}(0\leqslant\xi\leqslant l) \\[3mm] -\dfrac{M_0}{l}(l-x)\,,\text{当 } x>\xi \text{ 时}(0\leqslant\xi\leqslant l) \end{cases}$$

(14)

在梁上取微元体,列静力平衡方程,可知,弯矩 $M(x)$ 与剪力函数 $V(x)$ 刚好构成关系式

$$\frac{\mathrm{d}M(x)}{\mathrm{d}x}=V(x)$$

(15)

利用 δ — 函数性质 9,就可以容易地把剪力函数 $V(x)$ 表示出来

$$V(x)=M'(x)=C\delta(x-\xi)+\begin{cases} \dfrac{M_0}{l}\,,\text{当 } x<\xi \text{ 时} \\[3mm] \dfrac{M_0}{l}\,,\text{当 } x>\xi \text{ 时} \end{cases}$$

(16)

434

其中 $C=M'(\xi+0)-M'(\xi-0)$. 有趣的是 $M(x)$ 是间断函数，它的导数却是连续函数，这从数学上似乎难以理解，然而在力学上这却是事实，这正是 δ － 函数从中所起的微妙作用. 在该例中，当 $x=\xi$ 时，$V(\xi)=\dfrac{M_0}{l}$.

因此，应使 $C\delta(x-\xi)=\dfrac{M_0}{l}(x=\xi)$，而 C 的表达式中 M 的左、右导数值可以人为地补充定义，如今

$$M'(\xi+0)=\frac{M_0/2l}{\delta(x-\xi)}$$

$$M'(\xi-0)=\frac{-M_0/2l}{\delta(x-\xi)}$$

这样 $C\delta(x-\xi)=\dfrac{M_0}{l}$（当 $x=\xi$ 时），从而保证了 $V(x)$ 的连续性.

写到这里，读者容易发现，就其振动理论而言，还有非线性振动、随机振动、弹性振动以及电动力学中的振动理论等内容. 这些内容涉及的知识面极广，仅就本书开始要求读者具有高等数学的知识而言，已经就不够用了. 所以，上述内容均从略. 然而，δ － 函数在上述理论中的应用，也无非如此，即用 δ － 函数表示系统所受的力，或者是将非线性振动转化为线性振动，然后再运用将持续力变为瞬时力的叠加等方法. 因此，我们说本章所讲述的 δ － 函数在振动理论中的应用具有典型性.

δ — 函数在地球物理勘探中的应用

第 14 章

世界著名数学家 H. Poincaré 曾指出:

物理科学不仅给了我们（数学家）求解问题的机会,而且还帮助我们发现解决它们的方法,后者包括两个方面. 它一方面引导我们预期问题的解,另一方面又为我们提出了适当的论证路线.

在地球物理勘探中,经常会遇到一些特殊的信号,无法用通常意义下的函数来描述. 不仅如此,在对这些信号的处理方法上,如滤波、频域和时域转换等方面,也是步履维艰. 正是由于有了 δ — 函数这个强有力的数学工具,根据它

的定义和特有的性质,不仅能恰当地表示这些特殊的信号,而且,还能大量地简化其中烦琐的数学推导.因此,δ－函数已被广泛地应用于地球物理勘探领域中,本章举一些实例,说明 δ－函数在地球物理勘探方法的理论分析、正反演方法的研究,以及信号数字处理诸方面的应用.

14.1　应用 δ－函数描述地震源的脉冲波

在地球物理勘探中,传播于地下岩石介质中的地震波,是通过人工震源激发产生的.震源的种类很多,诸如炸药爆炸、气枪、电火花、锤击等.它们中的大多数在激励的瞬间产生巨大的冲击力,激发岩石介质振动而产生地震脉冲波,我们通常称这种源为理想脉冲源.对于理想脉冲源及其产生传播的脉冲波的描述,从数学角度上,只能借助于 δ－函数,即

$$\Phi(t) = \begin{cases} 0, 0 > t > \Delta t \\ \delta(t), 0 \leqslant t \leqslant \Delta t \end{cases} \tag{1}$$

或

$$\Phi(n) = \begin{cases} 0, n \neq 0 \\ \delta(n), n = 0 \end{cases} \tag{2}$$

式(1)中的 Δt 是表示一瞬间,即很短暂的时刻,脉冲波如图 1 所示.

若激发源不是上述的理想脉冲时,例如是一任意震源 $S(t)$ 或 $\{S(n)\}$,这时,我们虽然不能直接用 $\delta(t)$ 或 $\delta(n)$ 来表示,但它可以通过 $\delta(t)$ 或 $\delta(n)$ 来间接地表示,即

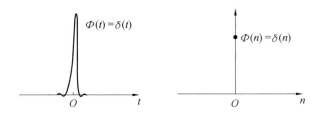

图 1

$$S(t) = \int_{-\infty}^{+\infty} S(\tau)\delta(t-\tau)\,\mathrm{d}\tau \qquad (3)$$

或

$$S(n) = \sum_{k=0}^{\infty} S(k)\delta(n-k), n \geqslant 0$$

这实际上就是表示脉冲波的叠加.

　　在地球物理勘探中,我们经常分析信号的频谱,以了解信号的组成特点.脉冲波的频谱特征在地球物理勘探中特别重要.我们也常用

$$\delta(\omega) = F[\delta(t)] = \int_{-\infty}^{+\infty} \delta(t)\mathrm{e}^{-\mathrm{i}\omega t}\,\mathrm{d}t = 1 \qquad (4)$$

来从频率域角度描述脉冲源信号和传播的脉冲波,其中 ω 为频率(图 2).

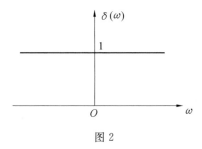

图 2

　　脉冲源函数及脉冲波的频谱是个均匀谱,是由无穷多频率成分的信号组成. 说明脉冲源发出的脉冲信号含有丰富的频率信号,尤其高频信息丰富,具有这种频谱特征的信号,在时间域内是个尖脉冲状(图 1).

　　凡是在地球物理勘探中,出现的这类尖脉冲状信号,一般都是采用 δ — 函数来表示.

14.2　地震波波动理论的讨论

　　在地震波波动理论的讨论中,有时需要考虑波动特点和外力源(震源)的关系,有时在波动方程求解中要引入格林(Green)函数等,都要涉及 δ — 函数的问题. 下面通过几个实例,说明 δ — 函数的作用.

14.2.1　标量介质 —— 时间简谐震源情况下二维波动理论讨论中 δ — 函数的应用

　　外力源为时间简谐震源时,地震波波动方程应是非齐次标量形式,即

$$\frac{\partial^2 \varphi}{\partial x^2} + \frac{\partial^2 \varphi}{\partial z^2} - \frac{1}{v^2}\frac{\partial^2 \varphi}{\partial t^2} = -2\pi\delta(x)\delta(z)\mathrm{e}^{-\mathrm{i}\omega t} \qquad (1)$$

为了求得式(1)的解,我们令

$$\varphi(x,z,t) = \Phi(x,z)\mathrm{e}^{-\mathrm{i}\omega t}$$

并代入式(1),得

$$\frac{\partial^2 \Phi}{\partial x^2} + \frac{\partial^2 \Phi}{\partial z^2} + k^2\Phi = -2\pi\delta(x)\delta(z) \qquad (2)$$

其中,$k = \dfrac{\omega}{v}$,利用 δ — 函数的傅氏变换,会使方程求解简便,于是,将式(2)两边关于 x 作傅氏变换,即

$$\widetilde{\Phi}(k_x, z) = \int_{-\infty}^{+\infty} \Phi(x, z) e^{-ik_x x} \, dx$$

$$\Phi(x, z) = \frac{1}{2\pi} \int_{-\infty}^{+\infty} \widetilde{\Phi}(k_x, z) e^{ik_x x} \, dk_x$$

得

$$-k_x^2 \widetilde{\Phi} + \frac{\partial^2 \widetilde{\Phi}}{\partial z^2} + k^2 \widetilde{\Phi} = -2\pi \delta(z) \tag{3}$$

再把式(3)关于 z 作双边拉普拉斯变换,即

$$\widetilde{\widetilde{\Phi}}(k_x, p) = \int_{-\infty}^{+\infty} \widetilde{\Phi}(k_x, z) e^{-pz} \, dz$$

$$\widetilde{\Phi}(k_x, z) = \frac{1}{2\pi i} \int_{a-i\infty}^{a+i\infty} \widetilde{\widetilde{\Phi}}(k_x, p) e^{pz} \, dp$$

代入式(3)得到

$$\left[p^2 - (k_x^2 - k^2) \right] \widetilde{\widetilde{\Phi}} = -2\pi \tag{4}$$

同样方法,也可以把式(1)先对 z 作傅氏变换,然后再对 x 作拉普拉斯变换,得

$$\left[p^2 - (k_z^2 - k^2) \right] \widetilde{\widetilde{\Phi}} = -2\pi \tag{5}$$

这里推导的目的,不是要去求方程的解(如果要求解,从式(4)或式(5)解出 $\widetilde{\widetilde{\Phi}}$,再取其逆变换即得),而主要是说明从式(1)过渡到式(4)或(5)的过程,δ-函数所起的简化运算的作用.

14.2.2 标量介质 —— 脉冲震源情况下 δ-函数的应用

外力源是一脉冲 δ-函数时,相应的地震波波动方程为

$$\frac{\partial^2 \varphi}{\partial x^2} + \frac{\partial^2 \varphi}{\partial z^2} - \frac{1}{v^2} \frac{\partial^2 \varphi}{\partial t^2} = -2\pi \delta(x) \delta(z) \delta(t) \tag{6}$$

应用 δ-函数的性质,对式(6)求解.首先将式(6)

两端关于时间 t 作拉普拉斯变换,得

$$\frac{\partial^2 \Phi}{\partial x^2} + \frac{\partial^2 \Phi}{\partial z^2} - \frac{s^2}{v^2}\Phi = -2\pi\delta(x)\delta(z) \qquad (7)$$

其中

$$\Phi = \int_0^{+\infty} \varphi(x,y,t)\mathrm{e}^{-st}\,\mathrm{d}t$$

再将式(7)两边关于 x 作傅氏变换,即

$$\widetilde{\Phi}(q,z,s) = \int_{-\infty}^{+\infty} \Phi(x,z,s)\mathrm{e}^{-\mathrm{i}sq\frac{x}{v}}\,\mathrm{d}x$$

代入式(7)得

$$-\left(\frac{sq}{v}\right)^2\widetilde{\Phi} + \frac{\partial^2\widetilde{\Phi}}{\partial z^2} - \left(\frac{s}{v}\right)^2\widetilde{\Phi} = -2\pi\delta(z) \qquad (8)$$

最后,将式(8)关于 z 作双边拉普拉斯变换,有

$$p^2 - \left(\frac{s}{v}\right)^2(q^2+1)\widetilde{\widetilde{\Phi}} = -2\pi \qquad (9)$$

式中 $\widetilde{\widetilde{\Phi}} = \int_{-\infty}^{+\infty} \widetilde{\Phi}(q,z,s)\mathrm{e}^{-pz}\,\mathrm{d}z.$

易见由上节式(3)解出 $\widetilde{\widetilde{\Phi}}$,再取其逆变换,立即得到其解.对于式(6)如此简便地得到解,关键是应用了 δ—函数的积分性质.

14.2.3　弹性介质 —— 线力情况下 δ—函数的应用

作用于无限介质中,线力源的弹性波运动方程为

$$\frac{\lambda+2u}{\rho}\nabla(\nabla\cdot\boldsymbol{u}) - \frac{\boldsymbol{\mu}}{\rho}\nabla\times\nabla\times\boldsymbol{u} - \frac{\partial^2\boldsymbol{u}}{\partial t^2} =$$

$$-\boldsymbol{e}_z\frac{f(t)\delta(r)}{2\pi r\rho} \qquad (10)$$

式中 $\delta(r)$ 是空间坐标中的 δ—函数,$|\boldsymbol{r}| = (x^2 + y^2)^{\frac{1}{2}}$,$\boldsymbol{e}_z$ 是力 $f(t)$ 方向的单位矢量,∇ 为哈密顿算子.

对式(10) 两边作傅氏变换,得

$$U(x,z,\omega) = \int_{-\infty}^{+\infty} \boldsymbol{u}(x,z,t) \mathrm{e}^{-\mathrm{i}\omega t}\,\mathrm{d}t$$

$$F(\omega) = \int_{-\infty}^{+\infty} f(t) \mathrm{e}^{-\mathrm{i}\omega t}\,\mathrm{d}t$$

代入式(10),得

$$V_p^2 \nabla(\nabla \cdot U) - V_s^2 \nabla \times \nabla \times U + \omega^2 U =$$
$$-\boldsymbol{e}_z \frac{F(\omega)}{2\pi r\rho} \delta(r) \tag{11}$$

式中

$$V_p^2 = \frac{\lambda + 2\mu}{\rho}$$

$$V_s^2 = \frac{\mu}{\rho}$$

为了解式(11),将 U 表示为

$$U = \nabla(\nabla \cdot A_p) - \nabla \times (\nabla \times A_s) \tag{12}$$

在二维情况下,有

$$-\boldsymbol{e}_z \frac{F(\omega)}{2\pi r\rho} \delta(r) = -\boldsymbol{e}_z \frac{F(\omega)}{2\pi\rho} \nabla^2(\ln r) =$$

$$\nabla \cdot \nabla \left[-\boldsymbol{e}_z \frac{F(\omega)}{2\pi\rho} \ln r \right] -$$

$$\nabla \times \nabla \times \left[-\boldsymbol{e}_z \frac{F(\omega)}{2\pi\rho} \ln r \right] \tag{13}$$

如图 3 所示,其中力 f 是位于平板的平面,沿着 z 轴方向. 每单位厚度平板通过计算下列式子,可见式(13)是成立的.

$$\frac{1}{2\pi} \int \nabla^2(\ln r)\,\mathrm{d}s = \frac{1}{2\pi} \int \frac{\partial}{\partial r}(\ln r)\,\mathrm{d}l =$$

$$1 = \int \frac{\delta(r)}{2\pi r}\,\mathrm{d}s$$

把式(13) 和(12) 两式代入式(11),得到

$$V_p^2 \nabla \{\nabla \cdot [\nabla(\nabla \cdot A_p) + k_p^2 A_p + e_z F(\omega)(\ln r)/2\pi\rho v_p^2]\} +$$
$$v_s^2 \nabla \times \nabla \times [\nabla \times \nabla \times A_S - k_s^2 A_s - e_z F(\omega) \cdot$$
$$\ln r/2\pi\rho v_s^2] = 0$$

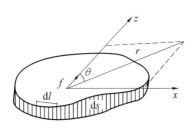

图 3   脉冲信号的频谱

把 $-\nabla \times \nabla \times A_p$，$-\nabla(\nabla \cdot A_s)$ 分别加入第一个和第二个括号内,并不改变上述整个表达式,于是,得

$$v_p^2 \nabla \{\nabla \cdot [\nabla(\nabla \cdot A_P) - \nabla \times \nabla \times A_P + k_p^2 A_P +$$
$$e_z F(\omega)\ln r/2\pi\rho v_p^2]\} + v_s^2 \nabla \times \nabla \times [\nabla \times \nabla \times A_S -$$
$$\nabla(\nabla \cdot A)_S - k_s^2 A_S - e_z F(\omega)\ln r/2\pi\rho v_s^2] = 0$$

如果下面两式

$$\nabla^2 A_P + k_p^2 A_P = -e_z \frac{F(\omega)\ln r}{2\pi\rho v_p^2} \tag{14}$$

$$\nabla^2 A_S + k_s^2 A_S = -e_z \frac{F(\omega)\ln r}{2\pi\rho v_s^2} \tag{15}$$

有解,我们可写成

$$A_P = e_z A_p$$

和

$$A_S = e_z A_s$$

则方程

$$\frac{\partial^2 A_p}{\partial x^2} + \frac{\partial^2 A_p}{\partial z^2} + k_p^2 A_p = -\frac{F(\omega)\ln r}{2\pi\rho v_p^2} \tag{16}$$

和

$$\frac{\partial^2 A_s}{\partial x^2} + \frac{\partial^2 A_s}{\partial z^2} + k_s^2 A_s = -\frac{F(\omega)\ln r}{2\pi\rho v_s^2} \qquad (17)$$

仍然有解,这时式(11)已简化为两个相同的标量方程式(16)和(17). 这两个方程的求解,仍然困难,因为 $\ln r$ 的奇异性,妨碍了积分变换解法的实施. 当引入了 δ — 函数后,解该两方程便简单易行了,因为

$$\nabla^2(\ln r) = \frac{\delta(r)}{r} = 2\pi\delta(x)\delta(z)$$

并将其对 x 作傅氏变换,对 z 作双边拉普拉斯变换,则有

$$(p^2 - k^2)\overline{\overline{\ln r}} = 2\pi$$

或者

$$\overline{\overline{\ln r}} = \frac{2\pi}{p^2 - k^2}$$

现在将式(16)的左端对 x 作傅氏变换,对 z 作双边拉普拉斯变换,得到 $(k_p^2 + p^2 - k^2)A_p$,合并起来有

$$\overline{\overline{A}}_p = -\frac{F(\omega)}{\rho V_p^2}\frac{1}{p^2 - k^2}\frac{1}{k_p^2 + p^2 - k^2}$$

进一步解下去,便可得到方程的解. 显然,在这个例子中,当我们在求解过程中遇到困难时,利用了 δ — 函数和它的性质,便巧妙地避开了障碍,使方程的最终求解得以进行下去.

14.2.4 基尔霍夫方程的积分解

建立波动方程积分形式的解,要求计算如图 4 中 Ω 域内任意一点 M 处的波场 $\varphi(x, y, z, t)$. 按惠更斯 — 夫列涅尔原理,点 M 的波场是由分布域 Ω 内和域 Ω 外的波源引起的. 其中点 S 是位于域内的波源,波源分别是任意的. 求解是把各个点 S 波源在点 M 引起的响应叠加起来,以得到域 Ω 内全部波源的总效果. 域 Ω 外的

波源,可以用 Q 面上的积分表示其效应,我们用(x_1, y_1, z_1) 和 (x, y, z) 分别表示波源点和场点坐标,用 $\boldsymbol{r}$ 和 $\boldsymbol{r}_1$ 表示该两点的矢径,用 $R=|\boldsymbol{r}-\boldsymbol{r}_1|$ 代表从点 S 到点 M 的距离,$R=|\boldsymbol{r}-\boldsymbol{r}_1|=[(x-x_1)^2+(y-y_1)^2+(z-z_1)^2]^{\frac{1}{2}}$,即

$$\iiint\limits_{\Omega}(\psi\nabla^2\varphi-\varphi\nabla^2\psi)\mathrm{d}\Omega=\oiint_{Q}\left(\psi\frac{\partial\varphi}{\partial\boldsymbol{n}}-\varphi\frac{\partial\psi}{\partial\boldsymbol{n}}\right)\mathrm{d}Q$$

$$(18)$$

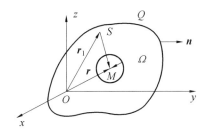

图 4

求解. 式中 ψ 和 φ 是空间域 Ω 内具有二阶连续偏导数的两个任意函数,$\frac{\partial}{\partial\boldsymbol{n}}$ 表示沿外法线 $\boldsymbol{n}$ 的方向导数,Q 是域 Ω 的边界曲面,由于在点 M 时 $\frac{1}{R}\to\infty$,有奇点,不满足格林公式的条件,所以,要围绕点 M 画一个很小的球面 Q_0,把它作为 Ω 域的内边界面,Q 和 Q_0 所围的体积为 Ω'.

设 $\varphi=\frac{1}{R}\delta\left(t+\frac{R}{v}\right)$,$\psi$ 是满足波动方程的解,F 为力位,即

$$v^2\nabla^2\psi-\ddot{\psi}=-F$$

$$(19)$$

445

将式(19)和 $\varphi = \dfrac{1}{R}\delta(t + \dfrac{R}{v})$ 代入式(18)左端,并设

$A(t)$ 为其积分结果,则有

$$A(t) = \int_{\Omega'}(\psi \nabla^2 \varphi - \varphi \ddot{\psi})\mathrm{d}\Omega'^{①} =$$

$$\int_{\Omega'}\left[\psi \frac{1}{v^2}\ddot{\varphi} - \varphi\left(\frac{1}{v_2}\ddot{\psi} - \frac{F}{v^2}\right)\right]\mathrm{d}\Omega' =$$

$$\frac{1}{v^2}\int_{\Omega'}(\psi\ddot{\varphi} - \varphi\ddot{\psi})\mathrm{d}\Omega' +$$

$$\int_{\Omega'}\frac{F\delta(t + \dfrac{R}{v})}{v^2 R}\mathrm{d}\Omega' =$$

$$\frac{1}{v^2}\frac{\partial}{\partial t}\int_{\Omega'}(\psi\dot{\varphi} - \varphi\dot{\psi})\mathrm{d}\Omega' +$$

$$\int_{\Omega'}\frac{F\delta(t + \dfrac{R}{v})}{v^2 R}\mathrm{d}\Omega'$$

再对 t 积分,得

$$\int_{-\infty}^{+\infty}A(t)\mathrm{d}t = \int_{\Omega'}\frac{1}{v^2 R}\left\{\int_{-\infty}^{+\infty}f(x_1, y_1, z_1, t)\delta(t + \frac{R}{v})\mathrm{d}t\right\}\mathrm{d}\Omega' +$$

$$\frac{1}{v^2}\left\{\left.\int_{\Omega'}(\psi\dot{\varphi} - \varphi\dot{\psi})\mathrm{d}\Omega'\right\}\right|_{t=-\infty}^{t=+\infty} \tag{20}$$

因为

$$\left.\delta(t + \frac{R}{v})\right|_{-\infty}^{+\infty} = 0$$

$$\left.\delta'(t + \frac{R}{v})\right|_{-\infty}^{+\infty} = 0$$

----

① 在科技书中,常把重积分记号"$\iiint\limits_{\Omega}$"简记为"$\int_{\Omega}$",只要注意积分区域和函数的维数便知是什么积分了.另外也常把一阶导数、二阶导数简记为"φ""$\ddot{\varphi}$".以下同.

所以,上式最后一项等于零,结果为

$$\int_{-\infty}^{+\infty} A(t)\mathrm{d}t = \int_{\Omega'} \frac{1}{v^2 R} f(x_1, y_1, z_1, -\frac{R}{v})\mathrm{d}\Omega'$$

现在我们来计算格林公式的右端,这个积分应该在曲面 Q 上和小球面 Q_0 上分别进行. 设 $B(t)$ 表示在 Q_0 表面上的积分结果,用如上面所选 ψ 和 φ 代入式中,有

$$B(t) = \oint_{Q_0} \left(\psi \frac{\partial \varphi}{\partial n} - \varphi \frac{\partial \psi}{\partial n}\right)\mathrm{d}Q =$$

$$\oint_{Q_0} \left\{\psi \mathrm{grad}' \frac{\delta(t+R/v)}{R} - \frac{\delta(t+R/v)}{R} \mathrm{grad}'\psi\right\} n\mathrm{d}Q =$$

$$\oint_{Q_0} \left\{\psi\delta(t+\frac{R}{v}) \mathrm{grad}'(\frac{1}{R}) + \frac{\psi}{R} \mathrm{grad}'\delta(t+\frac{R}{v}) - \frac{\delta(t+R/v)}{R} \mathrm{grad}'\psi\right\} \cdot n\mathrm{d}Q =$$

$$\oint_{Q_0} \left\{\psi \frac{\delta(t+R/v)}{R^3} R - \frac{\psi}{R^2 v}\delta'(t+\frac{R}{v}) R - \frac{\delta(t+R/v)}{R} \mathrm{grad}'\psi\right\} \cdot n\mathrm{d}Q \qquad (21)$$

由于在 Q_0 上求积分时,$R = R_0 = $ 常数,从而可把含 R 的因子提到积分号前面来. 将 $B(t)$ 对 t 积分,得

$$\int_{-\infty}^{+\infty} B(t)\mathrm{d}t = \oint_{Q_0} \left\{\left[\int_{-\infty}^{+\infty} \psi \frac{\delta(t+R/v)}{R^3} R - \frac{\psi}{vR^2}\delta'(t+\frac{R}{v}) R - \right.\right.$$

$$\frac{1}{R}\delta(t+\frac{R}{v})\operatorname{grad}'\psi]\mathrm{d}t\Big\}\cdot n\mathrm{d}Q$$

（22）

由于 δ — 函数的性质 2，上式对 t 积分后，式中就不再出现 δ — 函数，而其他函数中的 t 则全部换成 $-R/v$. 式（22）的后两项对 t 积分后得

$$-\oint_{Q_0}\Big\{\frac{1}{vR^2}\int_{-\infty}^{+\infty}\psi\delta'(t+\frac{R}{v})R\cdot n\mathrm{d}t+$$

$$\frac{1}{R}\int_{-\infty}^{+\infty}\delta(t+\frac{R}{v})\operatorname{grad}'\psi\cdot n\mathrm{d}t\Big\}\mathrm{d}Q=$$

$$-\oint_{Q_0}\Big\{-\frac{1}{vR^2}(\psi)\Big|_{t=-\frac{R}{v}}\frac{R}{R}+$$

$$\frac{1}{R}\operatorname{grad}'\psi\Big|_{t=-\frac{R}{v}}\Big\}\mathrm{d}Q=$$

$$4\pi R_0\Big\{\frac{1}{v}(\overline{\dot{\psi}})\Big|_{t=-\frac{R}{v}}+\Big(\frac{\partial\overline{\psi}}{\partial R}\Big)\Big|_{t=-\frac{R}{v}}\Big\}\quad(23)$$

我们假设函数 ψ 及其偏导数，在所考虑的空间域中是连续的和有限的，从而各导数的平均值 $\overline{\dot{\psi}}$（即中值）也是有限的，因此，当 $R_0\to0$ 时，上式结果趋于零，故有

$$\lim_{R_0\to0}\int B(t)\mathrm{d}t=\lim_{R_0\to0}\Big\{4\pi\psi(x,y,z,t=-\frac{R_0}{v})\Big\}=$$

$$4\pi\psi(x,y,z)\quad(24)$$

同理可求得格林公式右端与 Q 面有关的项，对时间 t 的积分，最后得到初始时刻 $t=0$ 时的波场积分形式的表达式为

$$\psi(x,y,z,t)\big|_{t=0}=\frac{1}{4\pi}\int_{\Omega}\frac{F(x_1,y_1,z_1,t)\big|_{t=\frac{R}{v}}}{R}\mathrm{d}\Omega'-$$

$$\frac{1}{4\pi}\oint_Q\Big\{[\psi]\Big|_{t=-\frac{R}{v}}\frac{\partial}{\partial n}\Big(\frac{1}{R}\Big)-$$

$$\frac{1}{vR}\frac{\partial R}{\partial n}\Big[\frac{\partial\psi}{\partial t}\Big]\Big|_{t=-\frac{R}{v}}-$$

$$-\frac{1}{R}\left(\frac{\partial\psi}{\partial n}\right)\Big|_{t=-\frac{R}{v}}-$$

$$\frac{1}{R}\left[\frac{\partial\psi}{\partial n}\right]\Big|_{t=-\frac{R}{v}}\Bigg\}\,\mathrm{d}Q \qquad (25)$$

14.3　δ—函数在地球物理正演模拟问题中的应用

在地球物理正演模拟问题中,应用 δ—函数的实例很多,这里仅举一个例子——二维声波模拟问题中 δ—函数的应用.

假设平面波在均匀介质内(区域 $z<Z$),以速度 v 沿着垂直方向传播,在 $t=0$ 时刻到达水平界面 $z=Z$,设想界面 $z=Z+\Delta Z$ 是两个均匀半空间的界面,沿界面的反射系数为 ξ,震源函数为

$$s(t)=\begin{cases}0,\text{当 }t<0\text{ 时}\\1,\text{当 }t>0\text{ 时}\end{cases}$$

波场 $u(x,z,t)$ 从水平界面 $z=Z$ 散射进入 $z<Z$ 区域,源波表示为

$$\varphi=s[t+(Z-z)/v] \qquad (1)$$

在区域 $z\leqslant Z$ 的二次场由反射波定义为

$$u'=\xi s[t-(Z+2\Delta Z-z)/v] \qquad (2)$$

该区域的二次场法向微分为

$$\frac{\partial u'}{\partial z}=\frac{\xi}{v}\delta[t-(Z+2\Delta Z-z)/v] \qquad (3)$$

其中

$$\delta(t)=\frac{\mathrm{d}s(t)}{\mathrm{d}t}$$

假如令 $\Delta\tau = 2\Delta Z/v$,则 $z = Z$ 的二次场可表示为

$$\frac{\partial u'}{\partial z} = \frac{\xi}{v}\delta(t - \Delta\tau) \tag{4}$$

式中的 $\dfrac{\partial u'}{\partial z}$ 是 u' 沿垂向方向的法向导数. 又令

$$g = \frac{s(t - t_r)}{(t^2 - t_r^2)^{\frac{1}{2}}} \tag{5}$$

定义为格林函数, $t_r = r/v$, $r = [(x - x_1)^2 + (z - z_1)^2]^{1/2}$, $\dfrac{\partial u'}{\partial z}$ 与格林函数 g 的褶积结果为

$$\frac{\partial u'}{\partial z} * g = \int_{-\infty}^{+\infty} \frac{\partial u'}{\partial z}(t - \tau)\frac{s(\tau - t_r)}{\sqrt{\tau^2 - t_r^2}}\mathrm{d}\tau =$$

$$\frac{\xi}{v}\frac{s(t - \Delta\tau - t_r)}{\sqrt{(t - \Delta\tau)^2 - t_r^2}}$$

将此式代入

$$u = \frac{1}{\pi}\int_{-\infty}^{+\infty}\left(\frac{\partial u'}{\partial z} * g\right)\mathrm{d}x$$

得

$$u = \frac{\xi}{\pi v}\int_{-\infty}^{+\infty}\frac{s(t - \Delta\tau - t_r)}{\sqrt{(t - \Delta\tau)^2 - t_r^2}}\mathrm{d}x \tag{6}$$

14.4　地球物理反演问题中 δ - 函数的应用

在地球物理反演问题中,不仅能应用 δ - 函数表示震源脉冲波,同时,对简化方程的解法上也起到了特殊的作用.

14.4.1　一维声波方程的波恩(Born)反演

层状介质面震源零时刻激发情况下,下半空间的

450

波场方程是

$$\begin{cases} \dfrac{\partial^2 u}{\partial z^2} - \dfrac{1}{V^2(z)}\dfrac{\partial^2 u}{\partial t^2} = -s(t)\delta(z) \\[2mm] \dfrac{\partial u}{\partial t}\Big|_{t=0} = u\mid_{t=0} = 0 \\[2mm] u\mid_{z=0} = 0,\ \dfrac{\partial u}{\partial z}\Big|_{z=0} = 0,\ u\mid_{z=0} = \varphi(t) \end{cases} \tag{1}$$

若速度函数 $V(z)$ 已知，则方程的解是确定的；若 $V(z)$ 是未知，则方程的解是不确定的. 求解 $V(z)$ 便是地球物理反演问题，或者说是反问题. 在对式（1）求解 $V(z)$ 过程中，为方便起见设 $s(t) = \dfrac{2}{C_0}\delta'(t)$，$C_0$ 是常数，称为参考速度或背景速度. 于是式（1）的泛定方程可表示为

$$\frac{\partial^2 u}{\partial z^2} - \frac{1}{V^2(z)}\frac{\partial^2 u}{\partial t^2} = -\frac{2}{C_0}\delta(z)\delta'(t) \tag{2}$$

令

$$\frac{1}{V_2(z)} = \frac{1 + a(z)}{C_0^2}$$

$$\left|\frac{a(z)}{C_0}\right| \ll 1$$

即 $a(z)$ 为 C_0 的微小扰动，这样产生的散射波能量很小，称之为弱散射. 再设 $u = u_1 + u_2$，其中 u_1 为入射波，u_2 为散射波，它们分别满足如下两个方程

$$\begin{cases} \dfrac{\partial^2 u_1}{\partial z^2} - \dfrac{1}{C_0^2}\dfrac{\partial^2 u_1}{\partial t^2} = -\dfrac{2}{C_0}\delta(z)\delta'(t) \\[2mm] \dfrac{\partial^2 u_2}{\partial z^2} - \dfrac{1}{C_0^2}\dfrac{\partial^2 u_2}{\partial t^2} = \dfrac{\delta(z)}{C_0^2}\dfrac{\partial^2 u_2}{\partial t^2} \end{cases} \tag{3}$$

由 δ 一函数的性质，将（3）两式对时间 t 作傅氏变换后，并利用初始条件，得

$$\frac{\mathrm{d}^2 \tilde{u}_1}{\mathrm{d}z^2} + k^2\tilde{u}_1 = \mathrm{i}2k\delta(z) \tag{4}$$

$$\frac{\mathrm{d}^2 \tilde{u}_2}{\mathrm{d}z^2} + k^2 \tilde{u}_2 = -a(z)k^2 \tilde{u}_2 \qquad (5)$$

式中 $k = \omega/C_0$. 用常数变易法容易求得式(4)的解为

$$\tilde{u}_1 = \mathrm{e}^{ikz}$$

用格林函数法可求出式(5)的解为

$$\tilde{u}_2(z,\omega) = \int_{-\infty}^{+\infty} \frac{1}{2ik} \mathrm{e}^{ik(\xi-k)} \left[-a(\xi)k^2 \tilde{u}_2(\xi,\omega) \right] \mathrm{d}\xi \qquad (6)$$

再利用波恩近似,进一步计算可求得 $a(z)$,最后便得到速度 $V(z)$,即是波恩反演的最终结果.

14.4.2　三维声波方程的波恩反演

在三维情况下,定解问题为

$$\begin{cases} \Delta u - \dfrac{1}{v^2(x)} \dfrac{\partial^2 u}{\partial t^2} = -\delta(x_1 - \xi_1, x_2 - \xi_2, x_3, t) \\ u(x,0) = u_t(x,0) = 0 \\ u \mid_{x_3=0} = \varphi(x_1, x_2, t, \xi_1, \xi_2) \end{cases}$$

$$(7)$$

其中, $x = (x_1, x_2, x_3)$, z 轴向下,(ξ_1, ξ_2) 是震源坐标,记

$$n(x) = \frac{1}{v(x)}$$

$$n_1(x) = n(x) - n_0$$

$$N_1 = \sup |n_1|$$

n_0 是常数称为参考值,$\left| \dfrac{n_1}{n_0} \right| \ll 1$,作小参数摄动

$$n_\varepsilon = n_0(1 + \frac{\varepsilon}{N_4} n_1), 0 < \varepsilon \leqslant \frac{N_1}{n_0} \qquad (8)$$

其中 ε 是摄动参数. 考虑带参数全空间的初值问题,则有

452

$$\Delta u - n_\varepsilon^2 \frac{\partial^2 u}{\partial t^2} = -\delta(x_1 - \xi_1, x_2 - \xi_2, \xi_3, t) \quad (9)$$

$$u(x, 0) = u_t(x, 0) = 0$$

定解问题式（9）有级数形式的解，不妨设为

$$u_\varepsilon(x, t) = \sum_{i=0}^{\infty} u_i(x, t)\varepsilon^i \quad (10)$$

将式（8）和式（10）代入式（9），得

$$\begin{cases} \sum_{i=0}^{\infty} \Delta u_i \varepsilon^i - n_0^2 (1 + \frac{\varepsilon}{N_1} n_1)^2 \sum_{i=0}^{\infty} \frac{\partial^2 u}{\partial t^2} \varepsilon^i = \\ \quad -\delta(x_1 - \xi_1, x_2 - \xi_2, x_3, t) \\ \sum_{i=0}^{\infty} u_i(x, 0)\varepsilon^i = 0 \\ \sum_{i=0}^{\infty} \frac{\partial u_i(x, 0)}{\partial t} \varepsilon^i = 0 \end{cases} \quad (11)$$

比较式（11）两边 ε 的零次和一次幂的系数，得

$$\Delta u_0 - n_0^2 \frac{\partial^2 u_0}{\partial t^2} = -\delta(x_1 - \xi_1, x_2 - \xi_2, x_3, t)$$

$$\Delta u_1 - n_0^2 \frac{\partial^2 u_1}{\partial t^2} = 2 \frac{n_0^2}{N_1} n_1 \frac{\partial^2 u_0}{\partial t^2}$$

令 $n_0 = 1/C$，对上述两方程作关于 t 的傅氏变换，得

$$\Delta \tilde{u}_0 + \frac{\omega^2}{C^2} \tilde{u}_0 = -\delta(x_1 - \xi_1, x_2 - \xi_2, x_3) \quad (12)$$

$$\Delta \tilde{u}_1 + \frac{\omega^2}{C^2} \tilde{u}_1 = -\frac{2n_0^2}{N_1} n_1 \omega^2 \tilde{u}_0 \quad (13)$$

于是，式（12）的解为

$$\tilde{u}_0 = \frac{1}{4\pi\rho} e^{i\frac{\omega}{C}\rho} \quad (14)$$

其中

$$\rho = \left[(x_1 - \xi_1)^2 + (x_2 - \xi_2)^2 + x_3^2\right]^{\frac{1}{2}}$$

我们注意到式（13）的格林函数为 $-u_0(x, \xi_1, \xi_2, \omega)$，由格林函数法得

$$\tilde{u}_1(\xi_1, \xi_2, 0, \omega) = \iiint_{-\infty}^{+\infty} \frac{2n_1}{N_1} \frac{\omega^2}{C^2} \frac{1}{(4\pi\rho)^2} e^{2i\frac{\omega}{c}\rho} \, \mathrm{d}x_1 \mathrm{d}x_2 \mathrm{d}x_3$$

$$(15)$$

令

$$\tilde{u}_s = \frac{N_1}{n_0} \tilde{u}_1$$

和

$$a(x) = \frac{2n_1}{n_0}$$

式（15）可写成

$$\frac{\tilde{u}_s(\xi_1, \xi_2, \omega)}{\omega^2} = \frac{1}{C^2} \iiint_{-\infty}^{+\infty} \frac{a(x)}{(4\pi\rho)^2} e^{i2\omega\rho/c} \, \mathrm{d}x_1 \mathrm{d}x_2 \mathrm{d}x_3$$

$$(16)$$

从式（16）中，便可解得 $a(x)$，为此需证明下列等式成立

$$\frac{e^{i2\omega\rho/c}}{\rho} = \frac{i}{2\pi} \iint_{-\infty}^{+\infty} \frac{1}{k_z} e^{ik_z z} e^{-i[k_x(x_1-\xi_1)+k_y(x_2-\xi_2)]} \, \mathrm{d}k_x \mathrm{d}k_y$$

$$(17)$$

令

$$x'_1 = x_1 - \xi_1$$

$$x'_2 = x_2 - \xi_2$$

则

$$u^* = \frac{1}{\sqrt{x'^2_1 + x'^2_2 + x^2_3}} e^{i2\omega(x'^2_1 + x'^2_2 + x^2_3)^{1/2}/c} =$$

$$\frac{1}{2\pi}\iint_{-\infty}^{+\infty}\frac{\mathrm{e}^{\mathrm{i}k_z x}}{k_z}\mathrm{e}^{-\mathrm{i}(k_x x'_1 + k_y x'_2)}\,\mathrm{d}k_x\,\mathrm{d}k_y$$

不难验证 u^* 满足方程

$$\Delta u^* + \frac{\omega^2}{(c/2)^2}u^* = -4\pi\delta(x) \qquad (18)$$

对式(18)关于 x'_1, x'_2 作傅氏变换,并令 $x_3 = z$,得

$$\frac{\mathrm{d}^2\tilde{u}^*}{\mathrm{d}z^2} + k_z^2\tilde{u}^* = -4\pi\delta(z)$$

该常微分方程的通解为

$$\tilde{u}^* = d_1(z)\mathrm{e}^{-\mathrm{i}k_z z} + d_2(z)\mathrm{e}^{\mathrm{i}k_z z} \qquad (19)$$

用常数变易法知 $d_1(z)$ 和 $d_2(z)$ 满足方程

$$d'_1(z)\mathrm{e}^{-\mathrm{i}k_z z} + d'_2(z)\mathrm{e}^{\mathrm{i}k_z z} = 0$$

$$-\mathrm{i}k_z d'_1(z)\mathrm{e}^{-\mathrm{i}k_z z} + \mathrm{i}k_z d'_2(z)\mathrm{e}^{\mathrm{i}k_z z} = -4\pi\delta(z)$$

由此,得

$$d_2(z) = \begin{cases} \dfrac{-2\pi}{\mathrm{i}k_z}\displaystyle\int_{-\infty}^{z}\mathrm{e}^{-\mathrm{i}k_z z'}\delta(z')\,\mathrm{d}z' = \dfrac{\mathrm{i}2\pi}{k_z}, & \text{当 } z \geqslant 0 \text{ 时} \\ 0, & \text{当 } z < 0 \text{ 时} \end{cases}$$

又由物理意义知 $d_1(z) \equiv 0$,于是,当 $z > 0$ 时,由

$$\tilde{u}^* = \frac{\mathrm{i}2\pi}{k_z}\mathrm{e}^{\mathrm{i}k_z z}$$

的傅氏逆变换,便可得到所需证明的式(17),将式(16)两边对 ω 微分便可得到 $a(k_x, k_y, k_z)$ 的表达式,其傅氏逆变换的结果,即为反演结果.

上述数学推导较繁,然而,为获得我们所要的结果,若不是在几个关键步骤采用了 δ — 函数特有的性质,能如此顺利地求解,是难以想象的.

14.4.3　基尔霍夫积分偏移与频率 — 波数域偏移法(F-K)等价性的证明

根据 δ — 函数的性质 2(即筛选性质),有

$$u(x,y,z,t-\frac{r}{v}) = \int_{-\infty}^{+\infty} u(x,y,z,t,t_0)\delta(t-\frac{r}{v}-t_0)\mathrm{d}t_0$$

$$(20)$$

将

$$u(x_p,y_p,z_p,t) = \frac{1}{2\pi}\frac{\partial}{\partial z}\iint_Q \frac{1}{r}u(x,y,0,t-\frac{r}{v})\mathrm{d}Q$$

改写成

$$u(x_p,y_p,z_p,t) =$$

$$\frac{1}{2\pi}\frac{\partial}{\partial z}\iiint_{-\infty}^{+\infty} u(x,y,z,t_0) \cdot$$

$$\frac{\delta(t-\frac{r}{v}-t_0)}{r}\mathrm{d}t_0\,\mathrm{d}x\,\mathrm{d}y =$$

$$\frac{1}{2\pi}\frac{\partial}{\partial z}\iiint_{-\infty}^{+\infty} u(x,y,z,t_0) \cdot$$

$$\frac{\delta(t-t_0-\frac{1}{v}\sqrt{(x_p-x)^2+(y_p-y)^2+(z_p-z)^2})}{\sqrt{(x_p-x)^2+(y_p-y)^2+(z_p-z)^2}}\mathrm{d}t_0\,\mathrm{d}x\,\mathrm{d}y$$

$$(21)$$

式(21) 右端的三重积分,实际上是个三维褶积式,因此,可写成

$$u(x_p,y_p,z_p,t) = \frac{1}{2\pi}\frac{\partial}{\partial z}\left[u(x_p,y_p,z,t) * \frac{\delta(t-r'/v)}{r'}\right]$$

$$(22)$$

式中

$$r' = [x_p^2 + y_p^2 + (z-z_p)^2]^{\frac{1}{2}}$$

"$*$" 是褶积运算符号,再利用褶积微商的性质,即

$$\frac{\mathrm{d}(u * w)}{\mathrm{d}z} = w * \frac{\mathrm{d}u}{\mathrm{d}z} = u * \frac{\mathrm{d}w}{\mathrm{d}z}$$

式（22）变为

$$u(x_p, y_p, z, t) = \frac{1}{2\pi} u(x_p, y_p, z, t) * \frac{\partial}{\partial z} \left[\frac{\delta(t - \frac{r'}{v})}{r'} \right] =$$

$$u(x_p, y_p, z, t) * h(x_p, y_p, z_p - z, t)$$

$$\tag{23}$$

式中 $h(x_p, y_p, z_p - z, t)$ 相对变量 x_p, y_p, t 作三维傅氏变换，得

$$H(k_x, k_y, z_p - z, \omega) =$$

$$\frac{1}{2\pi} \frac{\partial}{\partial z} \iiint_{-\infty}^{+\infty} \frac{\delta(t - \frac{r'}{v})}{r'} \cdot$$

$$\mathrm{e}^{-\mathrm{i}(\omega t + k_x x_p + k_y y_p)} \mathrm{d}x_p \mathrm{d}y_p \mathrm{d}t = \mathrm{e}^{-\mathrm{i}\Delta z k_x} \tag{24}$$

式中

$$\Delta z = z_p - z$$

$$k_z = \left[\frac{\omega^2}{v^2} - k_x^2 - k_y^2 \right]^{1/2}$$

令 $u(x_p, y_p, z_p, t)$ 和 $u(x_p, y_p, z, t)$ 的三维傅氏变换分别为 $\tilde{u}(k_{xp}, k_{yp}, z_p, \omega)$ 和 $\tilde{u}(k_{xp}, k_{yp}, z, \omega)$，则对式（23）两边作三维傅氏变换，再考虑 $z_p = z + \Delta z$，得

$$\tilde{u}(x_p, y_p, z + \Delta z, \omega) = \tilde{u}(x_p, y_p, z, \omega) \mathrm{e}^{-\mathrm{i}k_x \Delta z}$$

此式与 K-F 波动方程偏移中使用的延拓公式是完全一致的，因此，基尔霍夫积分法偏移与 F-K 法偏移具有一定的等价性. 此外，由式（22）可以看出，偏移问题还可以化为褶积运算来完成.

14.4.4　拉东(Radon) 变换

奥地利数学家拉东于 1917 年,发表了《关于由函数沿某些流形的积分确定该函数》的著名论文,建立了如今人们称之为图像重建方程的拉东变换. 图像重建是 CT 技术中的核心问题. CT 是英文 Computed Tomograph 词头组成的缩写词,直译为"计算机层析成像". 即立体图形的逐层成像,这种技术近几年在地球物理学领域中发展起来了. 拉东变换是 CT 技术中重要的数学理论根据,其中 δ — 函数的应用也使该理论锦上添花.

所谓投影函数 —— 拉东变换,就是在有界成像域 Ω 中,设物理量的二维分布为 $f(x,y)$,它是一个待求的函数. 一条射线 l 穿过成像区,在另一端被探测器接收,所测得的数据应等于 $f(x,y)$ 沿 l 直线的积分,我们称之为投影. 射线 l 是由两个参数 ξ 和 θ 确定的,(ξ,η) 是沿射线的坐标系,ξ 是 l 距坐标原点的距离,θ 是射线 s 与 x 轴的交角,或者说 θ 是 (ξ,η) 坐标系相对 (x,y) 坐标系的转角. $f(x,y)$ 沿 l 的积分叫作 $f(x,y)$ 的二维拉东变换,也称为投影函数,显然它是 ξ 与 θ 的函数. 我们把这样的投影函数记为

$$[Rf](\xi,\theta) = \iint_l f(x,y)\mathrm{d}x\mathrm{d}y =$$

$$\int_{-\infty}^{+\infty} f(\boldsymbol{r})\delta(\xi - \boldsymbol{s}\cdot\boldsymbol{r})\mathrm{d}\boldsymbol{r} \quad (25)$$

其中 $\boldsymbol{r}$ 为 (x,y) 平面上的矢量. δ — 函数 $\delta(\xi - \boldsymbol{s}\cdot\boldsymbol{r})\mathrm{d}\boldsymbol{r}$ 表示对 $\xi = \boldsymbol{s}\cdot\boldsymbol{r}$ 的直线作曲线积分.

14.5　δ — 函数在地球物理勘探数据处理中的应用

前文对数字处理的一般理论做了介绍,这一节再汇集几个在地球物理勘探中的应用实例.

14.5.1　系统特性的描述

当系统的输入信号为单位脉冲 δ — 函数时,系统的行为特别重要. 在地球物理勘探中,常常给系统输入单位脉冲信号来测量系统的特性,我们把输入 $\delta(t)$ 信号所获得的输出称作系统的脉冲响应. 这是时间域中系统特性的表示. 此外,我们常常在频率域里研究系统的特性,从频率域的角度来看,系统输入的信号是单位脉冲,即 $\delta(t)$,按 $\delta(t)$ 的傅氏变换 $F[\delta(t)] = \delta(\omega) = 1$,则系统输出的信号为频率函数,即是输出信号的频谱,就等于系统的频率响应,记作

$$H(\omega) = \frac{y(\omega)}{\delta(\omega)} \tag{1}$$

显然,这样定义的频率响应 $H(\omega)$ 是从频率域角度表示系统的响应. $H(\omega)$ 的傅氏逆变换为

$$F^{-1}[H(\omega)] = h(t) = \int_{-\infty}^{+\infty} H(\omega) e^{i\omega t} d\omega \tag{2}$$

$H(\omega)$ 和 $h(t)$ 都可以用来表示系统的特性,并且是唯一地表征系统的传输特性. 在地球物理勘探中,系统可以指物理电路装置(如检波器、滤波器、放大器等),也可以指的是数学变换的算子,还可以把地层视为传输系统,在数学上 $H(\omega)$ 和 $h(t)$ 是等效的,但从实验的

观点来看,对 $H(\omega)$ 的测量代表稳态测量.例如测量地震检波器的频率特性时,是用振动台输入稳定的不同频率的正弦信号,测量其对应的输出;而对 $h(t)$ 的测量,则是瞬态测量.例如:用锤子敲击给检波器输入单位冲击信号(即锤击产生的瞬时脉冲,以 δ — 函数表示),在示波器上观察其固有振动,从而测量检波器的特性.

14.5.2 数字滤波褶积公式的证明

设有一线性系统,而且它具有时不变性质,该系统对单位脉冲 $\delta(t-\tau)$ 的响应为 $h(t,\tau)$,则

$$T[\delta(t-\tau)] = h(t,\tau) \tag{3}$$

可以证明,如果 $h(t,\tau)$ 已知,那么这个系统即被完全表征,亦即,这个系统对任意输入 $x(t)$ 的响应 $y(t)$,可借助于 $h(t,\tau)$ 获得.

根据 δ — 函数的积分性质,将 $x(t)$ 表示成脉冲 $x(\tau)\delta(t-\tau)\mathrm{d}\tau$ 的叠加,即

$$x(t) = \int_{-\infty}^{+\infty} x(\tau)\delta(t-\tau)\mathrm{d}\tau$$

又由线性系统的性质,我们得到

$$T[x(t)] = \int_{-\infty}^{+\infty} x(\tau)T[\delta(t-\tau)]\mathrm{d}\tau =$$

$$\int_{-\infty}^{+\infty} x(\tau)h(t,\tau)\mathrm{d}\tau$$

即

$$y(t) = T[x(t)] = \int_{-\infty}^{+\infty} x(\tau)h(t,\tau)\mathrm{d}\tau \tag{4}$$

由于这个系统是时不变的,即系统对单位脉冲 $\delta(t)$ 的响应为 $h(t)$,亦即

$$T[\delta(t)] = h(t) \tag{5}$$

所以,当输入延时 τ 时,其输出也延时 τ,而特性不变,即

$$T[\delta(t-\tau)]=h(t-\tau) \tag{6}$$

根据式(3),显然有

$$h(t,\tau)=h(t-\tau)$$

将其代入式(4),得到对一个线性时不变系统任意的输入 $x(t)$,其输出 $y(t)$ 可单独地由 $h(t)$ 获得,即

$$y(t)=\int_{-\infty}^{+\infty}x(\tau)h(t-\tau)\mathrm{d}\tau=x(t)*h(t)$$

14.5.3　δ－函数在脉冲反褶积中的应用

用瞬变冲击力震源激发产生的地震波是脉冲波,这种波向地下岩石介质中传播,经地层系统作用后,我们观测到的结果已不再是一个尖脉冲波了,波的周期变大.我们把观测的这个结果用数学形式表示为

$$x(t)=w(t)*R(t)$$

或者是离散形式

$$x(n)=w(n)*R(n)$$

即简单地看作地震子波 $w(t)$ 与地层界面反射系数 $R(t)$ 褶积的结果.由于这种信号的分辨率受到限制,不易区分相邻界面上相应的波,所以,在信号的计算机处理时,就是使 $x(t)$ 信号恢复到未受地层作用前的尖脉冲状,即引入一个算子 $a(t)$,使

$$x(t)*a(t)=\delta(t) \tag{7}$$

信号 $x(t)$ 经算子 $a(t)$ 作用后的结果是 δ－函数.这一过程就是地球物理勘探中的反褶积,或称反滤波,如图5所示.不同的反褶积方法,反褶积算子 $a(t)$ 的求取方法不同.脉冲反褶积法中 $a(t)$ 是采用如下最小平方法获得的.

设实际输出为 $y(t)$，期望输出为尖脉冲 —— δ — 函数，二者在最小平方意义下，即

$$Q = \sum_{n=-\infty}^{+\infty} (y_n - \delta_n)^2 \qquad (8)$$

使 Q 值最小. 为此，计算如下偏导数，并令其等于 0，即

$$\frac{\partial Q}{\partial a_k} = \frac{\partial}{\partial a_k} \Big[\sum_{n=-\infty}^{+\infty} (y_n - \delta_n) \Big]^2 = 0 \qquad (9)$$

式中 $y_n = a_n * x_n = \sum_{n=-\infty}^{+\infty} a_\tau x_{n-\tau}$，于是式（9）变为

$$\frac{\partial}{\partial a_k} \Big[\sum_{n=-\infty}^{+\infty} \Big(\sum_{\tau=-\infty}^{+\infty} a_\tau x_{n-\tau} - \delta_n \Big)^2 \Big] = 0 \qquad (10)$$

将上式微分算出来并整理，得

$$\sum_{\tau=-\infty}^{+\infty} a_\tau \Big(\sum_{n=-\infty}^{+\infty} x_{n-\tau} x_{n-k} \Big) = \sum_{n=-\infty}^{+\infty} \delta_n x_{n-k} \qquad (11)$$

由式（11）解得反褶积算子 a_n，再由 x_n 与 a_n 褶积，便可得到尖脉冲，即

$$a_n * x_n = \delta(n) \qquad (12)$$

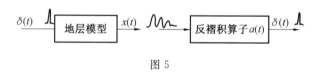

图 5

14.5.4　提高信号信噪比的处理方法

提高信号的信噪比是地球物理勘探中最重要，也是经常要采用的处理方法. 该法通常是使用滤波来消除噪声，对不同的噪声，利用不同的滤波器，而 δ — 函数的引入，对于描述滤波器的特性，有着重要的作用.

1. 无畸变滤波器特性的描述.

这种滤波器的输出信号，只是输入信号的延迟和

线性变化,并不发生奇变,它的振幅特性是个常数,相位特性是线性的,即

$$|H(\omega)|=k,k \text{ 为常数}$$
$$\varphi(\omega)=\omega t_0 \qquad (13)$$

亦即 $H(\omega)=ke^{-\omega t_0}$,如图 6(a) 所示.根据 δ—函数的傅氏变换,其时间特性为

$$h(t)=\frac{1}{2\pi}\int_{-\infty}^{+\infty}ke^{-\omega t_0}e^{i\omega t}d\omega =$$
$$k\delta(t-t_0) \qquad (14)$$

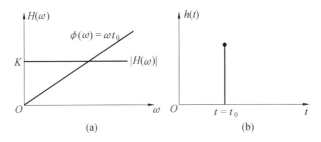

图 6 无畸变滤波器的频率特性和脉冲响应

如图 6(b) 所示.再利用 δ—函数的性质,经此滤波器的输出结果为

$$y(t)=\int_{-\infty}^{+\infty}x(\tau)h(t-\tau)d\tau =$$
$$\int_{-\infty}^{+\infty}x(\tau)k\delta(t-t_0-\tau)d\tau =$$
$$kx(t-t_0) \qquad (15)$$

2.理想全通滤波器特性的描述.

理想全通滤波器的振幅频率特性是常数,而相位频率特性在某一截频之内是线性的,在此截频之外是常数,即

$$|H(\omega)|=k,k \text{ 为常数}$$

$$\varphi(\omega) = \begin{cases} \omega t_0, & |\omega| < \omega_c \\ \omega_c t_0, & |\omega| > \omega_c \end{cases}$$

为简便起见,假设 $t_0 = n\pi/\omega_c$,其频率特性 $H(\omega)$ 可表示为

$$H(\omega) = k g_{\omega_c}(\omega) e^{-i\omega t_0} + k[1 - g_{\omega_c}(\omega)] e^{-in\pi} \quad (16)$$

它可分解为两个滤波器来表示,其中第一个滤波器为具有线性相位的理想低通滤波器,记为

$$H_1(\omega) = k g_{\omega_c}(\omega) e^{-i\omega t_0}$$

第二个滤波器是具有零延迟的理想高通滤波器,记为

$$H_2(\omega) = (-1)^n k [1 - g_{\omega_c}(\omega)]$$

由 δ — 函数的性质,这两个滤波器频率特性的傅氏逆变换分别为

$$h_1(t) = \frac{k}{\pi(t - t_0)} \sin \omega_c(t - t_0)$$

$$h_2(t) = (-1)^n k \delta(t) + (-1)^n \frac{k}{\pi t} \sin \omega t \quad (17)$$

所以,全通滤波器的时间特性可以写成

$$h(t) = h_1(t) + h_2(t) =$$

$$\frac{K}{\pi(t - t_0)} \sin \omega(t - t_0) +$$

$$(-1)^n k \delta(t) + (-1)^n \frac{k \sin \omega t}{\pi t} \quad (18)$$

3. $90°$ 相移滤波器特性的描述.

$90°$ 相移滤波器特性的获得需借助于希尔伯特变换,即实连续信号作为仅含正频率成分的复信号的实部,设 $x(t)$ 为实连续信号,其频谱为 $X(f)$,f 为频率,$X(f)$ 满足 $\overline{X}(f) = X(-f)$,$x(t)$ 可表示为

$$x(t) = \int_{-\infty}^{+\infty} X(f) e^{i2\pi ft} \, \mathrm{d}f =$$

$$\int_0^{+\infty} X(f)\mathrm{e}^{\mathrm{i}2\pi ft}\,\mathrm{d}f + \int_{-\infty}^0 X(f)\mathrm{e}^{\mathrm{i}2\pi ft}\,\mathrm{d}f$$

因为

$$X(-f) = \overline{X(f)}$$

所以

$$\int_0^{+\infty} X(-f)\mathrm{e}^{-\mathrm{i}2\pi ft}\,\mathrm{d}f = \int_0^{+\infty} X(f)\mathrm{e}^{\mathrm{i}2\pi ft}\,\mathrm{d}f$$

因此，$x(t)$ 又可表示为

$$x(t) = \mathrm{Re}\left[\int_0^{+\infty} 2X(f)\mathrm{e}^{\mathrm{i}2\pi ft}\,\mathrm{d}f\right] \tag{19}$$

令

$$p(t) = \int_0^{+\infty} 2X(f)\mathrm{e}^{\mathrm{i}2\pi ft}\,\mathrm{d}f \tag{20}$$

$p(t)$ 称为 $x(t)$ 的复信号.

设 $p(t)$ 的频谱为 $p(f)$，则由式（20）知

$$p(f) = \begin{cases} 2X(f), & f > 0 \\ 0, & f < 0 \end{cases} \tag{21}$$

由式（21）看到复信号 $p(t)$ 的频谱 $p(f)$ 在 $f < 0$ 时为 0. 同时，还可以看到，$p(f)$ 是由 $X(f)$ 滤波得到的，滤波器频率响应为

$$H_1(f) = \begin{cases} 2, & f > 0 \\ 0, & f < 0 \end{cases} \tag{22}$$

$H_1(f)$ 所对应的时间函数为 $h_1(t)$，$h_1(t)$ 可利用单位阶跃信号的频谱

$$\frac{1}{2} + \frac{1}{2}\mathrm{sgn}\,t \leftrightarrow \frac{1}{2}\delta(f) + \frac{1}{\mathrm{i}2\pi f}$$

获得，即是

$$h_1(t) = \delta(t) + \mathrm{i}\frac{1}{\pi t} \tag{23}$$

由于 $p(f) = H_1(f)X(f)$ 和式（23），得复信号 $p(t)$ 为

465

$$p(t) = h_1(t) * x(t) =$$

$$\left[\delta(t) + \mathrm{i}\,\frac{1}{\pi t}\right] * x(t) =$$

$$x(t) * \delta(t) + \mathrm{i}\,\frac{1}{\pi t} * x(t) =$$

$$x(t) + \mathrm{i}\tilde{x}(t) \qquad (24)$$

其中

$$\tilde{x}(t) = \frac{1}{\pi t} * x(t)$$

我们称 $\tilde{x}(t)$ 为 $x(t)$ 的希尔伯特变换,并称 $h(t) = \dfrac{1}{\pi t}$

为希尔伯特滤波因子,其频谱为

$$H(f) = \begin{cases} -\mathrm{i}, f > 0 \\ \mathrm{i}, f < 0 \end{cases}$$

它还可以表示为

$$H(f) = \mathrm{e}^{\mathrm{i}\varphi(f)}$$

式中

$$\varphi(f) = \begin{cases} -\dfrac{\pi}{2}, f > 0 \\ \dfrac{\pi}{2}, f < 0 \end{cases} \qquad (25)$$

式(25)中的 $\varphi(f)$ 便表示为 $90°$ 相移滤波.

4. 理想高通滤波器的脉冲响应.

理想高通滤波器的脉冲响应为

$$H_k(f) = \begin{cases} 0, |f| \leqslant f_1 \\ 1, f_1 < |f| \leqslant \dfrac{1}{2\Delta} \end{cases}$$

式中 f_1 是高截频率,Δ 是采样间隔.

$H_k(f)$ 可以通过理想低通滤波器的频率响应 $H_1(f)$ 求得,即

$$H_k(f) = 1 - H_1(f), \quad |f| \leqslant \frac{1}{2\Delta}$$

由此式可立即得到相应于 $H_k(f)$ 的时间函数 $h_k(n)$

$$
\begin{aligned}
h_k(n) &= \int_{-\frac{1}{2\Delta}}^{\frac{1}{2\Delta}} H_k(f) e^{i2\pi\Delta f n} df = \\
&\int_{-\frac{1}{2\Delta}}^{\frac{1}{2\Delta}} e^{i2\pi n\Delta f} df - \int_{-\frac{1}{2\Delta}}^{\frac{1}{2\Delta}} H_1(f) e^{i2\pi n\Delta f} df = \\
&\frac{1}{\Delta} \delta(n) - \frac{1}{n\pi\Delta} \sin 2\pi f_1 n\Delta \\
&-\infty < n < +\infty
\end{aligned}
\tag{26}
$$

14.5.5　信号采样过程的数学描述

地球物理勘探里，信号分析或采集过程中，为便于计算机进行数字处理，常将获得的连续信号（或模拟信号）进行采样离散. 一个连续信号的离散时间采样过程，可以看作一个脉冲调幅过程，被调的脉冲载波是一系列周期为 Δt，宽度为 T 的脉冲方波，即顺序采样脉冲信号，而调制信号就是输入的连续信号. 采样脉冲宽度（指采样后的输出）T 越小，采样后的离散子样就越准确地反映出连续信号在离散时间点上的瞬时值，当采样后输出的脉冲宽度 $T \ll \Delta t$，采样脉冲就越接近于 δ — 函数，我们定义这是理想采样，即假设 T 趋于零的极限情况. 这样所获得的采样序列表示成一个冲激函数序列 $\delta(n)$，如图 7 所示.

冲击脉冲序列 $p(t)$ 表示为

$$p(t) = \sum_{n=-\infty}^{+\infty} \delta(t - n\Delta t) \tag{27}$$

所以，采样后输出信号的脉冲序列则表示为

$$\widetilde{x}(t) = x(t) \cdot p(t) = \sum_{n=-\infty}^{+\infty} x(t)\delta(t - n\Delta t) \tag{28}$$

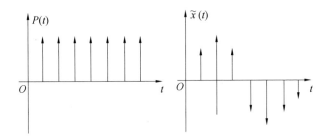

图 7　离散脉冲序列

由于 $\delta(t-n\Delta t)$ 仅在 $t=n\Delta t$ 时不等于零,因此,上式又可写成

$$\widetilde{x}(t) = \sum_{n=-\infty}^{+\infty} x(nt)\delta(t-n\Delta t) \qquad (29)$$

式(29)表明理想采样,是连续信号在各采样瞬间值,同相应时间延迟的冲激脉冲 δ — 函数褶积之和.

离散信号的频谱的描述是必要的,用 $X(\omega)$ 表示原连续信号的频谱,即

$$X(\omega) = \int_{-\infty}^{+\infty} x(t)e^{-i\omega t}\,dt \qquad (30)$$

用 $\widetilde{X}(\omega)$ 表示采样后输出信号的频谱函数,$p(t)$ 可用傅氏级数表示,即

$$p(t) = \sum_{m=-\infty}^{+\infty} C_m e^{im\omega_0 t} \qquad (31)$$

式中系数 C_m 由下式确定

$$C_m = \frac{1}{\Delta t}\int_{-\Delta t/2}^{\Delta t/2} p(t)e^{-im\omega_0 t}\,dt \qquad (32)$$

将式(27)代入式(32),得

$$C_m = \frac{1}{\Delta t}\int_{-\Delta t/2}^{\Delta t/2} \sum_{n=-\infty}^{+\infty} \delta(t-n\Delta t)e^{-im\omega_0 t}\,dt \qquad (33)$$

由于在一个周期 $\left[-\dfrac{\Delta t}{2},\dfrac{\Delta t}{2}\right]$ 内，仅有一个脉冲 $\delta(t)$，其他脉冲 $\delta(t-n\Delta t)$ 当 $n\neq 0$ 时都在积分区间以外，因此，C_m 又可写成

$$C_m=\frac{1}{\Delta t}\int_{-\frac{\Delta t}{2}}^{\frac{\Delta t}{2}}\delta(t)\mathrm{e}^{-\mathrm{i}m\omega_0 t}\mathrm{d}t=\frac{1}{\Delta t}$$

于是，得

$$p(t)=\frac{1}{\Delta t}\sum_{m=-\infty}^{+\infty}\mathrm{e}^{\mathrm{i}m\omega_0 t}\qquad(34)$$

式(34)说明，冲击脉冲序列 $p(t)$ 的频谱，是呈梳状的（图8）．

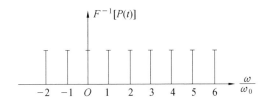

图 8　脉冲序列梳状谱

采样后输出信号的频谱则为

$$\widetilde{X}(\omega)=\frac{1}{\Delta t}\sum_{m=-\infty}^{+\infty}\int_{-\infty}^{+\infty}x(t)\mathrm{e}^{-\mathrm{i}(\omega-m\omega_0)t}\mathrm{d}t$$

由式(30)，知

$$\int_{-\infty}^{+\infty}x(t)\mathrm{e}^{-\mathrm{i}(\omega-m\omega_0)t}\mathrm{d}t=X(\omega-m\omega_0)$$

于是，有

$$\widetilde{X}(\omega)=\frac{1}{\Delta t}\sum_{m=-\infty}^{+\infty}X(\omega-m\omega_0)$$

14.5.6　求取地层反吸收因子的方法

在野外观测到的地震信号，是原来震源发出的尖

脉冲 δ - 函数为输入信号,经大地滤波后输出的结果. 它大大地降低了对地层的分辨力. 其原因是地层对地震波吸收作用的结果,大地相当于一个低通滤波器,这种吸收作用可以这样来描述. 假设地震波由点 A 开始传播,经过时间 T 后,波向下传播到点 B,波在这一传播过程中,受到地层的吸收,吸收因子令为 $q(t)$,此时的波函数可表示为

$$x_B(t) = x_A(t) * q(t) \qquad (35)$$

其中 $x_B(t)$ 代表点 B 处的波函数,$x_A(t)$ 是点 A 处的波函数.

在频率域中式(35)可表示为

$$X_B(\omega) = X_A(\omega) \cdot Q(\omega)$$

我们要想从观测到的地震记录中,消除地层的吸收作用,则必须求取一个函数 $I(t)$,使其满足

$$q(t) * I(t) = \delta(t) \qquad (36)$$

其中 $I(t)$ 是反地层吸收作用的函数,被称为地层反吸收因子,或叫地层吸收补偿函数,$\delta(t)$ 是尖脉冲函数.

在频率域中式(36),可以写为

$$Q(\omega) \cdot I(\omega) = \delta(\omega) = 1 \qquad (37)$$

$$I(\omega) = \frac{\delta(\omega)}{Q(\omega)} = \frac{1}{Q(\omega)} \qquad (38)$$

用所获得的地层反吸收因子 $I(t)$ 或 $I(\omega)$,对所观测到的地震记录进行滤波,就能消除地层的吸收作用,这可以提高地震记录的分辨力.

14.5.7 地震子波的整形处理方法

在地震勘探资料数字处理中,经常用到地震子波,特别是要求最小相位的地震子波. 炸药爆炸产生的地震子波是最小相位的,而气枪或其他非炸药震源

激发的地震子波往往是非最小相位的. 因此, 所得到的地震记录也是非最小相位的. 如果使地震子波变成最小相位, 并且, 使地震记录也变成最小相位, 这就需要做子波整形处理 —— 最小相位化. 我们这里以气枪子波最小相位化处理原理为例, 说明 δ － 函数在其中的重要应用.

设气枪子波用 $s(t)$ 表示, 使 $s(t)$ 变成最小相位需借助一个算子 $x(t)$, $x(t)$ 是待求的, 把它与子波 $s(t)$ 作褶积运算便可获得一个最小相位的子波. 设最小相位子波用 $b(t)$ 表示, 即

$$s(t) * x(t) = b(t) \qquad (39)$$

在频率域内, $s(t)$ 的频谱函数为 $S(f)$, $x(t)$ 的频谱函数为 $X(f)$, $b(t)$ 的频谱函数为 $B(f)$. 这样式(39)写成频率形式则为

$$S(f) \cdot X(f) = B(f) \qquad (40)$$

$s(t)$ 是实函数时, 期望输出的最小相位子波 $b(t)$ 的振幅谱 $|B(f)|$ 和子波 $s(t)$ 的能量谱相等. 也就是所进行的滤波是纯相位滤波, 即用数学形式表示为

$$|S(f)|^2 = |B(f)|^2$$

亦即

$$S(f) \cdot S(-f) = B(f) \cdot B(-f) \qquad (41)$$

于是, 由式(40)可得

$$X(f) = \frac{B(f)}{S(f)} = \frac{B(f) \cdot S(-f)}{S(f) \cdot S(-f)} =$$

$$\frac{B(f) \cdot S(-f)}{B(f) \cdot B(-f)} =$$

$$\frac{S(-f)}{B(-f)} =$$

$$S(-f) \cdot H(-f) \qquad (42)$$

其中, $S(-f)$ 是 $s(t)$ 的翻转函数 $s(-t)$ 的频谱, $B(-f)$ 是 $b(t)$ 的翻转函数 $b(-t)$ 的频谱, $H(-f)$ 是 $h(t)$ 的翻转函数 $h(-t)$ 的频谱. 又

$$H(-f) = \frac{1}{B(-f)} \tag{43}$$

为了求算子 $x(t)$ 的频谱 $X(f)$, 必须首先求得 $H(-f)$. 我们可利用最小平方法, 从式 (43) 中求得 $H(-f)$, 将式 (43) 重写为

$$H(-f) \cdot B(-f) = 1$$

或

$$H(f) \cdot B(f) = 1 \tag{44}$$

在时间域内, 式 (44) 可写为

$$b(t) * h(t) = \delta(t)$$

或

$$\sum_{\tau = -\infty}^{+\infty} b(t-\tau)h(\tau) = \delta(t) \tag{45}$$

$h(t)$ 和 $b(t)$ 在最小平方意义下满足

$$Q = \sum_{t=-\infty}^{+\infty} \left[\sum_{t=-\infty}^{+\infty} b(t-\tau)h(\tau) - \delta(t) \right]^2 \tag{46}$$

Q 值最小, 且

$$\frac{\partial Q}{\partial h(l)} = 0$$

即

$$\frac{\partial Q}{\partial h(l)} = 2 \sum_t \left[\sum_\tau b(t-\tau)h(\tau) - \delta(t) \right] \cdot$$
$$h(t-l) = 0$$

对该等式进行整理, 得

$$\sum_\tau \sum_t b(t-\tau)b(t-l)h(\tau) = \sum_t \delta(t)b(t-l)$$

上式又可写为

$$\sum_{\tau} h(\tau)R(\tau-l) = \sum_{t}\delta(t)b(t-l) \qquad (47)$$

式(47)右端是单位脉冲δ－函数与期望子波的相关函数，仍为一个单位脉冲函数，所以式(47)可以表示为

$$\sum_{\tau} R(\tau-l)h(\tau) = \delta(l) \qquad (48)$$

解此线性方程组，可求得$h(t)$，再根据式(42)求得算子$x(t)$，即

$$x(t) = s(-t) * h(-t)$$

亦即最小相位化算子$x(t)$等于气枪子波的翻转序列$s(-t)$与$h(t)$翻转序列$h(-t)$的褶积.

δ — 函数的其他应用

世界著名物理学家 A. Einstein 曾指出：

纯数学使我们能够发现概念和联系这些概念的规律. 这些概念和规律给了我们理解自然现象的钥匙.

δ — 函数的应用领域极为广泛,本章将再列举电动力学、随机分析、水文地质、光学和量子力学中几个例子. 一方面说明诸多领域中,都离不开 δ — 函数这个非常有效的数学工具;另一方面也进一步阐明 δ — 函数的性质的应用.

第 15 章

15.1　电动力学的基本方程和辐射能量的计算公式

15.1.1　电动力学的基本方程

在电动力学中,为了计算两个运动

着的电子的相互作用能及其辐射能量,必须先建立起经典电动力学的基本方程,即称之为麦克斯韦 － 洛伦兹(Maxwell-Lorentz) 方程. 为了不影响我们的主要任务,即说明 δ － 函数的应用,这里略去概念的叙述,首先从被称之为麦克斯韦 － 洛伦兹的电磁场方程

$$\frac{\partial H_{\mu\gamma}}{\partial x_\gamma} = \frac{4\pi e}{c} \int \rho(x - \xi)\xi_\mu \,\mathrm{d}s \tag{1}$$

来讨论. 其中 $H_{\mu\gamma}$ 称为电磁场张量;λ,μ,γ 为附标,且 $\lambda,\mu,\gamma = 0,1,2,3$;$x$ 为 H 的坐标分量;ξ 为基本粒子速度矢量的微商;c 为光速;e 为电荷;$\rho(x - \xi)$ 为电流密度;$\mathrm{d}s$ 为粒子坐标的微分元素.

若对于点电荷,有

$$\rho(x - \xi) = \delta(\gamma - \xi)\delta(t - \tau) \tag{2}$$

将式(2) 代入式(1),并利用 δ － 函数的性质 5,即

$$\delta[\varphi(x)] = \sum_{k=1}^{n} \frac{\delta(x - x_k)}{\varphi'(x_k)}, \quad -\infty < x < +\infty \tag{3}$$

有

$$\frac{\partial H_{\mu\gamma}}{\partial x_\gamma} = \frac{4\pi e}{c} \frac{\mathrm{d}\xi_\mu}{\mathrm{d}\tau}\delta(\gamma - \xi) \tag{4}$$

其中,对 $\delta(t - \tau)$ 的积分,是在 $\tau = t$ 的条件下积分的. 所以,称式(4)为四维情形的麦克斯韦 － 洛伦兹方程. 我们知道,电磁场张量 $H_{\mu\gamma}$ 与矢势 A 有旋度关系式

$$H_{\mu\gamma} = \frac{\partial A_\gamma}{\partial x_\mu} - \frac{\partial A_\mu}{\partial x_\gamma} \tag{5}$$

相联系,从而,要确定 $H_{\mu\gamma}$,它可以表示为

$$\frac{\partial H_{\mu\gamma}}{\partial x_\lambda} + \frac{\partial H_{\gamma\lambda}}{\partial x_\mu} + \frac{\partial H_{\lambda\mu}}{\partial x_\gamma} = 0 \tag{6}$$

从而,我们又可以把点源存在的麦克斯韦方程式(4)表示为形式

$$\operatorname{rot} H - \frac{1}{c} \frac{\partial E}{\partial t} = \frac{4\pi e}{c} v \delta(\gamma - \xi) \qquad (7)$$

$$\operatorname{div} E = 4\pi e \delta(\gamma - \xi) \qquad (8)$$

其中, $\operatorname{rot} H$ 为磁场强度的旋度, $\operatorname{div} E$ 为电场强度的散度, v 是粒子的三维运动速度,即 $v = \dfrac{\mathrm{d}\xi}{\mathrm{d}\tau}$.

用三维来表示,式(5)便是

$$H = \operatorname{rot} A \qquad (9)$$

$$E = -\frac{1}{c} \frac{\partial A}{\partial t} - \operatorname{grad} \varphi \qquad (10)$$

从而,麦克斯韦—洛伦兹方程的矢量形式便是

$$\operatorname{rot} E + \frac{1}{c} \frac{\partial H}{\partial t} = 0 \qquad (11)$$

$$\operatorname{div} H = 0 \qquad (12)$$

现在我们转而讨论在洛伦兹补充条件

$$\operatorname{div} A + \frac{1}{c} \frac{\partial \varphi}{\partial t} = 0 \qquad (13)$$

之下,来解方程式(4),以便求得著名的林娜—威夏(Lienard-Wiechert)势. 首先,将式(5)代入式(4)中,然后利用格林函数

$$G = \frac{c}{4\pi} \delta(R^2 - c^2 T^2)(1 + \varepsilon \frac{T}{|T|}) \qquad (14)$$

则得

$$A_\mu = e \int \xi \mathrm{d}s \int \rho(x' - \xi) \delta(R^2 - c^2 T^2) \cdot$$

$$(1 + \varepsilon \frac{T}{|T|})(\mathrm{d}x') \qquad (15)$$

其中, $R = r - r'$, $T = t - t'$, $(\mathrm{d}x') = (\mathrm{d}r')\mathrm{d}t$,而 ε 随着我们取推迟势、超前势或这种及另一种势之和的一半,将相应地等于 $+1$, -1 或 0.

对于点电子引用式(2),其推迟势的解可化为

$$A_{\mu} = e\int \xi_{\mu} \frac{\delta(\tau - t + \frac{R'}{c})}{cR'} \mathrm{d}s \qquad (16)$$

其中 $R' = \gamma(t) - \xi(\tau)$, τ 为时间. 将三维运动速度 v 代入,则得标势 φ 及矢势 A 的下列表达式

$$\varphi = e\int \frac{\delta(\tau - t + \frac{R'}{c})}{R'} \mathrm{d}\tau \qquad (17)$$

$$A = \frac{e}{c}\int v(\tau) \frac{\delta(\tau - t + \frac{R'}{c})}{R'} \mathrm{d}\tau \qquad (18)$$

在式(17)中,对时间 τ 积分,并考虑到 R' 依存于 τ,以及再次应用 δ－函数的性质 5,即式(3),同时,注意

$$\frac{\partial R'}{\partial \tau} = -(\frac{\mathrm{d}\xi}{\mathrm{d}\tau}R'_0) = -v_{R'} \qquad (19)$$

其中,$R'_0 = R'/|R'|$,而方程 $\tau - t + \frac{R'}{c} = 0$ 是用来决定时间 τ 的,则有

$$\varphi = \frac{e}{R' \frac{\partial}{\partial \tau}(\tau + \frac{R'}{c})} = \frac{e}{R'(1 - \frac{v_{R'}}{c})} \qquad (20)$$

$$A = \frac{ev(\tau)}{cR'(1 - \frac{v_{R'}}{c})} \qquad (21)$$

式(20)(21)便是著名的林娜－威夏势.

利用式(20)(21),便可进一步求得两个运动点电荷之间的相互作用能 V_{12}. 在电动力学中,我们知道,这个作用能的计算公式是

$$V_{12} = e_1\varphi_2 - \frac{e_1}{c}(v_1 A_2) \qquad (22)$$

其中 e_1 及 v_1 是第一电子的电荷与速度,而 φ_2 及 A_2 是第二电子在第一电子所在点处产生的电磁势. 如果我们在式(22)中,用林娜－威夏势 φ,A 分别代替 φ_2 和 A,那么 V_{12} 的值便立即可得了.

由于 V_{12} 依赖于两个不同的时间 t 及 $t-\dfrac{R'}{c}$,此处的 R' 是两电子间的距离,为此我们把 $\delta -$ 函数对量 $\dfrac{R'}{c}$ 展开,即

$$\delta(\tau - t + \frac{R'}{c}) = \delta(\tau - t) + \frac{R'}{c}\frac{\mathrm{d}}{\mathrm{d}\tau}\delta(\tau - t) +$$
$$\frac{R'^2}{2c^2}\frac{\mathrm{d}^2}{\mathrm{d}\tau^2}\delta(\tau - t) + \cdots \quad (23)$$

计算 φ_2 时,只取式(23)的前三项;计算 A_2 时,只需取第一项便满足要求. 于是,将式(23)代入式(17)和(18)中,并利用 $\delta -$ 函数的性质 2 得

$$\varphi_2 = e_2\int\frac{1}{R'}[\delta(\tau - t) + \frac{R'}{c}\frac{\mathrm{d}}{\mathrm{d}\tau}\delta(\tau - t) +$$
$$\frac{R'^2}{2c^2}\frac{\mathrm{d}^2}{\mathrm{d}t^2}\delta(\tau - t)]\mathrm{d}\tau =$$
$$\frac{e_2}{R} + \frac{e_2}{2c^2}\frac{\mathrm{d}^2 R}{\mathrm{d}t^2} \quad (24)$$

$$A_2 = \frac{e_2}{c}\int v(\tau)\frac{1}{R'}\delta(\tau - t)\mathrm{d}\tau = \frac{e_2 v_2}{cR} \quad (25)$$

其中 R 为两电子间距离,v_2 为第二个电子的速度. R 对 $\delta -$ 函数和对它的导数的积分,都是对同一时刻 t 进行的,把式(24)和式(25)代入式(22)中,便可求得两运动的点电荷间的相互作用能 V_{12}.

15.1.2 电子的辐射能量

根据电动力学的基本方程式(11)和式(12),利用

林娜－威夏势,从式(9)和式(10)出发,就可以推导出两个运动的电子的辐射能的计算公式.

根据麦克斯韦方程可知,A 和 φ 满足下列非齐次波动方程

$$\nabla^2 A - \frac{1}{c^2}\frac{\partial^2 A}{\partial t^2} + \frac{4\pi}{e}i = 0 \qquad (26)$$

$$\nabla^2 \varphi - \frac{1}{c^2}\frac{\partial^2 \varphi}{\partial t^2} + 4\pi\rho = 0 \qquad (27)$$

其中 i,ρ 分别代表电流和电荷密度,∇ 是哈密顿算子.从电磁场理论又知方程式(11)(12) 的解 A,φ 与所谓洛伦兹条件式(13) 相联系.因此,由式(26) 解出 A,将式(13) 对时间 t 积分即可求得 φ 的值.

利用四维傅里叶变换解式(26),并注意其反演定理和褶积定理,得

$$A(x,y,z) = \frac{1}{c}\iiint_{-\infty}^{+\infty}\frac{i(x',y',z',t-\frac{|r-r'|}{c})}{|r-r'|}\mathrm{d}x'\mathrm{d}y'\mathrm{d}z'$$
$$(28)$$

其中

$$r = xi + yi + zk$$
$$r' = x'i + y'j + z'k$$
$$r^2 = x^2 + y^2 + z^2$$

$$\varphi(x,y,z) = \iiint_{-\infty}^{+\infty}\frac{\rho(x',y',z',t-\frac{|r-r'|}{c})}{|r-r'|}\mathrm{d}x'\mathrm{d}y'\mathrm{d}z'$$
$$(29)$$

$A(x,y,z)$ 称为推迟电势,并且在解得式(28)(29) 时,假设了当 $r \to \infty$,$|t| \to \infty$ 时,A 与 φ 都趋近于零.

假设电子在 t 时刻的位置是 (x_0,y_0,z_0),那么,我们取 $i(x',y',z',t) = e\delta(r'-r)V(t_0)$.其中 $V(t_0)$ 是速

度，$\delta(r)=\delta(x)\delta(y)\delta(z)$ 为三维 δ - 函数. 将 $i(x',y',z',t)$ 的表达式代入式(28)中，得

$$A(r,t)=\frac{e}{c}\iiint_{-\infty}^{+\infty}\frac{\delta(r'-r)V(t-\frac{|r-r'|}{c})}{|r-r'|}\mathrm{d}x'\mathrm{d}y'\mathrm{d}z'$$

$$(30)$$

其中

$$V(t)=\frac{\mathrm{d}r_0}{\mathrm{d}t'}$$

而

$$t'=t-\frac{|r-r'|}{c}$$

于是，有

$$\frac{\partial x_0}{\partial x'}=\frac{\partial x_0}{\partial t'}\cdot\frac{\partial t'}{\partial x'}=-\frac{(x'-x)V_x}{c|r-r'|}$$

$$\frac{\partial y_0}{\partial x'}=\frac{\partial y_0}{\partial t'}\cdot\frac{\partial t'}{\partial x'}=-\frac{(x'-x)V_y}{c|r-r'|}$$

引用新的积分变数 λ,μ,γ 来分别代替 x',y',z'，其中 $\lambda=r'-r_0$，那么，就有

$$\frac{\partial\lambda}{\partial x'}=1+\frac{(x'-x)V_x(t')}{c|r-r'|}$$

$$\frac{\partial\lambda}{\partial y'}=\frac{(y'-y)V_x(t')}{c|r-r'|}$$

$$\frac{\partial\lambda}{\partial z'}=\frac{(z'-z)V_x(t')}{c|r-r'|}$$

$$\frac{\partial\mu}{\partial x'}=\frac{(x'-x)V_y(t')}{c|r-r'|}$$

$$\frac{\partial\mu}{\partial y'}=1+\frac{(y'-y)V_y(t)}{c|r-r'|}$$

$$\frac{\partial\mu}{\partial z'}=\frac{(z'-z)V_y(t')}{c|r-r'|}$$

$$\frac{\partial \gamma}{\partial x'} = \frac{(x'-x)V_z(t')}{c\mid r-r'\mid}$$

$$\frac{\partial \gamma}{\partial y'} = \frac{(y'-y)V_z(t')}{c\mid r-r'\mid}$$

$$\frac{\partial \gamma}{\partial z'} = 1 + \frac{(z'-z)V_z(t')}{c\mid r-r'\mid}$$

其中 $V_x(t'), V_y(t'), V_z(t')$ 为速度 $V(t)$ 的三个分量.
从而,雅可比行列式为

$$\frac{\partial(\lambda,\mu,\gamma)}{\partial(x',y',z')} = 1 + \frac{(r'-r)V(t')}{c\mid r-r'\mid}$$

即

$$\frac{\mathrm{d}x'\mathrm{d}y'\mathrm{d}z'}{\mid r-r'\mid} = \frac{\mathrm{d}\lambda\mathrm{d}\mu\mathrm{d}\gamma}{\mid r-r'\mid + \dfrac{1}{c}\mid r'-r\mid V(t')} \quad (31)$$

将式(31)代入(30),并利用 $\delta -$ 函数的性质进行简单
的积分运算便得

$$A(r,t) = \frac{eV(t-\dfrac{\mid r-r_0\mid}{c})}{c\mid r-r_0\mid + (r_0-r)V(t-\dfrac{\mid r-r_0\mid}{c})}$$

$$(32)$$

令 $R=r_0-r, t'=t-\mid R\mid /c$,式(32)可化简为

$$A(r,t) = \frac{eV(t')}{c\mid R\mid + R\cdot V(t')} \quad (33)$$

类似地,在式(29)中,将电荷密度代换以 $\delta -$ 函数,即
$\rho(r,t) = e\delta(r-r_0)$.所求之纯量势 φ 的表达式为

$$\varphi(r,t) = \frac{ce}{c\mid R\mid + R\cdot V(t')} \quad (34)$$

在非相对论的速度范围内(即速度 $\mid V\mid \ll c$ 时)式
(33)可以写成

481

$$A(r,t) = \frac{e}{c \mid R \mid} V(t')$$

从而，由式（10）知，当半径 R 充分大时，就有

$$H = -\frac{e}{c^2 R^2}(R \times V(t'))$$

类似地，可以证明

$$E = \frac{1}{\mid R \mid}(R \times H)$$

并且，$c(E \times H)/4\pi$ 沿一个半径 R 充分大的球面上求积分，便可推出以微小速度 $V(t)$ 而运动的加速质点，在单位时间内所辐射的能量为 $2e^2 V^2/3c^3$. 于是，便得到了运动的电子的辐射能量.

从上述推导不难看到，正是利用了电流和电荷密度可以表示为 $\delta-$ 函数这一特性，及其 $\delta-$ 函数固有的性质，才使问题得到顺利的解决；否则，要解式（29）和式（30），将是极为困难的，即使解出来，其复杂程度也会令人生畏的.

15.2　富克尔－普朗克方程

本节将通过随机过程推导重要的富克尔－普朗克(Fokker-Planck)方程，说明 $\delta-$ 函数的性质的应用.

我们知道，随机过程可以按记忆性分类，在各个时刻由随机过程所定义的随机变量之间都互相独立时，称为没有记忆的随机过程或称为纯粹随机过程；当现在时刻的随机变量只依赖于最近的前一时刻的随机变量时，称为一步记忆的随机过程，或称为马尔

可夫过程. 当依赖于前几个时刻的随机变量时,则称为多步记忆随机过程,或称为高阶马尔可夫过程.

　　用 δ－函数表示阶梯函数在跳跃点上的导数,那么,它们也可具有相应的密度函数. 设随机变量 X 仅在点 $(x_1,x_2,\cdots,x_n)$ 上有值,则它的概率密度函数可表示为

$$f_{\{x\}}(X) = \sum_{j=1}^{n} P_j \delta(x - x_j) \tag{1}$$

其中 $P_j = P(x=x_j)$, $j=1,2,\cdots,n$.

　　马尔可夫过程 $X(t)$ 完全由其一阶概率密度函数 $f_{\{x\}}(x_0,t_0)$ 及其转移概率密度函数 $q_{\{x\}}(x,t \mid x_0,t_0)$ 所描述. 若 $f_{\{x\}}(x_0,t_0)$ 已知,则过程的性质完全由 $q_{\{x\}}(x,t \mid x_0,t_0)$ 所决定,同时,又知 $q_{\{x\}}(x_1,t \mid x_0,t_0)$ 是由查普曼 － 柯尔莫哥洛夫 － 斯莫卢乔斯基 (Chapman-Kolmogorov-Smoluchowsk) 方程

$$q_{\{x\}}(x_2,t_2 \mid x_1,t_1) =$$
$$\int_{-\infty}^{+\infty} q_{\{x\}}(x,t \mid x_1,t_1) q_{\{x\}}(x_2,t_2 \mid x,t)\mathrm{d}x \tag{2}$$

所控制.

　　式(2)这个积分方程,一般总是通过与其等效的微分方程来确定转移概率密度函数. 那么,如何找到这个微分方程,便是下面要完成的主要任务.

　　先将式(2)改写成

$$q_{\{x\}}(x,t+\Delta t \mid x_0,t_0) =$$
$$\int_{-\infty}^{+\infty} q_{\{x\}}(x',t \mid x_0,t_0) q_{\{x\}}(x,t+\Delta t \mid x',t)\mathrm{d}x$$

$$\tag{3}$$

并用 $M_{\{x\}}(\theta,t+\Delta t \mid x',t)$ 表示随机变量 $\Delta X = x(t+\Delta t) - x(t)$ 在条件 $x(t) = x'$ 下的条件特征函数,即

$$M_{(x)}(\theta, t + \Delta t \mid x', t) = E[e^{i\theta \Delta x} \mid x', t] =$$

$$\int_{-\infty}^{+\infty} e^{i\theta \Delta x} q_{(x)}(x, t + \Delta t \mid x', t) dx \qquad (4)$$

其中 $\Delta x = x - x'$.

为了保证上述特征函数的存在,转移概率密度函数应该是标准化了的,即对任意的 x', t 及 Δt,有

$$\int_{-\infty}^{+\infty} q_{(x)}(x, t + \Delta t \mid x', t) dx = 1 \qquad (5)$$

为了求得式(4)中的 $q_{(x)}(x, t + \Delta t \mid x', t)$,取式(4)的傅氏逆变换,即得

$$q_{(x)}(x, t + \Delta t \mid x', t) =$$

$$\frac{1}{2\pi} \int_{-\infty}^{+\infty} e^{-i\theta \Delta x} M_{(x)}(\theta, t + \Delta t \mid x', t) d\theta \qquad (6)$$

将 $M_{(x)}(\theta, t + \Delta t \mid x', t)$ 在 $\theta = 0$ 附近展成泰勒级数,即

$$M_{(x)}(\theta, t + \Delta t \mid x', t) = \sum_{n=0}^{\infty} \frac{(i\theta)^n}{n!} a_n(x', t) \qquad (7)$$

其中设 $a_n(x', t)(n = 1, 2, \cdots)$ 存在,且表达式为

$$a_n(x', t) = E[(\Delta x)^n \mid x', t] =$$

$$E\{[x(t + \Delta t) - x(t)]^n \mid x(t) = x'\} \qquad (8)$$

将式(7)代入式(6),得

$$q_{(x)}(x, t + \Delta t \mid x', t) =$$

$$\frac{1}{2\pi} \int_{-\infty}^{+\infty} e^{-i\theta \Delta x} \sum_{n=0}^{\infty} \frac{(i\theta)^n}{n!} a_n(x', t) d\theta =$$

$$\sum_{n=0}^{\infty} \frac{(-1)^n}{n!} a_n(x', t) \frac{1}{2\pi} \int_{-\infty}^{+\infty} (-i\theta)^n e^{-i\theta \Delta x} d\theta$$

又由 δ — 函数的性质 4,即

$$\frac{1}{2\pi} \int_{-\infty}^{+\infty} (-i\theta)^n e^{-i\theta \Delta x} d\theta = \frac{\partial^{(n)} \delta(\Delta x)}{\partial x^n}$$

所以,式(6)变为

$$q_{\{x\}}(x,t+\Delta t\mid x',t)=\sum_{n=0}^{\infty}\frac{(-1)^n}{n!}a_n(x',t)\frac{\partial^{(n)}\delta(\Delta x)}{\partial x^n}$$

$$\text{(9)}$$

再由 δ — 函数的性质 3

$$\int_{-\infty}^{+\infty}f(x)\delta^{(n)}(x-\xi)\mathrm{d}x=(-1)^n f^{(n)}(\xi)$$

于是,将式(9) 代入式(3),则得

$$q_{\{x\}}(x,t+\Delta t\mid x_0,t_0)=$$

$$\int_{-\infty}^{+\infty}q_{\{x\}}(x',t\mid x_0,t_0)\sum_{n=0}^{\infty}\frac{(-1)^n}{n!}a_n(x',t)\frac{\partial^{(n)}\delta(\Delta x)}{\partial x^n}\mathrm{d}x'=$$

$$\sum_{n=0}^{\infty}\frac{(-1)^n}{n!}\int_{-\infty}^{+\infty}q_{\{x\}}(x',t\mid x_0,t_0)a_n(x',t)\frac{\partial^{(n)}\delta(\Delta x)}{\partial x^n}\mathrm{d}x'=$$

$$\sum_{n=0}^{\infty}\frac{(-1)^n}{n!}\frac{\partial^{(n)}}{\partial x^n}\left[a_n(x',t)q_{\{x\}}(x,t\mid x_0,t_0)\right]$$

请注意,当 $\Delta x=0$,即 $x'=x$,上式变为

$$q_{\{x\}}(x,t+\Delta t\mid x_0,t_0)-q_{\{x\}}(x,t\mid x_0,t_0)=$$

$$\sum_{n=0}^{\infty}\frac{(-1)^n}{n!}\frac{\partial^{(n)}}{\partial x^n}\left[a_n(x,t)q_{\{x\}}(x,t\mid x_0,t_0)\right]\quad\text{(10)}$$

在式(10) 两端除以 Δt,并当 $\Delta t\to 0$ 时取极限,得

$$\frac{\partial}{\partial t}q_{\{x\}}(x,t\mid x_0,t_0)=$$

$$\sum_{n=0}^{\infty}\frac{(-1)^n}{n!}\frac{\partial^{(n)}}{\partial x^n}\left[a_n(x,t)q_{\{x\}}(x,t\mid x_0,t_0)\right]\quad\text{(11)}$$

其中

$$a_n(x,t)=\lim_{\Delta t\to 0}(\frac{1}{\Delta t})E\{\left[x(t+\Delta t)-x(t)\right]^n\mid x(t)=x\}$$

$$\text{(12)}$$

一般称 $a_n(x,t)$ 为随机过程 $X(t)$ 的导数矩. 式(11) 便是我们要求的,与控制转移概率密度函数积分方程式

（2）等效的微分方程. 当给定了随机过程的导数矩、适当的初始条件和边界条件时, 转移概率密度函数就可以由式（11）确定出来.

然而式（11）, 在实际应用中局限性很大, 因为一般不可能考虑对空间坐标的无穷阶导数的情况, 所以只有当少数几个非零的导数矩时, 这方法才有效. 也就是当 $q_{\{x\}}(x,t \mid x_0,t_0)$ 满足条件, 随机过程是连续的; $a_1(x,t), a_2(x,t)$ 存在, 且当 $n \geqslant 3$ 时, $a_n(x,t)=0$; 偏导数 $\dfrac{\partial q}{\partial t}, \dfrac{\partial q}{\partial x}, \dfrac{\partial^2 q}{\partial x^2}, \dfrac{\partial q}{\partial x_0}, \dfrac{\partial^2 q}{\partial x_0^2}$ 存在; 又满足相应的标准化条件式（4）（一般把满足这些条件的马尔可夫过程称为扩散过程）. 实际上这些条件是物理学中从对微粒随机扩散运动（如布朗运动）的研究中抽象出来的, 其特点是在任何一很短时间内, 质点都可能发生位移, 然而位移量却很小. 因此, 可以想象在一定条件下, 质点的轨道是以概率表示的连续函数（当然, 这点同跳跃型的泊松过程, 在物理性质上是不同的）. 于是, 式（11）就有如下的简单形式

$$\frac{\partial}{\partial t} q_{\{x\}}(x,t \mid x_0,t_0) + \frac{\partial}{\partial x}[a_1(x,t) q_{\{x\}}(x,t \mid x_0,t_0)] -$$

$$\frac{1}{2}\frac{\partial^2}{\partial x^2}[a_2(x,t) q_{\{x\}}(x,t \mid x_0,t_0)] = 0 \tag{13}$$

其中, 初始条件为 $q_{\{x\}}(x,t \mid x_0,t_0) = \delta(x-x_0)$.

在马尔可夫过程理论中, 常把式（13）称为富克尔—普朗克方程, 有时也叫柯尔莫哥洛夫向前方程. 因为, 其中的转移概率密度函数是随着时间向前运动的向前变量 x 和 t 的函数.

15.3 地下水非稳定流中群孔同时抽水的干扰井的计算公式

由于 δ－函数能够描述一些普通函数所无法刻画的物理现象，如开采地下水时（包括加灌），因为抽水量集中在很小的井口面积上，所以，抽水量与井口面积之比是一个很大的量，近似作用于一点的情况，因此，便可以引用 δ－函数来描述，并为后来的计算带来很大的方便．

根据地下水非稳定流理论，可将水头 h 所满足的数学模型，简化为如下偏微分方程的初边值定解问题

$$
(\text{I})\begin{cases}
\mu^* \dfrac{\partial h}{\partial t} = \dfrac{\partial}{\partial x}(T\dfrac{\partial h}{\partial x}) + \dfrac{\partial}{\partial y}(T\dfrac{\partial h}{\partial y}) + \varepsilon - \\
\displaystyle\sum_{i=1}^{N} q_i \delta(x-x_i, y-y_i)(x,y) \in G, t > 0 \\
h(x,y)\mid_{t=0} = h_0(x,y), (x,y) \in G \\
h(x,y)\mid_{\Gamma_1} = h_1(x,y,t), (x,y) \in \Gamma_1, t > 0 \\
T\dfrac{\partial h}{\partial n}\Big|_{\Gamma_2} = Q(x,y,t), (x,y) \in \Gamma_2, t < 0
\end{cases}
$$

其中 G 为开采区的平面区域，Γ 为 G 的边界，$h(x,y,t)$ 为 G 内点 (x,y) t 时刻的水头，μ^*，T 分别为单性储存系数、导水系数，且都是 x,y 的函数，$\varepsilon(x,y,t)$ 为越流补给强度，Γ_1，Γ_2 为已知水头的补给量的边界，$Q(x,y,t)$ 为 Γ_2 上的补给量，n 为外法线，q_i 和 (x_i,y_i) 分别为第 i 口井的开采量及井口的坐标，$\delta(x-x_i,y-y_i)$ 是点 (x_i,y_i) 的二维 δ－函数．

为了便于求解,再对定解问题(Ⅰ)理想化,即假设承压含水层是均质、等厚、产状水平、自然水力坡度为零,越流补给可略而不计,含水层延伸无限,并在无限远处不受抽水的影响,再设有 n 口抽水井,对于这样一个具体的承压水流向干扰井的运动规律就是把定解问题(Ⅰ)变为如下的定解问题(Ⅱ)

$$(\text{Ⅱ})\begin{cases} \dfrac{\partial h}{\partial t} = a\left(\dfrac{\partial^2 h}{\partial x^2} + \dfrac{\partial^2 h}{\partial y^2}\right) - \dfrac{1}{\mu^*}\sum_{i=1}^{n} Q_i\delta(x-x_i, y-y_i) \\ \qquad -\infty < x/y < +\infty, t > 0 \\ h(x,y,t)\big|_{t=0} = H, \; -\infty < x/y < +\infty \\ \lim\limits_{|x|\to\infty} h(x,y,t) = \lim\limits_{|y|\to\infty} h(x,y,t) = H, t > 0 \\ \lim\limits_{|x|\to\infty} \dfrac{\partial h}{\partial x} = \lim\limits_{|y|\to\infty} \dfrac{\partial h}{\partial y} = 0, t > 0 \end{cases}$$

其中 a 为传导系数,H 为 $t=0$ 时刻的水位.

在平面非稳定流的定解问题中,常归结为形如式(Ⅱ)的非齐次初边值条件的定解问题,非齐次初边值条件定解问题可以经过适当变换,转化为齐次初边值条件的定解问题. 并且,非齐次线性方程齐次初边值条件定解问题的解具有叠加性. 所以,作代换 $v = m(H-h)$,只要求得与式(Ⅱ)相应的齐次初边值定解问题

$$(\text{Ⅲ})\begin{cases} \dfrac{\partial v}{\partial t} = a\left(\dfrac{\partial^2 v}{\partial x^2} + \dfrac{\partial^2 v}{\partial y^2}\right) + \dfrac{m}{\mu^*}\sum_{i=1}^{n} Q_i\delta(x-x_i)\delta(y-y_i) \\ \qquad -\infty < x/y < +\infty, t > 0 \\ v(x,y,t)\big|_{t=0} = 0, \; -\infty < x/y < +\infty \\ \lim\limits_{|x|\to\infty} v(x,y,t) = \lim\limits_{|y|\to\infty} v(x,y,t) = 0, t > 0 \\ \lim\limits_{|x|\to\infty} \dfrac{\partial v}{\partial x} = \lim\limits_{|y|\to\infty} \dfrac{\partial v}{\partial y} = 0, t > 0 \end{cases}$$

的解即可. 其中 v 为势函数, m 为开采层顶板和底板的厚度, 利用 δ — 函数的积分性质 2, (Ⅲ) 的解可以通过无外界补给时, 地下水流向完整井的计算公式

$$v(x,y,t) = \frac{1}{4\pi k}\int_0^t \frac{Q_i(\tau)}{t-\tau}e^{-(x^2+y^2)/4a(t-\tau)}\,\mathrm{d}\tau \qquad (1)$$

给出. 再由解的叠加性, 并注意代换 $v = m(H-h) = ms$. 所以, 定解问题 (Ⅱ) 的解为

$$s = \frac{1}{4\pi mk}\sum_{i=1}^n \int_0^t \frac{Q_i(\tau)}{t-\tau}e^{-r_i^2/4a(t-\tau)}\,\mathrm{d}\tau \qquad (2)$$

当 Q_i 为常数时, 即抽水量固定, 并将该式中的积分用 $W(\dfrac{r_i^2}{4at})$ 表示, 则从式 (2) 便得到定解问题 (Ⅲ) 的解为

$$v = \sum_{i=1}^n \frac{Q_i}{4\pi k}\int_0^t \frac{1}{t-\tau}e^{-r_i^2/4a(t-\tau)}\,\mathrm{d}\tau =$$
$$\sum_{i=1}^n \frac{Q_i}{4\pi k}W(\frac{r_i^2}{4at}) \qquad (3)$$

再通过代换 $v = m(H-h)$, 立即可求得定解问题 (Ⅱ) 的解, 于是式 (3) 便是在一定条件下群孔同时抽水的干扰井的计算公式.

式 (3) 既可计算出干扰井抽水时, 含水层中任意时间、任意一点的水位降深值; 又可以在满足开采量、使用年限及允许降深等条件下, 为供水设计求出合理井距、制定布井方案, 还能用抽水试验资料计算水文地质参数.

15.4 δ — 函数在光学衍射中的应用

一束平面波射到一个衍射孔时, 距孔甚远处的衍射线的角分布, 与从小孔发出的波前的振幅和相位的空间分布有关.

如考虑沿如图 1 的 z 坐标轴的正向,朝着 $z=0$ 平面上的小孔行进的一个平面波扰动,小孔便改变了波阵面的相位与振幅.而该扰动继续前进,就在 $z>0$ 的半空间中形成衍射波的花样.

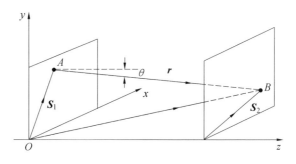

图 1

若令 $\boldsymbol{R}$ 为点 (x,y,z) 相对于坐标原点的位置矢量,为方便起见,将坐标原点取在小孔径内某处,这个位置表示成 (s,z),这里 s 为 xOy 平面上的一个矢量,其分量为 x 与 y(即 s 为 $\boldsymbol{R}$ 在 xOy 平面上的投影).有时必须将 $z=0$ 平面(即小孔所在平面)上的点 A 与衍射场中的点 B 的位置区分开,则就分别以 $(s,0)$ 和 (s,z) 表示 A 与 B 的位置.令 r 为自 A 到 B 的矢量,则 $\boldsymbol{R}=s+r$,并且用 θ 表示 r 与 z 轴间的夹角.

这里我们不去揭示光学衍射中诸多原理和公式,仅就几个具体实例,看 δ - 函数在推导能流密度和功率谱中的重要应用.

用一维傅里叶变换代替二维傅里叶变换,来描述二维空间运动的波在一维孔径上的衍射,并把矢量形式简化为标量形式.为此,设孔径函数 $f(x,0)$ 及其傅

490

氏谱 $F(q,0)$,由平面孔与透镜的相干衍射理论知道,孔径函数的能流密度 σ 和功率谱 I 可分别表示为

$$\sigma = \frac{k}{2\pi} \mid F(q,0) \mid^2 = \frac{k}{2\pi} s_f(q,0) \qquad (1)$$

$$I = \lim_{L \to \infty} \frac{k}{2\pi} \frac{1}{L} \mid F_L(q,0) \mid^2 = \frac{k}{2\pi} P_f(q,0) \qquad (2)$$

其中 k 为波数,L 为某个面积 S 的最大直径.

　　无限宽衍射光屏在物理上显然是不可能实现的,但是它对于描述某些孔径的重要特征来说,是一种比较方便的抽象. 以下我们利用 δ — 函数来推导其功率谱.

　　设孔径函数 $f(x,0)$ 按某种方式重复,则其傅氏谱为

$$F(q,0) = \int_{-\infty}^{+\infty} \mathrm{e}^{-iqx} f(x,0) \mathrm{d}x = \sum_n a_n \delta(q - q_n) \qquad (3)$$

从而由式(2),也就是将 δ — 函数的幅度的模,直接平方再除以 2π,即得到功率谱

$$I = \frac{k}{(2\pi)^2} \sum_n \mid a_n \mid^2 \delta(q - q_n) =$$

$$\frac{1}{(2\pi)^2} \sum_n \mid a_n \mid^2 \delta(\theta - \frac{q_n}{k}) \qquad (4)$$

　　对于振幅调制的无穷大光栅,孔径函数可表示为

$$f(x,0) = A + B\cos\left(\frac{2\pi x}{x_0}\right), x \in (-\infty, +\infty)$$

$$\qquad (5)$$

由傅氏变换公式可知,它的谱函数为

$$F(q,0) = 2\pi A\delta(q) + \pi B\delta\left(q - \frac{2\pi}{x_0}\right) +$$

$$\pi B\delta\left(q + \frac{2\pi}{x_0}\right) \qquad (6)$$

并将式(6)代入式(2),便得其功率谱为

$$I = A^2 \delta(\theta) + \frac{B^2}{4}\{\delta(\theta - \frac{\lambda}{x_0}) + \delta(\theta + \frac{\lambda}{x_0})\}$$

其中 λ 为波长.

对于无穷大折射光劈或棱镜,具有使波阵面的相位改变为一个与 x 成比例的量的效果,不妨设为 αx. 在这种情况下,可利用公式

$$2\pi A\delta(y - y_0) = \int_{-\infty}^{+\infty} A e^{-iyx} e^{-iy_0 x} \,dx \qquad (7)$$

来解决,并且,由傅氏变换公式可得功率谱为

$$I = \delta(\theta - \frac{\alpha\lambda}{2\pi}) \qquad (8)$$

波长 λ 与波数 k 的关系为 $k = 2\pi/\lambda$. 式(8)这一结果,与从棱镜得到的轮廓清楚而偏移的线束相对应.

厚度周期变化的折射薄板的孔径函数,具有恒定的振幅,但是相位做周期变化,若厚度随周期 x_0 做周期变化,则

$$f(x,0) = \exp[i a \cos(\frac{2\pi x}{x_0})] \qquad (9)$$

并且,根据傅氏变换公式,立即可得其功率谱为

$$I = \sum_{n=-\infty}^{+\infty} \{J_n(a)\}^2 \delta(\theta - \frac{n\lambda}{x_0}) \qquad (10)$$

其中 $J_n(a)$ 为 n 阶贝塞尔函数.

无穷大狭缝光栅可用如下孔径函数来描述

$$f(x,0) = f_0(x) * g(x)$$

其中, $f_0(x)$ 由一列表示狭缝位置的 δ — 函数组成,而 $g(x)$ 是一个狭缝的特征孔径函数. 其傅氏谱函数设为 $G(q)$,若狭缝按规则排列,则其傅氏谱 $F_0(q)$ 由 δ — 函数组成,即

$$F(q,0) = G(q)\sum_n a_n \delta(q - q_n) \qquad (11)$$

由式(4)可导出其功率谱为

$$I = \frac{1}{(2\pi)^2} \mid G(k\theta) \mid^2 \sum_{n=-\infty}^{+\infty} \mid a_n \mid^2 \delta(\theta - \frac{q_n}{k}) \quad (12)$$

作为该问题一个特例,当狭缝之间严格按等间距 x_0 排列时,即按孔径函数

$$f(x,0) = \sum_{n=-\infty}^{+\infty} A\delta(x - nx_0)$$

及其谱函数

$$F(q,0) = \sum_{n=-\infty}^{+\infty} \frac{2\pi A}{x_0}\delta(y - n\frac{2\pi}{x_0})$$

$\theta = \pm n\lambda/x_0 (n=1,2,\cdots)$ 来排列,或者按孔径函数

$$f(x,0) = \sum_{n=-\infty}^{+\infty} \delta(x - nx_0)(A + a\cos y_0 x) \quad (13)$$

或

$$f(x,0) = \sum_{n=-\infty}^{+\infty} \delta(x - nx_0)(A + a\sin y_0 x)$$

$$n = 0, \pm 1, \pm 2, \cdots \qquad (14)$$

排列,则相应的离散傅氏谱分别为

$$\sum_n \frac{2\pi}{x_0}\{A\delta(y - n\frac{2\pi}{x_0}) + \frac{a}{2}\delta(y - n\frac{2\pi}{x_0} + y_0) +$$

$$\frac{a}{2}\delta(y - \frac{2\pi}{x_0} - y_0)\} \qquad (15)$$

$$\sum_n \frac{2\pi}{x_0}\{A\delta(y - n\frac{2\pi}{x_0}) + \frac{ia}{2}\delta(y - n\frac{2\pi}{x_0} + y_0) -$$

$$\frac{ia}{2}\delta(y - n\frac{2\pi}{x_0} - y_0)\} \qquad (16)$$

这便给出了峰锐的衍射极大位置.这也说明了当振幅或狭缝位置出现周期性"误差"时,在每个主衍射极大

位置的两侧，便会出现"伴峰".

若利用式（1）和式（2）的矢量形式，孔径函数表示为 $f_0(s)$ 与 $g(s)$ 的褶积，即

$$f(s,0) = f_0(s) * g(s) \qquad (17)$$

且其傅氏谱为

$$F(q,0) = F_0(q)G(q) \qquad (18)$$

由式（1）可知其能流密度为

$$\sigma = \frac{k^2}{(2\pi)^2} \mid F_0(q) \mid^2 \mid G(q) \mid^2 \qquad (19)$$

其中 $f_0(s)$ 是由表示各个孔的位置的 δ — 函数组成，而 $g(s)$ 为单个孔的孔径函数. 于是，无限大衍射光屏若按规则排列，则 $F(q,0)$ 可表示为

$$F(q,0) = \sum_n a_n \delta(q - q_n) \qquad (20)$$

将式（20）代入式（2）的矢量形式中，立即可得功率谱为

$$I = \frac{k^2}{(2\pi)^4} \sum_n \mid a_n \mid^2 \delta(q - q_n) \qquad (21)$$

作为一个特例，我们考虑的是无限多个成规则排列的相同的孔，则与式（17）和式（18）一样，其孔径函数的傅氏谱为

$$F(q,0) = G(q) \sum_n a_n \delta(q - q_n) \qquad (22)$$

于是，不难导出相应的功率谱为

$$I = \frac{k^2}{(2\pi)^4} \mid G(q) \mid^2 \sum_n \mid a_n \mid^2 \delta(q - q_n) \qquad (23)$$

限于篇幅，本节内容到此为止. 从光学的衍射理论而言，这里是寥寥无几；但是从 δ — 函数的应用方面来看，这里已充分显示出它的重要性.

15.5   量子力学中粒子动量的平均值

在量子力学中，由于物质的二象性，即颗粒性和波动性以及关于波函数 ψ 的德布罗意的统计解释，粒子坐标 X 的平均值或期望值可以表示为

$$\langle X \rangle = \int \psi^*(X,t) X \psi(X,t) \mathrm{d}^3 x \quad\text{[①]} \tag{1}$$

其中把 $|\psi|^2$ 记成 $\psi^*\psi$，而把 X 插在中间．该公式便是对 X 进行多次重复测量的预期结果．类似地，X 的任何函数，如粒子的势能 $U(X)$ 的平均值或期望值便可表示为

$$\langle U \rangle = \int \psi^*(X,t) U(X) \psi(X,t) \mathrm{d}^3 x \tag{2}$$

我们知道除非德布罗意波是单色平面波，否则粒子没有唯一确定的动量值．所以，促使我们必须研究，在一般情况下粒子动量的平均值．

实验证明，任何波函数总可以通过傅氏变换将其表示为单色平面波的叠加，即

$$\psi(X,t) = (2\pi)^{-3/2} \int \Phi'(K,t) \mathrm{e}^{\mathrm{i}K\cdot X} \mathrm{d}^3 k =$$

$$(2\pi h)^{-3/2} \int \Phi(P,t) \mathrm{e}^{-\mathrm{i}P\cdot X/h} \mathrm{d}^3 P \tag{3}$$

其中 p 为粒子的动量，h 为普朗克常数，$\Phi(p,t)$ 是权函数，为了便于讨论，通常取成高斯误差函数．

---

① 在量子力学中，三重积分从 $-\infty$ 到 $+\infty$ 的积分限，习惯地记为 $\int \psi^*(X,t) X \psi(X,t) \mathrm{d}^3 x$，以下同．

当对波函数为 ψ 的粒子,测量其动量,可知动量为 P 的粒子数(或者说测量到动量 P 的概率)与 $(2\pi h)^{-3} \mid \Phi(P,t) \mid^2$ 成比例,因而,平均动量可表示为

$$\langle P \rangle = \frac{\int \Phi^* P \Phi \mathrm{d}^3 P}{\int \Phi^* \Phi \mathrm{d}^3 P} \qquad (4)$$

我们取式(2)的傅氏逆变换,得

$$\Phi(p,t) = (2\pi h)^{-\frac{3}{2}} \int \psi(X,t) \mathrm{e}^{-ip \cdot X/h} \mathrm{d}^3 x \qquad (5)$$

将式(5)代入式(4)中,并设 ψ 已经归一化,分别计算其分子和分母,即可求出 $\langle P \rangle$ 的值. 于是

$$\int \Phi^* \Phi \mathrm{d}^3 P = \int \mathrm{d}^3 x' \psi^*(X',t) \int \mathrm{d}^3 X \psi(X,t) \cdot$$
$$\int \frac{\mathrm{d}^3 P}{(2\pi h)^3} \exp\left[\frac{i}{h} P \cdot (X' - X)\right] \qquad (6)$$

其中,由 δ 一 函数的积分表达式,可知

$$\delta(X' - X) = \int \frac{\mathrm{d}^3 P}{(2\pi h)^3} \exp\left[\frac{i}{h} P \cdot (X' - X)\right]$$

从而,式(6)变为

$$\int \Phi^* \Phi \mathrm{d}^3 P = \int \mathrm{d}^3 X' \psi^*(X',t) \int \mathrm{d}^3 X \psi(X,t) \delta(X' - X) =$$
$$\int \mathrm{d}^3 X' \psi^*(X',t) \psi(X' - t) = 1 \qquad (7)$$

式(7)在里层积分运算中,应用了 δ 一 函数的积分性质,得 $\psi(X',t)$. 把式(7)的结果代入式(4)中,即分母为 1,于是,得

$$\langle P \rangle = \int \Phi^*(P,t) P \Phi(P,t) \mathrm{d}^3 P \qquad (8)$$

再将式(5)代入式(8)中,因为

$$\int \frac{\mathrm{d}^3 P}{(2\pi h)^3} P \exp\left[\frac{i}{h} P \cdot (X' - X)\right] =$$

$$-\frac{h}{i}\nabla_x\int\frac{\mathrm{d}^3P}{(2\pi h)^3}\exp\left[\frac{i}{h}P\boldsymbol{\cdot}(X'-X)\right]=$$

$$-\frac{h}{i}\nabla_x\delta(X'-X)$$

其中 ∇ 是哈密顿算符,即

$$\nabla=\frac{\partial}{\partial x}i+\frac{\partial}{\partial y}j+\frac{\partial}{\partial z}k$$

而 ∇_x 表示在 x 轴方向上的分量.利用 δ 一函数的性质 3,有

$$\int\psi(X,t)\nabla_x\delta(X'-X)\mathrm{d}^3X=-\psi(X,t)$$

所以,得

$$\langle P\rangle=\int\psi^*(X,t)\frac{h}{i}\nabla\psi(X,t)\mathrm{d}^3X \qquad (9)$$

同理,可以推导出动量 P 的任意函数 $f(P)$ 的平均值或者说是期待值,即

$$\langle f(P)\rangle=\int\psi^*(X,t)f\left(\frac{h}{i}\nabla\right)\psi(X,t)\mathrm{d}^3X \quad (10)$$

以及粒子的平均动能为

$$\langle T\rangle=\int\psi^*(X,t)\left[-\frac{h^2}{2\mu}\nabla^2\psi(X,t)\right]\mathrm{d}^3X \quad (11)$$

(9)(10)(11)三式都是量子力学中的重要公式,只要给出波函数,则由这三个公式均可算出相应的动量的平均值、关于动量的任意函数的平均值和粒子的平均动能.

第五编
缓增广义函数

缓增广义函数和它的傅里叶变换[①]

第16章

世界著名数学家 L. Bers 曾指出：

专门化长期以来被看作把数学分成多个相分离的领域，它导致了更深刻的理解，并似乎在创造着数学中的新的统一.

16.1　在无限远处急速下降的无限可微函数空间

定义 1　若 ϕ 属于 $C^{\infty}(\mathbf{R}^n)$，并且对所有 $\alpha \in \mathbf{N}^n$ 和所有 $p \in \mathbf{N}^n$，有

---

①　本章摘编自《广义函数引论》，J. 巴罗斯－尼托著，欧阳光中，宋学炎译，上海科学技术出版社，1981.

$$\lim_{|x| \to +\infty} | x^a \partial^p \phi(x) | = 0 \qquad (1)$$

我们就说 ϕ 在无限远处急速下降.

所有在无限远处急速下降的 C^∞ 函数组成一个 $\mathbf{C}$ 上的向量空间,记为 $S(\mathbf{R}^n)$.

容易验证条件(1)等价于下列任何一个条件:

对所有 $\alpha, p \in \mathbf{N}^n$, $x^a \partial^p \phi(x)$ 在 $\mathbf{R}^n$ 上一致有界.

$$(2)$$

对所有整数 $k \geqslant 0$ 和所有 $p \in \mathbf{N}^n$, $(1 + r^2)^{k/2} \partial^p \phi(x)$ 在 $\mathbf{R}^n$ 上一致有界,其中 $r = | x |$. (3)

例 1 1. 空间 $C_c^\infty(\mathbf{R}^n)$ 是 $S(\mathbf{R}^n)$ 的一个向量子空间.

2. 函数 $\exp(-| x |^2/2)$ 属于 $S(\mathbf{R}^n)$.

3. 设 $\alpha \in C_c^\infty(\mathbf{R}^n)$ 使得 $0 \leqslant \alpha \leqslant 1$, $\mathrm{supp}\,\alpha \subseteq B_1$,并且 $\alpha(0) = 1$. 又设 (x_j) 是 $\mathbf{R}^n$ 的一列元素,满足 $| x_j | + 2 \leqslant | x_{j+1} |$,定义

$$r(x) = \sum_{j=1}^{\infty} \frac{\alpha(x - x_j)}{(1 + | x_j |^2)^j}$$

由于函数 $\alpha(x - x_j)$ 的支柱互不相交,所以这个和式是有意义的. 若 $k \in \mathbf{N}, p \in \mathbf{N}^n$,则有

$$(1 + | x |^2)^k \partial^p r(x) = \frac{(1 + | x |^2)^k \partial^p \alpha(x - x_j)}{(1 + | x_j |^2)^k (1 + | x_j |^2)^{j-k}}$$

其中

$$| x_j | - 1 \leqslant | x | \leqslant | x_j | + 1$$

另一方面

$$\frac{1 + | x |^2}{1 + | x_j |^2} \leqslant C$$

C 是一个适当的常数,且

$$\sup_{x \in \mathbf{R}^n} | \partial^a \alpha(x - x_j) | = \sup_{x \in \mathbf{R}^n} | \partial^p \alpha(x) |$$

这样便得到 $r \in S(\mathbf{R}^n)$.

命题 1　设 $P(x)$ 是一个常系数的多项式，$Q(\partial)$ 是一个常系数偏微分算子，下列条件是等价的：

(1) $\phi \in S$；

(2) $\forall P(x)$ 和 $\forall Q(\partial)$，$P(x)Q(\partial)\phi \in S$；

(3) $\forall P(x)$ 和 $Q(\partial)$，$Q(\partial)(P(x)\phi(x)) \in S$.

证　因为 $P(x)Q(\partial)\phi$ 可以写成形如（2）的 $x^a \partial^p \phi(x)$ 的线性组，所以由条件（1）显然可以推出条件（2）. 另一方面，很明显，条件（2）又可推得条件（1）.

由莱布尼茨公式知道，$Q(\partial)(P(x) \cdot \phi(x))$ 是（2）中 $x^a \partial^p \phi(x)$ 的线性组合，于是由条件（1）可得条件（3）. 最后，我们留给读者去证明条件（3）可推出条件（1）. 证毕.

16.2　缓增广义函数

在 $S(\mathbf{R}^n)$ 上定义半范

$$r_{a,p}(\phi) = \sup_{x \in \mathbf{R}^n} |x^a \partial^p \phi(x)|, a, p \in \mathbf{N}^n$$

这一族可列无限多个半范 $(r_{a,p})$ 定义了 $S(\mathbf{R}^n)$ 上的豪斯道夫（Hausdorff）局部凸拓扑，可以证明它是一个可距离化的完备的拓扑. 于是 $S(\mathbf{R}^n)$ 是一个 Frechet 空间. 由（2）和（3）的等价性，$S(\mathbf{R}^n)$ 上的拓扑也可以由一列半范

$$r_{k,m}(\phi) = \sup_{|p| \leqslant m, x \in \mathbf{R}^n} |(1+r^2)^{k/2} \partial^p \phi(x)|, k, m \in \mathbf{N}$$

来定义.

S 是一个 Montel 空间. 事实上，若 B 是 S 的一个

有界集，因为嵌入 $S \to C^\infty$ 是连续的（定理 2），所以 B 也是 C^∞ 的有界集. 又因为 C^∞ 是一个 Montel 空间，故 B 是 C^∞ 内的相对紧集. 为了证明 B 是 S 内的相对紧集，只要证明：如果 B 中的元素序列 (ϕ_j) 在 C^∞ 内收敛于 ϕ，那么 $\phi \in S$ 并且在 S 内 $\phi_j \to \phi$. 因为 B 在 S 内有界，所以，对任何 $k \in \mathbf{N}$ 和任何 $p \in \mathbf{N}^n$，存在常数 $C_{k,p}$ 使得

$$\sup_{x \in \mathbf{R}^n} |(1+r^2)^{k/2} \partial^p f(x)| \leqslant C_{k,p}, f \in B$$

而这一不等式意味着对给定的 $\varepsilon > 0$，存在常数 $M > 0$ 使得

$$|(1+r^2)^{k/2} \partial^p f(x)| < \varepsilon, r = |x| > M, f \in B$$

因为在 C^∞ 内 $\phi_j \to \phi$，于是由上面的不等式即得

$$|(1+r^2)^{k/2} \partial^p \phi(x)| \leqslant \varepsilon, r > M$$

从而 $\phi \in S$. 另一方面，因为在 C^∞ 内 $\phi_j \to \phi$，故 $(\partial^p \phi_j)$ 在紧集 $\{x \in \mathbf{R}^n \mid |x| \leqslant M\}$ 上一致收敛于 $\partial^p \phi$. 而这表明，对给定的 $\varepsilon > 0$，能够找到一个整数 j_0，使得对所有的 $|x| \leqslant M$ 和所有 $j \geqslant j_0$，有

$$(1+r^2)^{k/2} |\partial^p \phi_j(x) - \partial^p \phi(x)| \leqslant \varepsilon$$

成立，再由最后的三个不等式得到：对所有 $j \geqslant j_0$，有

$$\sup_{x \in \mathbf{R}^n} (1+r^2)^{k/2} |\partial^p \phi_j(x) - \partial^p \phi(x)| \leqslant \varepsilon$$

于是，在 S 内 $\phi_j \to \phi$. 证毕.

作为上述命题的一个推论，S 是一个自反空间.

定理 1 S 中的序列 (ϕ_j) 在 S 内收敛于 0 当且仅当下列等价条件中有一个成立：

1. 对所有 $\alpha, p \in \mathbf{N}^n$，有

$$x^\alpha \partial^p \phi_j(x) \to 0, j \to +\infty$$

在 $\mathbf{R}^n$ 上是一致的.

2.对所有常系数多项式 $P(x)$ 和所有常系数偏微分算子 $Q(\partial)$,有

$$P(x)Q(\partial)\phi_j \to 0, j \to +\infty$$

在 $\mathbf{R}^n$ 上是一致的.

3.对上面所说的所有 $P(x)$ 和 $Q(\partial)$,有

$$Q(\partial)(P(x)\phi_j(x)) \to 0, j \to +\infty$$

在 $\mathbf{R}^n$ 上是一致的.

它的证明容易由半范 $r_{a,p}$ 的定义和命题 1 得出.

定理 2　我们有下面的具有连续嵌入的包含关系

$$C_c^\infty(\mathbf{R}^n) \subseteq S(\mathbf{R}^n) \subseteq C^\infty(\mathbf{R}^n)$$

并且,$C_c^\infty(\mathbf{R}^n)$ 是 $S(\mathbf{R}^n)$ 的一个稠密子空间,$S(\mathbf{R}^n)$ 是 $C^\infty(\mathbf{R}^n)$ 的一个稠密子空间.

证　我们已经知道 $C_c^\infty(\mathbf{R}^n)$ 在 $C^\infty(\mathbf{R}^n)$ 内稠密.由此可得 $S(\mathbf{R}^n)$ 在 $C^\infty(\mathbf{R}^n)$ 内稠密.

设 $\beta_j \in C_c^\infty(\mathbf{R}^n)$ 并且在以原点为中心、以 j 为半径的闭球上 $\beta_j = 1$.若 $\phi \in S(\mathbf{R}^n)$,那么 $C_c^\infty(\mathbf{R}^n)$ 的函数序列 $(\beta_j\phi)$ 在 $S(\mathbf{R}^n)$ 内收敛于 ϕ.

为了证明从 $C_c^\infty(\mathbf{R}^n)$ 到 $S(\mathbf{R}^n)$ 内的恒等映射是连续的,只要证明(命题 1)对 $\mathbf{R}^n$ 的每个紧子集 K,从 $C_c^\infty(\mathbf{R}^n;K)$ 到 $S(\mathbf{R}^n)$ 内的恒等映射是连续的.又因为它们都是可距离化的空间,所以只要证明每一个在 $C_c^\infty(\mathbf{R}^n;K)$ 内收敛于 0 的序列 (ϕ_j),也必在 $S(\mathbf{R}^n)$ 内收敛于 0.若在 $C_c^\infty(\mathbf{R}^n;K)$ 内 $\phi_j \to 0(j \to +\infty)$,则对任何 $p \in \mathbf{N}^n, j \to +\infty$ 时,有 $\partial^p\phi_j(x) \to 0$,在 K 上是一致的.因为每个 ϕ_j 的支柱都含在 K 内,这就表明,对 $\forall\alpha$,$p \in \mathbf{N}^n$,序列

$$(x^a\partial^p\phi_j)$$

当 $j \to +\infty$ 时在 $\mathbf{R}^n$ 上一致收敛于 0.

最后，设(ϕ_j)是在$S(\mathbf{R}^n)$内收敛于0的序列，这表明对任何$p \in \mathbf{N}^n$，序列$(\partial^\alpha \phi_j)$在$\mathbf{R}^n$上一致收敛于0. 特别地，它在$\mathbf{R}^n$的每个紧子集上一致收敛于0. 证毕.

另一方面，容易看出$S(\mathbf{R}^n) \subseteq D'(\mathbf{R}^n)$有连续的嵌入. $S(\mathbf{R}^n)$是广义函数的一个正则化空间，于是它的对偶$S'(\mathbf{R}^n)$是$D'(\mathbf{R}^n)$的一个子空间.

定义 2　称$S'(\mathbf{R}^n)$的元素是缓增广义函数.

例 2　1. 由定理2我们立即得到在强拓扑意义下的连续嵌入$E'(\mathbf{R}^n) \to S'(\mathbf{R}^n) \to D'(\mathbf{R}^n)$. 第一个嵌入表明每一个有紧支柱的广义函数是一个缓增广义函数，所有有紧支柱的广义函数组成的空间是$S'(\mathbf{R}^n)$的一个子空间.

2. 每个函数$f \in L^p(\mathbf{R}^n)$，$1 \leqslant p \leqslant +\infty$，确定一个缓增广义函数$f$如下

$$\langle f, \phi \rangle = \int_{\mathbf{R}^n} f \cdot \phi \mathrm{d}x, \forall \phi \in S(\mathbf{R}^n)$$

事实上，由 Hölder 不等式，有

$$|\langle f, \phi \rangle| \leqslant \| f \|_p \cdot \| \phi \|_q$$

$(p^{-1} + q^{-1} = 1)$. 注意到一个序列(ϕ_j)在S内收敛于0，它也必定在L^q内收敛于0，这样便得到每个$f \in L^p$定义S上的一个连续线性泛函. 并且，L^p可以看作S'的一个向量子空间.

3. 每一个常系数多项式$P(x)$确定一个缓增广义函数.

事实上，这只要证明每个单项式x^α确定一个缓增广义函数如下

$$\langle x^\alpha, \phi \rangle = \int_{\mathbf{R}^n} x^\alpha \phi(x) \mathrm{d}x, \forall \phi \in S$$

4. 设$f(x)$是一个连续函数，如果存在一个整数

$k \geqslant 0$，使得 $(1 + r^2)^{k/2} f(x)$ 在 $\mathbf{R}^n$ 内有界，就说这个连续函数在无限远处是缓增的. 或者，等价于下列条件：存在一个多项式 $P(x)$ 使得

$$| f(x) | \leqslant | P(x) |, \forall\, x \in \mathbf{R}^n$$

　　每个在无限远处缓增的连续函数 f 确定一个缓增广义函数. 事实上，设

$$\langle f, \phi \rangle = \int_{\mathbf{R}^n} f(x) \phi(x) \mathrm{d}x, \quad \forall\, \phi \in S$$

我们有

$$| \langle f, \phi \rangle | \leqslant \int_{\mathbf{R}^n} | f(x) \phi(x) | \, \mathrm{d}x =$$

$$\int_{\mathbf{R}^n} | (1 + r^2)^{-k/2} f(x) \cdot$$

$$(1 + r^2)^{k/2} \phi(x) \mathrm{d}x \leqslant$$

$$C \int_{\mathbf{R}^n} | (1 + r^2)^{k/2} \phi(x) | \, \mathrm{d}x$$

注意到如果一个序列 (ϕ_j) 在 S 内收敛于 0，那么，对每个 $k \geqslant 0$，$((1 + r^2)^{k/2} \phi_j)$ 在 L^1 内收敛于 0，这样便推得 f 确定 S' 的一个元素.

　　5. 一个在无限远处缓增的连续函数 f，它的每个导数（在广义函数的意义下）确定一个缓增广义函数. 设 $T = \partial^\alpha f$ 并定义

$$\langle T, \phi \rangle = (-1)^{|\alpha|} \int_{\mathbf{R}^n} f(x) \cdot \partial^\alpha \phi(x) \mathrm{d}x, \forall\, \phi \in S$$

于是

$$| \langle T, \phi \rangle | \leqslant \int_{\mathbf{R}^n} | f(x) | | \partial^\alpha \phi(x) | \, \mathrm{d}x =$$

$$\int_{\mathbf{R}^n} | (1 + r^2)^{-k/2} f(x) \cdot$$

$$(1 + r^2)^{k/2} \partial^\alpha \phi(x) | \, \mathrm{d}x \leqslant$$

$$C\int_{\mathbf{R}^n} \mid (1+r^2)^{k/2}\partial^\alpha\phi(x) \mid \mathrm{d}x$$

再一次注意到若一个序列(ϕ_j)在 S 内收敛于 0,那么对任何 $k\geqslant 0$ 以及任何 $\alpha\in \mathbf{N}^n$,序列$((1+r^2)^{k/2}\partial^\alpha\phi_j)$在 L^1 内收敛于 0. 因此,$T=\partial^\alpha f$ 确定了一个缓增广义函数.

反过来,每个缓增广义函数是某个在无限远处缓增的连续函数的导数. 这就是缓增广义函数这一名称的由来.

16.3 $S(\mathbf{R}^n)$ 内的傅里叶变换

定义 3 函数 $f\in S(\mathbf{R}^n)$ 的傅里叶变换是下面的积分

$$\hat{f}(\xi)=\int_{\mathbf{R}^n} \mathrm{e}^{-\mathrm{i}\langle x,\xi\rangle} f(x)\mathrm{d}x \tag{1}$$

这里$\langle x,\xi\rangle = x_1\xi_1 + \cdots + x_n\xi_n$.

因为 $f\in S$,故积分(1)绝对收敛. f 的傅里叶变换也记为 Ff.

例 3 作为习题,读者可以证明函数

$$\exp\left(-\frac{\mid x\mid^2}{2}\right)$$

的傅里叶变换等于$(2\pi)^{n/2}\exp\left(-\frac{\mid\xi\mid^2}{2}\right)$.

性质 1 设 $f\in S(\mathbf{R}^n)$,则 $\mathrm{i}x_j f$ 的傅里叶变换等于偏导数 $-\partial\hat{f}/\partial\xi_j$.

事实上,(1)的两端对 ξ_j 求导,并注意到可以把求导移到积分号内,便得

$$\frac{\partial \hat{f}(\xi)}{\partial \xi_j} = \int_{\mathbf{R}^n} \frac{\partial}{\partial \xi_j} (\mathrm{e}^{-\mathrm{i}\langle x, \xi \rangle} f(x)) \mathrm{d}x =$$

$$-\int_{\mathbf{R}^n} \mathrm{e}^{-\mathrm{i}\langle x, \xi \rangle} (\mathrm{i}x_j f(x)) \mathrm{d}x =$$

$$-\mathrm{i}\widehat{x_j f}$$

证毕.

性质 2　偏导数 $\partial f / \partial x_j$ 的傅里叶变换等于 $\mathrm{i}\xi_j \hat{f}$.

事实上,由分部积分,可得

$$\frac{\widehat{\partial f}}{\partial x_j}(\xi) = \int_{\mathbf{R}^n} \mathrm{e}^{-\mathrm{i}\langle x, \xi \rangle} \frac{\partial f}{\partial x_j}(x) \mathrm{d}x =$$

$$\mathrm{i}\xi_j \int_{\mathbf{R}^n} \mathrm{e}^{-\mathrm{i}\langle x, \xi \rangle} f(x) \mathrm{d}x =$$

$$\mathrm{i}\xi_j \hat{f}$$

证毕.

如果我们利用记号

$$D_j = \frac{1}{i} \partial_j, 1 \leqslant j \leqslant n$$

那么由性质 1 和 2 得到

$$\widehat{x_j f} = -D_j \hat{f}$$

和

$$\widehat{D_j f} = \xi_j \hat{f}$$

更一般地,若 $\alpha = (\alpha_1, \cdots, \alpha_n)$,则有

$$\widehat{x^\alpha f} = (-D)^\alpha \hat{f}$$

和

$$\widehat{D^\alpha f} = \xi^\alpha \hat{f}$$

同样,若

$$P(D) = \sum a_p D^p$$

是一个常系数偏微分算子,则

$$\widehat{P(D)}f = P(\xi) \cdot \hat{f}(\xi)$$

定理 3　傅里叶变换确定一个从 $S(\mathbf{R}^n)$ 到 $S(\mathbf{R}^n)$ 内的连续线性映射.

证　由性质 1 和 2 推得

$$\xi^\alpha D^p \hat{f}(\xi) = \int_{\mathbf{R}^n} e^{-i(x,\xi)} D^\alpha((-x)^p f(x)) dx$$

利用命题 1, $D^\alpha((-x)^p f(x)) \in S(\mathbf{R}^n)$. 于是由 16.1 节中(3),对所有整数 $k \geqslant 0$,有

$$(1+r^2)^k \mid D^\alpha((-x)^p f(x)) \mid$$

在 $\mathbf{R}^n$ 内一致有界. 如果选取 k 使得

$$\int_{\mathbf{R}^n} \frac{1}{(1+r^2)^k} dx = C < +\infty$$

那么就得到不等式

$$\mid \xi^\alpha D^p \hat{f}(\xi) \mid \leqslant \int_{\mathbf{R}^n} \mid D^\alpha(x^p f(x)) \mid dx =$$

$$\int_{\mathbf{R}^n} \frac{1}{(1+r^2)^k}(1+r^2)^k \mid D^\alpha(x^p f(x)) \mid dx \leqslant$$

$$C \cdot \sup_{x \in \mathbf{R}^n}(1+r^2)^k \mid D^\alpha(x^p f(x)) \mid$$

这就证明了对每个 α 和 p, $\xi^\alpha D^p \hat{f}(\xi)$ 在 $\mathbf{R}^n$ 内一致有界. 于是 $\hat{f} \in S(\mathbf{R}^n)$. 另一方面,上述不等式还表明,根据定理 1,如果 (f_j) 是一个在 $S(\mathbf{R}^n)$ 内收敛于 0 的序列,那么傅里叶变换 $(\hat{f}_j)$ 也是在 $S(\mathbf{R}^n)$ 内收敛于 0. 因此

$$F:S(\mathbf{R}^n) \to S(\mathbf{R}^n)$$

是一个连续线性映射. 证毕.

傅里叶逆变换

若 $g \in S(\mathbf{R}^n)$,积分

$$(2\pi)^{-n}\int_{\mathbf{R}^n}\mathrm{e}^{\mathrm{i}\langle x,\xi\rangle}g(x)\mathrm{d}x \qquad (2)$$

是绝对收敛的，并定义一个变量为 $(\xi_1,\cdots,\xi_n)$ 的 $S(\mathbf{R}^n)$ 中函数. 记积分 (2) 为

$$(F^{-1}g)(\xi)$$

可以证明，如同定理 3 一样，F^{-1} 确定一个从 $S(\mathbf{R}^n)$ 到 $S(\mathbf{R}^n)$ 内的连续线性映射.

下列关系是容易验证的

$$\overline{Fg}=(2\pi)^n F^{-1}\,\overline{g}\;\text{和}\;F\,\overline{g}=(2\pi)^n\,\overline{F^{-1}g} \qquad (3)$$

定理 4　（傅里叶反演公式）我们有

$$f=F^{-1}(Ff),\forall f\in S$$

证　利用富比尼定理，可得下面的关系式

$$\int_{\mathbf{R}^n}\hat{f}(\xi)g(\xi)\mathrm{e}^{\mathrm{i}\langle x,\xi\rangle}\mathrm{d}\xi=$$

$$\int_{\mathbf{R}^n}g(\xi)\mathrm{e}^{\mathrm{i}\langle x,\xi\rangle}\left\{\int_{\mathbf{R}^n}\mathrm{e}^{-\mathrm{i}\langle y,\xi\rangle}f(y)\mathrm{d}y\right\}\mathrm{d}\xi=$$

$$\int_{\mathbf{R}^n}\int_{\mathbf{R}^n}\mathrm{e}^{\mathrm{i}\langle x-y,\xi\rangle}g(\xi)f(y)\mathrm{d}\xi\mathrm{d}y=$$

$$\int_{\mathbf{R}^n}\hat{g}(y-x)f(y)\mathrm{d}y$$

$$\forall f,g\in S(\mathbf{R}^n) \qquad (4)$$

作变数代换，可以把 (4) 写成

$$\int_{\mathbf{R}^n}\hat{f}(\xi)g(\xi)\mathrm{e}^{\mathrm{i}\langle x,\xi\rangle}\mathrm{d}\xi=\int_{\mathbf{R}^n}\hat{g}(y)f(x+y)\mathrm{d}y \qquad (5)$$

用 $g(\varepsilon\xi)$ 代替 $g(\xi)$，它的傅里叶变换等于 $\varepsilon^{-n}\hat{g}(y/\varepsilon)$. 再由变数代换得

$$\int_{\mathbf{R}^n}\hat{f}(\xi)g(\varepsilon\xi)\mathrm{e}^{\mathrm{i}\langle x,\xi\rangle}\mathrm{d}\xi=\int_{\mathbf{R}^n}\hat{g}(y)f(x+\varepsilon y)\mathrm{d}y$$

在上面的关系式中令 $\varepsilon\to 0$，就得到

$$g(0)\int_{\mathbf{R}^n}\hat{f}(\xi)\mathrm{e}^{\mathrm{i}\langle x,\xi\rangle}\mathrm{d}\xi=f(x)\int_{\mathbf{R}^n}\hat{g}(y)\mathrm{d}y \qquad (6)$$

现在取 $g(x) = \exp(-|x|^2/2)$,并注意到

$$\hat{g}(y) = (2\pi)^{n/2}\exp\left(-\frac{|y|^2}{2}\right)$$

以及(高斯积分)

$$\int_{\mathbf{R}^n}\exp\left(-\frac{|x|^2}{2}\right)\mathrm{d}x = (2\pi)^{n/2}$$

我们得

$$(2\pi)^n f(x) = \int_{\mathbf{R}^n}\mathrm{e}^{\mathrm{i}\langle x,\xi\rangle}\hat{f}(\xi)\mathrm{d}\xi \tag{7}$$

证毕.

由定理 3 和 4 可得出下面的系.

系　傅里叶变换确定一个从 $S(\mathbf{R}^n)$ 到 $S(\mathbf{R}^n)$ 上的拓扑同构.

傅里叶变换的性质:

(Ⅰ)若 $f,g \in S(\mathbf{R}^n)$,则有

$$\int_{\mathbf{R}^n}\hat{f} \cdot g = \int_{\mathbf{R}^n}f \cdot \bar{g} \tag{8}$$

事实上,只要在(5)中令 $x = 0$ 即得.证毕.

(Ⅱ)Parseval 公式.若 $f,g \in S(\mathbf{R}^n)$,则有

$$\int_{\mathbf{R}^n}f \cdot \bar{g} = (2\pi)^{-n}\int_{\mathbf{R}^n}\hat{f} \cdot \hat{g}$$

事实上,利用(Ⅰ),关系式(3)以及傅里叶反演公式,可得

$$\int_{\mathbf{R}^n}Ff \cdot \overline{Fg} = \int_{\mathbf{R}^n}f \cdot F(\overline{Fg}) =$$

$$(2\pi)^n\int_{\mathbf{R}^n}f \cdot \overline{F^{-1}(Fg)} =$$

$$(2\pi)^n\int_{\mathbf{R}^n}f \cdot \bar{g}$$

证毕.

(Ⅲ)卷积的傅里叶变换.若 $f,g \in S(\mathbf{R}^n)$,则有

$$\widehat{f * g} = \hat{f} \cdot \hat{g}$$

证   由富比尼定理可得

$$\widehat{f * g}(\xi) = \int_{\mathbf{R}^n} e^{-i\langle x, \xi\rangle} (f * g)(x)\,\mathrm{d}x =$$

$$\int_{\mathbf{R}^n} e^{-i\langle x, \xi\rangle} \left\{ \int_{\mathbf{R}^n} f(y)g(x-y)\,\mathrm{d}y \right\} \mathrm{d}x =$$

$$\int_{\mathbf{R}^n} \int_{\mathbf{R}^n} e^{-i\langle x-y, \xi\rangle} e^{-i\langle y, \xi\rangle} f(y)g(x-y)\,\mathrm{d}x\,\mathrm{d}y =$$

$$\int_{\mathbf{R}^n} e^{-i\langle y, \xi\rangle} \left\{ \int_{\mathbf{R}^n} e^{-i\langle x-y, \xi\rangle} g(x-y)\,\mathrm{d}x \right\} f(y)\,\mathrm{d}y =$$

$$\hat{g}(\xi) \cdot \int_{\mathbf{R}^n} e^{-i\langle y, \xi\rangle} f(y)\,\mathrm{d}y =$$

$$\hat{f}(\xi) \cdot \hat{g}(\xi)$$

证毕.

（Ⅳ）乘积的傅里叶变换. 若 $f, g \in S(\mathbf{R}^n)$，则有

$$\widehat{f \cdot g} = (2\pi)^{-n} \hat{f} * \hat{g}$$

证   利用傅里叶反演公式和富比尼定理，得

$$\widehat{f \cdot g}(\xi) = \int_{\mathbf{R}^n} e^{-i\langle x, \xi\rangle} f(x)g(x)\,\mathrm{d}x =$$

$$(2\pi)^{-n} \int_{\mathbf{R}^n} e^{-i\langle x, \xi\rangle} g(x) \left\{ \int_{\mathbf{R}^n} e^{i\langle x, \eta\rangle} \hat{f}(\eta)\,\mathrm{d}\eta \right\} \mathrm{d}x =$$

$$(2\pi)^{-n} \int_{\mathbf{R}^n} \int_{\mathbf{R}^n} e^{-i\langle x, \xi-\eta\rangle} g(x)\hat{f}(\eta)\,\mathrm{d}x\,\mathrm{d}\eta =$$

$$(2\pi)^{-n} \int_{\mathbf{R}^n} \left\{ \int_{\mathbf{R}^n} e^{-i\langle x, \xi-\eta\rangle} g(x)\,\mathrm{d}x \right\} \hat{f}(\eta)\,\mathrm{d}\eta =$$

$$(2\pi)^{-n} \int_{\mathbf{R}^n} \hat{g}(\xi-\eta)\hat{f}(\eta)\,\mathrm{d}\eta =$$

$$(2\pi)^{-n} (\hat{f} * \hat{g})(\xi)$$

16.4　缓增广义函数的傅里叶变换

在上一节里我们已经看到傅里叶变换是一个从 $S(\mathbf{R}^n)$ 到 $S(\mathbf{R}^n)$ 上的同构. 这就使我们可以利用对偶性来定义缓增广义函数的傅里叶变换.

定义 4　设 $T \in S'(\mathbf{R}^n)$, 它的傅里叶变换是缓增广义函数 FT, 由下式定义

$$\langle FT, \phi \rangle = \langle T, F\phi \rangle, \forall \phi \in S(\mathbf{R}^n) \qquad (1)$$

由 (1) 定义的从 $S'(\mathbf{R}^n)$ 到 $S'(\mathbf{R}^n)$ 内的映射事实上是同构 $F: S(\mathbf{R}^n) \to S(\mathbf{R}^n)$ 的转置算子. 当

$$T = f \in S(\mathbf{R}^n)$$

时, 由性质 Ⅰ, (1) 中的定义和 16.3 节 (1) 中的定义是一致的, 因此我们用同一个记号 F 来表示 S 中元素的傅里叶变换或者缓增广义函数的傅里叶变换.

因为 $F: S(\mathbf{R}^n) \to S(\mathbf{R}^n)$ 是连续的, 这就得出 $F: S'(\mathbf{R}^n) \to S'(\mathbf{R}^n)$ 在 $S'(\mathbf{R}^n)$ 的强拓扑下也是连续的映射. 如同我们曾经对 $S(\mathbf{R}^n)$ 的函数的傅里叶变换所做过的那样, 常常用 $\hat{T}$ 来表示 $S'(\mathbf{R}^n)$ 的函数 T 的傅里叶变换 FT.

同样地, 我们利用对偶性来定义缓增广义函数的傅里叶逆变换

$$\langle F^{-1}T, \phi \rangle = \langle T, F^{-1}\phi \rangle, \forall \phi \in S(\mathbf{R}^n)$$

显然, 在 $S'(\mathbf{R}^n)$ 的强拓扑下 F^{-1} 是一个从 $S'(\mathbf{R}^n)$ 到 $S'(\mathbf{R}^n)$ 内的连续线性映射, 并且傅里叶反演公式

$$T = F^{-1}(FT), \forall T \in S'(\mathbf{R}^n)$$

成立. 因此, F 是一个从 $S'(\mathbf{R}^n)$ 到 $S'(\mathbf{R}^n)$ 上的同构.

　　在傅里叶变换的古典理论中,曾经证明了当 $f \in L^2(\mathbf{R}^n)$ 时,有

$$\hat{f}(\xi) = \int_{\mathbf{R}^n} \mathrm{e}^{-\mathrm{i}\langle x, \xi \rangle} f(x) \mathrm{d}x$$

存在,并且它仍旧属于 $L^2(\mathbf{R}^n)$,而映射

$$f \in L^2(\mathbf{R}^n) \to \hat{f} \in L^2(\mathbf{R}^n)$$

是一个同构.另一方面,$L^2(\mathbf{R}^n)$ 是 $S'(\mathbf{R}^n)$ 的一个子空间,于是在广义函数的意义下,平方可积函数的傅里叶变换也是存在的.再由在古典情形下也是正确的性质 I,可知这两个概念实际上是一致的.在缓增广义函数的范畴内我们将证明下面的定理.

　　定理 5　设 $f \in L^2(\mathbf{R}^n)$,又设 $\hat{f}$ 是 f 在广义函数意义下的傅里叶变换.则有:

　　1.$\hat{f} \in L^2(\mathbf{R}^n)$.

　　2.$\| \hat{f} \|_{L^2(\mathbf{R}^n)} = (2\pi)^{n/2} \| f \|_{L^2(\mathbf{R}^n)}$.(Parseval 公式)

　　证　对所有 $\phi \in S$,利用性质 II,有

$$| \langle \hat{f}, \phi \rangle | = | \langle f, \hat{\phi} \rangle | = \left| \int f \cdot \hat{\phi} \right| \leqslant$$

$$\| f \|_{L^2(\mathbf{R}^n)} \cdot \| \hat{\phi} \|_{L^2(\mathbf{R}^n)} \leqslant$$

$$(2\pi)^{n/2} \| f \|_{L^2(\mathbf{R}^n)} \cdot \| \phi \|_{L^2(\mathbf{R}^n)}$$

这一不等式表明 $\hat{f} \in L^2(\mathbf{R}^n)$ 和

$$\| \hat{f} \|_{L^2(\mathbf{R}^n)} \leqslant (2\pi)^{n/2} \| f \|_{L^2(\mathbf{R}^n)}, \forall f \in L^2(\mathbf{R}^n) \tag{2}$$

　　同样地,可以证明

$$\| F^{-1} f \|_{L^2(\mathbf{R}^n)} \leqslant (2\pi)^{-n/2} \| f \|_{L^2(\mathbf{R}^n)}, \forall f \in L^2(\mathbf{R}^n) \tag{3}$$

再由不等式(2)和(3)得

$$\| f \|_{L^2(\mathbf{R}^n)} = \| F^{-1}(Ff) \|_{L^2(\mathbf{R}^n)} \leqslant$$

$$(2\pi)^{-n/2} \parallel Ff \parallel_{L^2(\mathbf{R}^n)} \leqslant$$
$$\parallel f \parallel_{L^2(\mathbf{R}^n)}$$

于是

$$\parallel \hat{f} \parallel_{L^2(\mathbf{R}^n)} = (2\pi)^{n/2} \parallel f \parallel_{L^2(\mathbf{R}^n)}$$

证毕.

以后我们将要用到关于可积函数的傅里叶变换的下列古典结果.

命题 2 若 $f \in L^1(\mathbf{R}^n)$，则

$$\hat{f}(\xi) = \int_{\mathbf{R}^n} e^{-i\langle x,\xi\rangle} f(x)\,dx$$

是 $\xi \in \mathbf{R}^n$ 的一个连续函数.

证 因为积分是绝对收敛的，所以 $\hat{f}(\xi)$ 有意义. 估计

$$\hat{f}(\xi) - \hat{f}(\xi_0) = \int_{\mathbf{R}^n} e^{-i\langle x,\xi_0\rangle} (e^{-i\langle x,\xi-\xi_0\rangle} - 1) f(x)\,dx$$

我们得到不等式

$$|\hat{f}(\xi) - \hat{f}(\xi_0)| \leqslant \int_{\mathbf{R}^n} |e^{-i\langle x,\xi-\xi_0\rangle} - 1||f(x)|\,dx \leqslant$$

$$2\int_{\mathbf{R}^n} \left|\sin\frac{\langle x,\xi-\xi_0\rangle}{2}\right| |f(x)|\,dx \leqslant$$

$$2\int_{|\xi|\leqslant A} \left|\sin\frac{\langle x,\xi-\xi_0\rangle}{2}\right| |f(x)|\,dx +$$

$$2\int_{|x|>A} |f(x)|\,dx$$

由此便得到：当取 $|\xi-\xi_0|$ 充分小时，$|\hat{f}(\xi) - \hat{f}(\xi_0)|$ 可以任意地小. 证毕.

16.5 具有紧支柱的广义函数的傅里叶变换

本节的目的是证明每个具有紧支柱的广义函数，其傅里叶变换是 $\mathbf{R}^n$ 内的 C^∞ 函数，并且可以扩张成为

复空间 $\mathbf{C}^n$ 的整解析函数.

设 $\zeta=(\zeta_1,\cdots,\zeta_n)$ 是 $\mathbf{C}^n$ 的一个变元,其中 $\zeta_j=\xi_j+\mathrm{i}\eta_j(1\leqslant j\leqslant n),\xi_j,\eta_j\in\mathbf{R}^n,\mathrm{i}=\sqrt{-1}$. 又设

$$\frac{\partial}{\partial\zeta_j}=\frac{1}{2}\left(\frac{\partial}{\partial\xi_j}-\mathrm{i}\frac{\partial}{\partial\eta}\right)$$

$$\frac{\partial}{\partial\overline{\zeta_j}}=\frac{1}{2}\left(\frac{\partial}{\partial\xi_j}+\mathrm{i}\frac{\partial}{\partial\eta_j}\right)$$

$$\frac{\partial}{\partial\zeta}=\left(\frac{\partial}{\partial\zeta_1},\cdots,\frac{\partial}{\partial\zeta_n}\right)$$

$$\frac{\partial}{\partial\overline{\zeta}}=\left(\frac{\partial}{\partial\overline{\zeta_1}},\cdots,\frac{\partial}{\partial\overline{\zeta_n}}\right)$$

若 $p\in\mathbf{N}^n$,记 $(\partial/\partial\zeta)^p=(\partial/\partial\zeta_1)^{p_1}\cdots(\partial/\partial\zeta_n)^{p_n}$.

定义 5　设 U 是 $\mathbf{C}^n$ 的一个开子集,$\zeta_0\in U$. 如果函数 $f:U\to\mathbf{C}$ 能够表示为 $\zeta-\zeta_0$ 的幂级数

$$f(\zeta)=\sum_p a_p(\zeta-\zeta_0)^p$$

这一级数在 ζ_0 的某个邻域内收敛,就称 f 在点 ζ_0 是全纯的. 如果 f 在 U 的每一点全纯,就称 f 在 U 内全纯. 一个在 $\mathbf{C}^n$ 内全纯的函数称为整函数.

一个等价的定义如下:U 上的 C^1 函数 f,如果满足柯西－黎曼方程

$$\frac{\partial f}{\partial\overline{\zeta_j}}=0,1\leqslant j\leqslant n$$

就称 f 在 U 内是全纯的.

上述幂级数展开式中的系数 a_p 由

$$a_p=\frac{1}{p!}\left(\frac{\partial}{\partial\zeta}\right)^p f(\zeta_0)$$

给出,也可用柯西积分公式得出. 设 $\zeta_0\in U$,并考虑多维圆盘

$$D(r_1,\cdots,r_n) = \{\zeta \in \mathbf{C}^n \mid \mid \zeta_j - \zeta_j^0 \mid \leqslant r_j, 1 \leqslant j \leqslant n\}$$

我们假定它是含在 U 内的. 那么, 对所有 $p \in \mathbf{N}^n$, 有

$$\frac{1}{p!}\left(\frac{\partial}{\partial\zeta}\right)^p f(\zeta_0) =$$

$$\frac{1}{(2\pi i)^n}\int_{|\zeta_1-\zeta_1^0|=r_1}\cdots\int_{|\zeta_n-\zeta_n^0|=r_n}\frac{f(\zeta)\mathrm{d}\zeta_1\cdots\mathrm{d}\zeta_n}{(\zeta_1-\zeta_1^0)^{p_1+1}\cdots(\zeta_n-\zeta_n^0)^{n+1}}$$

定义 6 设 U 是 $\mathbf{C}^n$ 内的开集, E 是一个拓扑向量空间. 如果函数 $f: U \to E$ 对每个 $\zeta_0 \in U$ 能够表示为 $(\zeta - \zeta_0)$ 的幂级数, 其系数在 E 内, 并在 ζ_0 的某个邻域内收敛, 我们就称 f 在 U 内是全纯的.

一个在拓扑向量空间内取值的全纯函数, 常称为向量值全纯函数. 当 $U = \mathbf{C}^n$ 时, 称 f 为向量值整函数.

若 $f: U \to E$ 是一个向量值全纯函数, 则对 E 的对偶 E' 内的每个元素 e', 由

$$f_{e'}(\zeta) = \langle f(\zeta), e' \rangle$$

定义的复值函数 $f_{e'}$ 在 U 内是全纯的. 事实上, 将算子 $\partial/\partial\bar{\zeta}_j$ 应用到上述关系式的两端, 注意到

$$\frac{\partial}{\partial\bar{\zeta}_j}\langle f(\zeta), e' \rangle = \langle \frac{\partial f}{\partial\bar{\zeta}_j}(\zeta), e' \rangle$$

以及关于 f 是全纯的假设, 便得 $\partial f_{e'}/\partial\bar{\zeta}_j = 0, 1 \leqslant j \leqslant n, \forall e' \in E'$.

一个向量值函数 $f: U \to E$, 如果对每个 $e' \in E'$, 使得复值函数 $f_{e'}$ 在 U 内是全纯的, 那么称它是 U 内的纯量全纯函数. 刚才证明了每一个向量值全纯函数是纯量全纯的. 我们还要指出, 反过来, 若 E 是复拓扑向量空间, 则 U 内的每一个纯量全纯函数 (其值在 E 内) 是一个向量值全纯函数.

例 1. 设 $x \in \mathbf{R}, \zeta = \xi + i\eta \in \mathbf{C}$. 函数

$$\zeta \in \mathbf{C} \to e^{-ix\zeta} \in C^\infty(\mathbf{R})$$

是 ζ 的整函数，其值在局部凸空间 $C^{\infty}(\mathbf{R})$ 内.事实上，对每个 $x \in \mathbf{R}$,有

$$\mathrm{e}^{-\mathrm{i}x\zeta} = 1 + \frac{-\mathrm{i}x\zeta}{1!} + \cdots + \frac{(-\mathrm{i}x\zeta)^n}{n!} + \cdots$$

显然是 ζ 的整函数.并且，这一级数连同它关于变数 x 的所有导数，在 $\mathbf{R}$ 的每个紧子集上一致收敛.

2. 更一般地，若 $x = (x_1, \cdots, x_n) \in \mathbf{R}^n$, $\zeta = (\zeta_1, \cdots, \zeta_n) \in \mathbf{C}^n$, 和 $\langle x, \zeta \rangle = x_1\zeta_1 + \cdots + x_n\zeta_n$,则函数

$$\zeta \in \mathbf{C}^n \to \mathrm{e}^{-\mathrm{i}\langle x, \zeta \rangle} \in C^{\infty}(\mathbf{R}^n)$$

是一个 $C^{\infty}(\mathbf{R}^n)$ 值的整函数.

定理 6　若 $T \in E'(\mathbf{R}^n)$,则它的傅里叶变换是 $\mathbf{R}^n$ 内的一个 C^{∞} 函数,由下面的式子给出

$$\hat{T}(\xi) = \langle T_x, \mathrm{e}^{-\mathrm{i}\langle x, \zeta \rangle} \rangle \tag{4}$$

并且，$\hat{T}(\xi)$ 能够扩张到复空间 $\mathbf{C}^n$ 上成为一个整解析函数,后者由下式给出

$$\hat{T}(\zeta) = \langle T_x, \mathrm{e}^{-\mathrm{i}\langle x, \zeta \rangle} \rangle \tag{5}$$

证　1.首先我们注意到(4)的右端是有意义的,这是因为 T 是有紧支柱的广义函数,而 $\mathrm{e}^{-\mathrm{i}\langle x, \xi \rangle}$ 是关于 x 的 C^{∞} 函数.(4)的右端是关于 $\xi \in \mathbf{R}^n$ 的 C^{∞} 函数.

2.现在证明关系式(4)成立.设 (α_j) 是一个正则化序列.在 E' 内,当 $j \to +\infty$ 时 $\alpha_j * T \to T$,于是,在 S' 内也如此,即在 S' 内也有 $\alpha_j * T \to T$. 设 $\check{a}_j(x) = \alpha_j(-x)$,有

$$(\check{a}_j * \mathrm{e}^{-\mathrm{i}\langle \cdot, \xi \rangle})(x) \to \mathrm{e}^{-\mathrm{i}\langle x, \xi \rangle}$$

在 $C^{\infty}(\mathbf{R}^n)$ 内.

因为 $T \in E'$,这就得到

$$\langle T_x, (\check{a}_j * \mathrm{e}^{-\mathrm{i}\langle \cdot, \xi \rangle})(x) \rangle \to \langle T_x, \mathrm{e}^{-\mathrm{i}\langle x, \xi \rangle} \rangle$$

如果我们能够证明

$$\widehat{T * \alpha_j}(\xi) = \langle (T * \alpha_j)(x), \mathrm{e}^{-\mathrm{i}\langle x, \zeta \rangle} \rangle =$$
$$\langle T_x, (\check{a}_j * \mathrm{e}^{-\mathrm{i}\langle \cdot, \xi \rangle})(x) \rangle \qquad (6)$$

那么,令 $j \to +\infty$ 便得到(4).接下去只要证明(6)就可以了.如我们已知,对每个 j, $T * \alpha_j$ 是一个有紧支柱的 C^∞ 函数.于是,它的傅里叶变换是

$$\widehat{T * \alpha_j}(\xi) = \int_{\mathbf{R}^n} \mathrm{e}^{-\mathrm{i}\langle x, \xi \rangle} (T * \alpha_j)(x) \mathrm{d}x =$$
$$\langle (T * \alpha_j)(x), \mathrm{e}^{-\mathrm{i}\langle x, \xi \rangle} \rangle$$

另一方面,$(T * \alpha_j)(x) = \langle T_y, \alpha_j(x - y) \rangle$,且

$$\langle (T * \alpha_j)(x), \mathrm{e}^{-\mathrm{i}\langle x, \xi \rangle} \rangle = \langle \langle T_y, \alpha_j(x - y) \rangle, \mathrm{e}^{-\mathrm{i}\langle x, \xi \rangle} \rangle =$$
$$\langle T_y, \langle \alpha_j(x - y), \mathrm{e}^{-\mathrm{i}\langle x, \xi \rangle} \rangle \rangle =$$
$$\langle T_y, (\check{\alpha}_j * \mathrm{e}^{-\mathrm{i}\langle \cdot, \xi \rangle})(y) \rangle$$

由此便得(6).

3.如上所说,函数

$$\zeta \in \mathbf{C}^n \to \mathrm{e}^{-\mathrm{i}\langle x, \zeta \rangle} \in C^\infty(\mathbf{R}^n)$$

是一个向量值整解析函数.另一方面,T 是 $C^\infty(\mathbf{R}^n)$ 的对偶的一个元素.于是,复值函数

$$\zeta \in \mathbf{C}^n \to \hat{T}(\zeta) = \langle T_x, \mathrm{e}^{-\mathrm{i}\langle x, \zeta \rangle} \rangle \in C$$

是一个整解析函数.证毕.

定义 7 广义函数 $T \in E'(\mathbf{R}^n)$ 的傅里叶一拉普拉斯变换是整解析函数

$$\hat{T}(\zeta) = \langle T_x, \mathrm{e}^{-\mathrm{i}\langle x, \zeta \rangle} \rangle$$

16.6 广义函数和 C^∞ 函数的乘积

定义 8 设 $T \in D'(\mathbf{R}^n)$,$\alpha \in C^\infty(\mathbf{R}^n)$.$\alpha$ 和 T 的乘积是广义函数 αT,由下式定义

$$\langle \alpha T, \varphi \rangle = \langle T, \alpha \varphi \rangle, \forall \phi \in C_c^\infty(\mathbf{R}^n) \tag{1}$$

容易看出,当 T 是局部可积函数时,上面定义的乘积 αT 与通常的函数乘积是一致的.

但我们要注意,一般来说,定义两个广义函数 S 和 T 的乘积是不可能的.事实上,若 $S=f$ 和 $T=g$ 都是局部可积函数, $f \cdot g$ 就不一定局部可积.于是这一乘积不一定能够确定为广义函数.

由定义 8,容易得到下列结果.

1. αT 的支柱含在 α 的支柱和 T 的支柱的交内.

2. 对每个 $1 \leqslant j \leqslant n$,有

$$\partial_j(\alpha T) = \partial_j \alpha \cdot T + \alpha \partial_j T$$

事实上

$$\begin{aligned}
\langle \partial_j(\alpha T), \phi \rangle &= -\langle \alpha T, \partial_j \phi \rangle = -\langle T, \alpha \partial_j \phi \rangle = \\
&\quad -\langle T, \partial_j(\alpha \phi) \rangle + \langle T, \partial_j \alpha \phi \rangle = \\
&\quad \langle \partial_j T, \alpha \phi \rangle + \langle T, \partial_j \alpha \phi \rangle = \\
&\quad \langle \alpha \partial_j T + \partial_j \alpha T, \phi \rangle = \\
&\quad \forall \phi \in C_c^\infty(\mathbf{R}^n)
\end{aligned}$$

证毕.

我们还可以得到莱布尼茨公式

$$\partial^p(\alpha T) = \sum_{r+s=p} \frac{p!}{r! \, s!} \partial^r \alpha \partial^s T$$

3. 双线性映射

$$C^\infty(\mathbf{R}^n) \times D'(\mathbf{R}^n) \ni (\alpha, T) \to \alpha T \in D'(\mathbf{R}^n)$$

对每个变量是连续的.

事实上,设在 D' 内 (T_j) 强收敛于 0. 若 B 是 $C_c^\infty(\mathbf{R}^n)$ 内的一个有界集,那么集 $\alpha B = \{\alpha \phi \mid \phi \in B\}$ 也是 $C_c^\infty(\mathbf{R}^n)$ 内的有界集.于是

$$\langle \alpha T_j, \phi \rangle = \langle T_j, \alpha \phi \rangle \to 0$$

当 $\phi \in B$ 时是一致的. 因此在 $D'(\mathbf{R}^n)$ 内 (αT_j) 强收敛于 0. 作为习题, 我们留给读者去证明 αT 关于第一个变量是连续的.

4. 若 $\alpha \in C_c^\infty$(或 C^∞), $T \in D'$(或 E'), 则 $\alpha T \in E'$, 并且映射

$$(\alpha, T) \in C_c^\infty \times D'(\text{或 } C^\infty \times E') \rightarrow \alpha T \in E'$$

对每个变量连续.

16.7 $S'(\mathbf{R}^n)$ 的乘子空间

设 $T \in S'$, 我们要问: 对 C^∞ 的函数 α 加上怎样的条件才能保证 $\alpha T \in S'$. 显然, 当 $\alpha \in C_c^\infty(\mathbf{R}^n)$ 时这总是成立的. 然而, 若 $\alpha(x) = \exp|x|^2$, 那么 $\alpha T \in S'$ 就不成立了, 这是因为指数函数在无限远处的增长是非常快的. 我们给出下列定义.

定义 9　记 $O_M(\mathbf{R}^n)$ 是由满足下列条件的所有 $\phi \in C^\infty(\mathbf{R}^n)$ 组成的空间: 对每个 $p \in \mathbf{N}^n$, 存在多项式 $P_p(x)$ 使得

$$|\partial^p \phi(x)| \leqslant |P_p(x)|, \forall x \in \mathbf{R}^n \qquad (1)$$

我们称 O_M 是在无限远处缓增的 C^∞ 函数的空间.

命题 3　设 $\phi \in C^\infty(\mathbf{R}^n)$, 下列条件互相等价:

(1) 对每个 $p = (p_1, \cdots, p_n) \in \mathbf{N}^n$, 存在多项式 $P_p(x)$ 使得

$$|\partial^p \phi(x)| \leqslant |P_p(x)|, \forall x \in \mathbf{R}^n$$

(2) 对所有 $f \in S$, 乘积 $\phi f \in S$.

(3) 对每个 n 元数组 $p = (p_1, \cdots, p_n)$ 和每个 $f \in S$, 函数 $\partial^p \phi \cdot f$ 在 $\mathbf{R}^n$ 内有界.

证　(1)⇒(2),设 $p \in \mathbf{N}^n$. 由莱布尼茨公式,有

$$\partial^p(\phi \cdot f) = \sum_{q \leqslant p} \frac{p!}{q!(p-q)!} \partial^q \phi \cdot \partial^{p-q} f$$

于是

$$(1+r^2)^k \partial^p(\phi \cdot f) = \sum_{q \leqslant p} \frac{p!}{q!(p-q)!} \partial^q \phi \cdot (1+r^2) \partial^{p-q} f$$

这里 k 是一个正实数. 因为 ϕ 满足条件 1,故存在一个整数 $N > 0$ 使得

$$|\partial^q \phi(x)| \leqslant C(1+r^2)^N, \forall x \in \mathbf{R}^n, \forall q \leqslant p$$

作适当的代换,可得

$$\sup_{x \in \mathbf{R}^n} \sup_{|p| \leqslant m} |(1+r^2)^k \partial^p(\phi \cdot f)(x)| \leqslant$$
$$C \sup_{x \in \mathbf{R}^n} \sup_{|s| \leqslant m} |(1+r^2)^{k+N} \partial^s f(x)| \qquad (2)$$

再由于 $f \in S$,上述不等式表明 $f\phi \in S$.

(2)⇒(3). 我们有

$$\partial_j \phi \cdot f = \partial_j(\phi \cdot f) - \phi \cdot \partial_j f, 1 \leqslant j \leqslant n$$

因为 $f \in S$,那么,由条件 2,$\phi \cdot \partial_j f \in S$. 于是 $\partial_j \phi \cdot f \in S$. 再由莱布尼茨公式和归纳法得 $\partial^p \phi \cdot f \in S$, $\forall p \in \mathbf{N}^n$,于是条件 3 满足.

(3)⇒(1). 用反证法,假设条件 1 不成立. 那么,对某个 $p \in \mathbf{N}^n$,任何多项式都不是 $|\partial^p \phi|$ 的界. 由归纳法,我们可以找到 $\mathbf{R}^n$ 中的一个序列 (x_j) 使得 $|x_j + 1| \geqslant |x_j| + 2$ 并且 $|\partial^p \phi(x_j)| > (1+|x_j|^2)^j$. 设 $r \in S$ 是第 1 节例 3 中定义的函数. 显然有

$$|r(x_j) \partial^p \phi(x_j)| > \alpha(0) = 1, \forall j = 1, 2, \cdots$$

这和条件 3 矛盾. 证毕.

O_M 的拓扑. 它是由一族半范

$$r_{f,p}(\phi) = \sup_{x \in \mathbf{R}^n} |f(x) \cdot \partial^p \phi(x)|$$

定义的局部凸拓扑,其中 $f \in S(\mathbf{R}^n)$ 和 $p \in \mathbf{N}^n$. 显然这一拓扑不具有可列基. 同时,可以证明 O_M 是一个完备空间.

一个序列(或滤子)(ϕ_j) 在 O_M 内收敛于 0 当且仅当对每个 $f \in S$ 和每个 $p \in \mathbf{N}^n$,$(f(x) \cdot \partial^p \phi_j(x))$ 在 $\mathbf{R}^n$ 上一致收敛于 0. 或,等价地,对每个 $f \in S$,$(f\phi_j)$ 在 S 内收敛于 0.

由定义 9 和命题 3 知道一个集 B 在 O_M 内有界当且仅当对所有 $p \in \mathbf{N}^n$,存在多项式 $P_p(x)$,使得

$$|\partial^p \phi(x)| \leqslant P_p(x), \forall x \in \mathbf{R}^n, \forall \phi \in B$$

命题 4 双线性映射

$$O_M \times S \ni (\phi, f) \rightarrow \phi f \in S$$

对每个变量连续.

证 1. 固定 $\phi \in O_M$. 由不等式(2)推断出线性映射

$$S \ni f \rightarrow \phi f \in S$$

是连续的.

2. 固定 $f \in S$ 并设 (ϕ_j) 是 O_M 的函数,在 O_M 内 (ϕ_j) 收敛于 0. 那么,对每个 $g \in S$ 和每个 $p \in \mathbf{N}^n$,有

$$r_{g,p}(\phi) = \sup_{x \in \mathbf{R}^n} |g(x)\partial^p \phi_j(x)| \rightarrow 0$$

设 k 是一个整数,q 是由 n 个非负整数组成的数组. 由莱布尼茨公式

$$\partial^q (f \cdot \phi_j) = \sum_{q'+q''=q} \frac{q!}{q'! \, q''!} \partial^{q'} f \cdot \partial^{q''} \phi_j$$

于是

$$\sup_{\substack{x \in \mathbf{R}^n \\ |q| \leqslant m}} |(1+r^2)^k \partial^q (f \cdot \phi_j)| \leqslant$$

$$\sum C_{q'q''} \sup_{\substack{x \in \mathbf{R}^n \\ |q'| \leqslant m \\ |q''| \leqslant m}} |(1+r^2)^k \partial^{q'} f \cdot \partial^{q''} \phi_j|$$

因为 $(1+r^2)^k \partial^{q'} f \in S$, 所以上述不等式右端的每一项在 O_M 内当 $\phi_j \to 0$ 时趋于 0. 因此, 在 $S(\mathbf{R}^n)$ 内 $f \cdot \phi_j \to 0$. 证毕.

注　如果 $\phi \in C^\infty$, 使得对所有 $f \in S$ 有 $\phi f \in S$, 那么, 由命题 3, $\phi \in O_M$.

定理 7　我们有下列具有连续嵌入的包含关系

$$S(\mathbf{R}^n) \to O_M(\mathbf{R}^n) \to S'(\mathbf{R}^n)$$

并且, S 在 O_M 内稠密.

证　对每个 $\phi \in O_M$, 由

$$\langle \phi, f \rangle = \int_{\mathbf{R}^n} \phi f \, \mathrm{d}x, \forall f \in S$$

确定一个缓增广义函数. 同时, 明显地有 $S \subseteq O_M$. 设 (β_j) 是 $C_c^\infty(\mathbf{R}^n)$ 的一个序列, 使得在 K_j 上 $\beta_j = 1$, 这里 $(K_j)_{j=1,2,\cdots}$ 是 $\mathbf{R}^n$ 的一列增加的紧子集, 其和是 $\mathbf{R}^n$. 这就容易得出, 对所有 $\phi \in O_M$, 在 O_M 内 $\beta_j \phi \to \phi$. 于是 S 在 O_M 内稠密. 我们留给读者去证明嵌入的连续性. 证毕.

空间 O_M 是广义函数的一个正则空间.

定义 10　若 $\phi \in O_M$ 和 $T \in S'$, 我们定义乘积 ϕT 为

$$\langle \phi T, f \rangle = \langle T, \phi f \rangle, \forall f \in S$$

由命题 4, 乘积 ϕT 属于 S', 并且还有下面的定理, 它的证明留给读者.

定理 8　双线性映射

$$O_M \times S' \ni (\phi, T) \to \phi T \in S'$$

对每个变量连续.

由命题4以及空间 S 的自反性得到, O_M 是 S' 的所有乘子的空间,即我们有下列结果.

命题5 若 $\phi \in C^\infty$,使得对所有 $T \in S'$ 有 $\phi T \in S'$,那么 $\phi \in O_M$.

证 我们的假设表明对每个 $f \in S$,映射

$$T \rightarrow \langle \phi T, f \rangle$$

是 S' 上的一个连续线性泛函.因为 S 是自反空间,所以存在一个元素 $g \in S$ 使得

$$\langle \phi T, f \rangle = \langle T, g \rangle, \forall T \in S'$$

特别

$$\langle \phi \alpha, f \rangle = \langle \alpha, g \rangle, \forall \alpha \in C_c^\infty$$

这意味着

$$\langle \alpha, \phi f \rangle = \langle \alpha, g \rangle, \forall \alpha \in C_c^\infty$$

于是,对所有 $f \in S$ 有 $\phi f = g \in S$.再由命题4后面的注,我们得 $\phi \in O_M$.证毕.

16.8   缓增广义函数卷积的一些结果

我们定义了 C^∞ 函数(或有紧支柱的 C^∞ 函数)和有紧支柱的广义函数(或广义函数)的卷积.同样的定义可以推广到在无限远处急降的 C^∞ 函数和缓增广义函数的情形中去,即若 $\phi \in S(\mathbf{R}^n)$,$T \in S'(\mathbf{R}^n)$,我们定义

$$(T * \phi)(x) = \langle T_y, \phi(x - y) \rangle$$

我们能够证明 $T * \phi \in C^\infty(\mathbf{R}^n)$ 和双线性映射

$$S \times S' \ni (\phi, T) \rightarrow T * \phi \in C^\infty$$

对每个变量连续.

一般说来，$T * \phi \in S$ 不成立. 事实上，设 T 是 $\mathbf{R}^n$ 上恒等于 1 的函数，则

$$(T * \phi)(x) = \langle 1_y, \phi(x-y) \rangle = \int_{\mathbf{R}^n} \phi(y) \mathrm{d}y = C$$

是一个常数. 于是 $T * \phi \notin S$. 然而，利用 16.2 节最后所提到的缓增广义函数的构造，可以证明下面的定理.

定理 9　若 $\phi \in S$ 和 $T \in S'$，则 $\phi * T \in O_M$.

证　若 $T \in S'$，则

$$T = \partial^p((1+r^2)^{k/2} f)$$

其中 f 是 $\mathbf{R}^n$ 上的一个有界连续函数. 由定义，我们有

$$(T * \phi)(x) = \langle T_y, \phi(x-y) \rangle =$$

$$\langle \frac{\partial^p}{\partial y^p}(1+|y|^2)^{k/2} f(y), \phi(x-y) \rangle =$$

$$(-1)^{|p|} \int_{\mathbf{R}^n} (1+|y|^2)^{k/2} f(y) \frac{\partial^p \phi}{\partial y^p}(x-y) \mathrm{d}y$$

利用不等式

$$(1+|y|^2)^{k/2} \leqslant C(1+|x|^2)^{k/2}(1+|x-y|^2)^{k/2}$$

可得

$$|T * \phi(x)| \leqslant C(1+|x|^2)^{k/2} \int_{\mathbf{R}^n} (1+$$

$$|x-y|^2)^{k/2} \left| \frac{\partial^p \phi}{\partial x^p}(x-y) \right| \mathrm{d}y \leqslant$$

$$C'(1+|x|^2)^{k/2}$$

同样地，可得

$$|\partial^q(T * \phi)| \leqslant C_q(1+|x|^2)^{k/2}, \forall q \in \mathbf{N}^n$$

于是，由命题 3，$T * \phi \in O_M$. 证毕.

定理 10　若 $S \in S'$ 和 $T \in E'$，则 $S * T \in S'$. 此外，双线性映射

$$S' \times E' \ni (S, T) \rightarrow S * T \in S'$$

527

对每个变量连续.

其证明要用到下列引理.

引理 1 若 $T \in E'$, $\phi \in S$, 则函数

$$\psi(\xi) = \langle T_\eta, \phi(\xi + \eta) \rangle$$

属于 S, 并且若在 S 内 ϕ 收敛于 0, 则在 S 内 ψ 也收敛于 0.

证 每一个有紧支柱的广义函数 T, 都可以写成某些连续函数的导数的有限和, 而这些连续函数都有紧支柱, 且它们的紧支柱都含在 T 的支柱的一个任意邻域内. 所以, 为了证明引理只要证明当

$$T = \partial^q G$$

且 G 是 $\mathbf{R}^n$ 内的一个连续函数时, 其支柱含在 T 的支柱的一个任意的邻域内.

因为 $\psi(\xi)$ 是 $\mathbf{R}^n$ 内的一个 C^∞ 函数, 所以只要去证明 $\psi(\xi)$ 在无限远处是急降的. 我们有

$$\psi(\xi) = \langle T_\eta, \phi(\xi + \eta) \rangle =$$

$$(-1)^{|q|} \int_{\mathbf{R}^n} G(\eta) \frac{\partial^q \phi}{\partial \eta^q} (\xi + \eta) \mathrm{d}\eta$$

于是

$$(1 + |\xi|^2)^{k/2} \frac{\partial^p \psi}{\partial \xi^p}(\xi) =$$

$$(-1)^{|q|} \int_{\mathbf{R}^n} G(\eta)(1 + |\xi|^2)^{k/2} \frac{\partial^{p+q} \phi}{\partial \xi^p \partial \eta^q}(\xi + \eta) \mathrm{d}\eta$$

再利用不等式

$$1 + |\xi|^2 \leqslant 2 \cdot (1 + |\eta|^2)(1 + |\xi + \eta|^2)$$

我们能够估计前面的表示式如下

$$\left| (1 + |\xi|^2)^{k/2} \frac{\partial^p \psi}{\partial \xi^p}(\xi) \right| \leqslant$$

$$2 \cdot \int_{\mathbf{R}^n} (1 + |\eta|^2)^{k/2} |G(\eta)| \cdot$$

$$(1+|\xi+\eta|^2)^{k/2}\frac{\partial^{p+q}\phi}{\partial\xi^p\partial\eta^q}(\xi+\eta)\mathrm{d}\eta$$

于是,再注意到 G 是一个有紧支柱的连续函数,可得到不等式

$$\sup_{|p|\leqslant m}\sup_{\xi\in\mathbf{R}^n}\left|(1+|\xi|^2)^{k/2}\frac{\partial^p\psi}{\partial\xi^p}(\xi)\right|\leqslant$$

$$C\cdot\sup_{|s|\leqslant l}\sup_{\zeta\in\mathbf{R}^n}\left|(1+|\zeta|^2)^{k/2}\frac{\partial^s\phi}{\partial\zeta^s}(\zeta)\right|$$

这就证明了 $\psi\in S$ 以及它在 S 内连续地依赖于 ϕ. 证毕.

注　回想到

$$(T*\phi)(x)=\langle T_y,\phi(x-y)\rangle$$

同上述引理的证明相仿,我们可以证明:若 $T\in E'$, $\phi\in S$,则 $T*\phi\in S$.

定理 10 的证明　1. 设 $S\in S', T\in E'$,以及 $\phi\in S$,可以证明

$$\langle S_\xi,\phi(\xi+\eta)\rangle$$

是 η 的无限可微函数并且连续地依赖于 $\phi\in S$.因此

$$\langle T_\eta,\langle S_\xi,\phi(\xi+\eta)\rangle\rangle \tag{1}$$

有意义,并且连续地依赖于 $\phi\in S$.由引理 1,函数

$$\psi(\xi)=\langle T_\eta,\phi(\xi+\eta)\rangle$$

属于 S 并且连续地依赖于 $\phi\in S$.因为 $S\in S'$,所以

$$\langle S_\xi,\langle T_\eta,\phi(\xi+\eta)\rangle\rangle \tag{2}$$

有意义,并且连续地依赖于 $\phi\in S$.另一方面,因为(1)和(2)在 $\phi\in C_c^\infty$ 时是一致的(见卷积的定义),以及 C_c^∞ 在 S 内稠密(定理 2),所以在 S 内它们是处处一致的.于是,对所有 $\phi\in S$,得到

$$\langle S*T,\phi\rangle=\langle S_\xi\otimes T_\eta,\phi(\xi+\eta)\rangle=$$
$$\langle S_\xi,\langle T_\eta,\phi(\xi+\eta)\rangle\rangle=$$

$$\langle T_\eta, \langle S_\xi, \phi(\xi + \eta)\rangle\rangle$$

因此 $S * T \in S'$.

2.固定 $T \in E'(\mathbf{R}^n)$，并设广义函数序列 S_j 在 $S'(\mathbf{R}^n)$ 内强收敛于 0.对所有 $\phi \in S$，我们有

$$\langle S_j * T, \phi\rangle = ((S_j * T) * \check{\phi})(0) = T * (S_j * \check{\phi})(0) \tag{3}$$

上面已经指出，S 的函数和 S' 的广义函数的卷积对每个变量是连续的.于是，在 C^∞ 内 $S_j * \check{\phi} \to 0$，并且能够证明只要 φ 属于 S 的有界集，$S_j * \check{\phi}$ 就一致收敛于 0. 于是推得，在 C^∞ 内 $T * (S_j * \check{\phi})$ 关于 ϕ（属于 S 的有界集）一致收敛于 0.这表明，注意到（3），当 S_j 在 S' 内强收敛于 0 时，$S_j * T$ 在 S' 内也强收敛于 0.

相仿地，读者可以证明 $S * T$ 关于 T 的连续性.证毕.

回到傅里叶变换，我们证明下列结果.

定理 11 若 $\phi \in S$ 和 $T \in S'$，则

$$\widehat{\phi * T} = \hat{\phi} \cdot \hat{T} \tag{4}$$

证 由定理 9，$\phi * T \in O_M$，再由定理 7，$\phi * T \in S'$.于是，$\phi * T$ 的傅里叶变换有意义并且属于 S'.另一方面，$\hat{\phi} \in S \subseteq O_M$ 和 $\hat{T} \in S'$.于是由定理 8，$\hat{\phi}\hat{T} \in S'$.剩下来要证明的是（4）的两端相等.

对所有 $\phi \in S$，我们有

$$\langle \widehat{\phi * T}, \psi\rangle = \langle \phi * T, \hat{\psi}\rangle = \langle \phi(\xi) \otimes T(\eta), \hat{\psi}(\xi + \eta)\rangle = \langle T_\eta, \langle \phi(\xi), \hat{\psi}(\xi + \eta)\rangle\rangle$$

在积分 $\langle \phi(\xi), \hat{\psi}(\xi + \eta)\rangle$ 中作变数代换便得到

$$\langle T_\eta, \langle \phi(\xi), \hat{\psi}(\xi + \eta)\rangle\rangle = \langle T_\eta, \langle \phi(\xi - \eta), \hat{\psi}(\xi)\rangle\rangle$$

另一方面

$$\langle\phi(\xi-\eta),\hat{\psi}(\xi)\rangle=\int_{\mathbf{R}^n}\phi(\xi-\eta)\hat{\psi}(\xi)\mathrm{d}\xi=$$
$$(\check{\phi}*\check{\hat{\psi}})(\eta)$$

容易验证

$$\check{\phi}=F(F^{-1}\check{\phi})=(2\pi)^{-n}\hat{\hat{\phi}}$$

其中 $\hat{\hat{\phi}}=F(F\phi)$. 作适当的代换,由 16.3 节傅里叶变换性质 Ⅳ,有

$$\langle\phi(\xi-\eta),\hat{\psi}(\xi)\rangle=(2\pi)^{-n}(\hat{\hat{\phi}}*\hat{\psi})=(\hat{\hat{\phi}}\boldsymbol{\cdot}\widehat{\psi})(\eta)$$

于是,我们可以写出

$$\langle\widehat{\phi*T},\psi\rangle=\langle\phi*T,\hat{\psi}\rangle=\langle T_\eta,(\hat{\hat{\phi}}*\hat{\psi})(\eta)\rangle=$$
$$\langle T_\eta,(\hat{\hat{\phi}}\boldsymbol{\cdot}\widehat{\psi})(\eta)\rangle=$$
$$\langle\hat{T},\hat{\phi}\boldsymbol{\cdot}\psi\rangle=$$
$$\langle\hat{\phi}\hat{T},\psi\rangle$$

证毕.

16.9　佩利－维纳－施瓦兹定理

定理 12　1. 在 $\mathbf{R}^n$ 内有紧支柱的广义函数 T 的傅里叶－拉普拉斯变换是 $\mathbf{C}^n$ 内的整函数 $F(\zeta)$,满足下列性质:

(P_1) 存在常数 C 和 A 以及一个整数 $N\geqslant0$,使得

$$|F(\zeta)|\leqslant C(1+|\zeta|)^N\mathrm{e}^{A|\mathrm{Im}\,\zeta|},\forall\zeta\in\mathbf{C}^n\quad(1)$$

反过来,$\mathbf{C}^n$ 内每个满足性质(P_1)的整函数是某个属于 $E'(\mathbf{R}^n)$ 的广义函数的傅里叶－拉普拉斯变换.

2. 在 $\mathbf{R}^n$ 内有紧支柱的无限可微函数的傅里叶－

拉普拉斯变换是 $\mathbf{C}^n$ 内的整函数 $F(\zeta)$，且满足下列性质：

（P_2）存在常数 $A>0$，对每个整数 $N \geqslant 0$，能够找到一个常数 C，使得

$$| F(\zeta) | \leqslant C(1+| \zeta |)^{-N} \mathrm{e}^{A| \mathrm{Im}\zeta |}, \forall \zeta \in \mathbf{C}^n \quad （2）$$

反过来，$\mathbf{C}^n$ 内每个满足性质（P_2）的整函数是某个在 $\mathbf{R}^n$ 内有紧支柱的 C^∞ 函数的傅里叶 — 拉普拉斯变换.

证 （ⅰ）设

$$F(\zeta) = \langle T_x, \mathrm{e}^{-\mathrm{i}\langle x, \zeta \rangle} \rangle$$

是广义函数 $T \in E'(\mathbf{R}^n)$ 的傅里叶 — 拉普拉斯变换. 存在常数 $C>0$，整数 $N \geqslant 0$ 和 $\mathbf{R}^n$ 的紧子集 K，使得

$$| \langle T, \phi \rangle | \leqslant C \cdot \sup_{\substack{|a| \leqslant N \\ x \in K}} | D^a \phi |, \forall \phi \in C^\infty(\mathbf{R}^n) \quad （3）$$

设 A 是一个正实数，使得紧子集 K 含在闭球

$$\{x \in \mathbf{R}^n \mid | x | \leqslant A\}$$

内，又设

$$\phi_\zeta(x) = \mathrm{e}^{-\mathrm{i}\langle x, \zeta \rangle}$$

于是有

$$| D^a \phi_\zeta(x) | \leqslant | \zeta |^{|a|} \mathrm{e}^{\langle x, \eta \rangle}$$

因而

$$\sup_{\substack{|a| \leqslant N \\ |x| \leqslant A}} | D^a \phi_\zeta(x) | \leqslant \sup_{\substack{|a| \leqslant N \\ |x| \leqslant A}} | \zeta |^{|a|} \mathrm{e}^{\langle x, \eta \rangle} \leqslant$$

$$(1+| \zeta |)^N \cdot \mathrm{e}^{A| \eta |} \quad （4）$$

由不等式（3）（4）连同 $F(\zeta)$ 的定义，便得出不等式（1）.

（ⅱ）现在设 $F(\zeta)$ 是函数 $\phi \in C_c^\infty(\mathbf{R}^n)$ 的傅里叶 — 拉普拉斯变换. 再设 $A>0$，使得 ϕ 的支柱含在以原点为中心、以 A 为半径的闭球内. 对每个由非负整数组成的 n 元数组 $\alpha = (\alpha_1, \cdots, \alpha_n)$，我们能够写出

$$\zeta^a \hat{\phi}(\zeta) = \int_{\mathbf{R}^n} e^{-i\langle x,\zeta\rangle} D^a \phi(x) \mathrm{d}x$$

由这一关系式我们立即得到不等式

$$|\zeta^a \hat{\phi}(\zeta)| \leqslant C \cdot e^{A|\eta|}$$

这表明对每个整数 $N \geqslant 0$ 有不等式

$$(1+|\zeta|^2)^{N/2} |\hat{\phi}(\zeta)| \leqslant C \cdot e^{A|\eta|} \qquad (5)$$

最后，利用不等式

$$0 < C_0 \leqslant \frac{(1+|\zeta|^2)^{N/2}}{(1+|\zeta|)^N} \leqslant C_0$$

我们就可以看到(5)等价于(2).

（ⅲ）反过来，假设性质（P_2）成立，并定义

$$f(x) = (2\pi)^{-n} \int_{\mathbf{R}^n} F(\xi) e^{i\langle x,\xi\rangle} \mathrm{d}\xi$$

即 $f(x)$ 是 $F(\xi)$ 的傅里叶逆变换，$\xi \in \mathbf{R}^n$. 由(2)知道上述积分是绝对收敛的. 同时，由同一个不等式(2)得知积分

$$D^a f(x) = (2\pi)^{-n} \int_{\mathbf{R}^n} F(\xi) \xi^a e^{i\langle x,\xi\rangle} \mathrm{d}\xi$$

绝对收敛. 因此，$f(x)$ 是 $\mathbf{R}^n$ 内无限可微函数. 下面我们证明 f 有紧支柱. 设 $\eta = (\eta_1, \cdots, \eta_n)$ 是 $\mathbf{R}^n$ 中任意固定的一点. 因为，由假设，$F(\zeta)$ 是整函数并满足不等式(2)，所以，还可以写出

$$f(x) = (2\pi)^{-n} \int_{\mathbf{R}^n} F(\xi + i\eta) e^{i\langle x,\xi+i\eta\rangle} \mathrm{d}\xi$$

这里的积分是绝对收敛的. 取 $N = n+1$. 利用(2)，得

$$|f(x)| \leqslant (2\pi)^{-n} C \cdot e^{-\langle x,\eta\rangle + A|\eta|} \int_{\mathbf{R}^n} (1+|\xi|)^{-n-1} \mathrm{d}\xi$$

于是

$$|f(x)| \leqslant C' e^{A|\eta| - \langle x,\eta\rangle}$$

如果在上述不等式中令 $\eta = tx$，便得

$$|f(x)| \leqslant C' \cdot \exp[-t(|x|^2 - A|x|)]$$

再令 $t \to +\infty$，这一不等式表明：当 $x \in \mathbf{R}^n$ 的范数大于 A 时，$f(x)$ 必等于 0. 这样一来，$f(x)$ 的支柱含在以原点为中心、以 A 为半径的闭球内.

（iv）最后，设 $F(\zeta)$ 是 $\mathbf{C}^n$ 内的整函数且满足性质 (P_1). 那么，由（1）知道 $F(\xi)$，$\xi \in \mathbf{R}^n$，是一个在无限远处缓增的函数. 于是，它在 $\mathbf{R}^n$ 内确定了一个缓增广义函数，它的傅里叶逆变换，正如我们已经知道的，是 $S'(\mathbf{R}^n)$ 的一个元素. 我们要证明 T 在 $\mathbf{R}^n$ 内有紧支柱. 为此，设 (α_j)，$j = 1, 2, \cdots$，是 $C_c^\infty(\mathbf{R}^n)$ 内的正则化序列，使得 α_j 的支柱含在以原点为中心、以 j^{-1} 为半径的球内. 由定理 11，有

$$\widehat{T * \alpha_j} = \hat{T} \cdot \hat{\alpha}_j$$

由假设，$\hat{T} = F(\zeta)$ 满足（1），而每个 $\hat{\alpha}_j$ 又满足（2），这样便得到每个 $\hat{T} \cdot \hat{\alpha}_j$ 是 $\mathbf{C}^n$ 内的一个整函数并且满足一个形如（2）的不等式，其中常数 A 应换为 $A + j^{-1}$. 于是 $T * \alpha_j$ 是一个无限可微的函数并且有紧支柱，其紧支柱含在以原点为中心、以 $A + j^{-1}$ 为半径的球内. 因此，作为序列 $(T * \alpha_j)$ 的极限的广义函数 T 也必有紧支柱，其紧支柱含在以原点为中心、以 A 为半径的球内. 证毕.

系 1　若 $T \in E'(\mathbf{R}^n)$，那么它的傅里叶变换是一个无限可微的并在无限远处缓增的函数.

证　在（1）中令 $|\operatorname{Im} \zeta| = 0$，这一断言就成为（1）的一个平凡的结果. 证毕.

系 2　设 $T \in S'(\mathbf{R}^n)$，则下列条件等价：

（i）T 有紧支柱，其紧支柱含在闭集

$$\{x \in \mathbf{R}^n \mid |x_j| \leqslant A_j, 1 \leqslant j \leqslant n\}$$

内.

（ⅱ）T 的傅里叶－拉普拉斯变换 $F(\zeta)$ 是 $\mathbf{C}^n$ 内的一个整函数,使得对任何 $\varepsilon>0$,存在常数 C_ε 和整数 $N\geqslant 0$,有

$$|F(\zeta)|\leqslant C_\varepsilon(1+|\xi|)^N\exp[(A_1+\varepsilon)|\eta_1|+\cdots+$$
$$(A_n+\varepsilon)|\eta_n|]\tag{6}$$

其证明是定理 12 的证明的一个变形,留给读者作为练习.我们给出下面的定义.

定义 11　一个 $\mathbf{C}^n$ 内的整函数 $f(\zeta)$,如果对任何 $\varepsilon>0$,存在常数 $C_\varepsilon>0$ 使得对 $\zeta\in\mathbf{C}^n$,有

$$|f(\zeta)|\leqslant C_\varepsilon\exp[(A_1+\varepsilon)|\zeta_1|+\cdots+(A_n+\varepsilon)|\zeta_n|]$$
$$\tag{7}$$

就称 f 是指数型 $(A_1,\cdots,A_n)$ 的.

有紧支柱的广义函数的傅里叶－拉普拉斯变换是指数型的整函数.

16.10　两个广义函数的卷积的傅里叶变换

我们已经看到（16.3 节,性质 Ⅲ）,傅里叶变换 F 将两个 S 的函数的卷积变换为它们的傅里叶变换的乘积.定理 11 又表明,当 $\phi\in S$ 和 $T\in S'$ 时,$\phi*T$ 的傅里叶变换等于乘积 $\hat{\phi}\cdot\hat{T}$.现在我们把这一结果拓广到缓增广义函数和具有紧支柱的广义函数之间的卷积上去,有下面的定理.

定理 13　若 $S\in S'$ 和 $T\in E'$,则

$$\widehat{T*S}=\hat{T}\cdot\hat{S}\tag{1}$$

证　由定理 10,$T*S\in S'$.因为 $T\in E'$,再由佩

利－维纳－施瓦兹定理，$\hat{T} \in O_M$，于是，$\hat{T} \cdot \hat{S}$ 有意义并且属于 S'（定理8）．为了证明（1）的两端相等，我们将利用正则化序列．

设 (α_j) 是 $C_c^\infty(\mathbf{R}^n)$ 内的一个序列，并且在 E' 内当 $j \to +\infty$ 时收敛于 δ．函数列

$$\phi_j = \alpha_j * T \in C_c^\infty$$

在 E' 内收敛于 T．再由定理10，在 S' 内 $\phi_j * S \to T * S$．于是，作傅里叶变换，并利用定理11的结果，有

$$\widehat{T * S} = \lim \widehat{\phi_j * S} = \lim \hat{\phi}_j \cdot \hat{S} \tag{2}$$

另一方面，因为在 E' 内 $\phi_j = \alpha_j * T \to T$，又因为 E' 到 S' 内的嵌入是连续的（定理2），所以在 S' 内也有 $\phi_j \to T$．于是，作傅里叶变换，那么在 S' 内 $\hat{\phi}_j \to \hat{T}$．但函数 $\hat{\phi}_j$ 和 $\hat{T}$ 都属于 O_M，并且在 O_M 内 $\hat{\phi}_j \to \hat{T}$．事实上，这只要去证明对所有 $\hat{f} \in O_M$，在 S 内有 $\hat{\phi}_j \cdot \hat{f} \to \hat{T} \cdot \hat{f}$，或等价地，由傅里叶变换，在 S 内有 $\phi_j * f \to T * f$，而这是引理1的注的一个平凡的结果．因此，由定理8，我们有

$$\hat{T} \cdot \hat{S} = \lim \hat{\phi}_j \cdot \hat{S} \tag{3}$$

其中的极限是在 S' 内取的．关系式（2）和（3）给出了（1）．证毕．

注　定理13并不是一个最好的结果，这是因为可以证明一个更一般的定理，而在其证明中不须要借用佩利－维纳－施瓦兹定理．

第六编
丁夏畦论广义函数

S 广义函数简介[①]

第 17 章

> 现代数学的一个显著特征就是它的发展方式：它及时地把旧的数学概念分开，对它们做分开的研究，然后再把这些部分重新做有趣的组合，并且着力研究这些组合. 这个过程对数学自身的简化做出了超乎寻常的贡献，并因而使它更便于应用.
>
> ——Bushaw

在本章中讨论 S 广义函数，我们将采用 M. J. Lighthill 的著作 *Introduction to Fourier Analysis and Generalized Functions*，Cambridge University Press，1958 一书中的观点.

---

① 本章摘编自《Hermite 展开与广义函数》，丁夏畦，丁毅著，华中师范大学出版社，2005.

17.1 S 函数类

定义 1 函数类 S. 无穷次可微的函数 $f(x)$ 以及其各阶导数，对于任何 N，当 $x \to \infty$ 时都是 $O(|x|^{-N})$，称 $f(x)$ 为 S 函数，记为 $f(x) \in S$。

显然，S 构成一线性集。S 函数的一个最重要的性质就是它对傅里叶变换为自封的，即我们有：

定理 1 若 $f(x) \in S$，则其傅里叶变换

$$g(y) = \frac{1}{\sqrt{2\pi}} \int_{-\infty}^{+\infty} f(x) e^{-ixy} \, dx$$

也是 S 函数。

证

$$|g^p(y)| =$$

$$\left| \sqrt{2\pi} \right| \frac{1}{(iy)^N} \int_{-\infty}^{+\infty} \left(\frac{d}{dx} \right)^N \{ (-ix)^p f(x) \} e^{-ixy} \, dx =$$

$$\frac{1}{|y|^N} \frac{1}{\sqrt{2\pi}} \int_{-\infty}^{+\infty} \left| \frac{d^N}{dx^N} (x^p f(x)) \right| \, dx =$$

$$O(|y|^{-N})$$

证毕。

我们还有：

定理 2 如果 $f(x) \in S$，它的傅里叶变换为 $g(y)$，那么 $f'(x)$ 的傅里叶变换为 $ig(y)$，$f(ax+b)$ 的傅里叶变换为 $(a)^{-1} e^{\frac{b}{a}yi} y\left(\frac{y}{a} \right)$。

证 略。

17.2 S 函数的埃尔米特展开

由于 S 函数 $f(x)$ 均属于 $L_2(-\infty,+\infty)$，故由式（3）知

$$f(x)=\sum_{j=0}^{\infty}a_j\psi_j(x) \tag{1}$$

其中

$$a_j=\int_{-\infty}^{+\infty}f(x)\psi_j(x)\mathrm{d}x$$

记

$$f_N=\sum_{j=0}^{N}a_j\psi_j(x) \tag{2}$$

则由式（1）知

$$\|f-f_N\|\rightarrow 0,N\rightarrow\infty \tag{3}$$

其中

$$\|f\|=\|f\|_{L_2}=\left(\int_{-\infty}^{+\infty}f^2\mathrm{d}x\right)^{\frac{1}{2}}$$

定理 3 级数（1）是一致收敛的.

证 由式（2），我们有

$$(f_N)'=\sum_{j=0}^{N}a_j\psi'_j(x)=$$

$$\sum_{j=0}^{N}a_j\left[\sqrt{\frac{j}{2}}\,\psi_{j-1}(x)-\sqrt{\frac{j+1}{2}}\,\psi_{j+1}(x)\right]=$$

$$\sum_{j=0}^{N}\left(a_{j+1}\sqrt{\frac{j+1}{2}}-a_{j-1}\sqrt{\frac{j}{2}}\right)\psi_j(x)-$$

$$a_{N+1}\sqrt{\frac{N+1}{2}}\,\psi_N(x) \tag{4}$$

由于 $f' \in L_2$，故

$$f' = \sum_{j=0}^{\infty} b_j \psi_j(x)$$

$$b_j = \int_{-\infty}^{+\infty} f'(x) \psi_j(x) \mathrm{d}x = -\int_{-\infty}^{+\infty} f(x) \psi'_j(x) \mathrm{d}x =$$

$$-\int_{-\infty}^{+\infty} f(x) \left(\sqrt{\frac{j}{2}} \psi_{j-1}(x) - \sqrt{\frac{j+1}{2}} \psi_{j+1}(x) \right) \mathrm{d}x =$$

$$\sqrt{\frac{j+1}{2}} a_{j+1} - \sqrt{\frac{j}{2}} a_{j-1}$$

$$(f')_N = \sum_{j=0}^{N} b_j \psi_j(x) =$$

$$\sum_{j=0}^{N} \left(\sqrt{\frac{j+1}{2}} a_{j+1} - \sqrt{\frac{j}{2}} a_{j-1} \right) \psi_j(x) \qquad (5)$$

我们知

$$\| (f')_N - f' \| \to 0, N \to \infty$$

而由式(4)可得

$$(f_N)' = (f')_N - a_{N+1} \sqrt{\frac{N+1}{2}} \psi_N(x)$$

故知

$$\| f' - (f_N)' \| \leqslant \| f' - (f')_N \| + | a_{N+1} | \sqrt{\frac{N+1}{2}} \qquad (6)$$

由于

$$\int_0^x \mathrm{e}^{-y^2} H_N(y) \mathrm{d}y = H_{N-1}(0) - \mathrm{e}^{-x^2} H_{N-1}(x)$$

故有

$$a_N = \frac{1}{C_N} \int_{-\infty}^{+\infty} f(x) \mathrm{e}^{\frac{x^2}{2}} H_N(x) \mathrm{e}^{-x^2} \mathrm{d}x =$$

$$\frac{1}{C_N} \int_{-\infty}^{+\infty} f(x) \mathrm{e}^{\frac{x^2}{2}} \mathrm{d} \int_0^x \mathrm{e}^{-y^2} H_N(y) \mathrm{d}y =$$

$$\frac{1}{C_N}\int_{-\infty}^{+\infty} f(x)\mathrm{e}^{\frac{x^2}{2}}\mathrm{d}\mathrm{e}^{-x^2}H_{N-1}(x)=$$

$$\frac{-1}{C_N}\int_{-\infty}^{+\infty}\mathrm{e}^{-x^2}H_{N-1}(x)\cdot$$

$$\mathrm{e}^{\frac{x^2}{2}}(f'(x)+xf(x))\mathrm{d}x=$$

$$-\frac{C_{N-1}}{C_N}\int_{-\infty}^{+\infty}\psi_{N-1}(x)(f'(x)+xf(x))\mathrm{d}x$$

$$-\frac{1}{\sqrt{2N}}\int_{-\infty}^{+\infty}\psi_{N-1}(x)(f'(x)+xf(x))\mathrm{d}x$$

故

$$|a_N|\sqrt{\frac{N+1}{2}}=$$

$$\frac{\sqrt{\dfrac{N+1}{2}}}{\sqrt{2N}}\left|\int_{-\infty}^{+\infty}\psi_{N-1}(x)(f'(x)+xf(x))\mathrm{d}x\right|\to 0$$

同样

$$|a_{N+1}|\sqrt{\frac{N+1}{2}}\to 0$$

故得

$$\|f'-(f_N)'\|\to 0,N\to\infty$$

对于任何 $f\in S$,我们有

$$|f|^2=2\int|ff'|\mathrm{d}x\leqslant$$

$$2\left(\int_{-\infty}^{+\infty}f^2\mathrm{d}x\right)^{\frac{1}{2}}\left(\int_{-\infty}^{+\infty}|f'(x)|^2\mathrm{d}x\right)^{\frac{1}{2}}$$

故有

$$|f-f_N|^2\leqslant 2\|f-f_N\|\|f'-(f_N)'\|\to 0$$

定理 1 证毕.

543

17.3 S 函数傅里叶积分的反演公式

今设 $f(x) \in S$,由定理 1 知

$$f(x) = \sum_{j=0}^{\infty} a_j \psi_j(x)$$

其中

$$a_j = \int_{-\infty}^{+\infty} f(x) \psi_j(x) \mathrm{d}x$$

为一致收敛的. 因此有

$$g(y) = \frac{1}{\sqrt{2\pi}} \int_{-\infty}^{+\infty} f(x) \mathrm{e}^{-\mathrm{i}xy} \mathrm{d}x =$$

$$\sum_{j=0}^{\infty} a_j \frac{1}{\sqrt{2\pi}} \int_{-\infty}^{+\infty} \mathrm{e}^{-\mathrm{i}xy} \psi_j(x) \mathrm{d}x = \qquad (1)$$

$$\sum_{j=0}^{\infty} a_j (-1)^j \psi_j(y)$$

由定理 1 知 $g(y) \in S$,而式 (1) 也是一致收敛的,故

$$\int_{-\infty}^{+\infty} g(y) \mathrm{e}^{\mathrm{i}yx} \mathrm{d}y =$$

$$\sum_{j=0}^{\infty} a_j (-\mathrm{i})^j \int_{-\infty}^{+\infty} \psi_j(y) \mathrm{e}^{\mathrm{i}yx} \mathrm{d}y =$$

$$\sum_{j=0}^{\infty} a_j (-\mathrm{i})^j \mathrm{i}^j \psi_j(x) = \qquad (2)$$

$$\sum_{j=0}^{\infty} a_j \psi_j(x) =$$

$$f(x)$$

故 $g(y)$ 的反傅里叶变换为 $f(x)$.

现在我们设 $f(x), g(x)$ 为任意两个 S 函数,而

$F(x),G(x)$ 分别为它们的傅里叶变换,即令

$$f(x) = \sum_{n=0}^{\infty} a_n \psi_n(x)$$

$$F(x) = \sum_{n=0}^{\infty} a_n(-\mathrm{i})^n \psi_n(x)$$

$$g(x) = \sum_{n=0}^{\infty} b_n \psi_n(x)$$

$$G(x) = \sum_{n=0}^{\infty} b_n(-\mathrm{i})^n \psi_n(x)$$

则我们有

$$\| f(x) \|^2 = \sum_{n=0}^{\infty} | a_n |^2$$

$$\| F(x) \|^2 = \sum_{n=0}^{\infty} | a_n(-\mathrm{i})^n |^2 \qquad (3)$$

故

$$\| f(x) \|^2 = \| F(x) \|^2$$

$$\langle f(x), \overline{g(x)} \rangle = \langle F(x), \overline{G(x)} \rangle = \sum_{n=0}^{\infty} a_n \bar{b}_n \quad (4)$$

其中 $\langle f, g \rangle = \int_{-\infty}^{+\infty} f(x)g(x)\mathrm{d}x.$

式(3)(4) 称为 Parserval 等式.

17.4　S 广义函数

定义 2　设 $f_n(x) \in S$,且对任何 $F(x) \in S$,我们有

$$\lim_{n \to \infty} \int_{-\infty}^{+\infty} f_n(x)F(x)\mathrm{d}x \qquad (1)$$

存在,则称序列 $\{f_n(x)\}$ 为正则的.

定义 3　若两个 S 函数序列所得到的(1)相等,则称此两个序列等价.

定义 4　一正则序列定义为一 S 广义函数 $f(x)$,两等价正则序列所定义的 S 广义函数相同,而

$$\int_{-\infty}^{+\infty} f(x)F(x)\mathrm{d}x$$

定义为

$$\lim_{n\to\infty}\int_{-\infty}^{+\infty} f_n(x)F(x)\mathrm{d}x$$

对任何 $F(x) \in S$.

定义 5　如果 $f(x),g(x)$ 分别由 S 函数序列 $f_n(x)$ 与 $g_n(x)$ 所确定,那么其和 $f(x) + g(x)$ 由 $f_n(x) + g_n(x)$ 所确定,导数 $f'(x)$ 由 $f'_n(x)$ 所确定, $f(ax + b)$ 由 $f_n(ax + b)$ 所确定, $f(x)$ 的傅里叶变换 $F(x)$ 由 $f_n(x)$ 的傅里叶变换 $F_n(x)$ 所确定.

我们有如下的基本定理.

定理 4　对任何 S 广义函数 $f(x)$,有

$$f(x) = \sum_{j=0}^{\infty} a_j \psi_j(x) \tag{2}$$

其中

$$a_j = \int_{-\infty}^{+\infty} f(x)\psi_j(x)\mathrm{d}x$$

的收敛是弱的.

为了证此定理,我们需要如下的引理.

引理 1　设 x_n 为数列, $x_n = O(n)(n \to \infty)$,并且 $\sum_{n=0}^{\infty} a_n^m x_n$ 为绝对收敛,且当 $m \to \infty$ 时有极限,则

$$\sum_{n=0}^{\infty} \lim_{m\to\infty} a_n^m = \lim_{m\to\infty} \sum_{n=0}^{\infty} a_n^m \tag{3}$$

证 如果结论不成立,那么对于任何 $\varepsilon > 0$,有一个 N 的无穷序列存在,使

$$\left| \sum_{n=0}^{\infty} \lim_{m \to \infty} a_n^m - \lim_{m \to \infty} \sum_{n=0}^{\infty} a_n^m \right| > \varepsilon \qquad (4)$$

这就是说

$$\lim_{m \to \infty} \sum_{n=N+1}^{\infty} a_n^m > \varepsilon \text{ 或 } < -\varepsilon \qquad (5)$$

故必有 N 的一个无穷序列满足二者之一. 为明确起见,假定式(5)成立. 设这些 N 中的第一个是 N_1,然后用归纳法定义两个序列 N_s, M_s 如下:

设已经定义了 $N_1, \cdots, N_s$ 满足式(5) 和 $M_1, \cdots, M_{s-1}$,然后选择 $M_s \geqslant M_{s-1}$,使对一切 $m \geqslant M_s$ 有

$$\sum_{n=N_s+1}^{\infty} a_n^m > \frac{1}{2}\varepsilon \qquad (6)$$

然后在满足式(5)的序列中选 $N_{s+1} > N_s$,使

$$\sum_{n=N_{s+1}+1}^{\infty} n \mid a_n^{M_s} \mid < \varepsilon \qquad (7)$$

这是因为

$$\sum_{n=1}^{\infty} n a_n^{M_s}$$

绝对收敛,然后以 x_n 表示小于 n 的 N_s 的数目,则当 $n \to \infty$ 时 $x_n = O(n)$,因而

$$\sum_{n=1}^{\infty} x_n a_n^m = \sum_{s=1}^{\infty} \sum_{n=N_{s+1}}^{\infty} a_n^m \qquad (8)$$

(由于左方为绝对收敛),令 $m = M_r$,则由式(6)(7),有

$$\sum_{s=1}^{\infty} \sum_{h=N_{s+1}}^{\infty} a_n^m > \sum_{s=1}^{r} \left(\frac{1}{2}\varepsilon\right) - \varepsilon \qquad (9)$$

因此对于 $M_1, M_2, M_3, \cdots, \sum_{n=1}^{\infty} x_n a_n^m$ 无限增大,与假设

矛盾,故结论不成立.证毕.

定理 4 的证明 设 $f(x)$ 由 S 函数正则序列 $f_n(x)$ 所确定,由 $\psi_j(x) \in S$,知

$$a_j = \int_{-\infty}^{+\infty} f(x)\psi_j(x)\mathrm{d}x =$$

$$\lim_{n \to \infty} \int_{-\infty}^{+\infty} f_n(x)\psi_j(x)\mathrm{d}x = \lim_{n \to \infty} a_j^n$$

记 $\varphi \in S$,由定理 3 知 $\varphi(x)$ 可表示为一致收敛的级数

$$\varphi(x) = \sum_{j=0}^{\infty} b_j\psi_j(x) \tag{10}$$

其中 $b_j = \int_{-\infty}^{+\infty} \varphi(x)\psi_j(x)\mathrm{d}x.$

由于

$$-\psi''_j + x^2\psi_j = (2j+1)\psi_j$$

可得

$$-\varphi'' + x^2\varphi = \sum_{j=0}^{\infty}(2j+1)b_j\psi_j \tag{11}$$

易知式(11)左端属于 $L_2(-\infty, +\infty)$,故

$$\sum_{j=0}^{\infty}(2j+1)^2 b_j^2 < \infty$$

依此继续讨论,可得对任何正整数 λ 都有

$$\sum_{j=0}^{\infty}(2j+1)^{2\lambda} b_j^2 < \infty \tag{12}$$

对任何实数列 $x_j, x_j = O(j)$(当 $j \to \infty$ 时). 我们将证明

$$\psi(x) = \sum_{j=0}^{\infty} x_j b_j\psi_j(x)$$

为一 S 函数,这只需注意到对任何 λ,由式(12)可知

$$\sum_{j=0}^{\infty}(2j+1)^{2\lambda} x_j^2 b_j^2 < \infty \tag{13}$$

因而知

$$x^{2k}\psi(x) \in L_2, x^{2j}\psi^{(2k)}(x) \in L_2$$

但

$$\langle f_m, \psi(x) \rangle = \sum_{j=0}^{\infty} a_j^m x_j b_j \qquad (14)$$

$$\sum_{j=0}^{\infty} |a_j^m| |x_j b_j| \leqslant$$

$$\sqrt{\sum_{j=0}^{\infty} a_j^{m^2}} \sqrt{\sum_{j=0}^{\infty} x_j^2 b_j^2} =$$

$$\| f_m^2 \| \| \psi \|$$

即式(14)右端为绝对收敛,且

$$\lim_{m \to \infty} \langle f_m(x), \psi(x) \rangle = \lim_{m \to \infty} \sum_{j=0}^{\infty} a_j^m x_j b_j$$

存在,故由引理 1 知

$$\lim_{m \to \infty} \sum_{j=0}^{\infty} a_j^m b_j = \sum_{j=0}^{\infty} a_j b_j =$$

$$\lim_{m \to \infty} \langle f_m(x), \varphi(x) \rangle =$$

$$\langle f(x), \varphi(x) \rangle$$

所以

$$f(x) = \sum_{j=0}^{\infty} a_j \psi_j(x)$$

定理 1 证毕.

例 1　$f(x) = \delta(x)$.

由

$$f_n(x) = e^{-nx^2} \left(\frac{n}{\pi}\right)^{\frac{1}{2}}$$

我们有

$$\int_{-\infty}^{+\infty} \delta(x) F(x) \mathrm{d}x =$$

$$\lim_{n \to \infty} \int_{-\infty}^{+\infty} \mathrm{e}^{-nx^2} \left(\frac{n}{\pi}\right)^{\frac{1}{2}} F(x) \mathrm{d}x = F(0)$$

我们知

$$\delta(x) = \sum_{j=0}^{\infty} a_j \psi_j(x)$$

其中

$$a_j = \int_{-\infty}^{+\infty} \delta(x) \psi_j(x) \mathrm{d}x = \psi_j(0)$$

故得

$$\delta(x) = \sum_{j=0}^{\infty} \psi_j(0) \psi_j(x) \tag{15}$$

一个普通点函数具有某种增长限制时必为一广义函数,具体来说我们有:

定理 5 设存在 $N > 0$,使

$$(1 + x^2)^{-N} f(x) \in L(-\infty, +\infty)$$

则必存在一串 S 函数 $f_n(x)$,使

$$\lim_{n \to \infty} \int_{-\infty}^{+\infty} f_n(x) F(x) \mathrm{d}x =$$

$$\int_{-\infty}^{+\infty} f(x) F(x) \mathrm{d}x$$

对任何 $F(x) \in S$ 均成立,这就是说存在 S 广义函数 $\dot{f}(x)$,使

$$\int_{-\infty}^{+\infty} \dot{f}(x) F(x) \mathrm{d}x =$$

$$\int_{-\infty}^{+\infty} f(x) F(x) \mathrm{d}x$$

此式左端积分为广义函数的积分,右端积分为普通的勒贝格积分,因此我们可以认为函数 $f(x)$ 是一广

义函数 $\dot{f}(x)$.

证　取 $s(x) \in C_0^\infty (-1,1), s(x) \geqslant 0, \int_{-1}^{+1} s(x)\mathrm{d}x = 1.$

定义

$$f_n(x) = \int_{-\infty}^{+\infty} f(t) s(n(t-x)) n \mathrm{e}^{-\frac{t^2}{n^2}} \mathrm{d}t$$

我们现在可以证明 $f_n(x) \in S$.

对任何 $M > 0$，有

$$|f_n^{(p)}(x)| =$$

$$\left| \int_{-\infty}^{+\infty} f(t)(-n)^p s^{(p)} \{n(t-x)\} n \mathrm{e}^{-\frac{t^2}{n^2}} \mathrm{d}t \right| \leqslant$$

$$n^{p+1} \max |s^{(p)}(y)| \mathrm{e}^{-\frac{(|x|-1)^2}{n^2}} \{1 + (|x|+1)^2\}^N \cdot$$

$$\int_{-\infty}^{+\infty} (1+t^2)^{-N} |f(t)| \mathrm{d}t =$$

$$O(|x|^{-M})$$

此处我们用了

$$|x| - 1 < |t| < |x| + 1$$

当 $n \to \infty$ 时

$$\left| \int_{-\infty}^{+\infty} f_n(x) F(x) \mathrm{d}x - \int_{-\infty}^{+\infty} f(x) F(x) \mathrm{d}x \right| =$$

$$\left| \int_{-1}^{+1} s(y) \mathrm{d}y \left\{ \int_{-\infty}^{+\infty} f(t) \mathrm{e}^{-\frac{t^2}{n^2}} F\left(t - \frac{y}{n}\right) \mathrm{d}t - \right. \right.$$

$$\left. \left. \int_{-\infty}^{+\infty} f(x) F(x) \mathrm{d}x \right\} \right| \leqslant$$

$$\max_{|y| \leqslant 1} \left| \int_{-\infty}^{+\infty} f(t) \mathrm{e}^{-\frac{t^2}{n^2}} \left\{ F\left(t - \frac{y}{n}\right) - F(t) \right\} \mathrm{d}t - \right.$$

$$\int_{-\infty}^{+\infty} f(t) F(t) (1 - \mathrm{e}^{-\frac{t^2}{n^2}}) \mathrm{d}t \bigg| \leqslant$$

$$\int_{-\infty}^{+\infty} |f(t)| \left\{ \frac{1}{n} \max_{|x-t|<1} |F'(x)| \right\} \mathrm{d}t +$$

$$\left| \int_{-\infty}^{+\infty} f(t) F(t) \frac{1+t^2}{n^2} \mathrm{d}t \right| \leqslant$$

$$\frac{1}{n} \int_{-\infty}^{+\infty} | f(t) | \frac{A}{(1+t^2)^N} \mathrm{d}t +$$

$$\frac{1}{n^2} \int_{-\infty}^{+\infty} | f(t) | \frac{B}{(1+t^2)^N} \mathrm{d}t \to 0$$

其中 A 和 B 是常数,上式右端当 $n \to \infty$ 时趋于 0.

故定理 2 获证.

由定理 2 知普通函数 $1, | x |^{\alpha}, | x |^{\alpha} \log | x |$ 均为 S 广义函数,$\dfrac{1}{x}$ 也为广义函数,它可定义为 $\dfrac{\mathrm{d}}{\mathrm{d}x} \log | x |$,下面我们可以列举其中一些的埃尔米特展开.

例 2 恒等函数 1.

我们有

$$1 = \sum_{n=0}^{\infty} \int_{-\infty}^{+\infty} \psi_n(t) \mathrm{d}t \psi_n(x) =$$

$$\sum_{n=0}^{\infty} \int_{-\infty}^{+\infty} \psi_{2n}(t) \mathrm{d}t \psi_{2n}(x) =$$

$$\sum_{n=0}^{\infty} \frac{1}{c_{2n}} \int_{-\infty}^{+\infty} H_{2n}(t) \mathrm{e}^{-\frac{t^2}{2}} \mathrm{d}t \psi_{2n}(x) = \quad (16)$$

$$\sqrt{2\pi} \sum_{n=0}^{\infty} \frac{(-1)^n}{c_{2n}} H_{2n}(0) \psi_{2n}(x) =$$

$$\sqrt{2\pi} \sum_{n=0}^{\infty} \psi_{2n}(0) (-1)^n \psi_{2n}(x)$$

例 3 函数 $\operatorname{sgn} x = \begin{cases} 1, x > 0 \\ -1, x < 0 \end{cases}$.

我们有

$$\mathrm{sgn}\ x = \sum_{n=0}^{\infty} \int_{-\infty}^{+\infty} \mathrm{sgn}\ t\psi_{2n+1}(t)\mathrm{d}t\psi_{2n+1}(x) =$$

$$\sum_{n=0}^{\infty} (-1)^n \beta_{2n+1} \psi_{2n+1}(x) \qquad (17)$$

可以证明

$$\beta_{2n+1} = \sqrt{\frac{2}{\pi}} \int_{-\infty}^{+\infty} \frac{\psi_{2n+1}(t)}{t} \mathrm{d}t$$

例 4　函数 $\dfrac{1}{x}$.

我们有

$$\frac{1}{x} = \sum_{n=0}^{\infty} \alpha_{2n+1} \psi_{2n+1}(x) \qquad (18)$$

其中

$$\alpha_{2n+1} = \int_{-\infty}^{+\infty} \frac{\psi_{2n+1}(x)}{x} \mathrm{d}x =$$

$$\frac{(-1)^n 2^{2n+1} n!}{c_{2n+1}} \int_{-\infty}^{+\infty} L_n^{\frac{1}{2}}(x^2) \mathrm{e}^{-\frac{x^2}{2}} \mathrm{d}x$$

但

$$\int_{-\infty}^{+\infty} L_n^{\frac{1}{2}}(x^2) \mathrm{e}^{-\frac{x^2}{2}} \mathrm{d}x = \int_0^{+\infty} t^{-\frac{1}{2}} L_n^{\frac{1}{2}}(t) \mathrm{e}^{-\frac{t}{2}} \mathrm{d}t =$$

$$\frac{\Gamma\left(n+\frac{3}{2}\right) \Gamma\left(\frac{1}{2}\right) \sqrt{2}}{n!\ \Gamma\left(\frac{3}{2}\right)} F\left(-n, \frac{1}{2}; \frac{3}{2}; 2\right) =$$

$$\frac{\Gamma\left(n+\frac{3}{2}\right) 2\sqrt{2}}{n!} \int_0^1 (1-2u^2)^n \mathrm{d}u =$$

$$\frac{\Gamma\left(n+\frac{3}{2}\right)}{n!} J_n$$

$$J_n = 2\sqrt{2}\int_0^1 (1-2u^2)^n \mathrm{d}u =$$

$$\int_0^1 s^n(1-s)^{-\frac{1}{2}}\mathrm{d}s + \int_{-1}^0 s^n(1-s)^{-\frac{1}{2}}\mathrm{d}s =$$

$$\beta\left(n+1,\frac{1}{2}\right) + O\left(\frac{1}{n}\right)$$

故

$$\alpha_{2n+1} = (-1)^n\sqrt{\pi}\,\frac{(2n+1)!}{n!}\,\frac{J_n}{c_{2n+1}} = \tag{19}$$

$$\frac{\sqrt{\pi}}{2}\psi'_{2n+1}(0)J_n$$

17.5 S 广义函数的傅里叶变换

我们已知任何 S 广义函数 $f(x)$ 均可由其上一节展式(2) 的部分和

$$f_N = \sum_{j=0}^N a_j\psi_j$$

所确定. 由定义知 $f(x)$ 的傅里叶变换必由 $\widetilde{f}_N(x)$ 所确定,故由

$$\widetilde{f}(x) = \lim_{N\to\infty}(\widetilde{f}_N) = \sum_{j=0}^{\infty} a_j\widetilde{\psi}_j(x) =$$

$$\sum_{j=0}^{\infty} a_j(-\mathrm{i})^j\psi_j(x)$$

例 1 若 $f(x) = \delta(x)$,则

$$\widetilde{f}(x) = \sum_{j=0}^{\infty} \psi_j(0) \widetilde{\psi}_j(x) =$$

$$\sum_{j=0}^{\infty} \psi_j(0)(-\mathrm{i})^j \psi_j(x) =$$

$$\sum_{j=0}^{\infty} \psi_{2j}(0)(-1)^j \psi_{2j}(x)$$

由上一节式(16),有

$$1 = \sum_{j=0}^{\infty} b_j \psi_j(x)$$

$$b_j = \begin{cases} \displaystyle\int_{-\infty}^{+\infty} \psi_j(x)\mathrm{d}x = 0, j = 2k+1 \\ \displaystyle\int_{-\infty}^{+\infty} \psi_j(x)\mathrm{d}x, j = 2k \end{cases} =$$

$$\sqrt{2\pi}(-1)^k \psi_{2k}(0)$$

故

$$\widetilde{\delta}(x) = \frac{1}{\sqrt{2\pi}}$$

例 2　$f(x) = \dfrac{1}{x}$.

由式(18),我们有

$$\widetilde{f}(x) = \sum_{n=0}^{\infty} \alpha_{2n+1} \widetilde{\psi}_{2n+1}(x) =$$

$$\sum_{n=0}^{\infty} \alpha_{2n+1}(-\mathrm{i})^{2n+1} \psi_{2n+1}(x) =$$

$$-\mathrm{i} \sum_{n=0}^{\infty} (-1)^n \alpha_{2n+1} \psi_{2n+1}(x)$$

我们可以推出

$$(1-t)^{-\frac{3}{2}} \exp\left\{ \frac{-x^2(1+t)}{2(1-t)} \right\} =$$

$$\frac{\sqrt{\pi}}{2} \sum_{n=0}^{\infty} \psi'_{2n+1}(0) \frac{\psi_{2n+1}(x)}{x} t^n$$

故有

$$\sum_{n=0}^{\infty} \psi'_{2n+1}(0) \alpha_{2n+1} t^n = \frac{2\sqrt{2}(1+t)^{-\frac{1}{2}}}{1-t}$$

和

$$\sum_{n=0}^{\infty} \psi'_{2n+1}(0) \left(\int_{-\infty}^{+\infty} \operatorname{sgn} x \psi_{2n+1}(x) \mathrm{d}x \right) t^n =$$

$$\frac{4}{\sqrt{\pi}} \frac{(1-t)^{-\frac{1}{2}}}{1+t}$$

故

$$\beta_{2n+1} = \int_{-\infty}^{+\infty} \operatorname{sgn} x \psi_{2n+1}(x) \mathrm{d}x =$$

$$\sqrt{\frac{2}{\pi}} (-1)^n \alpha_{2n+1}$$

故我们有

$$\tilde{f}(x) = -\mathrm{i} \sum_{n=0}^{\infty} \sqrt{\frac{\pi}{2}} \beta_{2n+1} \psi_{2n+1}(x) =$$

$$-\mathrm{i}\sqrt{\frac{\pi}{2}} \operatorname{sgn} x$$

556

弱　函　数

第18章

世界著名数学家 M. Kline 曾指出:

数学主要是一项创造性活动,因此它要求想象、几何直觉、实验、有见识的猜测、尝试与错误、模糊的类比以及疏忽和摸索.每一个数学家都知道,创造性努力需要艰难的工作、困惑、苦恼和真正的思维,他们也知道所导致的成就的含义,详细写出最终的演绎公式是一项厌烦的任务.

18.1　华罗庚于 1957 年提出了研究广义函数(周期)的新途径

华罗庚先生给出的广义函数的新定义如下:形如

$$\sum_{n=-\infty}^{+\infty} a_n \mathrm{e}^{ni\theta} \qquad (1)$$

的傅里叶级数就定义为一个广义函数,我们并不考虑这个级数收敛与否,这个广义函数以 $u(\theta)$ 表示. 令

$$v(\theta) = \sum_{n=-\infty}^{+\infty} b_n \mathrm{e}^{ni\theta} \qquad (2)$$

显然对于两个复数 λ, μ,有

$$\lambda u(\theta) + \mu v(\theta) = \sum_{n=-\infty}^{+\infty} (\lambda a_n + \mu b_n) \mathrm{e}^{ni\theta} \qquad (3)$$

仍为一广义函数,故广义函数是一个线性集合. 如果级数 $\sum_n a_n \bar{b}_n$ 收敛,那么此值称为广义函数 $u(\theta)$ 与 $v(\theta)$ 的内积,以 $(u(\theta), \overline{v(\theta)})$ 表示.

对于上述广义函数的定义,我们可以另一种形式来解释. 考虑级数(1)的 n 次部分和

$$f_n(x) = \sum_{j=-n}^{n} a_j \mathrm{e}^{ijx} \qquad (4)$$

$$K = \{\varphi \mid \varphi = \sum_{j=-N}^{N} b_j \mathrm{e}^{ijx}, N = 0, 1, 2, \cdots\} \qquad (5)$$

上式中 K 表示所有三角多项式的集合,则

$$(f_n, \bar{\varphi}) = \frac{1}{2\pi} \int_{-n}^{n} f_n \bar{\varphi} \, \mathrm{d}x \approx$$

$$\sum_{j=-N}^{N} a_j \bar{b}_j, n > N$$

故

$$(f_n, \bar{\varphi}) \to \sum_{j=-N}^{N} a_j \bar{b}_j, n \to \infty$$

也就是说,部分和 f_n 对 K 来说为弱收敛,故形式傅里叶级数

$$\sum_{j=-\infty}^{+\infty} a_j e^{ijx}$$

恒可以看作对 K 弱收敛的傅里叶级数.

18.2　在希尔伯特空间的推广

我们可以把上述思想推广到一个抽象的希尔伯特空间.为简单起见,先考虑实希尔伯特空间.当然这里的理论也容易推到复希尔伯特空间上.

设 H 为一个具有 $\langle , \rangle$ 内积的可分的希尔伯特空间,则必存在一正交基底 $\{e_n, n=0,1,2,\cdots\}$,设

$$K = \mathrm{Span}\{e_n, n=0,1,2,\cdots\} \tag{1}$$

如果 $f \in H$,那么我们有

$$f = \sum_{j=0}^{\infty} a_j e_j = \lim_{n \to \infty} f_n = \lim_{n \to \infty} \sum_{j=0}^{n} a_j e_j$$

$$\sum_{j=0}^{\infty} a_j^2 < \infty, a_j = \langle f, e_j \rangle \tag{2}$$

如果

$$\sum_{j=0}^{+\infty} a_j^2 = +\infty$$

那么我们有简单定理如下:

定理 1　对于任意实 $\{a_j\}$,级数

$$\sum_{j=0}^{\infty} a_j e_j \tag{3}$$

对于 K 恒弱收敛,其和 $f \in K'$,K' 表示 K 的线性(可加)泛函.反之,任意 K 的线性泛函 f 必可表为对 K 弱收敛的级数式(3).

证　取 $\varphi \in K$,有

$$\varphi = \sum_{j=0}^{N} b_j e_j$$

$$\langle f_n, \varphi \rangle = \langle \sum_{j=0}^{N} a_j e_j, \sum_{j=0}^{N} b_j e_j \rangle =$$

$$\sum_{j=0}^{N} a_j b_j, n > N$$

故

$$\langle f_n, \varphi \rangle \to \sum_{j=0}^{N} a_j b_j, n \to \infty$$

这就是说式(3)弱收敛,记其和为 f,易知 f 为 K 的线性泛函.

反之,如果 f 为 K 的线性泛函,对于任何

$$\varphi = \sum_{j=0}^{N} b_j e_j$$

$$f(\varphi) = \sum_{j=0}^{N} b_j f(e_j)$$

令

$$f(e_j) = a_j$$

我们已证 $\sum_{j=0}^{\infty} a_j e_j$ 为 K 的线性泛函,表示为 g,则

$$\langle g, \varphi \rangle = \langle \sum_{j=0}^{\infty} a_j e_j, \sum_{j=0}^{N} b_j e_j \rangle =$$

$$\sum_{j=0}^{N} a_j b_j$$

故

$$f(\varphi) = \langle g, \varphi \rangle, \varphi \in K$$

故

$$f = g$$

证毕.

例 1　若 $H = l_2, e_j = (0, \cdots, 1, \cdots, 0)$，则

$$f = \sum_{j=0}^{\infty} a_j e_j = (a_0, a_1, \cdots, a_j, \cdots)$$

表示所有无穷维实向量.

例 2　若 $e_n^1 = \cos nx, e_n^2 = \sin nx$，则

$$\{e_n^1, e_n^2, n = 0, 1, \cdots\}$$

为 $L_2(0, 2\pi)$ 的一正交基底，故

$$f = \frac{a_0}{2} + \sum_{j=1}^{\infty}(a_j \cos jx + b_j \sin jx)$$

为实域中的广义函数.

18.3　实数轴情形

在应用上最重要的情形是实直线，在这种情形，我们取

$$H = L_2(-\infty, +\infty)$$

前面已证

$$\psi_n(x) = \frac{H_n(x)}{c_n} e^{-\frac{x^2}{2}}$$

$$H_n(x) = 埃尔米特多项式 = (-1)^n e^{x^2} \frac{d^n}{dx^n} e^{-x^2}$$

$$c_n^2 = 2^n n! \sqrt{\pi}, n = 0, 1, 2, \cdots$$

构成 $L_2(-\infty, +\infty)$ 的一组完全正交基.

由定理 1 知对任何实数列 $\{a_j\}$，有

$$\sum_{j=0}^{\infty} a_j \psi_j(x) \tag{1}$$

恒对

$$K = \text{Span}\{\psi_n(x), n = 0, 1, 2, \cdots\}$$

为弱收敛,设其和为 $f(x)$,则属于 K',其中 K' 表示 K 的所有线性泛函.

为区别于其他广义函数,我们称它们为弱函数.

例 3 δ — 函数.

以下级数

$$\sum_{j=0}^{\infty} \psi_j(0)\psi_j(x) \tag{2}$$

为 δ — 函数 $\delta(x)$,因为

$$\langle \delta(x), \varphi \rangle = \langle \sum_{j=0}^{\infty} \psi_j(0)\psi_j(x), \sum_{j=0}^{N} b_j\psi_j(x) \rangle =$$
$$\sum_{j=0}^{N} b_j\psi_j(0) = \varphi(0)$$

对应于式(2),我们引进其对应的幂级数

$$\delta(x,t) = \sum_{j=0}^{\infty} \psi_j(0)\psi_j(x)t^j$$

根据 Mehler 公式,我们有

$$\delta(x,t) = \frac{1}{\sqrt{\pi(1-t^2)}} \exp\left\{\frac{x^2}{2} - \frac{x^2}{1-t^2}\right\} =$$
$$\frac{1}{\sqrt{\pi(1-t^2)}} \exp\left\{-\frac{1+t^2}{2(1-t^2)}x^2\right\} \tag{3}$$

令

$$\frac{1+t^2}{1-t^2} = \frac{1}{2\tau}$$
$$(1+t^2)2\tau = 1 - t^2$$
$$t^2(1+2\tau) = 1 - 2\tau$$
$$t^2 = \frac{1-2\tau}{1+2\tau}$$
$$1 - t^2 = \frac{4\tau}{1+2\tau}$$

故

$$\delta(x,t) = \frac{\sqrt{1+2\tau}}{\sqrt{4\pi\tau}} \exp\left\{-\frac{x^2}{4\tau}\right\} =$$

$$\sqrt{1+2\tau} \left\{\frac{1}{\sqrt{4\pi\tau}} \exp\left(-\frac{x^2}{4\tau}\right)\right\}$$

此花括号内表示正是热核. 故有

$$\delta(x,t) \rightarrow \begin{cases} 0, x \neq 0 \\ \infty, x = 0 \end{cases}, \text{当 } t \rightarrow 1 \text{ 时}$$

例 4　如果 f 为弱函数, 那么 xf 亦是, 其中 $xf = \sum_{j=0}^{\infty} a_j x\psi_j$.

由

$$xH_n = nH_{n-1} + \frac{H_{n+1}}{2}$$

知

$$x\psi_n = \sqrt{\frac{n}{2}}\psi_{n-1} + \sqrt{\frac{n+1}{2}}\psi_{n+1}$$

故

$$xf = \sum_{j=0}^{\infty} a_j x\psi_j =$$

$$\sum_{j=0}^{\infty} a_j \left\{\sqrt{\frac{j}{2}}\psi_{j-1} + \sqrt{\frac{j+1}{2}}\psi_{j+1}\right\} =$$

$$\sum_{j=0}^{\infty} \left(a_{j+1}\sqrt{\frac{j+1}{2}} + a_{j-1}\sqrt{\frac{j}{2}}\right)\psi_j(x)$$

$$(4)$$

上式右端显然属于 K'.

例 5　如果 f 为弱函数, 那么 f' 亦是, 其中

$$f' = \sum_{j=0}^{\infty} a_j \psi'_j(x)$$

我们有

$$\psi'_j = \frac{1}{c_j}(e^{-\frac{x^2}{2}}H_j(x))' =$$

$$\frac{1}{c_j}(-xe^{-\frac{x^2}{2}}H_j(x) + e^{-\frac{x^2}{2}}H'_j(x)) =$$

$$-x\psi_j(x) + \frac{2je^{-\frac{x^2}{2}}H_{j-1}}{c_j} =$$

$$-x\psi_j(x) + \sqrt{2j}\psi_{j-1}(x) \qquad (5)$$

故

$$f' = -xf + \sum_{j=0}^{\infty}\sqrt{2(j+1)}\,a_{j+1}\psi_j(x) \qquad (6)$$

显然上式右端属于 K'.

例 6 测度.

设 μ 为对应于 $(C_0(-\infty, +\infty))'$ 的有限测度,有

$$\mu(\varphi) = \int_{\mathbf{R}^1}\varphi\mathrm{d}\mu$$

$\mu(\varphi)$ 为 $C_0(-\infty, +\infty)$ 上的线性泛函,故

$$\mu' = \sum_{j=0}^{\infty}a_j\psi_j$$

$$a_j = \int_{\mathbf{R}^1}\psi_j\mathrm{d}\mu$$

其中 μ' 称为 μ 的广义 Radon-Ni-kodyn 导数.

18.4 S 广义函数

我们有如下定理:

定理 2 弱函数

$$f(x) = \sum_{j=0}^{\infty}a_j\psi_j(x)$$

为 S 广义函数的充要条件为存在正数 N，使

$$a_j = O(j^N)$$

证 充分性.

设 $a_j = O(j^N)$，我们已知对任何 $\varphi \in S$，有

$$\varphi = \sum_{j=0}^{\infty} b_j \psi_j$$

此级数为一致收敛，由于

$$-\psi''_j + x^2 \psi_j = (2j+1)\psi_j$$

知

$$-\varphi'' + x^2 \varphi = \sum_{j=0}^{\infty} (2j+1) b_j \psi_j$$

易知，上式右端属于 $L_2(-\infty, +\infty)$，故

$$\sum_{j=0}^{\infty} (2j+1)^2 b_j^2 < +\infty$$

依此可知对任何正整数 λ，有

$$\sum_{j=0}^{\infty} (2j+1)^{2\lambda} b_j^2 < +\infty$$

令

$$f_n = \sum_{j=0}^{n} a_j \psi_j$$

则对 $m > n$，有

$$\langle f_n, \varphi_m \rangle = \sum_{j=0}^{n} a_j b_j \rightarrow \sum_{j=0}^{n} a_j b_j, \quad m \rightarrow \infty$$

故 (f_n, φ) 为 S 的线性泛函，且

$$\langle f_n, \varphi \rangle = \sum_{j=0}^{n} a_j b_j$$

我们取 $\lambda = N + 2$，则有

$$\sum_{j=0}^{\infty} a_j b_j \leqslant C \sum_{j=0}^{\infty} \frac{\mid j \mid^N}{(2j+1)^{N+2}} \leqslant$$

$$C \sum_{j=0}^{\infty} \frac{1}{(2j+1)^{\lambda}} < \infty$$

故级数 $\sum\limits_{j=0}^{\infty} a_j b_j$ 一致收敛,而

$$\langle f_n, \varphi \rangle \to \sum_{j=0}^{\infty} a_j b_j, \text{当} n \to +\infty \text{ 时}$$

故 $f_n \to f$ 对 S 为弱收敛,f 为广义函数,即 $f \in S$.

必要性.

设 f 为 S 广义函数,则对任何 $\varphi \in S$,有

$$\langle f, \varphi \rangle = \sum_{j=0}^{\infty} a_j b_j$$

如果 N 不存在,那么存在一串 $j_1, \cdots, j_r, \cdots$,使对这些 j_r,我们有

$$\mid a_{j_r} \mid > j_r^r$$

今取 $b_j = 0$,如果 $j \neq j_r$;$b_j = a_j^{-1}$,如果 $j = j_r$. 容易看出,

$$g = \sum_{j=0}^{\infty} b_j \psi_j \text{ 属于 } S, \text{但}$$

$$\langle f, g \rangle = \sum_{r=0}^{\infty} a_{j_r} b_{j_r} = +\infty$$

这与 $f \in S'$ 矛盾,故存在 N 使 $a_j = O(j^N)$.

18.5 高 维 情 形

所有上面的讨论,可以推广到高维情形.

我们考虑

$$H = L^2(\mathbf{R}^n)$$

令

$$j = (j_1, \cdots, j_n)$$

$$x = (x_1, \cdots, x_n)$$

$$\Psi_j(x) = \phi_{j_1}(x_1) \cdots \phi_{j_n}(x_n)$$

容易看出，$\Psi_j(x)$ 构成 $L^2(\mathbf{R}^n)$ 的一组完整正交基，故

$$K = \mathrm{Span}\{\Psi_j(x)\} \tag{1}$$

上的线性泛函可表示为

$$f = \sum_{j=0}^{\infty} a_j \Psi_j, \, a_j = f(\Psi_j) \tag{2}$$

我们注意到

$$-\Delta \Psi_j + x^2 \Psi_j = (2 \mid j \mid + n) \Psi_j$$

$$\mid j \mid = j_1 + \cdots + j_n \tag{3}$$

故可以考虑 n 维椭圆型方程

$$-\Delta u + x^2 u = f \tag{4}$$

如果 f 为 K 上的线性泛函，例如为一测度 μ，则我们可找到方程式(4)在整个 $\mathbf{R}^n$ 上的广义解为

$$u = \sum_{j=0}^{\infty} \frac{a_j \Psi_j}{(2 \mid j \mid + n)}, \, \mid j \mid = j_1 + \cdots + j_n \tag{5}$$

广义解可定义为

$$\int u(-\Delta \varphi'' + x^2 \varphi) \mathrm{d}x = f(\varphi), \varphi \in K$$

如果

$$f = \delta(x) = \sum_{j=0}^{\infty} \Psi_j(0) \Psi(x) \tag{6}$$

则我们可得上述埃尔米特椭圆型方程式(4)的基本解为

$$E(x,0) = \sum_{j=0}^{\infty} \frac{\Psi_j(0)}{(2\mid j\mid + n)}\Psi(x) \qquad (7)$$

18.6   华   类 H

如果弱函数

$$f(x) = \sum_{j=0}^{\infty} a_n \psi_n(x)$$

的系数满足

$$\varlimsup_{n \to \infty} \mid a_n \mid^{\frac{1}{n}} \leqslant 1 \qquad (1)$$

则我们称 $f(x)$ 的集合为华类 H.

此对应在单位圆情形,华罗庚定义的广义函数

$$\sum_{n=-\infty}^{+\infty} a_n \mathrm{e}^{nix}$$

的系数满足

$$\lim_{\mid n\mid \to \infty} \mid a_n \mid^{\frac{1}{n}} \leqslant 1 \qquad (2)$$

这时所对应的 $z, \bar{z}$ 的幂级数

$$\sum_{n=0}^{\infty} a_n z^n + \sum_{n=1}^{\infty} a_{-n} z^{-n} \qquad (3)$$

为 $\mid z\mid < 1$ 内的调和函数,且傅里叶级数

$$\sum_{n=0}^{\infty} a_n \mathrm{e}^{ni\theta} + \sum_{n=1}^{\infty} a_{-n} \mathrm{e}^{-ni\theta}$$

可看作调和函数式(3)的边值.

同样

$$\sum_{n=0}^{\infty} a_n \psi_n(x) \qquad (4)$$

可看作方程

568

$$u_t - u_{xx} = -x^2 u, t > 0 \qquad (5)$$

的解

$$u(x,t) = \sum_{n=0}^{\infty} a_n e^{-(2n+1)t} \psi_n(x), t > 0 \qquad (6)$$

的初值 $u(x,0) = f(x)$.

我们注意级数式(6)在条件式(1)下对 $t > 0$ 的任何有界域内是一致收敛的,且其对 t,对 x 的微商也是一致收敛的.因此在 $t > 0$,它的确是方程式(5)的经典解.

因为

$$f(x) \in C(-\infty, +\infty)$$

$$a_n = \int_{-\infty}^{+\infty} f(y) \psi_n(y) \mathrm{d}y$$

故由 Mebler 公式,式(6)变为

$$u(x,t) = e^{-t} \int_{-\infty}^{+\infty} f(y) \sum_{n=0}^{\infty} \psi_n(y) \psi_n(x) e^{-2nt} \mathrm{d}y =$$

$$e^{-t} \int_{-\infty}^{+\infty} K(x,y,e^{-2t}) f(y) \mathrm{d}y \qquad (7)$$

此处

$$K(x,y,t) = \frac{1}{\sqrt{\pi(1-t^2)}} \exp\left\{ \frac{x^2-y^2}{2} - \frac{(x-yt)^2}{1-t^2} \right\}$$

$$0 < t < 1 \qquad (8)$$

对非齐次 Bergers 方程的初值问题

$$\begin{cases} u_t + uu_x = \mu u_{xx} + 4x \\ u(x,0) = u_0(x) \end{cases} \qquad (9)$$

的解,作 Cole 变换

$$\varphi(x,t) = \exp\left\{ -\frac{1}{2\mu} \int_0^x u(x,t) \mathrm{d}x \right\} \qquad (10)$$

就得到

$$\begin{cases} \varphi_t - \mu\varphi_{xx} = \dfrac{-x^2}{\mu}\varphi \\ \varphi(x,0) = \varphi_0(x) = \exp\left\{-\dfrac{1}{2\mu}\displaystyle\int_0^x u_0(x)\mathrm{d}x\right\} \end{cases} \tag{11}$$

再作变换

$$x = \sqrt{\mu}\,x', \varphi(x,t) = \varphi(\sqrt{\mu}\,x',t) = \psi(x',t)$$

则

$$\begin{cases} \psi_t - \psi_{x'x'} = -x'^2\psi \\ \psi(x',0) = \varphi_0(\sqrt{\mu}\,x) = \psi_0(x') \end{cases} \tag{12}$$

由式(7)知

$$\psi(x',t) = \mathrm{e}^{-t}\int_{-\infty}^{+\infty} K(x',y',\mathrm{e}^{-2t})\psi_0(y')\mathrm{d}y' =$$

$$\mathrm{e}^{-t}\int_{-\infty}^{+\infty} K\left(\frac{x}{\sqrt{\mu}},\frac{y}{\sqrt{\mu}},\mathrm{e}^{-2t}\right)\frac{\varphi_0(y)}{\sqrt{\mu}}\mathrm{d}y$$

因此

$$\varphi(x,t) = \frac{\mathrm{e}^{-t}}{\sqrt{\mu}}\int_{-\infty}^{+\infty}\frac{1}{\sqrt{\pi(1-t'^2)}}\exp\frac{1}{\mu}\cdot$$

$$\left\{\frac{x^2-y^2}{2} - \frac{(x-yt')^2}{1-t'^2}\right\}\varphi_0(y)\mathrm{d}y$$

$$0 < t' < 1, t' = \mathrm{e}^{-2t} \tag{13}$$

令

$$F(x,y,t') = -\left[x^2-y^2 - \frac{2(x-yt')^2}{1-t'^2}\right] + \int_0^y u_0(y)\mathrm{d}y =$$

$$\frac{1+t'^2}{1-t'^2}(x^2+y^2) - \frac{4xyt'}{1-t'^2} + \int_0^y u_0(y)\mathrm{d}y$$

得

$$\varphi(x,t) = \frac{\mathrm{e}^{-t}}{\sqrt{\pi\mu(1-t'^2)}}\int_{-\infty}^{+\infty}\exp\left\{-\frac{1}{2\mu}F(x,y,t')\right\}\mathrm{d}y$$

我们注意到

$$F_x = 2\left(\frac{1+t'^2}{1-t'^2}x - \frac{2yt'}{1-t'^2}\right)$$

故柯西问题式(9)的解为

$$-2\mu\frac{\varphi_x}{\varphi} = \frac{\int_{-\infty}^{+\infty} F_x(x,y,t')\exp\left\{-\frac{1}{2\mu}F(x,y,t')\right\}dy}{\int_{-\infty}^{+\infty}\exp\left\{-\frac{1}{2\mu}F(x,y,t')\right\}dy} =$$

$$\frac{2\int_{-\infty}^{+\infty}\left\{\frac{1+t'^2}{1-t'^2}x - \frac{2xyt'}{1-t'^2}\right\}\exp\left\{-\frac{1}{2\mu}F(x,y,t')\right\}dy}{\int_{-\infty}^{+\infty}\exp\left\{-\frac{1}{2\mu}F(x,y,t')dy\right\}} \quad (14)$$

利用此公式,我们可以证明当 $\mu \to 0$ 时,趋于方程

$$u_t + uu_x = 4x$$

的可以具间断的广义解.

18.7　弱函数的傅里叶变换和梅林变换

对于任何弱函数

$$f(x) = \sum_{j=0}^{\infty} a_j\psi_j(x) \quad (1)$$

由于 S 广义函数傅里叶变换的启示,我们可以定义其傅里叶变换 $\widetilde{f}(x)$ 为

$$\widetilde{f}(x) = \sum_{j=0}^{\infty} a_j\widetilde{\psi}_j(x) = \sum_{j=0}^{\infty} a_j(-\mathrm{i})^j\psi_j(x) \quad (2)$$

其反傅里叶变换

$$\overset{\backsim}{f}(x) = \sum_{j=0}^{\infty} a_j\overset{\backsim}{\psi}_j(x) = \sum_{j=0}^{\infty} a_j(\mathrm{i})^j\psi_j(x) \quad (3)$$

这样我们就知道对于任一弱函数,其傅里叶变换和反傅里叶变换均为弱函数.

冯康曾经研究过施瓦兹意义下分布的梅林变换，在这里我们研究弱函数的梅林变换.

经典的对连续函数 $f(x)$ 的梅林变换 $M(f(x))$ 定义为

$$F(s) = M(f(x)) = \int_0^\infty x^{s-1} f(x) \, \mathrm{d}x \tag{4}$$

其反变换为

$$f(x) = \frac{1}{2\pi \mathrm{i}} \int_{\sigma - \mathrm{i}\infty}^{\sigma + \mathrm{i}\infty} F(s) x^{-s} \, \mathrm{d}s \tag{5}$$

作变换 $x = \mathrm{e}^\xi$，我们就得到

$$F(s) = \int_{-\infty}^{+\infty} \mathrm{e}^{\sigma\xi} f(\mathrm{e}^\xi) \mathrm{e}^{\mathrm{i}t\xi} \, \mathrm{d}\xi \tag{6}$$

$$s = r + \mathrm{i}t$$

定义弱函数的梅林变换，我们有下列四种推广：

情形 A $\mathrm{e}^{\sigma\xi} f(\mathrm{e}^\xi)$ 为 ξ 的弱函数，即

$$\mathrm{e}^{\sigma\xi} f(\mathrm{e}^\xi) = \sum_{n=0}^\infty a_n \psi_n(\xi) \tag{7}$$

在这种情形

$$F(s) = \sum_{n=0}^\infty a_n \mathrm{i}^n \sqrt{2\pi} \, \psi_n(t) \tag{8}$$

如果存在 $M > 0$，使

$$a_n = O(n^M)$$

那么 $\mathrm{e}^{\sigma\xi} f(\mathrm{e}^\xi)$ 为 S 广义函数，$F(s)$ 亦是.

情形 B

$$f(\mathrm{e}^\xi) = \sum_{n=0}^\infty a_n \psi_n(\xi) \tag{9}$$

此时我们有

$$\int_{-\infty}^{+\infty} \mathrm{e}^{\mathrm{i}t\xi} \mathrm{e}^{\sigma\xi} \psi_n(\xi) \, \mathrm{d}\xi = \sqrt{2\pi} \, (\mathrm{i})^n \psi_n(t - \mathrm{i}\sigma)$$

故

$$F(s) = \sqrt{2\pi} \sum_{n=0}^{\infty} a_n \mathrm{i}^n \psi_n(t - \mathrm{i}\sigma) \qquad (10)$$

故由 Parseval 公式, 我们知 $\{\psi_n(t - \mathrm{i}\sigma), n = 0, 1, 2, \cdots\}$ 在虚部为 $-\sigma$ 的直线 L 上形成 $L_2(L)$ 一组完全正交基, 故 $F(s) \in K'(K$ 的线性泛函集), 其中

$$K = \mathrm{Span}\{\psi_n(t - \mathrm{i}\sigma), n = 0, 1, 2, \cdots, 0 < \sigma < 1\}$$

情形 C　我们知道 $x^{-\frac{1}{2}} \psi_n(\lg x)$ 构成 $L_2(0, \infty)$ 的一组完全正交基, 故如果

$$f(x) = \sum_{n=0}^{\infty} a_n x^{-\frac{1}{2}} \psi_n(\lg x) \qquad (11)$$

即

$$f(x) \in K', K = \mathrm{Span}\{x^{\frac{1}{2}} \psi_n(\lg x), n = 0, 1, 2, \cdots\}$$

那么

$$F(s) = \sum_{n=0}^{\infty} a_n \int_0^{\infty} x^{s - \frac{1}{2} - 1} \psi_n(\lg x) \mathrm{d}x =$$

$$\sum_{n=0}^{\infty} a_n \int_{-\infty}^{+\infty} \mathrm{e}^{\mathrm{i}t\xi} \mathrm{e}^{(\sigma - \frac{1}{2})\xi} \psi_n(\xi) \mathrm{d}\xi =$$

$$\sum_{n=0}^{\infty} a_n \sqrt{2\pi} \mathrm{i}^n \psi_n(t - \mathrm{i}(\sigma - \frac{1}{2})) \qquad (12)$$

此时

$$F(s) \in \overline{K}'$$

其中

$$\overline{K} = \mathrm{Span}\{\psi_n(t - \mathrm{i}(\sigma - \frac{1}{2})), n = 0, 1, 2, \cdots\}$$

情形 D　我们知 Laguerre 多项式

$$L_n^a(x) = \frac{\mathrm{e}^x}{n!} x^{-\alpha} \frac{\mathrm{d}^n}{\mathrm{d}x^n}(\mathrm{e}^{-x} x^{n+\alpha}) =$$

$$\sum_{m=0}^{n} \binom{n + \alpha}{n - m} \frac{(-x)^m}{m!} =$$

$$\sum_{k=0}^{m} \frac{\Gamma(n+\alpha+1)}{\Gamma(k+\alpha+1)} \frac{(-x)^k}{k!\,(n-k)!}$$
$$n=0,1,2,\cdots$$

构成的

$$\varphi_n(x) = \left\{ \frac{n!}{\Gamma(n+\alpha+1)} \right\}^{\frac{1}{2}} L_n^a(x) x^{\frac{a}{2}} e^{-\frac{x}{2}}$$
$$n=0,1,2,\cdots \tag{13}$$

为 $L_2(0,\infty)$ 的一组完全正交组.

如果

$$f(x) = \sum_{n=0}^{\infty} a_n \varphi_n(x) \tag{14}$$

即

$$f(x) \in K'$$

其中

$$K = \mathrm{Span}\{\varphi_n(x), n=0,1,2,\cdots\} \tag{15}$$

那么

$$F(s) = \int_0^\infty x^{s-1} f(x)\,\mathrm{d}x = \sum_{n=0}^{\infty} a_n \int_0^\infty x^{s-1} \varphi_n(x)\,\mathrm{d}x =$$

$$\sum_{n=0}^{\infty} a_n \left\{ \frac{n!}{\Gamma(n+\alpha+1)} \right\}^{\frac{1}{2}} \cdot$$

$$\sum_{k=0}^{n} \int_0^\infty x^{s-1} \frac{\Gamma(n+\alpha+1)}{\Gamma(k+\alpha+1)} x^k e^{-\frac{x}{2}} x^{\frac{a}{2}}\,\mathrm{d}x =$$

$$\sum_{n=0}^{\infty} a_n \left\{ \frac{n!}{\Gamma(n+\alpha+1)} \right\}^{\frac{1}{2}} \cdot$$

$$\sum_{k=0}^{n} \frac{(-1)^k \Gamma(n+\alpha+1)}{\Gamma(k+\alpha+1) k!\,(n-k)!} \cdot$$

$$\int_0^\infty x^{s-1+\frac{a}{2}+k} e^{-\frac{x}{2}}\,\mathrm{d}x =$$

$$\sum_{n=0}^{\infty} a_n [n!\;\Gamma(n+\alpha+1)]^{\frac{1}{2}} \cdot$$

$$\sum_{k=0}^{n} \frac{(-1)^k 2^{s+\frac{\alpha}{2}+k}}{\Gamma(k+\alpha+1)k!\ (n-k)!} \cdot$$

$$\Gamma(s+\frac{\alpha}{2}+k) \tag{16}$$

如果记

$$\tilde{\varphi}_n(s) = \int_0^\infty x^{s-1}\psi_n(x)\mathrm{d}x \tag{17}$$

那么有

$$F(s) = \sum_{n=0}^{\infty} a_n \tilde{\varphi}_n(s) \tag{18}$$

由梅林变换的 Parseval 等式

$$\frac{1}{2\pi\mathrm{i}}\int_{\sigma-\mathrm{i}\infty}^{\sigma+\mathrm{i}\infty} \tilde{\varphi}_n(s)\tilde{\varphi}_m(1-s)\mathrm{d}s =$$

$$\int_0^\infty \varphi_n(x)\varphi_m(x)\mathrm{d}x = \delta_{n,m}$$

则我们知

$$F(s) \in K'$$

其中

$$K = \mathrm{Span}\{\tilde{\varphi}_n(1-s), n=0,1,2,\cdots\} \tag{19}$$

18.8　麦比乌斯反演公式

陈难先等导出了如下的麦比乌斯(Möbius)反演公式：

在某些限制下,如果

$$g(x) = \sum_{k=0}^{\infty} f(kx), x > 0 \tag{1}$$

那么必有

$$f(x) = \sum_{k=1}^{\infty} g(kx) \mu(k) \qquad (2)$$

我们将要把它推广到弱函数情形.

设

$$e^{\sigma\xi} f(e^{\xi}) = \sum_{n=0}^{\infty} a_n \psi_n(\xi) \qquad (3)$$

则

$$f(e^{\xi}) = \sum_{n=0}^{\infty} a_n e^{-\sigma\xi} \psi_n(\xi)$$

$$\langle f(e^{\xi}), e^{\sigma\xi} \psi_j(\xi) \rangle = a_j$$

我们采用情形 A 的梅林变换，并用 $F(\varphi(\xi))$，$F^{-1}(\varphi(\xi))$ 表示 $\varphi(\xi)$ 的傅里叶变换和逆傅里叶变换，则有

$$Mf(x) = F^{-1}(e^{\sigma\xi} f(e^{\xi}))(t) =$$

$$\sum_{n=0}^{\infty} a_n F^{-1}(\psi_n(\xi))(t) \qquad (4)$$

记 $f(x)$ 的 N 次部分和为

$$f_N(x) = \sum_{j=0}^{N} a_j x^{-\sigma} \psi_j(\lg x) \qquad (5)$$

则

$$x^{\sigma} f_N(kx) = k^{-\sigma} \sum_{n=0}^{N} a_n \psi_n(\lg x + \lg k)$$

故

$$\int_0^{\infty} x^{s-1} f_N(kx) \mathrm{d}x = \int_{-\infty}^{+\infty} e^{\sigma\xi} f_N(e^{\lg x + \lg k}) e^{it\xi} \mathrm{d}\xi =$$

$$k^{-\sigma} \int_{-\infty}^{+\infty} \sum_{n=0}^{N} a_n \psi_n(\xi + \lg k) e^{it\xi} \mathrm{d}\xi =$$

$$k^{-s} \sum_{n=0}^{N} a_n \int_{-\infty}^{+\infty} \psi_n(\xi) e^{it\xi} \mathrm{d}\xi =$$

$$k^{-s} \sum_{n=0}^{N} a_n F^{-1}(\psi_n(\xi))(t) \qquad (6)$$

如今

$$\rho_n(\xi) = \sum_{k=1}^{\infty} k^{-\sigma} \psi_n(\xi + \lg k) \mathrm{e}^{-\sigma t} \qquad (7)$$

由于

$$\mid \psi_n(\xi + \lg k) \mid \leqslant C(n), \sigma > 1$$

故式(7)右端对 ξ 是一致收敛的,故

$$\int_0^{\infty} x^{s-1} \sum_{n=0}^{N} a_n \rho_n(\lg x) \mathrm{d}x =$$

$$\sqrt{2\pi}\, \zeta(s) \sum_{n=0}^{N} a_n F^{-1}(\psi_n(\xi))(t)$$

此即

$$F^{-1}(\mathrm{e}^{\sigma\xi} \sum_{n=0}^{N} a_n \rho_n(\xi))(t) =$$

$$\zeta(s) \sum_{n=0}^{N} a_n F^{-1}(\psi_n(\xi))(t) \qquad (8)$$

令

$$g_N(x) = \sum_{k=1}^{\infty} f_N(kx) \qquad (9)$$

我们有

$$F^{-1}(\mathrm{e}^{\sigma\xi} g_N(\mathrm{e}^{\xi}))(t) =$$

$$\zeta(s) \sum_{n=0}^{N} a_n F^{-1}(\psi_n(\xi))(t) \qquad (10)$$

若 $N > j$,则有

$$\langle F^{-1}(\mathrm{e}^{\sigma\xi} g_N(\mathrm{e}^{\xi}))(t), F^{-1}(\psi_j(\xi))(t) \rangle = a_j$$

$$\langle \mathrm{e}^{\sigma\xi} g_N(\mathrm{e}^{\xi}), F^{-1}\left(\frac{(\mathrm{i})^j \psi_j(t)}{\zeta(s)}\right) \rangle = a_j \qquad (11)$$

因此

$$g(e^{\xi}) = \sum_{n=0}^{\infty} a_n \rho_n(\xi) \in \overline{K}'$$

其中

$$\overline{K} = \mathrm{Span}\left\{ e^{\sigma\xi} F^{-1}\left(\frac{\mathrm{i}^j \psi_j(t)}{\zeta(s)} \right), j = 0, 1, 2, \cdots \right\}$$

我们注意到

$$|\zeta(s)| \leqslant \sum_{k=1}^{\infty} \left| \frac{1}{k^s} \right| = \zeta(\alpha), \alpha > 1$$

$$\left| \frac{1}{\zeta(s)} \right| \leqslant \left| \sum_{k=1}^{\infty} \frac{\mu(k)}{k^s} \right| \leqslant \zeta(\alpha)$$

且所有元素

$$e^{\sigma\xi} F^{-1}\left(\frac{\mathrm{i}^j \psi_j(t)}{\zeta(s)} \right)(\xi), j = 0, 1, 2, \cdots$$

为线性独立. 由式(10),有

$$\int_0^{\infty} x^{s-1} g_N(x) \mathrm{d}x = \zeta(s) \int_0^{\infty} x^{s-1} f_N(x) \mathrm{d}x \quad (12)$$

由弱函数傅里叶变换的定义知

$$M(g(x)) = \lim_{N \to \infty} M(g_N(x)) \quad (13)$$

$$F^{-1}(e^{\sigma\xi} g(e^{\xi}))(t) = \zeta(s) \sum_{n=0}^{\infty} a_n F^{-1}(\psi_n(\xi))(t) =$$

$$\zeta(s) M(f(x)) \quad (14)$$

注意式(13) 极限的意义是指

$$\langle F^{-1}(e^{\sigma\xi} g(e^{\xi})), \frac{F^{-1}(\psi_j(\xi))(t)}{\zeta(s)} \rangle =$$

$$\langle F^{-1}(e^{\sigma\xi} g_N(e^{\xi})), \frac{F^{-1}(\psi_j(\xi))(t)}{\zeta(s)} \rangle = a_j$$

$$N > j$$

在式(14) 中,取 $f(x) = x^{-\sigma} \psi_n(\lg x)$,得到

$$g(x) = \rho_n(\lg x)$$

故有

$$\int_0^\infty \rho_n(\lg x) x^{s-1} \mathrm{d}x = \zeta(s) F^{-1}(\psi_n(\zeta))(t) \quad (15)$$

容易证明

$$\psi_n(\xi) = O(\mathrm{e}^{-\alpha\xi}), \text{当} \mid \xi \mid \to \infty, \alpha > \sigma > 1$$

故也有

$$\rho_n(\xi) = O(\mathrm{e}^{-\alpha|\xi|}) \quad (16)$$

故

$$F^{-1}(\psi_n(\xi))(t) = \frac{1}{\zeta(s)} \int_0^\infty \rho_n(\lg x) x^{s-1} \mathrm{d}x =$$

$$\sum_{k=1}^\infty \mu(k) \int_0^\infty \rho_n(\lg x) \left(\frac{x}{k}\right)^s \frac{\mathrm{d}x}{x} =$$

$$\sum_{k=1}^\infty \mu(k) \int_0^\infty \rho_n(\lg ky) y^{s-1} \mathrm{d}y =$$

$$\int_0^\infty \sum_{k=1}^\infty \mu(k) \rho_n(\lg ky) y^{s-1} \mathrm{d}y$$

但

$$F^{-1}(\psi_n(\xi))(t) = \int_0^\infty x^{s-1} \left[\psi_n(\lg x) x^{-\sigma}\right] \mathrm{d}x$$

则由梅林逆变换知

$$x^{-\sigma} \psi_n(\lg x) = \sum_{k=1}^\infty \mu(k) \rho_n(\lg kx)$$

由此得到

$$f_N(x) = \sum_{k=1}^\infty \mu(k) g_N(kx) \quad (17)$$

故

$$\mathrm{e}^{\sigma\xi} f_N(\mathrm{e}^\xi) = \sum_{j=0}^N a_j \psi_j(\xi) =$$

$$\sum_{k=1}^{\infty} \mu(k) \sum_{n=0}^{N} a_n \rho_n(\lg kx) e^{\sigma\xi} =$$

$$\sum_{n=0}^{N} a_n \sum_{k=1}^{\infty} \rho_n(\lg kx) \mu(k) e^{\sigma\xi}$$

故

$$\langle e^{\sigma\xi} f_N(e^\xi), \psi_j(\xi) \rangle = a_j =$$

$$\langle \sum_{n=0}^{N} a_n \sum_{k=1}^{\infty} \rho_n(\lg kx) \mu(k) e^{\sigma\xi}, \psi_j(\xi) \rangle =$$

$$\langle \sum_{k=1}^{\infty} \sum_{n=0}^{N} a_n \rho_n(\xi + \lg k) e^{\sigma\xi}, \mu(k) \psi_j(\xi) \rangle =$$

$$\langle \sum_{n=0}^{N} a_n \rho_n(\xi), \sum_{k=1}^{\infty} \mu(k) \psi_j(\xi - \lg k) e^{(\xi - \lg k)\sigma} \rangle =$$

$$\langle g_N(e^\xi), e^{\sigma\xi} \sum_{k=1}^{\infty} \mu(k) \psi_j(\xi - \lg k) k^{-\sigma} \rangle \qquad (18)$$

这是由于

$$\sum_{k=1}^{\infty} \mu(k) \psi_j(\xi - \lg k) k^{-\sigma}$$

对 ξ 而言为一致收敛. 故

$$g(x) = \sum_{n=0}^{\infty} a_n \rho_n(\lg x) \in K'_1 \qquad (19)$$

其中

$$K_1 = \mathrm{Span}\Big\{ \sum_{k=1}^{\infty} \mu(k) \psi_j(\xi - \lg k) e^{\sigma\xi} k^{-\sigma}, j = 0,1,2,\cdots \Big\}$$

在下面我们将假定 $a_j = O(j^p)$, p 为某正整数, 这就是说 $e^{\sigma\xi} f(e^\xi) \in S'$, 此时对任何 $\varphi \in S$, 和 (18) 一样, 我们有

$$\langle e^{\sigma\xi} f_N, \varphi \rangle = \langle e^{\sigma\xi} g_N, \sum_{k=1}^{\infty} \mu(k) \varphi(\xi - \lg k) k^{-\sigma} \rangle =$$

$$\sum_{j=0}^{N} a_j b_j$$

故

$$\langle e^{\sigma\xi} f, \varphi \rangle = \langle e^{\sigma\xi} g, \sum_{k=1}^{\infty} \mu(k) \varphi(\xi - \lg k) k^{-\sigma} \rangle =$$

$$\sum_{j=0}^{\infty} a_j b_j \tag{20}$$

其中

$$\varphi = \sum_{j=0}^{\infty} b_j \psi_j(\xi)$$

对任何 $\varphi \in S$，我们有

$$F\left(\sum_{k=1}^{\infty} \mu(k) \varphi(\xi - \lg k) k^{-\sigma}\right) =$$

$$\frac{1}{\zeta(s)} F(\varphi(t)) \in S$$

故

$$\sum_{k=1}^{\infty} \mu(k) \varphi(\xi - \lg k) k^{-\sigma} \in S$$

反之亦然. 由式(20) 容易看出，$e^{\sigma\xi} f(e^{\xi})$，$e^{\sigma\xi} g(e^{\xi}) \in S'$，故

$$a_j = \langle e^{\sigma\xi} f, \psi_j \rangle = \sum_{k=1}^{\infty} \langle e^{\sigma\xi}, \mu(k) \psi_j(\xi - \lg k) k^{-\sigma} \rangle$$

由于 $e^{\sigma\xi} g$ 对 S 为连续，故

$$a_j = \langle e^{\sigma\xi} f, \psi_j \rangle = \langle \sum_{k=1}^{\infty} \mu(k) g(\xi + \lg k) e^{\sigma\xi}, \psi_j \rangle$$

故对于 $e^{\sigma\xi} f \in S'$，最后我们有

$$f(x) = \sum_{k=1}^{\infty} \mu(k) g(kx) \tag{21}$$

18.9 Münts 公式

Münts 公式是黎曼 ζ — 函数论的一个基本公式，取如下的形式

$$\zeta(s)\int_0^\infty y^{s-1}f(y)\mathrm{d}y =$$

$$\int_0^\infty x^{s-1}\left\{\sum_{k=1}^\infty f(kx)-\frac{1}{x}\int_0^\infty f(v)\mathrm{d}v\right\}\mathrm{d}x \qquad (1)$$

其中 $s=\sigma+\mathrm{i}t,0<\sigma<1,f(x),f'(x)$ 在任何有限区间 $[0,A)$ 上为连续，且当 $x\to+\infty$ 时，为 $O(x^\alpha),O(x^\beta)$，$1<\sigma<\alpha,1<\beta$.

上述公式（1）我们可以稍做推广，使之成为如下形式：

引理 1 对 $f(x)$ 做同上之假定，则我们有推广的 Münts 公式

$$\zeta(s,a)\int_0^\infty x^{s-1}f(x)\mathrm{d}x =$$

$$\int_0^\infty x^{s-1}\left[\sum_{k=0}^\infty f((k+a)x)-\frac{1}{x}\int_0^\infty f(v)\mathrm{d}v\right]\mathrm{d}x$$

$$0<\sigma<1 \qquad (2)$$

其中 $\zeta(s,a)$ 当 $\sigma>1$ 时有如下的函数解析拓展

$$\zeta(s,a)=\sum_{n=0}^\infty\frac{1}{(n+a)^s},a>0,\sigma>1$$

证 当 $a>\sigma>1$ 时容易得到

$$\zeta(s,a)\int_0^\infty x^{s-1}f(x)\mathrm{d}x = \int_0^\infty x^{s-1}\Big(\sum_{k=0}^\infty f((k+a)x)\Big)\mathrm{d}x$$

由于

$$\sum_{k=1}^{\infty} f((k+a)x) - \int_0^\infty f((u+a)x)\mathrm{d}u =$$

$$x\int_0^\infty f'((u+a)x)(u-[u])\mathrm{d}u =$$

$$x\int_0^{\frac{1}{x}} O(1)\mathrm{d}x + x\int_{\frac{1}{x}}^\infty O(((u+a)x)^{-\beta})\mathrm{d}x =$$

$$O(1) \tag{3}$$

故当 $x \to 0$ 时

$$\sum_{k=1}^\infty f((k+a)x) =$$

$$\int_0^\infty f(ux)\mathrm{d}u + \int_0^\infty f((u+a)x)\mathrm{d}u -$$

$$\int_0^\infty f(ux)\mathrm{d}u + O(1) =$$

$$\int_a^\infty f(ux)\mathrm{d}u - \int_0^\infty f(ux)\mathrm{d}u + \frac{c}{x} + O(1) =$$

$$-\int_0^a f(ux)\mathrm{d}u + \frac{c}{x} + O(1)$$

其中

$$c = \int_0^\infty f(v)\mathrm{d}v$$

故

$$\int_0^\infty x^{s-1} \sum_{k=1}^\infty f((k+a)x)\mathrm{d}x =$$

$$\int_0^1 x^{s-1}\left\{\sum_{k=0}^\infty f((k+a)x) - \frac{c}{x}\right\}\mathrm{d}x +$$

$$\frac{c}{s-1}\int_1^\infty x^{s-1}\sum_{k=0}^\infty f((k+a)x)\mathrm{d}x$$

但右端当 $a > 0$ 时为正规,由于 $\sigma > 1$,我们有

$$\frac{c}{s-1} = -c\int_1^\infty x^{s-2}\mathrm{d}x$$

故有式(2).

容易看出,我们有如下的推论:

推论 1 Münts 公式的修改形式

$$\left[\zeta(s,a)-\zeta(s,a')\right]\int_0^\infty x^{s-1}f(x)\mathrm{d}x =$$

$$\int_0^\infty x^{s-1}\{\sum_{k=0}^\infty f((k+a)x)-$$

$$\sum_{k=0}^\infty f((k+a')x)\}\mathrm{d}x \tag{4}$$

由式(3)我们容易得到如下的定理:

定理 3

$$\zeta(s,a)=s\int_0^\infty \frac{[u]-u}{(u+a)^{s+1}}\mathrm{d}u+\frac{a^{-s+1}}{s+1}+a^{-s}$$

$$0<\sigma<1 \tag{5}$$

证 因为

$$\zeta(s,a)\int_0^\infty x^{s-1}f(x)\mathrm{d}x =$$

$$\int_0^\infty x^{s-1}(\sum_{k=1}^\infty f'((k+a)x)-x^{-1}c+f(ax))\mathrm{d}x =$$

$$\int_0^\infty x^{s-1}\{x\int_0^\infty f'((u+a)x)(u-[u])\mathrm{d}u +$$

$$\int_0^\infty f((u+a)x)\mathrm{d}u-x^{-1}c+f(ax)\}\mathrm{d}x =$$

$$\int_0^\infty (u-[u])\mathrm{d}u\int_0^\infty x^s f'((u+a)x)\mathrm{d}x -$$

$$\int_0^\infty x^{s-2}\mathrm{d}x\int_0^{ax} f(v)\mathrm{d}v+a^{-s}\int_0^\infty x^{s-1}f(x)\mathrm{d}x =$$

$$\int_0^\infty (u-[u])\mathrm{d}u(u+a)^{-s-1}\int_0^\infty v^s f'(v)\mathrm{d}v -$$

$$\int_0^\infty f(v)\mathrm{d}v\int_{\frac{v}{a}}^\infty x^{s-2}\mathrm{d}x+a^{-s}\int_0^\infty x^{s-1}f(x)\mathrm{d}x =$$

$$\int_0^\infty \frac{u-[u]}{(u+a)^{s+1}}\mathrm{d}u\int_0^\infty (-s)v^{s-1}f(v)\mathrm{d}v +$$

$$\int_0^\infty f(v)(\frac{v}{a})^{s-1}\frac{\mathrm{d}v}{s-1}+a^{-s}\int_0^\infty v^{s-1}f(v)\mathrm{d}v =$$

$$s\int_0^m \frac{[u]-u}{(u+a)^{s+1}}\mathrm{d}u\int_0^\infty v^{s-1}f(v)\mathrm{d}v +$$

$$\frac{a^{-s+1}}{s-1}\int_0^\infty f(v)v^{s-1}\mathrm{d}v + a^{-s}\int_0^\infty v^{s-1}f(v)\mathrm{d}v$$

故我们得式(5).

推论 2

$$\zeta(s,a)=O(\mid s\mid),0<\sigma<1 \qquad\qquad (6)$$

证明略.

今设

$$\mathrm{e}^{\sigma\xi}f(\mathrm{e}^\xi)=\sum_{n=0}^\infty a_n\psi_n(\xi)$$

$$\mathrm{e}^{\sigma\xi}f_N(\mathrm{e}^\xi)=\sum_{n=0}^N a_n\psi_n(\xi)$$

$$g_N(x)=\sum_{k=0}^\infty [f_N((k+a)x)-f_N((k+a')x)]=$$

$$\sum_{k=0}^\infty\sum_{n=0}^N a_n[((k+a)x)^{-\sigma}\psi_n(\lg(k+a)x) -$$

$$((k+a')x)^{-\sigma}\psi_n(\lg(k+a')x)]=$$

$$x^{-\sigma}\sum_{n=0}^N a_n\sum_{k=0}^\infty [(k+a)^{-\sigma}\psi_n(\lg x+\lg(k+a)) -$$

$$(k+a')^{-\sigma}\psi_n(\lg x+\lg(k+a'))]=$$

$$x^{-\sigma}\sum_{n=0}^N a_n\rho_n(\lg x)$$

其中

$$\rho_n(\lg x)=\sum_{k=0}^\infty [(k+a)^{-\sigma}\psi_n(\lg x+\lg(k+a)) -$$

$$(k+a')^{-\sigma}\psi_n(\lg x + \lg(k+a'))]$$

由式(4),有

$$[\zeta(s,a)-\zeta(s,a')]\int_0^\infty x^{s-1}f_N(x)\mathrm{d}x =$$

$$\int_0^\infty x^{s-1}g_N(x)\mathrm{d}x$$

即

$$[\zeta(s,a)-\zeta(s,a')]\int_{-\infty}^{+\infty}\mathrm{e}^{\mathrm{i}\xi t}\mathrm{e}^{\sigma\xi}f_N(\mathrm{e}^\xi)\mathrm{d}\xi =$$

$$\int_{-\infty}^{+\infty}\mathrm{e}^{\mathrm{i}t\xi}\mathrm{e}^{\sigma\xi}g_N(\mathrm{e}^\xi)\mathrm{d}\xi \tag{7}$$

在 S' 内,我们有

$$\mathrm{e}^{\sigma\xi}f_N(\mathrm{e}^\xi)\xrightarrow{\quad\text{弱}\quad}\mathrm{e}^{\sigma\xi}f(\mathrm{e}^\xi)$$

故 $\int_{-\infty}^{+\infty}\mathrm{e}^{\mathrm{i}t\xi}\mathrm{e}^{\sigma\xi}f_N(\mathrm{e}^\xi)\mathrm{d}\xi$ 对 t 来说在 S' 内弱收敛. 因此对

$0<\sigma<1$,由式(6)知式(7)的左边弱收敛到

$$[\zeta(s,a)-\zeta(s,a')]\int_{-\infty}^{+\infty}\mathrm{e}^{\mathrm{i}t\xi}f(\mathrm{e}^\xi)\mathrm{d}\xi$$

故其右端亦在 S' 内弱收敛,故

$$\mathrm{e}^{\sigma\xi}g_N(\mathrm{e}^\xi)=\sum_{n=0}^N a_n\rho_n(\xi)$$

对 ξ 在 S' 内弱收敛,故

$$g_N(\mathrm{e}^\xi)=\mathrm{e}^{-\sigma\xi}\sum_{n=0}^N a_n\rho_n(\xi)$$

对 $\mathrm{e}^{-\sigma\xi}S$ 为弱收敛,我们令其极限为

$$g(\mathrm{e}^\xi)=\mathrm{e}^{-\sigma\xi}\sum_{n=0}^\infty a_n\rho_n(\xi) \tag{8}$$

最后我们有:

定理 4 在上面的假设下,我们有

$$[\zeta(s,a)-\zeta(s,a')]\int_0^\infty x^{s-1}f(x)\mathrm{d}x =$$

$$\int_0^\infty x^{s-1} g(x)\mathrm{d}x \qquad\qquad (9)$$

例 7　如果我们取

$$\mathrm{e}^{\sigma\xi} f(\mathrm{e}^{\xi}) = \sum_{n=0}^{\infty} \psi_n(\xi_0)\psi_n(\xi) = \delta(\xi - \xi_0)$$

$$a_n = \psi_n(\xi_0)$$

则我们有

$$[\zeta(s,a) - \zeta(s,a')]\mathrm{e}^{\mathrm{i}\xi_0 t} =$$

$$\int_{-\infty}^{+\infty} \mathrm{e}^{\mathrm{i}\xi t} \sum_{n=0}^{\infty} \psi_n(\xi_0)\rho_n(\xi)\mathrm{d}\xi \qquad\qquad (10)$$

18.10　Münts 公式的进一步研究

在这一节我们对 Münts 公式做另一种推广. 我们取 $L_2(0,\infty)$ 的另一组正交系

$$\{x^{-\frac{1}{2}}\psi_n(\lg x), n = 0,1,2,\cdots\}$$

设

$$f(x) = \sum_{n=0}^{\infty} a_n x^{-\frac{1}{2}}\psi_n(\lg x) = x^{-\frac{1}{2}} h(x) \qquad (1)$$

其中级数对于

$$K = \left\{\sum_{n=0}^{N} b_n x^{-\frac{1}{2}}\psi_n(\lg x), N = 0,1,2,\cdots\right\}$$

为弱收敛.

我们可定义 $f(x)$ 的梅林变换为

$$Mf(x) = \sum_{n=0}^{\infty} a_n M x^{-\frac{1}{2}}\psi_n(\lg x) =$$

$$\sum_{n=0}^{\infty} a_n \int_0^\infty x^{s-\frac{1}{2}-1}\psi_n(\lg x)\mathrm{d}x =$$

$$\sum_{n=0}^{\infty} a_n \int_{-\infty}^{+\infty} e^{\xi(s-\frac{1}{2})} \psi_n(\xi) d\xi \qquad (2)$$

定理 5 设 $\varphi(x) \in S, c > 0$，对任何 q 及 $\varepsilon > 0$，存在 $c_1 > 0$ 使

$$| D^q \varphi(x) | < c_1 e^{-2\pi(c-\varepsilon)|x|} \qquad (3)$$

则其傅里叶变换

$$\tilde{\varphi}(s) = \tilde{\varphi}(\sigma + it) = \frac{1}{\sqrt{2\pi}} \int_0^{+\infty} e^{-isx} \varphi(x) dx$$

存在且在 $| t | < c$ 内解析，且对 $| t | < c$ 内任何 t，$\psi(\sigma + it) \in S[\sigma]$.

反之，设 $\psi(s) = \psi(\sigma + it)$ 在 $| t | < c$ 内解析，$\psi(\sigma + it) \in S[\sigma]$，则存在 $\varphi(x) \in S, \psi(s) = \widetilde{\varphi(x)}(s)$ 对任何 $q, \varepsilon > 0, c_1$ 使式 (3) 成立.

证 设 $K(c)$ 表示所有适合式 (3) 的 S 函数，$Z(s)$ 表示 $K(c)$ 的傅里叶变换，$K'(c), Z'(c)$ 分别表示其共轭空间，即 $K'(c)$ 表示所有 $K(c)$ 函数关于 $K(c)$ 函数的弱极限，$Z'(c)$ 表示所有 $Z(c)$ 函数关于 $Z(c)$ 的弱极限.

下面我们将把 Münts 公式推广到 $K'(c)$ 上去.
今设

$$f(x) = x^{-\frac{1}{2}} h(x), h(e^\xi) \in K(c)$$

故

$$\int_0^\infty x^{s-1} f(x) dx = \int_{-\infty}^{+\infty} e^{i\xi(t-i(\sigma-\frac{1}{2}))} h(e^\xi) d\xi \in Z(c)$$

$$| \zeta(s, a_1) - \zeta(s, a_2) | = O(| t |), t \to +\infty$$

故

$$[\zeta(s, a_1) - \zeta(s, a_2)] \int_0^\infty x^{s-1} f(x) dx \in Z(c)$$

$$f_N(\mathrm{e}^{\xi}) = \sum_{n=0}^{N} a_n \psi_n(\xi)\mathrm{e}^{-\frac{\xi}{2}} = \mathrm{e}^{-\frac{\xi}{2}} h_N(\mathrm{e}^{\xi})$$

因此有

$$(\zeta(s,a_1) - \zeta(s,a_2))\int_0^{\infty} x^{s-1} f_N(x)\mathrm{d}x =$$

$$\int_0^{\infty} x^{s-1}(\sum_{k=0}^{\infty} f_N((k+a_1)x) -$$

$$\sum_{k=0}^{\infty} f_N((k+a_2)x))\mathrm{d}x, \sigma > 0 \qquad (4)$$

令

$$g_N(x) = \sum_{n=0}^{\infty} [f_N((k+a_1)x) - f_N((k+a_2)x)] =$$

$$x^{-\frac{1}{2}} \sum_{n=0}^{N} a_n \sum_{k=0}^{\infty} [(k+a_1)^{-\frac{1}{2}}\psi_n(\lg(k+a_1)x) -$$

$$(k+a_2)^{-\frac{1}{2}}\psi_n(\lg(k+a_2)x)] =$$

$$x^{-\frac{1}{2}} \sum_{n=0}^{N} a_n \rho_n(x) = x^{-\frac{1}{2}} j_n(x)$$

容易证明

$$j_N(\mathrm{e}^{\xi}) \in K(c), c = \frac{1}{2}$$

故我们有

$$(\zeta(s,a_1) - \zeta(s,a_2))\int_{-\infty}^{+\infty} \mathrm{e}^{\mathrm{i}(t-(\sigma-\frac{1}{2})\mathrm{i})\xi} h_N(\mathrm{e}^{\xi})\mathrm{d}\xi =$$

$$\int_{-\infty}^{+\infty} \mathrm{e}^{\mathrm{i}(t-(\sigma-\frac{1}{2})\mathrm{i})\xi} j_N(\mathrm{e}^{\xi})\mathrm{d}\xi$$

现在我们设 $h(\mathrm{e}^{\xi}) \in K'(c), h(\mathrm{e}^{\xi})$ 为 $h_N(\mathrm{e}^{\xi})$ 对于 $K\left(\frac{1}{2}\right)$ 的弱极限,即对任何 $\varphi \in K\left(\frac{1}{2}\right)$,我们有

$$\langle h_N(\mathrm{e}^{\xi}), \varphi(\xi) \rangle \to \langle h(\mathrm{e}^{\xi}), \varphi(\xi) \rangle \qquad (5)$$

故

$$\langle \int_{-\infty}^{+\infty} e^{i(t-(\sigma-\frac{1}{2})i)\xi} h_N(e^\xi)d\xi, \int_{-\infty}^{+\infty} e^{i(t-(\sigma-\frac{1}{2})i)\xi}\varphi(-\xi)d\xi\rangle$$

$$\rightarrow \langle \int_{-\infty}^{+\infty} e^{i(t-(\sigma-\frac{1}{2})i)\xi} h(e^\xi)d\xi, \int_{-\infty}^{+\infty} e^{i(t-(\sigma-\frac{1}{2})i)\xi}\varphi(-\xi)d\xi\rangle$$

由定理 1 知

$$\int_{-\infty}^{+\infty} e^{i(t-(\sigma-\frac{1}{2})i)\xi}\varphi(-\xi)d\xi \in S[t]$$

$$\left(\sigma - \frac{1}{2}\right) < \frac{1}{2}$$

$$(\zeta(s,a_1) - \zeta(s,a_2))\int_{-\infty}^{+\infty} e^{i(t-(\sigma-\frac{1}{2})i)\xi}\varphi(-\xi)d\xi \in S[t]$$

故

$$\langle \int_{-\infty}^{+\infty} e^{i(t-(\sigma-\frac{1}{2})i)\xi} h_N(e^\xi)d\xi, (\zeta(s,a_1) - \zeta(s,a_2)) \cdot$$

$$\int_{-\infty}^{+\infty} e^{i(t-(\sigma-\frac{1}{2})i)\xi}\varphi(-\xi)d\xi\rangle$$

收敛到

$$\langle \int_{-\infty}^{+\infty} e^{i(t-(\sigma-\frac{1}{2})i)\xi} h(e^\xi)d\xi, (\zeta(s,a_1) - \zeta(s,a_2)) \cdot$$

$$\int_{-\infty}^{+\infty} e^{i(t-(\sigma-\frac{1}{2})i)\xi}\varphi(-\xi)d\xi\rangle$$

故当 $\sigma > 0$ 时

$$\langle \int_{-\infty}^{+\infty} e^{i(t-(\sigma-\frac{1}{2})i)\xi} j_N(e^\xi)d\xi, \int_{-\infty}^{+\infty} e^{i(t-(\sigma-\frac{1}{2})i)\xi}\varphi(-\xi)d\xi\rangle$$

收敛.

故有

$$\langle j_N(e^\xi), \varphi(\xi)\rangle$$

收敛. 这就是说 $j_N(e^\xi)$ 对于 $K\left(\frac{1}{2}\right)$ 为弱收敛, 其弱极

限为 $j(e^\xi)$. 今记

$$j(e^\xi) = \sum_{n=0}^{\infty} a_n \rho_n(e^\xi)$$

我们有

$$\langle j_N(e^\xi), \varphi(\xi) \rangle \rightarrow \langle j(e^\xi), \varphi(\xi) \rangle$$

故

$$(\zeta(s,a_1) - \zeta(s,a_2)) \int_{-\infty}^{+\infty} e^{i(t-(\sigma-\frac{1}{2})i)\xi} h(e^\xi) d\xi =$$

$$\int_{-\infty}^{+\infty} e^{i(t-(\sigma-\frac{1}{2})i)\xi} j(e^\xi) d\xi, \sigma > 0 \qquad (6)$$

或者说

$$(\zeta(s,a_1) - \zeta(s,a_2)) \int_{-\infty}^{+\infty} e^{i(t-i\sigma)\xi} f(e^\xi) d\xi =$$

$$\int_{-\infty}^{+\infty} e^{i(t-i\sigma)\xi} g(e^\xi) d\xi$$

此外

$$f(e^\xi) = e^{-\frac{\xi}{2}} h(e^\xi)$$

$$g(e^\xi) = e^{-\frac{\xi}{2}} j(e^\xi)$$

$$h(e^\xi), j(e^\xi) \in K'\left(\frac{1}{2}\right)$$

证毕.

定理 6　如果

$$f(x) = x^{-\frac{1}{2}} h(x)$$

$$h(e^\xi) \in K'\left(\frac{1}{2}\right)$$

且式(5)成立,那么我们有

$$(\zeta(s,a_1) - \zeta(s,a_2)) \int_0^\infty x^{s-1} f(x) dx =$$

$$\int_0^\infty x^{s-1} g(x) dx, \sigma > 0$$

其中

$$g(x) = x^{-\frac{1}{2}} j(x)$$

$$j(\mathrm{e}^{\xi}) = \sum_{n=0}^{\infty} a_n \rho_n(\mathrm{e}^{\xi}) \in K'\left(\frac{1}{2}\right)$$

此处，由于在 $0 < \sigma_1 < \sigma < \sigma_2 < 1$ 内

$$\zeta(s, a_1) - \zeta(s, a_2) = \sum_{n=0}^{\infty} \left(\frac{1}{(n+a_1)^s} - \frac{1}{(n+a_2)^s}\right)$$

为一致收敛，故我们可得到如下的定理：

定理 7　如果

$$f(x) = x^{-\frac{1}{2}} h(x)$$

$$h(\mathrm{e}^{\xi}) \in K'\left(\frac{1}{2}\right)$$

那么

$$(\zeta(s, a_1) - \zeta(s, a_2)) \int_0^{\infty} x^{s-1} f(x) \mathrm{d}x =$$

$$\int_0^{\infty} x^{s-1} \sum_{k=0}^{\infty} [f((k+a_1)x) - f((k+a_2)x)] \mathrm{d}x$$

$$(7)$$

证　类似于定理 6 的证明，我们能证

$$(\zeta_K(s, a_1) - \zeta_K(s, a_2)) \int_0^{\infty} x^{s-1} f(x) \mathrm{d}x =$$

$$\int_0^{\infty} x^{s-1} g^K(x) \mathrm{d}x$$

此处

$$g^K(x) = x^{-\frac{1}{2}} j^K(x) = x^{-\frac{1}{2}} \sum_{n=0}^{\infty} a_n \rho_n^K(x)$$

$$\rho_n^K(x) = \sum_{k=0}^{K} [(k+a_1)^{-\frac{1}{2}} \psi_n(\lg(k+a_2)x) -$$

$$(k+a_2)^{-\frac{1}{2}} \psi_n(\lg(k+a_2)x)]$$

这就是说

$$(\zeta_K(s, a_1) - \zeta_K(s, a_2)) \int_0^{\infty} x^{s-1} f(x) \mathrm{d}x =$$

$$\int_0^\infty x^{s-\frac{1}{2}-1} \sum_{k=0}^K \sum_{n=0}^\infty a_n \big[(k+a_1)^{-\frac{1}{2}} \psi_n (\lg(k+a_1)x) -$$

$$(k+a_2)^{-\frac{1}{2}} \psi_n (\lg(k+a_2)x) \big] \mathrm{d}x =$$

$$\int_0^\infty x^{s-1-\frac{1}{2}} \sum_{k=0}^K \big[(k+a_1)^{-\frac{1}{2}} H((k+a_1)x) -$$

$$(k+a_2)^{-\frac{1}{2}} H((k+a_2)x) \big] \mathrm{d}x =$$

$$\int_0^\infty x^{s-1} \sum_{k=0}^K \big[f((k+a_1)x) -$$

$$f((k+a_2)x) \big] \mathrm{d}x$$

故

$$\int_0^\infty x^{s-1} \sum_{k=0}^K \big[f((k+a_1)x) - f((k+a_2)x) \big] \mathrm{d}x$$

在 $Z'\left(\dfrac{1}{2}\right)$ 内弱收敛. 故

$$\mathrm{e}^{\frac{\xi}{2}} \sum_{k=0}^K \big[f(\mathrm{e}^{\xi+\lg(k+a_1)}) - f(\mathrm{e}^{\xi+\lg(k+a_2)}) \big]$$

在 $K'\left(\dfrac{1}{2}\right)$ 内弱收敛,其极限为

$$\mathrm{e}^{\frac{\xi}{2}} \sum_{k=0}^\infty \big[f(\mathrm{e}^\xi(k+a_1)) - f(\mathrm{e}^\xi(k+a_2)) \big]$$

故最后得

$$(\zeta(s,a_1) - \zeta(s,a_2)) \int_0^\infty x^{s-1} f(x) \mathrm{d}x =$$

$$\int_0^\infty x^{s-1} \sum_{k=0}^\infty \big[f((k+a_1)x) -$$

$$f((k+a_2)x) \big] \mathrm{d}x$$

这就是式(7).

　　例 8

$$f(x) = \frac{\sin \pi x}{x}$$

因

$$e^{\alpha\xi}\,\frac{\sin\,\pi e^\xi}{e^\xi} \in L(-\infty,+\infty)$$

故

$$e^\xi f(e^\xi) \in S'$$

由定理 3 知

$$(\zeta(s,1)-\zeta(s,\tfrac{1}{2}))\int_0^\infty x^{s-1}f(x)\mathrm{d}x =$$

$$\int_0^\infty x^{s-1}\left\{\sum_{k=0}^\infty\frac{\sin\,(k+1)\pi x}{(k+1)x} - \sum_{k=0}^\infty\frac{\sin\,\left(k+\frac{1}{2}\right)\pi x}{\left(k+\frac{1}{2}\right)x}\right\}\mathrm{d}x =$$

$$\int_0^\infty x^{s-2}\left\{\sum_{k=0}^\infty\frac{\sin\,(k+1)\pi x}{k+1} - \sum_{k=0}^\infty\frac{\sin\,(2k+1)\frac{\pi}{2}x}{\frac{1}{2}(2k+1)}\right\}\mathrm{d}x$$

$$0<\sigma<1$$

从恒等式

$$\sum_{k=0}^\infty\frac{\sin\,2k\pi x}{k\pi} = [x]-x+\frac{1}{2}$$

知

$$\sum_{k=0}^\infty\frac{\sin\,(k+1)\pi x}{k+1} = \pi\left(\left[\frac{x}{2}\right]-\frac{x}{2}+\frac{1}{2}\right)$$

$$\sum_{k=0}^\infty\frac{\sin\,(2k+1)\pi\,\frac{x}{2}}{2k+1} =$$

$$\pi\left\{\sum_{k=1}^\infty\frac{\sin\,k\pi\,\frac{x}{2}}{k\pi} - \sum_{k=1}^\infty\frac{\sin\,k\pi x}{2k\pi}\right\} =$$

$$\pi\left[\left[\frac{x}{4}\right]-\frac{x}{4}+\frac{1}{2}-\frac{1}{2}\left(\left[\frac{x}{2}\right]-\frac{x}{2}+\frac{1}{2}\right)\right]$$

故

$$(2 - 2^s)\zeta(s)\left(-\frac{\Gamma(s-1)}{\pi^{s-1}}\cos\frac{s\pi}{2}\right) =$$

$$\pi\int_0^\infty x^{s-2}\left\{\left[\frac{x}{2}\right] - \frac{x}{2} + \frac{1}{2} - 2\left[\frac{x}{4}\right] + \right.$$

$$\left.\frac{x}{2} - 1 + \left[\frac{x}{2}\right] - \frac{x}{2} + \frac{1}{2}\right\}\mathrm{d}x =$$

$$\pi\int_0^\infty x^{s-2}\left\{2\left[\frac{x}{2}\right] - \frac{1}{2}x - 2\left[\frac{x}{4}\right]\right\}\mathrm{d}x =$$

$$\pi\int_0^\infty x^{s-2}\left\{2\left[\frac{x}{2}\right] - 2\left[\frac{x}{4}\right] - \frac{x}{2}\right\}\mathrm{d}x$$

广义弱函数与弱函数乘法

世界著名数学家 R. Bellman 曾指出：

成功的研究不仅依靠一系列孤立的个别问题的解决，而且还依靠由一些问题和相应的解相联结所组成的链. 首要的是设计出敞开式的程序，这样人们就不会因一个问题的解而随便地拒绝其他的东西，一个问题应该自然地导致进一步的问题，一个解也应该导致进一步的解.

在本章我们将引进广义弱函数的概念，利用广义弱函数我们将解决弱函数的乘法和卷积问题，特别地将解决经典广义函数的乘法与卷积问题，为此我们首先引入广义数的概念.

第 19 章

596

19.1　广　义　数

华罗庚把形式的三角级数

$$\sum_{n=-\infty}^{+\infty} a_n \mathrm{e}^{nix}$$

定义为周期广义函数. 对于实直线性形我们可以把形式的埃尔米特展式

$$\sum_{n=0}^{\infty} a_n \psi_n(x)$$

也定义为新的广义函数, 这就是第 18 章所引进的弱函数. 类似地我们可以很自然地把形式的数级数

$$\sum_{n=0}^{\infty} a_n$$

定义为广义数, 我们记为

$$a = \sum_{n=0}^{\infty} a_n \qquad (1)$$

如果 $a_n, n=0,1,2,\cdots$ 为实数, 那么 a 为广义实数; 如果 $a_n, n=0,1,2,\cdots$ 为复数, 那么我们说 a 为广义复数.

我们定义广义数的加法和数乘如下

$$\lambda a + \mu b = \sum_{n=0}^{\infty} (\lambda a_n + \mu b_n) \qquad (2)$$

我们将以"R"表示广义实数集合, "C"表示广义复数集合.

对于乘法我们可以有不同的定义, 现在定义广义数的乘法如下

$$a \cdot b = \sum_{k=0}^{\infty} C_k \qquad (3)$$

$$\sum_{k=0}^{n} C_k = \sum_{k=0}^{n} a_k \cdot \sum_{k=0}^{n} b_k = (a)_n (b)_n$$

$$(a)_n = \sum_{k=0}^{n} a_k$$

当然我们也可以定义

$$C_k = \sum_{m+n=k} a_m b_n$$

这样能得到另一种广义数的乘法.

如果 $a \in$ "R",而(1)为收敛,那么我们说 a 为一普通实数;如果(1)发散到 $\pm\infty$,那么我们说 a 为 $\pm\infty$. 故"R"包含通常实数,$+\infty$ 和 $-\infty$.

如果 a,b 为无限,且 $\dfrac{(a)_k}{(b)_k} \to 1$,当 $k \to \infty$,那么称 a,b 等价,记为 $a \sim b$.

如果 a,b 为有限,且

$$(a)_k - (b)_k \to 0, k \to \infty$$

那么我们称 a,b 等价,记为 $a \sim b$.

引进了广义数之后,我们就得到了每一个弱函数的某点 x_0 的函数值为广义数 $\displaystyle\sum_{n=0}^{\infty} a_n \psi_n(x_0)$,对于收敛级数(1)我们知 $(a)_k \to$ 实数 a,对于一般级数(1),我们也就可以说 $(a)_k \to$ 广义数 a.

19.2 广义弱函数

在 19.1 节式(1)中如果把 a_n 取为弱函数 $a_n(x)$, $n = 0,1,2,\cdots$,那么我们称形式级数为广义弱函数.显然广义弱函数的全体是一线性集.记

$$a(x) = \sum_{n=0}^{\infty} a_n(x) \tag{1}$$

我们可以定义

$$xa(x) = \sum_{n=0}^{\infty} xa_n(x)$$

设

$$a_n(x) = \sum_{j=0}^{\infty} a_{n_j} \psi_j(x) \tag{2}$$

对于(1) 的 N 次部分和 $(a(x))_N$，有

$$\langle (a(x))_N, \psi_j(x) \rangle = \sum_{n=0}^{N} \langle a_n(x), \psi_j(x) \rangle = \sum_{n=0}^{N} a_{n_j}$$

故当 $N \to \infty$ 时，有

$$\langle (a(x))_N, \psi_j(x) \rangle \to \sum_{n=0}^{\infty} a_{n_j} = \lambda_j \tag{3}$$

其中 λ_j 为广义数.

我们可以定义

$$\langle a(x), \psi_j(x) \rangle = \lambda_j \tag{4}$$

则对任意广义数 a，有

$$\langle a\psi_i(x), \psi_j(x) \rangle = a\langle \psi_i(x), \psi_j(x) \rangle$$

故

$$a(x) = \sum_{j=0}^{\infty} \lambda_j \psi_j(x) \tag{5}$$

上式右端为 K 上的"弱"收敛级数.

19.3　弱函数的乘积

李邦河应用非标准分析解决了任意两个一维广义函数的乘积. 我们这里应用上述广义弱函数概念，

解决了任意两个弱函数乘积,当然也包含了两个 S 广义函数的乘积,下章将讨论 C_0^∞ 广义函数乘积.

设

$$f(x) = \sum_{n=0}^{\infty} a_n \psi_n(x)$$

$$g(x) = \sum_{n=0}^{\infty} b_n \psi_n(x)$$

为两个弱函数,我们可以定义其乘积为广义弱函数,就是说

$$f(x) \cdot g(x) = \sum_{n=0}^{\infty} C_n(x) \tag{1}$$

此处 $C_n(x), n = 0, 1, 2, \cdots$ 为弱函数.

下面取

$$\sum_{n=0}^{m} C_n(x) = (f(x))_m (g(x))_m \tag{2}$$

由上节式(5)知

$$f(x) \cdot g(x) = \sum_{j=0}^{\infty} \lambda_j \psi_j(x)$$

$$\lambda_j = \sum_{n=0}^{\infty} \langle C_n(x), \psi_j(x) \rangle =$$
$$\lim_{m \to \infty} \langle (f(x))_m (g(x))_m, \psi_j(x) \rangle, j = 0, 1, 2, \cdots$$

如果 $\lambda_j, j = 0, 1, 2, \cdots$ 为有限数,那么 $f(x) \cdot g(x)$ 为一弱函数.

19.4　$\operatorname{sgn} x$ 与 $\delta(x)$ 的乘积

我们将证明

$$\operatorname{sgn} x \cdot \delta(x) = 0 \tag{1}$$

首先我们计算

$$\langle (\operatorname{sgn} x)_{2m}(\delta(x))_{2m}, \psi_{2j+1}(x)\rangle \qquad (2)$$

注意到

$$x\psi_n(x) = \sqrt{\frac{n+1}{2}}\,\psi_{n+1}(x) + \sqrt{\frac{n}{2}}\,\psi_{n-1}(x)$$

我们得到

$$\alpha_{2n+1}\sqrt{\frac{2n+1}{2}} + \alpha_{2n-1}\sqrt{\frac{2n}{2}} =$$

$$\int_{-\infty}^{+\infty}\psi_{2n}(x)\mathrm{d}x =$$

$$\sqrt{2\pi}\,(-1)^n\psi_{2n}(0) \qquad (3)$$

$$\frac{\mathrm{d}}{\mathrm{d}x}(\operatorname{sgn} x)_{2m} =$$

$$\sum_{n\leqslant m-1}\sqrt{\frac{2}{\pi}}\,(-1)^n \cdot$$

$$\left(-\sqrt{\frac{2n+2}{2}}\,\psi_{2n+2} + \sqrt{\frac{2n+1}{2}}\,\psi_{2n}(x)\right)\alpha_{2n+1} =$$

$$\sqrt{\frac{2}{\pi}}\sum_{n\leqslant m}(-1)^n\left(\alpha_{2n+1}\sqrt{\frac{2n+1}{2}} + \alpha_{2n-1}\sqrt{\frac{2n}{2}}\right)\psi_{2n} -$$

$$\sqrt{\frac{2}{\pi}}\,(-1)^m\alpha_{2m+1}\sqrt{\frac{2m+1}{2}}\,\psi_{2m}(x) =$$

$$2(\delta(x))_{2m} - \sqrt{\frac{2}{\pi}}\,(-1)^m\alpha_{2m+1}\sqrt{\frac{2m+1}{2}}\,\psi_{2m}(x)$$

$$(\operatorname{sgn} x)_{2m} = 2\int_0^x(\delta(x))_{2m}\mathrm{d}x -$$

$$\sqrt{\frac{2}{\pi}}\,(-1)^m\alpha_{2m+1}\sqrt{\frac{2m+1}{2}}\int_0^x\psi_{2m}(x)\mathrm{d}x$$

$$(4)$$

因为

$$\frac{1}{2}\psi'_{2m+1}(0)\,\frac{\psi_{2m+1}(t)}{t} = \frac{1}{\pi}\,\frac{\sin\sqrt{4m+3}\,t}{t} +$$

$$O\left(\frac{1+|\,t\,|^{\frac{3}{2}}}{m^{\frac{1}{4}}}\right)$$

故

$$\int_0^x (\delta(x))_{2m}\,\mathrm{d}x = \int_0^x \sum_{n\leqslant m}\psi_{2n}(0)\psi_{2n}(t)\,\mathrm{d}t =$$

$$\sqrt{\frac{2m+1}{2}}\,\psi_{2m}(0)\int_0^x \frac{\psi_{2m+1}(t)}{t}\,\mathrm{d}t =$$

$$\frac{1}{2}\psi'_{2m+1}(0)\int_0^x \frac{\psi_{2m+1}(t)}{t}\,\mathrm{d}t =$$

$$\frac{1}{\pi}\int_0^x \frac{\sin\sqrt{4m+3}\,t}{t}\,\mathrm{d}t +$$

$$O\left(\int_0^x \frac{1+|\,t\,|^{\frac{3}{2}}}{m^{\frac{1}{4}}}\,\mathrm{d}t\right) =$$

$$\frac{1}{2}\mathrm{sgn}\,x + O\left(\frac{1}{1+\sqrt{m}x}\right) + O\left(\frac{1+|\,x\,|^{\frac{5}{2}}}{m^{\frac{1}{4}}}\right)$$

此处

$$\alpha_{2m+1}\sqrt{\frac{2m+1}{2}}\int_0^x \psi_{2m}(t)\,\mathrm{d}t =$$

$$\frac{\alpha_{2m+1}\sqrt{\dfrac{2m+1}{2}}}{4m+1}\left[-\psi'_{2m}(x) - \int_0^x t^2\psi_{2m}(t)\,\mathrm{d}t\right] =$$

$$O\left(\frac{1+|\,x\,|^{\frac{5}{2}}}{\sqrt{m}}\right)$$

这是因为

$$\psi'_{2m} = -x\psi_{2m}(x) + \sqrt{4m}\,\psi_{2m-1}(x) =$$

$$\sqrt{\frac{2m}{2}}\,\psi_{2m-1}(x) - \sqrt{\frac{2m+1}{2}}\,\psi_{2m+1}(x) =$$

$$O(m^{\frac{1}{4}}) + O(\mid x \mid^{\frac{5}{2}})$$

这里我们用到

$$\psi_m(x) \sim \sqrt{\frac{1}{\pi}} \left(\frac{2}{m}\right)^{\frac{1}{4}} \left[\cos\left(\sqrt{2m+1}\,x - \frac{m\pi}{2}\right) + \right.$$

$$\left. O\left(\frac{1+\mid x \mid^{\frac{5}{2}}}{m^{\frac{1}{4}}}\right) \right] \tag{5}$$

故由

$$(\delta(x))_{2m} = \sum_{n \leqslant m} \psi_{2n}(0)\psi_{2n}(x) =$$

$$\sqrt{\frac{2m+1}{2}}\,\psi_{2m}(0)\,\frac{\psi_{2m+1}(x)}{x} =$$

$$\frac{1}{2}\psi'_{2m+1}(0)\,\frac{\psi_{2m+1}(x)}{x} \tag{6}$$

$$\langle (\mathrm{sgn}\,x)_{2m}(\delta(x))_{2m}, \psi_{2j+1}(x) \rangle =$$

$$\int_{-\infty}^{+\infty} (\mathrm{sgn}\,x)_{2m}(\delta(x))_{2m}\psi_{2j+1}(x)\,\mathrm{d}x =$$

$$\int_{-\infty}^{+\infty} 2 \left[\int_0^x (\delta(t))_{2m}\,\mathrm{d}t + O\left(\frac{1+\mid x \mid^{\frac{5}{2}}}{\sqrt{m}}\right) \right] \cdot$$

$$(\delta(x))_{2m}\psi_{2j+1}(x)\,\mathrm{d}x =$$

$$-\int_{-\infty}^{+\infty} \left[\int_0^x (\delta(t))_{2m}\,\mathrm{d}t \right]^2 \psi'_{2j+1}(x)\,\mathrm{d}x +$$

$$\int_{-\infty}^{+\infty} O\left(\frac{1}{m^{\frac{1}{4}}}\right) \left| 1 + \mid x \mid^{\frac{5}{2}} \frac{\psi_{2j+1}(x)}{x} \right| \mathrm{d}x =$$

$$-\int_{-\infty}^{+\infty} \left[\int_0^x (\delta(t))_{2m}\,\mathrm{d}t \right]^2 \psi'_{2j+1}(x)\,\mathrm{d}x + O\left(\frac{1}{m^{\frac{1}{4}}}\right) \to$$

$$-\int_{-\infty}^{+\infty} \frac{1}{4}\psi_{2j+1}(x)\,\mathrm{d}x = 0, \text{当 } m \to \infty \text{ 时}$$

由于

$$(\mathrm{sgn}\,x)_{2m+1}(\delta(x))_{2m+1} - (\mathrm{sgn}\,x)_{2m}(\delta(x))_{2m} =$$

$$\alpha_{2m+1}\psi_{2m+1}(x)(\delta(x))_{2m} =$$

$$\alpha_{2m+1}\psi_{2m+1}(x)\frac{\psi_{2m+1}(x)}{x}\sqrt{\frac{2m+1}{2}}\psi_{2m}(0)=$$

$$\frac{1}{x}O\left(\frac{1+|x|^5}{\sqrt{m}}\right) \tag{7}$$

故

$$\langle(\operatorname{sgn} x)_{2m+1}(\delta(x))_{2m+1},\psi_{2j+1}(x)\rangle=$$

$$\langle(\operatorname{sgn} x)_{2m}(\delta(x))_{2m},\psi_{2j+1}(x)\rangle+$$

$$\langle O\left(\frac{1+|x|^5}{\sqrt{m}}\right),\frac{\psi_{2j+1}(x)}{x}\rangle\rightarrow$$

$$0,当\ m\rightarrow\infty\ 时$$

故

$$\operatorname{sgn} x\cdot\delta(x)=0$$

19.5　$\dfrac{1}{x}$ 和 $\delta(x)$ 的乘积

在本节我们将证明

$$\frac{1}{x}\cdot\delta(x)=-\frac{1}{2}\delta'(x) \tag{1}$$

只需要证明,当 $n\rightarrow\infty$ 时,有

$$\langle\left(\frac{1}{x}\right)_m(\delta(x))_m,\psi_{2j+1}(x)\rangle\rightarrow$$

$$\frac{1}{2}\psi'_{2j+1}(0),j=0,1,2,\cdots$$

由上节式(7) 我们有

$$\langle\left(\frac{1}{x}\right)_{2m+1}(\delta(x))_{2m+1}-\left(\frac{1}{x}\right)_{2m}(\delta(x))_{2m},\psi_{2j+1}(x)\rangle=$$

$$\langle\alpha_{2m+1}\psi_{2m+1}(x)(\delta(x))_{2m},\psi_{2j+1}(x)\rangle=$$

$$\langle O\left(\frac{1+|x|^5}{\sqrt{m}}\right),\frac{\psi_{2j+1}(x)}{x}\rangle\rightarrow$$

0, 当 $m \rightarrow \infty$ 时

故只需证明

$$\left\langle \left(\frac{1}{x}\right)_{2m} (\delta(x))_{2m}, \psi_{2j+1}(x) \right\rangle \rightarrow \frac{1}{2} \psi'_{2j+1}(0) \quad (2)$$

由上节式(6) 有

$$\frac{1}{x} \psi'_{2m+1}(0) \alpha_{2m+1} = \langle (\delta(x))_{2m}, 1 \rangle =$$

$$\sum_{n \leqslant m} (-1)^n \sqrt{2\pi} \psi^2_{2n}(0) =$$

$$(1)_{2m} \big|_{x=0}$$

由 19.3 节式(4) 我们有

$$x \left(\frac{1}{x}\right)_{2m} = \sum_{n \leqslant m} \alpha_{2n+1} \left(\sqrt{\frac{2n+1}{2}} \psi_{2n}(x) + \sqrt{\frac{2n+2}{2}} \psi_{2n+1}(x) \right) =$$

$$\sum_{n \leqslant m} \left[\alpha_{2n+1} \sqrt{\frac{2n+1}{2}} + \alpha_{2n-1} \sqrt{\frac{2n}{2}} \right] \psi_{2n}(x) -$$

$$\alpha_{2m+1} \sqrt{\frac{2m+1}{2}} \psi_{2m}(x) =$$

$$(1)_{2m} - \alpha_{2m+1} \sqrt{\frac{2m+1}{2}} \psi_{2m}(x)$$

因此

$$\int_{-\infty}^{+\infty} \left(\frac{1}{x}\right)_{2m} (\delta(x))_{2m} \psi_{2j+1}(x) \mathrm{d}x =$$

$$\int_{-\infty}^{+\infty} \left(\frac{1}{x}\right)_{2m} (1)_{2m} \frac{\psi_{2j+1}(x)}{x} \mathrm{d}x -$$

$$\alpha_{2m+1} \sqrt{\frac{2m+1}{2}} \int_{-\infty}^{+\infty} (\delta(x))_{2m} \frac{\psi_{2j+1}(x)}{x} \mathrm{d}x =$$

$$I_1(j, m) - I_2(j, m)$$

我们将证明

$$I_1(j, m) \rightarrow \psi'_{2j+1}(0) \qquad\qquad (3)$$

$$I_2(j, m) \rightarrow \frac{1}{2} \psi_{2j+1}(0) \qquad\qquad (4)$$

要证明式(3) 只需证明

$$| (1)_{2m} - 1 | = O\left(\frac{1 + | x |^{\frac{5}{2}}}{\sqrt{m}}\right) \qquad (5)$$

因为

$$\frac{\mathrm{d}}{\mathrm{d}x}\left[(1)_{2m}\right] = \sum_{n \leqslant m}(-1)^n \sqrt{2\pi}\, \psi_{2n}(0)\psi'_{2n}(x) =$$

$$\sum_{n \leqslant m}(-1)^{n+1}\sqrt{\frac{\pi}{2}}\, \psi_{2n}(0) \cdot$$

$$\left[\sqrt{\frac{2n+1}{2}}\, \psi_{2n+1}(x) - \sqrt{\frac{2n}{2}}\, \psi_{2n-1}(x)\right] =$$

$$(-1)^{m+1}\sqrt{\frac{\pi}{2}}\, \psi'_{2m+1}(0)\psi_{2m+1}(x)$$

故

$$(1)_{2m} = (1)_{2m}\big|_{x=0} + (-1)^{m+1} \cdot$$

$$\sqrt{\frac{\pi}{2}}\, \psi'_{2m+1}(0)\int_0^x \psi_{2m+1}(x)\mathrm{d}x =$$

$$(1)_{2m}\big|_{x=0} + (-1)^{m+1}\sqrt{\frac{\pi}{2}}\, \frac{\psi'_{2m+1}(0)}{4m+3} \cdot$$

$$\int_0^x (t^2\psi_{2m+1}(t) - \psi''_{2m-1}(t))\mathrm{d}t =$$

$$(1)_{2m}\big|_{x=0} + O\left(\frac{1 + | x |^{\frac{5}{2}}}{\sqrt{m}}\right)$$

$$(1)_{2m}\big|_{x=0} = \sum_{n \leqslant m}\int_{-\infty}^{+\infty}\psi_{2n}(x)\mathrm{d}x\psi_{2n}(0) =$$

$$\sqrt{\frac{2m+1}{2}}\, \psi_{2m}(0)\int_{-\infty}^{+\infty}\frac{\psi_{2m+1}(x)}{x}\mathrm{d}x =$$

$$\frac{1}{2}\psi'_{2m+1}(0)\alpha_{2m+1}$$

可知上式等于 $1 + O\left(\dfrac{1}{\sqrt{m}}\right)$.

因此我们有(5).

从(5) 我们有

$$\int_{-\infty}^{+\infty} (\delta(x))_{2m} ((1)_{2m} - 1) \frac{\psi_{2j+1}(x)}{x} dx =$$

$$O\left(\frac{1}{\sqrt{m}}\right) \int_{-\infty}^{+\infty} (\delta(x))_{2m} (1 + |x|^{\frac{5}{2}}) \frac{\psi_{2j+1}(x)}{x} dx =$$

$$O\left(\frac{1}{\sqrt{m}}\right) \int_{-\infty}^{+\infty} |(\delta(x))_{2m}^2| dx =$$

$$O(m^{-\frac{1}{4}})$$

故我们证得式(3).

因为

$$I_2(j,m) = \alpha_{2m+1} \sqrt{\frac{2m+1}{2}} \int_{-\infty}^{+\infty} (\delta(x))_{2m} \psi_{2m}(x) \frac{\psi_{2j+1}(x)}{x} dx =$$

$$\alpha_{2m+1} \sqrt{\frac{2m+1}{2}} \frac{\psi'_{2m+1}(0)}{2} \int_{-\infty}^{+\infty} \frac{\psi_{2m+1}(x)}{x} \psi_{2m}(x) \frac{\psi_{2j+1}(x)}{x} dx =$$

$$(1)_{2m} \Big|_{x=0} \int_{-\infty}^{+\infty} \sqrt{\frac{2m+1}{2}} \frac{\psi_{2m+1}(x)}{x} \psi_{2m}(x) \frac{\psi_{2j+1}(x)}{x} dx$$

我们得

$$\sqrt{\frac{2m+1}{2}} \psi_{2m}(x) \psi_{2m+1}(x) \sim$$

$$\frac{1}{\pi} \Big[\cos(\sqrt{4m+1}\, x - m\pi) \cdot$$

$$\cos\left(\sqrt{4m+3}\, x - \frac{2m+1}{2}\pi\right) +$$

$$O\left(\frac{1 + |x|^{\frac{5}{2}}}{m^{\frac{1}{4}}}\right) \Big] \sim$$

$$\frac{1}{\pi} \Big[\cos\sqrt{4m}\, x \sin\sqrt{4m}\, x + O\left(\frac{1 + |x|^{\frac{5}{2}}}{m^{\frac{1}{4}}}\right) \Big] \sim$$

$$\frac{1}{2\pi} \Big[\sin 4\sqrt{m}\, x + O\left(\frac{1 + |x|^{\frac{5}{2}}}{m^{\frac{1}{4}}}\right) \Big]$$

但对于任何 $\varphi \in C_0^\infty(-\infty,+\infty)$，有

$$\frac{1}{\pi}\int_{-\infty}^{+\infty}\frac{\sin\lambda x}{\lambda}\varphi(x)\mathrm{d}x \to \varphi(0), \lambda \to +\infty$$

故我们有

$$\int_{-\infty}^{+\infty}\sqrt{\frac{2m+1}{2}}\,\psi_{2m}(x)\psi_{2m+1}(x)\,\frac{\psi_{2j+1}(x)}{x}\mathrm{d}x \to$$

$$\frac{1}{2}\psi'_{2j+1}(0)$$

由式(5)我们得到式(4).

合并考虑式(3)(4)得到式(2)，因此得到式(1).

19.6 弱函数的卷积

对于任意两个 S 函数 $f(x),g(x)$，其卷积定义为

$$f(x)*g(x)=\int_{-\infty}^{+\infty}f(x-y)g(y)\mathrm{d}y \qquad (1)$$

现在我们要把式(1)推广到弱函数.

设 $f(x),g(x)$ 为两个弱函数

$$f(x)=\sum_{n=0}^{\infty}a_n\psi_n(x) \qquad (2)$$

$$g(x)=\sum_{n=0}^{\infty}b_n\psi_n(x) \qquad (3)$$

我们定义 $f(x),g(x)$ 的卷积 $f(x)*g(x)$ 为一广义弱函数，这就是说

$$f(x)*g(x)=\sum_{n=0}^{\infty}c_n(x) \qquad (4)$$

其中 $c_n(x)$ 满足

$$\sum_{n=0}^{N}c_n(x)=(f(x))_N*(g(x))_N \qquad (5)$$

注意 $(f(x))_N,(g(x))_N$ 均为 S 函数,故式(5)右端有意义,即

$$(f(x))_N * (g(x))_N = \int_{-\infty}^{+\infty} (f(x-y))_N \cdot$$
$$(g(y))_N \mathrm{d}y \qquad (6)$$

对任何广义弱函数

$$c(x) = \sum_{n=0}^{\infty} c_n(x) \qquad (7)$$

定义其傅里叶变换为

$$\widetilde{c(x)}(\xi) = \sum_{n=0}^{\infty} \widetilde{c_n(x)}(\xi) \qquad (8)$$

上式右端 $\widetilde{c_n(x)}(\xi) \in S$,故 $\widetilde{c(x)}(\xi)$ 仍为一广义弱函数.

有时我们采用记号

$$(f \cdot g)(x) = f(x) \cdot g(x)$$
$$(f * g)(x) = f(x) * g(x)$$

则对任何 $f(x),g(x) \in S$,有

$$\frac{1}{\sqrt{2\pi}}(\widetilde{f * g})(x) = (f \cdot g)(x)$$

$$(\widetilde{f \cdot g})(x) = \frac{1}{\sqrt{2\pi}}(f * g)(x)$$

或简记之为

$$\frac{1}{\sqrt{2\pi}}\widetilde{f * g} = f \cdot g$$

$$\widetilde{f \cdot g} = \frac{1}{\sqrt{2\pi}}f * g$$

故对任意弱函数 $f(x),g(x)$,有

$$\frac{1}{\sqrt{2\pi}}\widetilde{(f)_N * (g)_N} = f_N \cdot g_N$$

$$\widetilde{f_N \cdot g_N} = \frac{1}{\sqrt{2\pi}} f_N * g_N$$

故对任意两个弱函数之乘积和卷积有

$$\frac{1}{\sqrt{2\pi}} \widetilde{f * g} = f \cdot g \tag{9}$$

$$\widetilde{f \cdot g} = \frac{1}{\sqrt{2\pi}} f * g \tag{10}$$

19.7　非线性双曲型守恒律

流体力学中最重要的偏微分方程是粘性流体中的 Navier-Stokes 方程和气体力学中的欧拉方程. 从黎曼开始,欧拉方程组的整体解存在性定理就吸引了许多数学家的研究,如 Hugoniof, Hadamand J, Von Neumann J, Courant Friedrichs, Lax, Glimm, Oleinik, Dafermos 等. 但是尚存在许多基本问题没有解决,现在的重要成就还是在一维情形,对于等熵气流方程

$$\begin{cases} (\rho u)_t + (\rho u^2 + p(\rho))_x = 0 \\ \rho_t + (\rho u)_x = 0, p = c\rho^\gamma, \gamma > 1 \end{cases} \tag{1}$$

的初值问题是这方面研究的核心问题.

对于双曲型守恒律组初值问题的第一个整体解存在性的结果是由 Nishida 于 1968 年所获得,他是对等温流方程(即上述方程组 $\gamma = 1$ 的情形) 在 BV 始值且远离真空的情形下获得的. 之后许多人希望研究等熵流方程带真空的情形,这时出现了极端的困难,此时方程组变为非严格双曲型,这方面第一个结果是由

610

DiPerna 于 1983 年所获得. 他考虑 $\gamma = 1 + \dfrac{2}{2m+1}$, $m \geqslant 2$ 的情形,用新出现的补偿列紧原理得到了整体解的存在性.

应该指出,DiPerna 在用黏性消失法时存在某些错误. 第二步就是由丁夏畦、陈贵强、罗佩殊所获得,他们用差分法解决了 $1 < \gamma \leqslant \dfrac{5}{3}$ 的整体解的存在性定理,他们结合补偿列紧理论与经典的欧拉－泊松方程解决了此问题. 应该指出 γ 的这一区间在应用上是最重要的,绝大部分常见气体都是这种情形,例如空气的 $\gamma = 1.4$;下一步是 Lions 等人通过详细计算某些广义函数,得出了 $\gamma > \dfrac{5}{3}$ 时的解. 虽然人们在等熵流方面取得了巨大进展,但对于等温流的情形,初值含真空时问题长时间未获得解决,上述的诸种方法均无效. 在这种情形下熵方程已经不是欧拉－泊松方程且使问题变得难于处理. 只是到最近,这个问题才由黄飞敏和王振加以解决. 他们首先用补偿列紧理论得到弱熵对的交换关系,然后对一个复参数用解析拓展方法,证明交换关系对于某些强熵也成立,最后证明了存在定理.

最近十几年来许多数学家相继发现了某些非严格双曲型方程组的高奇性间断解即所谓 δ 波的广义解. 张同及其学生们在这方面做了许多工作. 我们在这里要阐述前面讨论的弱函数在这种方程中的应用.

我们首先研究最简单的方程组

$$\begin{cases} u_t + \left(\dfrac{1}{2}u^2\right)_x = 0, t > 0 \\ v_t + (uv)_x = 0 \end{cases} \tag{2}$$

第一个方程是经典的 Hopf 方程,对于第二个方程我们引进位势函数

$$w(x,t) = \int_{(0,0)}^{(x,t)} v \mathrm{d}x - uv \mathrm{d}t$$

其中 $w(x,t)$ 是不依赖于 $(0,0)$ 和 (x,t) 的积分路径的. 对于 $w(x,t)$,我们有

$$w_x = v, w_t = -uv$$

故有

$$w_t + uw_x = 0$$

故原方程组式(2)就变为

$$\begin{cases} u_t + uu_x = 0 \\ w_t + uw_x = 0 \end{cases} \tag{3}$$

我们研究方程组式(3)的黎曼问题,其初值为

$$u(x,0) = \begin{cases} u_1, x < 0 \\ u_2, x > 0 \end{cases}$$

$$v(x,0) = \begin{cases} v_1, x < 0 \\ v_2, x > 0 \end{cases}$$

此时对于 $w(x,0)$,我们就有

$$w(x,0) = \begin{cases} v_1 x, x < 0 \\ v_2 x, x > 0 \end{cases}$$

方程组式(3)对 w 来说是线性的,其特征方程为

$$\frac{\mathrm{d}x}{\mathrm{d}t} = u$$

沿特征线

$$\frac{\mathrm{d}w}{\mathrm{d}t} = 0$$

612

即 w 沿特征线为常数,我们现在考虑 $u_1 > u_2$ 的情况,这时存在从原点出发的特征线 L,沿特征线

$$\frac{\mathrm{d}x}{\mathrm{d}t} = \frac{u_1 + u_2}{2} = a$$

在特征线 L 上

$$w(x - 0, t) = w(\xi_1, 0) = v_1 \xi_1$$
$$w(x + 0, t) = w(\xi_2, 0) = v_2 \xi_2$$
$$x - \xi_1 = u_1 t, x - \xi_2 = u_2 t$$

故

$$w(x - 0, t) = v_1(x - u_1 t) =$$
$$v(x - at) + v_1(a - u_1)t, x < at$$
$$w(x + 0, t) = v_2(x - u_2 t) =$$
$$v_2(x - at) + v_2(a - u_2)t, x > at$$

故

$$w(x, t) = \bar{v}(x, t)(x - at) + v_1(a - u_1)t +$$
$$\{[v]a - [uv]\} t H(x - at) \tag{4}$$

其中

$$\bar{v}(x, t) = \begin{cases} v_1, x < at \\ v_2, x > at \end{cases}, [v] = v_2 - v_1$$
$$H(x, 0) = \begin{cases} 0, x < 0 \\ 1, x > 0 \end{cases}$$

故

$$v(x, t) = \frac{\partial w}{\partial x} = \bar{v} + \{[v]a - [uv]\} t \delta(x - at) \tag{5}$$

现在很清楚,方程组式(2)的解 $v(x, t)$ 是一 δ 测度,而非通常的函数解.因此通常的 Sobolev 广义解的定义在此就不适应,需做适当推广,我们用 Lebesgue-Stieljes 积分给出一种定义,具体来说,我们说 (u, w) 为方程组式(3)的广义解,或者说 (u, w_x) 为

方程组式(2)的广义解是指

$$\iint \left(u\varphi_t + \frac{u^2}{2}\varphi_x \right) \mathrm{d}x\mathrm{d}t = 0$$

$$\iint (\psi_t + u\psi_x)\mathrm{d}w(x,t)\mathrm{d}t = 0 \qquad (5)$$

对任何 $\varphi, \psi \in C_0^\infty(R^+)$.

对于上述黎曼问题的 $w(x,t)$,我们还可以用上述弱函数理论来证明它满足式(3). 为此我们先证 $H'(x) = \delta(x)$,事实上

$$H(x) = \sum_{j=0}^{\infty} a_j \psi_j(x)$$

$$a_j = \int_0^\infty \psi_j(t)\mathrm{d}t$$

$$H'(x) = \sum_{j=0}^{\infty} a_j \psi'_j(x) =$$

$$\sum_{j=0}^{\infty} a_j (\sqrt{2j}\,\psi_{j-1}(x) - x\psi_j(x)) =$$

$$\sum_{j=0}^{\infty} a_j \sqrt{2j}\,\psi_{j-1}(x) - xH(x) =$$

$$\sum_{j=0}^{\infty} \sqrt{2(j+1)}\,a_{j+1}\psi_j(x) - xH(x) =$$

$$\sum_{j=0}^{\infty} \int_0^\infty \sqrt{2(j+1)}\,\psi_{j+1}(t)\mathrm{d}t\psi_j(x) - xH(x)$$

但

$$\sqrt{2(j+1)}\,\psi_{j+1}(t) = 2t\psi_j(t) - \sqrt{2j}\,\psi_{j-1}$$

故

$$H'(x) = \sum_{j=0}^{\infty} \int_0^\infty [2t\psi_j(t) - \sqrt{2j}\,\psi_{j-1}(t)]\mathrm{d}t \cdot$$

$$\psi_j(x) - xH(x) =$$

614

$$\sum_{j=0}^{\infty} \int_0^{\infty} t\psi_j(t)\,\mathrm{d}t\psi_j(x) - xH(x) +$$

$$\sum_{j=0}^{\infty} \int_0^{\infty} \left[t\psi_j(t) - \sqrt{2j}\,\psi_{j-1}(t)\right]\mathrm{d}t\psi_j(x) =$$

$$xH(x) - xH(x) - \sum_{j=0}^{\infty} \int_0^{\infty} \psi'_j(t)\,\mathrm{d}t\psi_j(x) =$$

$$\sum_{j=0}^{\infty} \psi_j(0)\psi_j(x) = \delta(x)$$

设 $u(x) = \begin{cases} u_1, x < 0 \\ u_2, x > 0 \end{cases}$，则我们可由前面所述弱函数乘法知

$$u(x) \cdot \delta(x) = \frac{u_1 + u_2}{2}\delta(x) + \frac{u_2 - u_1}{2}\mathrm{sgn}\,x \cdot \delta(x) =$$

$$\frac{u_1 + u_2}{2}\delta(x)$$

我们现在证明 $w(x,t)$ 满足式(2). 不失一般性可假定 $a = 0$，则有

$$w(x,t) = \bar{v}x - v_1 u_1 t - [uv]tH(x)$$

$$w_t = -v_1 u_1 - [uv]H(x)$$

$$w_x = \bar{v} - [uv]tH'(x) = \bar{v} - [uv]t\delta(x)$$

$$uw_x = \bar{v}u - [uv]tu\delta(x) =$$

$$\bar{v}u - [uv]t\frac{u_1 + u_2}{2}\delta(x) =$$

$$\bar{v}u = v_1 u_1 + [uv]H(x)$$

故我们有

$$w_t + uw_x = 0$$

此处我们考虑 t 时间参数使对任何固定的 t，$w(x,t)$ 为 x 的弱函数.

这种带高奇性解的方程包括一个重要的零压流

方程

$$\begin{cases} \rho_t + (\rho u)_x = 0 \\ (\rho u)_t + (\rho u^2)_x = 0 \end{cases} \tag{6}$$

这个方程在解的光滑区域内和式(2)是一样的. 黄飞敏和王振利用丁夏畦所引进的 Lebesgue-Stieljes 积分的广义解对式(6)进行了彻底的研究.

因此对于黎曼问题来说和上述式(2)的不同之处仅在间断线 $\dfrac{\mathrm{d}x}{\mathrm{d}t} = a$ 的值不一样. 我们将从其广义解的积分定义中求出此时 a 的值就可以了,此时广义解的定义为

$$\begin{cases} \displaystyle\iint (\varphi_t + u\varphi_x) \mathrm{d}w \mathrm{d}t = 0 \\ \displaystyle\iint (u\psi_t + u^2 \psi_x) \mathrm{d}w \mathrm{d}t = 0 \end{cases} \tag{7}$$

对任何 $\varphi, \psi \in C_0^\infty(R^+)$.

设 φ, ψ 的支集包含在上半平面内的区域 D 内,D 包含了间断线 L 的一部分,D 的 L 的左部分为 D_1,$\partial D_1 = L_1 + L$,L 的右部分为 D_2,$\partial D_2 = L_2 + L$,从第一式出发,设

$$\overline{w} = \begin{cases} w(at_-, t), & x < at \\ w(at_+, t), & x > at \end{cases}$$

$$\iint\limits_{D} (\varphi_t + u\varphi_x) \mathrm{d}w \mathrm{d}t =$$

$$\iint\limits_{D} (\varphi_t + u\varphi_x) \mathrm{d}(w - \overline{w}) \mathrm{d}t +$$

$$\iint\limits_{D} (\varphi_t + u\varphi_x) \mathrm{d}\overline{w} \mathrm{d}t =$$

$$\iint\limits_{D_1} (\varphi_t + u\varphi_x) \mathrm{d}(w - \overline{w}) \mathrm{d}t +$$

$$\iint\limits_{D_2} (\varphi_t + u\varphi_x)\mathrm{d}(w - \overline{w})\mathrm{d}t +$$

$$\iint\limits_{D} (\varphi_t + u\varphi_x)\mathrm{d}\overline{w}\mathrm{d}t =$$

$$\iint\limits_{D_1} (\rho\varphi_t + \rho u\varphi_x)\mathrm{d}x\mathrm{d}t +$$

$$\iint\limits_{D_2} (\rho\varphi_t + \rho u\varphi_x)\mathrm{d}x\mathrm{d}t +$$

$$\iint\limits_{D} (\varphi_t + u\varphi_x)[w]\mathrm{d}H(x - at)\mathrm{d}t =$$

$$\oint\limits_{L_1 + L} (-\rho\varphi\,\mathrm{d}x + \rho u\varphi\,\mathrm{d}t) +$$

$$\oint\limits_{L_2 + L} (-\rho\varphi\,\mathrm{d}x + \rho u\varphi\,\mathrm{d}t) +$$

$$\iint\limits_{D} (\varphi_t + u\varphi_x)[w]\delta(x - at)\mathrm{d}x\mathrm{d}t =$$

$$\int\limits_{L} [\rho]\varphi\,\mathrm{d}x - [\rho u]\varphi\,\mathrm{d}t + \int\limits_{L} \frac{\mathrm{d}\varphi}{\mathrm{d}t}[w]\mathrm{d}t =$$

（此处我们取 $u = a$ 在 $x = at$ 上）

$$\int\limits_{L} \varphi\left([\rho]\frac{\mathrm{d}x}{\mathrm{d}t} - [\rho u]\right)\mathrm{d}t -$$

$$\int\limits_{L} \varphi\frac{\mathrm{d}[w]}{\mathrm{d}t}\mathrm{d}t = 0$$

故我们得

$$[\rho]a - [\rho u] - [w]_t = 0 \tag{8}$$

同样从式（7）的第二式出发就会得到

$$[\rho u]a - [\rho u^2] - a[w]_t = 0 \tag{9}$$

联立解式（8）（9）得到

$$[\rho]a^2 - 2a[\rho u] + [\rho u^2] = 0$$

故得

$$a = \frac{[\rho u] \pm \sqrt{[\rho u]^2 - [\rho][\rho u^2]}}{[\rho]} =$$

$$\frac{\rho_2 u_2 - \rho_1 u_1 \pm \sqrt{\rho_1 \rho_2 (u_2 - u_1)^2}}{\rho_2 - \rho_1}$$

故得

$$a = \frac{\rho_2 u_2 - \rho_1 u_1 \pm \sqrt{\rho_1 \rho_2} (u_2 - u_1)}{\rho_2 - \rho_1} =$$

$$\frac{\sqrt{\rho_2} u_2 - \sqrt{\rho_1} u_1}{\sqrt{\rho_2} - \sqrt{\rho_1}}$$

或

$$\frac{\sqrt{\rho_2} u_2 + \sqrt{\rho_1} u_1}{\sqrt{\rho_2} + \sqrt{\rho_1}}$$

a 的第一个值为增根,第二个值为我们所需要的,故有

$$a = \frac{\sqrt{\rho_2} u_2 + \sqrt{\rho_1} u_1}{\sqrt{\rho_2} + \sqrt{\rho_1}}$$

由于我们一开始就假定了 $u_1 > u_2$,显然我们有

$$u_1 > a > u_2$$

故此时不能和上节一样用广义函数(弱函数)乘法来解释方程组式(6),而要用式(7)的广义解定义来解释方程组式(6).

⑨ 弱函数

第20章

世界著名数学家 A. M. Gleason 曾指出:

> 现代纯数学总是用假设的观点来表述. 数学家不费什么力气就能用那些只有专家才能听懂的术语证明他们工作的关联性. 我并不是说纯数学家对其假设系统的关联性没有给出思想. 恰恰相反, 一个人在数学家中的声誉完全是基于他的研究与被认为是重要的那些问题的关联性. 但许多数学家并没有真正地采用假设式的研究方法.

20.1　基本概念

在前面已经证明了埃尔米特函数系 $\{\psi_n(x), n=0,1,2,\cdots\}$ 构成 $L_2(-\infty, +\infty)$ 的一组完全正交基, 其中

$$\psi_n(x) = \frac{H_n(x)\mathrm{e}^{-\frac{x^2}{2}}}{\sqrt{2^n n!}\ \sqrt{\pi}}$$

$H_n(x)$ 为第 n 次埃尔米特多项式

$$H_n(x) = (-1)^n \mathrm{e}^{x^2} \cdot D^n \mathrm{e}^{-x^2}, n = 0,1,2,\cdots$$

设

$$\alpha_m(x) = \begin{cases} 1, & |x| \leqslant m \\ \geqslant 0, m < x \leqslant m+1, \alpha_m(x) \in C_0^\infty \\ 0, & |x| > m+1 \end{cases}$$

容易看出函数系

$$\{f_n^m(x) = \alpha_m(x)\psi_n(x), m = 1,2,\cdots,n = 0,1,2,\cdots\}$$

的所有有限线性组合在 $L_2(-\infty,+\infty)$ 中稠密,根据希尔伯特空间的理论,由其中可以选取适当的有限线性组合 $e_j(x)$,使

$$\{e_j(x), j = 0,1,2,\cdots\}$$

构成 $L_2(-\infty,+\infty)$ 的一组完全正交基,它们都具紧支集.

令

$$K = \mathrm{Span}\{e_j(x), j = 0,1,2,\cdots\} \qquad (1)$$

我们知对任何实数序列 $\{a_j\}$,有

$$\sum_{j=0}^{\infty} a_j \cdot e_j(x) \qquad (2)$$

对 K 而言为弱收敛,且其和 $f \in K'$,K' 表示 K 的线性(可加)泛函. 反之,任意 K 的线性泛函 f 总可表示为 K 的弱收敛级数.

这样的 $f(x)$ 我们称为 $\mathscr{D}$ 弱函数. K' 包含一个重要的子类 $(C_0^\infty)'$,它是如下定义的:

620

设 $f_n(x) \in C_0^\infty$，$f_n(x)$ 对任何 C_0^∞ 之函数弱收敛，即

$$\lim_{n \to 0} \int_{-\infty}^{+\infty} f_n(x) \varphi(x) \mathrm{d}x \text{ 存在}, \forall \varphi \in C_0^\infty$$

则我们称 $\{f_n(x)\}$ 确定一 C_0^∞ 广义函数 $f(x)$，其中

$$\langle f(x), \varphi(x) \rangle = \lim_{n \to \infty} \int_{-\infty}^{+\infty} f_n(x) \varphi(x) \mathrm{d}x$$

我们记 $f(x) \in (C_0^\infty)'$，容易看出 $(C_0^\infty)'$ 为线性集合.

如果 $f(x) \in (C_0^\infty)'$，我们知

$$a_j = \langle f(x), e_j(x) \rangle = \lim_{n \to \infty} \int_{-\infty}^{+\infty} f_n(x) e_j(x) \mathrm{d}x$$

存在.

令

$$g(x) = \sum_{j=0}^{\infty} a_j e_j(x)$$

则

$$\left\langle g(x), \sum_{j=0}^{N} b_j e_j(x) \right\rangle = \sum_{j=0}^{N} a_j b_j$$

而

$$\left\langle f(x), \sum_{j=0}^{N} b_j e_j(x) \right\rangle = \lim_{n \to \infty} \left\langle f_n(x), \sum_{j=0}^{N} b_j e_j(x) \right\rangle =$$

$$\lim_{n \to \infty} \sum_{j=0}^{N} b_j \langle f_n(x), e_j(x) \rangle =$$

$$\lim_{n \to \infty} \sum_{j=0}^{N} a_j^n b_j =$$

$$\sum_{j=0}^{N} a_j b_j$$

由此得到 $f(x)$ 的展开式

$$f(x) = \sum_{j=0}^{\infty} a_j e_j(x)$$

此即说明

$$(C_0^\infty)' \subseteq K'$$

例 1　任意局部可和函数

$$a(x) \in (C_0^\infty)' \subseteq K'$$

令

$$a_N(x) = \begin{cases} a(x), & |x| \leqslant N \\ 0, & |x| > N \end{cases}$$

然后对 $a_N(x)$ 作中值函数

$$(a_N)_h = \frac{1}{\lambda h} \int_{|x| \leqslant h} w(x-y, h) a_N(y) \mathrm{d}y$$

其中

$$w(x, h) = \begin{cases} \exp\left\{\dfrac{x^2}{\mathrm{e}^{x^2} - h^2}\right\}, & |x| \leqslant h \\ 0, & |x| > h \end{cases}$$

$$\lambda = \int_{|x| \leqslant 1} \exp\left\{\frac{x^2}{x^2 - 1}\right\} \mathrm{d}x$$

显然我们可以取 $h = \dfrac{1}{N}$. 这样对任何 $\varphi(x) \in C_0^\infty$，我们就有

$$\int_{-\infty}^{+\infty} (a_N)_{\frac{1}{N}} \varphi(x) \mathrm{d}x \to \int_{-\infty}^{+\infty} a(x) \varphi(x) \mathrm{d}x$$

故

$$a(x) \in (C_0^\infty)' \subseteq K'$$

20.2　$(C_0^\infty)'$ 的傅里叶变换

设

$$\tilde{e}_n(x) = \lambda_n(x)$$

我们有

$$\langle e_i(x), e_j(x) \rangle = \int_{-\infty}^{+\infty} e_i(x) e_j(x) \mathrm{d}x =$$

$$\int_{-\infty}^{+\infty} \lambda_i(x) \overline{\lambda_j(x)} \mathrm{d}x =$$

$$\delta_i^j$$

故 $\{\lambda_n(x)\}$ 构成复 $L_2(-\infty, +\infty)$ 的一组完整正交基底.

令

$$\widetilde{K} = \mathrm{Span}\{\lambda_n(x), n = 0, 1, 2, \cdots\}$$

$$\widetilde{C_0^\infty} = Z$$

即 Z 为所有 C_0^∞ 函数的傅里叶变换的全体,他们都是整解析函数.

我们知 $\mathcal{D}$ 弱函数 $f(x) \in K'$ 均有弱收敛之级数表示 (2). 我们可以定义 $f(x)$ 的傅里叶积分为

$$\widetilde{f}(x) = \sum_{j=0}^{\infty} a_j \cdot \tilde{e}_j(x) = \sum_{j=0}^{\infty} a_j \lambda_j(x) \qquad (1)$$

显然 $\widetilde{f}(x) \in \widetilde{K}'$. 我们称 $\widetilde{K}'$ 的元素为 Z 弱函数. 因此对上节例 1 中的局部可积函数 $a(x)$,有

$$a(x) = \sum_{j=0}^{\infty} a_j e_j(x)$$

其中

$$a_j = \int_{-\infty}^{+\infty} a(x) e_j(x) \mathrm{d}x$$

其傅里叶积分

$$\tilde{a}(x) = \sum_{j=0}^{\infty} a_j \lambda_j(x) \qquad (2)$$

此即为华罗庚所引进的整个实轴的广义函数.

如果存在 p,使 $a(x) = O(|x|^p)$,当 $x \to \infty$,那么华罗庚称 $\tilde{a}(x)$ 的全体为 S 类广义函数. 如果 $\log |a(t)| = O(|t|)$,那么 $\tilde{a}(x)$ 的全体称为 H 类广义

623

函数. 此时 $\tilde{a}(x)$ 将为 $y > 0$ 中调和函数

$$u(x,y) = \frac{1}{\sqrt{2\pi}} \int_{-\infty}^{+\infty} a(t) \mathrm{e}^{\mathrm{i}tx - |t|y} \mathrm{d}t$$

的边值.

20.3 $\mathscr{D}$ 弱函数的乘法和卷积

设已给两 $\mathscr{D}$ 弱函数 $f(x), g(x)$

$$f(x) = \sum a_j e_j(x)$$

$$g(x) = \sum b_j e_j(x)$$

我们可以定义

$$f(x) \cdot g(x) = \sum_{n=0}^{\infty} c_n(x) \tag{1}$$

其中

$$\sum_{n=0}^{N} c_n(x) = \sum_{j=0}^{N} a_j e_j(x) \sum_{k=0}^{N} b_k e_k(x) \tag{2}$$

显然 $c_n(x)$ 为弱函数.

因此如此定义的乘积为一广义弱函数

$$f(x)g(x) = \sum_{j=0}^{\infty} p_j \psi_j(x) \tag{3}$$

其中 p_j 为广义数.

我们还可以定义 $f(x), g(x)$ 的卷积 $f(x) * g(x)$ 为

$$f(x) * g(x) = \sum_{n=0}^{\infty} d_n(x) \tag{4}$$

其中

$$\sum_{n=0}^{N} d_n(x) = \sum_{j=0}^{N} \sum_{k=0}^{N} a_j b_k e_j(x) * e_k(x) \tag{5}$$

$$e_j(x) * e_k(x) = \frac{1}{\sqrt{2\pi}} \int_{-\infty}^{+\infty} e_j(x-y) e_k(y) \mathrm{d}y \tag{6}$$

其中 $d_n(x) \in C_0^\infty$，当然为一弱函数，故一般言之，$f(x) * g(x)$ 为广义弱函数.

20.4　Z 弱函数的乘积与卷积

所有 Z 弱函数均为 $\mathscr{D}$ 弱函数的傅里叶变换. 对任何 $f(x), g(x) \in K'$，我们有 $\widetilde{f}(x), \widetilde{g}(x) \in \widetilde{K}$，且有

$$\widetilde{f}(x) = \sum_{j=0}^{\infty} a_j \lambda_j(x)$$

$$\widetilde{g}(x) = \sum_{j=0}^{\infty} b_j \lambda_j(x)$$

$$\widetilde{f}(x) \cdot \widetilde{g}(x) = \lim_{N \to \infty} \sum_{j=0}^{N} a_j \lambda_j(x) \sum_{k=0}^{N} b_k \lambda_k(x) =$$

$$\lim_{N \to \infty} \sum_{j,k=0}^{N} a_j b_k \lambda_j(x) \lambda_k(x)$$

$$(\widetilde{f} * \widetilde{g})(x) = \widetilde{f}(x) * \widetilde{g}(x) =$$

$$\lim_{N \to \infty} \sum_{j,k=0}^{N} a_j b_k \lambda_j(x) * \lambda_k(x)$$

由于

$$\widetilde{e_j \cdot e_k}(x) = \frac{1}{\sqrt{2\pi}} (\lambda_j * \lambda_k)(x) \tag{1}$$

$$\frac{1}{\sqrt{2\pi}} (\widetilde{e_j * e_k})(x) = (\lambda_j \cdot \lambda_k)(x) \tag{2}$$

故我们有

$$\widetilde{f}(x) \cdot \widetilde{g}(x) = \frac{1}{\sqrt{2\pi}} \widetilde{f * g}(x) \tag{3}$$

$$\frac{1}{\sqrt{2\pi}} (\widetilde{f} * \widetilde{g})(x) = \widetilde{f \cdot g}(x) \tag{4}$$

狄拉克函数在剪切弯曲问题中的应用[①]

第21章

21.1 问题的提出

弯曲问题常常需要解决如下两个互逆问题:(一)已知梁的载荷分布,求剪力 $Q(x)$,弯矩 $M(x)$,转角 $\theta(x)$ 及挠度 $y(x)$;(二)当梁的挠曲线方程已知时,求其载荷分布.

问题(一)可用积分法、初参数法来解决.问题(二)当挠曲线方程是分段给出时,现尚未见有一般简易解法.

江西电力职业大学的费罗曼教授1991年通过狄拉克函数(又称冲击函数)的引入,给出解决这两个问题的一般方法,重点放在问题(二)的解决上.

① 本章摘编自《工科数学》,1991,7(4):49-53.

21.2　狄拉克函数的引入

狄拉克函数（记为 $\delta(x)$）在不同的文献中有不同的定义方式，现介绍一个较为直观的定义.

若

$$\delta(x) = \begin{cases} 0, x \neq 0 \\ +\infty, x = 0 \end{cases} ; \int_I \delta(x)\mathrm{d}x = 1$$

其中 I 为任一以 0 为内点的闭区间，则称 $\delta(x)$ 为狄拉克函数，称 $\delta(x)$ 的导数 $\delta'(x)$ 为对偶冲击函数.

容易看出，$\delta(x)$ 有性质：

(1) $\int_a^x \delta(x-a)\mathrm{d}x = u(x-a)$，反之，$\dfrac{\mathrm{d}}{\mathrm{d}x}u(x-a) = \delta(x-a)$.

(2) $\int_a^x f(x)u(x-a)\mathrm{d}x = \left[\int_a^x f(x)\mathrm{d}x\right]u(x-a)$（其中 $a > b, u(x)$ 是单位跃阶函数）.

(3) $f(x)\delta(x-a) = f(a)\delta(x-a)$，假定 $f(x)$ 在 $x = a$ 处连续.

下面，我们仅就等截面梁加以讨论，并借助于 $\delta(x)$，找出分布载荷与集中载荷及集中力偶矩之间的关系.

作用于 $x = a$ 点的集中载荷，实际上是作用在以 a 为内点的某一区间 I 上的分布载荷 $q_I(x)$，这里 $q_I(x)$ 满足 $\int_I q_I(x)\mathrm{d}x = p$. 从理论上讲，集中载荷指的乃是 I 向 a 点无限收缩这一极限情形，即 $\lim\limits_{I \to a} \int_I q_I(x)\mathrm{d}x =$

$$\lim_{l \to a} p = P.$$

根据 $\delta(x)$ 的定义,可将集中载荷 P 看作分布载荷 $P\delta(x-a)$,又由弯矩与剪力之间的微分关系,还可将作用于 $x=b$ 点的外力偶矩 M 看作分布载荷 $M\delta'(x-b)$. 于是借助于函数 $u(x)$,$\delta(x)$ 和 $\delta'(x)$ 就可用一广义分布载荷函数 $q=q(x)$ 完整地描述梁的承载情况.这样一来,就无需对受复杂载荷的梁分段考虑.这对于理论分析与实际计算都将带来极大的方便.

21.3　解决的方法

问题(一)可按下述步骤来解决.

(1)分析梁的承载情况,以梁的左端点为原点,按上一节中的方法写出广义分布载荷表达式 $q=q(x)$,其中规定分布载荷及集中载荷向上为正,外力偶矩顺时针方向为正.

(2)计算剪力 $Q(x) = \int_{0^-}^{x} q(x)\mathrm{d}x$,弯矩 $M(x) = \int_{0^-}^{x} Q(x)\mathrm{d}x$,转角方程 $EJ\theta = EJ\theta_0 + \int_{0}^{x} M(x)\mathrm{d}x$ 及挠曲线方程 $EJy = EJy_0 + EJ\theta_0 x + \iint_0^x M(x)\mathrm{d}x^2$,这里的积分记号表示两次积分都是从 0 到 x.

(3)根据静力平衡条件 $\sum y = 0$,$\sum M_a = 0$(a 为梁上任一点)及边界条件可确定未知参量.注意到 $\sum y = 0$ 与 $Q(l_+) = \int_{0^-}^{l_+} q(x)\mathrm{d}x$ 的等价性,有时也能简化计算

（这里 l 为梁长）.

该方法对于超静定的情形也是适用的. 下面利用该法导出一般的挠曲线初参数方程.

设梁受载为：作用于区间 $[a_i, l]$ 上的分布载荷 $q_i(x)$，作用于点 b_i 处的集中载荷 P_i 以及作用于点 c_i 处的集中力偶矩 M_i，则广义分布载荷为

$$q(x) = \sum q_i u(x - a_i) + \sum P_i \delta(x - b_i) +$$
$$\sum M_i \delta'(x - c_i)$$

于是

$$Q(x) = \sum \left[\int_{a_i}^{x} q_i \, \mathrm{d}x\right] u(x - a_i) +$$
$$\sum P_i u(x + b_i) + \sum M_i \delta(x - c_i)$$

$$M(x) = \sum \left[\iint_{a_i}^{x} q_i \, \mathrm{d}x^2\right] u(x - a_i) +$$
$$\sum P_i(x - b_i) u(x - b_i) + \sum M_i u(x - c_i)$$

$$EJ\theta = EJ\theta_0 + \sum \left[\iiint_{a_i}^{x} q_i \, \mathrm{d}x^3\right] u(x - a_i) +$$
$$\frac{1}{2!} \sum P_i(x - b_i)^2 u(x - b_i) +$$
$$\sum m_i(x - c_i) u(x - c_i)$$

$$EJy = EJy_0 + EJ\theta_0 x + \sum \left[\iiiint_{a_i}^{x} q_i \, \mathrm{d}x^4\right] u(x - a_i) +$$
$$\frac{1}{3!} \sum P_i(x - b_i)^3 u(x - b_i) +$$
$$\frac{1}{2!} \sum m_i(x - c_i)^2 u(x - c_i)$$

特别地,当 q_i 为常数时,$\iiint_{a_i}^{x} q_i \mathrm{d}x^4 = \dfrac{1}{4!} q_i(x-a_i)^4$,即为初参数方程[①].

下面解决问题(二):

(1)用单位跃阶函数 $u(x)$,将分段给出的挠曲线方程用一个式子表示.

(2)逐次求导,分别可得转角方程 $\theta = \theta(x)$,弯矩方程 $M = M(x)$,剪力方程 $Q = Q(x)$ 以及广义分布载荷函数 $q = q(x)$.

假定挠曲线方程分 n 段给出

$$y = f_i(x), a_i \leqslant x \leqslant a_{i+1}, i = 1,2,\cdots,n$$

可将梁看作向两端无限伸长的,因此令

$$y = \begin{cases} f_0(x) = f'_1(a_1)(x-a_1) + f_1(a_1), x \leqslant a_1 = 0 \\ f_{n+1}(x) = f'_n(a_{n+1})(x-a_{n+1}) + f_n(a_{n+1}), x \geqslant a_{n+1} \end{cases}$$

于是

$$y = f_0(x) + \sum_{i=1}^{n+1}\big[f_i(x) - f_{i-1}(x)\big]u(x-a_i)$$

$$\theta = y' = f'_1(a_1) + \sum_{i=1}^{n+1}\big[f'_i(x) - f'_{i-1}(x)\big]u(x-a_i)$$

$$\frac{M}{EJ} = y'' = \sum_{i=1}^{n+1}\big[f''_i(x) - f''_{i-1}(x)\big]u(x-a_i)$$

$$\frac{Q}{EJ} = y''' = \sum_{i=1}^{n+1}\Big\{\big[f'''_i(x) - f'''_{i-1}(x)\big]u(x-a_i) + \big[f'''_i(a_i) - f'''_{i-1}(a_i)\big]\delta(x-a_i)\Big\}$$

———————

① 这里利用了挠曲线为光滑曲线(即其一阶导数连续)这一事实.

$$\frac{q}{EJ} = y^{(4)} = \sum_{i=1}^{n+1} \{[f_i^{(4)}(x) - f_{i-1}^{(4)}(x)]u(x - a_i) +$$
$$[f_i'''(a_i) - f_{i-1}'''(a_i)]\delta(x - a_i) +$$
$$[f_i''(a_i) - f_{i-1}''(a_i)]\delta_i(x - a_i)\}$$

由此我们得知第 i 段 $[a_i, a_{i+1}]$ 梁所承载荷为：

（1）作用于区间 (a_i, a_{i+1}) 上的分布载荷 $q_i = f_i^{(4)}(x)EJ$；

（2）作用于点 a_i 处的集中载荷 $P_i = [f_i'''(a_i) - f_{i-1}'''(a_i)]EJ$；

（3）作用于点 a_i 处的集中力偶矩 $M_i = [f_i''(a_i) - f_{i-1}''(a_i)]EJ$.

应该注意，在实际计算中，我们总令 $f_0(x) = f_{n+1}(x) = 0$ 以简化计算. 如此求得的广义载荷分布方程中将会出现 δ 的高于一阶的导数. 此乃因挠曲线在梁的两端点不光滑（即一阶导数不连续）所致. 但是，单位跃阶函数、δ－函数及 δ'－函数的系数仍然是我们所需求的载荷. 今举一例说明之. 假定挠曲线由下式给出

$$y = \begin{cases} 20x^3 - 210x^2, 0 \leqslant x \leqslant 1 \\ -x^4 + 24x^3 - 216x^2 + 4x - 1, 1 \leqslant x \leqslant 6 \end{cases}$$

如图 1 所示. 求梁所承载荷.

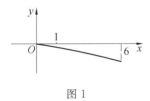

图 1

解法 1　不难看出
$$EJy = (20x^3 - 210x^2)u(x) +$$

$$(-x^4 + 4x^3 - 6x^2 + 4x - 1)u(x-1) +$$
$$(x^4 - 24x^3 + 216x^2 - 4x + 1)u(x-6)$$

所以

$$EJ y' = (60x^2 - 420x)u(x) +$$
$$(-4x^3 + 12x^2 - 12x + 4)u(x-1) +$$
$$(4x^3 - 72x^2 + 432x - 4)u(x-6) +$$
$$3\,865\delta(x-6)$$

$$M = EJ y'' = (120x - 420)u(x) +$$
$$(-12x^2 + 24x - 12)u(x-1) +$$
$$(12x^2 - 144x + 432)u(x-6) +$$
$$3\,865\delta'(x-6)$$

$$Q = EJ y''' = 120u(x) - 420\delta(x) +$$
$$12(-2x + 2)u(x-1) +$$
$$(24x - 144)u(x-6) +$$
$$3\,865\delta''(x-6)$$

$$q = EJ y^{(4)} = 120\delta(x) - 420\delta'(x) - 24u(x-1) +$$
$$24u(x-6) + 3\,865\delta'''(x-6)$$

解法 2 这里

$$f_1(x) = 20x^3 - 210x^2$$
$$f_2(x) = -x^4 + 24x^3 - 216x^2 + 4x - 1$$
$$a_1 = 0, a_2 = 1, a_3 = 6$$

利用上面的结论，作用于 $x = 0$ 点处的集中力偶矩 $M_1 = f_1''(0) - f_0''(0) = -420$；作用于 $x = 0$ 点处的集中载荷 $P_1 = f_1'''(0) - f_0'''(0) = 120$；作用于 $x = 1$ 点处的集中力偶矩 $M_2 = f_2''(1) - f_1''(1) = 0$；作用于 $x = 1$ 点处的集中载荷 $P_2 = f_2'''(1) - f_1'''(1) = 0$；作用于 $x = 6$ 点处的集中力偶矩 $M_3 = f_3''(6) - f_2''(6) = 0$；作用于 $x = 6$ 点处的集中载荷 $P_3 = f_3'''(6) - f_2'''(6) = 0$；作

用于 $[0,6]$ 上的分布载荷 $q_1 = f_1^{(4)}(x) = 0$；作用于 $[1, 5]$ 上的分布载荷 $q_2 = f_2^{(4)}(x) = -24$.

　　由此可见，若要对一承载弯曲梁进行曲线拟合，就要以有集中力和集中力偶矩作用点为节点，分段进行拟合（在有分布载荷的梁上，该段梁的方程高于 4 次 —— 高次样条逼近，究竟为几次，应以分布载荷的次数加 4 决定 —— 否则，应低于 4 次，以减少计算量）。这比其他分段拟合方法更能反映出挠曲线的特征.

633

多维 δ — 函数及其物理应用[①]

第 22 章

δ — 函数是人为定义出来的一种分析工具,正因为它在数学上的简单性,才导致它在物理上被广泛应用于研究质量、能量在空间或时间上高度集中的各种物理现象.它没有通常意义下的"函数值",但是,当 δ — 函数被当作普通函数参加运算时,所得到的数学结论和物理结论是相互吻合的.西安工业学院数理系的柴伟文、曹黎侠两位教授 2006 年在一维 δ — 函数三种定义的基础上,讨论了多维 δ — 函数的定义,以及多维 δ — 函数的筛选性质、函数分解乘积性质、奇偶性、数乘性质和方差性质,并推广了多维 δ — 函数的三个物理应用.

在物理学和工程技术中,经常要考察质量、能量在空间或时间上高度集中的各种现象.例如,在电学中,要研究线性

---

① 本章摘编自《西安工业学院学报》,2006,26(2):175-178.

电路受到具有脉冲性质的电势作用后所产生的电流；在力学中,要研究机械系统受冲击力作用后的运动情况等.对于这类现象,人们设想了诸如质点、点电荷、偶极子以及瞬时源、瞬时脉冲、瞬时打击力等物理模型,δ—函数就是专门用来描述这类物理模型的数学工具.

22.1　多维 δ—函数的定义

多维 δ—函数是英国物理学家狄拉克给出的,故称为狄拉克函数,简记为 δ—函数,工程技术中称为单位脉冲函数.δ—函数是一个广义函数,它没有普通意义下的"函数值",所以,它不能用通常意义下的"值的对应关系"来定义.在广义函数论中,δ—函数被定义为某个基本函数空间上的线性连续泛函.

22.1.1　一维 δ—函数的三种定义

定义 1　(类似普通函数形式的定义,此定义由英国物理学家狄拉克给出)将满足如下两个条件的函数称为 δ—函数

$$\delta(t)=0,t\neq 0;\int_{-\infty}^{+\infty}\delta(t)\mathrm{d}t=1$$

定义 2　(普通函数序列极限显示的定义)$\delta(t)=\lim_{n\to\infty}g_n(t)$,且对函数序列中的任一函数 $g_n(t)$,均有 $\lim_{n\to\infty}g_n(t)=0,t\neq 0$ 及 $\int_{-\infty}^{+\infty}g_n(t)\mathrm{d}t=1$,其中 n 是函数 $g_n(t)$ 的一个参数.

例如取高斯函数 $g_n(t)=\dfrac{n}{\sqrt{\pi}}\mathrm{e}^{n^2t^2}$ 构成函数序列,

则 $\lim\limits_{n \to \infty} \dfrac{n}{\sqrt{\pi}} \mathrm{e}^{n^2 t^2}$ 就满足上述 δ - 函数的定义.

定义 3 （广义函数形式的定义）定义在实数域 **R** 上且满足以下条件的函数 δ，称为 δ - 函数，$\int_{-\infty}^{+\infty} f(t)\delta(t)\mathrm{d}t = f(0)$，其中 $t \neq 0$ 时 $\delta(t) = 0$，$f(t)$ 是在 $t = 0$ 处连续的任意函数.

以上关于一维 δ - 函数的三种定义是彼此相通的，第一种定义规定的函数正是第二种定义里所要求的极限. 对第三种定义，如果抽取其广义函数的实质，则可以作为 δ - 函数的一种运算性质由第一种定义导出，前两种定义形式上与普通函数有所联系，且比较直观，在应用中具有重要意义. 第三种定义在数学上是严格的，所以，常常在理论推导中得到应用.

22.1.2 多维 δ - 函数的定义

与一维 δ - 函数类似，可以定义多维的 δ - 函数，如三维 δ - 函数.

定义 4 设 $M = M(x, y, z), M_0 = M(x_0, y_0, z_0)$ 是空间 Ω 内任意两点，固定点 M_0，若有

$$\delta(M - M_0) = \delta(x - x_0, y - y_0, z - z_0) = \begin{cases} 0, & M \neq M_0 \\ \infty, & M = M_0 \end{cases}$$

且 $\iiint\limits_{\Omega} \delta(M - M_0)\mathrm{d}x\mathrm{d}y\mathrm{d}z = \begin{cases} 0, & M_0 \notin \Omega \\ 1, & M_0 \in \Omega \end{cases}$，则称 $\delta(M - M_0)$ 是三维空间的 δ - 函数.

22.2　多维 $\delta -$ 函数的部分性质

由于多维 $\delta -$ 函数与三维 $\delta -$ 函数的性质相似,所以,此处仅以三维 $\delta -$ 函数为例.

性质 1　三维 $\delta -$ 函数的筛选性质

$$\iiint\limits_{\Omega} f(M)\delta(M-M_0)\mathrm{d}v = f(M_0)$$

事实上,设 Ω_{ε}: $(x-x_0)^2 + (y-y_0)^2 + (z-z_0)^2 \leqslant \varepsilon^2$ 是 Ω 内的球体,体积为 $\dfrac{4\varepsilon^3\pi}{3}$.

取 $\delta_{\varepsilon}(M-M_0) = \begin{cases} 0, M_0 \notin \Omega \\ \dfrac{3}{4\varepsilon^3\pi}, M_0 \in \Omega \end{cases}$,在 Ω_{ε} 内是均匀的.

$$\iiint\limits_{\Omega} f(M)\delta(M-M_0)\mathrm{d}v =$$

$$\lim_{\varepsilon \to \infty}\iiint\limits_{\Omega_{\varepsilon}} f(M)\delta_{\varepsilon}(M-M_0)\mathrm{d}v =$$

$$\lim_{\varepsilon \to \infty}\frac{3}{4\varepsilon^3\pi}\iiint\limits_{\Omega_{\varepsilon}} f(M)\mathrm{d}v = f(M_0)$$

性质 2　三维 $\delta -$ 函数可以分为三个一维 $\delta -$ 函数的乘积

$$\delta(M-M_0) = \delta(x-x_0, y-y_0, z-z_0) =$$
$$\delta(x-x_0)\delta(y-y_0)\delta(z-z_0)$$

事实上

$$\iiint\limits_{\Omega}\delta(x-x_0)\delta(y-y_0)\delta(z-z_0)f(x,y,z)\mathrm{d}x\mathrm{d}y\mathrm{d}z =$$

$$\iint\limits_{D} \delta(x-x_0)\delta(y-y_0)f(x,y,z_0)\mathrm{d}x\mathrm{d}y =$$

$$\int \delta(x-x_0)f(x,y_0,z_0)\mathrm{d}x = f(x_0,y_0,z_0)$$

以及等式

$$\iiint\limits_{\Omega} \delta(x-x_0,y-y_0,z-z_0)f(x,y,z)\mathrm{d}x\mathrm{d}y\mathrm{d}z =$$

$$f(x_0,y_0,z_0)$$

即可得到结论.

性质 3 三维 δ — 函数的奇偶性：$\delta(-x,y,z) = \delta(x,y,z)$ 或 $\delta(-M) = \delta(M)$.

由傅里叶变换得

$$\delta(-t) = \frac{1}{2\pi}\int_{-\infty}^{+\infty} \mathrm{e}^{-\mathrm{j}\omega t}\mathrm{d}\omega$$

设 $\lambda = -\omega$，则

$$\delta(-t) = \frac{1}{2\pi}\int_{-\infty}^{+\infty} \mathrm{e}^{\mathrm{j}\lambda t}\mathrm{d}\omega = \frac{1}{2\pi}\int_{-\infty}^{+\infty} \mathrm{e}^{\mathrm{j}\omega t}\mathrm{d}\omega = \delta(t)$$

故 $\delta(-t) = \delta(t)$，从而

$$\delta(-x,y,z) = \delta(-x)\delta(y)\delta(z) =$$
$$\delta(x)\delta(y)\delta(z) = \delta(x,y,z)$$

同理

$$\delta(-x,-y,-z) = \delta(-x)\delta(-y)\delta(-z) =$$
$$\delta(x)\delta(y)\delta(z) = \delta(x,y,z)$$

性质 4 三维 δ — 函数的数乘性质：$\delta(kM) = \delta(kx,ky,kz) = \frac{1}{|k|^3}\delta(M), k \neq 0$.

首先证明一维 δ — 函数的性质：$\delta(kx-c) = \frac{1}{|k|}\delta\left(x-\frac{c}{k}\right), k \neq 0$.

事实上，对等式左端积分进行变量代换 $u = kt$，则

638

$$\int_{-\infty}^{+\infty} f(t)\delta(kt-c)\,\mathrm{d}t =$$

$$\frac{1}{|k|}\int_{-\infty}^{+\infty} f\left(\frac{u}{k}\right)\delta(u-c)\,\mathrm{d}u =$$

$$\frac{1}{|k|}f\left(\frac{c}{k}\right) \qquad (1)$$

$$\int_{-\infty}^{+\infty} f(t)\frac{1}{|k|}\delta\left(t-\frac{c}{k}\right)\mathrm{d}t =$$

$$\frac{1}{|k|}\int_{-\infty}^{+\infty} f(t)\delta\left(t-\frac{c}{k}\right)\mathrm{d}t =$$

$$\frac{1}{|k|}f\left(\frac{c}{k}\right) \qquad (2)$$

比较 $(1)(2)$ 两式得 $\delta(kx-c)=\dfrac{1}{|k|}\delta\left(x-\dfrac{c}{k}\right),k\neq 0.$

当 $c=0$ 时, $\delta(kx)=\dfrac{1}{|k|}\delta(x)$ 成立.

应用性质 2 得

$$\delta(kM)=\delta(kx,ky,kz)=\frac{1}{|k|^3}\delta(M),k\neq 0$$

性质 5　多维 $\delta-$ 函数的方差性质

$$\delta(x^2-a^2,y,z)=$$

$$\frac{1}{2|a|}\big[\delta(x-a,y,z)+\delta(x+a,z,y)\big]=$$

$$\frac{1}{2|x|}\big[\delta(x-a,y,z)+\delta(x+a,y,z)\big]$$

首先证明

$$\delta(t^2-a^2)=\frac{1}{2|a|}k\big[\delta(t-a)+\delta(t+a)\big]=$$

$$\frac{1}{2|t|}\big[\delta(t-a)+\delta(t+a)\big]$$

令 $\varphi(t) = t^2 - a^2$，$\varphi(t) = 0$ 的两个根为 $t_1 = a$，$t_2 = -a$，$\varphi'(t) = 2t$.

$$\delta(t^2 - a^2) = \delta[\varphi(t)] = \sum_{i=1}^{2} \frac{\delta(t - t_i)}{|2x_i|} =$$

$$\frac{\delta(t-a)}{|2a|} + \frac{\delta(t+a)}{|2a|} =$$

$$\frac{1}{2|a|} k[\delta(t-a) + \delta(t+a)]$$

设函数 $f(t)$ 为任意连续函数，则

$$\int_{-\infty}^{+\infty} f(t) \frac{1}{2|a|}[\delta(t-a) + \delta(t+a)]dt =$$

$$\frac{1}{2|a|}[f(a) + f(-a)] \tag{3}$$

$$\int_{-\infty}^{+\infty} f(t) \frac{1}{2|t|}[\delta(t-a) + \delta(t+a)]dt =$$

$$\frac{1}{2|a|}[f(a) + f(-a)] \tag{4}$$

比较(3)(4)两式得

$$\frac{1}{2|a|}[\delta(t-a) + \delta(t+a)] =$$

$$\frac{1}{2|t|}[\delta(t-a) + \delta(t+a)]$$

由性质 2 知，性质 5 结论成立.

上述结论，对于变量 y, z 或者其他多维 δ — 函数也具有同样的性质和结论.

22.3　多维 δ — 函数的物理应用

按照 20 世纪前所形成的数学概念是无法理解这样奇怪的函数的. 然而，物理学上的一切点分布模型，

用 δ － 函数来描述不仅方便、物理含义清楚,而且当 δ － 函数被当作普通函数参加运算时,所得到的数学结论和物理结论是吻合的.

22.3.1 表示质点密度

设有一个质量为 m 的质点,置于空间 Ω 内固定点 M_0,则质点在空间 Ω 内的分布密度可以表示为 $\rho_m = m\delta(M - M_0)$.

经验证: $\rho_m = m\delta(M - M_0) = \begin{cases} 0, M \neq M_0 \\ \infty, M = M_0 \end{cases}$,且

$$\iiint\limits_{\Omega} \rho_m \mathrm{d}v = \iiint\limits_{\Omega} m\delta(M - M_0)\mathrm{d}v = m\lim_{\varepsilon \to 0}\iiint\limits_{\Omega_\varepsilon} \frac{3}{4\varepsilon^3 \pi}\mathrm{d}v = m,$$

其中, $\Omega_\varepsilon : (x - x_0)^2 + (y - y_0)^2 + (z - z_0)^2 \leqslant \varepsilon^2$ 是 Ω 内的球体,体积为 $\dfrac{4\varepsilon^3 \pi}{3}$.

22.3.2 表示脉冲电流

设在电流为零的电路中,在时刻 t_0 通入电量为 q 的脉冲,电路中的脉冲电流可以表示为

$$I(t) = q\delta(t - t_0)$$

经验证

$$I(t) = q\delta(t - t_0) = \begin{cases} 0, t \neq t_0 \\ \infty, t = t_0 \end{cases}$$

且 $\displaystyle\int_{-\infty}^{+\infty} q\delta(t - t_0)\mathrm{d}t = q$.

22.3.3 表示持续力

对于 $[t_1, t_2]$ 的持续力 $F(t)$,将时间区间 $[t_1, t_2]$ 划分为许多小段,其中在 $[\tau, \tau + \mathrm{d}\tau]$ 小段中的持续力 $F(t)$ 的冲量可以表示为 $I = F(\tau)\mathrm{d}\tau$.

由于 $d\tau$ 取得很小，在这 $d\tau$ 时间段内的瞬时作用力积累，可以表示为 $I\delta(t-\tau)=F(\tau)\delta(t-\tau)d\tau$，所以在 $[t_1,t_2]$ 时间段内起作用的持续力，可以看作这些瞬时作用力的积累，即

$$F(t)=\int_{t_1}^{t_2}F(\tau)\delta(t-\tau)\mathrm{d}\tau$$

例 （中子的减缓问题）考察偏微分方程

$$\begin{cases} u_\tau = u_{xx} + \delta(x,\tau) \\ u(x,0)=\delta(x) \\ \lim_{|x|\to\infty} u(x,\tau)=0 \end{cases}$$

这个问题是一个无限介质中的缓慢中子的运动问题，而在介质中有一个中子源. 这里 $u(x,\tau)$ 表示单位时间内到达 τ 年代的中子数，用 $\delta(x,\tau)=\delta(x)\delta(\tau)$ 表示源函数.

令 $u(x,\tau)$ 的傅里叶变换为 $U(\omega,\tau)$，偏微分方程关于 x 作傅里叶变换，就得到常微分方程：$\dfrac{\mathrm{d}U}{\mathrm{d}\tau}+\omega^2 U=\dfrac{1}{\sqrt{2\pi}}\delta(\tau).$

利用条件 $U(\omega,0)=\dfrac{1}{\sqrt{2\pi}}$，求得常微分方程的解是

$$U(\omega,\tau)=\frac{1}{\sqrt{2\pi}}\mathrm{e}^{-\omega^2\tau}.$$

因此它的傅里叶逆变换为

$$u(x,\tau)=\frac{1}{\sqrt{2\pi}}\int_{-\infty}^{+\infty}\mathrm{e}^{-\omega^2\tau-j\omega x}\,\mathrm{d}\omega=\frac{1}{2\sqrt{\tau\pi}}\mathrm{e}^{-x^2/4\tau}.$$

δ - 函数没有通常意义下的"函数值",也不能用通常意义下的"值的对应关系"来定义. 因此,它是一个广义函数,并且无论使用 δ - 函数的哪种定义,都不能将 δ - 函数视作普通意义下的函数,它只是人为定义出来的一种分析工具,主要用于考察质量、能量在空间或时间上高度集中的各种物理现象.

总之,δ - 函数的性质很奇妙,正因为 δ - 函数在数学上的简单性,才导致了它在物理上的广泛应用.

用狄拉克 δ— 函数近似值法处理费米子自能紫外积分发散问题[①]

第23章

大庆石油学院(今东北石油大学)化学化工学院的王宗祥教授的《用狄拉克 δ— 函数近似值法处理光子真空极化的紫外发散问题》中介绍了场相互作用计算中的积分发散,即所谓的发散困难问题,及处理这些问题的狄拉克 δ— 函数近似值法及其扩展规则.王宗祥教授 2007 年取另一以紫外发散为特征的费米子(电子)自能发散过程为例,做进一步研究.在处理积分发散问题时只用到了狄拉克 δ— 函数近似值法的扩展规则.

紫外发散是一类重要的发散问题,在不少量子场相互作用计算中出现,甚至被称为紫外发散灾难.

---

① 本章摘编自《大学物理》,2007,26(10):5-10.

23.1　电子自能公式的一般推导

裸电子被光子云包围转变成物理电子,其系统能量发生变化,被称为电子自能. 在推导它的计算公式时会出现高能积分发散问题,需要提出如正规化公式等进行重整化处理.

电子自能的费恩曼图如图 1 所示.

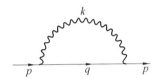

图 1　QED 费米子自能 1－圈费恩曼图

相互作用的哈密尔顿密度为

$$\mathscr{H}_I(x) = -eN[\overline{\psi}(x)A(x)\psi(x)] \tag{1}$$

S 矩阵为

$$S^{(2)} = \frac{(-\mathrm{i}e)^2}{2!}\int \mathrm{d}^4 x_1 \int \mathrm{d}^4 x_2\, T\{N[(\overline{\psi}\gamma^\mu A_\mu\psi)_{x_1} \cdot$$
$$(\overline{\psi}\gamma^\nu A_\nu\psi)_{x_2}] + N(x_1 \leftrightarrow x_2)\} \tag{2}$$

式中 T 为按时序乘积符. 正规化乘积为

$$N[\overline{\psi}_-(x_1)\gamma^\mu \underline{\psi(x_1)\overline{\psi}(x_2)}\gamma^\nu\psi_+(x_2) \cdot$$
$$\underline{A_\mu(x_1)A_\nu(x_2)}] + N(x_1 \leftrightarrow x_2) \tag{3}$$

式中下画线表示收缩. S 矩阵元为

$$\langle \rho'\sigma' \mid S^{(2)} \mid p\sigma \rangle = (-\mathrm{i}e)^2 \int \mathrm{d}^4 x_1 \int \mathrm{d}^4 x_2\, \overline{\psi}_-(x_1)\gamma^\mu \cdot$$

$$\mathrm{i}S_F(x_1 - x_2)\gamma^\nu\psi_+(x_2)\mathrm{i}D_{\mu\nu}(x_1 - x_2) =$$

$$\int \frac{\mathrm{d}^4 q}{(2\pi)^4}(2\pi)^4\delta^4(p' - q - k)(2\pi)^4\delta^4(q - p + k) \cdot$$

$$\left(\frac{1}{\sqrt{2E_{p'}V}}\frac{1}{\sqrt{2E_pV}}\right)\bar{u}(p',\sigma)\ \cdot$$

$$\left\{-e^2\int\frac{\mathrm{d}^4k}{(2\pi)^4}\frac{\gamma_\mu(p\!\!\!/-k\!\!\!/+m)\gamma^\mu}{[(p-k)^2-m^2]k^2}\right\}u(p,\sigma)\qquad(4\mathrm{a})$$

式中 $q=p-k$. 令

$$式(4\mathrm{a})=(2\pi)^4\delta^4(p'-p)\left(\frac{1}{2V\sqrt{E_{p'}E_p}}\right)\ \cdot$$

$$\bar{u}(p',\sigma')[-\mathrm{i}\Sigma(p)]u(p,\sigma)\qquad(4\mathrm{b})$$

式中

$$-\mathrm{i}\Sigma(p)=-e^2\int\frac{\mathrm{d}^4k}{(2\pi)^4}\frac{\gamma_\mu(p\!\!\!/-k\!\!\!/+m)\gamma^\mu}{[(p-k)^2-m^2]k^2}\qquad(5\mathrm{a})$$

或

$$\Sigma(p)=\mathrm{i}e^2\int\frac{\mathrm{d}^4k}{(2\pi)^4}\frac{2(p\!\!\!/-k\!\!\!/)-4m}{[(p-k)^2-m^2]k^2}\qquad(5\mathrm{b})$$

$\Sigma(p)$ 为电子自能函数.

为便于积分, 对式(5)的分母引入费恩曼参数 ζ

$$\Sigma(p)=\mathrm{i}e^2\int\frac{\mathrm{d}^4k}{(2\pi)^4}\int_0^1\mathrm{d}\zeta_1\int_0^1\mathrm{d}\zeta_2\delta(1-\zeta_1-\zeta_2)\ \cdot$$

$$\frac{2(p\!\!\!/-k\!\!\!/)-4m}{\{\zeta_1[(p-k)^2-m^2]+\zeta_2k^2\}^2}\qquad(6)$$

式中

$$\int_0^1\mathrm{d}\zeta_2\delta(1-\zeta_1-\zeta_2)=\theta(1-\zeta_1)=1\qquad(7)$$

$\theta(1-\zeta_1)$ 为阶梯函数. 将式(7)代入式(6)得

$$\Sigma(p)=\mathrm{i}e^2\int_0^1\mathrm{d}\zeta\int\frac{\mathrm{d}^4k}{(2\pi)^4}\frac{2(p\!\!\!/-k\!\!\!/)-4m}{[k^2-2\zeta kp+\zeta(p^2-m^2)]^2}$$

$$(8)$$

上式中删去了 ζ_1 的下角标, 并改写了分母.

定义一个新积分变量 $\bar{k}=k-\zeta p$, 即 $k=\bar{k}+\zeta p$, 代入式(8)并将其改写为

$$\Sigma(p) = \mathrm{i}e^2 \int_0^1 \mathrm{d}\zeta \int \frac{\mathrm{d}^4 \overline{k}}{(2\pi)^4} \frac{2(1-\zeta)\not{p} - 2\not{\overline{k}} - 4m}{[\overline{k}^2 + \zeta(1-\zeta)p^2 - \zeta m^2]^2}$$

$$(9)$$

上式分母中的 $\overline{k}$ 为偶数次幂,分子中保留 $\overline{k}$ 的偶数次幂项即可(奇数次幂项积分为 0),再简化略去 $\overline{k}$ 顶上的横线,式(9)可写成

$$\Sigma(p) = a(p^2)\not{p} + b(p^2) \qquad (10)$$

其中

$$a(p^2) = 2\mathrm{i}e^2 \int_0^1 \mathrm{d}\zeta \int \frac{\mathrm{d}^4 k}{(2\pi)^4} \frac{1-\zeta}{[k^2 + \zeta(1-\zeta)p^2 - \zeta m^2]^2}$$

$$(11a)$$

$$b(p^2) = -4m\mathrm{i}e^2 \int_0^1 \mathrm{d}\zeta \int \frac{\mathrm{d}^4 k}{(2\pi)^4} \frac{1}{[k^2 + \zeta(1-\zeta)p^2 - \zeta m^2]^2}$$

$$(11b)$$

式(10)(11a)(11b)为电子自能公式,对 $k \to \infty$ 积分,$a(p^2)$,$b(p^2)$ 均为无穷大,即紫外发散.式(10)是表示自能的一个普遍形式,对其他自能,只需代入适当定义的 a 与 b 即可.

23.2　用 δ - 函数近似值法处理电子自能的发散

23.2.1　正规化公式

当光子动量 k 的积分上限为 ∞ 时,上一节式(11a)(11b)均发散.本章按 δ - 函数近似值法扩展规则,以 $(n\!\uparrow)$ 代替 ∞ 为积分上限,则上一节式(11a)(11b)变成

$$a(p^2) = 2\mathrm{i}e^2 \int_0^1 \mathrm{d}\zeta \int_0^{n\uparrow} \frac{\mathrm{d}^4 k}{(2\pi)^4} \frac{1-\zeta}{(k^2 - a^2)^2} \qquad (1a)$$

$$b(p^2) = -4m\mathrm{i}e^2 \int_0^1 \mathrm{d}\zeta \int_0^{n\uparrow} \frac{\mathrm{d}^4 k}{(2\pi)^4} \frac{1}{(k^2 - a^2)^2} \quad (1b)$$

上式中的分母是由上一节式(11)中的分母改写成的,
其中

$$a^2 = \zeta m^2 - \zeta(1-\zeta)p^2 \qquad (2)$$

用维克转动法将式(1)中的动量 k 由闵可夫斯基 4 维
空间转变成欧几里得空间积分,联系式(2) 得

$$\int_0^{n\uparrow} \frac{\mathrm{d}^4 k}{(k^2 - a^2 + \mathrm{i}\varepsilon)^2} = \mathrm{i}2\pi^2 \int_0^{n\uparrow} \frac{k_E^3 \mathrm{d}k_E}{(k_E^2 + a^2)^2} =$$
$$-\mathrm{i}\pi^2 \left[1 + \ln \frac{\zeta m^2 - \zeta(1-\zeta)p^2}{(n\uparrow)^2} \right]$$
$$(3)$$

因积分上限$(n\uparrow)$的值很大,$(n\uparrow)^2 \gg a^2$,故在上式推
导中一些含 a^2 而相对较小的项被略去. 将式(3) 代入
式(1a)(1b) 中,可导出电子自能的正规化公式

$$\Sigma(p) = a(p^2)\not{p} + b(p^2) \qquad (4)$$

其中

$$a(p^2) = \frac{\alpha}{2\pi} \left[\frac{1}{2} + \int_0^1 \mathrm{d}\zeta(1-\zeta)\ln \frac{\zeta m^2 - \zeta(1-\zeta)p^2}{(n\uparrow)^2} \right]$$
$$(5a)$$

$$b(p^2) = -\frac{\alpha m}{\pi} \left[1 + \int_0^1 \mathrm{d}\zeta \ln \frac{\zeta m^2 - \zeta(1-\zeta)p^2}{(n\uparrow)^2} \right]$$
$$(5b)$$

式中$(n\uparrow)$为正规化参数,它是对光子动量 k 积分的上
限,与光子的动量有相同的量纲.$(n\uparrow)$ 是对动量 k 积
分的上限,如改取积分上限为 ∞,则 a,b 也发散.

推导电子自能正规化公式的方法有 Pauli-Villars
法、空 — 时维度法等,均为设定一类模型,然后导出公
式,计算较复杂.

Pauli-Villars 法：取质量很大的一重粒子，质量极限为 $m' \to \infty$，m' 为正规化参数. 在图 1 中以重粒子代替光子，重粒子对耦合常数的作用与光子圈图相反，导出电子自能的正规化公式为

$$\Sigma(p) = a(p^2)\not{p} + b(p^2)$$

其中

$$a(p^2) = \frac{\alpha}{2\pi} \int_0^1 \mathrm{d}\zeta(1-\zeta) \ln \frac{\zeta m^2 - \zeta(1-\zeta)p^2}{(1-\zeta)m'^2} \quad (6\mathrm{a})$$

$$b(p^2) = -\frac{\alpha m}{\pi} \int_0^1 \mathrm{d}\zeta \ln \frac{\zeta m^2 - \zeta(1-\zeta)p^2}{(1-\zeta)m'^2} \quad (6\mathrm{b})$$

空－时维度法：用 4 维及其他空－时维度 N，或其他与 N 等价的量为正规化参数，导出电子自能的正规化公式为

$$\Sigma(p) = a(p^2)\not{p} + b(p^2)$$

其中

$$a(p^2) = \frac{\alpha}{2\pi} \left[-\frac{1}{2\varepsilon'} + \frac{1}{2} + \int_0^1 \mathrm{d}\zeta(1-\zeta) \cdot \right.$$

$$\left. \ln \frac{\zeta m^2 - \zeta(1-\zeta)p^2}{\mu^2} \right] \quad (7\mathrm{a})$$

$$b(p^2) = -\frac{\alpha m}{\pi} \left[-\frac{1}{\varepsilon'} + \frac{1}{2} + \int_0^1 \mathrm{d}\zeta \ln \frac{\zeta m^2 - \zeta(1-\zeta)p^2}{\mu^2} \right]$$

$$(7\mathrm{b})$$

而 $\dfrac{1}{\varepsilon'} = \dfrac{1}{\varepsilon} - \gamma_E + \ln 4\pi$，$\varepsilon = 2 - \dfrac{1}{2}N$，$\gamma_E = -\displaystyle\int_0^\infty \mathrm{d}x \cdot$ $\mathrm{e}^{-x} \ln x = 0.577\,21\cdots$，$N$ 为空－时维度，μ 为任一设定的质量.

本章导出的电子自能正规化公式形式与用空－时维度法导出的公式较接近.

23.2.2　重整化自能函数

建立重整化自能函数，首先在于检验用狄拉克

δ-函数近似值法导出的正规化公式(5a)(5b)的对消发散的功能.根据式(4)右侧含4维动量 $\not{p}$ 发散项及另一含单位矩阵的发散项的这种公式结构,提出相应的相对项拉普拉斯密度公式

$$\mathscr{L}_{CT}^{(A)} = (Z_2 - 1)\overline{\psi}[i\gamma^\mu\partial_\mu - (m - \delta m)]\psi \qquad (8)$$

此时总传播子的倒数为 $\not{p} - m - \Sigma_R(p)$,$\Sigma_R(p)$ 是 $a(p^2),b(p^2)$ 中圈图的发散作用和对应的相对项 a_{CT},b_{CT} 的发散作用的总和,这两种发散作用是相反的,有

$$\Sigma_R(p) = [a(p)^2 + a_{CT}]\not{p} + [b(p^2) + b_{CT}] \qquad (9)$$

将上式与式(8)比较,有

$$Z_2 - 1 = -a_{CT} \qquad (10a)$$

$$(Z_2 - 1)(m - \delta m) = b_{CT} \qquad (10b)$$

式中 δm 是对电子质量 m 的校正.为确定相对项 a_{CT},b_{CT},重整化规定

$$\Sigma_R(p)\big|_{\not{p}=m} = 0 \qquad (11a)$$

$$\frac{\partial \Sigma_R(p)}{\partial \not{p}}\bigg|_{\not{p}=m} = 0 \qquad (11b)$$

联立式(9)(11)得

$$a_{CT} = -a(m^2) - 2m^2 a'(m^2) - 2m b'(m^2) \qquad (12a)$$

$$b_{CT} = -b(m^2) + 2m^3 a'(m^2) + 2m^2 b'(m^2) \qquad (12b)$$

a',b' 是对 (p^2) 的导数.由式(5)(12)可导出 $a(p^2)$,$b(p^2)$ 的相对项公式为

$$a_{CT} = -\frac{\alpha}{2\pi}\left\{\frac{1}{2} + \int_0^1 d\zeta(1-\zeta)\left[\ln\frac{\zeta^2 m^2}{(n\uparrow)^2} + \frac{2(1+\zeta)}{\zeta}\right]\right\}$$

$$(13a)$$

$$b_{CT} = \frac{\alpha m}{\pi}\left\{1 + \int_0^1 d\zeta\left[\ln\frac{\zeta^2 m^2}{(n\uparrow)^2} + \frac{1-\zeta^2}{\zeta}\right]\right\}$$

$$(13b)$$

将式(5)(13)代入式(9),得重整化自能函数为

$$\Sigma_R(p) = -\frac{\alpha}{2\pi}\left\{\int_0^1 \mathrm{d}\zeta(1-\zeta)\left[\ln \zeta - \right.\right.$$

$$\ln\left(1-(1-\zeta)\frac{p^2}{m^2}\right) + $$

$$\left.\left.\frac{2(1+\zeta)}{\zeta}\right]\right\}\not{p} + \frac{\alpha m}{\pi}\int_0^1 \mathrm{d}\zeta\left[\ln \zeta - \right.$$

$$\left.\ln\left(1-(1-\zeta)\frac{p^2}{m^2}\right) + \frac{1-\zeta^2}{\zeta}\right] \qquad (14)$$

可以证明,上式的确是式(5a)(13a)(5b)(13b)4 个公式之和,其中式(5a)(5b) 中含 $(n\uparrow)^2$ 的项被式(13a)(13b) 中的相应项对消,常数项 $1,\frac{1}{2}$ 也被消去,$\Sigma_R(p)$ 中正规化参数 $(n\uparrow)$ 消失,此时,即使令 $(n\uparrow)$ 为 ∞ 也无影响,不会出现发散. 也可以说,加入相对项后紫外发散消失了,这检验了正规化公式(5)潜含对消发散的功能,说明导出的正规化公式是正确的. 但是相对项公式(13a)(13b) 及式(14) 中都含有 $\frac{1}{\zeta}$ 的积分,积分下限为 0 时会导致积分发散,因此不能说式(13a)(13b)(14) 绝对不发散,但这是另一类红外发散问题,不是这里要讨论解决的. 式(14) 重整化自能与其他如由 Pauli-Villars 法等导出的公式完全相同,但本章的推导方法比较简单、系统、一致.

　　此外,对两个外线电子(物理粒子)有 $p^2 = m^2$,式(14) 可简化为

$$\Sigma_R(p) = -\frac{\alpha}{\pi}\int_0^1 \mathrm{d}\zeta \frac{1-\zeta^2}{\zeta}(\not{p} - m) \qquad (15)$$

如取 $\not{p} = m$,则 $\Sigma_R(p) = 0$,这就是式(11a)对相对项 $a_{\mathrm{CT}}, b_{\mathrm{CT}}$ 的一项重整化规定. 同样可以从式(14) 倒推出另一规定:式(11b).

23.3　相对项拉普拉斯密度

根据 23.2 节中式(10)(13)，可以写出相对项拉普拉斯密度公式(19) 的具体形式.对 23.2 节中式(8) 先求 δm.将式(13a) 代入式(10a) 并分解成简单的项,把对 ζ 积分收敛的项积分成常数,有

$$Z_2 - 1 = -a_{CT} = \frac{\alpha}{2\pi}\Big\{\frac{1}{2} + \int_0^1 d\zeta(1-\zeta) \cdot$$

$$\Big[\ln\frac{\zeta^2 m^2}{(n\uparrow)^2} + \frac{2(1+\zeta)}{\zeta}\Big]\Big\} =$$

$$\frac{\alpha}{2\pi}\Big[\ln\frac{m}{(n\uparrow)} + 2\int_0^1\frac{d\zeta}{\zeta} - 2\Big] \tag{1}$$

将 23.2 节中式(13b) 代入 23.2 节中式(10b) 作相似的处理,有

$$(Z_2 - 1)(m - \delta m) = b_{CT} =$$

$$\frac{\alpha m}{\pi}\Big\{1 + \int_0^1 d\zeta\Big[\ln\frac{\zeta^2 m^2}{(n\uparrow)^2} + \frac{1-\zeta^2}{\zeta}\Big]\Big\} =$$

$$\frac{\alpha m}{\pi}\Big[2\ln\frac{m}{(n\uparrow)} + \int\frac{d\zeta}{\zeta} - \frac{3}{2}\Big] \tag{2}$$

将式(1) 代入式(2) 得

$$\frac{\alpha}{2\pi}\Big[\ln\frac{m}{(n\uparrow)} + 2\int_0^1\frac{d\zeta}{\zeta} - 2\Big](m - \delta m) =$$

$$\frac{\alpha m}{\pi}\Big[2\ln\frac{m}{(n\uparrow)} + \int\frac{d\zeta}{\zeta} - \frac{3}{2}\Big] \tag{3}$$

由上式解得

$$\delta m = \frac{m\Big[-3\ln\frac{m}{(n\uparrow)} + 1\Big]}{\ln\frac{m}{(n\uparrow)} + 2\int_0^1\frac{d\zeta}{\zeta} - 2} \tag{4}$$

将式(1)(4)代入 23.2 节中式(8),即得相对项拉普拉斯密度公式的具体形式

$$\mathscr{L}_{\mathrm{CT}}^{(\mathrm{A})} = \frac{\alpha}{2\pi}\left[\ln\frac{m}{(n\uparrow)} + 2\int_0^1 \frac{\mathrm{d}\zeta}{\zeta} - 2\right]\overline{\psi}\left\{\mathrm{i}\gamma^\mu\partial_\mu - \right.$$
$$\left. m\left[1 - \frac{1 - 3\ln\frac{m}{(n\uparrow)}}{\ln\frac{m}{(n\uparrow)} + 2\int_0^1 \frac{\mathrm{d}\zeta}{\zeta} - 2}\right]\right\}\psi \qquad (5)$$

这是一个较复杂的公式,讨论如下:

如不计 $\frac{1}{\zeta}$ 项的积分发散问题,将狄拉克 δ - 函数近似值法的扩展规则用于 $\frac{1}{\zeta}$ 项的积分,即将 ζ 的积分下限 0 改成 $(\varepsilon\downarrow)$,且注意狄拉克 δ - 函数近似值公式中的关系式 $(\varepsilon\downarrow)^2 = \frac{1}{(n\uparrow)}$,则有

$$\int_0^1 \frac{\mathrm{d}\zeta}{\zeta} \to \int_{(\varepsilon\downarrow)}^1 \frac{\mathrm{d}\zeta}{\zeta} = -\ln(\varepsilon\downarrow) = \frac{1}{2}\ln(n\uparrow) \qquad (6)$$

此外,$(n\uparrow)$ 及其有关对数项之值均很大,运算中相对较小的常数项可以忽略. 最后,式(1)(4)可改写为

$$Z_2 - 1 \to \frac{\alpha}{2\pi}\ln m \qquad (7)$$

$$\delta m \to -\frac{3m}{\ln m}\ln\frac{m}{(n\uparrow)} \qquad (8)$$

将式(7)(8)代入 23.2 节中式(8),得简化的相对项拉普拉斯密度公式

$$\mathscr{L}_{\mathrm{CT}}^{(\mathrm{A})} = \frac{\alpha}{2\pi}(\ln m)\overline{\psi}\left\{\mathrm{i}\gamma^\mu\partial_\mu - m\left[1 + \frac{3\ln\frac{m}{(n\uparrow)}}{\ln m}\right]\right\}\psi$$
$$(9)$$

用狄拉克 δ — 函数近似值法处理光子真空极化的紫外发散问题[①]

第 24 章

从场的相互作用拉普拉斯密度或哈密尔顿密度出发计算费恩曼振幅、散射截面时,会出现积分发散,即所谓的发散困难问题. 譬如,电子电荷被外电场减速韧致辐射的红外低能积分发散,纯量子电动力学电荷形状因数 F_1 含 k^2 动量积分在 k 接近无穷大时的紫外积分发散. 此外,费米子自能及光子真空极化等都有积分发散. 现在已研究出了不少解决发散问题的方法,如:寻找抵消发散的公式,寻找含可调控参数的正规化公式,提出相对项拉普拉斯密度即进行重整化,等等,已经形成了比较系统的重整化和不可重整化理论.

① 本章摘编自《大学物理》,2007,26(7):11-14.

发散问题多种多样,比较复杂,可能存在一些共同的基本问题,大庆石油学院化学化工学院的王宗祥教授 2007 年在处理这些问题时,对物理学中广泛引用的狄拉克 δ — 函数的认识及运用做了一些探讨.

本章以紫外发散为特征的光子真空极化(光子自能)这一基本发散系统为例进行一些讨论.

δ — 函数近似值法如下.

δ — 函数为

$$\delta(x) = \begin{cases} 0, x \neq 0 \\ \infty, x = 0 \end{cases} \tag{1}$$

$$\int_{-\infty}^{\infty} \delta(x)\,\mathrm{d}x = 1 \tag{2}$$

它的非奇异函数表达式及近似值公式为

$$\delta(x) = \frac{1}{2\pi}\int_{-\infty}^{\infty} \mathrm{e}^{ikx}\,\mathrm{d}k$$

或

$$\lim_{n \to \infty} \frac{1}{2\pi}\int_{-n}^{n} \mathrm{e}^{ikx}\,\mathrm{d}k \to \frac{1}{2\pi}\int_{-n\uparrow}^{n\uparrow} \mathrm{e}^{ikx}\,\mathrm{d}k \tag{3}$$

$$\delta(x) = \frac{1}{\pi}\lim_{\varepsilon \to 0} \frac{\varepsilon}{x^2 + \varepsilon^2} \to \frac{1}{\pi}\frac{\varepsilon\downarrow}{x^2 + (\varepsilon\downarrow)^2} \tag{4}$$

或

$$\delta(x) = \frac{1}{\pi}\lim_{n \to \infty} \frac{\sqrt{n}}{1 + nx^2} \to \frac{1}{\pi}\frac{\sqrt{n\uparrow}}{1 + (n\uparrow)x^2} \tag{5}$$

等等.

以上诸式中,横箭头符号左侧是非奇异函数表达式,右侧是非奇异函数的近似值(也即 δ — 函数的近似值)公式.所谓近似值,是将 δ — 函数的非奇异函数表达式中的序列数如 n,取接近 ∞ 但不包括 ∞ 的正值.为此,且同时为了书写简单,省去极限值符号,将上式

中的 n 改写成$(n\uparrow)$；对另一序列数 ε，取接近 0 但不包括 0 的正值，将 ε 改写成$(\varepsilon\downarrow)$. 该法还包括一个扩展规则，即在以 ∞,0 为积分上、下限出现积分发散时，分别改用序列数$(n\uparrow)$,$(\varepsilon\downarrow)$ 为积分上、下限. 这样直接去掉了积分发散，使其能够积分，而且积分结果中会含有$(n\uparrow)$ 或$(\varepsilon\downarrow)$ 的可调控参数，用于研究作为场相互作用正规化公式中的参数. 所用方法的正确性，可根据运用这种方法所得最后结果的正确性来证明. 本章处理积分发散问题用狄拉克 δ 一 函数近似值法的扩展规则即可.

本章先引入光子真空极化振幅的计算公式以供对比，这一公式是积分发散的；然后用狄拉克 δ 一 函数近似值法对其进行正规化及重整化处理.

24.1 光子真空极化计算公式的一般推导

电磁场与电子 一 正电子场相互作用，使光子产生虚电子 一 正电子对，又旋即湮没，这种场相互作用改变系统的能量，被称为光子自能. 一个外电磁场，如重核场，能改变这些虚电子 一 正电子对的分布，出现极化，故电子自能又被称为"真空极化". 计算中出现无穷大，即紫外发散.

光子真空极化最低级别的费恩曼图如图 1 所示，是一个双光子系统.

旋量波函数与光子场相互作用的哈密尔顿密度为
$$H_1(x) = -eN[\overline{\psi}(x)\,A\!\!\!/(x)\psi(x)] \tag{1}$$
S 矩阵为

656

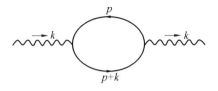

图 1　QED 双光子真空极化 1-圈

费恩曼图$(q = p + k)$

$$S^{(2)} = \frac{(-\,\mathrm{i}e)^2}{2\,!}\int \mathrm{d}^4 x_1 \int \mathrm{d}^4 x_2 \;\cdot$$

$$T\{N[(\bar{\psi}A\!\!\!/\psi)_{x_1}\,(\bar{\psi}A\!\!\!/\psi)_{x_2}] + N(x_1 \leftrightarrow x_2)\} \qquad (2)$$

式中 T 为按时序乘积符. 正规化乘积为

$$N[(\bar{\psi}_\beta A^-_{\beta\mu}\psi_\mu)_{x_1}\,(\bar{\psi}_\sigma A^+_{\sigma\nu}\psi_\nu)_{x_2}] =$$

$$(-1)\,\underline{\psi_\nu(x_2)\bar{\psi}_\beta(x_1)}A^-_{\beta\mu}(x_1)\,\underline{\psi_\mu(x_1)\bar{\psi}_\sigma(x_2)}A^+_{\sigma\nu}(x_2) =$$

$$(-1)\mathrm{tr}[\mathrm{i}S_F(x_2 - x_1)A\!\!\!/^-(x_1)\mathrm{i}S_F(x_1 - x_2)A\!\!\!/^+(x_2)] \qquad (3)$$

式中下画线表示收缩. S 矩阵元为

$$\langle k'\lambda' \mid S^{(2)} \mid k\lambda \rangle =$$

$$-(-\,\mathrm{i}e)^2\int \mathrm{d}^4 x_1 \int \mathrm{d}^4 x_2 \;\cdot$$

$$\mathrm{tr}[\mathrm{i}S_F(x_2 - x_1)A\!\!\!/^\mu_-(x_1)\mathrm{i}S_F(x_1 - x_2)A\!\!\!/^\nu_+(x_2)] =$$

$$e^2\int \mathrm{d}^4 x_1 \int \mathrm{d}^4 x_2\,\mathrm{tr}\Big[\mathrm{i}\int \frac{\mathrm{d}^4 p}{(2\pi)^4}\,\mathrm{e}^{-\mathrm{i}p(x_2 - x_1)}\,\frac{p\!\!\!/ + m}{p^2 - m^2 + \mathrm{i}\varepsilon}\Big](\gamma_\mu)\;\cdot$$

$$\Big[\mathrm{i}\int \frac{\mathrm{d}^4 q}{(2\pi)^4}\,\mathrm{e}^{-\mathrm{i}q(x_1 - x_2)}\,\frac{q\!\!\!/ + m}{q^2 - m^2 + \mathrm{i}\varepsilon}\Big](\gamma_\nu)\;\cdot$$

$$\Big(\frac{1}{\sqrt{2\omega'V}}\varepsilon^\mu_{k'\lambda'}\,\mathrm{e}^{+\mathrm{i}k'x_1}\Big)\Big(\frac{1}{\sqrt{2\omega V}}\varepsilon^\nu_{k\lambda}\,\mathrm{e}^{-\mathrm{i}kx_2}\Big) =$$

$$\frac{\mathrm{i}}{2\omega V}(2\pi)^4\delta^4(k - k')\varepsilon^\mu_{k'\lambda'}\varepsilon^\nu_{k\lambda} \cdot \mathrm{i}e^2\int \frac{\mathrm{d}^4 p}{(2\pi)^4}\;\cdot$$

$$\mathrm{tr}\Big(\gamma_\mu\,\frac{p\!\!\!/ + m}{p^2 - m^2 + \mathrm{i}\varepsilon}\gamma_\nu\,\frac{q\!\!\!/ + m}{q^2 - m^2 + \mathrm{i}\varepsilon}\Big) =$$

$$\frac{\mathrm{i}}{2\omega V}(2\pi)^4 \delta^4(k-k')\varepsilon^\mu_{k'\lambda'}\varepsilon^\nu_{k\lambda}\pi_{\mu\nu}(k) \tag{4}$$

式中 $q=p+k,k-k'=0,\omega=\omega'.\pi_{\mu\nu}(k)$ 为光子真空极化的自能函数或振幅,是图 1 真空极化系统总振幅中除双光子外线振幅以外的 1 — 圈图的振幅

$$\pi_{\mu\nu}(k)=\int\frac{\mathrm{d}^4 p}{(2\pi)^4}\cdot$$

$$\mathrm{tr}\left[\mathrm{i}e^2\gamma_\mu\frac{\not{p}+m}{p^2-m^2+\mathrm{i}\varepsilon}\gamma_\nu\frac{\not{p}+\not{k}+m}{(p+k)^2-m^2+\mathrm{i}\varepsilon}\right] \tag{5}$$

对上式分母引入费恩曼参数 ζ 以便积分,改写得

$$\pi_{\mu\nu}(k)=\mathrm{i}e^2\int\frac{\mathrm{d}^4 p}{(2\pi)^4}\int_0^1\mathrm{d}\zeta_1\int_0^1\mathrm{d}\zeta_2\delta(1-\zeta_1-\zeta_2)\cdot$$

$$\frac{\mathrm{tr}[\gamma_\mu\not{p}\gamma_\nu(\not{p}+\not{k})+m^2\gamma_\mu\gamma_\nu]}{\{\zeta_1[(p+k)^2-m^2]+\zeta_2(p^2-m^2)\}^2} \tag{6}$$

取 $\zeta_2=1-\zeta_1$,将上式中的 δ — 函数对 ζ_2 积分得1,简化删去上式中所有 ζ_1 的下角标得

$$\pi_{\mu\nu}(k)=\mathrm{i}e^2\int\frac{\mathrm{d}^4 p}{(2\pi)^4}\int_0^1\mathrm{d}\zeta\cdot$$

$$\frac{\mathrm{tr}[\gamma_\mu\not{p}\gamma_\nu(\not{p}+\not{k})+m^2\gamma_\mu\gamma_\nu]}{\{\zeta[(p+k)^2-m^2]+(1-\zeta)(p^2-m^2)\}^2} \tag{7}$$

令 $p'=p+\zeta k$,即 $p=p'-\zeta k$,将 p 代入上式,整理后简化删去所有 p' 的上角标得

$$\pi_{\mu\nu}(k)=\mathrm{i}e^2\int\frac{\mathrm{d}^4 p}{(2\pi)^4}\int_0^1\mathrm{d}\zeta\cdot$$

$$\frac{\mathrm{tr}\{\gamma_\mu(\not{p}-\zeta\not{k})\gamma_\nu[\not{p}+(1-\zeta)\not{k}]+m^2\gamma_\mu\gamma_\nu\}}{(p^2-a^2)^2}=$$

$$\mathrm{i}e^2\int\frac{\mathrm{d}^4 p}{(2\pi)^4}\int_0^1\mathrm{d}\zeta\frac{N_{\mu\nu}}{(p^2-a^2)^2} \tag{8}$$

上式中 $N_{\mu\nu}$ 代表分式中的分子,且

$$a^2 = m^2 - \zeta(1-\zeta)k^2 \tag{9}$$

式(8)分母中积分变量 p 为偶数次幂,分子 $N_{\mu\nu}$ 中含 p 的项保留 p 的偶数次幂项即可,分子整理后可写成

$$N_{\mu\nu} = \operatorname{tr}(\gamma_\mu \not{p} \gamma_\nu \not{p} - \zeta(1-\zeta)\operatorname{tr}(\gamma_\mu \not{k} \gamma_\nu \not{k}) + m^2 \operatorname{tr}(\gamma_\mu \gamma_\nu)) \tag{10}$$

求迹得

$$N_{\mu\nu} = 8\zeta(1-\zeta)(g_{\mu\nu}k^2 - k_\mu k_\nu) + 4g_{\mu\nu}\left(-\frac{p^2}{2} + a^2\right) \tag{11}$$

将 $N_{\mu\nu}$ 代入式(8)后式右侧可写成两项

$$\pi_{\mu\nu}(k) = \mathrm{i}e^2 \left\{ 8(g_{\mu\nu}k^2 - k_\mu k_\nu)\int_0^1 \mathrm{d}\zeta(1-\zeta)\zeta \cdot \right.$$

$$\int \frac{\mathrm{d}^4 p}{(2\pi)^4}\frac{1}{(p^2-a^2)^2} +$$

$$\left. 4g_{\mu\nu}\int_0^1 \mathrm{d}\zeta \int \frac{\mathrm{d}^4 p}{(2\pi)^4}\frac{-\frac{p^2}{2}+a^2}{(p^2-a^2)^2}\right\} \tag{12}$$

先将上式右侧第二项对动量 p 积分,又得两项

$$\int_0^\infty \frac{\mathrm{d}^4 p}{(2\pi)^4}\frac{-\frac{1}{2}p^2}{(p^2-a^2)^2} = -\frac{1}{2}\frac{-\mathrm{i}a^2}{(2\pi)^2}2\Gamma(-1) =$$

$$\frac{\mathrm{i}a^2}{(2\pi)^2}\frac{-\pi}{\sin\pi} \tag{13}$$

$$\int_0^\infty \frac{\mathrm{d}^4 p}{(2\pi)^4}\frac{a^2}{(p^2-a^2)^2} = \frac{\mathrm{i}a^2}{(2\pi)^2}\Gamma(0) =$$

$$\frac{\mathrm{i}a^2}{(2\pi)^2}\frac{\pi}{\sin\pi} \tag{14}$$

上述两式之和为零,即式(12)右侧第2项为零,式(12)简化为

$$\pi_{\mu\nu}(k) = \mathrm{i}8e^2(g_{\mu\nu}k^2 - k_\mu k_\nu) \cdot$$

$$\int_0^1 d\zeta(1-\zeta)\zeta \int \frac{d^4 p}{(2\pi)^4} \frac{1}{(p^2-a^2)^2} \quad (15)$$

上式为光子真空极化振幅的表示式,对"虚电子 — 正电子对"的动量 p 积分,积分上限趋于 ∞ 时,积分为无穷大,即紫外发散.

24.2 用 δ — 函数近似值法处理光子真空极化的发散问题

24.2.1 光子真空极化的正规化公式

将上一节式(15)按 δ — 函数近似值法的扩展规则以 $(n\uparrow)$ 代替积分上限 ∞,对 p 积分得

$$\pi_{\mu\nu}(k) = -\frac{2\alpha}{\pi}(g_{\mu\nu}k^2 - k_\mu k_\nu) \cdot$$
$$\left[-\frac{1}{6} - \int_0^1 d\zeta(1-\zeta)\zeta \ln\frac{m^2-\zeta(1-\zeta)k^2}{(n\uparrow)^2}\right]$$
$$(1)$$

或

$$\pi_{\mu\nu}(k) = -\frac{2\alpha}{\pi}(g_{\mu\nu}k^2 - k_\mu k_\nu) \cdot$$
$$\left\{-\frac{1}{6} - \int_0^1 d\zeta(1-\zeta)\zeta \ln\frac{m^2}{(n\uparrow)^2} - \right.$$
$$\left. \int_0^1 d\zeta(1-\zeta)\zeta \ln\left[1-\zeta(1-\zeta)\frac{k^2}{m^2}\right]\right\} \quad (2)$$

式中 $\alpha = \frac{e^2}{4\pi}$. 式(1)和式(2)即为用 δ — 函数近似值法导出的光子真空极化正规化公式,$(n\uparrow)$ 为正规化参数,有 4 维动量的量纲.如取 $(n\uparrow) \to \infty$,上式也发散.

用空 — 时维度法导出的正规化公式为

$$\pi_{\mu\nu}(k) = -\frac{2\alpha}{\pi}(g_{\mu\nu}k^2 - k_{\mu}k_{\nu}) \cdot$$

$$\left[\frac{1}{6\varepsilon'} - \int_0^1 d\zeta(1-\zeta)\zeta\ln\frac{m^2 - \zeta(1-\zeta)k^2}{\mu^2}\right] \quad (3)$$

式中 $\dfrac{1}{\varepsilon'} = \dfrac{1}{\varepsilon} - \gamma_E + \ln 4\pi, \varepsilon = 2 - \dfrac{1}{2}N, \gamma_E =$

$-\displaystyle\int_0^{\infty}dx\,e^{-x}\ln x = 0.577\,21\cdots,N$ 为空—时维度，μ 为

任一设定的质量.

24.2.2　光子真空极化的相对项振幅

以上光子真空极化正规化公式(1) 实际上是从下

列拉普拉斯密度公式出发推导得到的

$$\mathscr{L} = -\frac{1}{4}F_{\mu\nu}F^{\mu\nu} + \overline{\psi}(i\gamma^{\mu}\partial_{\mu} - m)\psi + e\overline{\psi}\gamma_{\mu}\psi A^{\mu} \quad (4)$$

图 1 中双光子真空极化系统的总振幅可分为两个

部分：

双光子外线树枝图部分的振幅：与上式右侧第 1

项相对应，互有转换比例关系，导出的振幅为

$$-(g_{\mu\nu}k^2 - k_{\mu}k_{\nu}) \quad (5)$$

比例关系为

$$-\frac{1}{4}F_{\mu\nu}F^{\mu\nu} \propto -(g_{\mu\nu}k^2 - k_{\mu}k_{\nu}) \quad (6)$$

因每一个外线光子可在不同的两外线上，所以计算每

条光子外线振幅时应乘以 2.

其他 1—圈图部分的振幅：与式(4) 右侧第 1 项后

面的相对应，式(1) 和式(2) 即为此振幅. 将式(2)(5)

相加，得系统的总振幅，它与式(4) 的拉普拉斯密度 $\mathscr{L}$

相对应

$$-(g_{\mu\nu}k^2 - k_{\mu}k_{\nu})\left\{1 + \frac{2\alpha}{\pi}\left[-\frac{1}{6} - \int_0^1 d\zeta(1-\zeta)\zeta\ln\frac{m^2}{(n\uparrow)^2} - \right.\right.$$

$$\int_0^1 d\zeta(1-\zeta)\zeta\ln\left(1-\zeta(1-\zeta)\frac{k^2}{m^2}\right)\Big]\Big\} \tag{7}$$

上式是 α 为 1 阶的振幅. 方括号内第 2 项中对 ζ 的积分为 $\frac{1}{6}$. 经考虑, 取相对项振幅为

$$\Pi_{\mathrm{CT}}=(g_{\mu\nu}k^2-k_\mu k_\nu)\frac{2\alpha}{\pi}\frac{1}{6}\left[-1-\ln\frac{m^2}{(n\uparrow)^2}\right] \tag{8}$$

将式(8)加到式(7)中, 则式(7)中含 $(n\uparrow)$ 的项被消去, 参数 $(n\uparrow)$ 的影响消失, 即使取 $(n\uparrow)\to\infty$, 也不影响振幅, 不至于发散, 即紫外发散被对消. 将式(8)加到式(7)后得系统的重整化振幅为

$$-(g_{\mu\nu}k^2-k_\mu k_\nu)\cdot\left\{1-\frac{2\alpha}{\pi}\int_0^1 d\zeta(1-\zeta)\zeta\cdot\right.$$

$$\left.\ln\left[1-\zeta(1-\zeta)\frac{k^2}{m^2}\right]\right\} \tag{9}$$

这证明了用狄拉克 δ — 函数近似值法导出的光子真空极化正规化公式(1)和(2)是正确的. 此外, 在上式中, 对物理光子有 $k^2=0$, 式中的对数项等于零, 系统的振幅变成图 1 中两外线树枝图部分的振幅, 即式(5), 可知选取式(8)作为相对项振幅也是正确的.

24.2.3　相对项拉普拉斯密度

相对项拉普拉斯密度 $\mathscr{L}_{\mathrm{CT}}^{(\mathrm{B})}$ 与式(8)的相对项振幅 Π_{CT} 互相对应, 有如下关系

$$\mathscr{L}_{\mathrm{CT}}^{(\mathrm{B})}\propto\Pi_{\mathrm{CT}} \tag{10}$$

上式隐含的比例常数与式(6)的相同, 式(10)与式(6)相除, 并将式(8)代入得

$$\mathscr{L}_{\mathrm{CT}}^{(\mathrm{B})}=-\frac{1}{4}\frac{\alpha}{3\pi}\left[1+\ln\frac{m^2}{(n\uparrow)^2}\right]F_{\mu\nu}F^{\mu\nu} \tag{11}$$

从上面的推导可知, 对光子真空极化系统, 用不

662

同方法、不同正规化公式和正规化参数可以导出相同的重整化振幅,即式(9);但是对相对项拉普拉斯密度,因采用的正规化方法、参数不同,相对项拉普拉斯密度公式当然也会不同.由空－时维度法导出的相对项拉普拉斯密度为

$$\mathscr{L}_{\mathrm{CT}}^{(\mathrm{B})} = -\frac{1}{4}\frac{\alpha}{3\pi}\left[-\frac{1}{\varepsilon'}+\ln\frac{m^2}{\mu^2}\right]F_{\mu\nu}F^{\mu\nu} \quad (12)$$

该式的符号说明见式(3).至于何种公式较好,有待进一步探讨.

如将式(11)写成真空极化发散最一般的张量形式,则有

$$\mathscr{L}_{\mathrm{CT}}^{(\mathrm{B})} = -\frac{1}{4}(Z_3-1)F_{\mu\nu}F^{\mu\nu} \quad (13)$$

对图 1 有

$$Z_3 = 1+\frac{\alpha}{3\pi}\left[1+\ln\frac{m^2}{(n\uparrow)^2}\right] \quad (14)$$

狄拉克函数在力学教学中的应用①

第 25 章

狄拉克函数是一个广义函数(或奇异函数),在近代物理学和工程技术中有着较广泛的应用.通过引入狄拉克函数,对许多集中于一点或一瞬时的物理量,如点质量、点电荷、点热源、集中力、集中力偶矩、瞬时脉冲力等,可以像处理连续分布的量那样,以统一的方式加以表达和解决,因而具有简便性,且物理意义明确.三峡大学土木与建筑学院的雷进生、刘章军两位教授 2014 年尝试将狄拉克函数引入到大学力学课程教学过程中,以力学教学的开放性和多样性发掘力学课程的魅力;通过在材料力学、结构力学和弹性力学中的应用举例,说明狄拉克函数在力学教学应用中的生命力.

---

① 本章摘编自《高等建筑教育》,2014,23(3):85-88.

664

25.1　狄拉克函数的定义及基本性质

若函数 $f(x)$ 满足如下条件

$$f(x) = \begin{cases} \infty, x = x_0 \\ 0, 其他 \end{cases} \tag{1}$$

$$\int_{-\infty}^{\infty} f(x)\mathrm{d}x = 1 \tag{2}$$

则称 $f(x)$ 为狄拉克函数. 狄拉克函数一般用 $\delta(x - x_0)$ 表示,即

$$f(x) = \delta(x - x_0) \tag{3}$$

狄拉克函数是一个广义函数,其图形如图 1 所示.

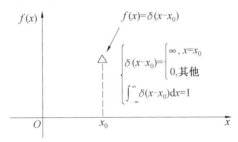

图 1　狄拉克函数

狄拉克函数也可以看作单位阶跃函数的导数. 事实上,根据单位阶跃函数(赫维塞德函数)的定义

$$u(x - x_0) = \begin{cases} 1, x \geqslant x_0 \\ 0, 其他 \end{cases} \tag{4}$$

若定义

$$\dot{u}(x - x_0) = \frac{\mathrm{d}u(x - x_0)}{\mathrm{d}x} =$$

$$\lim_{\varepsilon \to 0} \frac{u(x-x_0) - u(x-x_0-\varepsilon)}{\varepsilon}$$

且 $\varepsilon > 0$，则有

$$\int_{-\infty}^{\infty} \dot{u}(x-x_0)\mathrm{d}x = u(\infty) - u(-\infty) = 1 \quad (5)$$

$$\dot{u}(x-x_0) = \begin{cases} \infty, & x=x_0 \\ 0, & 其他 \end{cases} \quad (6)$$

比较式(1) 和式(2)，显然有

$$\dot{u}(x-x_0) = \delta(x-x_0) \quad (7)$$

类似地，设 $D = (x, y, z)$，$D_0 = (x_0, y_0, z_0)$ 为空间 Ω 内的两点，其中 D_0 固定，则可定义三维狄拉克函数为

$$\delta(D-D_0) = \delta(x-x_0, y-y_0, z-z_0) = \\ \begin{cases} \infty, & D=D_0 \\ 0, & 其他 \end{cases} \quad (8)$$

$$\iiint_{\Omega} \delta(x-x_0, y-y_0, z-z_0)\mathrm{d}x\mathrm{d}y\mathrm{d}z = 1 \quad (9)$$

事实上，三维狄拉克函数可以分为 3 个一维狄拉克函数的乘积

$$\delta(D-D_0) = \delta(x-x_0, y-y_0, z-z_0) = \\ \delta(x-x_0)\delta(y-y_0)\delta(z-z_0)$$

$$(10)$$

下面，给出狄拉克函数的基本性质 —— 筛选性，对于一个连续函数 $g(x)$，则有

$$\int_{-\infty}^{\infty} g(x)\delta(x-x_0)\mathrm{d}x = g(x_0) \quad (11)$$

在实际应用中，通常考虑 $x \geqslant 0$ 时才有意义，因此，上述筛选性质可以改写为

$$\int_0^x g(x)\delta(x-x_0)\mathrm{d}x = g(x_0) \quad (12)$$

其中 $0 \leqslant x_0 \leqslant x$.

25.2　狄拉克函数的物理背景

（1）表示质点密度.

设有一质量为 m 的质点,置于空间 Ω 内的固定点 $D_0 = (x_0, y_0, z_0)$,则质点在空间 Ω 内的分布密度可表示为

$$\rho_m = m\delta(D - D_0) = m\delta(x - x_0, y - y_0, z - z_0)$$

$$(1)$$

（2）表示集中力和集中力偶矩.

设有一细长直梁,在梁的 $A(x = a)$ 和 $B(x = b)$ 两点处分别作用有集中力 P 和集中力偶矩 M,则点 A 的分布力 $p(x)$ 和点 B 的分布力偶矩 $m(x)$ 可分别表示为

$$p(x) = P\delta(x - a), m(x) = M\delta(x - b) \qquad (2)$$

（3）表示单位脉冲函数.

若一个静止的质量 m 受到一个随时间变化的力 $f(t)$ 的作用,则力 $f(t)$ 的冲量可表示为

$$\kappa = \int_0^t f(\tau)\mathrm{d}\tau = mv \qquad (3)$$

其中 v 是质量的速度. 如果作用时间很短,那么获得同样速度 v 所需施加的力应该足够大. 当 $t \to 0$ 时,对于给定的速度 v,有

$$mv = \lim_{t \to 0} \int_0^t f(\tau)\mathrm{d}\tau = 常数 \qquad (4)$$

因此,可以得到

$$f(t) = mv\delta(t) \qquad (5)$$

667

这表明 $\delta(t)$ 就是一个单位脉冲函数. 因此, 在工程中, 将 $\delta(t)$ 函数用一个长度等于 1 的有向线段来表示, 其中这条线段的长度表示 $\delta(t)$ 函数的积分值, 称为 $\delta(t)$ 函数的强度.

25.3　在力学教学中的应用

（1）在材料力学中的应用.

如图 2 所示为一个等直简支梁问题. 在梁 AB 上作用有竖向分布荷载 $p(x)$ 和集中荷载 P, 以及集中力偶矩 M_e.

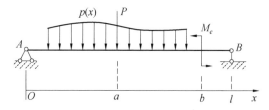

图 2　简支梁上的荷载

作用在梁 AB 上的荷载可以统一写成分布荷载的形式

$$q(x) = -p(x) - P\delta(x-a) - M_e\delta'(x-b) \quad (1)$$

容易求得支座 A 的反力 R_A, 这时可得到梁任意截面的剪力和弯矩方程

$$Q(x) = R_A - \int_0^x p(\tau)\mathrm{d}\tau - Pu(x-a) - $$
$$M_e\delta(x-b) \quad (2)$$

$$M(x) = R_A x - \int_0^x \left[\int_0^t p(\tau)\mathrm{d}\tau\right]\mathrm{d}t - $$

668

$$P(x-a)u(x-a) - M_e u(x-b) \quad (3)$$

不难验证, 弯矩 $M(x)$、剪力 $Q(x)$ 与分布荷载 $q(x)$ 满足如下的微分关系式

$$q(x) = \frac{\mathrm{d}Q(x)}{\mathrm{d}x}, Q(x) = \frac{\mathrm{d}M(x)}{\mathrm{d}x} \quad (4)$$

在实际应用中, 可将剪力方程(2) 改写为

$$Q(x) = R_A - \int_0^x p(\tau)\mathrm{d}\tau - Pu(x-a) \quad (5)$$

事实上, 尽管剪力方程(2) 与(5) 在形式上有所不同, 但其物理实质是相同的, 即在截面 $x=b$ 处的集中力偶矩 M_e 投影到任意横截面上的剪力为零. 因此, 在式(2) 中, 多余项 $M_e\delta(x-b)$ 仅仅表示了在截面 $x=b$ 处作用着一集中力偶矩 M_e, 而其值在剪力方程中为零.

顺便指出, 若左端 A 为固定端, 则初始截面上的剪力和弯矩分别等于固定端的支反力和支反力偶矩. 此外, 若竖向分布荷载 $p(x)$ 沿梁长不连续, 则需分段积分, 其积分下限做相应改动.

在本科材料力学的教材中, 通常仅采用分布荷载来推导公式(4) 中弯矩、剪力和荷载三者间的微分关系, 然后再利用表格补充说明在有集中力与集中力偶矩时剪力图和弯矩图的特征. 而在上述公式的推导中, 荷载可以全面考虑分布荷载、集中力、集中力偶矩的情况, 利用狄拉克函数进行统一推导, 具有合理性和简明性.

(2) 在结构力学中的应用.

在结构力学教材中, 需要推导一般动力荷载 $P(t)$ 作用下单自由度系统的位移动力反应, 即杜阿梅尔

669

(Duhamel) 积分公式. 采用狄拉克函数进行推导, 系统的运动微分方程与零初始条件可合写为

$$m\ddot{Y}(t) + c\dot{Y}(t) + kY(t) = P(t)$$

$$Y(0) = 0, \dot{Y}(0) = 0 \tag{6}$$

根据狄拉克函数的性质, 任意的动力荷载 $P(t)$ 可写为

$$P(t) = \int_0^t P(\tau)\delta(t-\tau)\mathrm{d}\tau \tag{7}$$

相应地, 系统的位移动力反应 $Y(t)$ 可写为

$$Y(t) = \int_0^t y(t-\tau)\mathrm{d}\tau \tag{8}$$

其中, $y(t-\tau)$ 为脉冲力 $P(\tau)\delta(t-\tau)$ 作用在时刻 $t=\tau$ 的位移动力反应. 事实上, 当处于零初始条件的系统受到任意动力荷载 $P(t)$ 作用时, 可将动力荷载 $P(t)$ 看作一系列脉冲力的叠加, 而系统的总位移反应 $Y(t)$ 则为 t 时刻之前的各个脉冲反应的总和, 如图 3 所示.

现在, 只需求出脉冲力 $P(\tau)\delta(t-\tau)$ 作用在时刻 $t=\tau$ 的位移动力反应 $y(t-\tau)$. 记 τ^- 和 τ^+ 分别为脉冲力作用瞬间的前后时刻, 此时系统的运动微分方程与零初始条件合写为

$$\begin{cases} m\ddot{y}(t-\tau) + c\dot{y}(t-\tau) + ky(t-\tau) = P(\tau)\delta(t-\tau) \\ y(\tau^-) = 0, \dot{y}(\tau^-) = 0 \\ t > \tau^- \end{cases}$$

$$\tag{9}$$

根据动量定理, 有

$$P(\tau)\delta(t-\tau)\mathrm{d}t = m\mathrm{d}\dot{y} = m\ddot{y}\mathrm{d}t \tag{10}$$

将式 (10) 两边在区间 $\tau^- \leqslant t \leqslant \tau^+$ 对时间积分, 可得

670

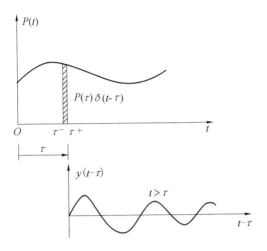

图 3　杜阿梅尔积分的推导

$$\int_{\tau^-}^{\tau^+} P(\tau)\delta(t-\tau)\mathrm{d}t = m\int_{\tau^-}^{\tau^+} \ddot{y}(t)\mathrm{d}t \qquad (11)$$

于是,有

$$P(\tau) = m[\dot{y}(\tau^+) - \dot{y}(\tau^-)] = m\dot{y}(\tau^+) \qquad (12)$$

可见,在脉冲力的作用下,系统的速度发生了突变,但在这一瞬间位移则来不及改变,即有 $y(\tau^+) = y(\tau^-) = 0$,而当 $t > \tau^+$ 时,脉冲力的作用已结束.因此,当 $t > \tau^+$ 时,有

$$\begin{cases} m\ddot{y}(t-\tau) + c\dot{y}(t-\tau) + ky(t-\tau) = 0 \\ y(\tau^+) = 0, \dot{y}(\tau^+) = \dfrac{P(\tau)}{m} \end{cases}, t > \tau^+ \quad (13)$$

由式(13)可得,在 $t = \tau$ 时刻脉冲力 $P(\tau)\delta(t-\tau)$ 所引起的系统脉冲反应

$$y(t-\tau) = \frac{P(\tau)}{m\omega_D}\exp[-\xi\omega(t-\tau)]\sin\omega_D(t-\tau)$$

$$t > \tau \qquad\qquad (14)$$

671

其中,$\omega = \sqrt{\dfrac{k}{m}}$,$\omega_D = \omega\sqrt{1 - \xi^2}$,$\xi = \dfrac{c}{2m\omega}$.

于是,系统的总位移动力反应为

$$Y(t) = \int_0^t \frac{P(\tau)}{m\omega_D}\exp[-\xi\omega(t - \tau)]\sin \omega_D(t - \tau)\mathrm{d}\tau$$

(15)

采用狄拉克函数来推导杜阿梅尔积分公式,可充分体现数学推导过程的严谨性,同时又具有明确的物理意义,这对于进一步理解高等数学中微分方程的求解具有重要意义.

(3)在弹性力学中的应用.

在弹性力学中,由于外力仅分为体力和面力,不包含集中力等概念,故利用狄拉克函数来将集中力直接推广到面力中去.比如,薄板弯曲问题中,若需考虑板面上受集中荷载的情况,此时薄板的弹性曲面微分方程可写为

$$D\nabla^4 w(x,y) = q(x,y) \qquad (16)$$

其中,薄板的弯曲刚度 D 和单位面积内的横向荷载 $q(x,y)$ 分别为

$$D = \frac{Eh^3}{12(1 - \mu^2)} \qquad (17)$$

$$q(x,y) = (\overline{f}_z)_{z=-h/2} + (\overline{f}_z)_{z=h/2} + \int_{-h/2}^{h/2} f_z \mathrm{d}z +$$

$$\sum_{j=1}^N P_j \delta(x - x_j, y - y_j) \qquad (18)$$

在式(18)中,$P_j(j = 1,2,\cdots,N)$ 为作用于板面上点 (x_j, y_j) 处的横向集中力.

例 如图 4 所示四边简支的矩形薄板,边长分别为 a 和 b,在任意一点 $D(x_0, y_0)$ 处受横向的集中力 P

作用,不考虑薄板的体力,试求薄板的挠度 $w(x,y)$.

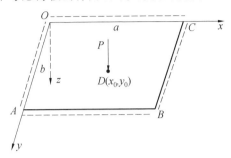

图 4　四边简支的矩形薄板问题

解　采用纳维解法,将挠度函数取为重三角级数

$$w(x,y)=\sum_{m=1}^{\infty}\sum_{n=1}^{\infty}A_{mn}\sin\frac{m\pi x}{a}\sin\frac{n\pi y}{b} \quad (19)$$

由于不考虑体力的作用,此时横向荷载 $q(x,y)$ 变为

$$q(x,y)=P\delta(x-x_0)\delta(y-y_0) \quad (20)$$

将 $q(x,y)$ 代入纳维解法中的系数表达式

$$A_{mn}=\frac{4\int_0^a\int_0^b q(x,y)\sin\frac{m\pi x}{a}\sin\frac{n\pi y}{b}\mathrm{d}x\,\mathrm{d}y}{\pi^4 abD\left(\frac{m^2}{a^2}+\frac{n^2}{b^2}\right)}=$$

$$\frac{4P\int_0^a\delta(x-x_0)\sin\frac{m\pi x}{a}\mathrm{d}x\int_0^b\delta(y-y_0)\sin\frac{n\pi y}{b}\mathrm{d}y}{\pi^4 abD\left(\frac{m^2}{a^2}+\frac{n^2}{b^2}\right)}=$$

$$\frac{4P\sin\frac{m\pi x_0}{a}\sin\frac{n\pi y_0}{b}}{\pi^4 abD\left(\frac{m^2}{a^2}+\frac{n^2}{b^2}\right)} \quad (21)$$

于是,将式(21)代入薄板的挠度式(19)中,可得

$$w(x,y) = \frac{4P}{\pi^4 abD} \sum_{m=1}^{\infty} \sum_{n=1}^{\infty} \frac{\sin\dfrac{m\pi x_0}{a}\sin\dfrac{n\pi y_0}{b}}{\left(\dfrac{m^2}{a^2} + \dfrac{n^2}{b^2}\right)} \sin\frac{m\pi x}{a}\sin\frac{n\pi y}{b}$$

利用狄拉克函数将集中力直接推广到面力中去，统一按面力来处理更为方便、合理，既体现了课程理论性强、逻辑严谨的特点，又便于学生加深对弹性力学知识点的理解.

在力学课程教学中，我们尝试引入狄拉克函数，方便地将集中力、集中力偶矩以及瞬时脉冲力等物理量处理为连续分布的形式，以统一的方式加以表达和解决.通过在材料力学梁的剪力方程和弯矩方程的统一表达，结构力学杜阿梅尔积分公式的推导，以及弹性力学薄板弯曲问题中的三处应用，可以看出狄拉克函数在力学教学中的生命力.作为力学课程关联性教学的典型案例，将狄拉克函数引入力学教学进行实例分析，可以加深学生对力学知识的理解，促进力学课程间的渗透与融合，激发学生的学习兴趣，引导和培养学生的开放性和多元性思维，为力学专业教育和力学创新性人才培养提供借鉴.

系数含狄拉克函数的广义斯图姆－刘维尔问题的值[①]

第 26 章

肇庆学院数学与统计学院的傅守忠、王忠,数学与统计科学学院的乔志军三位教授 2017 年讨论了势函数和权函数分别为狄拉克函数的两类广义斯图姆－刘维尔问题,证明了这两类问题均只包含一个特征值.

19 世纪初叶,求解固体热传导模型的傅里叶方法被斯图姆和刘维尔推广,建立了经典斯图姆－刘维尔(S-L)问题理论,即赋予一定边界条件的 2 阶常微分方程

$$-(p(x)y'(x))' + q(x)y(x) = \lambda w(x)y(x), x \in [a,b] \tag{1}$$

所形成的特征值问题,其中 λ 是谱参数. 在实际问题中,系数 p 和 w 是与面积、张力、质量、密度、损耗率或衰减率、极惯量

---

①　本章摘编自《内蒙古大学学报(自然科学版)》,2017,48(4):421-424.

矩等物理量或几何量相关的函数,因而要求非负,而 q 表示势场,故被称作势函数.熟知,在泛函分析和函数论框架下,当系数函数满足条件:

(1) $1/p,q,w$ 均为可积的实函数;

(2) p 和 w 几乎处处为正,

时,赋予自伴边条件的 S-L 问题的谱由下半有界且没有有限聚点的可数个单重实特征值构成,它们可排列为

$$\lambda_0 < \lambda_1 < \cdots < \lambda_n < \cdots \rightarrow +\infty \qquad (2)$$

经典 S-L 问题已成为解决振动方程和波动方程等数学物理方程定解问题的数学基础.Atkinson 论述了只要上述条件(1)和(2)在任何一个长度非零的子区间上成立,则 S-L 问题的谱仍然具有形式(2).Kong 等构造了具有有限特征值且称为 Atkinson 型的 S-L 问题,要求在被分割出来的若干长度不为 0 的子区间内

$$r(x) := \frac{1}{p(x)} \equiv 0 \text{ 与 } w(x) \equiv 0 \text{ 交替成立.在一些子区}$$

间内 $\frac{1}{p(x)} \equiv 0$ 的假设条件使问题脱离了实际应用.

韦尔将有界区间拓展到无界区间,形成了奇异 S-L 问题,成为量子力学最基本的数学工具.流体力学和空气动力学中将许多浅水波等问题描述为 KdV 方程和 Camassa-Holm(C-H) 方程,Lax 给出求解这些非线性方程的一种方法,称为 Lax 对方法.Lax 对的空间部分一般描述为奇异 S-L 问题,如 KdV 方程 Lax 对的空间部分为

$$-y''(x) - u(x,0)y(x) = \lambda y(x), x \in (-\infty, +\infty)$$
$$(3)$$

其中 $u(x,0)$ 是 KdV 方程的初值.而 C-H 方程 Lax 对

的空间部分为

$$-y''(x) + \frac{1}{4}y(x) = \lambda m(x)y(x), x \in (-\infty, +\infty)$$

$$(4)$$

其中 $m(x)$ 是与 C-H 方程的行波解 $u(x,t)$ 相关的函数,被称为动量密度.对这类问题,现代数理学家更关注于它的尖孤子解,即具有 $u(x,t) = ce^{-|x-a|}$ 形式的解,其中 c 为波速.当 $c \to \infty$ 时,$u(x,t)$ 逼近于狄拉克函数 $\delta(x)$.另外,设单位质量或势能集中于一点,则所产生的 S-L 问题的系数 $q(x)$ 或 $w(x)$ 也会成为狄拉克函数 $\delta(x)$.

本章讨论方程(3)中的势函数和方程(4)中的权函数分别为狄拉克函数 $\delta(x)$ 的广义 S-L 问题,证明它们都只有一个特征值.它们是具有有限谱且更有应用价值的 S-L 问题.

26.1 权函数为狄拉克函数的斯图姆－刘维尔问题

本节考虑权函数为狄拉克函数 $\delta(x)$ 的广义斯图姆－刘维尔问题

$$-y''(x) + q_0 y(x) = \lambda \delta(x-a)y(x), x \in (-\infty, +\infty)$$

$$(1)$$

其中 $q_0 > 0$ 和 $a \in (-\infty, +\infty)$ 都是常数.

先给出证明中需要的两个引理.

引理 1　形如 $y = e^{-c|x-a|} (c > 0)$ 的函数有如下性质:

（1）$\lim\limits_{x \to \pm\infty} y(x) = 0$，$\lim\limits_{x \to \pm\infty} y'(x) = 0$.

（2）$\displaystyle\int_{-\infty}^{+\infty} y(x) \mathrm{d}x = \dfrac{2}{c}$.

证 （1）$\lim\limits_{x \to \pm\infty} y(x) = 0$ 显然. 而

$$y'(x) = \begin{cases} c\mathrm{e}^{c(x-a)}, & x \in (-\infty, a) \\ -c\mathrm{e}^{c(a-x)}, & x \in (a, +\infty) \end{cases} \tag{2}$$

故当 $x \to \pm\infty$ 时，$y'(x) \to 0$.

（2）可直接计算

$$\int_{-\infty}^{+\infty} y(x)\mathrm{d}x = \int_{-\infty}^{a} \mathrm{e}^{c(x-a)} \mathrm{d}x + \int_{a}^{+\infty} \mathrm{e}^{c(a-x)} \mathrm{d}x =$$

$$\frac{1}{c} \mathrm{e}^{c(x-a)} \Big|_{-\infty}^{a} - \frac{1}{c} \mathrm{e}^{c(a-x)} \Big|_{a}^{+\infty} = \frac{2}{c}$$

$$\tag{3}$$

得证.

引理 2 对任意的函数 $f(x)$ 都有 $\displaystyle\int_{-\infty}^{+\infty} \delta(x - a) f(x) \mathrm{d}x = f(a)$.

这是狄拉克函数 $\delta(x)$ 的性质.

本节的主要结论如下.

定理 1 广义斯图姆－刘维尔问题（1）有唯一的特征值 $\lambda = 2\sqrt{q_0}$，对应的特征函数是 $y = \mathrm{e}^{-\sqrt{q_0}|x-a|}$.

证 因为在区间 $(-\infty, a)$ 和 $(a, +\infty)$ 内，$\delta(x - a) \equiv 0$，所以问题（1）退化为常微分方程

$$-y''(x) + q_0 y(x) = 0 \tag{4}$$

该方程的基础解系为 $\{\mathrm{e}^{\pm\sqrt{q_0}\, x}\}$，即其通解为 $y(x) = C_1 \mathrm{e}^{\sqrt{q_0}\, x} + C_2 \mathrm{e}^{-\sqrt{q_0}\, x}$，其中 C_1, C_2 为任意常数.

注意到 $\mathrm{e}^{\sqrt{q_0}\, x} \notin L^2(a, +\infty)$ 且 $\mathrm{e}^{-\sqrt{q_0}\, x} \notin L^2(-\infty, a)$，方程（4）属于 $L^2(-\infty, +\infty)$ 的解可表示为

$$y(x) = \begin{cases} C_1 \mathrm{e}^{\sqrt{q_0}\,x}, x \in (-\infty, a) \\ C_2 \mathrm{e}^{-\sqrt{q_0}\,x}, x \in (a, +\infty) \end{cases} \tag{5}$$

再由解在 a 点的连续性有 $C_2 = \mathrm{e}^{2\sqrt{q_0}\,a} C_1$. 特别地取 $C_1 = \mathrm{e}^{-\sqrt{q_0}\,x}$, 可将问题的解规范化为

$$y(x) = \mathrm{e}^{-\sqrt{q_0}\,|x-a|} =$$
$$\begin{cases} \mathrm{e}^{\sqrt{q_0}\,(x-a)}, x \in (-\infty, a] \\ \mathrm{e}^{\sqrt{q_0}\,(a-x)}, x \in [a, +\infty) \end{cases} \tag{6}$$

这是斯图姆－刘维尔问题(1)在相差常数倍意义下的唯一连续解.

对等式(1)两边在$(-\infty, +\infty)$上积分得

$$-y'(x)\,|_{-\infty}^{+\infty} + q_0 \int_{-\infty}^{+\infty} y(x)\mathrm{d}x = \lambda \int_{-\infty}^{+\infty} \delta(x-a)y(x)\mathrm{d}x \tag{7}$$

由引理 1 和引理 2 并注意到 $y(a) = 1$, 可得 $\lambda = 2\sqrt{q_0}$, 得证.

推论 1　当 $q_0 = \dfrac{1}{4}$ 时, 广义斯图姆－刘维尔问题 (1) 有唯一的特征值 $\lambda = 1$, 对应的特征函数为 $y = \mathrm{e}^{-\frac{|x-a|}{2}}$.

26.2　势函数为狄拉克函数的 斯图姆－刘维尔问题

本节考虑势函数为狄拉克函数 $\delta(x)$ 的广义斯图姆－刘维尔问题

$$-y''(x) + q_1 \delta(x-a)y(x) = \mu y(x), x \in (-\infty, +\infty) \tag{1}$$

其中 $q_1 < 0, a \in (-\infty, +\infty)$ 都是常数.

定理 2 广义斯图姆 – 刘维尔问题(1) 有唯一的特征值 $\mu = -\dfrac{q_1^2}{4}$,对应的特征函数是 $y = \mathrm{e}^{\frac{q_1}{2}|x-a|}$.

证 因为在区间 $(-\infty, a)$ 和 $(a, +\infty)$ 内,$\delta(x-a) \equiv 0$,所以问题(1) 退化为常微分方程

$$-y''(x) = \mu y(x) \tag{2}$$

该方程的基础解系为 $\{\mathrm{e}^{\pm\sqrt{-\mu}x}\}$,即其通解为 $y(x,\mu) = C_1 \mathrm{e}^{\sqrt{-\mu}x} + C_2 \mathrm{e}^{-\sqrt{-\mu}x}$.

易见,当 $\mu \geqslant 0$ 时,对任意不全为零的常数 C_1 和 C_2 都有 $y(x,\mu) \notin L^2(-\infty, +\infty)$. 当 $\mu < 0$ 时,$\mathrm{e}^{\sqrt{-\mu}x} \notin L^2(a, +\infty)$ 且 $\mathrm{e}^{-\sqrt{-\mu}x} \notin L^2(-\infty, a)$,故方程 (1) 属于 $L^2(-\infty, +\infty)$ 的解可表示为

$$y(x,\mu) = \begin{cases} C_1 \mathrm{e}^{\sqrt{-\mu}x}, x \in (-\infty, a) \\ C_2 \mathrm{e}^{-\sqrt{-\mu}x}, x \in (a, +\infty) \end{cases} \tag{3}$$

再由解在 a 点的连续性有 $C_2 = \mathrm{e}^{2\sqrt{-\mu}a} C_1$. 特别地,对任意常数 $\mu < 0$,取 $C_1 = \mathrm{e}^{-\sqrt{-\mu}a}$,类似地可将问题的解规范化为

$$y(x,\mu) = \mathrm{e}^{-\sqrt{-\mu}|x-a|} \tag{4}$$

该解在 $x \neq a$ 的每一点都满足式(1),要使其在 $x = a$ 处也满足式(1),将其代入式(1),并对式(1) 的两边在 $(-\infty, +\infty)$ 上积分,有

$$-y'(x,\mu) \mid_{-\infty}^{+\infty} + q_1 \int_{-\infty}^{+\infty} \delta(x-a) y(x,\mu) \mathrm{d}x = \mu \int_{-\infty}^{+\infty} y(x,\mu) \mathrm{d}x \tag{5}$$

同样由引理 1 和引理 2 以及 $y(a,\mu) = 1$ 可得 $q_1 = \mu \dfrac{2}{\sqrt{-\mu}}$,注意到 $\mu < 0$,可知 $q_1 \geqslant 0$ 时方程无解. 当

$q_1 < 0$ 时解得 $\mu = -\dfrac{q_1^2}{4}$，对应地

$$y(x,\mu) = \mathrm{e}^{-\frac{|q_1(x-a)|}{2}} = \mathrm{e}^{\frac{q_1}{2}|x-a|} \tag{6}$$

得证.

26.3   两类问题间的关系

容易看出，26.2 节中的问题是 26.1 节中的问题当 $\lambda = -q_1$ 且 $q_0 = -\mu$ 时的逆谱问题，即已知 $\lambda = -q_1$，确定 q_0. 由定理 1，q_0 满足方程 $-q_1 = \lambda = 2\sqrt{q_0}$，解得 $q_0 = \dfrac{q_1^2}{4}$，从而解得 $\mu = -q_0 = -\dfrac{q_1^2}{4}$.

反过来，26.1 节中的问题是 26.2 节中的问题当 $\mu = -q_0$ 时的逆谱问题，由定理 2，q_1 满足方程 $-q_0 = \mu = -\dfrac{q_1^2}{4}$，可解得 $\lambda = -q_1 = \pm 2\sqrt{q_0}$，此时，逆问题有一个增根. 由定理 2 的证明过程，当 $q_1 \geqslant 0$ 时 26.2 节中的斯图姆－刘维尔问题无解. 因而该逆谱问题有唯一解 $q_1 = -2\sqrt{q_0}$，进而有 $\lambda = -q_1 = 2\sqrt{q_0}$.

一种改进的赫维塞德函数与狄拉克函数的 C-V 图像分割研究[①]

第 27 章

近年来,偏微分方程的图像分割方法已经成为图像分割的热点研究领域. 根据曲线的不同表示方式,偏微分方程图像分割方法可以分为参数活动轮廓模型和几何活动轮廓模型. 活动轮廓模型是一条能量递减的封闭曲线,将图像分割问题归结为最小化一个封闭曲线的能量泛函,在能量最小的原则下,由封闭曲线内部能量和外部能量共同作用下达到最小值,从而实现对目标图像的分割. 而几何活动轮廓模型是基于曲线演化理论和水平集方法,把活动轮廓隐含地表示为一个高一维零水平集函数,根据图像的分割要求建立偏微分方程,水平集函数在偏微分方程控制下进行演化,在演化过程中, 水平集始终保持为一个连

---

① 本章摘编自《数学的实践与认识》,2019,49(6):176-181.

续函数,直到零水平集演化到图像的目标边界为止,它能够灵活处理曲线的拓扑结构变化问题,比参数活动轮廓模型具有更多的优点. 2001 年 Chan 和 Vese 在 Mumford-Shah 模型的基础上结合水平集思想提出一种基于面积分割技术的 C-V 模型,该模型以分片常数形式拟合图像,对初始曲线的位置不敏感,具有全局优化的能力,它能够实现不连续或者边缘模糊图像分割,且分割效率高.

由于 C-V 模型采用变分水平集方法,赫维塞德函数和狄拉克函数的正则化对目标图像的分割有很大的影响,正则化的赫维塞德函数逼近赫维塞德函数的效果越好,图像分割越准确,新疆农业职业技术学院的赵银善、罗丹,新疆师范大学数学科学学院的吐尔洪江・阿布都克力木三位教授 2019 年在 C-V 模型的基础上,提出了不同的正则化赫维塞德函数和狄拉克函数,实验结果表明分割效果明显.

27.1　C-V 模型

C-V 模型又称为无边缘活动轮廓模型,对一副图像 $I(x,y)$ 所在的区域 $\Omega \subseteq R^2$ 来说,如果我们能够找到闭合曲线 C,将全部图像区域划分为内部区域 Ω_1 和外部区域 Ω_2,其平均灰度值分别为 C_1 和 C_2,那么这一闭合曲线可以看成是对象的轮廓,T. Chan 和 L. Vese 提出如下能量泛函

$$E(C_1, C_2, C) =$$

$$\mu \oint C \mathrm{d}s + \lambda_1 \iint\limits_{\Omega_1} (I(x, y) - C_1)^2 \mathrm{d}x \mathrm{d}y +$$

$$\lambda_2 \iint\limits_{\Omega_2} (I(x, y) - C_2)^2 \mathrm{d}x \mathrm{d}y \tag{1}$$

其中, $\oint C \mathrm{d}s$ 表示闭合曲线 C 的长度, $\mu \geqslant 0, \lambda_1, \lambda_2 > 0$ 表示权重系数.

采用变分水平集方法和梯度下降流演化的偏微分方程为

$$\frac{\partial u}{\partial t} = \delta_\varepsilon(u) \left[\mu \mathrm{div} \left(\frac{\nabla u}{|\nabla u|} \right) - \lambda_1 (I - C_1)^2 + \lambda_2 (I - C_2)^2 \right]$$

$$\tag{2}$$

$$C_1 = \frac{\iint\limits_{\Omega_1} I(x, y) H_\varepsilon(u) \mathrm{d}x \mathrm{d}y}{\iint\limits_{\Omega_1} H_\varepsilon(u) \mathrm{d}x \mathrm{d}y}$$

$$C_2 = \frac{\iint\limits_{\Omega_2} I(x, y)(1 - H_\varepsilon(u)) \mathrm{d}x \mathrm{d}y}{\iint\limits_{\Omega_2} (1 - H_\varepsilon(u)) \mathrm{d}x \mathrm{d}y}$$

其中, $\delta_\varepsilon(u)$ 是正则化狄拉克函数, $H_\varepsilon(u)$ 是正则化赫维塞德函数, u 是闭合曲线 C 构造的水平集函数, 满足 $u(\Omega_1) > 0, u(\Omega_2) < 0$. 当闭合曲线 C 位于分割边界时, 式 (1) 的后两项和为最小值, 因此, 当式 (1) 取得最小值时, 对应的闭合曲线 C 就是分割的图像.

27.2　对赫维塞德函数和狄拉克函数的改进

27.2.1　赫维塞德函数的改进

赫维塞德函数又称单位阶跃函数,定义为

$$H(u) = \begin{cases} 0, u < 0 \\ \dfrac{1}{2}, u = 0 \\ 1, u > 0 \end{cases} \tag{1}$$

C-V 模型中正则化赫维塞德函数为

$$H_\varepsilon(u) = \frac{1}{2}\left[1 + \frac{2}{\pi}\arctan\left(\frac{u}{\varepsilon}\right)\right] \tag{2}$$

式(2)是奇对称函数,当 $\varepsilon \to 0$ 时,有 $H_\varepsilon(u) \to H(u)$,从图 1 可以看出,当 u 的值趋近于零时,$H_\varepsilon(u)$ 不能很好地逼近于 0 和 1,在分割图像时可能会导致分割错误,针对这一缺点,李五强等提出一个正则化赫维塞德函数,即

$$H_\varepsilon(u) = \frac{1}{1 + \mathrm{e}^{-\frac{2u}{\varepsilon}}} \tag{3}$$

本章提出一个新的正则化赫维塞德函数,即

$$H_\varepsilon(u) = \begin{cases} \dfrac{1}{2}\mathrm{e}^{\frac{2u}{\varepsilon}}, u \leqslant 0 \\ 1 - \dfrac{1}{2}\mathrm{e}^{-\frac{2u}{\varepsilon}}, u > 0 \end{cases} \tag{4}$$

当 $\varepsilon = 1$ 时,式(2)(3)(4)的函数图像如图 1 所示.从图 1 中可以看出,本章提出的正则化赫维塞德函数在逼近 0 和 1 的过程中,比 C-V 模型中的正则化赫维塞德函数逼近效果好.

685

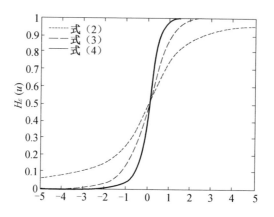

图 1　正则化赫维塞德函数

27.2.2　狄拉克函数的改进

$\delta(u)$ 是狄拉克函数，又称单位脉冲函数，该函数在除零以外取值都为零，而其在整个定义域上的积分等于 1，该函数表示为

$$\delta(u)=0,u\neq 0$$

且 $\int_{-\infty}^{+\infty}\delta(u)\mathrm{d}u=1.$

C-V 模型中正则化狄拉克函数为

$$\delta_{\varepsilon}(u)=\frac{1}{\pi}\frac{\varepsilon}{\varepsilon^{2}+u^{2}} \qquad (5)$$

$\delta_{\varepsilon}(u)$ 是正则化赫维塞德函数 $H_{\varepsilon}(u)$ 的导数，参数 ε 用以控制 $\delta_{\varepsilon}(u)$ 的有效宽度.

本章提出一个新的正则化狄拉克函数，即

$$\delta_{\varepsilon}(u)=\frac{2}{(\mathrm{e}^{\varepsilon u}+\mathrm{e}^{-\varepsilon u})^{2}} \qquad (6)$$

当 $\varepsilon=0.2$ 时式(5)(6)的函数图像如图 2 所示. C-V 模型中正则化狄拉克函数非零区域定义比较狭

686

长,曲线分割速度变慢,分割的范围变小,分割时间变长,对远离目标的边缘检测具有抑制作用,不能进行有效的分割. 相反,如果正则化狄拉克函数非零区域定义比较宽广,那么曲线演化速度变快,分割时间变短. 本章提出的正则化狄拉克函数,当 ε 越小时,$\delta_\varepsilon(u)$ 的非零区域越宽广.

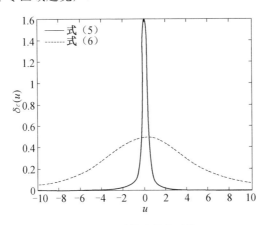

图 2　正则化狄拉克函数

将本章改进的正则化赫维塞德函数(4)和正则化狄拉克函数(6)代入 27.1 节中式(2),得到改进的 C-V 模型.

数值实现采用半隐式方案、有限差分法求解 27.1 节中式(2),时间偏导数采用向前差分法,向前、向后、中心差分相结合的离散化格式,具体数值方案如下

$$u_{ij}^{n+1} = u_{ij}^n + \tau\delta_\varepsilon(u_{ij}^n)\big[\mu Q(u_{ij}^{n+1}) - (I - C_1)^2 + (I - C_2)^2\big]$$

$$Q(u_{ij}^{n+1}) = D_x^{(-)}\left(\frac{D_x^{(+)}(u_{ij}^{n+1})}{\big[(D_x^{(+)}(u_{ij}^n))^2 + (D_y^{(0)}(u_{ij}^n))^2\big]^{1/2}}\right) +$$

$$D_y^{(-)}\left(\frac{D_y^{(+)}(u_{ij}^{n+1})}{\big[(D_y^{(+)}(u_{ij}^n))^2 + (D_x^{(0)}(u_{ij}^n))^2\big]^{1/2}}\right)$$

$$C_1^n = \frac{\displaystyle\sum_{i,j} H_\varepsilon(u_{ij}^n) I_{ij}}{\displaystyle\sum_{i,j} H_\varepsilon(u_{ij}^n)}$$

$$C_2^n = \frac{\displaystyle\sum_{i,j} (1 - H_\varepsilon(u_{ij}^n) I_{ij})}{\displaystyle\sum_{i,j} (1 - H_\varepsilon(u_{ij}^n))}$$

狄拉克函数在信号处理中的冲激效应^①

第28章

众所周知,狄拉克函数(也称 δ 一函数,冲激函数)在信号处理中称为脉冲信号.它是著名英国物理学家狄拉克为了描述量子力学中的某些数量关系而引入的"怪函数",它在近代物理学中有着广泛的应用.20 世纪 20 年代,物理学家们就广泛地使用 δ 一函数来讨论问题,如量子力学中波函数的归一化,以及物理学中的一切点量和瞬时量等都可用它来描述.它不仅给物理研究带来方便,而且物理含义也比较清楚,遗憾的是它却不能用当时的经典数学所描述,长期以来不被数学界认可.虽然如此,但其客观合理性,却引发了众多探究者的兴趣.直到 20 世纪 50 年代,随着泛函分析的广义函数理论的产生和深入研究,能够对它进行

---

① 本章摘编自《河南科学》,2009,27(10):1175-1178.

689

严格数学描述后,才在数学殿堂中确立了它的存在地位,并逐渐被数学界所接受.

由于广义函数理论产生较晚,因此在其他应用数学理论分支中对狄拉克函数的偏见依存,对狄拉克函数的研究和应用开发较少.例如,传统的傅里叶变换理论由于对象原函数的条件要求苛刻,使得傅里叶变换的应用受到了很大的限制.伴随着广义函数理论的产生,人们将狄拉克函数引入傅里叶变换理论以后,一些指数级增长函数也就具有了傅里叶变换,这种傅里叶变换我们称为广义傅里叶变换.但是这种简单引入并不彻底,影响效果并不显著.比如,指数函数 $e^{-\beta t}$ 的傅里叶变换是否存在,它对传统傅里叶变换理论有什么影响,现行傅里叶分析的理论典籍和信号处理原理教材都没有做出正确或全面的回答.

焦作大学基础部的付立志、葛淑梅两位教授 2009 年利用广义函数理论和级数展开的方法,对狄拉克函数在傅里叶变换中的冲激效应逐步展开讨论,纠正一些重要傅里叶变换公式的瑕疵,使我们对广义傅里叶变换有一个崭新的认识,并在结论性的叙述上采用信号处理中的习惯称谓,将函数称为信号.

引理 1　设 $f(\omega) \in \mathbf{Z}$,则对于任意 h,有

$$f(\omega + h) = \sum_{n=0}^{\infty} \frac{h^n}{n!} f^{(n)}(\omega) \qquad (1)$$

定理 1　设 $f(t) = \lim_{n \to \infty} f_n(t)$,若

$$f_n(t) = \sum_{k=0}^{n} \frac{f^{(k)}(0) t^k}{k!}$$

则有

$$\mathscr{F}[f(t)] = 2\pi \sum_{n=0}^{\infty} \frac{f^{(n)}(0)}{(-j)^n n!} \delta^{(n)}(\omega) \qquad (2)$$

证 设 $\varphi(t)$ 在区间 $[-a,a]$ 外部等于 0，并定义

$$\int_{-\infty}^{+\infty} f(t)\varphi(t)\mathrm{d}t = \langle f(t), \varphi(t)\rangle$$

根据广义极限定义和广义函数傅里叶变换微分性质，得

$$2\pi\langle f(t),\varphi(t)\rangle = \lim_{n\to\infty} 2\pi\langle f_n(t),\varphi(t)\rangle =$$

$$\lim_{n\to\infty} 2\pi\langle 1, \sum_{k=0}^{n} \frac{f^{(k)}(0)t^k}{k!}\varphi(t)\rangle =$$

$$\lim_{n\to\infty} 2\pi\langle 1, \sum_{k=0}^{n} \frac{f^{(k)}(0)}{(-\mathrm{j})^k k!}(-\mathrm{j}t)^k\varphi(t)\rangle =$$

$$\lim_{n\to\infty}\langle 2\pi\delta(\omega), \sum_{k=0}^{n} \frac{f^{(k)}(0)}{(-\mathrm{j})^k k!}\psi^{(k)}(-\omega)\rangle =$$

$$\lim_{n\to\infty}\langle 2\pi\sum_{k=0}^{n} \frac{f^{(k)}(0)}{(-\mathrm{j})^k k!}\delta^{(k)}(\omega),\psi(-\omega)\rangle$$

于是式（2）得证.

显然，当 $-\infty < \beta < +\infty$ 时，有

$$\mathrm{e}^{-\beta t} = \sum_{n=0}^{\infty} \frac{(-1)^n\beta^n t^n}{n!}, \quad -\infty < \beta < +\infty$$

满足引理 1 和定理 1 的条件，于是有

$$\mathscr{F}[\mathrm{e}^{-\beta t}] = 2\pi\sum_{n=0}^{\infty} \frac{\beta^n}{(-\mathrm{j})^n n!}\delta^{(n)}(\omega) = 2\pi\delta(\omega - \beta\mathrm{j})$$

$$(3)$$

根据式（3）可知，公式 $\mathscr{F}[\mathrm{e}^{bt}] = 2\pi\delta(\omega - b\mathrm{j})$ 是错误的.

同理，我们可以利用狄拉克函数得出下面更为一般的广义傅里叶变换结论：

结论 1 若信号 $|f(t)| \leqslant M\mathrm{e}^{ct}$ 为一指数级增长信号，c 为其增长指数，则 $f(t)$ 和 $\mathrm{e}^{-\beta t}f(t)$ 的广义傅里叶变换存在，且一定为一冲激型信号，即不论是指数级增长信号，还是指数级增长信号与衰减因子（或增

长因子)的积,都存在广义傅里叶变换.

引理 2 (半屏定理)设不满足傅里叶积分定理中的绝对可积条件的非和实函数 $f(t)$ 的广义傅里叶变换为 $\mathscr{F}\left[f(t)\right]=F_0(\omega)$,若广义积分 $\int_{0^+}^{+\infty}f(t)\mathrm{e}^{-\mathrm{j}\omega t}\,\mathrm{d}t=F_*(\omega)$ 存在,则 $u(t)f(t)$ 的广义傅里叶变换也存在,且

$$\mathscr{F}\left[u(t)f(t)\right]=\frac{1}{2}F_0(\omega)+F_*(\omega) \tag{4}$$

其中:$F_0(\omega)$ 为冲激型函数(广义函数);$F_*(\omega)$ 为冲激波型函数(一般常义函数).

引理 3 (翻掩定理)若 $\mathscr{F}\left[f(t)\right]=F_0(\omega)$,则有

$$\mathscr{F}\left[u(-t)f(t)\right]=\frac{1}{2}F_0(\omega)-F_*(\omega) \tag{5}$$

定理 2 (半逆定理)若 $\mathscr{F}\left[f(t)\right]=F_0(\omega)$,则有

$$\mathscr{F}^{-1}\left[F_*(\omega)\right]=\frac{1}{2}\mathrm{sgn}(t)f(t)=\begin{cases}\dfrac{1}{2}f(t),t>0\\[2mm]-\dfrac{1}{2}f(t),t<0\end{cases} \tag{6}$$

证 由狄利克雷积分($\int_0^{+\infty}\dfrac{\sin x}{x}\mathrm{d}x=\dfrac{\pi}{2}$),得

$$\mathscr{F}^{-1}\left[\frac{1}{\mathrm{j}\omega}\right]=\frac{1}{2\pi}\int_{-\infty}^{+\infty}\frac{1}{\mathrm{j}\omega}\mathrm{e}^{\mathrm{j}\omega t}\mathrm{d}\omega=$$

$$\frac{1}{\pi}\int_0^{+\infty}\frac{\sin\omega t}{\omega t}\mathrm{d}\omega=$$

$$\frac{1}{2}\mathrm{sgn}(t)=\begin{cases}\dfrac{1}{2},t>0\\[2mm]-\dfrac{1}{2},t<0\end{cases}$$

由引理 2 和卷积定理,有

$$F_*(\omega) = \frac{1}{2\pi} F_0(\omega) * \left[\frac{1}{\mathrm{j}\omega}\right] = \frac{1}{2}\mathscr{F}\left\{\mathscr{F}^{-1}[F_0(\omega)]\mathscr{F}^{-1}\left[\frac{2}{\mathrm{j}\omega}\right]\right\} =$$
$$\frac{1}{2}\mathscr{F}[f(t)\mathrm{sgn}(t)]$$

$$\mathscr{F}^{-1}[F_*(\omega)] = \frac{1}{2}\mathrm{sgn}(t)f(t) = \begin{cases} \dfrac{1}{2}f(t), t > 0 \\[2mm] -\dfrac{1}{2}f(t), t < 0 \end{cases}$$

由于 $\int_{0^+}^{+\infty} \mathrm{e}^{-\beta t}\mathrm{e}^{-\mathrm{j}\omega t}\,\mathrm{d}t = \dfrac{1}{\beta + \mathrm{j}\omega}(\beta > 0)$，依据引理 2 和定理 2，以及式（3），可得

$$\mathscr{F}[u(t)\mathrm{e}^{-\beta t}] = \pi\delta(\omega - \beta\mathrm{j}) + \frac{1}{\beta + \mathrm{j}\omega} \tag{7}$$

$$\mathscr{F}^{-1}\left[\frac{1}{\beta + \mathrm{j}\omega}\right] = \begin{cases} \dfrac{1}{2}\mathrm{e}^{-\beta t}, t > 0 \\[2mm] -\dfrac{1}{2}\mathrm{e}^{-\beta t}, t < 0 \end{cases} \tag{8}$$

结论 2　我们长期使用的衰减信号的傅里叶变换公式

$$\mathscr{F}[u(t)\mathrm{e}^{-\beta t}] = \frac{1}{\beta + \mathrm{j}\omega}, t \geqslant 0, \beta > 0 \tag{9}$$

存在重大瑕疵，也可以说是错误的. 凡是与之有关的变换公式都有瑕疵，需要修正.

显然，由式（7）和（8）可知，式（9）少了一项冲激型函数

$$\pi\sum_{n=0}^{\infty} \frac{\beta^n}{(\mathrm{j})^n n!}\delta^{(n)}(\omega) = \pi\delta(\omega - \beta\mathrm{j})$$

虽然上式在 ω 取实数时恒为 0，这是因为我们利用了广义函数的平移特性，将原来在 $\omega = 0$ 处的冲激型函数平移到了 $\omega = \beta\mathrm{j}$ 处，但它在傅里叶逆变换中却起

着不可或缺的作用,它保证了傅里叶正逆变换的一一对应性.

采用引理 2 和引理 3 的证明方法,我们可以得出它们的姊妹定理:

定理 3　设 $\mathscr{F}[f(t)]=F_0(\omega)$,若广义积分 $\int_{-\infty}^{0^-}f(t)\mathrm{e}^{-\mathrm{j}\omega t}\mathrm{d}t=F_{**}(\omega)$ 存在,则 $u(-t)f(t)$ 的广义傅里叶变换也存在,且

$$\mathscr{F}[u(-t)f(t)]=\frac{1}{2}F_0(\omega)+F_{**}(\omega) \quad (10)$$

定理 4　设 $\mathscr{F}[f(t)]=F_0(\omega)$,则有

$$\mathscr{F}[u(t)f(t)]=\frac{1}{2}F_0(\omega)-F_{*}(\omega) \quad (11)$$

事实上,对于同一函数 $f(t)$ 来说,这里的 $F_{**}(\omega)=-F_{*}(\omega)$,上述定理和半屏定理、翻掩定理可以合而为一;对于非同一函数来说,也同样具有形式的同一性.也就是说,定理 3 和定理 4 可以用半屏定理、翻掩定理统一表示.

例如对于指数函数 $f(t)=\mathrm{e}^{\beta t}(\beta>0)$,因为 $\mathscr{F}[\mathrm{e}^{\beta t}]=2\pi\delta(\omega+\beta\mathrm{j})$ 和 $\int_{-\infty}^{0^-}\mathrm{e}^{\beta t}\mathrm{e}^{-\mathrm{j}\omega t}\mathrm{d}t=\dfrac{1}{\beta-\omega\mathrm{j}}$,所以由定理 4 有

$$\mathscr{F}[u(t)\mathrm{e}^{\beta t}]=\pi\delta(\omega+\beta\mathrm{j})-\frac{1}{\beta-\omega\mathrm{j}} \quad (12)$$

而式(12)又可以表示为

$$\mathscr{F}[u(t)\mathrm{e}^{-(-\beta)t}]=\pi\delta[\omega-(-\beta)\mathrm{j}]+\frac{1}{-\beta+\omega\mathrm{j}}$$

$$(13)$$

即式(13)可以和式(7)合而为一,只是 $\beta>0$ 和 $\beta<0$ 代表不同的指数函数而已.

694

同样,我们可以讨论指数级增长函数在积分区域为$[c,+\infty)$(或$(-\infty,c]$)的傅里叶变换,得出偏屏定理和反掩定理的姊妹定理,并证明它们也存在形式同一性.

如同结论 1,我们进一步得出狄拉克函数在半屏广义傅里叶变换中的冲激效应.

结论 3　狄拉克函数使得原本在半屏区域$(-\infty,0]$(或$[0,+\infty)$),以及偏屏区域$(-\infty,c]$(或$[c,+\infty)$)上发散的指数级增长信号变为"收敛"信号且存在广义傅里叶变换.

值得说明的是,这种"收敛"是基于勒贝格积分原理下的收敛,并与广义函数(或狄拉克函数)共生共灭.这是由于狄拉克函数的冲激效应和单位阶跃函数的屏蔽效应共同作用所导致的.而狄拉克函数在"0"处的冲激,是由其对应的函数序列两端向中间急剧收缩或挤压所产生的,集聚能量冲激的过程就形成了常态意义下的积分过程,在半屏(或偏屏)积分变换下它激化了在"∞"处"发散"的象原函数向"收敛"转化.这也就是狄拉克函数可以用函数序列的极限所描述,并称为冲激函数的比较简单而形象的诠释.

上述结论,不仅拓宽了傅里叶变换的适应范围,改变了人们对傅里叶变换的狭隘认识,也为修正人们在拉普拉斯变换上的偏见,以及变革相关的信号处理方法提供了理论依据.

第七编
附　录

δ－函数与傅里叶级数[①]

附录 1

世界著名数学家 Henri Poincaré 曾指出：

数学仅仅是空洞的思想游戏吗？如果它仅仅给了物理学家一种方便的语言，难道这不会是一种平庸的，或者严格地说是一种用不着的帮助吗？甚至可以问，难道不该担心这种人造语言会是设置在现实与物理学家的眼睛之间的幕帐吗？事情远非如此：如果没有这种语言，大多数的事物内在的相似性将会永远是未知的，我们对于世界的内部和谐也会永远地无知。然而正是这种和谐才是唯一真正的客观现实。

---

① 本章摘编自《数学物理方法》，顾樵编著，科学出版社。

1.1　周期函数的傅里叶级数

如同我们熟知的泰勒级数一样,傅里叶级数是一种特殊形式的函数展开.一个函数按泰勒级数展开时,基底函数取 $1,x,x^2,x^3,\cdots$,而一个函数按傅里叶级数展开时,基底函数取 $1,\cos x,\cos 2x,\cos 3x,\cdots$, $\sin x,\sin 2x,\sin 3x,\cdots$.与泰勒级数不同的是,在傅里叶级数中,任意两个不同的基底函数在 $[0,2\pi]$ 上是正交的,即

$$\begin{cases} \int_0^{2\pi} 1 \cdot \cos nx \, \mathrm{d}x = 0 \\ \int_0^{2\pi} 1 \cdot \sin nx \, \mathrm{d}x = 0 \end{cases} \tag{1}$$

$$\begin{cases} \int_0^{2\pi} \cos mx \cdot \cos nx \, \mathrm{d}x = 0, m \neq n \\ \int_0^{2\pi} \sin mx \cdot \sin nx \, \mathrm{d}x = 0, m \neq n \end{cases} \tag{2}$$

$$\int_0^{2\pi} \cos mx \cdot \sin nx \, \mathrm{d}x = 0, m \neq n \text{ 或 } m = n \tag{3}$$

这里, $m,n = 1,2,3,\cdots$,我们将会看到基底函数的正交性对一个函数的傅里叶展开是至关重要的.傅里叶级数是一种很自然的函数展开形式,不但能够解决某些应用数学的经典问题,而且是描述许多重要物理现象的基础,如力学、声学、电子学以及信号分析等.本章介绍傅里叶级数的基本性质.

一个傅里叶级数在一般情况下表示为

$$f(x) = a_0 + \sum_{n=1}^{\infty} (a_n \cos nx + b_n \sin nx) \tag{4}$$

其中，a_0, a_n 和 b_n 是展开系数．假定一个周期为 2π 的函数 $f(x)$，$f(x+2\pi)=f(x)$，能按式（4）展开，现在计算其中的展开系数．为此，对式（4）两边在 $[0,2\pi]$ 范围积分，并利用式（1），我们有

$$\int_0^{2\pi} f(x)\mathrm{d}x = \int_0^{2\pi} \left[a_0 + \sum_{n=1}^{\infty}(a_n\cos nx + b_n\sin nx) \right]\mathrm{d}x =$$

$$2\pi a_0 + \sum_{n=1}^{\infty} a_n \underbrace{\int_0^{2\pi}\cos nx\,\mathrm{d}x}_{=0} +$$

$$\sum_{n=1}^{\infty} b_n \underbrace{\int_0^{2\pi}\sin nx\,\mathrm{d}x}_{=0} =$$

$$2\pi a_0$$

这样

$$a_0 = \frac{1}{2\pi}\int_0^{2\pi} f(x)\mathrm{d}x \tag{5}$$

注意 a_0 是函数 $f(x)$ 在区间 $[0,2\pi]$ 的平均值．为了计算系数 a_n，对式（4）两边同乘以 $\cos mx\,(m=1,2,3,\cdots)$，然后在 $[0,2\pi]$ 范围积分，并利用式（1），我们有

$$\int_0^{2\pi} f(x)\cos mx\,\mathrm{d}x =$$

$$\int_0^{2\pi}\cos mx\left[a_0 + \sum_{n=1}^{\infty}(a_n\cos nx + b_n\sin nx) \right]\mathrm{d}x =$$

$$a_0 \underbrace{\int_0^{2\pi}\cos mx\,\mathrm{d}x}_{=0} + \sum_{n=1}^{\infty} b_n \underbrace{\int_0^{2\pi}\cos mx\sin nx\,\mathrm{d}x}_{=0} +$$

$$\sum_{n=1}^{\infty} a_n \int_0^{2\pi}\cos mx\cos nx\,\mathrm{d}x =$$

$$\sum_{n=1}^{\infty} a_n \begin{cases} \pi, & m=n \\ 0, & m\neq n \end{cases} =$$

$$\pi \sum_{n=1}^{\infty} a_n \delta_{mn} \tag{6}$$

其中,符号 δ_{mn} 定义为

$$\delta_{mn} = \begin{cases} 1, m = n \\ 0, m \neq n \end{cases} \tag{7}$$

它称为克罗内克符号,这是一个非常有用的符号. 为了熟悉它的作用,我们仔细分析式(6)最后的求和,将它展开为

$$\sum_{n=1}^{\infty} a_n \delta_{mn} = a_1 \delta_{m1} + a_2 \delta_{m2} + \cdots + a_m \delta_{mm} + a_{m+1} \delta_{m,m+1} + \cdots \tag{8}$$

利用式(7)考察式(8)中每一项的 δ_{mn},容易看出,只有 $\delta_{mm} = 1$,其余的都等于零,于是 $\sum_{n=1}^{\infty} a_n \delta_{mn} = a_m$,这样我们由式(6)得到

$$a_n = \frac{1}{\pi} \int_0^{2\pi} f(x) \cos nx \, \mathrm{d}x \tag{9}$$

类似地,对式(4)两边同乘以 $\sin mx$($m = 1, 2, 3, \cdots$),积分后得到

$$b_n = \frac{1}{\pi} \int_0^{2\pi} f(x) \sin nx \, \mathrm{d}x \tag{10}$$

在式(9)和(10)中,$n = 1, 2, 3, \cdots$. 我们的结论是,一个周期为 2π 的函数 $f(x)$ 可以按傅里叶级数(4)展开,其中的系数 a_0, a_n, b_n 由式(5)和式(9)(10)确定.

　　这里需要说明,式(5)和式(9)(10)的积分范围为 $[0, 2\pi]$,这种情况在数学物理方法的问题中经常出现. 如果从一开始就取积分范围为 $[-\pi, \pi]$,那么在最后结果中,展开系数的表达式与式(5)和式(9)(10)相同,只是积分范围变为 $[-\pi, \pi]$. 事实上,由于被积函数

是以 2π 为周期的,积分范围可以选取任意一个宽度为 2π 的区间.

现在我们讨论一个很重要的问题,即函数 $f(x)$ 的傅里叶级数(4)的收敛性.这个问题由狄利克雷定理描述,该定理的完整叙述是:

假定:

(1) $f(x)$ 在 $(-\pi,\pi)$ 内除有限个点外有定义且单值.

(2) $f(x)$ 在 $(-\pi,\pi)$ 外是周期函数,周期为 2π.

(3) $f(x)$ 和 $f'(x)$ 在 $(-\pi,\pi)$ 内分段连续 [即 $f(x)$ 分段光滑],则傅里叶级数收敛于

$$a_0 + \sum_{n=1}^{\infty}(a_n\cos nx + b_n\sin nx) = f(x),\text{在 } x \text{ 的连续点}$$

$$\tag{11}$$

$$a_0 + \sum_{n=1}^{\infty}(a_n\cos nx + b_n\sin nx) = \frac{f(x-0)+f(x+0)}{2}$$

$$\text{在 } x \text{ 的间断点} \tag{12}$$

其中,$f(x-0)$ 和 $f(x+0)$ 是 $f(x)$ 在 x 处的左极限和右极限.狄利克雷定理的含义是,如果将一个函数 $f(x)$ 按式(4)展开,其中的展开系数 a_0, a_n, b_n 由式(5)和式(9)(10)计算,将算出的 a_0, a_n, b_n 代入展开式(4),得到傅里叶级数.这个傅里叶级数在原函数的一个连续点 x 给出 $f(x)$ 的值,在原函数的一个间断点 x 给出 $\dfrac{f(x-0)+f(x+0)}{2}$ 的值.

需要说明,狄利克雷定理中加于 $f(x)$ 的条件(1)(2)(3)是傅里叶级数收敛的充分条件,但不是必要条件,在实际问题中这些条件通常是满足的.目前

尚不清楚傅里叶级数收敛的必要且充分的条件.

狄利克雷定理有非常广泛的用途,它不但可以确定以 2π 为周期的函数的傅里叶级数的收敛性,还适用于随后讨论的半幅傅里叶级数、傅里叶积分以及傅里叶变换.我们将会看到,在分析级数(及积分)收敛行为的过程中,狄利克雷定理能给出许多重要的信息(比如给出许多重要的求和公式和积分公式),它们是该理论体系的重要产物.关于狄利克雷定理的证明,传统的方法比较繁复,顾樵教授给出了一个比较简单的方法(借助于 δ 一 函数).

1.2 δ 一 函数

由量子力学大师狄拉克创建的 δ 一 函数是一个非常奇妙的函数,它在量子力学、经典物理学以及许多科学技术领域都有广泛的用途.这个函数定义在区间 $(-\infty, \infty)$ 上,记为 $\delta(x-x_0)$,其中 x 是变量,x_0 是参数($|x_0| < \infty$).本节将讨论 δ 一 函数的定义和性质,以及 δ 一 函数的极限表示.

1.2.1 δ 一 函数的定义和含义

δ 一 函数的定义涉及它的两个特征.第一个特征是

$$\delta(x-x_0) = \begin{cases} 0, & x \neq x_0 \\ \infty, & x = x_0 \end{cases} \tag{1}$$

这意味着 δ 一 函数是无限高且无穷窄的(图1).第二个特征是

$$\int_{-\infty}^{\infty} \delta(x-x_0)\,\mathrm{d}x = 1 \tag{2}$$

704

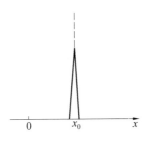

图 1 δ — 函数 $\delta(x-x_0)$

即 δ — 函数有单位面积. 这两个特征作为 δ — 函数的定义是缺一不可的.

δ — 函数的定义直接给出它的另一个重要性质:对于任何一个连续函数 $f(x)$ 都有

$$\int_{-\infty}^{\infty} f(x)\delta(x-x_0)\mathrm{d}x = f(x_0) \tag{3}$$

证 因为 $\delta(x-x_0)$ 在 x_0 以外的任何地方均为零,因此,式(3) 左边的积分范围可以写成 $[x_0-\varepsilon, x_0+\varepsilon]$,其中,$\varepsilon$ 是一个正的无穷小量. 在这样一个无穷窄的区间内,$f(x)$ 可以被它的中间值 $f(x_0)$ 代替,于是

$$\int_{-\infty}^{\infty} f(x)\delta(x-x_0)\mathrm{d}x = \int_{x_0-\varepsilon}^{x_0+\varepsilon} f(x)\delta(x-x_0)\mathrm{d}x =$$
$$f(x_0)\int_{x_0-\varepsilon}^{x_0+\varepsilon} \delta(x-x_0)\mathrm{d}x =$$
$$f(x_0)$$

可以看出,δ — 函数的作用是通过式(3) 左边的积分将 $f(x)$ 在 x_0 的值 $f(x_0)$ 选出来,所以式(3) 称为 δ — 函数的"筛选"性质.

当 $x_0=0$ 时,上述结果约化为

$$\delta(x) = \begin{cases} 0, & x \neq 0 \\ \infty, & x = 0 \end{cases} \tag{4}$$

$$\int_{-\infty}^{\infty} \delta(x)\mathrm{d}x = 1 \qquad (5)$$

$$\int_{-\infty}^{\infty} f(x)\delta(x)\mathrm{d}x = f(0) \qquad (6)$$

我们进一步分析 δ — 函数的物理含义，从式（1）看，δ — 函数是一个点源函数，可以表示许多特殊的物理量. 比如，位于 x_0 而质量为 m 的质点的线密度为 $m\delta(x-x_0)$；位于 x_0 而电量为 q 的点电荷的线密度为 $q\delta(x-x_0)$；冲量 k 在 x_0 位置作用而产生的冲量密度为 $k\delta(x-x_0)$. 另外，从式（2）看，δ — 函数又是一个归一化的分布函数，因此式（3）右边的 $f(x_0)$ 可以理解为物理量 $f(x)$ 在这个分布中的平均值. 无论作为点源函数还是分布函数，$\delta(x-x_0)$ 是有量纲的：$[\delta(x)] = \dfrac{1}{[x]}$. 比如，在电荷线密度中，$\delta(x-x_0)$ 具有坐标倒数的量纲. 而作为分布函数，$\delta(x-x_0)$ 可以具有众多不同的量纲（依赖于哪个物理量的分布），如波长分布、质量分布、浓度分布等，具体情况我们将在随后的有关章节中详细讨论.

1.2.2 δ — 函数的性质

本节将通过不同类型的例题进一步讨论 δ — 函数的性质.

例 1 证明 δ — 函数是偶函数.

证 设 $f_1(x) = \delta(x-x_1)$，$f_2(x) = \delta(x-x_2)$，作积分 $\int_{-\infty}^{\infty} f_1(x)f_2(x)\mathrm{d}x$，并利用式（3），得到

$$\int_{-\infty}^{\infty} f_1(x)f_2(x)\mathrm{d}x = \int_{-\infty}^{\infty} \delta(x-x_1)f_2(x)\mathrm{d}x = f_2(x_1) = \delta(x_1-x_2) \qquad (7)$$

$$\int_{-\infty}^{\infty} f_1(x) f_2(x) \mathrm{d}x = \int_{-\infty}^{\infty} f_1(x)\delta(x-x_2)\mathrm{d}x = f_1(x_2) =$$
$$\delta(x_2 - x_1) \tag{8}$$

式(7)和(8)相等,故

$$\delta(x_1 - x_2) = \delta(x_2 - x_1) \tag{9}$$

若 $x_2 - x_1 = x$,则

$$\delta(-x) = \delta(x) \tag{10}$$

所以 δ-函数是偶函数.

例2　讨论 δ-函数与函数 $f(x)(-\infty < x < \infty)$ 的卷积.

解　首先,$\delta(x)$ 函数与 $f(x)$ 的卷积给出 $f(x)$ 本身

$$\delta(x) * f(x) = \int_{-\infty}^{\infty} f(\xi)\delta(x-\xi)\mathrm{d}\xi = f(x) \tag{11}$$

而 $\delta(x-a)$ 与 $f(x)$ 的卷积为

$$\delta(x-a) * f(x) = \int_{-\infty}^{\infty} \delta(\xi-a)f(x-\xi)\mathrm{d}\xi = f(x-a)$$
$$\tag{12}$$

可见卷积结果是将 $f(x)$ 平移了一段距离 a,如图 2 所示.

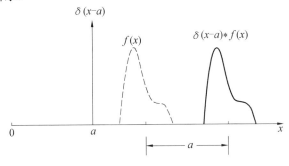

图 2　$\delta(x-a)$ 与 $f(x)$ 的卷积给出 $f(x-a)$

两个 δ — 函数的卷积为

$$\delta(x-a) * \delta(x-b) = \int_{-\infty}^{\infty} \delta(\xi-a)\delta(x-\xi-b)\mathrm{d}\xi = \delta[x-(a+b)] \tag{13}$$

上述 δ — 函数的卷积性质在计算机运算中是很有用的.

例 3　在量子力学中, 坐标 x 是一个算符, 证明 δ — 函数满足算符 x 的本征方程

$$x\delta(x-x_0) = x_0\delta(x-x_0) \tag{14}$$

其中, x_0 是本征值, 并进而讨论本征函数 $\delta(x-x_0)$ 的正交归一性和完备性.

证　在式 (6) 左边的积分中取 $f(x)=x$, 则积分筛选出 x 在 0 的取值, 即

$$\int_{-\infty}^{\infty} f(x)\delta(x)\mathrm{d}x = \int_{-\infty}^{\infty} x\delta(x)\mathrm{d}x = 0 \tag{15}$$

该定积分的结果为零有两种可能: 一是被积函数 $x\delta(x)=0$; 二是被积函数 $x\delta(x)$ 随 x 变化在积分区间出现正负面积相等的情况. 现在, $x\delta(x)$ 在除 0 以外的任何地方为零, 不可能出现后一种可能, 因此必定有

$$x\delta(x) = 0 \tag{16}$$

其中, x 是任意的, 现在用 $x-x_0$ 代换其中的 x, 得到

$$(x-x_0)\delta(x-x_0) = 0 \tag{17}$$

它给出本征方程 (14).

本征函数 $\delta(x-x_0)$ 对于本征值 x_0 的连续变化, 构成了本征函数集合 $\{\delta(x-x_0)\}$. 为了讨论本征函数的正交归一性, 从集合 $\{\delta(x-x_0)\}$ 中取出两个本征函数 $\delta(x-x_1)$ 和 $\delta(x-x_2)$ 作积分, 再利用式 (3), 我们得到

$$\int_{-\infty}^{\infty} \delta(x-x_1)\delta(x-x_2)\mathrm{d}x = \delta(x_1-x_2) \quad (18)$$

这就是坐标算符 x 的本征函数的正交归一性表达式，由于本征值 x_0 的变化形成了连续谱，积分结果归于 δ 一函数，而不像分立谱情况下归于 δ_{mn} 符号。

δ 一函数的完备性是

$$f(x) = \int_{-\infty}^{\infty} f(\xi)\delta(\xi-x)\mathrm{d}\xi \quad (19)$$

它表示任意一个连续函数 $f(x)$ 可以按照坐标算符的本征函数集 $\{\delta(\xi-x)\}$ 展开。

例 4　讨论 δ 一函数的傅里叶变换。

解　$\delta(x-x_0)$ 函数满足绝对可积条件，它的傅里叶变换为

$$\mathcal{F}\{\delta(x-x_0)\} = \int_{-\infty}^{\infty} \delta(x-x_0)\mathrm{e}^{-\mathrm{i}\omega x}\mathrm{d}x = \mathrm{e}^{-\mathrm{i}\omega x_0}$$

$$(20)$$

其中利用了 δ 一函数的筛选性质(6)。当 $x_0 = 0$ 时，式(20)给出

$$\mathcal{F}\{\delta(x)\} = 1 \quad (21)$$

由于 $\delta(x)$ 函数在定义区间 $(-\infty, \infty)$ 内没有间断点，因此反变换积分收敛于

$$\delta(x) = \frac{1}{2\pi}\int_{-\infty}^{\infty} \mathrm{e}^{\mathrm{i}\omega x}\mathrm{d}\omega \quad (22)$$

根据 $\delta(x)$ 的偶函数性质(10)，式(22)还可以写为

$$\delta(x) = \frac{1}{2\pi}\int_{-\infty}^{\infty} \mathrm{e}^{-\mathrm{i}\omega x}\mathrm{d}\omega \quad (23)$$

即

$$2\pi\delta(\omega) = \int_{-\infty}^{\infty} \mathrm{e}^{-\mathrm{i}\omega x}\mathrm{d}x \quad (24)$$

我们有 $\mathcal{F}\{\delta(x)\} = 1$ 与 $\mathcal{F}\{1\} = 2\pi\delta(\omega)$，这样 1 与

$\delta(x)$ 构成了一个傅里叶变换对. 另外式(22)与式(24)给出

$$\int_{-\infty}^{\infty} \mathrm{e}^{-\mathrm{i}\omega x}\,\mathrm{d}x = \int_{-\infty}^{\infty} \mathrm{e}^{\mathrm{i}\omega x}\,\mathrm{d}x \qquad (25)$$

这是一个有趣的结果.

式(23)可以变为

$$\delta(x) = \frac{1}{2\pi a}\int_{-\infty}^{\infty} \mathrm{e}^{\frac{\mathrm{i}}{a}(a\omega)x}\,\mathrm{d}(a\omega) = \frac{1}{2\pi a}\int_{-\infty}^{\infty} \mathrm{e}^{\frac{\mathrm{i}}{a}kx}\,\mathrm{d}k, k = a\omega$$

$$(26)$$

其中,a 是常数,即

$$\delta(x) = \frac{1}{2\pi a}\int_{-\infty}^{\infty} \mathrm{e}^{\frac{\mathrm{i}}{a}px}\,\mathrm{d}p \qquad (27)$$

将 x 换成 $p-p'$,将积分变量换成 x,得到

$$\delta(p-p') = \frac{1}{2\pi a}\int_{-\infty}^{\infty} \mathrm{e}^{\frac{\mathrm{i}}{a}(p-p')x}\,\mathrm{d}x \qquad (28)$$

式(27)和式(28)在量子力学中有特别的物理意义(见下一个例题).

例5 讨论动量本征函数的正交归一性和完备性。

解 给出动量本征函数

$$\psi_p(x) = c\exp\left(\frac{\mathrm{i}}{\hbar}px\right) \qquad (29)$$

其中,本征值 p 的变化组成连续谱. 为了讨论动量本征函数的正交归一性,从集合 $\{\psi_p(x)\}$ 中取出两个本征函数作积分,得到

$$\int_{-\infty}^{\infty} \psi_{p'}^{*}(x) \cdot \psi_p(x)\,\mathrm{d}x =$$

$$\int_{-\infty}^{\infty} c^{*}\exp\left(-\frac{\mathrm{i}}{\hbar}p'x\right) \cdot c\exp\left(\frac{\mathrm{i}}{\hbar}px\right)\,\mathrm{d}x =$$

$$|c^2|\int_{-\infty}^{\infty} \exp\left[\frac{\mathrm{i}}{\hbar}(p-p')x\right]\,\mathrm{d}x =$$

$$| c^2 | [2\pi\hbar\delta(p - p')] = \quad \left(\text{取 } c = \frac{1}{\sqrt{2\pi\hbar}}\right)$$

$$\delta(p - p')$$

这就是动量本征函数的正交归一性表达式,其实这个结果是式(28)在 $a = \hbar$ 时的特殊情况. 与坐标本征函数类似,动量本征函数的正交归一性也是归于 $\delta -$ 函数. 而归一化的动量本征函数为

$$\psi_p(x) = \frac{1}{\sqrt{2\pi\hbar}} \exp\left(\frac{i}{\hbar}px\right) \tag{30}$$

为了讨论动量本征函数的完备性,我们给出

$$f(x) = \frac{1}{2\pi a}\int_{-\infty}^{\infty} F(a\omega) e^{\frac{i}{a}(a\omega)x} \mathrm{d}(a\omega) = \quad (p = a\omega)$$

$$\frac{1}{2\pi a}\int_{-\infty}^{\infty} F(p) e^{\frac{i}{a}px} \mathrm{d}p$$

取 $a = \hbar$,得到

$$f(x) = \frac{1}{2\pi\hbar}\int_{-\infty}^{\infty} F(p) e^{\frac{i}{\hbar}px} \mathrm{d}p = \frac{1}{\sqrt{2\pi\hbar}}\int_{-\infty}^{\infty} F(p)\psi_p(x)\mathrm{d}p \tag{31}$$

式(31)就是动量本征函数(30)的完备性表达式,它表示任意一个连续函数 $f(x)$ 可以按照动量本征函数集 $\{\psi_p(x)\}$ 展开. 而展开系数正比于 $f(x)$ 的傅里叶变换 $F(\omega)$. 特别是,在式(27)中取 $a = \hbar$,得到

$$\delta(x) = \frac{1}{2\pi\hbar}\int_{-\infty}^{\infty} e^{\frac{i}{\hbar}px} \mathrm{d}p = \frac{1}{\sqrt{2\pi\hbar}}\int_{-\infty}^{\infty} \psi_p(x)\mathrm{d}p \tag{32}$$

它是 $\delta(x)$ 函数按动量本征函数集 $\{\psi_p(x)\}$ 的展开式.

1.2.3　$\delta -$ 函数的辅助函数

本节讨论 $\delta -$ 函数的辅助函数. 这个问题的提出是基于 1.2.1 小节中所述的 $\delta -$ 函数的两个特征:

(1) $\delta(x)$ 在 $x = 0$ 为无穷大,在其他处为零.

(2)$\delta(x)$ 是归一化的分布函数：$\displaystyle\int_{-\infty}^{\infty} \delta(x)\mathrm{d}x = 1$.

按照这两个特征，我们考虑一个定义在区间 $(-\infty,\infty)$ 上的函数 $F_\beta(x)$，它在 $x=0$ 取最大值 $F_\beta(0)$，β 是一个参量. 如果 $F_\beta(x)$ 对于每一个 β 值都满足归一化条件

$$\int_{-\infty}^{\infty} F_\beta(x)\mathrm{d}x = 1 \tag{33}$$

而且它的峰值 $F_\beta(0)$ 随着参量 β 的变化不断升高，并在 β 取极限值 β_0 时趋于无穷大，那么这个函数的极限形式就是 δ 一函数

$$\lim_{\beta \to \beta_0} F_\beta(x) = \delta(x) \tag{34}$$

这样的函数 $F_\beta(x)$ 称为 δ 一函数的辅助函数. 其实许多函数都具有这样的特征，最简单的辅助函数是

$$U(x) = \begin{cases} \dfrac{1}{2\beta}, & |x| \leqslant \beta \\ 0, & |x| > \beta \end{cases} \tag{35}$$

而最常见的辅助函数是

$$V(x) = \frac{\sin \beta x}{\pi x} \tag{36}$$

它们的曲线如图 3 和图 4 所示，$U(x)$ 和 $V(x)$ 在极限情况下均趋于 δ 一函数

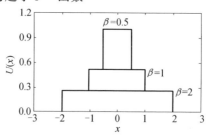

图 3　式(35) 所示的函数

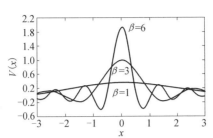

图 4　式（36）所示的函数

$$\lim_{\beta \to 0} U(x) = \delta(x), \lim_{\beta \to \infty} V(x) = \delta(x)$$

我们进而考察下列熟知的函数

$$G(x - a) = \frac{1}{\sqrt{\pi \beta}} \exp\left[-\frac{(x-a)^2}{\beta}\right] \tag{37}$$

$$L(x - a) = \frac{1}{\pi} \frac{\beta}{(x-a)^2 + \beta^2} \tag{38}$$

$$S(x - a) = \frac{\beta}{\pi(x-a)^2} \sin^2\left(\frac{x-a}{\beta}\right) \tag{39}$$

$$E(x - a) = \frac{1}{2\beta} \exp\left(-\frac{|x-a|}{\beta}\right) \tag{40}$$

这些函数都是定义在区间 $(-\infty, \infty)$ 上的归一化分布函数，都在 $x = a$ 取最大值，参数 $\beta > 0$. 它们的峰值分别为

$$G(0) = \frac{1}{\sqrt{\pi \beta}}, L(0) = \frac{1}{\pi\beta}, S(0) = \frac{1}{\pi\beta}, E(0) = \frac{1}{2\beta}$$

当参数 β 逐渐变小时，这些峰值不断升高，如图 5 所示. 而在极限 $\beta \to 0$ 时，它们均趋于无穷大，于是这些函数的极限形式均是 $\delta(x - a)$ 函数，即

$$\lim_{\beta \to 0} \frac{1}{\sqrt{\pi \beta}} \exp\left[-\frac{(x-a)^2}{\beta}\right] = \delta(x - a) \tag{41}$$

$$\lim_{\beta \to 0} \frac{1}{\pi} \frac{\beta}{(x-a)^2 + \beta^2} = \delta(x - a) \tag{42}$$

713

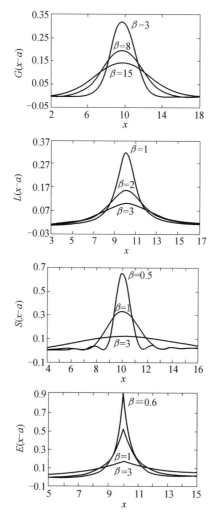

图 5　来自式(37)～(40)的函数. 对于每一个函数, 随着参量 β 的逐渐减小, 峰值不断升高, 在极限 $\beta \to 0$ 时, 趋于 $\delta(x-a)$ 函数, 图中取 $a=10$

$$\lim_{\beta \to 0} \frac{\beta}{\pi (x-a)^2} \sin^2 \left(\frac{x-a}{\beta} \right) = \delta (x-a) \qquad (43)$$

$$\lim_{\beta \to 0} \frac{1}{2\beta} \exp \left(- \frac{|x-a|}{\beta} \right) = \delta (x-a) \qquad (44)$$

式（37）～（40）的函数都是在区间$(-\infty, \infty)$上的归一化分布函数. 而某些函数在有限区间$[-a, a]$上是归一化分布函数，其极限行为也具有δ-函数的两个特征. 一个典型的例子是函数

$$C(x, b) = \frac{1}{2\pi} \frac{1-b^2}{1-2b\cos x + b^2} \qquad (45)$$

其中，$0 < b < 1$，这是一个关于x的偶函数，它在区间$[-\pi, \pi]$上是归一化的

$$\int_{-\pi}^{\pi} C(x, b) \mathrm{d}x = 1 \qquad (46)$$

$C(x, b)$在$x=0$取峰值

$$C(0, b) = \frac{1}{2\pi} \frac{1+b}{1-b} \qquad (47)$$

当参数b增大时，峰值$C(0, b)$升高，如图6(a)所示. 在极限$b \to 1$时，式（47）给出峰值$C(0, 1) \to \infty$，即

$$\lim_{b \to 1} C(x, b) = \frac{1}{2\pi} \lim_{b \to 1} \frac{1-b^2}{1-2b\cos x + b^2} = \delta (x) \tag{48}$$

（a）分布函数（45）

715

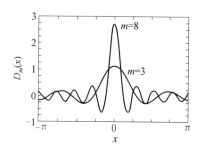

（b）狄利克雷内核（54）

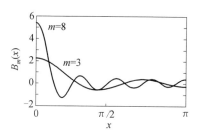

（c）狄利克雷倍核（58）

图 6

现在我们考察 δ — 函数的另一个辅助函数，它基于求和

$$1 + 2\cos x + 2\cos 2x + \cdots + 2\cos mx \qquad (49)$$

我们首先计算这个求和，利用

$$\sin \frac{1}{2} x \cos nx = \frac{1}{2} \left[\sin \left(n + \frac{1}{2} \right) x - \sin \left(n - \frac{1}{2} \right) x \right] \tag{50}$$

得到

$$2\sin \frac{1}{2} x (\cos x + \cos 2x + \cdots + \cos mx) =$$

$$\left(\sin \frac{3}{2} x - \sin \frac{1}{2} x \right) + \left(\sin \frac{5}{2} x - \sin \frac{3}{2} x \right) +$$

$$\left(\sin\frac{7}{2}x-\sin\frac{5}{2}x\right)+\cdots+$$

$$\left[\sin\left(m+\frac{1}{2}\right)x-\sin\left(m-\frac{1}{2}\right)x\right]=$$

$$\sin\left(m+\frac{1}{2}\right)x-\sin\frac{1}{2}x$$

两边同除以 $\sin\frac{1}{2}x$，得到

$$1+2\cos x+2\cos 2x+\cdots+2\cos mx=\frac{\sin\left(m+\frac{1}{2}\right)x}{\sin\frac{1}{2}x}$$

$$(51)$$

式(51)两边在区间 $[-\pi,\pi]$ 上积分，因为所有的余弦项积分为零，所以得到

$$\int_{-\pi}^{\pi}\frac{\sin\left(m+\frac{1}{2}\right)x}{\sin\frac{1}{2}x}\mathrm{d}x=2\pi \qquad (52)$$

它可以写成

$$\int_{-\pi}^{\pi}D_m(x)\mathrm{d}x=1 \qquad (53)$$

其中

$$D_m(x)=\frac{1}{2\pi}\frac{\sin\left(m+\frac{1}{2}\right)x}{\sin\frac{1}{2}x} \qquad (54)$$

称为狄利克雷内核. 可以看出，$D_m(x)$ 是偶函数且是区间 $[-\pi,\pi]$ 上的归一化分布函数. $D_m(x)$ 在 $x=0$ 时取峰值

$$D_m(0) = \frac{1}{2\pi} \lim_{x \to 0} \frac{\sin\left(m + \frac{1}{2}\right)x}{\sin\frac{1}{2}x} = \frac{1}{2\pi}(2m+1)$$

(55)

$D_m(x)$ 对于不同的 m 值显示为图 6(b). 很明显,随着 m 的增加,其峰值 $D_m(0)$ 线性地升高;在 $m \to \infty$ 时,$D_m(0) \to \infty$,因此,$D_m(x)$ 是 δ — 函数的辅助函数

$$\lim_{m \to \infty} D_m(x) = \frac{1}{2\pi} \lim_{m \to \infty} \frac{\sin\left(m + \frac{1}{2}\right)x}{\sin\frac{1}{2}x} = \delta(x) \quad (56)$$

另外,注意到 $D_m(x)$ 是偶函数,故式(53)给出

$$\int_0^\pi D_m(x)\mathrm{d}x = \frac{1}{2}$$

(57)

我们引入狄利克雷倍核 $B_m(x)$,它是狄利克雷内核的 2 倍

$$B_m(x) = 2D_m(x) = \frac{1}{\pi} \frac{\sin\left(m + \frac{1}{2}\right)x}{\sin\frac{1}{2}x}$$

(58)

这样

$$\int_0^\pi B_m(x)\mathrm{d}x = 1$$

(59)

需要注意,函数 $B_m(x)$ 在区间 $[0,\pi]$ 上虽然不是对称的,但式(59)表示它是该区间上的归一化分布函数. 而且随着 m 的增加,其峰值 $B_m(0) = \frac{2m+1}{\pi}$ 线性地升高,如图 6(c) 所示,并在 $m \to \infty$ 时,$B_m(0) \to \infty$,因此 $B_m(x)$ 也是 δ — 函数的辅助函数

$$\lim_{m \to \infty} B_m(x) = \frac{1}{\pi} \lim_{m \to \infty} \frac{\sin\left(m + \frac{1}{2}\right)x}{\sin\frac{1}{2}x} = \delta(x) \quad (60)$$

有了式(56)和式(60),我们可以便捷地证明 1.1 节中式(10)所示的狄利克雷定理.

1.2.4　应用举例:狄利克雷定理的证明

狄利克雷定理是傅里叶变换理论的核心,它确定了傅里叶级数(以及由它扩展而来的傅里叶积分和傅里叶变换)

$$a_0 + \sum_{n=1}^{\infty}(a_n\cos nx + b_n\sin nx) \quad (61)$$

的收敛行为. 我们已经看到(并且还会继续看到),在讨论每一个级数(或积分)收敛行为的过程中,狄利克雷定理都自然给出相应的求和(或积分)公式,其作用过程非常奇妙,应用非常广泛,这些公式是傅里叶变换理论的重要产物. 不过按照传统方法,狄利克雷定理的证明过程相当复杂. 这里我们借助狄利克雷内核和狄利克雷倍核在极限情况下的 $\delta(x)$ 函数形式,可以使之变得相当简单.

我们的出发点是傅里叶级数(61)的部分和

$$S_m(x) = a_0 + \sum_{n=1}^{m}(a_n\cos nx + b_n\sin nx) \quad (62)$$

现在,我们对一个周期为 2π 的函数 $f(x)$ 计算 $S_m(x)$,从 $L = \pi$ 得到

$a_n\cos nx + b_n\sin nx =$

$\dfrac{\cos nx}{\pi}\displaystyle\int_{-\pi}^{\pi} f(t)\cos nt\,\mathrm{d}t + \dfrac{\sin nx}{\pi}\displaystyle\int_{-\pi}^{\pi} f(t)\sin nt\,\mathrm{d}t =$

$\dfrac{1}{\pi}\displaystyle\int_{-\pi}^{\pi} f(t)(\cos nt\cos nx + \sin nt\sin nx)\,\mathrm{d}t =$

$$\frac{1}{\pi}\int_{-\pi}^{\pi}f(t)\cos n(x-t)\mathrm{d}t$$

得到部分和

$$S_m(x)=\frac{1}{2\pi}\int_{-\pi}^{\pi}f(t)\mathrm{d}t+\frac{1}{\pi}\sum_{n=1}^{m}\int_{-\pi}^{\pi}f(t)\cos n(x-t)\mathrm{d}t=$$

$$\frac{1}{2\pi}\int_{-\pi}^{\pi}f(t)\Big[1+2\sum_{n=1}^{m}\cos n(x-1)\Big]\mathrm{d}t=$$

［利用式（51）］

$$\int_{-\pi}^{\pi}f(t)\,\frac{\sin\Big(m+\dfrac{1}{2}\Big)(x-t)}{2\pi\sin\dfrac{1}{2}(x-t)}\mathrm{d}t=$$

［利用式（54）］

$$\int_{-\pi}^{\pi}f(t)D_m(x-t)\mathrm{d}t \tag{63}$$

现在考虑 $m\to\infty$ 的极限情况,利用式(56) 得到

$$\lim_{m\to\infty}S_m(x)=\int_{-\pi}^{\pi}f(t)\delta(x-t)\mathrm{d}t=f(x) \tag{64}$$

这里假定函数 $f(x)$ 是连续的,可以利用 δ — 函数的筛选性质,式(64) 即为

$$a_0+\sum_{n=1}^{\infty}(a_n\cos nx+b_n\sin nx)=f(x) \tag{65}$$

至此,我们证明了狄利克雷定理在函数连续点的正确性.

现在考虑 $f(x)$ 在 x 点不连续的情况. 将式(63) 的积分分成两部分,并利用 $D_m(x)$ 的偶函数性质,得到

$$S_m(x)=\frac{1}{2}\underbrace{\int_{-\pi}^{\pi}f(t)D_m(x-t)\mathrm{d}t}_{\diamondsuit x-t=y}+\frac{1}{2}\underbrace{\int_{-\pi}^{\pi}f(t)D_m(t-x)\mathrm{d}t}_{\diamondsuit t-x=z}=$$

$$\frac{1}{2}\Big[\int_{x-\pi}^{x+\pi}f(x-y)D_m(y)\mathrm{d}y+$$

$$\int_{-\pi-x}^{\pi-x} f(x+z)D_m(z)\mathrm{d}z \Big] =$$

$$\frac{1}{2}\Big[\int_{-\pi}^{\pi} f(x-t)D_m(t)\mathrm{d}t +$$

$$\int_{-\pi}^{\pi} f(x+t)D_m(t)\mathrm{d}t\Big] \qquad (66)$$

最后一步的得出是因为被积函数有 2π 周期,积分范围可以用任一长度为 2π 的区间代替. 现在将式(66)中的积分分成两段:$[-\pi,\pi] \to [-\pi,0]+[0,\pi]$,我们有

$$S_m(x) =$$

$$\frac{1}{2}\underbrace{\int_{-\pi}^{0} f(x-t)D_m(t)\mathrm{d}t}_{t=-T} + \frac{1}{2}\int_{0}^{\pi} f(x-t)D_m(t)\mathrm{d}t +$$

$$\frac{1}{2}\underbrace{\int_{-\pi}^{0} f(x+t)D_m(t)\mathrm{d}t}_{t=-T} + \frac{1}{2}\int_{0}^{\pi} f(x+t)D_m(t)\mathrm{d}t =$$

$$[D_m(-x) = D_m(x)]$$

$$\frac{1}{2}\int_{0}^{\pi} f(x+T)D_m(T)\mathrm{d}T + \frac{1}{2}\int_{0}^{\pi} f(x-t)D_m(t)\mathrm{d}t +$$

$$\frac{1}{2}\int_{0}^{\pi} f(x-T)D_m(T)\mathrm{d}T + \frac{1}{2}\int_{0}^{\pi} f(x+t)D_m(t)\mathrm{d}t =$$

$$\int_{0}^{\pi} f(x-t)D_m(t)\mathrm{d}t + \int_{0}^{\pi} f(x+t)D_m(t)\mathrm{d}t =$$

[利用式(58)]

$$\frac{1}{2}\Big[\int_{0}^{\pi} f(x-t)B_m(t)\mathrm{d}t + \int_{0}^{\pi} f(x+t)B_m(t)\mathrm{d}t\Big]$$

现在考虑 $m \to \infty$ 的极限情况,利用式(60)得到

$$\lim_{m\to\infty} S_m(x) = \frac{1}{2}\Big[\int_{0}^{\pi} f(x-t)\delta(t)\mathrm{d}t + \int_{0}^{\pi} f(x+t)\delta(t)\mathrm{d}t\Big]$$

$$(67)$$

式(67)的两个积分区间均为 $0 \leqslant t \leqslant \pi$,因此两个积分的区别只是分别相应于间断点 x 左侧的函数 $f(x-t)$

与右侧的函数 $f(x+t)$，它们在各自的区域都是连续的. 因此可以利用 δ — 函数的筛选性质积分得到

$$\lim_{m \to \infty} S_m(x) = \frac{f(x-0)+f(x+0)}{2} \tag{68}$$

这表示在 $f(x)$ 的间断点，有

$$a_0 + \sum_{n=1}^{\infty}(a_n \cos nx + b_n \sin nx) = \frac{f(x-0)+f(x+0)}{2} \tag{69}$$

这样，我们完整地证明了狄利克雷定理. 需要指出，由于这里采用了狄利克雷内核 $D_m(x)$ 和狄利克雷倍核 $B_m(x)$ 在 $m \to \infty$ 时的 $\delta(x)$ 函数形式，上述证明过程比传统的方法要简单得多. 此例也显示了 δ — 函数的奇特用途.

δ－函数与魏尔斯特拉斯定理[①]

世界著名数学家 R. Courant 曾指出：

> 我希望能找到一种方法说服青年人，告诉他们不应留在极其抽象的"安全"领域内，而应该试着在应用方面做一些事.

我们注意到一些积分给出了函数 f 在区间 $[x-\alpha,x]$ 上的平均值，如果 f 在点 x 连续，那么，显然当 $\alpha \to 0$ 时，有 $(f * \delta_\alpha)(x) \to f(x)$. 遵照 δ－函数概念的启发性的想法，我们想把这个关系写成极限等式的形式

附录 2

---

① 本章摘编自《数学分析》(第二卷，第 4 版)，B. A. 卓里奇著，蒋铎，钱珮玲，周美珂，邝荣雨译，高等教育出版社，2011.

若 f 在 x 连续,有 $(f*\delta)(x)=f(x)$ （1）

这个等式表明,关于卷积算子,$\delta-$函数能够解释成单位（中立的）元素. 如果能证明任何一个收敛于 $\delta-$函数的函数族都具有和 δ_a 函数族同样的性质,则等式(1)可以认为是意义清晰的.

现在转到精确的陈述并引入今后有用的:

定义 1 由依赖于参变量 $\alpha\in A$ 的函数 $\Delta_a:\mathbf{R}\to\mathbf{R}$ 构成的函数族 $\{\Delta_a,\alpha\in A\}$ 叫作 A 中关于基底 $\mathfrak{B}$ 的 $\delta-$型的或逼近单位的函数族,如果它满足下面三个条件:

(1) 函数族中所有函数都是非负的($\Delta_a(x)\geqslant 0$);

(2) 对于函数族中任一函数 Δ_a,有 $\int_{\mathbf{R}}\Delta_a(x)\mathrm{d}x=1$;

(3) 对于点 $0\in\mathbf{R}$ 的任一邻域 U,有 $\lim\limits_{\mathfrak{B}}\int_{U}\Delta_a(x)\mathrm{d}x=1$.

考虑到第一、第二个条件,最后的条件显然与 $\lim\limits_{\mathfrak{B}}\int_{\mathbf{R}\backslash U}\Delta_a(x)\mathrm{d}x=0$ 等价.

我们举一些 $\delta-$型函数族的例子

例 1 设 $\varphi:\mathbf{R}\to\mathbf{R}$ 是 $\mathbf{R}$ 上的任意非负紧支可积函数且 $\int_{\mathbf{R}}\varphi(x)\mathrm{d}x=1$. 当 $\alpha>0$ 时构造函数 $\Delta_a(x):=\dfrac{1}{\alpha}\varphi\left(\dfrac{x}{\alpha}\right)$,这些函数构成的函数族当 $\alpha\to 0^{+}$ 时显然是逼近单位的.

例 2 考虑函数序列

$$\Delta_n(x)=\begin{cases}\dfrac{(1-x^2)^n}{\displaystyle\int_{|x|<1}(1-x^2)^n\mathrm{d}x}, & |x|\leqslant 1\\[4mm] 0, & |x|>1\end{cases}$$

为了确定这个序列是 δ — 型的,在定义1中除条件(1)(2)外,只需验证在基底 $n \to \infty$ 下条件(3)是满足的.因为对任意的 $\varepsilon \in (0,1]$,当 $n \to \infty$ 时有

$$0 \leqslant \int_{\varepsilon}^{1} (1 - x^2)^n \,\mathrm{d}x \leqslant \int_{\varepsilon}^{1} (1 - \varepsilon^2)^n \,\mathrm{d}x =$$
$$(1 - \varepsilon^2)^n (1 - \varepsilon) \to 0$$

同时

$$\int_{0}^{1} (1 - x^2)^n \,\mathrm{d}x > \int_{0}^{1} (1 - x)^n \,\mathrm{d}x = \frac{1}{n+1}$$

由此推出条件(3)是满足的.

例3 设

$$\Delta_n(x) = \begin{cases} \dfrac{\cos^{2n} x}{\displaystyle\int_{-\frac{\pi}{2}}^{\frac{\pi}{2}} \cos^{2n} x \,\mathrm{d}x}, & |x| \leqslant \dfrac{\pi}{2} \\[4mm] 0, & |x| > \dfrac{\pi}{2} \end{cases}$$

和例2一样,只要验证条件(3)即可.首先注意到

$$\int_{0}^{\frac{\pi}{2}} \cos^{2n} x \,\mathrm{d}x = \frac{1}{2} \mathrm{B}\left(n + \frac{1}{2}, \frac{1}{2}\right) =$$
$$\frac{1}{2} \frac{\Gamma\left(n + \frac{1}{2}\right)}{\Gamma(n)} \cdot \frac{\Gamma\left(\frac{1}{2}\right)}{n} > \frac{\Gamma\left(\frac{1}{2}\right)}{2n}$$

另外,当 $\varepsilon \in \left(0, \dfrac{\pi}{2}\right)$ 时,有

$$\int_{\varepsilon}^{\frac{\pi}{2}} \cos^{2n} x \,\mathrm{d}x \leqslant \int_{\varepsilon}^{\frac{\pi}{2}} \cos^{2n} \varepsilon \,\mathrm{d}x < \frac{\pi}{2} (\cos \varepsilon)^{2n}$$

比较所得不等式得,对任何 $\varepsilon \in \left(0, \dfrac{\pi}{2}\right)$,有

$$\int_{\varepsilon}^{\frac{\pi}{2}} \Delta_n(x) \,\mathrm{d}x \to 0, \text{当 } n \to \infty \text{ 时}$$

由此推出定义1的条件(3)是满足的.

定义 2 给定函数 $f:G\rightarrow\mathbf{C}$ 和集合 $E\subseteq G$. 如果对任意的 $\varepsilon>0$,都存在数 $\rho>0$,使得对任何 $x\in E$ 和任何 x 在 G 中的 ρ — 邻域 $U_G^\rho(x)$ 中的点 y,关系式 $|f(x)-f(y)|<\varepsilon$ 都成立,那么称 f 是在集合 E 上一致连续的.

特别地,如果 $E=G$,就回到了函数在整个自己的定义域上一致连续的定义.

现在证明以下基本的命题.

命题 1 设 $f:\mathbf{R}\rightarrow\mathbf{C}$ 是有界函数,而 $\{\Delta_\alpha,\alpha\in A\}$ 当 $\alpha\rightarrow\omega$ 时是 δ — 型函数族,如果对任意 $\alpha\in A$,卷积 $f*\Delta_\alpha$ 存在且函数 f 在集合 $E\subseteq\mathbb{R}$ 上一致连续,那么在 E 上,当 $\alpha\rightarrow\omega$ 时,有

$$(f*\Delta_\alpha)(x)\rightrightarrows f(x)$$

这就是说,函数族 $f*\Delta_\alpha$ 在它一致连续的集合 E 上一致收敛到函数 f. 特别地,如果 E 只由一个点 x 组成,f 在 E 上的一致连续条件归结为函数 f 在点 x 的连续条件,而且得到,当 $\alpha\rightarrow\omega$ 时,$(f*\Delta_\alpha)(x)\rightarrow f(x)$. 这正是我们当初那样写关系式(1)的理由.

现在我们来证明命题 1.

设在 $\mathbf{R}$ 上,$|f(x)|\leqslant M$,对给定的 $\varepsilon>0$,根据定义 2 挑选 $\rho>0$ 且用 $U(0)$ 表示点 0 在 $\mathbf{R}$ 中的 ρ — 邻域.

考虑到卷积的对称性,得到以下对所有 $x\in E$ 同时成立的估计

$$|(f*\Delta_\alpha)(x)-f(x)|=$$

$$\left|\int_{\mathbf{R}}f(x-y)\Delta_\alpha(y)\mathrm{d}y-f(x)\right|=$$

$$\left|\int_{\mathbf{R}}(f(x-y)-f(x))\Delta_\alpha(y)\mathrm{d}y\right|\leqslant$$

$$\int_{U(0)} \mid f(x-y)-f(x) \mid \Delta_a(y)\mathrm{d}y +$$

$$\int_{\mathbf{R}\backslash U(0)} \mid f(x-y)-f(x) \mid \Delta_a(y)\mathrm{d}y <$$

$$\varepsilon\int_{U(0)} \Delta_a(y)\mathrm{d}y + 2M\int_{\mathbf{R}\backslash U(0)} \Delta_a(y)\mathrm{d}y \leqslant$$

$$\varepsilon + 2M\int_{\mathbf{R}\backslash U(0)} \Delta_a(y)\mathrm{d}y$$

当 $\alpha \to \omega$ 时,最后的积分趋于零,于是,从某个时刻开始,对所有的 $x \in E$,有不等式

$$\mid (f*\Delta_a)(x) - f(x) \mid < 2\varepsilon$$

这就完成了命题 1 的证明.

推论 1 任何一个在 **R** 上连续的具有紧支集的函数能够用无限次可微的具有紧支集的函数来一致逼近.

我们验证,函数族 $C_0^{(\infty)}$ 在上述意义下在 C_0 中处处稠密. 例如,设

$$\varphi(x) = \begin{cases} k \cdot \exp\left(-\dfrac{1}{1-x^2}\right), \mid x \mid < 1 \\ 0, \mid x \mid \geqslant 1 \end{cases}$$

其中系数 k 取得使 $\displaystyle\int_{\mathbf{R}} \varphi(x)\mathrm{d}x = 1$.

函数 φ 是无限可微的具有紧支集的函数. 由例 1 可知无限可微函数族 $\Delta_a(x) = \dfrac{1}{\alpha}\varphi\left(\dfrac{x}{\alpha}\right)$,当 $\alpha \to 0^+$ 时是 δ 一型的,如果 $f \in C_0$,那么显然有 $f*\Delta_a \in C_0$,除此之外,$f*\Delta_a \in C_0^{(\infty)}$. 最后,由命题 1 推出,在 **R** 上,当 $\alpha \to 0^+$ 时,$f*\Delta_a \rightrightarrows f$.

注 1 如果所考虑的函数 $f \in C_0$ 属于函数类 $C_0^{(m)}$,那么,对于任何 $n \in \{0,1,\cdots,m\}$,在 $\mathbb{R}$ 上,当

$\alpha \rightarrow 0^+$ 时,有 $(f * \Delta_\alpha)^{(n)} \rightrightarrows f^{(n)}$.

事实上,此时 $(f * \Delta_\alpha)^{(n)} = f^{(n)} * \Delta_\alpha$,剩下的只要引用已证明的推论 1 就可以.

推论 2 (魏尔斯特拉斯逼近定理)每一个在闭区间上连续的函数在这个区间上能够用代数多项式一致逼近.

因为通过线性变换,多项式仍变为多项式,而连续性与函数逼近的一致性也同样保持,我们只要在任何一个方便的区间 $[a, b] \subseteq \mathbf{R}$ 上验明推论 2 就行了. 因此,我们设 $0 < a < b < 1$ 且令 $\rho = \min\{a, 1-b\}$. 将我们给定的函数 $f \in C[a, b]$ 按下面方式延拓成 $\mathbf{R}$ 上的连续函数 F:当 $x \in \mathbf{R} \backslash (0, 1)$ 时,令 $F(x) = 0$,而在区间 $[0, a]$ 和 $[b, 1]$ 上,则分别将 0 与 $f(a)$ 和 $f(b)$ 与 0 线性连接起来.

现在如果取例 2 的 δ — 型函数序列 $\{\Delta_n\}$,那么由命题 1 就能推出,在 $[a, b]$ 上,当 $n \rightarrow \infty$ 时,$F * \Delta_n \rightrightarrows f = F|_{[a, b]}$. 而当 $x \in [a, b] \subseteq [0, 1]$ 时,有

$$F * \Delta_n(x) := \int_{-\infty}^{\infty} F(y) \Delta_n(x - y) \mathrm{d}y =$$

$$\int_0^1 F(y) \Delta_n(x - y) \mathrm{d}y =$$

$$\int_0^1 F(y) p_n (1 - (x - y)^2)^n \mathrm{d}y =$$

$$\int_0^1 F(y) \Big(\sum_{k=0}^{2n} a_k(y) x^k \Big) \mathrm{d}y =$$

$$\sum_{k=0}^{2n} \Big(\int_0^1 F(y) a_k(y) \mathrm{d}y \Big) x^k$$

最后的表达式是 $2n$ 次多项式 $P_{2n}(x)$,因此,我们证明了当 $n \rightarrow \infty$ 时,在 $[a, b]$ 上有 $P_{2n} \rightrightarrows f$.

注2 对上边的论证稍做修改,可以证明,如果把区间$[a,b]$改变为 **R** 中任意的紧集,魏尔斯特拉斯定理仍然有效.

注3 同样不难验证,对 **R** 中任何开集 G 和任何函数 $f \in C^{(m)}(G)$,存在这样的多项式序列$\{P_k\}$,使对每个 $n \in \{0,1,\cdots,m\}$,在任一紧集 $K \subseteq G$ 上,当 $k \to \infty$ 时,有 $P_k^{(n)} \rightrightarrows f^{(n)}$.

此外,如果集合 G 还是有界的且 $f \in C^{(m)}(\overline{G})$,那么能够得到,在 $\overline{G}$ 上,当 $k \to \infty$ 时,$P_k^{(n)} \rightrightarrows f^{(n)}$.

注4 像证明推论 2 时曾利用例 2 的 $\delta -$ 型序列那样,我们能利用例 4 的序列证明,在 **R** 上任何以 2π 为周期的函数可以用形如

$$T_n(x) = \sum_{k=0}^{n}(a_k\cos kx + b_k\sin kx)$$

的三角多项式一致逼近.

以上仅仅利用了具有紧支集的 $\delta -$ 型函数族. 然而应该注意,在很多情形里,扮演重要角色的 $\delta -$ 型函数族不是由具有紧支集的函数构成的. 我们仅举两个例子:

例4 函数族 $\Delta_y(x) = \dfrac{1}{\pi} \cdot \dfrac{y}{x^2 + y^2}$ 当 $y \to 0^+$ 时是在 **R** 上的 $\delta -$ 型函数,因为当 $y > 0$ 时,$\Delta_y(x) > 0$.

$$\int_{-\infty}^{\infty}\Delta_y(x)\mathrm{d}x = \frac{1}{\pi}\arctan\left(\frac{x}{y}\right)\Big|_{-\infty}^{\infty} = 1$$

且对任何 $\rho > 0$,当 $y \to 0^+$ 时,关系式

$$\int_{-\rho}^{\rho}\Delta_y(x)\mathrm{d}x = \frac{2}{\pi}\arctan\left(\frac{\rho}{y}\right) \to 1$$

成立.

如果 $f:\mathbf{R} \to \mathbf{R}$ 是连续的有界函数,那么,表达卷积

$f * \Delta_y$ 的函数

$$u(x, y) = \frac{1}{\pi} \int_{-\infty}^{\infty} \frac{f(\xi) y}{(x - \xi)^2 + y^2} \mathrm{d}\xi \qquad (2)$$

对任何 $x \in \mathbf{R}$ 和 $y > 0$ 有定义.

称积分(2)为关于半平面 $y > 0$ 的泊松积分,容易验证(利用一致收敛的强函数检验法),它在半平面 $\mathbf{R}_+^2 = \{(x, y) \in \mathbf{R}^2 \mid y > 0\}$ 上是无穷次可微的有界函数. 当 $y > 0$ 时,由积分号下求微分,得到

$$\Delta u := \frac{\partial^2 u}{\partial x^2} + \frac{\partial^2 u}{\partial y^2} = f * \left(\frac{\partial^2}{\partial x^2} + \frac{\partial^2}{\partial y^2} \right) \Delta_y = 0$$

即 u 是调和函数.

根据命题 1 还能得到当 $y \to 0$ 时,$u(x, y)$ 收敛到 $f(x)$,于是积分(2)解决了在半平面 $\mathbf{R}_+^2$ 上构造有界调和函数使其在 $\partial \mathbf{R}_+^2$ 上取给定边界值 f 的问题.

例 5 函数族 $\Delta_t = \dfrac{1}{2\sqrt{\pi t}} \mathrm{e}^{-\frac{x^2}{4t}}$ 在 $\mathbf{R}$ 上,当 $t \to 0^+$ 时是 δ - 型的. 事实上,$\Delta_t(x) > 0$. 因 $\displaystyle\int_{-\infty}^{\infty} \mathrm{e}^{-v^2} \mathrm{d}v = \sqrt{\pi}$ (欧拉 - 泊松积分),所以 $\displaystyle\int_{-\infty}^{\infty} \Delta_t(x) \mathrm{d}x = 1$. 最后,对任何 $\rho > 0$,当 $t \to 0^+$ 时,满足关系式

$$\int_{-\rho}^{\rho} \frac{1}{2\sqrt{\pi t}} \mathrm{e}^{-\frac{x^2}{4t}} \mathrm{d}x = \frac{1}{\sqrt{\pi}} \int_{-\rho/(2\sqrt{t})}^{\rho/(2\sqrt{t})} \mathrm{e}^{-v^2} \mathrm{d}v \to 1$$

如果 f 在 $\mathbf{R}$ 上有界且连续,那么表达卷积 $f * \Delta_t$ 的函数

$$u(x, t) = \frac{1}{2\sqrt{\pi t}} \int_{-\infty}^{\infty} f(\xi) \mathrm{e}^{-\frac{(x-\xi)^2}{4t}} \mathrm{d}\xi \qquad (3)$$

当 $t > 0$ 时显然是无穷次可微的.

当 $t > 0$ 时,由积分号下求微分,得到

$$\frac{\partial u}{\partial t} - \frac{\partial^2 u}{\partial x^2} = f * \left(\frac{\partial}{\partial t} - \frac{\partial^2}{\partial x^2}\right)\Delta_t = 0$$

亦即,函数 u 满足具有初始条件 $u(x,0)=f(x)$ 的一维热传导方程. 等式 $u(x,0)=f(x)$ 应该理解为由命题 1 推出的极限关系:当 $t \to 0^+$ 时,$u(x,t) \to f(x)$.

含参变元的积分与函数
逼近问题^①

附录 3

世界著名数学家 S. Karlin 曾指出：

应用数学专业的学生应该主要接受基于纯数学的训练. 我相信，只有在对数学结构与过程深刻理解并且真正地和其他学科接触之后，一个人才能在应用数学中做出好的工作.

借助于含参变元的积分，我们将给出魏尔斯特拉斯逼近定理一个新的证明，并推广这个方法证明多元函数的魏尔斯特拉斯逼近定理.

---

① 本章摘编自《数学分析新讲（第三册）》，张筑生编著，北京大学出版社，1991.

首先,我们定义一列函数

$$D_n(t) = \begin{cases} c_n^{-1}(1-t^2)^n, & |t| \leqslant 1 \\ 0, & |t| > 1 \end{cases}$$

这里

$$c_n = \int_{-1}^{1}(1-t^2)^n \mathrm{d}t, n = 1, 2, \cdots$$

引理 1 这样定义的函数序列 $\{D_n(t)\}$ 满足以下条件:

(1) 对任何 $n \in \mathbf{N}$,函数 $D_n(t)$ 在 $\mathbf{R}$ 上连续并且非负(即大于或等于 0).

(2) $\displaystyle\int_{-\infty}^{+\infty} D_n(t)\mathrm{d}t = 1, \forall n \in \mathbf{N}.$

(3) 对任意取定的 $\delta > 0$ 都有

$$\lim_{n \to +\infty}\int_{|t| \geqslant \delta} D_n(t)\mathrm{d}t = 0$$

证 条件(1)和(2)显然得到满足.下面验证条件(3).对于任意取定的 $\delta \in (0,1)$,我们有

$$c_n = \int_{|t| \leqslant 1}(1-t^2)^n \mathrm{d}t \geqslant$$

$$\int_{|t| \leqslant \delta/2}(1-t^2)^n \mathrm{d}t \geqslant$$

$$\delta\left(1 - \frac{\delta^2}{4}\right)^n$$

$$\int_{\delta \leqslant |t| \leqslant 1}(1-t^2)^n \mathrm{d}t \leqslant 2(1-\delta^2)^n$$

$$\int_{|t| \geqslant \delta} D_n(t)\mathrm{d}t = c_n^{-1}\int_{\delta \leqslant |t| \leqslant 1}(1-t^2)^n \mathrm{d}t \leqslant$$

$$\frac{2}{\delta}\left(\frac{1-\delta^2}{1-\frac{\delta^2}{4}}\right)^n$$

由此可知

733

$$\lim_{n \to +\infty} \int_{|t| \geqslant \delta} D_n(t)\,\mathrm{d}t = 0$$

引理 2　设函数 f 在 **R** 的任何闭区间上（常义）可积，并设

$$|f(x)| \leqslant M, \forall x \in \mathbf{R}$$

我们构作这样一个函数序列

$$f_n(x) = \int_{-\infty}^{+\infty} f(x+t) D_n(t)\,\mathrm{d}t =$$

$$\int_{-\infty}^{+\infty} f(u) D_n(u-x)\,\mathrm{d}u$$

$$n = 1, 2, \cdots$$

如果 f 在闭区间 $[a-h, b+h]$ 上是连续的 $(h > 0)$，那么函数序列 $\{f_n(x)\}$ 在闭区间 $[a, b]$ 上一致收敛于函数 $f(x)$.

证　因为函数 f 在闭区间 $[a-h, b+h]$ 上一致连续，所以对任意的 $\varepsilon > 0$，存在 $\delta \in (0, h)$，使得只要

$$x', x \in [a-h, b+h], |x'-x| < \delta$$

就有

$$|f(x') - f(x)| < \frac{\varepsilon}{2}$$

于是，对于 $x \in [a, b]$ 就有

$$|f_n(x) - f(x)| =$$

$$\left| \int_{-\infty}^{+\infty} f(x+t) D_n(t)\,\mathrm{d}t - \int_{-\infty}^{+\infty} f(x) D_n(t)\,\mathrm{d}t \right| =$$

$$\left| \int_{-\infty}^{+\infty} (f(x+t) - f(x)) D_n(t)\,\mathrm{d}t \right| \leqslant$$

$$\int_{-\infty}^{+\infty} |f(x+t) - f(x)| D_n(t)\,\mathrm{d}t =$$

$$\int_{|t| < \delta} |f(x+t) - f(x)| D_n(t)\,\mathrm{d}t +$$

$$\int_{|t|\geqslant\delta} | f(x+t)-f(x) | D_n(t)\mathrm{d}t \leqslant$$

$$\frac{\varepsilon}{2}+2M\int_{|t|\geqslant\delta} D_n(t)\mathrm{d}t$$

根据关于$\{D_n(t)\}$的条件(3),存在$N\in\mathbf{N}$,使得只要$n>N$,就有

$$2M\int_{|t|\geqslant\delta} D_n(t)\mathrm{d}t < \frac{\varepsilon}{2}$$

于是,只要$n>N$,就有

$$| f_n(x)-f(x) | < \varepsilon, \forall x \in [a,b]$$

定理1 在闭区间上连续的任何函数f,可以在这个闭区间上用多项式一致逼近.

证 必要时作适当的平移与比例变换,可设这个闭区间是$[-\rho,\rho]\subseteq\left(-\frac{1}{2},\frac{1}{2}\right)$. 我们按以下方式扩充函数$f$的定义,规定

$$\widetilde{f}(x)=\begin{cases} 0,x<-\dfrac{1}{2} \\[2mm] \dfrac{1+2x}{1-2\rho}f(-\rho),x\in\left[-\dfrac{1}{2},-\rho\right] \\[2mm] f(x),x\in[-\rho,\rho] \\[2mm] \dfrac{1-2x}{1-2\rho}f(\rho),x\in\left(\rho,\dfrac{1}{2}\right] \\[2mm] 0,x>\dfrac{1}{2} \end{cases}$$

这样扩充的函数在$(-\infty,+\infty)$内连续并且有界. 以下,为了书写简便,约定把这扩充了的函数$\widetilde{f}(x)$仍然记为$f(x)$.

我们构作函数序列

$$f_n(x)=\int_{-\infty}^{+\infty} f(u)D_n(u-x)\mathrm{d}u=$$

$$\int_{-\frac{1}{2}}^{\frac{1}{2}} f(u) D_n(u-x) \mathrm{d}u$$
$$n = 1, 2, \cdots$$

根据引理 2,这个函数序列在闭区间 $[-\rho, \rho]$ 上一致收敛于 $f(x)$. 下面,我们指出:每一个 $f_n(x)$ 都是多项式. 事实上,对于

$$|u| \leqslant \frac{1}{2}, \ |x| \leqslant \rho < \frac{1}{2}$$

我们有

$$|u-x| < 1$$
$$D_n(u-x) = c_n^{-1}(1-(u-x)^2)^n$$

因而

$$f_n(x) = c_n^{-1} \int_{-\frac{1}{2}}^{\frac{1}{2}} f(u)(1-(u-x)^2)^n \mathrm{d}u \qquad (1)$$

显然有

$$(1-(u-x)^2)^n = g_0(u) + g_1(u)x + \cdots + g_{2n}(u)x^{2n}$$

将这个展式代入(1)就得到

$$f_n(x) = a_0 + a_1 x + \cdots + a_{2n} x^{2n}$$

这里

$$a_i = c_n^{-1} \int_{-\frac{1}{2}}^{\frac{1}{2}} f(u) g_i(u) \mathrm{d}u$$
$$i = 0, 1, \cdots, 2n$$

这样,我们完成了魏尔斯特拉斯逼近定理的证明.

推广上面的做法,可以证明关于 m 元函数的魏尔斯特拉斯逼近定理. 为此,我们先来定义这样一列 m 元函数

$$D_n(\boldsymbol{t}) = \begin{cases} c_n^{-1}(1-\|\boldsymbol{t}\|^2)^n, & \|\boldsymbol{t}\| \leqslant 1 \\ 0, & \|\boldsymbol{t}\| > 1 \end{cases}$$

这里

$$t = (t_1, \cdots, t_m) \in \mathbf{R}^m$$

$$\| t \| = \sqrt{t_1^2 + \cdots + t_m^2}$$

$$c_n = \int_{\| t \| \leqslant 1} (1 - \| t \|^2)^n \mathrm{d}t$$

$$n = 1, 2, \cdots$$

引理 3　这样定义的 $(m$ 元$)$ 函数序列 $\{D_n(t)\}$ 满足以下条件：

（1）对任何 $n \in \mathbf{N}$，函数 $D_n(t)$ 在 $\mathbf{R}^m$ 上连续并且非负（即大于或等于 0）.

（2）$\int_{\mathbf{R}^m} D_n(t) \mathrm{d}t = 1, \forall n \in \mathbf{N}.$

（3）对任意取定的 $\delta > 0$ 都有

$$\lim_{n \to +\infty} \int_{\| t \| \geqslant \delta} D_n(t) \mathrm{d}t = 0$$

证　条件（1）和（2）显然得到满足. 下面验证条件（3）. 我们约定以 $V_m(\rho)$ 表示半径为 ρ 的 m 维球体的体积. 对于任意取定的 $\delta \in (0, 1)$，显然有

$$c_n = \int_{\| t \| \leqslant 1} (1 - \| t \|^2)^n \mathrm{d}t \geqslant$$

$$\int_{\| t \| \leqslant \delta/2} (1 - \| t \|^2)^n \mathrm{d}t \geqslant$$

$$\left(1 - \frac{\delta^2}{4}\right)^n V_m\left(\frac{\delta}{2}\right) =$$

$$\left(\frac{\delta}{2}\right)^m \left(1 - \frac{\delta^2}{4}\right)^n V_m(1)$$

$$\int_{\delta \leqslant \| t \| \leqslant 1} (1 - \| t \|^2)^n \mathrm{d}t \leqslant (1 - \delta^2)^n V_m(1)$$

$$\int_{\| t \| \geqslant \delta} D_n(t) \mathrm{d}t = c_n^{-1} \int_{\delta \leqslant \| t \| \leqslant 1} (1 - \| t \|^2)^n \mathrm{d}t \leqslant$$

$$\left(\frac{2}{\delta}\right)^{m}\left[\frac{1-\delta^{2}}{1-\dfrac{\delta^{2}}{4}}\right]^{n}$$

由此可知

$$\lim_{n\to+\infty}\int_{\|t\|\geqslant\delta}D_{n}(t)\,\mathrm{d}t=0$$

为了叙述方便,我们引入这样的记号

$$B_{\rho}=\{x\in\mathbf{R}^{m}\mid\|x\|\leqslant\rho\}$$

仿照引理 2,很容易证明下面的引理.

引理 4 设函数 f 在 $\mathbf{R}^{m}$ 的任何闭球体上可积,并设

$$\mid f(x)\mid\leqslant M,\forall\,x\in\mathbf{R}^{m}$$

我们构作这样一个(m 元)函数序列

$$f_{n}(x)=\int_{\mathbf{R}^{m}}f(x+t)D_{n}(t)\,\mathrm{d}t=$$

$$\int_{\mathbf{R}^{m}}f(u)D_{n}(u-x)\,\mathrm{d}u$$

$$n=1,2,\cdots$$

如果 f 在闭球体 $B_{\rho+\eta}$ 上是连续的($\eta>0$),那么函数序列 $\{f_{n}(x)\}$ 在闭球体 B_{ρ} 上一致收敛于函数 $f(x)$.

下面,我们陈述并证明关于 m 元函数的魏尔斯特拉斯逼近定理.

定理 2 在 m 维闭球体 B_{ρ} 上连续的任何函数 f,可以在这个闭球体上用多项式一致逼近.

证 必要时作适当的比例变换,可设

$$\rho<\frac{1}{2}$$

我们按以下方式扩充函数 f 的定义,规定

$$\widetilde{f}(\boldsymbol{x}) = \begin{cases} f(\boldsymbol{x}), \|\boldsymbol{x}\| \leqslant \rho \\ \dfrac{1-2\|\boldsymbol{x}\|}{1-2\rho} f\left(\dfrac{\rho \boldsymbol{x}}{\|\boldsymbol{x}\|}\right), \rho < \|\boldsymbol{x}\| \leqslant \dfrac{1}{2} \\ 0, \|\boldsymbol{x}\| > \dfrac{1}{2} \end{cases}$$

这样扩充的函数在 $\mathbf{R}^m$ 上连续并且有界. 以下,为了书写简便,约定把这扩充了的函数 $\widetilde{f}(\boldsymbol{x})$ 仍然记为 $f(\boldsymbol{x})$.

我们构作(m 元) 函数序列

$$f_n(\boldsymbol{x}) = \int_{\mathbf{R}^m} f(\boldsymbol{u}) D_n(\boldsymbol{u} - \boldsymbol{x}) \mathrm{d}\boldsymbol{u} =$$

$$\int_{\|\boldsymbol{u}\| \leqslant 1/2} f(\boldsymbol{u}) D_n(\boldsymbol{u} - \boldsymbol{x}) \mathrm{d}\boldsymbol{u}$$

$$n = 1, 2, \cdots$$

根据引理 4,这个函数序列在闭球体 B_ρ 上一致地收敛于 $f(\boldsymbol{x})$. 很容易看出:这个函数序列的每一项 $f_n(\boldsymbol{x})$ 都是 m 元多项式.

用函数 $\dfrac{\sin \alpha x}{\pi x}$ 的极限
表示狄拉克 $\delta(x)$ 函数[①]

附录 4

鞍山师范学院物理系的范希智、姜良广两位教授 2003 年证明了 x 的函数 $\dfrac{\sin \alpha x}{\pi x}$ 的极限 $\lim\limits_{\alpha \to \infty} \dfrac{\sin \alpha x}{\pi x}$ 可以表示狄拉克 $\delta(x)$ 函数，并用它将动量本征函数进行了 $\delta(x)$ 函数归一化.

（1）引言.

当研究一些包含有某种无穷大的量时，为得到一个精确的符号，狄拉克引进一个非正规函数 $\delta(x)$，它由参量 x 来决定，满足下列条件

$$\delta(x) = \begin{cases} 0, x \neq 0 \\ \infty, x = 0 \end{cases}$$

$$\int_{-\infty}^{\infty} \delta(x)\mathrm{d}x = 1 \qquad (1)$$

---

① 本章摘编自《鞍山师范学院学报》，2003,5(2):7-9.

$\delta(x)$ 不是一个像普通函数那样一般地运用于数学分析中的函数,而是要把它的用途限制于某些显然不能引起前后矛盾的简单的表现形式. 很显然,$\delta(x)$ 函数的重要性质体现在等式

$$\int_{-\infty}^{\infty} f(x)\delta(x)\mathrm{d}x = f(0) \tag{2}$$

之中. 在式(1)和式(2)中变换原点,可以得到

$$\delta(x-a) = \begin{cases} 0, x-a \neq 0 \\ \infty, x-a = 0 \end{cases}$$

$$\int_{-\infty}^{\infty} f(x)\delta(x-a)\mathrm{d}x = f(a) \tag{3}$$

其中 a 为任意常数. 由式(2)或(3)可见,用 $\delta(x)$ 或 $\delta(x-a)$ 乘 x 的函数,并对所有 x 积分的过程,等效于 a 代替 x 的过程.

但是,$\delta(x)$ 虽然是非正规函数,它也可以表示成某个连续函数的极限的形式,针对这个问题,本章列举了一个例子,其结论可以用于对动量本征函数的归一化.

（2）演绎.

x 的函数 $\dfrac{\sin \alpha x}{\pi x}$ 的极限 $\lim\limits_{\alpha \to \infty} \dfrac{\sin \alpha x}{\pi x}$ 可以用来表示狄拉克 $\delta(x)$ 函数,有下面的定理成立,其证明是比较简单的.

定理 x 的函数 $\dfrac{\sin \alpha x}{\pi x}$ 的极限 $\lim\limits_{\alpha \to \infty} \dfrac{\sin \alpha x}{\pi x}$ 满足 $\delta(x)$ 函数的条件(1),等式

$$\delta(x) = \lim_{\alpha \to \infty} \frac{\sin \alpha x}{\pi x} \tag{4}$$

成立,其中常数 $\alpha > 0$.

证 （1）当 $x = 0$ 时，$\lim\limits_{\alpha \to \infty}\left[\dfrac{\sin \alpha x}{\pi x}\right] =$

$\lim\limits_{\alpha \to \infty}\dfrac{\alpha}{\pi}\left[\dfrac{\sin \alpha x}{\alpha x}\right] = \lim\limits_{\alpha \to \infty}\dfrac{\alpha}{\pi} = \infty.$

（2）当 $x \neq 0$ 时，$\dfrac{\sin \alpha x}{\alpha x}$ 以周期 $\dfrac{2\pi}{\alpha}$ 振荡，显然，其振幅随着 $\mid \alpha x \mid$ 的增加而减小，所以当 $\alpha \to \infty$ 时，$\dfrac{\sin \alpha x}{\alpha x} \to 0$，即 $\lim\limits_{\alpha \to \infty}\left[\dfrac{\sin \alpha x}{\pi x}\right] = \lim\limits_{\alpha \to \infty}\dfrac{\alpha}{\pi}\left[\dfrac{\sin \alpha x}{\alpha x}\right] =$

$\dfrac{\alpha}{\pi}\lim\limits_{\alpha \to \infty}\left[\dfrac{\sin \alpha x}{\alpha x}\right] = 0.$

（3）因为 $\alpha > 0$，参考广义定积分表可以得到：

$\displaystyle\int_{-\infty}^{\infty}\dfrac{\sin \alpha x}{x}\mathrm{d}x = \pi.$ 于是有

$$\lim_{\alpha \to \infty}\int_{-\infty}^{\infty}\dfrac{\sin \alpha x}{\pi x}\mathrm{d}x = 1$$

上式中求极限是针对系数 α 的，定积分是针对变量 x 的，而 α 和 x 相互独立，则求极限过程和求定积分过程相互独立，因而对应的符号可调换，所以有

$$\lim_{\alpha \to \infty}\int_{-\infty}^{\infty}\dfrac{\sin \alpha x}{\pi x}\mathrm{d}x = \int_{-\infty}^{\infty}\lim_{\alpha \to \infty}\dfrac{\sin \alpha x}{\pi x}\mathrm{d}x = 1$$

根据上述讨论可知，x 的函数 $\dfrac{\sin \alpha x}{\pi x}$ 的极限 $\lim\limits_{\alpha \to \infty}\dfrac{\sin \alpha x}{\pi x}$ 满足 $\delta(x)$ 函数的条件，这表明用函数极限 $\lim\limits_{\alpha \to \infty}\dfrac{\sin \alpha x}{\pi x}$ 可以表示 $\delta(x)$ 函数，即式（4）成立.

（3）一个用例.

在量子物理学里，动量算符的本征函数为连续函数，为使之组成正交归一完全连续集，可以将它进行 $\delta(x)$ 函数归一化，利用函数极限 $\lim\limits_{\alpha \to \infty}\dfrac{\sin \alpha x}{\pi x}$ 可以方便

地处理这个问题.

动量算符的本征值方程为

$$-\,\mathrm{i}\hbar\,\nabla\psi_p(r)=p\psi_p(r) \qquad (5)$$

式中 p 是动量算符的本征值,$\psi_p(r)$ 是属于这个本征值的本征函数.式(5)的三个分量方程分别为

$$-\,\mathrm{i}\hbar\,\frac{\partial}{\partial x}\psi_p(r)=p_x\psi_p(r)\,;\;-\,\mathrm{i}\hbar\,\frac{\partial}{\partial y}\psi_p(r)=p_y\psi_p(r)\,;$$

$$-\,\mathrm{i}\hbar\,\frac{\partial}{\partial z}\psi_p(r)=p_z\psi_p(r) \qquad (6)$$

式(5)以及式(6)的解是

$$\psi_p(r)=C\exp\frac{\mathrm{i}}{\hbar}p\cdot r \qquad (7)$$

式中 C 为归一化常数.

根据量子力学的观点,$\psi_p(r)$ 乘上时间因子 $\exp\left(-\dfrac{\mathrm{i}E}{\hbar}\cdot t\right)$ 后就是自由粒子的波函数,在它所描写的态中,粒子的动量具有确定值,这个确定值就是动量算符在这个态中的本征值,而且动量算符的三个分量算符 $\hat{p}_x,\hat{p}_y,\hat{p}_z$ 都有确定值:p_x,p_y 和 p_z,这样可以说式(7)的函数 $\psi_p(r)$ 就是动量的本征函数.

因为动量 p 和坐标 r 是连续的,所以函数 $\psi_p(r)$ 也是连续的,根据波函数的统计解释来确定归一化常数 C,则有下面的积分出现

$$\int_\infty \psi_p*(r)\psi_p(r)\mathrm{d}\tau=$$

$$C^2\int_{-\infty}^{\infty}\int_{-\infty}^{\infty}\int_{-\infty}^{\infty}\exp\left\{\frac{\mathrm{i}}{\hbar}\big[(p_x-p_x')x+(p_y-p_y')y+\right.$$

$$\left.(p_z-p_z')z\big]\right\}\mathrm{d}x\,\mathrm{d}y\,\mathrm{d}z=$$

$$C^2\int_{-\infty}^{\infty}\exp\left[\frac{\mathrm{i}}{\hbar}(p_x-p_x')x\right]\mathrm{d}x\int_{-\infty}^{\infty}\exp\left[\frac{\mathrm{i}}{\hbar}(p_y-p_y')y\right]\mathrm{d}y\cdot$$

$$\int_{-\infty}^{\infty} \exp\left[\frac{i}{\hbar}(p_z - p_z')z\right]dz$$

首先分析积分：$\int_{-\infty}^{\infty} \exp\left[\frac{i}{\hbar}(p_x - p_x')x\right]dx$，它可通过

函数极限 $\lim\limits_{a \to \infty}\dfrac{\sin \alpha x}{\pi x}$ 来计算

$$\int_{-\infty}^{\infty} \exp\left[\frac{i}{\hbar}(p_x - p_x')x\right]dx =$$

$$\lim_{a \to \infty}\int_{ah}^{ah} \exp\left[\frac{i}{\hbar}(p_x - p_x')x\right]dx =$$

$$\lim_{a \to \infty}\frac{\hbar}{i(p_x - p_x')}\left\{\exp\left[\frac{i}{\hbar}(p_x - p_x')a\hbar\right]-\right.$$

$$\left.\exp\left[-\frac{i}{\hbar}(p_x - p_x')a\hbar\right]\right\} =$$

$$2\pi\hbar\lim_{a \to \infty}\frac{\sin\left[(p_x - p_x')\alpha\right]}{\pi(p_x - p_x')} = 2\pi\hbar\delta(p_x - p_x')$$

其中 $\delta(p_x - p_x')$ 是以 $(p_x - p_x')$ 为宗量的 δ — 函数，于是有

$$\int_{\infty}\psi_{p'}(r)\psi_{p'}(r)d\tau =$$

$$C^2(2\pi\hbar)^3\delta(p_x - p_x')\delta(p_y - p_y')\delta(p_z - p_z') =$$

$$C^2(2\pi\hbar)^3\delta(p - p')$$

因此，如果 $C = (2\pi\hbar)^{-\frac{3}{2}}$，那么 $\psi_p(r)$ 可被归一化

$$\int_{\infty}\psi_p(r)\psi_p(r)d\tau = \delta(p - p')$$

$$\psi_p(r) = (2\pi\hbar)^{\frac{3}{2}}\exp\left(\frac{i}{\hbar}p \cdot r\right) \qquad (8)$$

式(8) 即为 $\psi_p(r)$ 的归一化形式，它是利用式(4) 将连续的动量本征函数 $\psi_p(r)$ 归一的.

744

（4）结论.

非正规函数——狄拉克 $\delta(x)$ 函数,它可以用 x 的函数 $\dfrac{\sin \alpha x}{\pi x}$ 的极限 $\lim\limits_{\alpha \to \infty} \dfrac{\sin \alpha x}{\pi x}$ 来表示,等式(4)成立,这个结论可以用来处理归一化动量本征函数的问题,动量本征函数是连续的,它必须被归一化为 δ 一函数,等式(8)即为利用式(4)得到的归一的动量本征函数.

用函数 $\dfrac{1}{\sqrt{2\pi}\,\sigma}\exp\left(-\dfrac{x^2}{2\sigma^2}\right)$ 的极限表示狄拉克 $\delta(x)$ 函数及其一个应用[①]

附录 5

盘锦职业技术学院化工系的刘小川,鞍山师范学院物理系的范希智两位教授 2002 年证明了 x 的函数 $\dfrac{1}{\sqrt{2\pi}\,\sigma}\exp\left(-\dfrac{x^2}{2\sigma^2}\right)$ 的极限

$$\lim_{\sigma\to 0}\left[\frac{1}{\sqrt{2\pi}\,\sigma}\exp\left(-\frac{x^2}{2\sigma^2}\right)\right]$$

可以表示狄拉克 $\delta(x)$ 函数,利用这个结论可以将分数傅里叶变换定义完整.

（1）引言.

当研究一些包含某种无穷大的量时,为得到一个精确的符号,狄拉克引进一个非正规函数 $\delta(x)$,它由参量 x 来决定,满足下列条件

$$\delta(x)=\begin{cases}0,x\neq 0\\ \infty,x=0\end{cases},\ \int_{-\infty}^{\infty}\delta(x)\mathrm{d}x=1$$

$$(1)$$

[①] 本章摘编自《鞍山师范学院学报》,2002,4(1):44-46.

$\delta(x)$ 不是一个像普通函数那样一般地运用于数学分析中的函数,而是要把它的用途限制于某些显然不能引起前后矛盾的简单的表现形式中. 很显然,$\delta(x)$ 函数的重要性质体现在等式

$$\int_{-\infty}^{\infty} f(x)\delta(x)\mathrm{d}x = f(0) \tag{2}$$

之中. 在(1) 和(2)中变换原点,可以得到

$$\delta(x-a) = \begin{cases} 0, x-a \neq 0 \\ \infty, x-a = 0 \end{cases}, \int_{-\infty}^{\infty} f(x)\delta(x-a)\mathrm{d}x = f(a) \tag{3}$$

其中 a 为任意常数. 由式(2) 或(3) 可见,用 $\delta(x)$ 或 $\delta(x-a)$ 乘 x 的函数,并对所有 x 积分的过程,等效于用 a 代替 x 的过程.

但是,$\delta(x)$ 虽然是非正规函数,它也可以表示成某个连续函数的极限的形式,针对这个问题,本章列举了一个例子,其结论的用例之一就是可以将分数傅里叶变换定义完整.

(2)演绎.

x 的归一化高斯函数 $\dfrac{1}{\sqrt{2\pi}\sigma}\exp\left(-\dfrac{x^2}{2\sigma^2}\right)$ 的极限 $\lim\limits_{\sigma \to 0}\left[\dfrac{1}{\sqrt{2\pi}\sigma}\exp\left(-\dfrac{x^2}{2\sigma^2}\right)\right]$ 可以用来表示狄拉克 $\delta(x)$ 函数,有下面的定理成立,其证明是比较简单的.

定理 自变量 x 的归一化高斯函数 $\dfrac{1}{\sqrt{2\pi}\sigma}\exp\left(-\dfrac{x^2}{2\sigma^2}\right)$ 的极限 $\lim\limits_{\sigma \to 0}\left[\dfrac{1}{\sqrt{2\pi}\sigma}\exp\left(-\dfrac{x^2}{2\sigma^2}\right)\right]$ 满足 $\delta(x)$ 函数的条件(1),且等式

$$\delta(x) = \lim_{\sigma \to 0}\left[\frac{1}{\sqrt{2\pi}\sigma}\exp\left(-\frac{x^2}{2\sigma^2}\right)\right] \tag{4}$$

成立.

　　证　当 $x=0,\sigma \to 0$ 时,显然

$$\lim_{\sigma \to 0}\left[\frac{1}{\sqrt{2\pi}\,\sigma}\exp\left(-\frac{x^2}{2\sigma^2}\right)\right]=\infty$$

当 $x\neq 0,\sigma \to 0$ 时,显然有 $-\dfrac{x^2}{2\sigma^2}\to -\infty$,于是

$\exp\left(-\dfrac{x^2}{2\sigma^2}\right)\to 0$,而 $\dfrac{1}{\sqrt{2\pi}\,\sigma}\to \infty$,但是 $\exp\left(-\dfrac{x^2}{2\sigma^2}\right)\to 0$

的速度比 $\dfrac{1}{\sqrt{2\pi}\,\sigma}\to \infty$ 的速度显然要快得多,所以极限

$\lim\limits_{\sigma \to 0}\left[\dfrac{1}{\sqrt{2\pi}\,\sigma}\exp\left(-\dfrac{x^2}{2\sigma^2}\right)\right]=0$ 成立.

　　令 $G(x)=\dfrac{1}{\sqrt{2\pi}\,\sigma}\exp\left(-\dfrac{x^2}{2\sigma^2}\right)$,参考广义定积分表

可以得到 $\displaystyle\int_{-\infty}^{\infty}G(x)\mathrm{d}x=1,\int_{-\infty}^{\infty}x^2 G(x)\mathrm{d}x=\sigma^2$,所以有

$$\int_{-\infty}^{\infty}\lim_{\sigma \to 0}G(x)=\lim_{\sigma \to 0}\int_{-\infty}^{\infty}G(x)=1.$$

　　根据上述讨论可知,自变量 x 的归一化高斯函数

$\dfrac{1}{\sqrt{2\pi}\,\sigma}\exp\left(-\dfrac{x^2}{2\sigma^2}\right)$ 的极限 $\lim\limits_{\sigma \to 0}\left[\dfrac{1}{\sqrt{2\pi}\,\sigma}\exp\left(-\dfrac{x^2}{2\sigma^2}\right)\right]$ 满足

$\delta(x)$ 函数的条件,这表明用归一化高斯函数的极限

$\lim\limits_{\sigma \to 0}\left[\dfrac{1}{\sqrt{2\pi}\,\sigma}\exp\left(-\dfrac{x^2}{2\sigma^2}\right)\right]$ 可以表示 $\delta(x)$ 函数,即式(4)

成立.

　　(3)一个用例.

　　用归一化高斯函数的极限

$$\lim_{\sigma \to 0}\left[\frac{1}{\sqrt{2\pi}\,\sigma}\exp\left(-\frac{x^2}{2\sigma^2}\right)\right]$$

表示狄拉克 $\delta(x)$ 函数,可以方便地处理一些极限问题.例如,傅里叶变换在光学中是一个有用的数学工具,1980 年,Namias 又提出了分数傅里叶变换的新概念,它在光学和量子物理学中也非常有用,其简单的数学定义如下:

函数的 $f(x)$ 分数傅里叶变换为

$$F(\xi) = FT_{\alpha}\{f(x)\} =$$

$$\left\{\frac{\exp\left[-\mathrm{j}\left(\dfrac{\pi}{2} - \alpha\right)\right]}{2\pi\sin\alpha}\right\}^{\frac{1}{2}} \cdot$$

$$\int_{-\infty}^{\infty} \exp\left[\frac{\mathrm{j}(\xi^2 + x^2)}{2\tan\alpha} - \frac{\mathrm{j}\xi x}{\sin\alpha}\right] f(x)\mathrm{d}x \quad (5)$$

式中 $F(\xi)$ 为 $f(x)$ 的分数傅里叶谱,α 称为分数傅里叶变换的阶,其值满足 $|\alpha| \leqslant \pi$,以 $-\alpha$ 代替式(5)中的 α 得到

$$FT_{-\alpha}\{f(x)\} = \left\{\frac{\exp\left[\mathrm{j}\left(\dfrac{\pi}{2} - \alpha\right)\right]}{2\pi\sin\alpha}\right\}^{\frac{1}{2}} \cdot$$

$$\int_{-\infty}^{\infty} \exp\left[\frac{-\mathrm{j}(\xi^2 + x^2)}{2\tan\alpha} + \frac{\mathrm{j}\xi x}{\sin\alpha}\right] f(x)\mathrm{d}x$$

$$(6)$$

仔细考察分数傅里叶变换定义式(5)和(6),当 $\alpha = 0$ 和 $\alpha = \pm\pi$ 时,它们显然没有意义,所以 FT_0 和 $FT_{\pm\pi}$ 必须另外定义.

首先,对于 $\alpha \approx 0$,有 $\sin\alpha \approx \alpha$,$\tan\alpha \approx \alpha$,于是

$$FT_{\alpha \to 0}\{f(x)\} = \lim_{\alpha \to 0}\left\{\frac{\exp\left[-\mathrm{j}\left(\dfrac{\pi}{2} - \alpha\right)\right]}{2\pi\alpha}\right\}^{\frac{1}{2}} \cdot$$

$$\int_{-\infty}^{\infty} \exp\left[\frac{\mathrm{j}(\xi^2 + x^2)}{2\alpha} - \frac{\mathrm{j}\xi x}{\alpha}\right] f(x)\mathrm{d}x =$$

$$\int_{-\infty}^{\infty} \frac{\exp\left[-\dfrac{(x-\xi)^2}{2\alpha \mathrm{j}}\right]}{\sqrt{2\pi} \cdot \sqrt{\alpha \mathrm{j}}} f(x)\,\mathrm{d}x =$$

$$\int_{-\infty}^{\infty} f(x)\delta(x-\xi)\,\mathrm{d}x = f(\xi)$$

上式推导中的第二步到第三步即运用了式(4),式(4)里的 σ 在这里为 $\sqrt{\alpha \mathrm{j}}$. 于是当 $\alpha \to 0$ 时,$\sigma \to 0$,第三步到第四步即运用了式(3) 的结果.

其次,对于 $\alpha \approx \pi$,令 $\alpha = \pi, \Delta > 0$,则 $\Delta \approx 0$,于是有 $\sin\alpha = \sin(\pi-\Delta) \approx \Delta, \tan\alpha = \tan(\pi-\Delta) \approx -\Delta$,那么

$$FT_{\alpha\to\pi}\{f(x)\} = FT_{\Delta\to 0} \lim_{\Delta\to 0} \left\{\frac{\exp\left[-\mathrm{j}\left(\dfrac{\pi}{2}-(\pi-\Delta)\right)\right]}{2\pi\Delta}\right\}^{\frac{1}{2}} \cdot$$

$$\int_{-\infty}^{\infty} \exp\left[\frac{\mathrm{j}(\xi^2+x^2)}{2(-\Delta)} - \frac{\mathrm{j}\xi x}{\Delta}\right] f(x)\,\mathrm{d}x =$$

$$\int_{-\infty}^{\infty} \frac{\exp\left[-\dfrac{(x-(-\xi))^2}{2\Delta/\mathrm{j}}\right]}{\sqrt{2\pi} \cdot \sqrt{\Delta/\mathrm{j}}} f(x)\,\mathrm{d}x =$$

$$\int_{-\infty}^{\infty} f(x)\delta(x-(-\xi))\,\mathrm{d}x = f(-\xi)$$

同样,上式推导中的第二步到第三步也运用了式(4),式(4)里的 σ 在这里为 $\sqrt{\Delta/\mathrm{j}}$. 于是当 $\Delta \to 0$ 时,$\sigma \to 0$,第三步到第四步也运用了式(3) 的结果.

再其次,对于 $\alpha \approx -\pi$,令 $\alpha = -\pi+\Delta, \Delta > 0$,则 $\Delta \approx 0$,于是有 $\sin\alpha = \sin(-\pi+\Delta) \approx -\Delta, \tan\alpha = \tan(-\pi+\Delta) \approx \Delta$,那么同样可以运用式(4) 和式(3) 的结果,结合式(5),推导如下

$$FT_{\alpha\to -\pi}\{f(x)\} = FT_{\Delta\to 0} =$$

$$\lim_{\Delta\to 0}\left\{\frac{\exp\left[-\mathrm{j}\left(\dfrac{\pi}{2}-(-\pi+\Delta)\right)\right]}{2\pi(-\Delta)}\right\}^{\frac{1}{2}} \cdot$$

$$\int_{-\infty}^{\infty} \exp\left[\frac{\mathrm{j}(\xi^2 + x^2)}{2\Delta} - \frac{\mathrm{j}\xi x}{-\Delta}\right] f(x)\mathrm{d}x =$$

$$\int_{-\infty}^{\infty} \frac{\exp\left[-\dfrac{(x - (-\xi))^2}{2\Delta\mathrm{j}}\right]}{\sqrt{2\pi} \cdot \sqrt{\Delta\mathrm{j}}} f(x)\mathrm{d}x =$$

$$\int_{-\infty}^{\infty} f(x)\delta(x - (-\xi))\mathrm{d}x = f(-\xi)$$

在这里 $\sigma = \sqrt{\Delta\mathrm{j}}$. 于是当 $\alpha \to 0$ 时，$\sigma \to 0$，上式中的第三步到第四步运用了式（3）的结果.

综合上述讨论，可以得到

$$FT_0\{f(x)\} = f(\xi), FT_\pi\{f(x)\} = f(-\xi)$$

以及 $\qquad FT_{-\pi}\{f(x)\} = f(-\xi)$

它们表明，0 阶的分数傅里叶变换给出函数本身，π 阶和 $-\pi$ 阶的分数傅里叶变换给出函数的倒像.

由此可见，利用自变量 x 的归一化高斯函数 $\dfrac{1}{\sqrt{2\pi}\,\sigma}\exp\left(-\dfrac{x^2}{2\sigma^2}\right)$ 的极限 $\lim\limits_{\sigma \to 0}\left[\dfrac{1}{\sqrt{2\pi}\,\sigma}\exp\left(-\dfrac{x^2}{2\sigma^2}\right)\right]$ 表示狄拉克 $\delta(x)$ 函数，可以将分数傅里叶变换定义完整，这是

$$\delta(x) = \lim_{\sigma \to 0}\left[\frac{1}{\sqrt{2\pi}\,\sigma}\exp\left(-\frac{x^2}{2\sigma^2}\right)\right]$$ 的一个很好的应用.

（4）结论.

非正规函数——狄拉克 $\delta(x)$ 函数，它可以用 x 的归一化高斯函数 $\dfrac{1}{\sqrt{2\pi}\,\sigma}\exp\left(-\dfrac{x^2}{2\sigma^2}\right)$ 的极限 $\lim\limits_{\sigma \to 0}\left[\dfrac{1}{\sqrt{2\pi}\,\sigma}\exp\left(-\dfrac{x^2}{2\sigma^2}\right)\right]$ 来表示，等式（4）成立，利用这个结论可以将分数傅里叶变换定义完整.

量子力学中的 δ — 函数

附录 6

哈尔滨师范大学物理与电子工程学院，先进功能材料与激发态黑龙江省重点实验室的徐玲玲，哈尔滨工业大学物理系的赵永芳和井孝功三位教授 2010 年曾从狄拉克 δ — 函数 $\delta(x)$ 的定义出发，说明其在 $x=0$ 处无定义，$\delta(x)$ 具有 x 倒数的量纲，并且具有 x 算符本征函数的物理含意，澄清了量子力学教材中的一些模糊认识.

众所周知，为了解决连续谱的本征波函数不能归一化的问题，狄拉克[①]引入了一个实函数 $\delta(x)$，称为狄拉克 δ — 函数（以下简称为 δ — 函数），从而使得连续谱的本征波函数可以规格化为 δ — 函数.

---

① 狄拉克.量子力学原理［M］.陈咸亨，译.北京：科学出版社，1965.

6.1　δ－函数的定义

狄拉克 δ－函数的原始定义为：以坐标 x 为自变量，并且同时满足下列两个条件的实函数 $\delta(x)$ 称为 δ－函数

$$\begin{cases} \delta(x) = 0, x \neq 0 \\ \displaystyle\int_{-\infty}^{+\infty} \delta(x)\mathrm{d}x = 1 \end{cases} \tag{1}$$

除上述原始的定义之外，δ－函数还有另外一些表述方式.

（1）导数形式.

若已知阶梯函数为

$$\theta(x) = \begin{cases} 0, x < 0 \\ 1, x > 0 \end{cases} \tag{2}$$

则容易验证 $\theta(x)$ 的一阶导数 $\theta'(x)$ 刚好满足式(1)的两个条件，于是有

$$\delta(x) = \theta'(x) \tag{3}$$

（2）积分形式.

将 $\delta(x)$ 向波数 k 的本征波函数展开，即

$$\delta(x) = \frac{1}{\sqrt{2\pi}} \int_{-\infty}^{+\infty} \varphi(k)\exp(\mathrm{i}kx)\mathrm{d}k \tag{4}$$

展开系数为

$$\varphi(k) = \frac{1}{\sqrt{2\pi}} \int_{-\infty}^{+\infty} \delta(x)\exp(-\mathrm{i}kx)\mathrm{d}x = \frac{1}{\sqrt{2\pi}} \tag{5}$$

将式(5)代入式(4)，立即得到 $\delta(x)$ 的一种最常用的形式

$$\delta(x) = \frac{1}{2\pi}\int_{-\infty}^{+\infty}\exp(\mathrm{i}kx)\,\mathrm{d}k \qquad (6)$$

（3）极限形式.

设 k_0 为与 k 同量纲的实常数,对式（6）右端积分,还可以得到 $\delta(x)$ 的另一种表达式

$$\delta(x) = \frac{1}{2\pi}\lim_{k_0\to\infty}\int_{-k_0}^{k_0}\big[\cos(kx)+\mathrm{i}\sin(kx)\big]\mathrm{d}x =$$

$$\lim_{k_0\to\infty}\frac{\sin(k_0 x)}{\pi x} \qquad (7)$$

容易验证,上述3种表述形式皆满足 δ—函数的原始定义中式（1）的两个要求.应该特别强调,所有的表达式都不能确切给出 $\delta(x)$ 在 $x=0$ 处的函数值,或者说,在 $x=0$ 处 $\delta(x)$ 没有定义.在这个意义上讲,$\delta(x)$ 并不是一个通常意义下的函数.如果一定要追究 $\delta(0)$ 的取值,也只能说当 $x\to 0$ 时,$\delta(x)\to\infty$.正是这个原因使得数学家们在很长的时间内不愿意接受它.

在有些量子力学的教材中,将 $\delta(x)$ 简单地写成

$$\delta(x) = \begin{cases} 0, & x \neq 0 \\ \infty, & x = 0 \end{cases} \qquad (8)$$

上述的写法曲解了 δ—函数的原始定义.由 δ—函数满足的一个基本关系式

$$x\delta(x) = 0 \qquad (9)$$

可以看出:如果按照式（8）的表述,当 $x=0$ 时,式（9）左端会出现不定式 $0\times\infty$[①],而不是 0,显然,式（8）的表述不妥.

---

① 《数学手册》编写组. 数学手册[M]. 北京:高等教育出版社,1990.

6.2 δ－函数的图形

由于 $\delta(x)$ 具有特殊的性质，所以不能直接画出它的图形. 在一些量子力学教材中，将 $\delta(x)$ 的图形绘制为一条左右对称且非常靠近纵轴的曲线. 这种画法并不准确，很容易造成误解.

汤川秀树[①]曾指出，δ－函数是矩形函数的极限情况，具体的做法是引入一个含有参变量 ε 的矩形函数

$$D(x,\varepsilon)=\begin{cases} 0, & |x| \geqslant \dfrac{\varepsilon}{2} \\[2mm] \varepsilon^{-1}, & |x| < \dfrac{\varepsilon}{2} \end{cases} \qquad (1)$$

其中 ε 是一个小的正数. 上式表明 $D(x,\varepsilon)$ 是一个长度为 ε、高度为 ε^{-1} 的矩形函数，该函数对纵轴是左右对称的，并且矩形的面积为无量纲的常数 1. 显然，$D(x,\varepsilon)$ 是一个处处有定义的通常意义下的函数.

矩形函数 $D(x,\varepsilon)$ 如图 1 所示.

由 δ－函数的定义可知，当 $\varepsilon \to 0$ 时，上述矩形函数变成 δ－函数，即

$$\lim_{\varepsilon \to 0} D(x,\varepsilon) = \delta(x) \qquad (2)$$

当 $\varepsilon \to 0$ 时，图 1 的极限情况就是 δ－函数的图形.

---

① 汤川秀树.量子力学(1)[M].阎寒梅,张帮固,译.北京:科学出版社,1991.

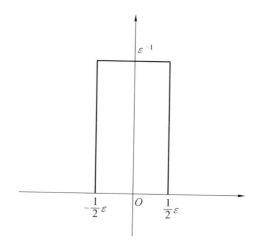

图 1 函数 $D(x,\varepsilon)$ 的矩形函数图形表示

6.3 δ 一 函数的量纲

对于以坐标 x 为自变量的 δ 一 函数 $\delta(x)$ 而言,由 6.1 节式(1) 中的第 2 个式子可知,$\delta(x)$ 必须具有长度倒数的量纲 $[L^{-1}]$,不然,等式右端不可能为无量纲的常数 1. 进而可知,三维坐标的 δ 一 函数 $\delta^3(r)$ 的量纲为 $[L^{-3}]$. 推广到以任意力学量为自变量的情况,例如,对于以动量 p 为自变量 δ 一 函数 $\delta^3(p)$ 而言,其量纲为 $[M^{-3}L^{-3}T^3]$.

下面用两个例子来说明 δ 一 函数量纲的重要性.
(1) 单色平面波.
在一维坐标表象下,波数为 $k(-\infty < k < \infty)$ 的状态为

756

$$\psi_k(x) = \frac{1}{\sqrt{2\pi}}\exp(\mathrm{i}kx) \tag{1}$$

在此状态下,坐标的取值概率密度为

$$W_k(x) = |\psi_k(x)|^2 = \frac{1}{2\pi} \tag{2}$$

由坐标取值概率密度的定义可知,$W_k(x)$ 应该具有量纲 $[\mathrm{L}^{-1}]$,而式(2)中的 $W_k(x)$ 却是一个无量纲的常数.出现这种情况的原因是 $\psi_k(x)$ 在这里不能归一化,只能利用 6.1 节中式(6)对其进行规格化,即

$$\int_{-\infty}^{+\infty} \psi_{k'}^*(x)\psi_k(x)\mathrm{d}x = \frac{1}{2\pi}\int_{-\infty}^{+\infty} \exp[\mathrm{i}(k-k')x]\mathrm{d}x =$$
$$\delta(k-k') \tag{3}$$

由于 $\delta(k-k')$ 具有长度的量纲 $[\mathrm{L}]$,所以 $W_k(x) = |\psi_k(x)|^2$ 是无量纲的常数,从而具有概率的物理意义,而不是通常意义下的概率密度.

(2)δ — 函数位势.

在一些量子力学教材中,将 δ — 函数位势写成

$$V(x) = V_0\delta(x) \tag{4}$$

其中 V_0 是实常量,当 $V_0 > 0$ 时为 δ 势垒,当 $V_0 < 0$ 时为 δ 势阱.如果不再对 V_0 的量纲做特殊的说明,很容易将其误解为具有能量量纲 $[\mathrm{L}^2\mathrm{MT}^{-2}]$.实际上,由于 $\delta(x)$ 具有量纲 $[\mathrm{L}^{-1}]$,为保证 $V(x)$ 具有能量量纲,V_0 必须具有量纲 $[\mathrm{L}^3\mathrm{MT}^{-2}]$.

对于质量为 m,处于 δ 势阱中的粒子而言,由式(4)求得的参量本征值为

$$E = -\frac{mV_0^2}{2\hbar^2} \tag{5}$$

显然,只有当 V_0 具有力的量纲时,式(5)右端才具有能量量纲.

6.4 δ — 函数的含义

在自身表象下,坐标算符 x 满足的本征方程为
$$x\psi_{x_0}(x)=x_0\psi_{x_0}(x) \tag{1}$$
其中,本征值 x_0 可以在正负无穷之间连续取值,$\psi_{x_0}(x)$ 为其相应的本征波函数.式(1)可以改写成
$$(x-x_0)\psi_{x_0}(x)=0 \tag{2}$$
由 δ — 函数的性质 6.1 节中式(9)可知
$$\psi_{x_0}(x)=\delta(x-x_0) \tag{3}$$
于是,$\delta(x-x_0)$ 就具有了坐标算符 x 对应本征值 x_0 的本征波函数的物理含义.

另外,如果将 $\delta(x-x_0)$ 视为算符,在任意状态 $\psi(x)$ 下其平均值为
$$\overline{\delta(x-x_0)}=\int_{-\infty}^{+\infty}\psi^*(x)\delta(x-x_0)\psi(x)\mathrm{d}x=|\psi(x_0)|^2 \tag{4}$$
式(4)表明,$\delta(x-x_0)$ 在任意状态 $\psi(x)$ 下的平均值皆等于坐标在 x_0 处的取值概率密度,或者说,在平均值的意义下,$\delta(x-x_0)$ 具有坐标概率密度算符的物理含义.进而还可以利用 $\delta(x-x_0)$ 定义概率流密度,就不在这里讨论了.

综上所述,原本人为引入的一个 δ — 函数,如今已经具有了双重的物理意义:作为波函数,它是坐标算符的本征函数,它的模方表示体系坐标的取值概率密度;作为算符,它是体系坐标的取值概率密度算符.这种集波函数与算符的功能于一身的奇妙现象的出现,

必将加深对波函数与算符这两个基本概念的理解.

本节涉及的数学工具深入探索下去便可抵达近代数学的领域,比如施瓦兹的广义函数论.

广义函数及其在力学中的应用述评①

附录7

　　广义函数是古典函数概念的推广.历史上第1个广义函数是由英国著名物理学家、1933年诺贝尔物理学奖获得者狄拉克引入的.他在1930年出版了《量子力学原理》一书,对量子力学的理论基础做了系统的总结,提出了整套的数学方法,其中,为了处理一些包含某种无穷大的量以及不连续函数的微商,引入了一种当时被他称为"非正规函数"的 δ—函数.狄拉克当时把 δ—函数看成一种运算符号.因为按经典数学的概念无法理解这种函数(δ—函数不符合古典函数的定义,它在 $(-\infty, \infty)$ 上也不是古典意义下的可积函数.古典意义下几乎处处为零的函数的积分为零,而不可能为1),所以当时很多数学家拒不承认,并予以非难.

---

① 本章摘编自《甘肃科学学报》,2008,20(1):42-45.

然而,在讨论连续分布量和集中分布量之间的关系时非常有效,用它来描述一些集中量,如点质量、点电荷、点热源、集中力、集中力偶、偶极子、瞬时冲击力等物理量时不仅方便,物理含义清楚,而且当它被视作普通函数参加微分、积分及傅里叶变换等运算时,其运算结果与物理结论完全一致,并使统一处理通常的连续型分布和集中量的离散型分布成为可能.这就促使数学家们对其进行研究和解释,以确立严格的数学基础.

广义函数(论)是在近代物理学、工程技术科学与数学理论的基础上逐渐形成和发展起来的,目前尚无确切含义.一般笼统地认为它是某些类函数(如连续函数类)、测度、微分和积分等概念的推广,因此在形成和发展过程中自然出现了各种流派.在近代数学中,人们把类似 $\delta -$ 函数的这一类"运算符号"统称为广义函数.因为最初有人把 $\delta -$ 函数设想成直线上某种分布所相应的"密度函数",所以广义函数又称为分布.后来随着泛函分析的发展,法国数学家施瓦尔兹于 20 世纪 40 年代、50 年代在深入研究 $\delta -$ 函数性质的基础上,用泛函分析的观点为广义函数建立了一整套严格的理论,创立了分布论(又称为广义函数论).他在理论上证实了不仅可以使用 $\delta -$ 函数,而且可以使用 $\delta -$ 函数的各阶导数.紧接着在 20 世纪 60 年代,苏联数学家、生物学家盖尔范德对广义函数论做了重要发展,他同别人合写了关于广义函数的多部巨著,考察了各种基本空间及其上的广义导数,并应用于偏微分方程.此后,广义函数逐渐融入了数学中的多个分支,如常微分方程、随机过程、流形理论、算子论、积分变换等,尤其大力推动了偏微分方程的发展. 其中一个重要的应用,就是利用 δ — 函数,通过拉普拉斯或傅里叶变换求得齐次常微分方程的基本解,由基本解可构造出相应的非齐次方程的解;或通过格林函数法求得变系数常微分方程的基本解和通解. 此外,法国数学家阿达玛(1932 年)、苏联数学家索伯列夫(1936 年)、原奥匈数学家博赫纳(1932 年)等都对广义函数理论的形成做出了重要的贡献.

7.1　力学中广义函数的微积分运算

在力学中,人们习惯将包括 δ — 函数及其各阶导数、亥维赛阶跃函数 $H(x)$ 及其各阶积分的广义函数族统称为奇异函数. 其中,亥维赛阶跃函数为

$$H(x) = \begin{cases} 1, x \geqslant 0 \\ 0, x < 0 \end{cases}$$

是为纪念英国数学物理学家亥维赛,在电学研究中最先提出此函数而命名的.

通常奇异函数指的是下列函数族

$$f(x) = (x - x_i)^n$$

当 $n \geqslant 0$ 时

$$\langle x - x_i \rangle^n = \begin{cases} (x - x_i)^n, x \geqslant x_i \\ 0, x < x_i \end{cases}$$

当 $n < 0$ 时

$$\langle x - x_i \rangle^n = \begin{cases} \infty, x = x_i \\ 0, x \neq x_i \end{cases}$$

式中括号"$\langle \rangle$"一般称为麦考利(Macauley)括号. 当

$n=-1$ 时即为狄拉克 $\delta-$ 函数,当 $n=0$ 时即为亥维赛阶跃函数 $H(x).\delta-$ 函数的 n 阶导数定义及性质为

$$\delta^{(n)}(x-x_i)=\langle x-x_i\rangle^{-(n+1)}=\begin{cases}\infty,x=x_i\\0,x\neq x_i\end{cases}$$

$$\int_{-\infty}^{\infty}f(x)\delta^{(n)}(x-x_i)\mathrm{d}x=(-1)^nf^{(n)}(x_i)$$

$$\begin{aligned}f(x)\delta^{(n)}(x)=&(-1)^nf^{(n)}(0)\delta(x)+\\&(-1)^{(n-1)}nf^{(n-1)}(0)\delta'(x)+\\&(-1)^{n-2}\frac{n(n-1)}{2!}\cdot\\&f^{(n-2)}(0)\delta''''(x)+\cdots+f(0)\delta^{(n)}(x)\end{aligned}$$

此外,上述奇异函数的微分法则和积分法则可归纳如下:

(1) 微分

$$\begin{cases}\dfrac{\mathrm{d}}{\mathrm{d}x}\langle x-x_i\rangle^n=\langle x-x_i\rangle^{n-1},n\leqslant0\\[2mm]\dfrac{\mathrm{d}}{\mathrm{d}x}\langle x-x_i\rangle^n=n\langle x-x_i\rangle^{n-1},n>0\end{cases}$$

(2) 积分

$$\begin{cases}\displaystyle\int_{-\infty}^x\langle x-x_i\rangle^n\mathrm{d}x=\langle x-x_i\rangle^{n+1},n\leqslant0\\[2mm]\displaystyle\int_{-\infty}^x\langle x-x_i\rangle^n\mathrm{d}x=\dfrac{1}{n+1}\langle x-x_i\rangle^{n+1},n>0\end{cases}$$

上述奇异函数的性质及微分、积分公式在解决各种力学问题的计算中发挥了重要作用.

7.2　广义函数在力学中的应用

广义函数应用于力学领域始于 20 世纪 40 年代,现已涉及力学中的各个分支,如材料力学、结构力学、弹性力学、振动力学、塑性力学、黏弹性力学等.

在材料力学中,当梁上有不同类型的横向载荷组合作用时,利用奇异函数表示梁上的非连续载荷,如集中力、集中力偶、线性分布载荷、分段载荷等的广义线分布集度,从而可以不需分段,由相应的微分方程积分直接得到一个剪力方程、一个弯矩方程、一个挠度方程、一个转角方程. 对超静定梁可以解除其全部支座,代之以相应的约束反力,再利用奇异函数表示这些约束反力和已知载荷的广义线分布集度,从而可大大简化计算. 对阶梯梁、鱼腹梁,可同时用阶跃函数表示其轴惯性矩,计算时避免了分段积分. 此外,可用奇异函数法求解文克尔(Winkler)弹性地基梁、阶梯形地基梁等,也无须分段,可直接建立梁的弹性曲线微分方程.

在弹性薄板弯曲问题中,引用奇异函数表示薄圆板所受非连续载荷的广义面分布集度,可以非常方便地求得圆板的轴对称弯曲解答. 对矩形薄板的弯曲用奇异函数法也可大大简化公式的推导.

在振动力学问题中,用 δ — 函数表示冲击力、脉冲激振力等,可求得系统对单位脉冲激振力的响应,并可进一步求得系统对任意激振力的响应,得到著名的杜哈美(Duhamel)积分.

在弹性力学中,如上半平面在边界受各种法向载荷作用时的平面弹性问题,无限大弹性体在某点受集中力作用的问题等,用奇异函数表示面力或体力的载荷分布集度,可以使这些问题的求解变得十分方便.

在塑性力学中,将奇异函数应用于薄板的塑性极限分析,用其计算内边界支承环板,在边缘弯矩和复

杂线性荷载共同作用下的极限荷载非常简单及方便.

总之,奇异函数在力学中的应用是一个十分广泛的课题,我国学者王燮山长期从事奇异函数在力学中的应用研究,并取得了丰硕的成果.此外,我国另一学者余德浩利用格林函数和格林公式,通过自然边界归化得到力学中常有的调和及双调和方程边值问题在一些典型域上的泊松积分公式.在推导这些公式时,也大量利用了广义函数论中的重要公式,给力学上这些边值问题的求解提供了一种快速、简洁的工具.

7.3　应　用　实　例

以固支圆板的非轴对称弯曲问题作为一个具体的应用实例,如图 1 所示,一周边固支的圆板(半径为 R),在点 $K(r_k,\theta_k)$ 处受集中力 P 作用,试求圆板的弯曲挠度.

弹性薄板的弯曲问题可视为在简支边、固支边及自由边等 3 种常见边界条件下的双调和方程边值问题,对这种边值问题的求解少数情况下可以得到解析解,而在大多数较为复杂的情况下需采用各种近似解法或数值解法.圆板的弯曲在轴对称情况下虽然可以求得解析解,但对于在集中力及分段分布力等非连续性载荷作用下的非轴对称弯曲,用经典方法求解,必须分段积分,使得问题的求解复杂化.若用奇异函数表示非连续载荷的面分布集度,则不需要分段,直接代入用自然边界元法归化后的泊松公式进行计算,可以很直观地求得圆板在此类载荷作用下的弯曲解.

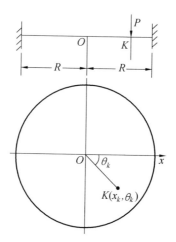

图 1　受集中力作用的固支圆板

基于 GR Kirchhoff 假设下弹性圆形薄板的弯曲微分方程为

$$\Delta^2 u(r,\theta) = \frac{q(r,\theta)}{D} = f(r,\theta)$$

其中"Δ"为拉普拉斯调和算子,u 为薄板的挠度,q 为作用于薄板上的外载荷面集度,D 为板的抗弯刚度.集中力的面分布集度可用奇异函数表示为

$$q(r,\theta) = \frac{P}{r} \langle r - r_k \rangle^{-1} \langle \theta - \theta_k \rangle^{-1}$$

式中 $\langle r - r_k \rangle^{-1}$ 及 $\langle \theta - \theta_k \rangle^{-1}$ 即为狄拉克 δ — 函数.又圆板的边界是固支的,其边界挠度和挠度的边界法向导数值为 0,即

$$u(r,\theta)\,|_{r=R} = u_0(\theta) = 0$$

$$\frac{\partial u(r,\theta)}{\partial n}\bigg|_{r=R} = \frac{\partial u(r,\theta)}{\partial r}\bigg|_{r=R} = u_n(\theta) = 0$$

把上述已知条件代入由余德浩导出的圆域内双调和

方程的泊松积分公式

$$u(r,\theta) = B_r(\theta) * u_0(\theta) + A_r(\theta) * u_n(\theta) +$$

$$\iint\limits_{\Omega} G(r,\theta;r',\theta') f(r',\theta') r' \mathrm{d}r' \mathrm{d}\theta', r < R$$

其中"$*$"为关于变量 θ 的卷积，$G(r,\theta;r',\theta')$ 为圆域内双调和方程的格林函数，且

$$A_r(\theta) = -\frac{(R^2 - r^2)^2}{4\pi R[r^2 + R^2 - 2Rr\cos\theta]}$$

$$B_r(\theta) = \frac{(R^2 - r^2)^2 [R - r\cos\theta]}{2\pi R[r^2 + R^2 - 2Rr\cos\theta]^2}$$

$$G(r,\theta;r',\theta') = \frac{1}{16\pi}\Big\{[r^2 + r'^2 - 2rr'\cos(\theta-\theta')] \cdot$$

$$\ln\frac{R^2[r^2 + r'^2 - 2rr'\cos(\theta-\theta')]}{R^4 + r^2 r'^2 - 2rr'R^2\cos(\theta-\theta')} +$$

$$\frac{(R^2 - r^2)(R^2 - r'^2)}{R^2}\Big\}$$

得到挠度公式

$$u(r,\theta) = \int_0^{2\pi}\int_0^R G(r,\theta;r',\theta') \cdot$$

$$\frac{\frac{P}{r'}\langle r' - r_k\rangle^{-1}\langle\theta' - \theta_k\rangle^{-1}}{D} r' \mathrm{d}r' \mathrm{d}\theta' =$$

$$\frac{P}{D}G(r,\theta;r_k,\theta_k), r < R$$

上式积分利用了奇异函数积分运算法则，由上式可直接计算得到周边固支的圆板在面内点 $K(r_k,\theta_k)$ 处受集中力 P 作用下各点的挠度。特殊地，由上式可得到周边固支的单位圆板在圆心处 $(r_k = 0, \theta_k = 0)$ 受集中力的挠度公式为

$$u(r,\theta) = \frac{P}{D}G(r,\theta;0,0)\mid_{R=1} =$$

$$\frac{P}{16\pi D}(2r^2\ln r+1-r^2)$$

所得结果与其解析解完全一致,但与经典解法相比,奇异函数法不需分段积分,避免了烦琐的计算.

近几十年来广义函数理论已发展成为数学中的一个重要分支,已成为表达自然现象以及解决一些数学、物理、力学及工程问题的一种有力工具. 以上简要介绍了广义函数理论的发展,给出了力学中常用的广义函数(即奇异函数)的定义及微分、积分运算法则,分析了广义函数在力学各分支中的应用现状,最后通过一个实例说明运用广义函数解决一些力学问题的优越性.